未来互联网基础理论与前沿技术丛书

未来互联网原理、技术及应用

王兴伟　易秀双　李福亮
贾　杰　毕远国　李　婕　　等 编著

科学出版社

北　京

内 容 简 介

本书是一部关于未来互联网的集学术研究与教学实践于一体的科研论著，介绍了未来互联网的技术发展趋势，详细阐述了未来互联网发展面临的挑战及共性关键技术。本书分别从未来互联网体系架构，下一代互联网协议，软件定义网络，网络功能虚拟化，信息中心网络，移动社交网络，时延容忍网络，数据中心网络，5G 网络，工业互联网，网络与云计算、大数据、人工智能等方面，对未来互联网原理、技术及应用等单元技术进行了详细论述，最后介绍了典型的未来互联网研发与应用案例。

本书既可作为高等院校计算机专业研究生及高年级本科生的专业教材，也可供计算机科学与技术、软件工程等专业研究人员、高校教师及相关领域工程技术人员学习参考。

图书在版编目（CIP）数据

未来互联网原理、技术及应用 / 王兴伟等编著.—北京：科学出版社，2023.3

（未来互联网基础理论与前沿技术丛书）

ISBN 978-7-03-073924-7

Ⅰ.①未… Ⅱ.①王… Ⅲ.①互联网络-研究 Ⅳ.①TP393.4

中国版本图书馆 CIP 数据核字 (2022) 第 224935 号

责任编辑：张海娜 赵微微 / 责任校对：刘 芳
责任印制：吴兆东 / 封面设计：无极书装

科学出版社 出版

北京东黄城根北街 16 号
邮政编码：100717
http://www.sciencep.com

北京科印技术咨询服务有限公司数码印刷分部印刷
科学出版社发行 各地新华书店经销

*

2023 年 3 月第 一 版 开本：720 × 1000 1/16
2023 年 10 月第二次印刷 印张：29
字数：585 000

定价：198.00 元
（如有印装质量问题，我社负责调换）

本书撰写人员

王兴伟　易秀双　李福亮　贾　杰　毕远国

李　婕　易　波　何　强　王文翠　石峻岭

张　榜　李　洁　张卿祎　徐　双　张闯闯

前　言

近年来，对互联网的研究不断促进网络架构及应用的创新，而互联网固有的架构使得它无法对底层基础设施结构进行修改。因此，互联网需要根据当前的迫切需求进行重新设计，同时确保其具有足够的灵活性以充分满足未来网络的需求。目前，人们对互联网的主要技术难题和挑战、对未来互联网的需求和基本特征已经有了一些基本的共识，即更快捷、更简单、更便宜、更安全的下一代互联网，以用户为中心，上网感觉更好。

本书基于作者在互联网领域多年的研究成果，同时结合国内外相关研究现状，围绕未来互联网的基本原理、技术与应用展开详细的论述。全书共 12 章。第 1 章介绍未来互联网的基本概念，分别从发展历程、体系结构、研究现状等方面探讨未来互联网的发展前景与重要意义；第 2 章介绍下一代互联网协议 IPv6，阐述 IPv6 主干网在国内外的发展现状以及国内 CERNET2 IPv6 主干网的建设情况，并就 IPv6 网络的安全研究进展进行总结；第 3 章介绍软件定义网络的运行机制和架构，阐明软件定义网络的优势，同时结合软件定义网络的主要接口协议，对其未来面临的挑战进行分析；第 4 章介绍网络功能虚拟化的主要概念和框架结构，阐述其在云计算、移动网络等领域的应用，并介绍其在安全、可靠及性能等方面的机遇与挑战；第 5 章介绍信息中心网络的主要特征和几种典型架构，阐述其在路由可扩展性、拥塞控制、安全与隐私等方面面临的问题；第 6 章介绍移动社交网络的主要特征与应用情况，描述其社交属性和度量的重要性，并阐述其面临的技术挑战与未来研究方向；第 7 章分别从物理层技术、媒质接入技术等方面介绍时延容忍网络，并分析其在星际网络通信、移动车载通信、应急无线通信等领域的应用状况；第 8 章介绍数据中心网络的起源与发展，对其体系结构进行描述，并分别结合云、虚拟化与软件定义化来分析其未来发展；第 9 章介绍 5G 网络的发展趋势、关键技术及应用场景，分析 5G 网络的总体设计方案，阐明 5G 面临的挑战与未来发展空间；第 10 章阐述工业互联网的由来和基本概念，介绍其在石油、医疗、电力等领域的应用情况；第 11 章介绍云计算、大数据与人工智能的基本概念与发展历程，结合当前互联网现状，分析其与互联网之间的关系，为未来互联网的发展研究提供参考；第 12 章介绍典型的未来互联网研发与应用案例，包括 IPv6 源地址认证技术、5G 网络、软件定义网络、软件定义卫星网络等。

全书由王兴伟组织撰写，由王兴伟和易秀双统稿。具体各章分工如下：第 1 章由李福亮、张卿祎、易秀双、王兴伟撰写，第 2 章由易秀双、王兴伟、王文翠撰写，第 3 章由张榜撰写，第 4 章由易波撰写，第 5 章由李洁撰写，第 6 章由石峻岭撰写，第 7 章由毕远国、徐双撰写，第 8 章由何强撰写，第 9 章由贾杰撰写，第 10 章由李婕撰写，第 11 章由张闯闯、李福亮撰写，第 12 章由易秀双、贾杰、徐双、何强、王文翠撰写。所有作者均在未来互联网基本原理、技术与应用等方面开展了多年研究，书中主要内容均来自相关文献及作者的研究成果。本书得到东北大学双一流学科建设经费、辽宁省"兴辽英才计划"项目(XLYC1902010)、辽宁省高校创新团队支持计划项目(LT2016007)、国家自然科学基金项目(61872073，62032013)和沈阳市科技创新智库研究课题(2019YJ11W)的资助。

　　作者力图使本书反映未来互联网关键技术的前沿性、新颖性，力求知识体系的合理性、系统性和完整性，但由于互联网相关技术发展迅速，许多技术问题尚无定论，加之作者水平有限，在基本原理的表述和对单元技术的取舍、安排等方面难免存在不妥之处，敬请同行及读者批评指正。

作 者

2022 年 9 月于东北大学

目　　录

第1章 绪　　论

1.1　未来互联网概述

1.1.1　未来互联网定义

当前，互联网已经从一个学术网络、技术网络演变成一个大众商业平台，人们的社会生活和发展处处离不开互联网。然而，传统的网络架构在技术与非技术方面已经无法满足当前社会发展的需求，因此需要设计新的互联网体系架构。在技术方面，对于网络安全问题，复杂多变的网络攻击使得当前的互联网架构在发展上面临着巨大的挑战。此外，互联网协议(internet protocol，IP)网络的"窄腰"意味着核心架构很难修改，新功能必须通过在现有架构之上设计补丁来实现。因此，目前互联网是通过这种渐进的变化来满足对高安全性、高性能、高可靠性的要求，但是，社交内容分发、移动性等方面不断增长的需求将难以满足。从而，学术界建议采用革命性的架构设计范例来构建未来互联网。在非技术方面，商业用途的安全性不再依赖"基于边界"的执行[1]，而是必须提供多种粒度，如加密、认证、授权等。

文献[2]中讨论了当前互联网设计解决方案的几个相关问题。关于互联网的历史比较全面的介绍可参考 *Patterns in Network Architecture: A Return to Fundamentals* (《网络架构模式：回归基础》)一书[3]。该书描述了当前互联网关键技术背后的潜在动机和机理，还详细描述了非技术因素对当前互联网架构的影响。

目前的互联网无法对其底层基础架构进行修改。若解决当前的小问题则会引入许多其他变化，因此，目前采用增量方法的观点将当前的设计进行扩展。互联网需要根据当前需求重新进行设计，同时确保其具有足够的灵活性以满足未来网络的发展需求[4]。此外，目前迫切需要将互联网从简单的"主机到主机"数据包交付模式转变为围绕数据的交付模式。所有上述挑战都促进了对未来互联网架构的持续深入研究。

国际和国内学术界和产业界关于"未来互联网"没有统一和明确的定义。但是，人们对未来互联网的需求和基本特征已经有了基本的共识，即更快捷、更简单、更便宜、更安全的下一代互联网，以用户为中心，让上网的感觉更好。

目前，互联网的发展面临诸多挑战，发展下一代互联网迫在眉睫。为了实现以上目标，正在进行一系列未来互联网的研究项目[1]。

(1)以内容或数据为导向。现在的互联网围绕 IP 的"窄腰"构建，导致难以改变 IP 层以适应未来的需求，因此需要将体系架构的"窄腰"从 IP 变为数据或内容分发。一些研究项目基于这一想法，引入了数据和内容的安全性、隐私性、命名和聚合的可扩展性、兼容性，以及与 IP 协同工作和新范例的效率等方面的研究内容。

(2)移动性和无处不在的网络访问。互联网正在经历从基于个人计算机(personal computer，PC)计算到移动计算的重大转变。移动性已成为未来互联网的关键驱动力。将移动性作为常态而不是体系结构的例外，可能会通过创新的场景和应用程序来确定未来互联网架构。学术界和工业界的许多合作研究项目都在研究这些课题。这些研究项目还面临诸如何通过移动用户的可扩展性、安全性和隐私保护，移动终端资源使用优化等来权衡移动性的挑战。

(3)以云计算为中心的架构。将存储和计算迁移到"云"并创建"计算实用程序"是一种需要新的互联网服务和应用程序的趋势，数据中心是这种新架构的关键组件。创建安全、可靠、可扩展且强大的架构将数据中心的数据进行互联、控制和管理非常重要。云计算中一个主要技术挑战是如何在保证持续服务可用性的同时保证用户的可信度。

(4)安全性。安全性已成为未来互联网架构的重要设计目标，其研究涉及技术、经济和公共政策背景。从技术方面来说，它必须为任何潜在的用例提供加密、认证、授权等多种安全策略。从非技术方面来看，它应该确保提供参与者(用户、基础设施提供商和内容提供商)之间的可信赖接口。

(5)试验测试平台。如前所述，开发新的互联网架构需要大规模的测试平台。目前，测试平台研究包括具有不同虚拟化技术的多个测试平台的开发，以及这些测试平台之间的联合和协调。来自美国、欧盟和亚洲的研究组织已经启动了几个与大规模试验测试平台的研究和实施相关的计划。这些项目探讨了与大规模硬件、软件、分布式系统测试和维护，以及与安全性、鲁棒性、协调性、开放性和可扩展性相关的挑战。

1.1.2　未来互联网发展历程

原始的互联网主要支持在北美的用户，通过哑终端访问共享资源。如今，互联网有超过 30 亿的移动设备和桌面设备连接到各种应用程序，从简单的 Web 浏览到视频会议和内容分发。互联网应用的剧烈变化凸显了当前 IP 架构的局限性，推动了未来互联网络架构的研究[5]。

未来互联网研究工作可能会根据其技术和地理多样性进行分类。虽然有些项目针对的是单一主题，但其他项目通过在各个项目之间建立协作和协同关系来实现整体架构。目前已经在全球不同国家及地区建立了专门针对未来互联网设计的研究项目，包括美国、欧盟、日本和中国。美国国家自然科学基金会(National Science Foundation，NSF)资助的未来网络体系结构研究归纳为如下几个阶段：2000~2003 年，NewArch 项目；2005~2009 年，未来互联网网络设计(Future Internet Network Design，FIND)计划；2010~2013 年，未来互联网架构(Future Internet Architecture，FIA)计划；2013~2015 年，未来互联网架构——下一阶段(Future Internet Architecture-Next Phase，FIA-NP)计划。

以下是未来互联网部分代表性项目的具体介绍。

(1)2005 年，NSF 启动了 FIND 计划和全球网络创新环境(Global Environment for Network Innovations，GENI)[6]计划。

(2)2007 年，欧盟在第七研发框架(Framework Programme 7，FP7)中设立"未来互联网研究和试验"(Future Internet Research and Experimentation，FIRE)项目[7]。

(3)2010 年，NSF 推出了 FIA 计划[8]。最初，FIA 是一个为期 5 年的计划，其目标是设计一套候选的下一代互联网架构。

(4)2015 年，NSF 通过后续的 FIA-NP 计划重申其承诺。FIA-NP 不像 FIA 专注于架构研究，而是计划通过原型设计、测试平台开发、试验部署和不断的试验来重点强调评估方面的重要性。

很多发达国家对未来网络已开展研究，如美国的 GENI 项目、欧盟的 FIRE 项目、德国的 G-LAB(Germany-LAB)项目、中国的下一代互联网示范工程(China Next Generation Internet，CNGI)项目、澳大利亚的国家信息与通信技术(National Information and Communication Technology of Australia，NICTA)项目、日本的千兆网络(Japan Giga-bit Network 2plus，JGN2plus)和韩国的全球网络创新环境(Korea-GENI，K-GENI)。

NSF 的 FIA 计划建立在之前的 FIND 计划上。FIND 计划资助了大约 50 个关于未来互联网设计方面的研究项目。FIA 计划将这些想法整合到整体架构提案组中的下一个阶段。在这个计划下有四个协作架构小组，表 1.1 展示了美国未来互联网研究项目。

FIA 计划最初包括四个研究项目：NEBULA[9,10]、命名数据网络(Named Data Network，NDN)[11]、移动性第一(MobilityFirst，MF)[12]和表现型互联网架构(eXpressive Internet Architecture，XIA)[13]。每个项目都侧重于具有清晰结构和设计原则的新互联网架构。NEBULA 设想了一个高度可用且可扩展的核心网络，可以连接众多数据中心，从而实现分布式通信和计算。NDN 专注于可扩展和高效的数据分发，通过命名数据而不是其位置来解决当前互联网以主机为中心的设计上的不足。MF 专注于可扩展且无处不在的移动性和无线连接。XIA 强调灵活性，并通过创建单个网络来满足不同通信模型的需求，该网络为各种主体(包括主机、内容和服务)之间的通信提供固有支持，同时保持对未来的可扩展性。在 FIA-NP 计划下，原来的四个 FIA 架构中只有三个被选中继续资助进行下一步的研究，它们是 NDN、MF 和 XIA。

表 1.1　美国未来互联网研究项目

计划类别	项目或集群名称(节选)
FIA	NEBULA、NDN、MF、XIA 等
FIND	CABO、DAMS、Maestro、NetSerV、RNA、SISS 等(约 50 个)
GENI	Spiral 1: DETER(1 个项目)、PlanetLab(7 个项目)、ProtoGENI(5 个项目)、ORCA(4 个项目)、ORBIT(2 个项目；8 个未分类；2 个分析项目)(总共 5 个集群) Spiral 2: 截至 2009 年，已有 60 多个在建项目 Spiral 3: 截至 2011 年，约有 100 个在建项目

未来的互联网架构不是针对特定主题或单一目标改进的，针对特定主题的解决方案可能会假设架构的其他部分是固定不变的。因此，针对不同方面设计的平台解决方案可能不会产生新的互联网架构。相反，它必须是对整个架构的整体重新设计，将所有问题(安全性、移动性、可靠性等)纳入考虑范围，同时还需要具有可扩展性和灵活性，以适应未来的变化。通过协作并全面考虑之前获得的经验教训和研究成果来构建整体网络架构。

未来互联网架构研究的另一个重要方面是新架构的试验测试平台。当前的互联网由多个利益相关者拥有和控制，为规避风险，他们不愿意将他们的网络暴露给试验测试平台。因此，开发新的互联网架构需要探索开放的大规模测试平台，以保证不干预现有的服务正常运行。在测试平台上可以对新的架构进行不断改进以满足现实世界中的需求。总之，需要三个连续的步骤才能创新未来的互联网架构，即进行互联网各方面的创新、协作项目将多项创新融入整体网络架构、利用测试平台进行实际规模的试验。

众多国际标准化组织已经加入未来互联网的研究中，2011 年成立的开放网络联盟(Open Network Foundation，ONF)已有会员超过 1500 位；2012 年组建的网络功能虚拟化(Network Function Virtualization，NFV)组织已有会员超过 230 位；2013 年 OpenDaylight 开源网络操作系统已有会员超过 154 位；2014 年开放网络功能虚拟化(Open Network Function Virtualization，OPNFV)组织已有会员超过 55 位。

未来互联网研究已经呈现出巨大的发展势头，这一领域的大量研究项目也证明了这一点。

1.2　未来互联网体系结构

1.2.1　渐进式演进

1. IPv6

IPv6 是 internet protocol version 6 的缩写，是 IETF(Internet Engineering Task Force，互联网工程任务组)设计的用于替代现行版本 IP 协议(IPv4)的下一代 IP 协议[14]。

与 IPv4 相比，IPv6 有着许多优势，如更多的地址空间、更小的路由表、更强的组播支持以及对流的控制。尤其是 IPv6 加入了对自动配置(auto configuration)的支持。这是对动态主机配置协议(dynamic host configuration protocol，DHCP)的改进和扩展，使得网络管理更加方便和快捷。

同时，IPv6 具有更高的安全性。在 IPv6 网络中，用户可以对网络层的数据进行加密并对 IP 报文进行校验，IPv6 中的加密与鉴别选项能够确保分组的保密性与完整性，极大地增强了网络的安全性[15]。

1)IPv6 地址

32 比特的 IPv4 地址在理论上可以提供 2^{32} 个地址，约等于 42.9 亿个地址。但是，目前全球的总人口数已超过 80 亿，因此即使对地址空间完全利用，也无法为地球上的每个人分配一个 IP 地址。IPv6 地址空间采用 128 比特地址，意味着将会有 2^{128} 个地址，足够为地球上的每个人都分配一个 IPv6 地址[16]。

IPv6 地址长度为 128 比特，以一串十六进制数字来表示。每 4 比特表示一个十六进制数，一共有 32 个十六进制数值。虽然 IPv6 的地址比较复杂，但是在使用时，RFC 2373 和 RFC 5952 提供了两种简化的地址表达格式规则：省略前导 0 和省略全 0，通过两种方法的单独或同时使用可以较好地降低地址的复杂度。

2)ICMPv6

如果读者熟悉 IPv4，那么就一定很熟悉 ICMPv4(internet control message protocol version 4，互联网控制消息协议第 4 版)。该协议能够提供有关网络健康状况的重要信息。ICMPv6(internet control message protocol version 6，互联网控制消息协议第 6 版)是工作于 IPv6 网络中的互联网控制消息协议(internet control message protocol，ICMP)版本，在无法正确处理数据包时就会发送有关网络状况的通知消息。ICMPv6 的功能比 ICMPv4 更强大，其包含了很多新功能，例如，管理多播组成员关系的互联网组管理协议(internet group management protocol，IGMP)，在 IPv4 中负责将二层地址映射为 IP 地址的地址解析协议/反向地址解析协议(address resolution protocol/reverse address resolution protocol，ARP/RARP)功能等。ICMPv6 最明显的特点是引入了邻居发现(neighbor discovery，ND)机制。ND 机制利用 ICMPv6 消息来确定连接在同一条链路上邻居的链路层地址，还可以发现路由器、追踪路由器可达性并检测发生变化的链路层地址。

3)移动 IPv6

移动 IPv6 是一种允许移动节点在网络之间移动而不会丢失其连接的协议。移动 IP 机制通过为移动节点分配两个不同的 IP 地址，来允许移动节点移动到其他接入点时无须更改其 IP 地址[17]。

4)发展现状

在路由设施从纯 IPv4 过渡到 IPv6/IPv4 并最终过渡到纯 IPv6 的过程中，无论是使用 IPv4 节点还是使用 IPv6 节点都必须最终达到目的。因此，为了使主机能够同时使用 IPv4 和 IPv6，要在同一节点上同时使用 IPv4 和 IPv6 互联网协议，这个节点必须包含双 IP 层体系和双栈体系。同时为使 IPv6 数据包能够在纯 IPv4 架构中传送，设计了 IPv6-over-IPv4 隧道机制，使用 IPv4 头部的 IPv6 数据包封装，实现数据包在 IPv4 架构中的传输。

2. 定位/标识分离协议

定位/标识分离协议(locator/identifier separation protocol，LISP)是一种基于网络层的协议，能够将 IP 地址分成两个新的编号空间，即端点标识符(endpoint identifier，EID)和路由定位符(router locator，RLOC)，用来解决路由可伸缩性问题但不需要更改主机协议栈或互联网基础结构的"核心"。LISP 作为位置与身份分离的具体协议，目的在于分离具体位置与身份。这种分离会改善 RLOC 地址空间的聚合，实现 EID 地址空间的持久有效。而且，LISP 在某些方面还提升了安全性和网络移动的高效性。

1)基本思想

LISP 的基本思想是当今互联网路由与编址架构混合的两种功能：在一个单一的编址空间 IP 地址内，RLOC 描述了一个设备在网络拓扑中的位置，基于拓扑结构分配给网络节点(可用于聚合)，并用于在网络上路由和转发数据包；EID 描述了该设备的身份，独立于网络拓扑结构进行分配，用于编号设备，并沿着管理边界汇总。LISP 定义了在两个编址空间之间进行映射的功能节点，以及封装由使用不可路由 EID 的设备发起的流量节点，以便在使用 RLOC 进行路由和转发的网络基础设备上进行传输。

2)体系结构

LISP 在体系结构上将核心从互联网边缘分离出来，创建两个独立的命名空间，即 EID 和 RLOC。边缘由使用 EID 地址的 LISP 站点组成(如一个自治系统)。LISP 站点通过支持 LISP 的路由器与互联网核心互联。

LISP 中互联网核心使用 RLOC，RLOC 是分配给入口通道路由器(ingress tunnel router，ITR)或出口通道路由器(egress tunnel router，ETR)的面向互联网网络接口的 IPv4 或 IPv6 地址。LISP 映射系统在概念上与域名系统(domain name system，DNS)类似，组织为分布式网络数据库。在 LISP 中，ETR 用于注册映射，而 ITR 用于检索。

LISP 体系结构强调增量部署。LISP 是对当前互联网的覆盖架构，除了需要部署独立的映射系统，终端主机以及域内和域间路由器可以保持不变，需要更改的基础设施仅是连接 EID 和 RLOC 空间的路由器。

3)数据平面

LISP 数据平面负责封装和解封数据包，并缓存适当的转发状态。它包括 ITR 和 ETR 两个主要实体。ITR 封装数据包到 ETR。总体来说，LISP 在四个头部上工作，内部头部是源构建的，另外三个头部是 LISP 封装器预先配置的，所有的头部都是起始于 ITR，被 ETR 剥离。

4)控制平面

LISP 控制平面提供了一个标准接口来注册和请求映射。LISP 映射系统是存储这种映射的数据库。每个映射都包含 EID 前缀和一组 RLOC 以及流量工程规则的绑定，绑定以 RLOC 优先权和权重的形式存在。优先权允许 ETR 配置活动/备份策略，权重用于 RLOC 之间的流量负载均衡。

LISP 定义了数据和控制平面之间的标准接口，通过标准接口的方式在架构上解耦控制平面和数据平面。该接口维系数据平面、路由器和 LISP 映射系统。通过这种分离，数据平面和控制平面可以使用不同的体系结构并且可以独立拓展。

1.2.2 革命式演进

1. 软件定义网络

目前的网络是垂直整合的，控制平面(决定如何处理网络流量)和数据平面(根据控制平面的决策转发流量)捆绑在网络设备内部，降低了网络灵活性并阻碍了网络基础架构的创新和演进。软件定义网络(software defined network，SDN)[18,19]是一种新兴的网络模式，它希望改变当前网络基础设施的局限性。首先，它通过将网络的控制平面与数据平面分开来打破垂直整合。其次，随着控制平面和数据平面的分离，网络交换机变成简单的转发设备，并且控制逻辑在逻辑集中的控制器(或网络操作系统)上，能够简化策略执行步骤和网络配置及演进[20]。

1)体系架构

控制平面和数据平面的分离可以通过交换机和 SDN 控制器之间定义良好的接口来实现。控制器通过这个定义良好的应用程序接口(application programming interface，API)直接控制数据平面元素中的状态，如 OpenFlow[21,22]。OpenFlow 交换机具有一个或多个数据包处理规则表(流表)。每条规则都与流量的一个子集相匹配,并对流量执行某些操作(丢弃、转发、修改等)。

　　在基础设施方面,SDN 基础设施与传统网络类似,由一组网络设备(交换机、路由器和中间件设备)组成。主要区别在于,这些传统的物理设备现在是没有嵌入式控制的简单转发元件,或者是没有采用自主决策的软件。更重要的是,这些新网络建立在(概念上)开放和标准接口(如 OpenFlow)之上,这是确保不同数据平面和控制平面设备之间的配置与通信兼容性以及互操作性的关键方法。换句话说,这些开放接口使得控制器实体能够动态编程异构转发设备,由于专有和封闭接口的大量变化以及控制平面的分布式特性,这在传统网络中是难以实现的。

　　南向和北向接口是 SDN 生态系统的两个关键节点。南向接口是控制元件和转发元件之间的连接桥梁,因此成为分离控制平面和数据平面功能的关键工具。南向接口已经存在大致统一的标准,但是常见的北向接口仍没有统一的标准。目前,定义北向接口标准可能还为时过早,因为随着 SDN 的发展,对于探索 SDN 的全部潜力来说,允许网络应用程序不依赖特定实现的抽象是非常重要的,这个问题已经开始研究[23-30]。开发不同控制器的经验肯定会成为构建通用 API 的基础。SDN架构[31]如图 1.1 所示。

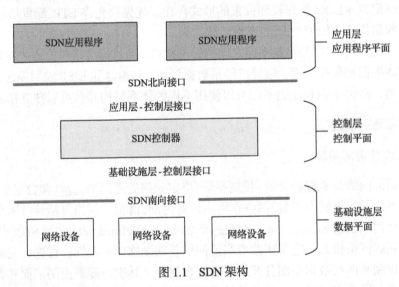

图 1.1　SDN 架构

2)典型特征

　　(1)控制平面和数据平面是分离的。控制功能将从简单(分组)转发元件的网络设备中移除。

　　(2)转发决策是基于流的,而不是基于目的地的。一个流被广泛定义为一组作为匹配(过滤器)标准和一组操作(指令)的分组字段值。流抽象支持不同类型网络设备(包括路由器、交换机、防火墙和中间件)行为的统一,实现了前所未有的灵活性[22]。

(3)控制逻辑被转移到外部实体(SDN 控制器或网络操作系统(network operation system, NOS))。NOS 是一个运行于商用服务器上的软件平台,提供必要的资源和抽象,以促进基于逻辑集中的抽象网络视图对转发设备进行编程。

(4)网络可通过运行在 NOS 之上的软件应用程序进行编程,该应用程序与底层数据平面设备进行交互。这是 SDN 的基本特征,被视为其主要价值主张。

3)发展现状

尽管 SDN 的历史可以追溯到更早,但是严格来说,SDN 研究的正式发展始于 2010 年斯坦福大学发布的 OpenFlow 1.0。2012 年,谷歌宣布在其内部骨干网上使用 SDN 技术,标志着 SDN 进入商用化阶段并成为互联网关键技术之一。

SDN 广泛应用于自治网络环境,通过集中编程控制法完成不同层面的网络管理,并且各个网络层面间还能设置控制器,以便优化整体管理效果[32]。由于传统网络技术对于云计算提出的多种需要只能片面满足,这为 SDN 应用提供了更大的空间。现如今 SDN 可有效地结合云数据中心、城域骨干网层面、接入网层面等。

2. 信息中心网络

多年来,互联网的固有问题一直无法得到解决。端到端模型是早期互联网为传输特殊数据设计的,而当前互联网用户关注的是信息内容,不是信息的存储位置,端到端传输结构的弊端日渐显著。以信息为中心的网络即信息中心网络(information centric networking, ICN)应运而生,这种网络最早是由 Nelson 在 1979 年提出来的,后来被 Baccala 进一步强化[33]。ICN 摒弃了 IP 网络"窄腰"的协议栈结构,采用以信息名字为核心的协议栈结构。ICN 作为下一代互联网,采用"拉"模式代替 IP 网络体系结构中的"推"模式,更加适合处理当前网络下的海量信息。传统 IP 和 ICN 协议栈如图 1.2 所示。

支持在路由器上进行内容缓存是 ICN 与当前互联网之间最显著的区别之一,通过在网络内的路由器上缓存内容,ICN 可以为用户更快速地提供信息,而不是一直从源服务器获取相关信息,极大地提高了网络性能。ICN 在过去的几年中受到学术界和工业界的广泛关注,有着良好的发展前景。

1)体系架构

目前 ICN 中典型的架构方案有内容中心网络(content-centric networking, CCN)、命名数据网络(NDN)、NetInf 架构等。

(1)内容中心网络。

在 CCN 中,内容与位置是分离的。CCN 的最终目标是用基于指定内容的模型取代基于 IP 的互联网。CCN 中的内容名称被设计为分层结构，如图 1.3 所示。
分层名称被组织为前、后缀顺序[34]。

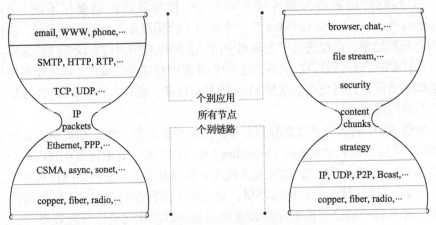

图 1.2　传统 IP（左）和 ICN 协议栈（右）

email：电子邮件；WWW：万维网；phone：网络电话；SMTP：简单邮件传输协议；HTTP：超文本传输协议；
RTP：实时传输协议；TCP：传输控制协议；UDP：用户数据报协议；IP packets：IP 数据包；Ethernet：以太网；
PPP：点对点协议；CSMA：载波监听多路访问协议；async：异步；sonet：同步光纤网络；copper：双绞线；fiber：
光纤；radio：无线电接收器；browser：浏览协议；chat：聊天协议；file stream：文件流；security：网络安全技术
及其协议；content chunks：内容块；strategy：策略；P2P：端到端；Bcast：广播

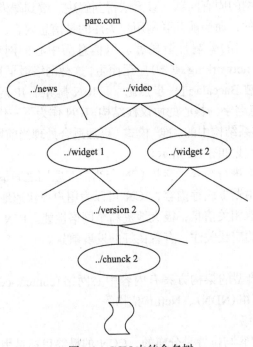

图 1.3　CCN 中的命名树

在 CCN 中，信息交换是通过两种类型数据包实现的，即兴趣包和数据包。兴趣包用于表示用户想要检索的内容，数据包是包含真实二进制内容的响应数据包。

(2)命名数据网络。

NDN 是由美国 NSF 基于其未来互联网体系结构计划资助的其中一个项目。NDN 源于 CCN，由 van Jacobson 于 2006 年首次公开发表。NDN 项目调研了以主机为中心的网络体系结构(IP)向以数据为中心的网络体系结构(NDN)的演变。这种概念上简单的转变对如何设计、开发、部署、使用网络和应用程序具有深远影响。

NDN 中的通信由接收方即数据消费者通过交换兴趣包和数据包来驱动。消费者将所需数据的名称放入兴趣包中并将其发送到网络。路由器使用此名称将兴趣包转发给数据生产者。节点将返回一个包含名称和内容的数据包，这个数据包会沿着兴趣请求路径到达消费者[35]。

(3)NetInf 架构。

NetInf(network of information)是欧盟第七研发框架计划(FP7)4WARD 的一部分。NetInf 提出了基于内容注册方案的 ICN 架构，应用信息对象(information object，IO)和位对象(bit object，BO)来区分命名过的数据对象(named data object，NDO)中的内容标识符和真实二进制内容。

2)典型特征

ICN 确定了一种新的网络范式，围绕着命名数据，而不是主机位置。网络操作是由位置无关的内容名称驱动的，而不是位置标识符(IP 地址)，从而实现了用户到内容的通信。其核心原则包含命名数据、增强传输、动态转发、路径内缓冲和处理功能等。

由于以上原则，ICN 本身就支持网络中的移动性、存储性和安全性。

(1)移动性：在 ICN 架构中，接口没有网络地址，因此物理位置的更改并不意味着数据平面中的地址更改。由于无连接、对称的传输模型，ICN 对消费者移动性的支持自然地从体系结构中浮现出来。

(2)存储性：ICN 节点临时存储内容项，以满足对相同内容的未来请求。

(3)安全性：ICN 安全模式与传输层安全性(transport layer security，TLS)之类的模式完全不同。ICN 对象安全模型不是通过简单的连接加密保证安全性，而是允许将有关隐私、数据完整性和数据机密性的安全措施分离出来，所有这些均利用基于认证机构和公钥基础结构的现有信任网络。

3)应用现状

ICN 用于美国 NSF 资助的 NDN 项目团队开发的聊天、分布式文件共享和视频会议相关的实时应用程序。CCNx 代码库(来自施乐帕洛阿尔托研究中心的以内容为中心的架构)被用作 NDN 架构研究和应用的基础。

与此同时，ICN 与其他网络(如 SDN、MSN(mobile social network，移动社交网络)、卫星网络、物联网以及车载网络等)的结合也在不断研究发展中。

3. hICN

hICN(hybrid ICN)由思科(CISCO)公司于 2017 年提出，是 ICN 的一种增量部署策略[36]。

毋庸置疑，视频，尤其是移动视频将在未来流量中占主导地位。思科的可视化网络指数(visual networking index，VNI)预测报告指出，到 2020 年，82%的 IP 流量将来自视频，2/3 的互联网流量将来自无线和移动设备。ICN 与当前视频传输需求浑然天成，为联合视频/网络优化赋予网络内容感知的能力。定义一种针对 ICN 增量部署到现有的 IP 网络的解决方案，ICN 的引入至关重要。

1)体系架构

在该体系架构中，一个 hICN 生产者向两个 hICN 消费者(已经启用了 hICN 的常规 IP 设备(通过安装应用程序插件))提供内容。底层 IP 网络通过在中间升级路由器汇聚流量，使用 hICN 转发模块(用于 ICN 处理)。消费者发出 IP 地址命名的 hICN 请求(兴趣)，并且向生产者转发。在 hICN 路由器上，兴趣请求会以 ICN 的方式处理。如果在中间缓存中找不到内容，则以 IP 目的地址字段中相同的名称以及 hICN 路由器的名称作为 IP 源地址在输出接口转发兴趣包。一旦它到达生产者，相应的数据包就会以 IP 源地址字段和在先前的 hICN 路由器的 IP 目标地址字段中的相同名称(编码为 IP 地址)被发送回来。

2)典型特征

hICN 根据典型的 ICN 转发途径，通过保证数据生产者和数据消费者之间端到端的服务交付，使得具有 ICN 语义的数据包在第 3 层及以上层保持纯粹的 ICN 行为。因此，hICN 可以保证路由器、常规 IP 数据包、具有 ICN 语义的 IP 数据包的混合 ICN-IP 路由器之间的透明互联。

3)应用现状

应用 hICN 的移动视频，支持 ICN 的直连式存储(direct-attached storage，DAS)客户端。为了在客户端集成(h)ICN 堆栈，思科开发了支持由动态图像专家组制定的基于 HTTP 的动态自适应流(moving picture experts group-dynamic adaptive sreaming over HTTP，MPEG-DASH)以及基于 HTTP 的实时传输流(HTTP live streaming，HLS)标准的 Qt/QML 播放器来支持应用级网络堆栈的选择(即 hICN vs TCP/IP)，设计了最先进的自适应比特率控制算法。它们都利用来自 hICN 数据平面的分组粒度网络信息。

4. 6CN

6CN(IPv6 content networking)是一种新的网络范式，它是在内容交付网络中使用的技术，利用 IPv6 地址空间优化内容交付、监控和分析。6CN 中的每个数据对象都使用唯一的 IPv6 地址进行寻址，HTTP 查询由 IPv6 地址组成(如 http://[2001:db8:1234:: abcd]/)，而不是典型的 URL(uniform resource locator，统一资源定位器)组成的域名。

1)优势与功能

6CN 的主要优势在于它能够在 IP 层识别所请求的内容,从第一个数据包(TCP SYN)到最后一个数据包(TCP FIN)。6CN 使用众所周知的地址格式来编码 IPv6 地址中的属性,使这些属性可以轻松地以每个数据包为基础访问任何网络设备。

使用这种技术实现了许多功能,如根据请求的数据对象提供特定信息,以每个对象或每个服务为基础进行流量监控,基于 IP 地址实施访问控制和网络服务等。

2)体系架构

6CN 是基于 IPv6 中心网络创建的一个共享信息感知的全球渠道,其中包括应用程序、服务、网络、流程、数据等部分。

6CN 在分析网络数据时从数据分析中分离数据聚合,允许任何对象存储服务(object storage service，OSS)应用程序访问任何数据源。它具有横向扩展架构,支持所有核心组件的水平缩放,是一个高度可用的核心平台,具有很低的、可预测的延迟;它要求对所有原始数据进行存储,并对入口处数据进行最小限度的过滤/处理;它要求基于分析的方法来分析功能;它支持流应用程序,并且可以进行实时查询和批量处理数据。

3)发展现状

IPv6 的发展是从 1992 年开始的，截至 2021 年 10 月，全球综合 IPv6 部署率在 30%左右或以上的国家或地区占了一半以上，全球 IPv6 普及率也在大幅升高。2016 年 11 月 7 日,互联网架构委员会(Internet Architecture Board，IAB)发表声明:建议各标准开发组织的网络标准需完全支持 IPv6,不再考虑 IPv4;同时,希望 IETF 在新增或扩展协议中不要再考虑 IPv4 协议的兼容，IETF 未来的协议工作重点在于优化和使用 IPv6。目前, IPv6 已被广泛部署和应用,并仍在不断稳步增长。IPv6 已成为一些主要网络运营商的网络主体,全球主要内容提供商流量的 20%是通过 IPv6 传输的。

因此, 6CN 在更多方面进行了创新,如 6CN 内容包装[37]、SRv6(6CN SPRAY with IPv6 segment routing，基于 IPv6 转发平面的段路由)、网内缓存、IP 内容直接路由(不重定向)到内容等。

1.3　未来互联网研究状况

1.3.1　国外研究现状

互联网已经从学术网络演变为广泛的商业平台，成为我们日常生活、经济运作和社会发展不可或缺的一部分。但是，在此过程中出现了许多技术和非技术挑战，应对这些挑战需要研究潜在的新型互联网架构。

从技术上讲，目前的互联网是 40 多年前设计的。由于原始架构中缺乏安全性，越来越复杂的网络攻击不断出现。此外，这种缺陷也使满足不断增长的可靠性、移动性等需求变得极其困难。因此，学术界已建议采用清洁的架构设计范例来构建未来的互联网。从非技术方面来看，商业用途需要细粒度的安全执行，而不是当前的"基于边界"的执行。

安全性是架构的固有特征和不可或缺的一部分。此外，迫切需要将互联网从简单的"主机到主机"数据包交付模式转变为围绕数据、内容和用户而不是机器构建的更多样化的范例。所有上述挑战都促进了未来互联网架构的研究。

未来互联网架构研究的另一个重要方面是实现新架构的测试平台。当前的互联网由多个人拥有和控制，为了降低风险，维护其利益，可能不愿意让网络用于试验。因此，未来互联网架构研究的另一个目标是探索建立开放的虚拟大型测试平台，且不能影响现有服务。通过在现有环境中部署之前运行的这些测试平台，可以测试、验证和改进新型互联网体系架构。

以下将分别介绍欧美以及日本等地区未来互联网的研究现状。

NDN 项目由加利福尼亚大学洛杉矶分校领导，参与者来自美国约 10 所大学和研究机构。该项目的最初想法可以追溯到20世纪70年代 Ted Nelson 提出的 CCN 概念。之后，斯坦福大学的 TRIAD（Translating Relaying Internet Architecture Active Directories，集成活动目录的转换和中继互联网体系结构）和加利福尼亚大学伯克利分校的 DONA（Data Oriented Network Architecture，面向数据网络体系结构）等几个项目对 NDN 进行了探索。2009 年，施乐帕洛阿尔托研究中心发布了由 van Jacobson 领导的 CCNx 项目，van Jacobson 也是 NDN 项目的技术领导者之一。

NDN 项目的基本论点是当前互联网的主要用途已经从端到端数据包传输变为以内容为中心的模型。当前的互联网是一种"客户端-服务器"模型，在支持面向安全内容的功能方面面临着挑战。在该信息传播模型中，网络是"透明的"并只能转发数据。由于这种未知性，在网络上的端点之间一次又一次地发送相同数据的多个副本，而在网络上没有任何流量优化。NDN 使用不同的模型，使网络能够专注于"什么"（内容）而不是"何处"（地址）。命名数据而不是它们的位置（IP

地址)。数据成为 NDN 中的第一类实体,代替通过加密来保护传输通道或数据路径,NDN 尝试通过增强安全性的方法命名数据来保护内容。此方法允许将数据中的信任与主机和服务器之间的信任分离,这可能会在网络端启用内容缓存以优化流量。

NDN 有几个关键的研究问题。第一个研究问题是如何查找数据,或如何命名和组织数据以确保数据的快速查找和交付。所提出的解决方案是通过可扩展且易于检索的分层“名称树”来命名内容。第二个研究问题是数据安全性和可信赖性。NDN 建议直接保护数据,而不是保护数据“容器”,如文件、主机和网络连接。第三个问题是 NDN 的扩展。NDN 名称比 IP 地址长,但层次结构有助于提升查询和访问全局数据的效率,以解决路由可扩展性、安全性、信任模型、快速数据转发和交付、内容保护和隐私方面的问题,以及获得支持该设计的基础理论。

MobilityFirst[38]项目由新泽西州立罗格斯大学、马萨诸塞大学、麻省理工学院、杜克大学、密歇根大学、北卡罗来纳大学、威斯康星大学、内布拉斯加大学参与。MobilityFirst 的基本动机在于当前的互联网是为了相互联系的确定的末端设计的,它未能解决急剧增长的移动设备和服务的需求。互联网使用和需求变化也是从未来互联网的架构层面提供移动性的关键驱动因素。在短期内,MobilityFirst 旨在解决由 40 亿到 50 亿蜂窝移动的庞大移动人口所推动的蜂窝融合趋势;它还提供移动点对点(peer to peer,P2P)和信息传输(时延容忍网络)应用服务,在链路/网络断开的情况下确保鲁棒性。从长远来看,MobilityFirst 的目标是通过连接数百万辆汽车,实现车辆到车辆(vehicle to vehicle,V2V)和车辆到基础设施(vehicle to infrastructure,V2I)模式,涉及如定位服务、地理布线和可靠多播的能力。最终,它将引入一个普遍的系统,将人类与物理世界联系起来,并围绕人类构建未来的互联网。MobilityFirst 解决的挑战包括开放式无线访问、动态关联、隐私问题以及更大的网络故障概率而导致更强的安全性和信任要求。

NEBULA[39]是一个 FIA 项目,专注于提供安全且面向云的网络基础设施。其架构由三层组成。

(1)网络核心(network core,NCore)是路由器和链路互联的集合,可在路由器和数据中心之间提供可靠的连接。NCore 基于高性能核心路由器和丰富的互联拓扑结构。

(2)NEBULA 虚拟可扩展网络技术(NEBULA virtual extensibility network technology,NVENT)代表星云的控制平面。NVENT 有助于根据策略路由和服务命名建立可信赖的路由。

(3)NEBULA 数据平面(NEBULA data plane,NDP)负责沿着 NVENT 建立的路径转发数据包。为了保证机密性、可用性和完整性,NDP 确保只有当各方(即其间的终端节点和路由器)同意参与时才能携带用于特定通信的分组。

　　XIA 基于三类原则设计：①以主机为中心的网络可以支持端到端通信，如视频会议和文件共享；②以服务为中心的网络允许用户访问各种网络服务，如打印和数据存储服务；③以内容为中心的网络可以支持 Web 浏览和内容分发。另外，XIA 的设计是可扩展的，因为它可以自适应地提供网络演进并支持将来可能出现的任何新的原则。任何实体都应该能够在没有可信第三方的情况下验证与之通信的主体。这可以通过将一个或多个安全属性与主体名称绑定来实现。例如，使用服务(或主机)公钥的散列值作为其名称允许实体验证它们是否与所需的主体通信。类似地，可以使用内容的散列值作为其名称来实现将内容与其名称绑定，从而允许用户验证所请求内容的完整性[40]。

　　XIA 定义了三个主要的设计要求：①所有网络实体必须能够清楚地表达其意图。这是通过将网络设计为以主体为中心并允许网络内优化来实现的。路由器在接收、处理和转发数据包时可以执行特定于主体的操作。②网络必须能够适应新类型的主体。这对于支持网络演进至关重要。③主标识符必须是本质安全的。安全验证方式取决于主体类型，例如，以主机为中心的网络中的身份验证主机与在以内容为中心的网络中验证内容完整性不同。主标识符表示为 XID(X identifier)，其中 X 定义原理类型，如 HID(host identifier，标识主机)、SID(service identifier，标识服务)、NID(network identifier，标识网络)和 CID(content identifier，标识内容)。

　　4WARD[41]是欧盟 FP7 项目，旨在设计未来互联网架构，主要由行业协会提供资金支持。4WARD 的设计目标如下所示。

　　(1)创建新的"信息网络"范例，这些信息对象(information object)有它们自己的身份，并不需要被绑定到主机。

　　(2)将网络路径设计为可以控制自身并提供弹性和故障转移、移动性和安全数据传输的活动单元。

　　(3)设计作为网络固有部分的"默认开启"管理功能。

　　(4)对单一基础设施提供可靠的实例化和不同网络的互操作。

　　一方面，4WARD 实现单一网络架构的创新；另一方面，它使多个专用网络体系结构能够在整体框架中协同工作。4WARD 研究中的任务组成部分如下所示。

　　(1)一般架构和框架。

　　(2)用于在虚拟网络中安全共享资源的动态机制。

　　(3)"默认开启"网络管理系统，具有通信路径架构。

　　(4)多路径和移动性支持。

　　(5)面向信息的网络架构。

FIRE[42]是欧盟关于测试平台的研究项目之一，与美国的 GENI 相似。FIRE

涉及行业界和学术界，它目前处于"第三次浪潮"。FIRE 项目的研究建立在之前关于 GEANT2(千兆欧洲学术网络)项目[43]的工作之上，该基础设施测试平台连接欧洲 3000 多个研究组织。FIRE 的一个主要目标是联邦，根据定义，它是在一组共同目标下由中央控制实体统一的不同自治测试平台。考虑到这一目标，FIRE 项目可以以分层方式进行聚类，它包含三个基本聚类：①顶级集群由一系列用于路由和传输数据的新颖个体架构组成；②底部集群由提供联邦支持的项目组成；③中间是联合群集，由要联合的现有测试库组成。这些现有的中小型测试平台可以逐步联合起来，以满足新兴的未来互联网技术的需求。描述这些子测试平台的文档可以在 FIRE 项目网站上找到。

Project Loon[44]是 Google(谷歌)X 实验室的计划之一，旨在通过热气球为指定地区提供快速及稳定的 Wi-Fi 网络连接，主要解决农村、偏远地区和发展中国家有限的互联网接入问题。高空约 18km 的高空热气球用于建立空中无线网络，可以达到 4G-LTE 速度的互联网接入。

ChoiceNet[45]将未来的互联网设想为一个具有嵌入式经济原则的平台，以提供新的服务。文献[45]的作者提出了互联网的"经济层"。ChoiceNet FI 架构的组件包括实体、服务、合同和市场。

GENI 项目[46]为网络和分布式系统的研究和教育建立了一个虚拟实验室。基于不断壮大的网络规模和复杂性，可以在 FI 体系结构上实现更多创新，包括安全性、服务和应用程序。

递归的网络间架构(recursive inter network architecture，RINA)[47]是一种清晰的 FI 架构，用于解决无线技术和不断增加的用户移动性问题，旨在通过这种混合环境实现无缝移动[48]。

日本在未来的互联网研究方面与美国和欧盟有广泛的合作，其参与了美国的 PlanetLab，测试平台也与德国的 G-Lab 设施联合。日本关于未来互联网架构的研究计划是由日本国家信息与通信技术研究所(National Information Communication Technology，NICT)赞助的新一代网络(new generation network，NWGN)。日本将清洁版结构(clean-slate architecture)设计定义为"新一代"，将基于 IP 的通用融合设计定义为"下一代"(NXGN)设计。NWGN 于 2010 年 6 月启动，预计将广泛地对网络技术和互联网社区产生短期(至 2015 年)和长期(至 2050 年)的影响。与美国和欧盟的项目一样，NWGN 由学术界和工业界合作的一系列子项目组成。子项目包括架构设计、测试平台设计、虚拟化实验室和无线测试平台、以数据为中心的网络、面向服务的网络、高级移动管理、网络虚拟化和绿色计算。其中具有代表性的两个项目如下。

1) AKARI[49]

AKARI 的意思是"黑暗中的小灯"。AKARI 是基于以下三个关键设计原则来设计未来网络架构的简洁方法。

（1）"水晶合成"，意味着即使在整合不同的功能时也要保持架构设计简单。

（2）"现实连接"，指将物理和逻辑结构分开。

（3）"可持续和进化"，意味着它应该嵌入"自我"属性（自组织、自我分配、自我突发等），并且灵活开放。

AKARI 组装以下五个 subarchitecture 模型，成为 NWGN 的蓝图。

（1）基于具有跨层协作的分层模型的集成子体系结构，逻辑身份与数据平面分离（一种 ID/定位器分裂结构）。

（2）子体系结构，通过减少较低层中的重复功能来简化分层模型。

（3）服务质量（quality of service，QoS）保证和组播的子体系结构。

（4）通过虚拟化连接异构网络的子体系结构。

（5）用于传感器信息分发和区域适应性服务的移动接入子体系结构。

2）JGN2plus 和 JGN-X[50]

JGN2plus 是日本全国性网络和应用测试平台。2004 年 JGN 迁移到 JGN Ⅱ，然后在 2008 年又迁移到 JGN2plus。从 2011 年开始，测试平台位于 JGN-X 之下，目标是成为部署和验证 AKARI 研究结果的真正的 NWGN 测试平台。

JGN2plus 提供四种服务：①第 3 层（L3）IP 连接；②第 2 层（L2）以太网连接；③光学测试；④覆盖服务平台配置。

JGN2plus 的研究还有五个副主题：①NWGN 服务平台基础技术；②NWGN 服务测试平台联合技术；③中间件和光路 NWGN 的应用；④NWGN 运营组件建立技术；⑤验证国际运营的新技术。

经过多年研究，进一步发现了下一代互联网研究的重要性、复杂性、艰巨性和长期性。发达国家纷纷把下一代互联网的研究作为自己未来信息领域的重要发展方向。面对目前互联网中的重大技术挑战，仅仅靠单一的技术发明和工程实践很难找到合适的解决方案。基础理论对于下一代互联网研究具有重要的指导意义。

通过对国际下一代互联网项目，如 FIND、FIRE 和 FIA 的分析，可以看出各个国家对下一代互联网需求的研究结果基本是相互吻合的，认识基本一致。下一代互联网的重大需求主要包涵扩展性、安全性、移动性、客观理性和实时性等方面。虽然使基于共同的研究需求，各个国家在新一代体系结构研究路线上却各有不同。目前，对于新一代互联网的研究思路有两种：一种是基于现有的互联网体系结构来解决面临的重大技术挑战，采用 IPv6 协议的大规模试验网，攻克相关的技术；另一种则是重新设计一种全新的互联网体系结构来解决面临的重大技术挑战。

1.3.2　国内研究现状

互联网进入中国，犹如一场信息革命。从 20 世纪 90 年代后期开始，国内就先后开始了一系列与下一代互联网(next generation internet，NGI)研究有关的计划与项目。1987 年 9 月 20 日，钱天白教授在我国第一次使用互联网，发出了主题为"越过长城，走向世界"的电子邮件，中国互联网在国际上的第一个声音就此发出。1994 年，中国被获准加入互联网。此后以中国教育和科研计算机网(China Education and Research Network，CERNET)的建设为代表，我国互联网建设进入加速期。1998 年，CERNET 采用隧道技术组建了我国第一个连接国内八大城市的 IPv6 试验床，获得中国第一批 IPv6 地址；国家自然科学基金委员会援助资金建设了"中国高速互联研究试验网络"(National Natural Science Foundation of China Network，NSFCNET)；863 计划在"十五"期间重点支持了 IPv6 核心技术开发、IPv6 综合试验环境、高性能带宽信息网示范等重大专项。1999 年，与国际上的下一代互联网实现连接。2001 年，首次实现了与国际下一代互联网络(Internet2)的互联。不难看出，中国在短短几年拉近了与欧美等西方发达国家和地区在互联网研究与建设方面的距离。中国在短期内启动了多项下一代互联网试验，其中影响最大的是 CNGI 项目。2002 年，在国家发展计划委员会的组织下启动了"下一代互联网中日 IPv6 合作项目"等。2003 年，CNGI 项目正式启动。CNGI 主要包括三部分的研究内容：①推广应用核心设备和开发软件，包括关键网络设备产业化以及重大应用产业化；②建设 CNGI 示范网络，包括核心网络的建设、驻地网建设以及国际联网和交换中心建设；③开发试验网络技术和对重要应用的示范。2008 年，随着互联网的发展，中国已成为网民最多的国家。

CNGI 是由 6 个主干网组成的，它们之间的数据交换由建立在北京和上海的 2 个交换中心负责完成，这两个交换中心同时还是整个 CNGI 的国际出口，负责连接国际下一代互联网，并且每个 CNGI 主干网都由若干个千兆级的汇聚点组成，提供高速宽带接入。

CNGI-CERNET2 即第二代中国教育和科研计算机网，是中国 CNGI 示范工程中唯一的学术网络，同时也是目前世界上排在前列的以纯 IPv6 技术为核心的下一代互联网主干网。2004 年 3 月，CERNET2 试验网在北京正式开通并提供服务，这同时也标志着中国 CNGI 建设全面启动。CERNET2 主干网连接北京、上海、广州等多个主要城市的核心节点，并与北美、欧洲等国际下一代互联网实现互联。同时，CERNET2 部分采用了我国自主研制的具有自主知识产权的世界先进 IPv6 核心路由器。发展至今，其主干网流量不断增长。

我国在第一代网络的研究过程以及关键技术研究方面的国际角色是"跟随者"，而在 CNGI 项目中我国成功走到世界的前列，角色转变为世界下一代互联网研究与建设的重要"参与者"，因而在国际上面对下一代互联网标准以及关键技术开始逐渐享有话语权。

　　IETF 分别于 2007 年 7 月和 2008 年 7 月宣布了由 CNGI-CERNET2 提交的两个标准：RFC4925 和 RFC5210，这也是我国首次进入非中文相关的互联网核心技术领域。此外，我国学者主导推动了首个应用于各类文字的工作组——基于真实 IPv6 的源地址验证体系结构(source address validation architecture, SAVA)研究小组，它是由 CNGI-CERNET2 发起成立的。

　　在 CNGI 项目的带领下，在网络服务、接入和体系结构方面，中国电信和中国移动等单位已取得众多成果。中国移动从 2003 年开始，承担或参与多项国家发改委等牵头的 CNGI 项目，并在 2012~2013 年进行试点，推动产业发展，如在 2010 年，启动中国移动首个 IPv6 试点——河南省网；在 2012 年承担国家 IPv6 重大专项。中国联通在 2004~2006 年承担中国下一代互联网示范工程，原联通和院网通分别在 7 个城市建设了 IPv6 试验网；2008 年完成了北京奥运 IPv6 视频监控项目，实现奥运场馆的实时视频和温度环境监控；2012~2014 年承担下一代互联网技术研发、产业化和规模商用专项，在北京、上海、广州、深圳等 10 个城市，对城域网、互联网数据中心(internet data center, IDC)等进行 IPv6 改造；2015 年在北京、上海、广州等城市开展 VOLTE(voice over long-term evolution，长期演进语音承载)新技术试验及试商用，为终端用户分配 IPv6 单栈地址。

　　另外，这些单位的研究成果还包含了已经申请或已经授权了多项专利和软件著作权，如无状态映射的 IPv4 和 IPv6 网络互通的方法、互联网面向用户的跨域端到端网络路由选择方法、互联网准最小状态流量控制方法、基于自治系统互联关系的真实 IPv6 源地址验证方法等发明专利。

　　北京交通大学在 2009 年承担的"一体化表示网络系统"的下一代互联网项目通过了教育部组织的成果鉴定。该科研项目得到了国家 973 计划、863 计划以及国家自然科学基金的支持。目前，这个系统已经在国内的多家企业公司和高校进行了应用试验。

　　我国台湾省的下一代互联网主干网台湾学术网(Taiwan Academic Network, TANET)在 2002 年先后开通了与美国、韩国等国家及地区的 155Mbit/s 的高速互联网线路，并在 2008 年全面升级为 IPv6 协议。我国香港的下一代互联网主干网、香港学术和研究网(Hong Kong Academic and Research Network, HARNET)在 2001 年开通了与美国的 45Mbit/s 互联线路。

　　在下一代互联网体系结构的研究方面，清华大学的林闯等[51]从应用需求的角度出发，归纳了下一代互联网具备的基本特征，即可控性、可信性、可扩展性，并且认为下一代互联网体系结构要解决互联网体系结构的扩展性和演进性问题、大规模路由的可信和收敛问题、海量数据的高效网络传送问题、非连接网络的实时传送问题、用户跨域访问的复杂自治网络管理问题[52]。与国外的研究思路相比，林闯等[53]也认为下一代互联网体系结构中的主机名称与主机的位置应该分离，主机上资源的名称与主机名称应该分离，需要考虑网络安全与服务质量作为数据传送相并列的网络内在需求，需要考虑集中式和分布式控制相结合的网络管理模式，以增强网络的可控性。另外，在下一代互联网体系结构的可扩展性方面，清华大学的吴建平等[54]认为发展下一代互联网过程中要尽可能继承和发扬目前互联网体系结构的精髓，让互联网体系结构继续在下一代互联网中发挥核心作用。

2003 年后，973 计划陆续支持了新一代互联网的研究。清华大学等五个单位共同承担了 973 计划项目"新一代互联网体系结构理论研究"。在理论方面，围绕新一代互联网发展过程中的主要矛盾研究新一代互联网的基础理论问题，重点解决现有网络的可扩展性和复杂多样性之间的矛盾、未知网络行为和确定的传输控制目标之间的矛盾、网络的脆弱性和安全可信需求之间的矛盾以及稳定的网络体系结构和不断变化的网络服务需求之间的矛盾，为此产生了多项理论成果。基于这些成果，在网络体系结构设计和实现方面，设计出面向新一代互联网的可扩展的、可管理的、安全的网络体系结构和服务总体框架。在试验平台建设和试验方面，提出了互联网基础研究的综合试验验证理论框架，为基础研究成果的试验验证提供了理论支持。

2009 年，该项目继续得到 973 计划的延续支持，启动了新一期 973 计划项目——"新一代互联网体系结构和协议基础研究"，在之前的基础之上，从 IPv6 角度出发解决互联网的重大技术挑战，继承和发展前期项目的初步理论研究成果。同时面向互联网大规模采用 IPv6 协议，以及异构环境、普适计算、泛在联网、移动接入和海量流媒体等新应用，重点解决这些急需的重大挑战。

清华大学的吴建平等[54]提出了 SAVA，用以验证转发的每一个分组的 IP 地址的真实性，用来提高网络的可信性和安全性。另外，对于新一代互联网的研究进展，吴建平等认为当前互联网正处于向新一代互联网过渡发展的阶段。对于新一代互联网体系结构的发展方向，支持革命式路线的研究人员认为应该重新设计，但他们提出的方案难以在目前的互联网进行实际部署；支持改良式路线的研究人员认为应该在现有互联网的基础上进行修改，但某些修改在一定程度上破坏了互联网的设计原则，影响了新应用的部署。互联网发展历史表明，当前互联网的核心机制和设计原则仍然具有旺盛的生命力，可以适用于新一代互联网，而需要修改的则是部分基本要素(如 IPv4 协议向 IPv6 协议的发展)。综合而言，当今新一代互联网的发展应采用一种称为演进的中间路线[55]。

在下一代互联网协议和算法研究方面，针对可扩展性问题，当前网络提供商的一些安全和业务管理方案无法直接应用到下一代互联网中。因此，清华大学的李子木等[56]提出了一种 IPv6 多地址配置方案,可以在保证服务质量的前提下使当前网络提供商的方案能更加容易地移植到下一代互联网之中。另外,他们还总结了在校园无线网络中部署纯 IPv6 的两种模式:只能访问 IPv6 网络的 native-stack 模式和能够同时访问 IPv4/IPv6 网络的 IVI 模式[56]。实践证明,这两种部署模式运行效果良好,为 IPv6 推广和校园网用户接入下一代互联网积累了经验。在可信性和安全性方面,中南大学的 Liu 等[57]在分析传统互联网数据传输和通信协议的基础上,分别提出了基于时间沙漏模型的数据传输协议和可信网络模型,并且还针对下一代互联网拥塞控制策略进行了研究。东北大学的 Wang 等[58]提出了基于 SAVA 的可信路由机制,另外对于服务定制化的路由机制也有广泛的研究,在下一代互联网中不仅满足基本传输能力,更能为用户提供个性化的路由选择方案[59]。在 IPv6 环境下,需要设计出满足用户需求的动态路由机制。北京交通大学的薛淼等[60]为了解决传统网络无法有效同时使用多个终端的多个接口传输数据的问题,提出了一种面向下一代网络的端到端多路径传输层架构——E2EMP。仿真结果表明,这种新型架构能够有效地聚合终端多家乡的出口带宽,同时提高了数据传输的安全性和可靠性。另外,在网络的分层方面,根据跨层设计的思路,东北大学的 Han 等[61]提出了基于基础互联结构同构(fundamental interconnecting structure homogeneous, FISH)网络的旁路分流方法,采用了镜面加工机来分析每个流的特点,并且能配置到下一代互联网中。清华大学的王旸旸等[62]研究了互联网中网络层和传输层覆盖路由的方法和结构,并提出了一种支持下一代互联网的覆盖路由的新思路。北京交通大学的杨冬等[63]分析了传输层在下一代互联网中的重要地位,将提供普适的服务作为目标,搭配符合下一代互联网要求的传输层架构,通过分析和原型实现证明了新型架构的正确性和可行性。在此基础之上,北京交通大学的李世勇等[64]进一步提出了一种基于网络效用最大化的、从服务到连接和从连接到路径的多对多映射的数学模型,给出了映射模型的一般形式,确保了非弹性服务能获得一定的服务质量。另外,针对多路径网络中普遍存在的异构服务,文献[65]建立了相应的资源分配模型,对于下一代互联网具有推进作用。在其他方面,一些学者提出了覆盖网络的多维服务质量路由算法,由于端到端服务质量的缺乏,覆盖路由已经被当作默认最佳网络路由的一种替代。该解决方案提出了一个基于多服务质量约束分析的多维服务质量目标模型,并提出了节点和链路覆盖资源优化的路由算法[66]。针对对等网络中的一个关键问题,即加入或离开的对等体所产生的高流失率,文献[67]提出了一种新颖的位置感知的对等覆盖。针对具有不同长度前缀的 IPv6 地址翻译问题,文献[68]提出了一种新的 IPv6 到 IPv6 网络地址翻译方法,称为部分状态不对称网络地址转换(partial-state asymmetric network address translation, PANAT)技术。它能够提供独立于应用程序的翻译方法,并在传输层保持校验和中立。该方法可用于过渡技术、多宿主、拓扑隐藏等，促进了下一代互联网的研究与发展。

1.4 未来互联网产业发展状况

1.4.1 国内产业发展状况

我国科技人员在 20 世纪 90 年代后期开始进行下一代互联网的相关研究。经过数十年的时间，在下一代互联网的核心技术和标准、大规模试验网以及基础理论研究等各方面都取得了进展。人们更加深刻地认识到下一代互联网研究的重要性、复杂性以及长期性。2003 年，清华大学、国防科技大学、北京邮电大学、东南大学和中国科学院网络信息中心等五个单位共同承担了 973 计划项目"新一代互联网体系结构理论研究"[68]。

华为的《全球产业展望 GIV》预测，到 2025 年全球范围内的网络连接数将达到 1000 亿。为了给用户提供快速的服务，网络应在发生故障时能够快速恢复，并且能够保证链路不会发生中断，而今天的操作和维护系统仍然基于物理设备，无法满足这些需求。

在 2018 年世界移动通信大会(Mobile World Congress，MWC)[69]上，华为正式发布意图驱动的智简网络(intent-driven network)解决方案，该方案具有以下特点：

(1)具有基于大数据和人工智能技术的预测分析能力，能够预测故障并主动优化性能、修复故障。

(2)实现架构、协议、站点、运维的全面简化。

(3)引入"超宽带"技术，实现海量连接、超低时延和超大带宽。

(4)开放 API，实现第三方大数据平台和云平台的对接。

(5)具有有效的安全识别和防御能力。

华为智简网络可基于业务场景实现高度自动化、智能化，其包括智慧大脑和极简基础设施两部分，不仅能够主动识别用户意图，实现网络端到端自动配置，还可以实时感知用户体验，并进行预测性分析和主动优化。该解决方案能够缩小物理网络与商业目标之间的差距。这些技术将使软件定义的网络发展成由意图驱动的网络，并最大化业务价值。

1.4.2 国外产业发展状况

美国、欧洲、日本和其他国家及地区的网络研究机构正在鼓励对革命性的网络架构进行研究，这些架构可能受到或不受当前基于 TCP/IP 的互联网的限制，所涉及的主题包括用于新架构试验的各种试验平台、新的安全机制、内容交付机制、管理和控制框架、服务架构以及路由机制[70]。

随着云计算技术的不断发展，互联网从早期的承载海量文本、图片和视频，演变到以高清直播为主要流量。随着增强现实（augmented reality，AR）相机以及虚拟现实（virtual reality，VR）社交等新应用的到来，互联网流量将继续高速增长。大部分的流量增长没有体现在运营商服务提供者（service provider，SP）的网络中，而是主要集中在 OTT（over the top）网络中[71]。以谷歌、脸书（Facebook）、亚马逊网络服务（AWS）、微软及苹果（Apple）为代表的五大 OTT 公司都构建了全球规模的骨干网。传统的设备形态以及网管工具难以适应流量和业务的快速发展。OTT公司纷纷采用自研设备，引入 SDN 来管理全球骨干网。

软件定义广域网[72]（software defined wide area network，SD-WAN）将成熟的软件技术（如智能动态路由调控、数据优化、TCP 优化、服务质量优化）与传统的网络资源（如公共互联网）互相融合，从而最大限度地发挥传统资源的性能，进而提高效能，提升客户体验感。企业分支机构、云服务商、数据中心、终端用户连接企业就近局邮协议（post office protocol，POP）骨干网络，通过实时优化，较大程度上节省带宽使用，高效控制应用流量及路由选择，从而减少部署时间并节约成本[73]。SD-WAN 与传统 WAN 的区别有如下方面。

(1)简便的网络部署：无论分支是在数据中心还是在云上，SD-WAN 的嵌入式网络服务，简化了复杂底层物理设备的配置策略定义，能够灵活并自动化实现网络部署。

(2)可预知的应用程序：SD-WAN 可为企业提供可预知的网络，基于云管理的带宽增长支付模式，有效节省不必要的带宽成本。

(3)带宽成本的降低：SD-WAN 基于企业现有的网络带宽，应用其嵌入式网络，可以有效减少网络带宽的成本投入。

基于意图的网络（intent-base network，IBN）[74]是由思科公司提出的网络自动化架构，IBN 基于 SDN 发展而来，其目标是实现网络运营自动化，并使网络能够更好地与业务目标或意图保持一致。

IBN 侧重于"网络应该做什么"，而不是"如何"配置网络组件。IBN 通过生成设计和设备的配置来实现此目的。此外，它还可以实时验证是否符合原始意图。如果未满足所需的意图，系统可以采取纠正措施，例如，修改服务质量策略、虚拟局域网（virtual local area network，VLAN）或访问控制列表（access control list，ACL）。这使得网络更加符合业务目标和合规性要求。

IBN 使用声明性语句（即网络应该做什么），而不是描述应该如何完成的命令式语句。IBN 具有理解大量异构网络的能力，这些异构网络由一系列不同的设备组成，而这些设备没有一个 API。这实质上使得用户可以专注于业务需求而不受传统网络的限制。

参 考 文 献

[1] Pan J, Paul S, Jain R. A survey of the research on future internet architectures[J]. Communications Magazine IEEE, 2011, 49(7): 26-36.

[2] Jain R. Internet 3.0: Ten problems with current internet architecture and solutions for the next generation[C]. Military Communications Conference, Washington, 2006: 153-161.

[3] Day J. Patterns in Network Architecture: A Return to Fundamentals[M]. Upper Saddle River: Prentice-Hall, 2007.

[4] Jain R. Architectures for the future networks and the next generation internet[J]. Computer Communications, 2011, 34(1): 2-42.

[5] Ambrosin M, Compagno A, Conti M, et al. Security and privacy analysis of national science foundation future internet architectures[J]. IEEE Communications Surveys and Tutorials, 2018, 20(2): 99.

[6] GENI[EB/OL]. http://www.geni.net. [2022-05-19].

[7] 吴建平, 吴茜, 徐恪. 下一代互联网体系结构基础研究及探索[J]. 计算机学报, 2008, 31(9): 1536-1548.

[8] NSF. NSF future internet architecture project[EB/OL]. http://www.nets-fia.net. [2022-05-19].

[9] Anderson T, Birman K, Broberg R, et al. A brief overview of the NEBULA future internet architecture[J]. ACM SIGCOMM Computer Communication Review, 2014, 44(3): 81-86.

[10] Anderson T, Birman K, Broberg R, et al. The NEBULA future internet architecture[J]. Lecture Notes in Computer Science, 2013, 7858(3): 16-26.

[11] Han D, Anand A, Dogar F, et al. XIA: Efficient support for evolvable internetworking[C]. Usenix Conference on Networked Systems Design and Implementation, San Jose, 2012: 309-322.

[12] Seskar I, Nagaraja K, Nelson S, et al. Mobility first future internet architecture project[C]. Asian Internet Engineering Conference, Bangkok, 2011: 1-3.

[13] Zhang L, Estrin D, Burke J, et al. Named data networking project[J]. Transportation Research Record: Journal of the Transportation Research Board, 2014, 892(1): 227-234.

[14] 李清. IPv6 详解[M]. 北京: 人民邮电出版社, 2009.

[15] 周长录. 浅析 IPv4 与 IPv6 的差别[J]. 电子技术与软件工程, 2014, (6): 39.

[16] Hagen S. IPv6 精髓[M]. 夏俊杰, 译. 北京: 人民邮电出版社, 2013.

[17] Graziani R. IPv6 技术精要[M]. 夏俊杰, 译. 北京: 人民邮电出版社, 2013.

[18] McKeown N. How SDN will shape networking[EB/OL]. https://www.slideserve.com/jada-shepard/how-sdn-will-shape-networking. [2022-05-19].

[19] Schenker S. The future of networking and the past of protocols[EB/OL]. http://dcis.uohyd.ac.

in/~apcs/acn/shenker-tue.pdf. [2022-05-19].

[20] Kim H, Feamster N. Improving network management with software defined networking[J]. IEEE Communications Magazine, 2013, 51(2): 114-119.

[21] Mckeown N, Anderson T, Balakrishnan H, et al. DpenFlow: Enabling innovation in campus networks[J]. Computer Communication Review, 2008, 38(2): 69-74.

[22] ONF. Open Networking Foundation[EB/OL]. https://www.opennetworking.org. [2022-05-19].

[23] Dix J. Clarifying the role of software defined networking northbound APIs[EB/OL]. https://www.networkworld.com/article/2165901/clarifying-the-role-of-software-defined-networking-northbound-apis.html. [2022-05-19].

[24] Guis I. The SDN Gold Rush to the Northbound API[EB/OL]. http://www.sdncentral.com/technology/the-sdn-gold-rush-to-the-northbound-api. [2022-05-19].

[25] Salisbury B. The northbound API–A big little problem[EB/OL]. http://networkstatic.net/the-northbound-api-2. [2022-05-19].

[26] Ferro G. Northbound API, southbound API, east/north LAN navigation in an OpenFlow world and an SDN compass[EB/OL]. https://etherealmind.com/northbound-api-southbound-api-east-north-lan-navigation-in-an-openflow-world-and-an-sdn-compass. [2022-05-19].

[27] Casemore B. Northbound API: The standardization debate[EB/OL]. http://nerdtwilight.wordpress.com/2012/09/18/northbound-api-the-standardization-debate/. [2022-05-19].

[28] Pepelnjak I. SDN controller northbound API is the crucial missing piece[EB/OL]. http://blog.ioshints.info/2012/09/sdn-controller-northbound-api-is.html. [2022-05-19].

[29] Tijare P V, Vasudevan D. The northbound APIs of software defined networks[J]. International Journal of Engineering Sciences and Research Technology, 2016, 5(10): 501-513.

[30] Raza S, Lenrow D. Open Networking Foundation North Bound Interface Working Group (NBI-WG) Charter[EB/OL]. https://opennetworking.org/wp-content/uploads/2013/04/charter-nbi.pdf. [2022-05-19].

[31] ONF TR-502. SDN Architecture 1.0[R]. Palo Alto: ONF, 2014.

[32] 董昕. 试论 SDN 的特征、发展现状及趋势[J]. 信息系统工程, 2018, (4): 46.

[33] 夏春梅, 徐明伟. 信息中心网络研究综述[J]. 计算机科学与探索, 2013, 7(6): 481-493.

[34] Vasilakos A V, Li Z, Simon G, et al. Information centric network: Research challenges and opportunities[J]. Journal of Network and Computer Applications, 2015, 52: 1-10.

[35] Bari M F, Chowdhury S R, Ahmed R, et al. A survey of naming and routing in information-centric networks[J]. IEEE Communications Magazine, 2012, 50(12): 44-53.

[36] CISIO. Mobile video delivery with hybrid ICN IP-integrated ICN solution for 5G[EB/OL]. https://www.cisco.com/c/dam/en/us/solutions/collateral/service-provider/ultra-services-platform/mwc17-hicn-video-wp.pdf. [2022-05-19].

[37] Deen G. GGIE: The glass to glass internet ecosystem[EB/OL]. https://www.ietf.org/ proceedings/ 96/slides/slides-96-dispatch-1.pdf. [2022-05-19].

[38] Seskar I, Nagaraja K, Nelson S C, et al. MobilityFirst Future Internet Architecture Project [EB/OL]. https://winlab.rutgers.edu/research-projects/mobilityfirst-future-internet-architecture-project/. [2022-05-19].

[39] NEBULA: Future internet architecture[EB/OL]. http://nebula-fia.org/. [2022-05-19].

[40] eXpressive internet architecture project[EB/OL]. https://www.cs.cmu.edu/~xia/. [2022-05-19].

[41] 4WARD: Architecture and design for the future internet[EB/OL]. https://cordis. europa.eu/ project/id/216041. [2022-05-19].

[42] FIRE: Future internet research and experimentation[EB/OL]. https://dl.acm.org/doi/10.1145/ 1273445.1273460. [2022-05-19].

[43] GEANT2 Project[EB/OL]. https://ec.europa.eu/information_society/doc/geantbrochure.pdf. [2022-05-19].

[44] Elkhatib Y, Tyson G, Sathiaseelan A. Does the Internet deserve everybody?[C]. ACM SIGCOMM 2015 Conference, London, 2015: 5-8.

[45] Wolf T, Griffioen J, Calvert K L, et al. ChoiceNet: Toward an economy plane for the internet[J]. ACM SIGCOMM Computer Communication Review, 2014, 44(3): 58-65.

[46] Duerig J, Ricci R, Stoller L, et al. Getting started with GENI: A user tutorial[J]. ACM SIGCOMM Computer Communication Review, 2012, 42(1): 72-77.

[47] Day J. Patterns in Network Architecture: A Return to Fundamentals[M]. Upper Saddle River: Prentice-Hall, 2008.

[48] Trouva E, Grasa E, Day J, et al. Transport over heterogeneous networks using the RINA architecture[C]. Wired/Wireless Internet Communications, Vilanova i la Geltrú, 2011: 297-308.

[49] AKARI: Architecture design project for a new generation[EB/OL]. https://slidetodoc.com/akari -architecture-design-project-for-a-new-generation/. [2022-05-19].

[50] JGN-X[EB/OL]. http://www.jgn.nict.go.jp/english/index.html. [2022-05-19].

[51] 林闯, 任丰原. 可控可信可扩展的新一代互联网[J]. 软件学报, 2004, 15(12): 1815-1821.

[52] 吴建平, 刘莹, 吴茜. 新一代互联网体系结构理论研究进展[J]. 中国科学: 技术科学, 2008, 38(10): 1540-1564.

[53] 林闯, 雷蕾. 下一代互联网体系结构研究[J]. 计算机学报, 2007, 30(5): 693-711.

[54] 吴建平, 任罡, 李星. 构建基于真实 IPv6 源地址验证体系结构的下一代互联网[J]. 中国科学: 技术科学, 2008, 38(10): 1583-1593.

[55] Lin M, Lui J C S, Chiu D M. An ISP-friendly file distribution protocol: Analysis, design, and implementation[J]. IEEE Transactions on Parallel and Distributed Systems, 2010, 21(9): 1317-1329.

[56] 李子木, 傅怡琦, 潘丽, 等. 无线局域网部署纯 IPv6 的两种模式[J]. 中国教育网络, 2014, (7): 40-43.

[57] Liu Y M, Nian X H. A new possible protocol model for next generation internet based on trustworthiness[C]. International Workshop on Intelligent Systems and Applications, Wuhan, 2009: 1-4.

[58] Wang X, Guo L, Yang T, et al. New routing algorithms in trustworthy internet[J]. Computer Communications, 2008, 31(14): 3533-3536.

[59] Bu C, Wang X, Zhang S, et al. Data-driven routing service composition via requirement chain[C]. IEEE International Conference on Communication Software and Networks, Guangzhou, 2017: 202-206.

[60] 薛淼, 高德云, 张思东, 等. 面向下一代网络的端到端多路径传输层架构[J]. 通信学报, 2010, 31(10): 26-35.

[61] Han L, Wang J, Wang X, et al. Bypass flow-splitting forwarding in FISH networks[J]. IEEE Transactions on Industrial Electronics, 2011, 58(6): 2197-2204.

[62] 王旸旸, 毕军, 吴建平. 互联网覆盖路由技术研究[J]. 软件学报, 2009, 20(11): 2988-3000.

[63] 杨冬, 李世勇, 王博, 等. 支持普适服务的新一代网络传输层构架[J]. 计算机学报, 2009, 32(3): 359-370.

[64] 李世勇, 秦雅娟, 张宏科. 基于网络效用最大化的一体化网络服务层映射模型[J]. 电子学报, 2010, 38(2): 282-289.

[65] Li S, Sun W, Hua C. Optimal resource allocation for heterogeneous traffic in multipath networks[J]. International Journal of Communication Systems, 2016, 29(1): 84-98.

[66] Dai H J, Qu H, Zhao J H. QoS routing algorithm with multi-dimensions for overlay networks[J]. China Communications, 2013, 10(10): 167-176.

[67] Gross C, Stingl D, Richerzhagen B, et al. Geodemlia: A robust peer-to-peer overlay supporting location-based search[C]. Proceedings of the 12th IEEE International Conference on Peer-to-Peer Computing, Tarragona, 2012: 25-36.

[68] Yan S, Zhao Q, Huang X, et al. Partial-state asymmetric NAT: Universal and asymmetric IPv6 address mapping[C]. IEEE International Conference on Communication Technology, Guilin, 2014: 378-382.

[69] MWC2018[EB/QL]. https://mwc.pconline.com.cn/2018/. [2022-05-19].

[70] 谢高岗, 张玉军, 李振宇, 等. 未来互联网体系结构研究综述[J]. 计算机学报, 2012, 35(6): 1109-1119.

[71] SDNLab[EB/OL]. https://www.sdnlab.com/. [2022-05-19].

[72] Software-defined WAN: A primer[EB/OL]. https://www.networkcomputing.com/networking/software-defined-wan-primer. [2022-05-19].

[73] ONUG Software-defined WAN use case[EB/OL]. http://www.onug.net/wp-content/up loads/ 2015/05/ONUG-SD-WAN-WG-Whitepaper_Final1.pdf. [2022-05-19].

[74] What is intent-based networking (IBN)?[EB/OL]. https://www.cisco.com/c/en/us/solutions/ intent-based-networking.html. [2022-05-19].

第 2 章　下一代互联网协议

　　互联网的出现是人类通信史上的里程碑，互联网已渗透到现代人类生活的方方面面，对人们的生活、工作及学习产生了极其深刻的影响。在互联网高速发展和应用普及的同时，用户群体和外部环境也都发生了巨大变化，使其面临的技术挑战越来越多，主要表现在：IP 地址匮乏，使得互联网无法大规模扩展；安全性、实时性、高性能、可控性及移动性等方面都难以实现。为应对上述技术挑战，以IPv6 协议为核心的下一代互联网应运而生。下一代互联网是全新的互联网架构，包括一系列新应用和新技术，能够有效支撑物联网、云计算、工业互联网等新型信息化网络应用模式。本章主要介绍下一代互联网的核心——IPv6 技术以及国内外 IPv6 主干网的发展状况。

2.1　IPv6 协议概述

　　IPv6 也可以称为 IPng(即下一代 IP，IP next generation)，是 IETF 研究设计的下一代互联网协议，用于替代 IPv4 协议。按照互联网设计的原则，互联网上的每一个设备甚至部件都需要分配一个独立的 IP 地址，以保证其能够与网络上其他的设备或部件进行通信。随着互联网中各类设备的不断涌现，对于 IP 地址的需求越来越大，早已超出了 IPv4 地址空间所能提供的范围。大量的设备急速消耗大量的IP 地址，而网络地址转换(network address translation，NAT)技术与无类别域间路由(classless inter-domain routing，CIDR)技术均未能从根本上解决 IP 地址资源耗尽的问题。IPv6 的出现使得 IP 地址耗尽的问题得以解决。IPv6 协议使用了 128位地址，即大约有 3.4×10^{38} 个地址，可以说具有无限个地址空间。此外，IPv6 是目前全球唯一发展比较成熟、适合大规模部署的技术。因此，IPv6 技术成为当前解决 IP 地址资源紧缺问题的最优选择，能够满足未来互联网技术发展对 IP 地址日益增长的需求。

　　IPv6 协议是网络层协议，在网络中提供端到端的数据传输。关于 IPv6 协议描述的正式版本出现在 1998 年 12 月发表的 IETF 国际标准 RFC 2460 中[1]。在 IPv6协议中，除了提供足够量的地址这一显著特征以外，还实现了很多其他 IPv4 协议中没有的功能，例如，IPv6 协议简化了地址分配、网络重新编号和路由器宣告等。同时，IPv6 协议通过将分片放置在端点的方式也简化了路由器的分组处理。并且网络安全也是 IPv6 体系结构中的重要设计需求，包括互联网安全协议(internet protocol security，IPSec)规格说明书等[2]。在 IPv6 和 IPv4 网络之间的互操作包括流量承载或转换。根据 IPv6 协议的特点，与 IPv4 协议互操作需要使用翻译或者隧道技术才能实现，如 IVI[3]、NAT64[4]和 4over6[5]等技术。

与 IPv4 的编址方式相比，IPv6 增加了地址长度，这使得 IPv6 的编址方式变得更加灵活。IPv6 使用扩展的地址继承方式，允许不同的互联网服务提供商(internet service provider，ISP)定义自己站点内的地址继承方式。编址方式的严格继承使地址聚合更加容易实现，可以最大限度地减少路由器的数量，从而有利于提高网络性能。除此之外，IPv6 协议还支持自动认证，这也为移动设备的接入等应用提供了良好保证。IPv6 协议提供了流标记，为解决端到端的服务质量问题提供了一种有效的解决方法，同时，简化了 IPv4 协议的报头选项，IPv6 协议采用了固定报头加扩展头的方式，提供了更好的扩展性。

近年来，以互联网为基础的全球互联网对人们的生活、学习及工作各个方面都产生了深远的影响，互联网技术得到了前所未有的发展。然而，随着互联网影响范围的迅速扩大以及技术的快速发展，网络规模变得异常庞大，网络结构也越来越复杂，现有的网络服务难以满足大规模网络的应用需求。

目前 TCP/IP 协议族是互联网的协议族，网络层的 IP 协议是互联网的核心，也是 TCP/IP 协议族的核心。绝大多数现行互联网的 IP 协议版本号为 4，即 IPv4 互联网协议。但在 IPv4 协议中存在诸多问题，如地址空间小、路由表过于庞大、服务质量难以保障、安全性低、移动性支持不足等。因此，无论是从互联网的规模和安全性方面的发展还是计算机技术本身的发展来看，IPv4 协议均已经无法适应现代网络应用的需求。1992 年，IETF 对 IPv4 的后续版本着手研究，并在 1994 年成立了 IPng 工作组，用来制定下一代互联网协议(即 IPv6)的相关标准，以期解决现有网络中存在的相关问题。

目前，全世界各个国家普遍重视下一代互联网 IPv6 协议及其安全技术的研究。在 IPv6 协议的研究方面，美国、日本和欧洲等发达国家及地区暂时处于领先地位。作为互联网发源地的美国，虽然拥有数量充足的 IPv4 地址，但是对 IPv6 的发展也相当重视。早在 2003 年 6 月，美国国防部就已经发布备忘录，决定将整个部门的网络系统升级到 IPv6 协议，并在 2004 年 3 月，IPv6 试验网络 Moonv6 完成第二阶段的测试。日本也早在 1999 年 12 月开始提供 IPv6 试验服务，并于 2001 年 4 月开始提供 IPv6 商用服务，在 IPv6 的研发和应用方面都走在世界前列。2001 年，欧洲成立了 IPv6 TaskForce，制定了 IPv6 推广计划，目前已经建立了 6NET 和 Euro6IX 等 IPv6 支撑下的试验网络。

由于我国的互联网建设起步相对较晚，20 世纪我国在互联网界没有强大的话语权。IPv6 协议的出现和推广，使得我国以及全世界的互联网界拥有重新公平竞争的机会。自 1994 年以来，我国就开始投资建设中国教育和科研计算机网

CERNET。CERNET 不仅为一大批国家重大项目提供了有力支持，还为广大高校师生提供基本的网络服务。CERNET 作为全国性的学术互联网，最早承担了关于 IPv6 的相关应用任务与试验研究。2003 年，正式启动 CNGI。为抓住下一代互联网发展机遇，取得发展先机，彻底扭转我国第一代互联网落后于人的局面，我国的相关研究人员在 20 世纪 90 年代末也开始了下一代互联网的研究。

1998 年，CERNET 相关研究人员首次搭建了我国 IPv6 试验床。在国家自然科学基金委员会的支持下，2001 年，我国第一个下一代互联网地区试验网 NSFCNET 在北京建成并顺利通过验收。

2003 年，CNGI 项目启动并开始实施，由此，我国下一代互联网正式进入大规模建设与研究试验阶段。CNGI 项目的目标是建立我国下一代互联网平台，相应的与下一代互联网有关的研究模拟可以在该平台上进行，目标是使之成为产、学、研、用相结合以及中外合作的开放平台。CNGI 项目建立了一个覆盖全国的 IPv6 网络，成为世界上最大的 IPv6 网络之一。作为国家级的战略项目，CNGI 项目的启动标志着我国的 IPv6 技术进入到实质性的发展阶段。目前，CNGI 核心网已经完成建设任务并开始商用，核心网主要由六个主干网、两个国际交换中心及相应的传输链路组成，六个主干网在北京和上海的国际交换中心实现互联，分别由中国电信、中国移动、中国联通及赛尔网络(负责 CERNET 的运营)等负责规划建设。CNGI 主干网由北京、武汉、广州、南京和上海 5 个一级核心节点和其他 20 个二级核心节点组成。

2006 年，CERNET2 作为中国下一代互联网示范工程，即 CNGI 的核心网，其中 CNGI-CERNET2/6IX 项目整体通过国家验收，该项目取得 4 个重要突破，包括：建成世界第一个纯 IPv6 网；首次提出 4over6 隧道过渡技术；开创性地提出 IPv6 源地址认证互联体系结构；首次在主干网大规模应用国产 IPv6 路由器。CNGI-6IX 在北京建成国内/国际互联中心，实现了 6 个 CNGI 主干网的高速互联，完成了 CNGI 示范网络与北美、欧洲、亚太等地区下一代互联网的高速互联互通。

CNGI 项目很好地将网络建设、技术开发、科学研究和产业发展结合，成为可商用的网络，为科学研究提供了一个通用平台，也为制造商提供了试验平台，为下一步大规模进行应用打下了坚实的基础。依托 CNGI，我国开展了大规模的应用研究，如环境监测、视频监控等。

在继承了 IPv4 优点的基础上，IPv6 对 IPv4 进行了改进并且增加了新的特性。这些新特性大大改善了网络的传输性能。IPv6 中新增加的特性主要如下所示。

(1)拥有 128 位的地址空间。地址空间由 IPv4 的 32 位扩大到 IPv6 的 128 位，IPv6 的地址范围最大为 2^{128}(约 $3.4×10^{38}$)个，如果平均到地球表面，每平方米面积可获得大约 $6.67×10^{23}$ 个 IPv6 地址，使得"地球上的每一粒沙子都可拥有一个

IPv6 地址",未来的设备、终端、家电、用具都可以拥有自己的 IP 地址。如此数量巨大的 IPv6 地址空间,能够彻底解决 IP 地址耗尽的问题。

(2)支持层次化的地址结构。IPv6 可按照不同的地址前缀进行划分,因为其具有支持层次化的地址结构,这样利于骨干网路由器对数据包的快速转发。IPv6 定义了 3 种不同的地址类型,分别为单点传送地址(unicast address)、多点传送地址(multicast address)和任意传送地址(anycast address)。所有类型的 IPv6 地址都属于接口而不是节点。一个 IPv6 单点传送地址被赋给某一个接口,而一个接口只能属于某一个特定的节点,因此可以使用一个节点的任意一个接口的单点传送地址来标识节点。

(3)简化 IPv6 数据首部。IPv6 的基本首部只携带报文传送过程中必要的控制信息,从 IPv4 中固定的 12 个信息域减少到 8 个,简洁的首部使 IPv6 报文在传输过程中每个节点处的处理速度有了巨大提升。

(4)简化报头与灵活扩展。IPv6 对数据报头进行了简化,以此来节省网络带宽和减少处理器的资源开销。IPv6 的数据报头由一个基本报头和多个扩展报头组成,其中基本报头具有固定的长度 40B,基本报头携带的信息所有路由器都需要处理。由于互联网中的数据包绝大部分都只是经过路由器进行简单转发,固定报头长度有助于加快路由处理速度。IPv4 的报头中有 15 个域,而 IPv6 的报头中仅有 8 个域,每个域拥有固定的 40 字节长度,这使得路由器在处理 IPv6 报头时更轻松。另外,在 IPv6 协议中还定义了扩展报头,使其能够对多种应用提供强力支持,同时也为支持未来新型网络应用提供了可能。这些扩展报头被放置在 IPv6 报头和上层报头之间,每一个都可以通过"下一报头"的值来确定。扩展报头必须按照它在包中出现的顺序依次进行处理,因为每一个扩展报头的内容和语义决定了是否对下一个报头进行处理。一个完整的 IPv6 实现包括下面的扩展报头:逐个路径段选项报头、目的选项报头、路由报头、分段报头、身份认证报头、有效载荷安全封装报头及最终目的报头。

(5)改善网络性能。IPv6 数据包的大小远远大于 IPv4 数据包的 64KB,利用最大传输单元(maximum transmission unit,MTU),应用程序可以获得更高效的数据传输速率。IPv6 报头的合理改善使得路由器在数据包转发速率、处理速率等方面均有显著提升,从而提高了整个网络性能。

(6)方便业务开展。由于地址不足,需要实现 IP 报头公有地址和私有地址等信息的翻译,IPv4 中大量使用了 NAT 设备,这就限制了 IP 电话和视频会议等媒体业务的应用。例如,在进行通信时,处于不同私网的端系统即便可以穿越 NAT 设备,在增加系统复杂度的同时,数据包的传输效率也显著下降;而充足的 IPv6 地址保证了 IPv6 协议中任何通信都可以获得公有 IP 地址,而不需要 NAT 的中转,可以完全避免 NAT 地址穿越带来的技术问题,从而保证多媒体业务的顺利开展和进行。

(7) 有状态与无状态的地址配置。针对主机配置进行简化，在对支持 IPv6 的 DHCP(DHCPv6, DHCP for IPv6)服务器的地址配置中，IPv6 支持有状态的地址配置；在没有 DHCPv6 服务器的地址配置时，也支持无状态的地址配置。在无状态的地址配置中，链路上的主机会自动地为自己配置适合这条链路的 IPv6 地址，称为链路本地地址，适合于 IPv6 和 IPv4 共存的 IP 地址，或者是由本地路由器加上前缀的 IP 地址。在没有路由器的情况下，不需要手工配置就可以实现通信，同一链路上的所有主机可以自动配置它们的链路本地地址。链路本地地址在 1s 之内可以完成自动配置，因此同一链路上节点的通信几乎是立即进行的。而一个使用 DHCP 的 IPv4 主机大约需要 1min 的时间：需要首先放弃 DHCP 的配置，然后自己配置一个 IPv4 地址。

(8) 服务质量保证。IPv6 允许网络用户对通信质量提出要求，路由器可以根据报头中新增加的业务类别域(traffic class)和流标记域(flow label)的域值标识出同属于某一特定数据流的所有报文，并按照需要对这些报文提供特殊处理，既可以达到负载平衡，又可以保证用户和应用的优先级别，从而实现服务质量保证和优先级控制。这种能力对支持需要固定吞吐量、带宽、时延、抖动、开销的应用非常重要，如多媒体应用中的实时传播、视频点播以及一些实时交互应用等。

(9) 即插即用的联网方式。将 IP 地址自动分配给用户是 IPv6 的标准功能，只要终端连接上网络便可自动设置 IP 地址。即插即用的联网方式有两个优点：一个是可以大大减轻管理者的负担，另一个是用户不需要花费精力对地址进行设置。IPv6 有两种自动设定功能：一种是无状态自动设定，另一种是全状态自动设定。

(10) 提供比较完备的安全机制。广义的安全机制包括保密机制和安全验证两部分。IPv6 中主要包括三方面的安全机制，分别为数据包确认、数据包加密和数据包完整性验证，安全机制在其扩展数据包中具体实现。IPv6 的认证扩展头部主要用来提供密码验证和证明数据包是否完整无误，默认情况下采用消息摘录算法(message digest algorithm, MDA)进行验证。与 IPv4 对安全字段可选相比，IPv6 中内置了安全机制 IPSec，保证了网络层端到端通信的保密性和完整性，为部署端到端的安全性虚拟专用网络(virtual private network, VPN)提供了更好的支持，对虚拟专用网络的互操作性提供了支持。

(11) 移动性支持。对于移动性应用的支持，IPv6 协议也好于 IPv4 协议。IPv6 协议可以保证在已有通信不中断的情况下，漫游到其他网络。IPv6 协议通过一个漫游地址保持通信，并且确保了自身的可达性。

2.2　国内外 IPv6 主干网发展及应用

2.2.1　国内外 IPv6 主干网发展现状

IPv6 协议作为下一代互联网使用的协议，采用 128 位地址长度，几乎可以不受限制地提供 IPv6 地址。与普遍使用的互联网 IPv4 协议相比，在下一代互联网的研究进程中，IPv6 解决了最紧迫的可扩展性问题。因此，IPv6 在全球越来越受到重视，中国、美国、欧洲、日本、韩国等国家和地区都启动了基于 IPv6 协议的下一代互联网研究计划。

1. 美国

为满足教育和科研对网络环境与应用技术不断增长的需求，美国高等院校、互联网协会、网络公司以及政府机构共同搭建了新一代互联网 Internet2。其核心任务是开发先进的网络技术，提供全国性、先进的高性能网络基础设施和研究试验平台。开展的研究包括网络中间件、安全性、网络性能管理和测量、网络运行数据的收集和分析、新一代网络及部署以及全光网络等。基于 Internet2 的各种应用贯穿了高等院校教育的方方面面，不仅促进科学研究，也用于远程学习领域，对于高等教育的发展起到了至关重要的作用。Internet2 为高等院校以及教育机构提供了速度更快、性能更好的互联网服务。

除了应用到高等教育与科学研究，Internet2 也为各种网络发展研究中的新技术提供试验环境，允许各种新技术在核心节点上运行，并允许对其运行效果和效率进行评估。Internet2 的基础架构拓扑[6]如图 2.1 所示。

1）Internet2 出现的背景

随着计算机与网络技术的不断发展，在美国的大学里出现了一批先进的网络应用，一方面这些网络应用极大地丰富了教学与科研工作，但另一方面却对基础网络环境提出了更高的要求。例如，出现的远程教学和视频会议需要高质量同时高效的"一对多"的数据传送服务，这就需要多媒体信息处理和网络传输的支持。

面对快速增长的大量数据，研究机构需要高可靠性、大容量的数据存储和分布式共享服务；医疗领域则需要可靠的通信服务保障进行实时诊断分析。

美国作为 Internet 的发源地，于 1996 年 10 月就宣布启动下一代互联网工程研究计划，目的是进行下一代高速网络的基本理论研究，构造出全新概念的新一代互联网体系结构，研究和开发未来的网络创新技术，其核心是对互联网架构、协议以及路由器等领域的研究。

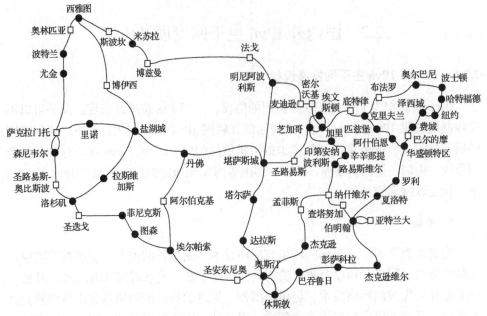

图 2.1　Internet2 基础架构拓扑

　　为了支持成员在全球范围内进行协作的需求，Internet2 通过利用开放式的网络交换设施为国际网络和科研合作提供了高性能的网络交换点，可使研究人员能够使用传输速率为 100Mbit/s 的以太网技术与世界各地同行进行协作。Internet2 为国际协作提供的一系列服务如下所示。

　　(1)将 Internet2 和合作者管理的一系列高性能网络交换点用于国际网络和科研协作。

　　(2)与不是由 Internet2 直接管理的其他网络交换点进行高速互联。

　　(3)连接欧洲和亚洲的其他科研与教育网络。

　　(4)进行世界范围的全球开放信息交换。

　　(5)与不断增长的国际合作伙伴组织建立紧密联系。

　　在创新和信任的基础上，Internet2 正在构建一系列全新的功能：配置传输速率为 100Gbit/s 的二层虚拟局域网(virtual local area network，VLAN)；创建虚拟网络；为试验网络研究建立网络测试平台；通过不断增长的信任与身份生态系统以及云解决方案，实现全球协作；对网络资源实现集成计算与存储。Internet2 的应用前景非常广阔，可以应用到国家安全、能源研究、医疗保健、远程教学等现代社会发展所需要的各个方面。

　　2) Internet2 主干网建设原则

　　Internet2 主干网建设遵循如下原则。

(1)购买胜过建设。应尽可能地采用目前可以获得的、使用范围比较广泛的、完全由供应商支持的现存技术。

(2)开放胜过封闭。使用开放的标准与公开的协议，避免采用私有的协议与解决方案。

(3)多元胜过单一。努力避免对单个网络提供商、硬件或软件制造商的长期依赖，使网络组成元素多元化发展。

(4)不将基本需求复杂化。确保满足基本需求的建设目标，不被其他各种各样的特殊需求所干扰。

(5)生产产品而不是试验。Internet2 的建设目标是为开发先进的应用软件提供支持，而不是成为单一的网络实验室。

(6)为终端用户提供服务。

3)Internet2 核心节点的结构和服务

在逻辑结构上，Internet2 核心节点是区域性网络连接节点，为多个成员提供接入服务。

在组织结构上，Internet2 核心节点由一所或多所大学联合管理和运营。指定一个成员负责所有 Internet2 核心节点的管理和运行是不切实际的，需要一个组织来负责对各个核心节点之间的运作和协调。

在物理结构上，Internet2 核心节点是具有一定保护功能的物理场所，它能够安装许多网络设备和其他网络运行时所需要的各种硬件，以及连接 Internet2 各个成员网络和外部数据传输网络的各种线路与终端。

Internet2 核心节点最主要的核心功能是按照规定的带宽和服务质量要求提供 Internet2 业务。核心节点参与 Internet2 的运营管理工作，其中包括收集 Internet2 使用数据、与其余核心节点网络和其他校园网络运营者共享信息，以便规划、发现和处理与 Internet2 网络服务相关的各类问题。

正常情况下，每个 Internet2 核心节点可以为 5～10 个成员节点提供核心网的接入服务。这意味着，如果网络节点完全平均分布，仅仅需要大约 12 个核心节点就可以满足需求。但是，核心节点的数量不能这么少，原因如下。

(1)各个节点所处的地理位置区域对核心节点的数量会有很大的影响。Internet2 成员节点在地理上的分布是不均匀的，有的地区成员节点分布密集，有的地区成员节点较为稀疏，对核心节点的数量产生了影响。

(2)一般情况下，国家和地区网络的核心节点除了为 Internet2 提供服务以外，还为其他网络需求提供服务，因此对网络的这些需求可能会使网络变得越来越庞大。

连接 Internet2 成员的网络节点只有具备了以下功能和运作条件，才能真正被称为 Internet2 核心节点。

(1) Internet2 核心节点必须为 Internet2 提供所有最基本的网络服务。

(2) Internet2 核心节点必须在 Internet2 节点之间进行工作，必须禁止非 Internet2 的信息通过核心节点传输。

不管是由谁建设的 Internet2 核心节点，以及不管 Internet2 的体系结构是怎样的，建设者都必须承担一些最基本的工作，并且不能禁止核心节点做任何事情。而其他方面的运行可以按照运营者自己选择的方式进行，或选择尽可能简单的方式进行。

按照结构进行划分，Internet2 核心节点可以分为简单结构与复杂结构两类。

(1) 简单结构的核心节点仅为 Internet2 成员节点服务。Internet2 成员节点接入某个核心节点后，通过一个或两个路由器对数据进行转发，将数据传送到其他核心节点。因此，简单结构的核心节点相对比较简单，基本不需要设置复杂的防火墙和内部路由。

(2) 复杂结构的核心节点不仅为 Internet2 成员节点提供连接服务，还同时为 Internet2 成员提供其他的网络服务。它会拥有许多通向其他核心节点的网络连接，因此它的结构比较复杂，需要提供较复杂的路由策略，确保数据得到正确转发，避免被非法使用。

除为 Internet2 成员提供接入服务的核心节点外，由于 Internet2 成员数量不断增长，核心节点数量也在不断快速发展与增加，还必须建立一些额外的核心节点留以备用，用来专门负责将不同的 Internet2 核心节点连接起来。

4) Internet2 核心节点的主要功能

Internet2 核心节点的主要功能是按照特定的带宽和服务质量需求，在 Internet2 接入网与核心网之间进行协调通信。因此，Internet2 核心节点在技术方面必须满足以下要求。

(1) 协议。

任何 Internet2 核心节点的三层设备都必须支持基于 IP 协议的网络连接，并且所有 Internet2 核心节点的三层设备除了应该支持 IPv4 协议之外，还必须支持 IPv6 协议。IP 协议并不是 TCP/IP 协议中唯一的网络协议，因此 TCP/IP 协议中的所有通用协议在需要时都应该得到有效支持。此外，IGMP 和资源预留协议 (resource reservation protocol，RSVP) 在所有相关核心节点设备上也必须得到有效支持。

(2) 路由。

Internet2 核心节点负责维护属于 Internet2 的路由规则。Internet2 核心节点只对目的节点明确的网络数据包进行转发。在物理上与核心节点连通并不意味着能够在 Internet2 上进行转发与交换数据。核心节点用来转发 Internet2 的路由规则，应支持控制 Internet2 核心节点之间的报文转发及数据交换等协议。

(3)速度。

由于成员网络的内部运行基于 Internet2 的应用程序的数量和网络通信需求不同，不管是在 Internet2 核心节点内部还是在 Internet2 核心节点之间，它们的连接速率相差都很大。推出核心节点的目的正是保证有足够的容量与速度来处理大量的数据交换任务。通常使用交换机连接核心节点的内部网络，而核心节点与核心节点之间采用路由器连接并且带宽应该足够大，才能更好地处理数据量比较大的交换任务。

(4)使用成本。

Internet2 核心节点的运行成本会随着环境和提供服务的不同而有所改变，不可能确切地计算出成本是多少，因此 Internet2 核心节点连接的成本目前还无法确定。但是，选择的定价方式必须在技术上是可实施的。

(5)技术转换。

Internet2 建设的目标之一就是实现新一代互联网技术的商用化，在新一代互联网技术向商用转化的过程中，核心节点扮演着十分重要的角色。

(6)核心节点间合作。

提供高服务质量是 Internet2 建设中一个十分重要的目标，在所有的 Internet2 节点上都是如此，但这不会将所有的 Internet2 成员节点都致力于这些应用试验。各个核心节点有所侧重地对某些应用进行试验，如一些应用试验，可能只需要一两个核心节点去完成，不需要使用全部的 Internet2 成员节点。然而，对于一些特定的应用试验，可能需要许多个 Internet2 成员节点分工协作共同完成。

(7)其他核心节点服务。

流量数据的收集是对 Internet2 核心节点的一个基本要求，位于核心节点的流量数据信息需要和其他的 Internet2 成员节点共享使用。因此，Internet2 核心节点上一定需要大容量的存储。虽然实践证明，高速缓存在减少对某些类型服务的带宽需求时十分有效，但 Internet2 所要收集的流量数据并不是具体应用的高速缓存。因此，在 Internet2 中的核心节点无法提供高速缓存功能。

(8)性能展望。

Internet2 建设的一个主要目标是在一个拥塞的网络环境下保证网络的服务质量，因此 Internet2 核心节点自身不能成为网络通信的瓶颈。此外，不同的 Internet2 成员节点所要求的网络带宽是不一样的，所以，Internet2 核心节点在进行内部设计时应能够处理多种接入需求并具有广泛的连接能力。

(9)运行责任。

Internet2 的运行与管理是 Internet2 建设过程中存在的一个重要问题。需要成立相应的组织，所有 Internet2 核心节点与该组织进行合作，通过该组织获得带宽并实现核心节点所需要实现的目标，当然其中也包括网络管理方面的内容。这个组织至少需要全国性的网络管理机制和例会制度。

Internet2 还需要对系统实际的使用情况进行分析研究，这对十分复杂并且不断变化的系统行为的研究十分必要，研究内容包括流量描述、队列分析、性能监控、成本分摊等。为能够记录足够详细和精确的数据用来支持研究和分析工作，核心节点在结构上都应配备具有一定安全能力的完整数据库系统。

(10)服务级别监控和数据。

Internet2 为终端用户提供端到端的动态服务。这意味着终端用户可按照自己的需求在 Internet2 上申请不同等级的服务，并且这些服务可穿透不同的网络运营商。无论通信路径中包含多少网络运营商，这些服务都可以得到有效提供。终端用户可以在任意时刻申请不同的服务级别，但是在网络拥塞的情况下，可能没有足够的资源提供所需级别的服务，所以终端用户不一定总能得到所申请的服务，但一旦某项服务的申请获得批准，这一服务级别就一定能被授予终端用户。Internet2 提供的动态服务具有端到端的特性，这一特性要求各网络运营商之间以及网络运营商与终端用户之间加强合作，并要求能够实现最大限度的自动化。

目前的 Internet 并不区分服务等级，只有一个级别的服务。在这种情况下，就只能平等对待所有终端用户，按照非动态的成本计算方法，例如根据固定的带宽、时间等因素对用户进行收费。一旦能够针对不同的资源和用户划分出不同的服务等级，就必须进行一定形式的资源管理和成本计算，Internet2 的管理模式与成本计算方法目前处于摸索阶段，还未形成一套成熟固定的管理方式。

(11)安全。

Internet2 的网络安全问题可大致分为三类。

①针对网络基础设施的攻击。这类针对网络基础设施的攻击行为可能使网络基础设施出现异常，导致网络设备系统性能下降或崩溃，甚至导致整个网络瘫痪。

②未经授权接入使用网络。由于 Internet2 针对不同的网络资源与接入用户提供不同的定价策略与网络服务等级，网络运营者会面临试图逃避管理和逃避网络计费的安全问题。

③病毒或网络使用不当等。这种情况并不会影响 Internet2 本身，但会对终端系统或网络使用者产生影响。病毒能侵入用户系统、窃取有关重要资料，进行某些犯罪行为和违法行为。

作为网络的运营者，除了必须掌握传统的各类攻击方法之外，还必须精通能够防御这些攻击的方法及工具，能够做到对攻击进行主动防御。因此，Internet2 核心节点的网络运营者需要与其他网络运营者及组织进行安全方面的合作交流。

5)Internet2 高级网络服务

目前 Internet2 提供了 3 层高级网络服务，第 1 层是构建和定制高带宽网络的最专业和最具成效的方式。在这一层可以构建最先进的网络，速度为 10Mbit/s、

100Mbit/s，最终速度达到 1Tbit/s。与其他国家的研究和教育网络相比，Internet2 具有更多的接入点，为高等教育、政府和研究领域的领导者提供一系列战略服务，为其成员提供最可靠、最高带宽的网络解决方案。

Internet2 高级网络服务的第 2 层(AL2S)提供有效的、高效的广域 100Mbit/s 的以太网技术给研究和教育领域。成员可以在开放式的交换网络上实现可扩展且灵活的全局访问，可以在 Internet2 网络上的端节点之间构建第 2 层电路(VLAN)。该服务满足了研究和教育界的广泛需求。无论是现在还是将来，AL2S 允许用户在 Internet2 AL2S 骨干网上创建自己的 VLAN。静态或动态、点对点或多点、域内或域间，AL2S 将骨干 VLAN 的控制权交给用户，以便用户可使用已有的基础设施创建专用的私有电路。

Internet2 高级网络服务的第 3 层(AL3S)提供 IP 网络服务和 TR-CPS 服务。由于 Internet2 基于社区运营和持续协作做出评估和优化，AL3S 提供领先的网络特性，以满足不断发展的高速研究和协作需求。TR-CPS 通过 80 多个选择实体提供与部分公共互联网和对等关系的连接。对于 Internet2 成员的商业流量需求，Internet2 的商业对等服务提供了低成本路径，具有比商业替代品更高的网络性能指标。TR-CPS 为世界上一些顶级内容提供商提供高性能、低延迟和高效(一跳)访问策略，包括谷歌、雅虎、Netflix 和其他商业内容提供商。该服务支持 IPv4、IPv6 和多播。在 Internet2 高级网络服务的第 3 层服务收费中，对等网络服务允许会员利用现有的 Internet2 网络连接投资，满足其商业互联网应用的需求，并且在商品终端上节省大量经费。

2. 欧洲

GEANT 是泛欧研究和教育网络，将欧洲国家研究和教育网络(National Research and Education Network, NREN)相互连接起来，为欧洲 10000 个机构的 5000 多万用户提供连接，支持能源、环境、空间和医药等领域的研究[7]。GNEplus 是 GEANT 项目的最新成员，庞大而复杂，在欧洲 40 多个国家的组织中拥有 250 多名项目参与者。

1)GEANT 项目

(1)GEANT 项目的主要参与者。

GEANT 项目的参与单位包括 37 个欧洲 NREN、欧洲先进网络技术交付组织(Delivery of Advanced Network Technology to Europe, DANTE)、欧洲计算机网络研究和教育协会(Trans-European Research and Education Networking Association, TERENA)以及 NORDUnet(代表五个北欧国家)和 30 个 OPEN CALL 项目合作方。通过国家教育科研网络的合作伙伴，GEANT 机构、项目和研究人员提供整个网络的若干互联网相关服务。

DANTE 既是 GEANT 的主要参与方，也是 GEANT 网络的项目协调员和运营商。DANTE 成立于 1993 年，在连续几代的泛欧研究网络中发挥了关键作用。该组织还管理非洲、亚洲、欧洲和南地中海地区的一些其他全球倡议。

TERENA 负责一系列外展活动，并支持项目合作伙伴之间的协调研发工作。TERENA 为欧洲 NREN 提供了一个论坛，用于促进教育界使用的互联网技术、基础设施和服务的发展。

欧洲 NREN 是专门致力于支持本国研究和教育界需求的网络。

(2) GEANT 项目的主要工作。

GEANT 的使命是为欧洲及其他地区的研究和教育社区提供世界一流的网络和服务，以实现最高水平的运营。GEANT 项目的工作分为三个工作领域：研究、服务开发与交付、外联和协调。主要的活动有：网络活动支持所有 GNEplus 活动，包括内部和外部通信，促进国际联络和业务开发；服务活动(service activity，SA)为研究教育界开发提供 GEANT 服务；联合研究活动(joint research activities，JRA)旨在对未来网络和应用技术进行关键分析，以期在未来的网络和服务中部署新兴技术。

欧洲各国提出了"欧洲 2020"十年增长战略，旨在使欧盟成为一个智能、可持续和包容的经济体。该战略的目标包括研究和创新。GEANT 处于网络技术和服务发展的最前沿，欧洲网络研究社区还拥有网络和数据安全等关键领域的专业知识以及云计算技术等快速发展的领域。GEANT 在提供研究方面发挥着关键作用，为研究界提供无缝的泛欧通信基础设施。GEANT 和欧洲 NREN 还提供与研究基础设施的连接，这些连接可能位于欧洲的偏远地区，这对于挖掘其潜力并为科学家提供获取其资源的途径至关重要。

除了泛欧之外，GEANT 网络还与其他世界地区的网络建立了广泛的联系，包括北美、拉丁美洲、加勒比海地区、北非、中东、南部及东部非洲、中亚及亚太地区，也已经连接到西非和中非地区。因此，GEANT 通过广泛的地理覆盖范围使欧洲研究人员能够与世界各地的同行共享大量数据并进行有效协作，同时还提供支持全球教育活动所必需的基础设施。

2) GEANT2 项目

2008 年 5 月，欧盟官方正式发布了欧洲基于 IPv6 协议的新一代互联网的行动计划。主要内容是计划在 2010 年欧洲将有 25%的网络用户可使用基于 IPv6 协议的新一代互联网，并能够使用 IPv6 协议访问大多数的网络服务和内容。这个行动计划具体包括：

(1) 提升基于 IPv6 协议的内容访问、服务以及应用软件的能力；

(2) 通过公共采购行动促进基于 IPv6 协议的网络互联和相关产品的需求；

(3)保证及时的基于 IPv6 协议的网络部署行动;

(4)应对新一代互联网带来的安全和隐私等诸多问题。

GEANT2 是第七代泛欧的教育科研网络。作为泛欧科研网络 GEANT 的后继项目,GEANT2 项目于 2004 年 9 月启动,项目周期为 4 年。GEANT2 提供了最新的高性能网络基础设施,为欧盟建立"欧洲研究区"(European Research Area, ERA)提供了基本网络条件。在 GEANT 和 GEANT2 上早就运行了多种基于 IPv6 协议的主干网服务。GEANT2 由欧盟委员会和欧洲 NREN 联合资助,并由 DANTE 组织和管理。GEANT2 致力于在多方面提高教育科研网络的技术水平。除了构建教育科研网络以外,GEANT2 还应用到了整合计划研究、支撑服务开发、欧洲教育科研网络监测、未来欧洲教育科研网络技术综合研究等方面。GEANT2 计划的参与者包括欧洲的 NREN、DANTE 以及 TERENA 等 34 个,覆盖超过 3000 万名研究人员。

(1)GEANT2 项目的主要目标。

GEANT2 项目的主要目标包括以下几个。

①设计、构建和管理泛欧教育科研主干网络。实现欧洲各国教育科研网络的互联,以满足欧洲各国教育科研领域对高质量网络服务的要求。

②进行新一代互联网技术和网络服务的联合。GEANT2 项目致力于将网络新技术由概念转变为实际服务,提供给所有网络用户。

③为教育用户与科研项目提供快速高效的网络支持。

④研究数字环境中的"数字鸿沟"问题的解决方案。

⑤研究教育科研网络未来的维护和管理技术,以确保在 GEANT2 计划结束后,网络仍然能够正常运行,为用户提供最好的网络服务。

GEANT2 通过提供先进的网络环境帮助研究人员始终紧跟学术前沿,最终将促进整个欧洲科技竞争能力的提升,对未来构建横跨欧洲的 NREN 具有重大的深远意义。

(2)GEANT2 的网络应用。

GEANT2 的前身 GEANT 很早就成为全球第一批新一代互联网试验的一部分,GEANT2 的众多成员组织都已经提供了基于 IPv6 协议的网络访问服务。

从 2005 年 2 月起,IPv6 组播成为 GEANT2 的典型成功应用,也运行在 GEANT2 上,但是 GEANT2 上的 IPv6 组播是 IPv4 组播的复制品,没有针对 IPv6 协议进行更好的扩展和优化。

GEANT2 除了提供 IPv6 组播服务之外,还提供基于 IPv6 协议的高速网络接入服务,以及基于指定服务质量的点对点通信服务。这些服务都是基于大量的底层网络服务,包括网络监测、故障报警、安全、移动访问等。

3. 亚太地区

在基于 IPv4 协议的互联网中，亚洲国家相比欧美国家占有的地址空间相对较少，所以亚洲国家对下一代互联网建设的热情更高。中国、日本和韩国很早就开始了基于 IPv6 协议的下一代互联网研究与建设。接下来介绍日本和韩国在下一代互联网主干网建设及研究方面的情况。

1) 日本

日本政府制定了 "E-Japan" 战略，自 1999 年就开始分配 IPv6 地址，计划 2005年开始提供基于 IPv6 协议的商用化网络服务。下一代互联网进展虽然有些滞后，但日本的下一代互联网建设与应用一刻也没有停缓。由于政府重视和企业积极参与，迄今日本在 IPv6 的研发和应用已经走在了亚太各国乃至世界的前列。日本参与 IPv6 研究的机构除了产学研联合研究开发组织 (Widely Integrated and Distributed Environment，WIDE) 之外，还有 IPv6 普及与高度化推进协会、日本通信综合研究所和 IPv6 实施委员会。

日本的设备厂商 (如 NEC、日立、富士通等) 已经能够自主提供 IPv6 的硬件支持，而且已经有十多家 ISP 提供 IPv6 业务服务，如 WIDE 的 NSPIXP6 等。特别是日本电报电话公司 (Nippon Telegraph and Telephone Public Corporation，NTT) 已经在下一代互联网上提供了宽带业务服务，其中包括三项免费服务：下一代互联网接入服务；IP 电话服务；专用服务，如内容分配 (面向服务提供商的网络服务质量优化)、虚拟专用网络及网络协议电视 (internet protocol television，IPTV) 等。

日本的下一代互联网建设采用整体产业化发展策略，分阶段进行研究与开发，且十分注重下一代互联网理论研究和应用实践相结合；同时依靠科研机构和电信服务商之间的合作，第一时间推动下一代互联网商用，为实际网络用户提供服务。

2) 韩国

韩国在政策、立法、战略、项目资助、国际合作等多方面对基于 IPv6 协议的下一代互联网建设都有相应措施，制定了相应的演进进程，共分四个阶段[8]。

第一阶段 (2001 年以前) 建立 IPv6 试验网，开展试运行、验证及宣传工作。

第二阶段 (2002～2005 年) 完善 IPv6 试验网，提供基于 IPv6 的网络服务，实现与现有 IPv4 网络的互联互通。

第三阶段 (2006～2010 年) 建立 IPv6 网络，提供有线和无线的 IPv6 商用服务，使原来的 IPv4 网络退化为 IPv4 孤岛。

第四阶段 (2011 年以后) 演变成一个单一完整的基于 IPv6 协议的下一代互联网。

韩国政府已陆续投入了大量资金用于支持 IPv6 网络相关产业发展，其提出的 "IPv6 host 变换技术" 被 IETF 指定为草案标准，其在基于 IPv6 协议的下一代互联网研究方面进展显著。该技术能够把计算机等终端及现有 IPv4 协议地址体系技术中所使用的应用程序，无须修改即可直接用于基于 IPv6 协议的下一代互联网。2004 年，韩国出台的促进 IT 行业发展的"839 计划"也针对基于 IPv6 协议的下一代互联网、下一代卫星网络和移动网络等进行了有力推动。

除了日本和韩国以外，新加坡、马来西亚以及印度在下一代互联网战略中也都全面考虑引入基于 IPv6 协议的相关技术。亚太地区作为近 20 年经济发展最快的地区，互联网的研究和应用发展也十分迅速。亚太地区的大学和科研组织建立了若干网络联合组织，既为学术科研提供网络互联，也建设了一个网络新技术新概念支撑下的试验网。

3）APAN

代表亚洲和太平洋国家/经济体研究和教育网络利益的非营利性国际组织是亚太先进网络学会（Asia-Pacific Advanced Network，APAN）。APAN 由亚太地区各国学术组织共同合作，旨在成为研发支撑下一代网络应用和服务的高性能网络，规划、建设和运行连接亚太地区各国学术网，为亚太地区的研究和教育界提供先进的网络基础环境，从而推动亚太地区下一代互联网技术和网络应用的学术研究，以及与世界其他地区下一代互联网试验网及其应用研究组织开展广泛合作，并在其成员之间及同行的国际组织之间协调与网络技术、服务和应用相关的活动，也已成为促进网络研究和教育活动的关键驱动力。APAN 既代表其成员的组织，也指连接其成员的研究和教育网络及世界各地其他研究网络的骨干网络，其中起主导作用的是中国、日本和韩国。APAN 旨在建立亚太地区学术网络高速互联相关研究的试验环境，并与北美、欧洲等地区的学术网络互联互通，合作开展对下一代互联网的研究与试验。APAN 已和多个地区的下一代互联网实现了互联，包括我国的 CNGI-CERNET2。APAN 主干网络拓扑图如图 2.2 所示[9]。

建立 APAN 的主要目的和主要工作包括以下几方面[10]。

（1）协调和促进整个亚太地区互联网技术的发展和基于网络应用与服务的进步。以知识型经济发展为出发点，大大改善教育成果；让教育工作者和学生分享知识、远程发现和学习；获取教育、研究和社会数字资源、仪器和专业知识，提高所有成员经济体参与全球协同创新的能力；提供亚太地区乃至全球稀缺或昂贵的教育和研究数据资源；实施支持人民福祉的先进通信基础设施；展示新型网络服务，作为技术转移到工业的孵化器，以及作为创新的跳板，催化和刺激信息经济。

（2）为用户社区提供一个论坛，与众多网络工程师一起帮助利用机会，加强与成员经济相关的科学研究和教育。

（3）进行网络技术、高速通信服务研发以及支持这些技术相关的会议和研讨会，产生引人注目的新应用。

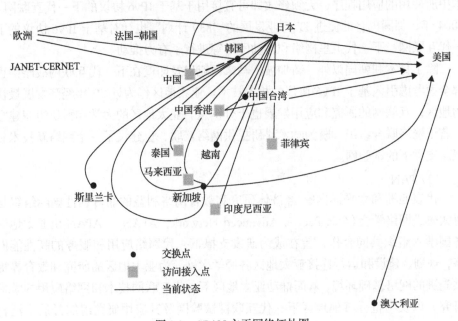

图 2.2　APAN 主干网络拓扑图

(4)安排、组织教育和培训的研讨会，开展奖学金计划，以支持和培养亚太地区的下一代网络工程师及技术领导者。

(5)与世界各地的相关组织、机构、团体和个人密切合作，进一步加强对先进网络应用和技术的推广与应用。

(6)与北美洲、南美洲、欧洲和非洲的同行组织一道，协调进行全球互联网基础设施建设，改变教育和研究的方式，从而促进社会发展。

4)中国

下一代互联网主干网是我国在 2003 年启动的国家重大科技攻关项目，由清华大学等 25 所高校共同承担，2004 年建成，在北京、上海、广州进行了联网试运行，目前已与全国 20 个城市的众多高校及科研机构进行了互联，传输速率达到了2.5～10Gbit/s。项目建成了一个全国性覆盖的 IPv6 网络，已经成为世界上最大的IPv6 网络之一。目前，下一代互联网核心网已经完成建设任务并推广商用，核心网由六个主干网、两个国际交换中心以及相应的传输链路组成，六个主干网在北京和上海的国际交换中心实现互联。专家认为，该项目比第一代互联网具有更大、更快、更及时、更安全和更方便等显著优点。

我国建设的下一代互联网主干网在核心技术上实现了几个重大突破：开创性地创建了世界上第一个纯 IPv6 主干网，加速了世界互联网发展的步伐；首次提出了第一代互联网到第二代互联网的过渡技术方案,为两代互联网的顺利过渡提供了保障;在国际上首次提出了真实源地址认证的新体系结构理论,为解决互联网安全隐患提供了重要保证;具有自主知识产权的 IPv6 路由器的大规模使用将使我国在以后互联网的建设中彻底摆脱对国外设备的依赖。

2.2.2 国内外 IPv6 主干网应用情况

随着全球基于 IPv4 协议的 IP 地址已分配耗尽,对网络安全和网络服务质量的要求不断提升,世界各国已充分意识到建设 IPv6 网络的重要性,先后出台 IPv6 发展战略并制定了发展时间表。

1. 欧盟

早在 2008 年,欧盟就发布了《欧洲部署 IPv6 行动计划》,要求在欧盟各国采取及时、高效、有序的部署行动,分阶段推进欧盟企业、政府部门和家庭用户将网络迁移至 IPv6 协议。具体举措包括:建立大规模试验网,推动 IPv4 和 IPv6 的互联互通;在政府内部全面推行 IPv6 网络,从而带动总体发展;加快国际合作,与日本、中国等国家和地区开展 IPv6 项目合作。2017 年 10 月,全球 IPv6 用户普及率前 20 的国家中欧盟成员国已经占据了 9 位,前 10 的国家中欧盟成员国占据了 6 位,其中比利时 IPv6 的普及率已高达 57%。

2. 美国

在美国,IPv6 技术最早在军方推行,2003 年美国国防部就提出 IPv6 具有巨大的军事价值,能够满足长远的军用要求,军网要在 2008 年前完成向 IPv6 的迁移。2010 年 9 月,美国政府发布了《IPv6 行动计划》,2012 年 7 月更新《政府 IPv6 应用指南/规划路线图》,其中明确要求:到 2012 年末,政府对外提供的所有互联网公共服务必须支持 IPv6;到 2014 年末,政府内部办公网络全面支持 IPv6 协议。2017 年 10 月,美国使用 IPv6 的用户已超 1 亿,IPv6 普及率也已经超过 45%。

3. 日本

在日本政府的"E-Japan"战略中,将 IPv6 作为重要组成部分。2007 年 8 月,日本总务省成立了"互联网向 IPv6 过渡调查研究委员会",构建了日本的 IPv6 过渡计划。2009 年 10 月,由日本总务省、日本网络信息中心(Japan Network Information Center,JPNIC)、电信和互联网运营商协会成立"日本 IPv4 地址枯竭工作组",发布了《IPv6 行动计划》,计划决定从 2011 年 4 月开始全面启动 IPv6 服务。2017 年年底,日本已经有 11 家 ISP 提供 IPv6 商用服务,IPv6 用户则超过了 2500 万。

4. 中国

根据中国互联网络信息中心 (China Internet Network Information Center, CNNIC) 发布的《2017 IPv6 地址资源分配及应用情况报告》，到 2017 年 12 月，中国 IPv6 地址分配总数在全球排名居于第二位，但我国国内 IPv6 的实际应用程度偏低。《2017 IPv6 支持度报告》中显示，全球支持 IPv6 的网站正在不断增加，包括谷歌、Facebook、微软 Bing、雅虎等网站已提供永久 IPv6 访问服务。全球 IPv6 测试中心监测数据明确表明，Alexa 全球排名前 50 的网站 IPv6 支持率为 42%。维基百科、谷歌、雅虎等网站都可以通过 IPv6 稳定访问。中国工程院院士、清华大学吴建平教授表示，市场驱动的良性发展环境已经形成，我国 IPv6 活跃用户数量增加明显，在互联网用户中的占比不低于 20%，这意味着继印度和美国后，我国将成为全球第三个 IPv6 用户数量过亿的国家，2025 年我国 IPv6 规模将达到世界第一。

5. 其他国家

澳大利亚、新加坡、印度、巴西、马来西亚等国家也分别提出 IPv6 发展战略与商用部署计划，其中印度和巴西成果显著，据亚太互联网络信息中心实验室 (APNIC Labs) 统计，截至 2017 年 10 月，印度 IPv6 用户已突破 2 亿大关，用户数位居全球第一，巴西则已经进入了利用下一代互联网 IPv6 网络协议全球十大最先进的国家行列。

2.3   IPv6 网络安全研究进展

2.3.1   IPv6 网络安全概述

IP 协议在设计之初没有着重考虑安全性问题，因此在基于 IPv4 的网络中经常会发生网络窃听、IP 欺骗以及数据窃取等网络攻击行为。随着互联网络的不断发展，网络安全问题也越来越突出，各种网络入侵和网络攻击行为也越来越多。目前网络的安全机制大部分都建立在应用层之上，如安全套接字层 (secure sockets layer，SSL) 协议、电子邮件加密等，无法直接从网络层确保网络的整体安全。

1995 年，IETF 制定了 IPSec，加强了 IP 通信的安全性。IPSec 仅仅作为 IPv4 的一个可选扩展协议，而 IPv6 在设计之初就关注网络安全问题，在 IPv6 协议中内置了安全机制 IPSec，因此，与 IPv4 相比，IPv6 具有更好的安全特性。IPSec

提供了鲁棒的、标准的安全机制，可以为网络层提供安全保证，这些安全保证包括对网络单元的访问控制、数据加密、数据源地址验证、数据的完整性检查和防止重放攻击等[11]。IPSec 的安全服务通过 AH(认证头标)协议、ESP(封装安全载荷)协议、SA(security association，安全关联)以及 IKE(Internet 密钥交换)协议相结合的机制实现。通过 IPSec 的加密功能，数据包在网络传输中不会被偷窥，数据的机密性得到了保证；通过 IPSec 的鉴别验证功能，可以防止数据被更改，保证数据包的完整性；通过 IPSec 的地址鉴别功能，可以防止 IP 地址被冒用，在一定程度上限制了基于 IP 地址的攻击和入侵行为。IPv6 作为下一代互联网协议，在性能和安全机制方面比 IPv4 有了显著提高，但也并不能够解决所有的网络安全问题，同时还可能相应产生新的网络安全问题。比如 IPv6 网络与 IPv4 网络的长期共存，会产生网络安全问题，还可能会产生新的安全漏洞。

与 IPv4 协议相比，IPv6 解决了地址匮乏的问题，还解决了身份认证、数据机密性和完整性等问题，使 IPv6 实现了网络层安全。与此同时，我们也应该认识到从 IPv4 到 IPv6 的过渡也会给网络带来安全问题，应及早对可能出现的网络安全问题进行规避。

随着 IPv6 网络大规模商用的提速，IPv6 在安全方面的隐患越来越多[12]。此外，IPv6 所面临的应用场景要比 IPv4 复杂得多，复杂的环境下也会使安全问题更加严重。未来随着更多应用场景的出现，各种安全问题可能会逐渐涌现出来。因此，IPv6 的安全研究将会得到越来越多的关注。

2.3.2　SAVA 协议

按照传统网络设计的方法，网络数据报文转发主要是基于目的 IP 地址，几乎没有对数据报文的 IP 源地址的真实性进行检查，这使得容易对 IP 源地址进行伪造，并由此引发很多安全、管理和计费等方面的问题。真实 IP 源地址包含以下三层含义[13]。

(1)经授权的：IP 地址必须是经互联网 IP 地址管理机构分配授权，不能对其进行伪造。

(2)唯一的：除对全局唯一性不做要求的特殊情形以外，IP 地址必须是全局唯一的。

(3)可追溯的：网络中转发的 IP 分组，能够根据其 IP 地址找到其所有者和位置。

伪造 IP 地址的网络攻击会为攻击者构造一系列带有伪造源地址的报文，对于使用基于 IP 源地址验证的应用业务，这种攻击方法可以导致未被授权用户以他人身份获得访问系统的权限，甚至是以管理员权限来访问。即使响应报文不能到达攻击者，同样也会对被攻击对象造成破坏。为有效避免对 IP 源地址进行伪造，源地址验证机制应运而生，IP 源地址验证已经成为互联网面临的一个具有挑战性的问题。真实地址寻址结构是可信网络的重要技术基础。地址是主机在现行互联网中的标识，缺乏源地址验证将无法在网络层建立起确定的信任关系。互联网中的基础设施不能提供端到端的信任，各种应用独自实施源地址验证，不仅效率低、无法对各种应用进行统一，而且不能解决各种网络中的安全威胁。

为了解决网络中面临的许多由缺少信任带来的问题与安全威胁，如基于目的地址的路由转发，对数据报文的源地址不进行检查，使得伪造源地址进行攻击成为可能，需要构建基于真实地址的路由寻址结构，该结构可以带来以下益处[14]。

(1) 可以使互联网中携带真实 IP 源地址的分组更容易被追踪，携带伪造源地址的分组无法转发，被丢弃，可以有效防御伪造源地址的分布式拒绝服务 (distributed denial of service，DDoS) 攻击，如反射攻击 (reflection attack) 等。

(2) 更加容易追踪互联网中的流量、设计安全机制以及更好地管理网络。

(3) 可以实现更精细粒度的基于源地址的测量、管理以及费用计算。

(4) 可以在一定程度上对安全认证进行简化，对安全服务和安全应用的设计提供有效支持。

(5) 对于互联网应用，由于采用了全局唯一的 IP 地址，可提高性能，更加方便进行部署。

总而言之，实现基于真实地址的寻址结构，可以为上层安全服务搭建确定可信的网络基础环境。而验证源地址的有效性，有助于实现以下目标。

(1) IPv6 地址的全网唯一性。IP 地址的唯一性能够使攻击行为的追踪变得更加容易，并可为统一全网的计费提供技术支持和有效参考。在基于 IPv4 协议的网络中，NAT 等技术的广泛部署导致 IP 地址全网不唯一，从而导致对攻击行为的追踪变得异常困难。IPv6 协议巨大的地址空间使网络中的每一个实体都可获得全网唯一的 IPv6 地址，这使得真实源地址验证技术的实现更有可行性。真实 IPv6 源地址验证体系通过三个不同网络层级的源地址识别、验证，对伪造源地址的数据报文进行丢弃与过滤，可保证网络中所有数据报文源地址的全网唯一性。由于携带伪造源地址的报文不会得到转发，被丢弃，不会为使用伪造源地址实施网络攻击提供机会，从而减少大规模的网络攻击。

(2) IPv6 地址的可追溯性。真实 IPv6 源地址验证体系通过在接入子网内以及其他不同网络层次中建立了不同粒度需求的 IPv6 地址到其他标识的绑定关系，可将 IPv6 地址逐级定位到网络实体，确定所有网络中的数据报文的源地址都是正确的，并准确无误地进行回溯，从而保证网络中任何攻击行为的可追溯性，对网络分析、管理以及网络审计极为有利。

在源地址验证技术发展过程中，通过评估试验，验证了源地址验证体系结构。SAVA 网络模型在借鉴前人研究的基础上，在源地址追踪、验证等方面都有了长足的进步。

清华大学吴建平教授提出的真实 IPv6 源地址验证体系结构[13,15]，在网络层提供了一种透明服务，可以验证互联网中每一个数据报文的 IP 地址的真实性。该结构简称为 SAVA，其中包括用于接入子网的验证、用于自治系统内部网络的验证和用于自治系统间网络的验证三部分。真实 IPv6 源地址验证体系较好地适应了现有互联网的分层体系，能够支持分层部署在网络的不同位置、满足不同粒度需求的源地址验证，有助于提高整个互联网的安全性和可信任性。

1. SAVA 设计原则

在设计真实 IPv6 源地址验证体系结构中，综合考虑了以下设计原则[13]。

（1）性能：部署真实 IPv6 源地址验证体系结构，不能使现有路由与交换设备的分组转发的性能大幅度降低。

（2）可扩展性：在真实 IPv6 源地址验证体系结构中，需要能够支持与实现未来整个互联网的大规模部署。

（3）多重防御：真实 IPv6 源地址验证体系结构应该能够部署在网络不同位置，支持分层的、满足不同粒度需求的源地址验证。

（4）松耦合：应该被允许不同运营商在真实 IPv6 源地址验证体系结构采用各自不同的实现，系统各部分相互独立，每个部分可以实现各自粒度需求的基于源地址的真实地址检查。

（5）支持增量部署：真实 IPv6 源地址验证体系结构能够支持在整个互联网中增量的、渐进的部署。即使在只有部分部署完成时仍可以获得一定程度的真实源地址验证效果。

（6）激励运营商：真实 IPv6 源地址验证体系结构的设计体现出谁部署谁受益的原则，运营商部署真实 IPv6 源地址验证机制可以更加容易发现和追踪网络中假冒源地址的分组，从而保护网络安全不被攻击。

2. SAVA 组成

根据网络本身具有的层次结构，吴建平教授等[13]在真实 IPv6 源地址验证体系结构中将 SAVA 分为 3 个层次，分别为接入子网真实 IPv6 源地址验证、自治系统内真实 IPv6 源地址验证和自治系统间真实 IPv6 源地址验证，如图 2.3 所示。

SAVA 模型中的 3 个层次有机地组合在一起，共同形成真实地址寻址结构的整体框架，不同层次可实现不同粒度需求的 IPv6 真实源地址验证。接入子网源地址验证可以避免在同一个网段内伪装源地址，这可以实现端系统 IP 地址一级粒度的真实 IPv6 源地址验证。自治系统内源地址验证可以禁止管辖范围内的主机使用

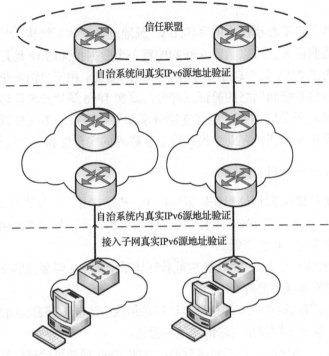

图 2.3　SAVA 组成

任意地址，可以实现 IP 地址前缀粒度的真实 IPv6 源地址验证。自治系统间源地址验证对于侦测假冒源地址十分必要，特别是当前两级的源地址验证发生判断错误的情况或者失效时，可以实现自治系统粒度的真实 IPv6 源地址验证。在互联网的边界处，需要实现细粒度的端系统 IP 地址一级验证；在高流量的核心网络中，需要通过简单并且可扩展的解决方案实现粗粒度的自治系统一级验证，可有效避免真实 IPv6 源地址验证机制成为网络的瓶颈。

由于互联网的规模庞大，期望任何一个 IP 源地址验证机制得到普遍的支持是不现实的，在每一个层次允许不同的运营商和供应商选择部署不同的机制，并且需要不同的机制来解决网络中不同位置的问题。这一体系结构设计平衡了整体结构的简单性和组成上的灵活性。SAVA 实际上是多种共存与合作机制的结合。

SAVA 含有基于 IPv6 的主动部署检测功能，并且对接入的子网进行验证；在同一自治系统内部以及不同自治系统之间设置了基于 IPv6 的路由过滤功能；自治系统之间以及自治系统本身都基于 IPv6 进行标签映射。

基于网络本身的分层结构，将真实地址的访问体系结构分为三部分，分别是子网真实地址访问、域内真实地址访问以及域间真实地址访问。这三部分有机地组合在一起，共同形成了一个真实地址访问的体系框架[15]，如图 2.4 所示。

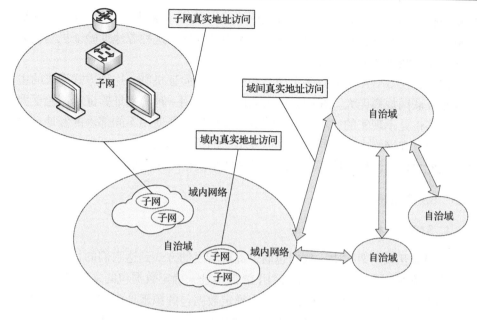

图 2.4　真实 IPv6 地址寻址结构

在同一子网内,真实地址访问方法是实现端系统 IP 地址一级的细粒度的真实地址验证能力,能够保证在网络中的数据报文对应来自拥有该数据报文源地址所有权的某子网内的主机。对于不同的部署能力,设计并实现了两种机制:一种是 IPv6 真实地址分配和接入交换机的准入控制机制,另一种是主机与安全网关之间端到端的认证机制。

在同一自治域内,真实地址访问方法实现地址前缀级的真实地址验证能力。设计了基于路径和距离的反向地址查找机制和源地址验证功能,可以部署在边缘路由器或者域内路由器上。

在不同的自治域间,真实地址访问方法实现自治系统(autonomous system,AS)粒度的真实地址验证能力。根据验证规则的形成方式,设计并实现两种方法:一种是适合于邻接部署的基于路径信息的方法,另一种是适合于非邻接部署的基于端到端轻量级签名的方法。

与国际上源地址验证防御机制和方案相比,上述方案和协议具有简单高效、松耦合、多重防御、支持增量部署以及激励机制等优点,有机地组合在一起并提供了一个完整的、系统的解决方案。

SAVA 模型的体系结构中设计并且实现了多重保护的解决方案,因为网络中有许多重要节点需要去验证源地址,在单防护模型中源地址验证仅仅在主机接入网络时进行,这种源地址验证机制无法充分部署,从而会为伪装源地址提供机会。

多重防护模型可以充分覆盖部署过程中可能出现的"漏洞"，可有效地验证整个网络中的源地址真实性。即使不能实现大规模部署，这种源地址验证机制仍能有效地阻止伪装源地址进行的攻击。

此外，在 SAVA 中支持多个独立的松耦合的验证机制，这种方式形成的主要原因是互联网规模庞大。在如此庞大的网络上利用一种源地址验证机制验证源地址的真实性是不现实的，不同的运营商应该可以选择使用不同部署的源地址验证机制，而且在网络中的不同部分也需要不同的机制来实现，一系列共存的且相互之间彼此协调的源地址验证机制组成了 SAVA 模型的体系结构。

2.3.3　SAVI 技术

1. SAVI 技术简介

在当前互联网架构中，数据包通过逐跳转发的方式到达它们的目的地址，并没有检查源地址的合法性。因此，使用 IP 源地址来确定数据包的来源是不可靠的。由于主机和网络实体使用 IP 源地址来确定数据包的源地址和作为返回数据的目的地址，伪造的 IP 地址可以模拟和隐藏恶意流量的走向。网络攻击者或犯罪分子可以伪造 IP 源地址来隐藏位置，甚至可以假冒其他网络用户。需要确保所有数据包的源地址都是可靠的，以便网络管理员诊断和定位故障、管理用户以及防止或追踪恶意攻击或行为不端的主机。

源地址有效性验证(source address validation improvement, SAVI)主要针对接入网技术，实现主机粒度的源地址安全保证，在单个 IP 地址粒度的情况下，采用标准化的 IP 地址验证来进行入口过滤。它可以防止连接到同一链路的主机欺骗其他主机的 IP 地址。为了方便在各种网络中进行部署，SAVI 被设计成模块化和可扩展的形式。

通过 SAVI 技术，SAVI 设备监视主机发送的控制数据包，从而获得合法的 IP 地址，将 IP 地址绑定到主机(由主机网络附件的特定链路层属性指定，即绑定锚)，然后过滤掉与绑定条目不一致的后续数据包。显然，SAVI 的实现会随着 IP 地址分配方法和绑定锚的不同而变化。

SAVI 的功能是在接入网络设备上，网络设备根据 ND Snooping 功能、DHCPv6 Snooping 功能建立起的 IPv6 地址和端口的绑定关系表，对 ND 协议报文、DHCPv6 协议报文和 IPv6 数据报文的源地址进行合法性检查并过滤。

设备通过侦听(snooping)不同地址分配方式的控制报文建立地址和端口的绑定关系表，对于从对应端口接收到的 ND 协议报文、DHCPv6 协议报文和 IPv6 数据报文，根据其源地址是否能匹配绑定关系表来确定报文是否合法，合法报文则正常转发，非法报文则丢弃，从而防止非法报文形成攻击。

2. SAVI 技术的实现

为了使网络运营商能够部署细粒度的 IP 源地址验证, 而不依赖网络应用的支持功能, SAVI 完全基于网络而设计。SAVI 实例根据以下三个步骤强制网络应用主机使用合法的 IP 源地址[16]。

(1)根据监视主机交换的数据包, 识别哪些主机的 IP 源地址是合法的。

(2)将合法 IP 源地址绑定到主机网络附件的连接层属性, 称这个属性为"绑定锚", 必须在主机发送的每个数据包中都可以进行验证, 并且比主机的 IP 源地址更难进行伪造。

(3)确保数据包中的 IP 源地址与它们所绑定的绑定锚匹配。

以上三个步骤允许 SAVI 部署在网络链接上的任何位置, 从而可为 SAVI 实例启用不同的位置, 以实现不同粒度的验证。定位 SAVI 实例的一种方法是在主机的默认路由器中进行定位。IP 源地址在默认路由器的数据包中进行验证, 但是在链路中进行本地交换的数据包中的 IP 源地址可能会绕过验证。定位 SAVI 实例的另一种方法是在主机和它们的默认路由器之间进行切换, 在这种方式中, 即使数据包在链路上进行本地交换, 也会经过 IP 源地址验证。由于 SAVI 实例的三个步骤中的每一步都可以在接近主机的位置完成, SAVI 实例离主机越近, 方法越有效, 部署 SAVI 的首选位置为靠近主机处。例如, 在 CNGI-CERNET2 中, 就选择在最接近主机的位置, 即在 IPv6 子网的主机和相应的默认路由器之间的所有访问交换机上部署 SAVI, 是最有效的部署方式, 并且可以提供最细粒度的源地址验证——数据包必须经过 IP 源地址验证, 即使它们是在链路本地进行交换也需要经过 IP 源地址验证。

SAVI 实例在如下两方面可以进行特定的部署。

(1)主机是通过分配 IP 源地址成为合法用户的, 所以合法的 IP 源地址的识别依赖链路上使用的 IP 地址分配方法。

(2)因为绑定锚是主机网络附件的链路属性, 所以绑定锚依赖用于构建它们所使用的链路技术。

为了方便在各种网络中进行部署, SAVI 支持不同的 IP 地址分配方法, 并具有不同的绑定锚, 而且链路上使用的 IP 地址分配方法和可用的绑定锚会影响 IP 源地址验证的功能和强度。

当前的 SAVI 技术可以实现两类合法的 IP 地址分配方法, 即无状态地址自动配置和 DHCP。绑定锚被确定为主机的 MAC 地址和 IPv6 主机连接的以太网交换机端口。目前, 研究人员仍在努力改进针对不同场景的源地址验证解决方案, 在这种情况下, 一些访问交换机可以不必升级操作系统, 就能轻松地启用 SAVI 功能。解决方案的基本思想如下: 分析网络拓扑, 以确定必要的检查点, 这些检查点上的设备称为关键设备；然后收集这些设备的地址前缀配置信息；基于这些信息，可以为网络操作符自动地派生和配置这些设备的筛选规则。

如何确定检查点是这个框架中最核心的问题。检查点选择须满足以下要求。

(1) 一个包含了启用 SAVI 的子网源地址的包是值得信任的，这意味着在受保护的子网内的用户终端不能伪装启用了 SAVI 的子网源地址。

(2) 一个带有启用了 SAVI 的子网源地址的数据包可以可靠地追溯到它的相应用户终端，这是启用了访问交换机所导致的。

(3) 一个带有 SAVI 子网源地址的数据包可以可靠地追溯到它所对应的子网。

3. ND Snooping

ND Snooping 是针对 IPv6 ND 的一种安全特性，用于二层交换网络环境。通过侦听用户重复地址检测 (duplicate address detection，DAD) 过程的邻居请求 (neighbor solicitation，NS) 报文来建立 ND Snooping 动态绑定表，从而记录报文的 IPv6 源地址、MAC 源地址、所属 VLAN、入口端口等信息，以防止后续仿冒用户、仿冒网关的 ND 报文攻击。

ND 协议是 IPv6 的一个核心协议，功能强大，但是由于其没有任何安全机制，所以容易被攻击者利用。在网络中，常见的 ND 攻击有如下两种情况。

(1) 地址欺骗攻击。攻击者仿冒其他用户的 IP 地址发送 NS 报文、邻居通告 (neighbor advertisement，NA) 报文、路由器请求 (router solicitation，RS) 报文，通过改写网关上或者其他用户的 ND 表项，使被仿冒用户无法正常接收报文，从而无法正常通信。同时攻击者通过截获被仿冒用户的报文，可以非法获取用户的游戏、网银等的账号和口令，使这些用户的重大利益遭受损失。

(2) 路由器通告报文 (router advertisement，RA) 攻击。攻击者仿冒网关向其他用户发送 RA 报文，从而改写其他用户的 ND 表项或导致其他用户记录错误的 IPv6 配置参数，造成这些用户无法正常通信。

为了预防上述 ND 攻击带来的危害，通过网络设备提供 ND Snooping 功能以对 ND 攻击进行防范。

1) ND Snooping 的基本原理

ND Snooping 是通过侦听基于 ICMPv6 实现的 ND 报文来建立前缀管理表和 ND Snooping 动态绑定表，使设备可以根据前缀管理表来管理接入用户的 IPv6 地址，并根据 ND Snooping 动态绑定表来过滤从非信任接口接收到的非法 ND 报文，从而可以防止 ND 攻击的一种安全技术。

(1) 基于 ICMPv6 实现的 ND 报文。

ND 协议定义的报文使用 ICMP 承载，其类型包括以下几种。

① NS 报文：IPv6 节点 (使用 IPv6 协议的主机或网络设备) 通过 NS 报文得到

邻居的链路层地址，检查邻居节点是否可达，也可以进行 DAD 操作。

② NA 报文：NA 报文是 IPv6 节点对 NS 报文的响应，同时 IPv6 节点在链路层变化时也可以主动发送 NA 报文。

③ RS 报文：IPv6 节点启动后，向网关发出 RS 报文，以请求网络前缀及其他配置信息，用于 IPv6 节点地址的自动配置。网关则会以 RA 报文进行响应。

④ RA 报文：网关周期性地发布 RA 报文，其中包括网络前缀等网络配置的关键信息，或者网关以 RA 报文响应 RS 报文。

⑤ 重定向(redirect，RR)报文：网关发现报文的入接口和出接口相同时，可以通过 RR 报文通知主机选择另外一个更好的下一跳地址进行后续报文的发送。

(2)ND Snooping 信任接口/非信任接口。

为了区分可信任和不可信任的 IPv6 节点，ND Snooping 将设备连接 IPv6 节点的接口区分为以下两种角色。

① ND Snooping 信任接口：该类型接口用于连接可信任的 IPv6 节点，对于从该类型接口接收到的 ND 报文，设备正常转发，同时设备会根据接收到的 RA 报文建立前缀管理表。

② ND Snooping 非信任接口：该类型接口用于连接不可信任的 IPv6 节点，对于从该类型接口接收到的 RA 报文，设备认为是非法报文，并对其直接丢弃；对于收到的 NA/NS/RS 报文，如果该接口或接口所在的 VLAN 使能 ND 报文合法性检查功能，设备会根据 ND Snooping 动态绑定表对 NA/NS/RS 报文进行绑定表匹配检查，当报文不符合绑定表关系时，则认为该报文是非法报文并将其直接丢弃；对于收到的其他类型 ND 报文，设备进行正常的转发。

(3)前缀管理表。

通过无状态地址自动配置方式获取 IPv6 地址的用户，其 IPv6 地址是根据路由器发送的 RA 报文中的网络前缀等配置信息来自动生成的。配置 ND Snooping 功能后，设备通过侦听从 ND Snooping 信任接口接收到的 RA 报文，生成前缀管理表(表项内容包括前缀、前缀长度、前缀老化租期等信息)供管理员查看，以方便灵活地管理这些用户的 IPv6 地址。

(4)ND Snooping 动态绑定表。

配置 ND Snooping 功能后，设备通过侦听用户用于重复地址检测的 NS 报文来建立 ND Snooping 动态绑定表，表项内容包括报文的 IPv6 源地址、MAC 源地址、所属 VLAN 和入接口等信息。

ND Snooping 动态绑定表可用于设备对从非信任接口接收到的 NA/NS/RS 报文进行绑定表匹配检查，从而可以过滤非法的 NA/NS/RS 报文。

ND Snooping 动态绑定表的新建、更新机制描述如下。

① 网络设备收到 DAD NS 报文后，首先根据报文中的 target address 查找是否

有对应的表项；

②如果没有，新建 ND Snooping 动态绑定表项；

③如果有，判断 NS 报文的 MAC 地址、入端口信息与现有该表项的 MAC 地址、入端口信息是否一致；

④如果一致，刷新对应绑定表项中用户地址租期；

⑤如果不一致，根据 NS 报文更新对应的 ND Snooping 动态绑定表项。

target address 表示请求目标的 IP 地址，不能是组播地址，可以是本地链路、本地站点、全局地址。

ND Snooping 动态绑定表的删除老化机制如下所示。

① ND Snooping 动态绑定表项的自动老化时间是由 ND 用户的地址租期决定的。如果用户地址租期时间已到期，则 ND Snooping 动态绑定表项会自动老化。

②在用户的地址租期未到的情况下，存在以下两种删除 ND Snooping 动态绑定表项的情形。

a. 当设备收到用户的 DAD NS 报文新建或更新 ND Snooping 动态绑定表项后，如果又收到了其他用户回应的通知该用户地址已被使用的 NA 报文，则设备会删除该 ND Snooping 动态绑定表项。

b. 当用户实际已经下线时，该用户对应的 ND Snooping 动态绑定表项不会被及时删除。如果设备上使能自动探测 ND Snooping 动态绑定表项对应用户的在线状态功能，则设备会根据配置的探测次数和探测时间间隔向对应用户发送 NS 探测报文。如果发出的 NS 探测报文数已经满足配置的探测次数，且用户仍然没有回应 NA 报文，设备则认为该用户不在线，删除该用户对应的 ND Snooping 动态绑定表项。

2) ND Snooping 的应用

(1) 防止地址欺骗攻击。

如图 2.5 所示，攻击者仿冒用户 A 向网关发送伪造的 NA/NS/RS 报文，导致网关的 ND 表项中记录了错误的用户 A 地址映射关系，攻击者可以轻易获取到网关原来要发往用户 A 的数据；同时攻击者又仿冒网关向用户 A 发送伪造的 NA/NS/RS 报文，导致用户 A 的 ND 表中记录了错误的网关地址映射关系，攻击者可以轻易获取到用户 A 原来要发往网关的数据。这样不仅会造成用户 A 无法接收到正常的数据报文，还会使用户 A 的信息安全无法保障。

为了防止上述地址欺骗攻击，可以在接入设备交换机的接口 1 和接口 3 上部署 ND Snooping 功能，将交换机与网关相连的接口 3 配置为信任接口，并在用户侧接口 1 上使能 ND 协议报文合法性检查功能。对于从接口 1 接收到的 NA/NS/RS 报文，交换机会根据生成的 ND Snooping 动态绑定表进行绑定表匹配检查，对于非法报文将直接丢弃，从而可以避免伪造的 NA/NS/RS 报文带来的安全危害。

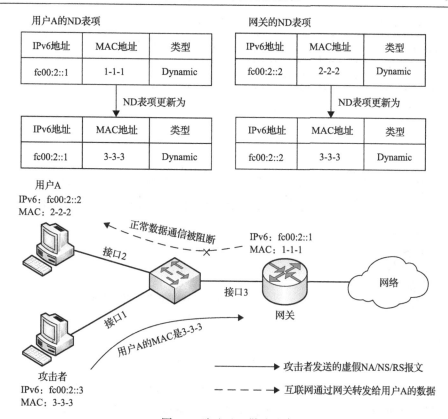

图 2.5　防止地址欺骗攻击

(2)防止 RA 攻击。

RA 报文可以携带网络配置信息，包括默认路由器、网络前缀列表以及是否使用 DHCPv6 服务器进行有状态地址分配等网络配置信息。如图 2.6 所示，攻击者可能通过发送伪造的 RA 报文，修改用户主机的网络配置信息，使合法用户不能进行正常通信。

网络上常见的 RA 报文攻击包括下述几种情况。

①伪造不存在的网络前缀，修改合法用户主机的路由表。

②伪造网关的物理地址，造成合法用户主机记录错误的网关地址映射关系；或者伪造 RA 报文中的 router lifetime 字段，造成合法用户主机的默认网关变为其他网关设备。

③伪造 DHCPv6 服务器，同时伪造 RA 报文中的 M 标识位，造成合法用户主机使用 DHCPv6 服务器分配到错误地址。

router lifetime 表示发送该 RA 报文的路由器使用该字段的值作为默认路由器的生命周期。如果该字段的值为 0，表示该路由器不能作为默认的路由器。

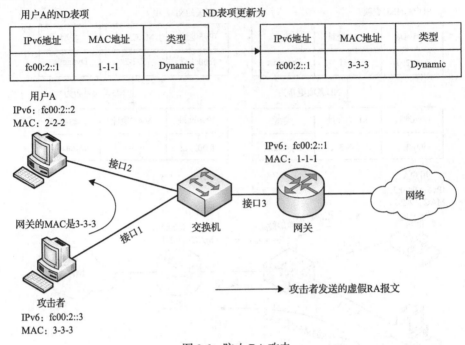

图 2.6　防止 RA 攻击

M 表示管理地址配置(managed address configuration)标识，取值为 0 和 1。0 为无状态地址分配，客户端通过无状态协议(如 ND)获得 IPv6 地址；1 为有状态地址分配，客户端通过有状态协议(如 DHCPv6)获得 IPv6 地址。

为防止上述 RA 攻击，可在接入设备交换机的接口 1 和接口 3 上部署 ND Snooping 功能，并将交换机与网关相连的接口 3 配置为信任接口。这样交换机就会直接丢弃用户侧接口 1(默认为非信任接口)收到的 RA 报文，仅处理信任接口收到的 RA 报文，从而可以避免伪造的 RA 报文带来的各种安全危害。

4. DHCPv6 Snooping

DHCP Snooping 是 DHCP 的安全特性之一，用于保证 DHCP 服务的客户端从合法的 DHCP 服务中获取 IP 地址，并记录 DHCP 客户端 IP 地址与 MAC 地址等参数的对应关系，防止针对 DHCP 服务的攻击。

当前 DHCP 协议(RFC2131)在应用过程中遇到诸多安全问题，网络中可能存在针对 DHCP 的攻击，如 DHCP 服务器的拒绝服务攻击、DHCP 服务器仿冒者攻击、仿冒 DHCP 报文攻击等。

为了保证网络通信和网络应用的安全性，引入 DHCP Snooping 技术，相当于在 DHCP 客户和 DHCP 服务器间建立了防火墙，来抵御针对 DHCP 的攻击。

1) DHCP Snooping 的基本原理

DHCP Snooping 分为 DHCPv4 Snooping 和 DHCPv6 Snooping，两者实现原理基本相同，下面仅以 DHCPv4 Snooping 为例进行说明。

使能了 DHCP Snooping 功能的设备将用户(DHCP 客户端)的 DHCP 请求报文通过信任接口发送给合法的 DHCP 服务器。然后设备根据 DHCP 服务器回应的 DHCP ACK(acknowledge character，确认字符)报文信息生成 DHCP Snooping 绑定表。后续设备在从使能了 DHCP Snooping 的接口接收用户发来的 DHCP 报文时，会进行匹配检查，能够有效防范非法用户的网络攻击。

(1) DHCP Snooping 信任功能。

DHCP Snooping 的信任功能，能够保证客户端从合法的服务器获取 IP 地址。

网络中若存在私自架设的 DHCP 服务器仿冒者，就可能导致 DHCP 客户端获取错误的 IP 地址和网络配置信息，进而无法正常通信。DHCP Snooping 信任功能可有效控制 DHCP 服务器应答报文的来源，来防止网络中可能存在的 DHCP 服务器仿冒者为 DHCP 客户端分配 IP 地址及配置其他参数。

DHCP Snooping 的信任功能将接口分为信任接口和非信任接口：信任接口可以正常接收 DHCP 服务器响应的 DHCP ACK 报文、DHCP NAK(negative acknowledge，否定应答)报文和 DHCP offer 报文。此外，网络设备仅会将 DHCP 客户端的 DHCP 请求报文通过信任接口发送给合法的 DHCP 服务器。非信任接口在接收到 DHCP 服务器响应的 DHCP ACK 报文、DHCP NAK 报文和 DHCP offer 报文后，丢弃该报文。

在二层网络接入设备使能 DHCP Snooping 功能情况下，通常将与合法 DHCP 服务器直接或者间接连接的接口设置成信任接口，其他接口设置为非信任接口，使 DHCP 客户端的 DHCP 请求报文只能通过信任接口转发出去，因此确保 DHCP 客户端只能从合法的 DHCP 服务器获取 IP 地址，而私自架设的 DHCP 服务器仿冒者无法为 DHCP 客户端分配 IP 地址。

(2) DHCP Snooping 绑定表。

用户终端作为 DHCP 客户端通过广播的形式来发送 DHCP 请求报文，使能 DHCP Snooping 功能的二层接入网络设备通过信任接口转发给 DHCP 服务器。然后 DHCP 服务器将含有 IP 地址配置的 DHCP ACK 报文通过单播的方式发送给用户终端。在这个过程中，二层接入设备收到 DHCP ACK 报文后，会从该报文中提取关键信息(包括用户终端的 MAC 地址以及获取到的 IP 地址、地址租期)，并获取与用户终端连接的使能 DHCP Snooping 功能的接口信息(包括接口编号及该接口所属的 VLAN)，根据这些信息生成 DHCP Snooping 绑定表。

DHCP Snooping 绑定表则根据 DHCP 租期进行老化或者根据用户释放 IP 地址时而发出的 DHCP release 报文自动删除对应表项。

　　由于 DHCP Snooping 绑定表记录了 DHCP 客户端 IP 地址与 MAC 地址等参数的对应关系信息，所以可通过报文与 DHCP Snooping 绑定表进行匹配检查，这样就能有效防范非法用户的网络攻击。

　　为保证设备在生成 DHCP Snooping 绑定表时能够获取到用户 MAC 地址等信息，DHCP Snooping 功能需应用于二层网络接入设备或第一个 DHCP 中继上。

　　在 DHCP 中继使能 DHCP Snooping 场景中，DHCP 中继设备不需要设置信任接口。因为 DHCP 中继收到 DHCP 请求报文后进行源目的 IP、MAC 转换处理，然后以单播形式发送给指定的合法 DHCP 服务器，所以 DHCP 中继收到的 DHCP ACK 报文都是合法的，生成的 DHCP Snooping 绑定表也是正确的。

　　2) DHCP Snooping 的应用

　　(1) 防止 DHCP 服务器仿冒者攻击导致用户获得错误的 IP 地址和网络参数。

　　由于 DHCP 客户端和 DHCP 服务器之间没有认证机制，如果在网络上随意添加 DHCP 服务器，就可以为客户端分配 IP 地址及其他网络配置信息。如果该 DHCP 服务器为用户分配了错误的 IP 地址或其他网络配置信息，对网络造成的危害就非常大。

　　如图 2.7 所示，DHCP discover 报文是以广播形式进行发送的，无论是合法的 DHCP 服务器，还是非法 DHCP 服务器，都会接收到 DHCP 客户端发送的 DHCP discover 报文。

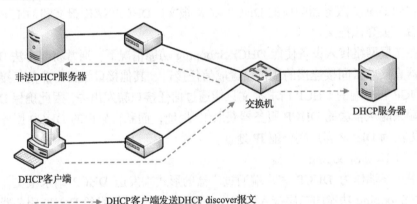

非法DHCP服务器

DHCP客户端

交换机

DHCP服务器

- - - - - - - -▷ DHCP客户端发送DHCP discover报文

图 2.7　DHCP 客户端发送 DHCP discover 报文示意图

　　如果此时 DHCP 服务器的仿冒者回应给 DHCP 客户端假冒信息，如错误的网关地址、错误的域名服务器、错误的 IP 地址等信息，如图 2.8 所示，DHCP 客户端就不能获取正确的 IP 地址及相关配置信息，这样就会导致合法客户无法正常访问网络或信息安全受到威胁。

　　为了防止 DHCP 服务器仿冒者的攻击行为，可配置网络设备接口的"信任"(trusted) 或者"非信任"(untrusted) 工作模式。

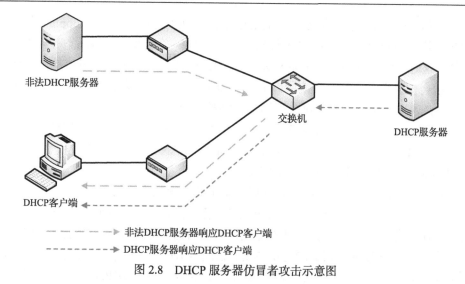

图 2.8　DHCP 服务器仿冒者攻击示意图

将与合法 DHCP 服务器直接或间接连接的接口设置成信任接口，其他接口设置为非信任接口。之后从"非信任"接口上收到的 DHCP 回应报文将会被直接丢弃，就可有效防止 DHCP 服务器仿冒者的攻击行为，如图 2.9 所示。

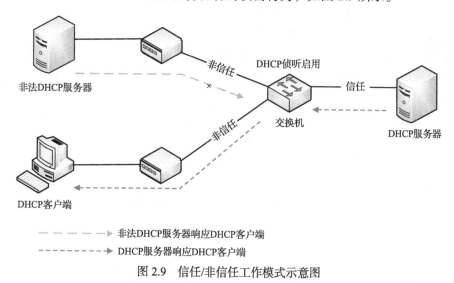

图 2.9　信任/非信任工作模式示意图

(2)防范非 DHCP 用户攻击导致合法用户不能正常使用网络。

在 DHCP 网络中，静态配置 IP 地址等参数的用户(非 DHCP 用户)对网络可能存在攻击，例如，仿冒 DHCP 服务器，构造虚假 DHCP 请求报文等。这将对合法 DHCP 用户正常使用网络带来安全隐患。为有效防止非 DHCP 用户的网络攻击，可开启设备根据 DHCP Snooping 绑定表生成接口静态 MAC 表项功能。

之后，网络设备会根据接口下的 DHCP 用户所对应的 DHCP Snooping 绑定表项自动执行命令以生成用户的静态 MAC 表项，同时关闭接口学习动态 MAC 表项功能。这时，只有源 MAC 与静态 MAC 表项匹配的报文才可能通过该接口，否则报文就会被丢弃。从而对于该接口下的非 DHCP 用户，只有管理员手动配置的静态 MAC 表项的报文才能通过，否则报文将被丢弃。

动态 MAC 表项是网络设备自动学习并生成的，静态 MAC 表项则需要命令配置而来。MAC 表项中包含用户的 MAC、所属 VLAN、连接的接口等信息，设备可根据 MAC 表项对报文进行二层转发。

(3)防止 DHCP 报文泛洪导致网络设备不能正常工作。

对于在 DHCP 网络环境中可能的攻击，若攻击者短时间内向网络设备发送大量的 DHCP 报文，就会对设备性能造成巨大压力甚至导致设备不能正常工作。

为切实防止 DHCP 报文的泛洪攻击，在使能 DHCP Snooping 功能时，可同时对 DHCP 请求报文的频率进行检测。然后，设备就会检测 DHCP 请求报文频率，并只允许在规定频率内的报文上送至 DHCP 报文处理单元，而超过规定频率的请求报文将会被丢弃。

(4)防止仿冒 DHCP 报文攻击导致合法用户不能获得 IP 地址或异常下线。

已获取到 IP 地址的合法网络用户，通过向服务器发送 DHCP 请求或 DHCP 释放报文用以续租或释放 IP 地址。若攻击者冒充合法用户不断向 DHCP 服务器发送 DHCP 请求报文来续租 IP 地址，则会导致这些到期的 IP 地址无法正常回收，以致合法用户不能获得 IP 地址；而如果攻击者仿冒合法用户的 DHCP 请求报文发往 DHCP 服务器，则会导致合法用户异常下线。

为有效防止仿冒 DHCP 报文攻击，可利用 DHCP Snooping 绑定表的功能。网络设备将 DHCP 请求报文和 DHCP 释放报文与绑定表进行匹配操作，来判别报文是否合法(主要是检查报文中的 VLAN、IP、MAC、接口信息是否匹配动态绑定表)，若匹配成功则转发该报文，匹配不成功则将丢弃该报文。

(5)防止 DHCP 服务器拒绝服务攻击导致部分用户不能上线。

如图 2.10 所示，如果网络设备接口 1 存在大量攻击者恶意申请 IP 地址，则会导致 DHCP 服务器中 IP 地址快速耗尽而不能为其他合法用户分配 IP 地址。并且 DHCP 服务器通常只根据 DHCP 请求报文中的客户硬件地址(client hardware address, CHADDR)字段来确认客户端的 MAC 地址。如果某一攻击者通过不断改变 CHADDR 字段向 DHCP 服务器申请 IP 地址，同样也会导致 DHCP 服务器的地址池被耗尽，从而无法为其余合法用户分配 IP 地址。

为防止大量 DHCP 客户恶意申请 IP 地址，在网络设备使能 DHCP Snooping 功能后，可配置设备或接口允许接入的最大 DHCP 用户数，当接入用户数达到设定的阈值时，就不再允许任何用户通过此设备或接口申请到 IP 地址。

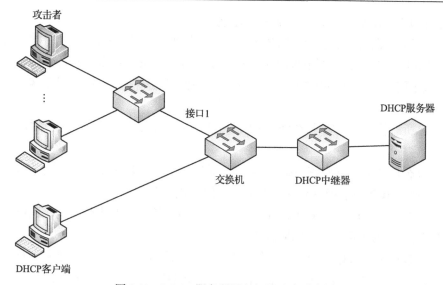

图 2.10　DHCP 服务器服务拒绝攻击示意图

而对通过更改 DHCP 请求报文中的 CHADDR 字段方式的攻击，可使能设备检测 DHCP 请求报文的帧头 MAC 与 DHCP 数据区中 CHADDR 字段是否一致的功能，此后网络设备将检查上送的 DHCP 请求报文中的帧头 MAC 地址是否与 CHADDR 值相等，相等就转发，否则丢弃。

5. 三种配置方式

SAVI 功能可以在如下地址分配方式下使用[17]。

1) 无状态地址自动配置(stateless address autoconfiguration，SLAAC-only)

SLAAC 是采用 ICMPv6 进行的一种无状态地址配置方式，在网络中主要经历下述过程。

(1) 终端发出 NS 报文以请求网络配置参数等信息，终端接入的路由器回复 NA 报文，返回长度为 64 位的网络前缀等信息。

(2) 终端将自己 48 位的 MAC 地址映射成 64 位的 IEEE EUI-64(64 位扩展唯一标识符)地址后，与网络前缀一起构成 128 位 IP 地址并进行参数配置。

(3) 使用该地址前，终端需发出 DAD-NS 报文进行地址重复检测，若一段时间内无响应，则认为地址可用。

在此种地址分配方式中，与配置 SAVI 功能的网络设备连接的主机只能通过自动地址分配方式获取地址参数信息。

2) DHCPv6-only

DHCPv6 是一种有状态、采用服务器/客户端(server/client，C/S)模式和用户数据报协议(user datagram protocol，UDP)报文进行交互的地址配置方式，在网络中通过 DHCPv6 获取地址一般需要下述过程。

(1)客户端首先发送一个 DHCP solicit 消息到一个指定多播地址(FF02::1:2,UDP 端口 547),查找可用的 DHCP 服务器,如果 DHCP 服务器和客户端不在同一接入子网内,则由路由器进行报文中继,在此过程中,路由中继对于客户端是完全透明的。

(2)所有符合客户需求的 DHCP 服务器以 DHCP Advertise 消息进行单播应答,返回给客户端。

(3)客户端从所有应答的服务器当中选择一个(一般是最先应答的服务器),并向它发送 DHCP 请求消息来获取地址和其他配置参数。

(4)被选择的服务器由 DHCP 中继消息进行应答,同时携带被请求的配置信息(IP 地址、域名系统、子网掩码等)。

(5)客户端需根据返回的参数信息配置相应的网络接口,并进行重复地址请求 DAD-NS,若等待一段时间内无任何响应,则该地址可用,被分配的 IP 地址在服务器端都指定了更新时间和有效周期。当时钟到达更新时间时,客户端需向服务器重新发送 DHCP renew 消息来续租该地址,服务器再向客户端返回一个带有新的更新时间的 DHCP 中继消息。如此反复,客户端可一直继续使用该地址。如果客户端使用该 IP 地址的时间超过了有效周期,服务器仍未收到客户端的 DHCP renew 报文,则客户端的 IP 地址就予以作废,需重复以上过程重新申请地址。

在以这种方式进行地址配置时,与配置 SAVI 功能的网络设备连接的主机只能通过 DHCPv6 方式获取 IP 地址。

3)DHCPv6 与 SLAAC 混合方式

这种方式是一种介于有状态和无状态之间的地址配置方式,即主机先通过 SLAAC 方式获取 IPv6 地址,然后使用 DHCPv6 获取除 IPv6 地址以外的其他网络配置信息,如域名系统、域名后缀等。

在这种地址配置方式中,与配置 SAVI 功能的网络设备连接的主机可通过 DHCPv6 方式和自动地址分配方式获取 IPv6 地址。

以下为 SAVI 功能三种配置方式的举例。

1)SLAAC-only 方式示例

如图 2.11 所示,某子网内使用交换机 A 作为直接连接用户主机的网络交换机设备。网络中未部署 DHCPv6 服务器,该子网内的主机只能通过无状态地址自动配置方式获取 IPv6 地址。如果存在攻击者发送大量非法 ND 协议报文或非法 IPv6 数据报文,将会存在合法用户主机通信中断、用户账号及口令被盗用等一系列安全隐患。为了预防这种情况,网络管理员可以通过在交换机 A 上进行配置,对非法的 ND 协议报文和 IPv6 数据报文(源地址非法)进行有效防范,为合法用户提供更安全的网络环境和更稳定的网络服务。

在用户主机上线之前,可采用如下思路在交换机 A 上进行网络配置。

(1)配置 ND Snooping 功能,生成地址和端口的绑定关系表,以便进行后续的 ND 协议报文和 IPv6 数据报文源地址合法性检查。

(2)使能 SAVI 功能,使网络设备根据绑定关系表对 ND 协议报文进行源地址合法性检查,过滤非法的 ND 协议报文。

(3)使能 IP source guard 功能,使网络设备根据绑定关系表对 IPv6 数据报文进行源地址的合法性检查,过滤掉非法的 IPv6 数据报文。

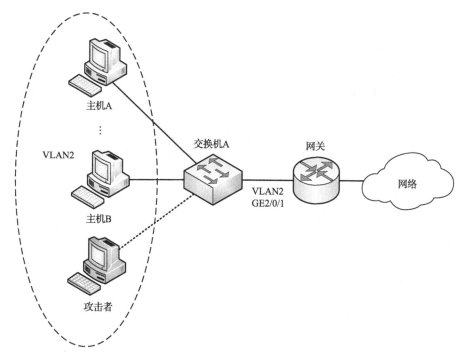

图 2.11　SLAAC-only 场景下配置 SAVI 功能示例图

2)DHCPv6-only 方式示例

如图 2.12 所示,某子网内使用交换机 A 作为直接连接用户的网络设备。该子网内主机数量较多,为便于统一管理 IPv6 地址,该子网内的主机均通过 DHCPv6 方式获取自己的 IPv6 地址。如果存在攻击者发送大量非法 DHCPv6 协议报文或非法 IPv6 数据报文,将会存在合法用户通信中断、用户账号及口令被盗用等一系列安全隐患。为了预防这种情形出现,网络管理员可以通过在交换机 A 上进行适当的网络配置,对非法的 DHCPv6 协议报文和 IPv6 数据报文(源地址非法)进行有效防范,为合法用户提供更安全的网络环境和更稳定的网络服务。

在用户主机上线之前，采用如下思路在交换机 A 上进行网络配置。

(1)配置 DHCPv6 Snooping 功能，生成地址和端口的绑定关系表，以便进行后续的 DHCPv6 协议报文和 IPv6 数据报文源地址的合法性检查。

(2)使能 SAVI 功能，使网络设备根据绑定关系表对 DHCPv6 协议报文进行源地址的合法性检查，过滤掉非法的 DHCPv6 协议报文。

(3)使能 IP source guard 功能，使网络设备根据绑定关系表对 IPv6 数据报文进行源地址的合法性检查，过滤掉非法的 IPv6 数据报文。

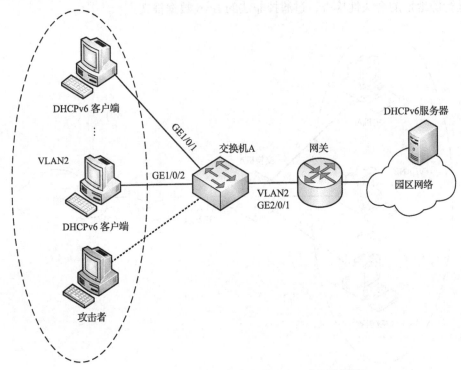

图 2.12　DHCPv6-only 方式配置 SAVI 功能示例图

3)DHCPv6 与 SLAAC 混合方式示例

如图 2.13 所示，某子网内使用交换机 A 作为直接连接用户主机的网络设备。该子网内部分主机通过无状态地址自动配置方式来获取 IPv6 地址，其余主机则通过 DHCPv6 方式来获取 IPv6 地址。如果存在攻击者发送大量非法的 ND 协议报文、DHCPv6 协议报文或 IPv6 数据报文，也会存在合法用户主机通信中断、用户账号及口令被盗用等一系列安全隐患。为预防这种情形出现，网络管理员可以通过在交换机 A 上进行适当网络配置，对非法的 ND 协议报文、DHCPv6 协议报文和 IPv6 数据报文(源地址非法)进行有效防范，为合法用户提供更安全的网络环境和更稳定的网络服务。

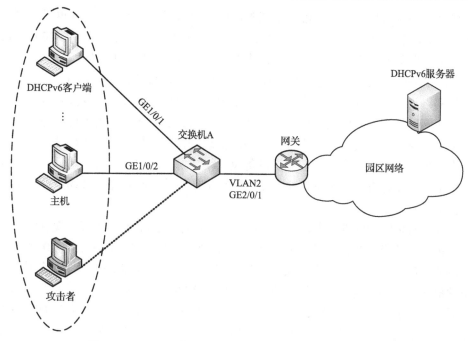

图 2.13　DHCPv6 与 SLAAC 混合方式下配置 SAVI 功能图

在用户主机上线之前，可以采用如下思路在交换机 A 上进行网络配置。

（1）使能 DHCPv6 Snooping 功能，生成地址和端口的绑定关系表，以便进行后续的 DHCPv6 报文和 IPv6 数据报文源地址的合法性检查。

（2）配置 ND Snooping 功能，生成地址和端口的绑定关系表，以便进行后续的 ND 协议报文和 IPv6 数据报文源地址的合法性检查。

（3）使能 SAVI 功能，使网络设备根据绑定关系表对 DHCPv6 协议报文和 ND 协议报文进行源地址的合法性检查，过滤掉非法的协议报文。

（4）配置 IP source guard 功能，使网络设备根据绑定关系表对 IPv6 数据报文进行源地址的合法性检查，过滤掉非法的 IPv6 数据报文。

2.4　CERNET2 IPv6 主干网建设

第二代中国教育和科研计算机网（CERNET2）作为中国下一代互联网示范工程 CNGI 的主干网之一和唯一全国性学术网络，是国内第一个利用纯 IPv6 网络技术进行构建的主干网，也是目前世界上规模最大、应用最广泛的纯 IPv6 协议支撑下的下一代互联网主干网[18]。建设纯 IPv6 的大型互联网，体现了加速向下一代互联网过渡的创新技术路线，解决了大规模 IPv6 主干网拓扑结构和路由设计、地址和域名规划、网络调试测量和网络管理等技术难题，为中国下一代互联网的技术试验和应用示范提供了大规模网络基础环境，加速了我国下一代互联网的发展进程，在国际学术界产生了十分重要的影响。经过多年的建设与发展，在 CERNET2 网络上已经部署了大量的关键应用，获得了丰硕的研究及应用成果。

CERNET2 已经成功建立了中国下一代基于 IPv6 网络的交换中心，不同运营商和网络组织之间的国际互联网通过交换中心进行直接多边的对等接入或信息交互。在不同运营商和网络组织之间实现路由信息交换的同时，也进行业务流量的交互，并对业务流量以及路由策略等网络信息进行有效控制。CERNET2 网络交换中心采用了自主研发的国产关键设备及网络技术，开发具有自主知识产权的网络技术，支持国有网络设备企业的发展，也为新一代互联网建设带动产业经济发展打下了坚实基础。

为节省传输网的部署费用，CERNET2 主干网充分利用 CERNET 现有的全国高速传输网的光纤线路，以 2.5～10Gbit/s 的网络带宽连接分布在全国 20 个主要城市的 CERNET2 核心节点，用户网分布在全国各地的众多高校、科研院所以及研发机构。这些机构通过光纤网络、城域网或者隧道等方式灵活地接入下一代互联网，并通过中国下一代互联网交换中心 CNGI-6IX，高速连接到国内外的下一代互联网主干网。2018 年开始实施的 CERNET2 二期建设，核心节点增加至 41 个，主干网带宽增加到了 100Gbit/s。

CERNET2 主干网基于纯 IPv6 技术进行构建，为基于 IPv6 协议的下一代互联网技术提供了广阔的试验基础环境，成为我国下一代互联网研究、基于下一代互联网的重大应用开发、下一代互联网产业推动的关键基础设施。同时，在 CERNET2 核心主干网络的建设中主要采用了国产网络设备进行组网，使用了大量具有自主知识产权的自主研制的 IPv6 核心路由器，并部署在各个核心节点上。CERNET2 作为我国下一代互联网国产网络设备的重要试验和应用基地之一，为推进我国下一代互联网核心设备自主创新和产业化，提高我国互联网关键设备的技术水平和自主开发能力做出了积极贡献。纯 IPv6 协议以及 IPv6 技术的应用和大量使用自主知识产权的核心路由器为我国研究下一代互联网关键技术奠定了坚实的基础，对我国下一代互联网发展具有十分重要的战略意义。

2.4.1　国家 CNGI 战略

CERNET 于 1994 年开始建设，是我国第一个采用 IPv4 技术构建的全国性核心网络。CERNET 的建设对中国互联网的发展过程有着极其重大的参考借鉴和示范意义。

1998 年，CERNET 成功建立了国内第一个 IPv6 试验床，并在该试验床上开展一系列下一代互联网技术的研究与试验。2000 年，CERNET 在北京地区成功建设国内第一个下一代互联网 NSFCNET 和中国下一代互联网交换中心

DRAGONTAP，并代表中国积极参加下一代互联网国际组织，率先实现了中国下一代互联网与国际下一代互联网的互联互通。

CERNET 早在 2001 年率先提出建设全国性下一代互联网的 CERNET2 计划。2003 年，启动并开始实施中国下一代互联网示范性工程 CNGI 项目，作为国家级的战略项目,CNGI 项目的启动标志着我国的 IPv6 技术进入实质性的发展阶段[19]。CNGI 项目的建设目标是建立我国下一代互联网平台，相应的与下一代互联网有关的研究模拟可以在该平台上进行，并将 CERNET2 计划整体纳入由国家发改委等八部委联合领导的中国下一代互联网示范工程 CNGI 项目中。

2003 年 10 月，CERNET2 试验网率先开通了连接北京、上海和广州的 3 个核心节点，并投入试运行。2004 年 1 月，CERNET2 开通了美国建设的 Internet2 和欧洲建设的 GEANT2 等学术互联网的互联互通国际线路。

2004 年 3 月，CERNET2 试验网向国内网络用户正式提供基于 IPv6 协议的下一代互联网接入服务。

CERNET2 的核心目标是连接分布在 20 个主要城市的核心节点，分布在这 20 个主要城市的 25 个高校首先成为主要的核心节点。这些核心节点除了在 CERNET2 内部互相连接之外，还需要与其他核心主干网实现高速互联。目前，CERNET2 与北美、欧洲、亚太地区的国际下一代互联网的高速互联也已经全部实现并长期平稳运行。

CERNET2 为我国下一代互联网关键技术研究，基于下一代互联网重大应用开发开辟了可靠的基础网络环境。全国众多高校及科研单位、企业研发中心等均以专线形式接入了 CERNET2。2004 年 12 月，CERNET2 开通了连接全国 20 个主要城市的 CNGI-CERNET2 主干网。其中，北京—武汉—广州和武汉—南京—上海的主干网传输速率均达到了 10Gbit/s 的网络带宽。各核心节点均具有支持用户以 1Gbit/s、2.5Gbit/s、10Gbit/s 等相应网络带宽接入的能力。

CERNET2 还承担了 CNGI 项目北京交换中心的建设任务。2005 年 1 月在北京的交换节点开通了连接到美国 Internet2 的 45Mbit/s 专线，2005 年 10 月开通了连接到 APAN 的 1Gbit/s 专线，2005 年 12 月开通了连接到 TEIN2(trans-eurasia information network，第二代跨欧亚信息网络)的 1Gbit/s 专线，并于 2006 年 1 月分别以 1Gbit/s、2.5Gbit/s、10Gbit/s 连接了由中国联通、中国电信、中国网通、中国移动、科技网、中国铁通等承担的另外六大 CNGI 核心主干网。

2006 年 9 月，CNGI-CERNET2/6IX 正式通过国家鉴定验收，成为当时世界上规模最大的纯 IPv6 大型互联网主干网。该项目起点高，实现难度很大，在国际上产生了重要影响。项目立足于自主国产关键网络设备和自行研发的网络技术，设计和建设了以自主国产设备为主的大型 NGI 主干网。在项目中有多项重要创新，特别是"建设纯 IPv6 大型互联网主干网"、"IPv4 over IPv6 网状体系结构过渡技术"和"基于真实 IPv6 源地址的网络寻址体系结构"属国际首创，项目建设总体上达到世界领先水平。在北京建成的国内/国际互联中心 CNGI-6IX，实现国内 6 个 CNGI 主干网的高速互联，同时完成了 CNGI 示范网络与北美、欧洲、亚太等地区国际下一代互联网的高速互联互通。CNGI-CERNET2/6IX 已经成为我国下一代互联网技术研究、重大应用开发、推动下一代互联网产业发展的关键性基础设施，强有力地推动了我国下一代互联网核心设备及技术的产业化进程，为提高我国在世界下一代互联网技术竞争中的地位做出了卓越贡献。

2008 年 5 月，奥组委首次基于 CNGI-CERNET2 网络建设了奥运会官网，是奥运会利用国际最先进的互联网技术进行的首次较大范围的实际应用，更是中国 IPv6 面向全球的一个示范应用，具有重要的标志性意义。

2008 年 9 月，中国下一代互联网示范工程 CNGI 示范网络项目的高校驻地网建设顺利通过验收。在已建成的 CNGI-CERNET2 主干网基础之上，建成了分布在全国 34 个城市的 100 个具有较大用户规模的 IPv6 驻地网，有力促进了国内各重点高校的下一代互联网建设与发展。

2.4.2　CERNET2 主干网建设

1. CERNET2 总体设计

在总体结构设计上，CERNET2 采用的是二级层次结构，分别由主干网和用户网两部分组成。CERNET2 主干网由国家网络中心和分布在国内 20 个主要城市的 GERNET2 核心节点组成，用户网包括一批高等院校、科研机构和其他单位的下一代互联网试验网。CERNET2 与国内其他 CNGI 主干网通过国内/国际互联中心实现互联，并与国际下一代互联网实现互联互通。

在主干网和用户网二层总体结构的基础上，CERNET2 总体设计还包括网络体系结构设计、IPv6 地址分配、域名系统设计和路由策略等方面。

1)网络体系结构设计

CERNET2 主干网采用纯 IPv6 协议，考虑用户网的多样性和发展不均衡，CERNET2 主干网还需同时支持用户网通过 IPv4 和 IPv6 两种协议接入，对纯 IPv6、IPv6/IPv4 双栈和 IPv4 三种网络分别采用不同方式支持用户端到端的应用。

若用户网为纯 IPv6 网络，使用 BGP4+（BGP4 with multiprotocol extensions，BGP4 版本多协议扩展）路由协议或静态路由协议实现与核心节点互联。用户使用 IPv6 应用时，可直接实现 IPv6 端对端的连接。

若用户网为 IPv6/IPv4 双栈网络，通过 BGP4+路由协议和静态路由联网。用户网接入路由器会自动将用户的 IPv4 应用通过隧道技术封装于 IPv6 报文中，通过 CERNET2 传输至目的端，可实现 IPv4 应用的端到端高性能连接。

若用户网为纯 IPv4 网络，通过网络地址转换技术，实现与基于 IPv6 主干网的互联，利用地址转换技术实现 CERNET2 与现有 CERNET 网络的互联互通和数据资源共享。

2) IPv6 地址分配

1998 年，CERNET-IPv6 试验床向 6Bone 示范网提出申请，获得了 3ffe:3200::/24 的 p-TLA(pseudo-top level aggregation，伪顶级聚类)IPv6 地址空间。这是中国唯一一个具有/24 p-TLA 的网络，成为国内第一个 6Bone 主干节点。以此为基础，CERNET 国家网络中心制定出一整套 IPv6 地址分配与规划方案，并于 2000 年率先在国内提供 IPv6 的地址分配服务。2000 年，CERNET 获得了由 APNIC 分配的另外一段正式 IPv6 sTLA(sub-top level aggregation，次顶级聚类)地址空间 2001:250::/32。为顺利完成 CERNET2 项目建设任务，CERNET2 网络中心又在 2003 年从 APNIC 申请获得了 IPv6 地址 2001:0da8::/32。

为适应 CERNET2 的二层总体结构设计并便于进一步开展下一代互联网的试验项目，CERNET2 的地址划分方案为：CERNET2 主干网地址空间为/36。其中，网络中心包括各个核心节点局域网的地址范围为 0~65535。每个核心节点所辖区域网可利用的 IPv6 地址空间为/36。其中，接入核心节点的每个用户网的 IPv6 地址范围是 0~65535。CERNET2 网络中心统一分配和管理所有 CERNET2 接入的 IPv6 地址，统一提供目录服务并进行统计分析。

CERNET2 网络中心统一分配和管理 CERNET2 接入的 IPv6 地址，核心节点分配聚类地址，为每个会员单位分别分配一段/48 地址，这样可以切合 CERNET2 分为主干网和用户网的二层总体结构设计方案。

3) 域名系统设计

在基于 IPv6 协议的域名系统实现中，建立了纯 IPv6 域名系统(IPv6-only DNS)，提供试验性根域名服务。同时，建立了双协议栈域名系统(dual-stack DNS)，可以兼容原有的 IPv4 域名系统。

在基于 IPv6 协议的域名系统数据表示中，正向域表示采用主机地址与 A6 地址链形式，支持地址聚合，反向域表示采用 IPv6.ARPA。

4) 路由策略

CERNET2 采用的是分层路由策略方案。主干网常用的基于 IPv6 技术的路由协议包括默认路由、静态路由、RIPng、OSPFv3 和 IS-ISv6、BGP4+。

(1) 主干网路由策略。

CERNET2 的核心节点采用的路由协议是 OSPFv3，依据网络拓扑结构选择最佳路由；CERNET2 主干网采用的路由协议为 BGP4+，对核心节点所接入的用户网络进行路由选择。用户网可以采用 BGP4+路由协议或者指定静态路由方式进行接入的路由策略，能够对用户发布的 IPv6 地址前缀进行有效性认证和聚类检查，丢弃不符合要求的 IPv6 地址前缀，并接收共同体标记。

(2)用户网的接入路由策略。

接入 CERNET2 时，用户网采用 BGP4+路由协议或者静态路由协议，对于用户公布的 IPv6 地址进行有效认证和聚类检查，接收共同体标记。

(3)与国内其他 IPv6 网络互联的路由策略。

CERNET2 与国内其他 CNGI 主干网互联采用 BGP4+路由协议，以保证 CERNET2 所公布的 IPv6 网络地址的有效性，并对其进行聚类；接收对方的共同体标记和多出口标识信息，同时也可向对方发送共同体标记和多出口标识信息；还能够对路由条目的本地优先级进行合理调整。

(4)国际互联路由策略。

CERNET2 主干网采用 IPv6/IPv4 双协议方式实现与国际互联网进行互联互通，接收国际互联的 IPv6 路由表信息，同时聚类并公布相应的 CNGI 示范网络地址。根据与国际互联方签订的备忘录，可以对 CNGI 示范网络进行地址穿透。

(5)与 IPv4 网络互联的路由策略。

CERNET2 与 IPv4 网络互联时，可以通过地址转换技术对 IPv4 网络的资源进行共享。

2. CERNET2 核心节点

CERNET2 核心节点的主要职能如下[20]。

(1)为 CERNET2 主干网提供必需的机房环境。

(2)为所辖范围用户网提供必要的接入服务。

(3)为 CERNET2 主干网提供分布式网络运行管理。

(4)为 CERNET2 主干网提供分布式网络安全管理。

(5)为下一代互联网技术试验和示范应用提供试验环境。

具备 1~10Gbit/s 带宽接入能力的 CERNET2 核心节点不低于 10 个，用户可依据自身情况采用 IPv4 或 IPv6 协议就近接入 CERNET2 核心节点。CERNET2 根据 CERNET 光纤传输资源分布特点，选取相应的城市作为 CERNET2 核心节点，以节约 CERNET2 建设投资。

原有的 CERNET 主干网是基于密集型光波复用/同步数字体系(dense wavelength division multiplexing/synchronous digital hierarchy，DWDM/SDH)技术的高速率传输网络。CERNET 在"211 工程"建设支持下，已经进一步扩大了光纤传输系统的覆盖范围，传输系统的传输容量也有效增加，传输网的覆盖范围扩展到了全国 20 多个城市。CERNET2 传输网通过复用 CERNET 传输网光纤线路及设备进行建设。为节省投资，在 CERNET 高速传输网覆盖的城市中建设核心节点，通过光传输设备分出独立波长，用于建设 CERNET2 光传输网。

高等学校和科研院所是 CERNET2 的核心用户群体。根据重点学科数量及区域分布、重点高校数量和教育科研单位数量等对全国的各个主要城市进行排序,位于前二十几位的城市与 CERNET 高速传输网的节点分布基本吻合。综合考虑可利用的 CERNET 光纤传输资源和可接入 CERNET2 的用户群两方面因素,选择了全国 20 个高校和科研单位相对集中的城市(北京、上海、南京、武汉、西安、广州、天津、成都、哈尔滨、长沙、杭州、合肥、长春、沈阳、厦门、大连、重庆、济南、兰州、郑州)作为 CERNET2 主干网的核心节点。

3. CERNET2 拓扑结构

网络拓扑结构不仅对网络运行效率有着重大影响,还决定了网络的可扩展性。因此, CERNET2 的网络拓扑结构在总体设计中严格遵循高可靠性、经济性、流量合理分布、传输时延小、便于管理等设计原则。

(1)高可靠性。每个 CERNET2 节点与其他 CERNET2 节点之间有冗余线路,若网络中某些线路出现故障发生中断, 网络仍能正常运行, 这就要求每个节点与其他节点之间的连接存在适当的线路冗余, 不会影响节点之间的连通。

(2)经济性。在确保网络正常运行并满足通信要求的前提下, 尽可能降低网络建设成本和运行费用,确保网络建设的经济性。

(3)流量合理分布。合理利用所有网络线路及设备资源,使流量的分配更合理,避免线路流量不均衡, 避免部分线路过于拥挤或者某些线路过于空闲等可能出现的情况。

(4)传输时延小。在满足以上条件的约束下, 通过减少数据传输所经过的路由节点数来减少端到端的传输延迟, 即要达到最快的速度和最短的距离。

(5)便于管理。在满足不同网络应用需求和确保网络高性能运行的前提下, 尽最大可能符合网络使用部门的组织和管理特点,便于 CERNET2 网络技术管理、网络运行维护及行政运行管理。

遵照以上网络拓扑结构的设计原则, CERNET2 主干网依靠 CERNET 已有的高速传输网, 连接了 CERNET 的 20 个核心网络节点,建设完成了具有 3 个环状结构的主干网拓扑结构, 如图 2.14 所示。

4. CERNET2 网络中心

CERNET2 国家网络中心设立于北京, 下设传输网运行中心、网络运行中心、网络信息中心、网络安全中心、技术试验和应用演示中心等部门,主要承担的任务与职能如下所示[20]。

(1)传输网运行中心:实时监控 CERNET2 的传输线路和传输设备的运行状况, 排除和处理各种通信故障。

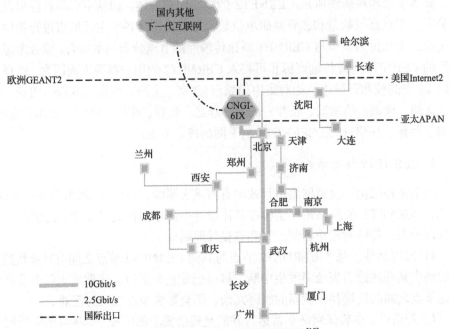

图 2.14　CERNET2 主干网络拓扑[19]

（2）网络运行中心：负责网络管理，主要包括状态监控、配置管理、故障管理、性能管理、安全管理和计费管理。

（3）网络信息中心：完成注册服务、域名服务、目录服务和信息发布任务，包括地址分配、域名注册以及域名系统维护、目录服务等。

（4）网络安全中心：为主干网提供基本的网络安全保障服务，包括网络安全监测和用户身份认证等服务。

（5）技术试验和应用演示中心：为国内下一代互联网技术试验、国内自主研发网络产品测试及示范应用搭建所需要的实体网络环境。

5. CERNET2 接入方案

结合高等学校对 CERNET2 的研究与应用需求，100 余所具有国家重点学科的高校被选为 CERNET2 首批用户接入单位。为充分发挥 CERNET2 的建设成效，其他有意愿和有条件的科研院所、大型企业或有海量数据存储和交换需求的单位亦可申请成为 CERNET2 的用户接入单位。

根据 CERNET2 的用户网的体系结构，CERNET2 的用户网大体上分为两类：一类是 IPv4 网络，另一类是 IPv6 网络。用户网可以根据自身的网络体系结构采用不同的接入方式接入 CERNET2。其中，IPv6 用户网可采用 BGP4+路由协议直接通过核心节点接入 CERNET2 主干网；IPv4 用户网则可通过隧道或者地址转换技术等方式接入核心节点。

如果用户单位与 CERNET2 核心节点位于同一城市，可租用独立光纤或者数字线路接入 CERNET2 主干网中；此外，用户单位根据可获得的传输条件采用 POS（IP Over SDH，基于 SDH 高速传输通道传输 IP 数据报文）等技术接入 CERNET2 主干网，也可以利用隧道技术接入核心节点。CERNET2 主干网的接入方式如图 2.15 所示。

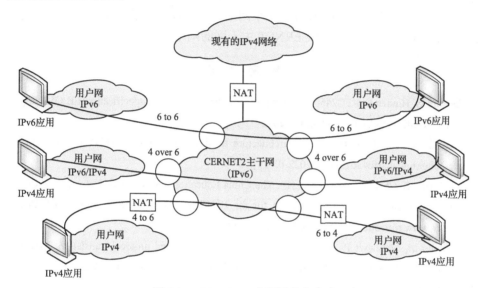

图 2.15 CERNET2 主干网接入方式

6. CERNET2 互联中心

在建设 CERNET2 的同时，CERNET2 网络中心还建设了 CNGI 国内/国际互联中心 CNGI-6IX。互联中心在北京实现了 CERNET2、中国电信、中国联通、中国移动和科技网等多家单位承担建设的 CNGI 主干网的互联，互联带宽均达到了 1Gbit/s 以上。同时，CNGI-6IX 互联中心以 155Mbit/s 以上带宽分别连接到北美、欧洲、亚太等地区，实现了 CERNET2 与国际下一代互联网的互联互通。CNGI-6IX 的建设完成，使我国形成具有多个国家主干网并与国际网络接轨的下一代互联网及其关键应用开发研究的开放性试验环境与网络平台。

7. CERNET2 运行管理

2000 年 12 月，经教育部批准，赛尔网络有限公司成立，负责 CERNET 的运营与管理。赛尔网络有限公司通过坚持不懈的技术创新，不断提高 CERNET 网络的运行质量和服务水平，扩大 CERNET 网络的覆盖范围，通过广泛开展网络集成、建设、运维等全方位的网络技术服务，不断拓宽业务范围，提供教育咨询、在线培训、远程视频面试等多样化的网络信息服务，同时积极参与下一代互联网研发与试商用，向广大教育、科研机构及个人提供 CERNET 和 CNGI-CERNET2 的宽带网络接入服务，充分发挥 CERNET 网络作为教育信息化基础设施和建设平台的作用。赛尔网络有限公司始终坚持国际化战略，积极与世界各地教育内容和信息服务提供商密切合作，充分发挥 CERNET 网络资源和管理优势，帮助合作伙伴为 CERNET 用户提供更优质的服务，始终将保障与提升 CERNET 主干网运行质量工作放在首位，严格执行《CERNET 主干网运行质量标准体系》和《CERNET 用户服务承诺 SLA 标准》，确保 CERNET 主干网的网络可用率。

参 考 文 献

[1] Deering S, Hinden B. RFC2460: Internet protocol, version 6 (IPv6) specification[EB/OL]. https://www.rfc-editor.org/rfc/rfc2460.html. [2022-05-19].

[2] Kent S, Seo K. RFC4301: Security architecture for the internet protocol[EB/OL]. https://www.rfc-editor.org/rfc/rfc4301.html. [2022-05-19].

[3] Li X, Bao C, Chen M, et al. RFC6219: The China Education and Research Network (CERNET) IVI translation design and deployment for the IPv4/IPv6 coexistence and transition[EB/OL]. https://www.rfc-editor.org/rfc/rfc6219.html. [2022-05-19].

[4] Bagnulo M, Matthews P. Stateful NAT64: Network address and protocol translation from IPv6 clients to IPv4 servers[EB/OL]. https://www.rfc-editor.org/rfc/rfc6146.html. [2022-05-19].

[5] Wu J, Cui Y, Metz C, et al. FRC5747: 4over6 transit solution using IP encapsulation and MP-BGP extensions[EB/OL]. https://datatracker.ietf.org/doc/html/rfc5747. [2022-05-19].

[6] Internet2 network infrastructure topology[EB/OL]. https://noc.net.internet2.edu/uploads/30/0b/300b1e4a77374a54c7ea66c85fe326ac/I2-Network-Infrastructure-Topology-201410.pdf. [2022-05-19].

[7] GÉANT pan-European network[EB/OL]. https://network.geant.org/european/. [2022-05-19].

[8] 雷震洲. 全球 IPv6 发展现状[J]. 通信世界, 2003, (27): 43-44.

[9] Asia Pacific Advanced Network[EB/OL]. http://www.apan.net/. [2022-05-19].

[10] Pricipal objects of APAN[EB/OL]. http://www.jp.apan.net/. [2022-05-19].

[11] 李嘉伟, 魏金侠, 龙春. IPv6 下一代互联网安全问题探讨及对策[J]. 科研信息化技术与应用, 2018, 9(1): 38-48.

[12] 张千里, 姜彩萍, 王继龙, 等. IPv6 地址结构标准化研究综述[J/OL]. http://kns.cnki.net/kcms/detail/11.1826.TP.20190103.1139.004.html. [2022-05-19].

[13] 吴建平, 任罡, 李星. 构建基于真实 IPv6 源地址验证体系结构的下一代互联网[J]. 中国科学(E 辑: 信息科学), 2008, 38(10): 1583-1593.

[14] 吴建平, 毕军. 可信任的下一代互联网及其发展[J]. 中兴通讯技术, 2008, 14(1): 8-12.

[15] Wu J, Bi J X, Li G R, et al. RFC5210: A source address validation architecture (SAVA) testbed

and deployment experience[EB/OL]. https://www.rfc-editor.org/rfc/rfc5210. [2022-05-19].

[16] Wu J, Bi J, Bagnulo M, et al. RFC7039: Source address validation improvement(SAVI) framework[EB/OL]. https://www.rfc-editor.org/rfc/rfc7039. [2022-05-19].

[17] 胡光武, 陈文龙, 徐恪. 一种基于 IPv6 的物联网分布式源地址验证方案[J]. 计算机学报, 2012, 35(3): 518-528.

[18] 张衍泽, 赵阿群. 下一代互联网 CERNET2 推广与应用现状研究[J]. 软件导刊, 2013, 12(11): 8-10.

[19] CNGI-CERNET2 介绍[EB/OL]. http://nic.xjtu.edu.cn/info/1017/1832.htm. [2022-05-19].

[20] 吴建平, 李星, 李崇荣. CNGI 核心网 CERNET2 的设计[J]. 中兴通讯技术, 2005, 11(3): 16-20.

第 3 章　软件定义网络

软件定义网络 (SDN)[1]强调控制平面和数据平面分离、程序化实现定制需求、快速实施和部署网络策略等,是一种新的网络范型,是近年来网络发展的一个重要驱动。SDN 具有简洁的网络架构和很强的兼容性,而且得到了网络设备制造商的支持。它将不论是物理的还是虚拟的应用、网络服务、设备之间的交互更紧密地结合在一起,成为网络领域研究与开发的重点。

3.1　SDN　概　述

SDN 是一种动态、易管理、经济、自适应的网络架构,其核心思想在于摒弃网络设备根据局部信息自主确定转发策略的方式,把网络设备的控制平面和数据平面解耦,数据转发功能保留在交换机上,控制功能交由掌握更多网络信息的控制器完成,控制器通过提供编程功能来实现策略的动态和个性化部署。在 SDN 的研究与发展历程中,需要重点解决的问题包括建立体系结构、运行机制、设计更新和维护体系、渐进部署与平滑过渡等。ACM SIGCOMM 从 2012 年起专门面向 SDN 组织了学术论坛 HotSDN,针对控制器架构、数据平面设计、状态抽象与管理、测试与仿真、安全策略和理论模型等展开探讨。随着探讨的深入,越来越多的理论和实践问题不断涌现。例如,尽管分布式决策到集中式决策的方式转变使策略更为有效,能更大程度地避免策略冲突的发生,但是,面对互联网交互密集、规模巨大的突发流量请求,集中式控制器面临巨大压力,对网络性能构成严重威胁;针对特定网络应用,采用何种部署方式和何种参数设置更为合适。诸如此类的问题,目前尚缺乏有效的解决方案,更缺少必要的理论和技术。特别需要指出的是,目前对 SDN 的研究与开发工作还主要局限在园区网络(如企业网和校园网)、数据中心网络等,面向大规模网络的研究与开发工作甚少,很多方面还属空白,因此,研究面向大规模网络的 SDN 运行机制不仅具有学术价值和应用潜力,而且可以有力地支撑 SDN 在我国的发展,有利于我国在未来互联网的研究与开发中占据有利位置。

数据平面和控制平面耦合使得网络可以分布式扩展,但给管理、升级带来了难度;设备自主决策能力可以有效保证网络正常运行,但决策盲目性严重影响了网络安全和网络性能。解耦数据平面和控制平面,克服路由决策的盲目性,提高控制的针对性和效率,进而简化网络管理,提高网络利用率,一直是网络研究的重点,也是催生 SDN 的原动力。

SDN 的基本思想就是分离数据平面和控制平面，通过提供标准编程接口，方便网络配置与管理，有利于网络演化和网络创新。学术界和产业界从自身需求出发已经提出了一些可借鉴的架构，给出了相应的工作机理。

文献[2]～[4]提出把路由计算功能从路由器中分离出来，并描述了其工作机理。文献[5]提出了包含决策(decision)、分发(dissemination)、发现(discovery)和数据(data)四个平面的 4D 架构，强调网络目标、网络视图和直接控制，把网络自治域的管理权从网络协议中分离出来。4D 架构实现了逻辑决策和分布式硬件的解耦合。决策平面拥有全局视图，可以对数据平面直接做出控制决策。分发平面在决策平面和数据平面之间建立安全可靠的通道。发现平面可以对数据平面的网络拓扑、状态信息等进行监测，并传送给决策平面。数据平面负责数据转发。为提高决策的准确性，4D 架构强调数据平面应主动向控制平面发送网络视图信息。4D 架构能执行复杂的优化算法，便于网络优化管理功能，例如，对分组实施集中过滤，支持服务质量等。因此，一般认为 4D 架构是 SDN 架构的雏形，Ethane[6]和 SANE[7]等都是基于 4D 架构、面向企业网设计的 SDN。欧洲电信标准协会(European Telecommunications Standards Institute, ETSI)NFV 工作组提出了基于虚拟化技术的 SDN 架构[8]，数据平面包括虚拟化的网络基础设施和虚拟化的网络功能，控制平面包含基础设施管理模块、虚拟网络功能管理模块和应用组合模块，实现了网络应用和基础设施的统一管理，细化了管理功能，但对虚拟化技术的过度依赖导致其兼容性较差。文献[9]定义了转发与控制元素分离的 ForCES(forwarding and control element separation)体系架构及其协议，对控制平面和数据平面之间的信息交换过程进行了标准化处理。

IT 厂商从其需求出发，也提出了各自的 SDN 架构，给出了工作机理。威睿(VMware)利用其虚拟化技术优势，提出了面向云计算的架构[10]，通过 NSX 网络虚拟化管理平台实现 SDN。微软发挥其软件优势，提出基于 server hyperV 网络边界管理平台的架构[11]。思科发挥其网络技术优势，提出了以应用为中心的 SDN 架构[12]，强调对网络应用的弹性支持，弱化分层思想。谷歌[13]和瞻博网络(Juniper Network)[14]也从自身优势出发，提出了各自的 SDN 架构。

图 3.1 给出了 4D 架构、ONF SDN 架构及其相互关系。ONF SDN 的三层结构分别是基础设施层、控制层和应用层。中间的控制层通过南向 API 管理底层物理网络，其中 OpenFlow[15]是当前学术界和产业界广为认可的 SDN 南向 API，工作机理清晰，由 OpenFlow 交换机、FlowVisor 和控制器三部分组成，如图 3.2 所示，其中，OpenFlow 交换机进行数据平面转发，FlowVisor 对网络进行虚拟化，控制器实现控制平面功能并对网络进行集中控制，从而实现数据平面和控制平面的分离。在众多网络设备制造商的支持下，OpenFlow 得到了迅速发展，致力于 OpenFlow 标准化的 ONF 给出了三层 SDN 架构[16]，进一步发展了 4D 架构的目标，更加强调开发应用

编程接口，以便更灵活地满足更高的应用需求。同时，控制层通过北向 API 支持上层应用程序。因此，控制层是整个 SDN 的核心部分。此外，所有控制层的控制器需要东西向 API 实现信息同步和协商功能从而获取逻辑上的集中控制。

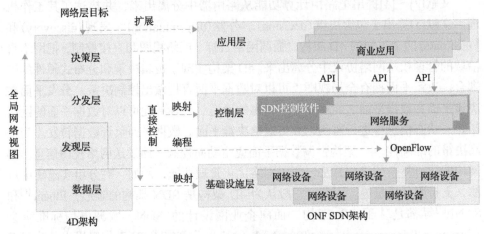

图 3.1　4D 架构、ONF SDN 架构及其相互关系

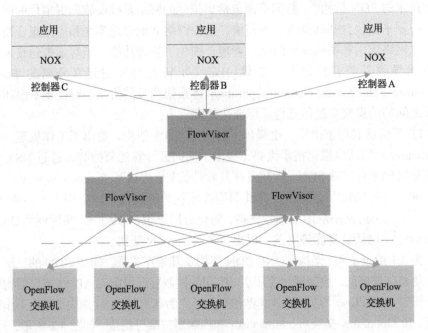

图 3.2　OpenFlow 结构

文献[17]提出了开源项目架构 Hydrogen，强调对现有网络架构的兼容，保留了 ONF 的三层 SDN 架构，确定了层间接口规范，同时面向产业界需要，列举了各层可行的实施方法。

SDN 采用控制平面与数据平面分离的架构,不仅使得控制平面与数据平面可以独立演化,有助于解决网络僵化问题,而且带来了传统网络架构不具备的很多优势。例如,可编程能力有利于网络创新,集中化控制和简化网络管理,全局网络视图使网络细粒度控制成为可能,虚拟化支持网络资源优化调度和高效利用等。这些都有助于解决很多在分布式控制下难以解决的问题。但是,现有的 SDN 研究与开发工作多是针对企业网、园区网、数据中心网络、基于基础设施的无线接入网络、家庭与小型商业网络以及试验性网络开展的,面向互联网这样的超大规模网络部署的可行性和适用性等并未得到验证。

3.2　SDN 运行机制

在 SDN 中,控制平面与数据平面分离,网络智能高度集中于控制平面,由控制器实施对交换机的控制。因此,对 SDN 机制的研究主要集中在控制平面运行机制、数据平面运行机制以及两者之间的分工与接口。自从 SDN 提出以来,关于 SDN 运行机制的研究与开发一直是学术界和产业界的重点。下面,从可行性和高效性的角度,分析 SDN 的基础运行机制和性能优化机制的研究与开发现状,从中发现亟待解决的关键问题。

3.2.1　基础运行机制

SDN 基础运行机制都是遵循控制平面与数据平面分离的原则,实现控制与转发的分离。作为 SDN 的典型协议代表,在 OpenFlow 中,转发设备即 OpenFlow 交换机包含一个或多个流表和一个抽象层(通过 OpenFlow 协议与控制器安全通信)。流表由表项组成,每个表项确定如何处理和转发属于某一流的分组。对于到达 OpenFlow 交换机的分组,如果找到了匹配的表项,交换机就应用与该匹配流表项相关联的指令集或操作处理分组,否则交换机采取由"表错过"流表项定义的指令。每个流表必须有一个"表错过"流表项,即到达分组没有找到匹配项时需执行的操作集,例如,丢弃该分组,继续在下一流表进行匹配,或者把该分组通过 OpenFlow 通道转发到控制器。

在另一个 SDN 范型 ForCES 中,同样是将控制与转发分离,但是,网络设备依然表示为单一实体。ForCES 定义了两种逻辑实体,即转发网元(forwarding element,FE)和控制网元(control element,CE),两个逻辑实体之间通过 ForCES 协议通信。FE 使用下层硬件对每个分组进行处理。CE 执行控制和信令功能,指示 FE 如何处理分组。ForCES 协议基于主从工作模式,CE 是主,FE 是从。ForCES 使用严格定义的逻辑功能块(logical function block,LFB)。LFB 驻留在 FE 上,由 CE 通过 ForCES 协议控制。LFB 使 CE 有能力控制 FE 的配置以及 FE 如何处理分组。

控制器和交换机之间通过南向接口交互，控制器和应用之间通过北向接口交互，控制器之间和交换机之间通过东西向接口交互[1,9,11]。保持接口的可用性和安全性至关重要，因此需要制定接口规范。目前对接口规范的制定和标准化工作主要集中在南向接口，控制器通过此编程接口控制交换机，而且多数工作是面向 OpenFlow 的[16]。例如，OpenFlow 协议定义了控制器和交换机之间的通信规约，OpenFlow1.3.0 增强了安全性，支持加密 TLS 通信以及控制器和交换机之间的证书交换，但未规定具体的实现方法和证书格式。北向接口目前基本上都是针对特定应用而专门设计实现的，尚无公认的规范，关于东西向接口也没有标准的定义[1,11,16]。

OpenFlow 和 ForCES 代表着实现 SDN 的两种不同的技术取向，前者着重于可编程的控制平面，后者致力于可编程的数据平面，但是均以实现控制平面与数据平面分离为目的，前者由于得到产业界的广泛支持而正在成为 SDN 现行的工业标准。实际上，现有关于 SDN 机制的研究与开发基本上都是遵循 OpenFlow 或 ForCES 的工作机理，因而从技术上讲都是可行的，但是，其对大规模网络的适用性还有待检验，目前对适合互联网的 SDN 基础运行机制的研究与开发基本上还属于空白。

3.2.2　性能优化机制

SDN 的集中化管理模式容易导致性能瓶颈的出现，特别是在大规模、超大规模网络中很可能成为 SDN 成功应用的制约因素，因此需要研究开发性能优化机制，以提高 SDN 控制平面和数据平面的可扩展性与工作效率。

就控制平面而言，由于在互联网中使用多个控制器来控制交换机，控制器对交换机的控制方式和控制粒度都会影响控制平面的性能，进而影响 SDN 的性能。

数据平面的性能优化同样重要。与传统网络相比，SDN 的转发规则更加复杂，分组到达时，需要支持更多的匹配域，提供更灵活的处理操作。因此，规则空间对数据平面的可扩展性而言可能是一个瓶颈。如何优化规则空间的使用以服务变化的流表项，同时遵守网络策略和约束，对数据平面性能优化而言是一个亟待解决的问题。在文献[18]提出的 DevoFlow 中，采用分流控制机制，当老鼠流(mice flows)(即短流)到达交换机时，由交换机负责处理，仅在处理大象流(elephant flows)(即较大流)时，才调用控制器。在文献[19]提出的 DIFANE 中，"入口"交换机把分组重定向到"权威"交换机，后者存放全部转发规则，前者仅缓存部分转发规则，控制器负责规则划分。文献[20]和[21]研究了规则放置问题，使用端到端策略和路由策略作为规则放置优化器的输入，目标是最小化需要安装在转发设备中的规则数量。

关于 SDN 性能优化机制的研究与开发尽管已经取得了一些成果，但多局限于仿真实现、原型实现或者小规模网络部署，还没有深入研究适合大规模，特别是超大规模网络需要的性能优化机制。

3.3　SDN 控制平面

SDN 最大的优势和特点就是控制平面与数据平面的分离，实现集中控制，目的是简化网络管理并实现网络的可编程性。在 SDN 中，网络由控制平面管理，控制平面由一个或多个控制器组成。数据平面的网络设备根据从控制器获取的转发规则进行数据包转发[22]，并且只具有转发功能，这些网络设备能够通过一些开放的南向接口和北向接口被应用程序管理。由于控制器负责向整个网络提供可编程接口，应用程序能够执行管理任务并为控制器提供新的功能。SDN 控制器负责维护整个网络的全局视图，通过运行一系列用户定义的控制应用程序为每条数据流加上控制约束。因此，SDN 控制器是保证 SDN 正常运行以及提高控制平面性能的核心元件。一旦控制器失效或者遇到性能瓶颈，网络就会失去 SDN 的优势。目前关于 SDN 控制器的体系结构研究已经有了许多成果，如 NOX[23]、 Beacon[24]等。然而，SDN 控制器仍然面对许多亟待解决的挑战和问题。

3.3.1　控制网络结构

用户通过 SDN 控制器来开发更多应用，提高网络性能和资源利用率。由于控制器承担了大量计算和存储任务，它可能成为整个网络的瓶颈。控制网络结构会影响控制器的性能和可扩展性，下面介绍几种常见的控制网络结构。

为了提高性能和可扩展性，目前已经提出了一些控制平面结构，这些结构可分为单控制器平面结构和多控制器平面结构。一些研究认为单控制器已经足够，问题是如何增强性能，如 Maestro[25]。而采用多个控制器可以合作管理网络，如 HyperFlow[26]和 DISCO[27]。目前有两种方式部署多控制器：一种是控制器互相通信同步本地网络视图来维护全局一致的网络视图，之后做出最优路由决策，这种方式称为逻辑集中物理分布的控制平面，如 SCL[28]。不是每个控制器都必须维持全局网络视图，有时候一些控制器存储本地网络视图足以实现特定的 SDN 功能，每个控制器通过它的本地视图做决策，这种方式称为完全分布式的控制平面。分层控制平面就是完全分布式控制平面的特殊形式，如 Kandoo[29]。

3.3.2　多核控制器

单控制器的基础是如何及时处理网络中的大量数据流。如果控制器没有足够的能力处理这些流请求，整个网络将陷入瓶颈。于是一些研究提出了增强能力的单控制器，如 Beacon[24]和 McNettle[30]。

Beacon 提出了利用 OpenFlow 协议控制网络设备的框架，并为多样化的网络功能设计了一系列内置应用。Beacon 利用多核处理器实现了高性能处理，例如，它能用每秒 12 核的速度处理 1280 万条数据请求。

　　然而简易的逻辑集中控制器限制了控制平面的可扩展性。为了解决这个问题，McNettle 设计了一个可伸缩的控制系统。它通过写入处理程序和背景程序能够将控制器扩展整合成一个多核处理器。利用 46 核的单控制器，McNettle 能够处理多达 5000 个交换机，同时实现超过每秒 1400 万条数据流的吞吐量。

　　Maestro 为应用程序提供了一个简单的单线程程序模型。此外，Maestro 能够支持控制和管理并行，它利用一些并行优化技术提高控制器的吞吐量。利用 8 核控制器每秒能够成功处理 60 万条数据流请求。

　　尽管这些多核控制器方法能够提高单控制器的能力，但是单一控制器的能力不足以应对实际网络的需求，如在互联网和大规模的数据中心中。对于 SDN 来说，控制器需要为每条新数据流计算路由路径。此外，从发送一条流请求到分配路由路径的等待时间应避免过长。在互联网中，由于广阔的地理分布，数据流的远距离传输会消耗额外的时间，单控制器无论怎样部署都是不合适的。在数据中心，单控制器不能适应增长的网络规模，因此有必要引入多控制器。

3.3.3　逻辑集中式控制器

　　尽管多核控制器相比于传统单控制器体现出了很大的优势，但它同时也面临很多阻碍，如单点失效和受限的可扩展性等[31]。为了解决这些问题，一些研究提出了分布式多控制器平面。这些分布式多控制器必须通过互相共享信息来建立一致的全局网络视图。这种类型的控制平面属于逻辑集中物理分布的控制平面，如 OpenContrail[32]、Onix[33] 和 HyperFlow。逻辑集中物理分布的控制平面结构如图 3.3 所示，可以看到这些控制器共享一个全局视图。

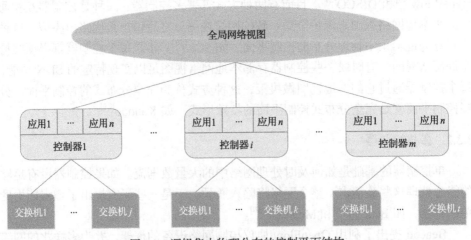

图 3.3　逻辑集中物理分布的控制平面结构

为了维护网络全局视图并做出最优决策，这些物理分布的控制器必须互相通信来同步自己的状态，当一个控制器的本地视图改变时，该控制器将与其他控制器同步更新信息。一些研究关注了多控制器信息同步的方法，控制器间的同步会消耗大量网络资源，因此在保证逻辑集中控制平面信息一致性的同时降低网络冗余负载至关重要。

传统网络中的每个功能必须要建立自己的状态分布、节点发现和故障发现机制。由于缺少共同的控制平面，高弹性、高可靠性和功能多样性的网络控制平面发展受到严重限制。为了解决这个问题，相关研究者提出了 Onix 逻辑集中物理分布式系统。Onix 提供了能够设计控制逻辑的通用分布式状态管理 API，这样控制平面能够基于 Onix 维护网络全局视图。此外，它也是管理如 SEATTLE、VL2 和 Portland 这样大规模数据中心网络的平台。

HyperFlow 提供了一种逻辑集中的控制，包括提高可扩展性的大量分布式控制器，并且已经作为 NOX 的一个应用程序进行实际部署。事实上，网络运营商可以在网络中按需部署任意数量的控制器。通过传播影响控制器状态的事件，HyperFlow 能够被动同步所有 OpenFlow 控制器的网络视图，让所有控制器实现全网视图。因为每个控制器都拥有全局视图，HyperFlow 通过在每个控制器上进行局部决策，将控制平面的响应时间最小化。

DISCO 是另一个开放和可扩展的 SDN 控制平面，用于处理分布式和异构的广域网与现代覆盖网络。每个 DISCO 控制器管理自己的网络域并通过一个轻量控制信道与其他控制器通信，以此来保证端到端的网络服务。因此，每个 DISCO 控制器都能够建立逻辑集中的控制平面，控制平面同时能提供一些常用功能，如流量工程和端点迁移。此外，控制平面能够适应动态网络拓扑，弹性应对攻击和网络中断。

由于逻辑集中的控制器无法提供必需的可用性和响应性，为了解决这一问题，文献[34]研究了一种分布式和高鲁棒性的控制平面，能够保证一致的和鲁棒的策略实现。该控制平面引入了一致性控制的 SDN 故障发现模型，形式化描述了网络策略一致性更新问题并探讨了解决一致性问题的不同协议。

另外还有两种常见的 SDN 控制平面架构，即 ONOS[35]和 OpenDaylight[36]。ONOS 为应用程序提供了一个逻辑集中物理分布的全局网络视图，它为提高可用性采用了一种分布式的结构并可以向外扩展。同时 ONOS 抽象了设备特征，这样，核心操作系统就不用必须知道控制设备所采用的具体协议。ONOS 遵循资源分布式 SDN 控制器的方式，如 Onix。同时 ONOS 已经发布，作为一个开放式资源计划，SDN 团体可以按需进行测试、评估、扩展以及贡献。OpenDaylight 允许在逻辑上(和/或者物理上)将网络划分为不同的区块，由部分控制器和模块专门管理一个区块或者部分区块。控制器能够根据从属的不同区块呈现出不同的网络视图。

同时，OpenDaylight 能够保证网络的一致性。值得注意的是，这种控制器严格地在软件上部署并且包含在自己的 Java 虚拟机(java virtual machine，JVM)内，因此它能够在任何支持 Java 的硬件和开放系统平台上部署。

OpenContrail 是一个能为虚拟化网络提供管理、控制和逻辑分析功能的逻辑集中物理分布的 SDN 控制器，同时也是云服务的网络虚拟化平台。OpenContrail 系统主要包括 OpenContrail 控制器和 OpenContrail 虚拟路由器。同时，OpenContrail 是一个可扩展的系统，可以用于多个网络用例，该体系结构包括两个主要驱动程序，即云联网和服务提供商网络中的网络功能虚拟化。

如果交换机和控制器之间的映射是静态配置的，控制器间的流量分布会不均匀。为了解决这个问题，文献[37]提出了一种弹性分布式控制器架构 ElastiCon，它可以根据网络流量的变化动态增加或减少控制器的数量。在部署 ElasticCon 之后，负载能够在控制器之间进行动态分配和转换，利用遵循 OpenFlow 标准的交换机迁移协议来实现负载转换。

3.3.4   完全分布式控制器

SDN 思想的引入可以让网络设计者自由地重构网络控制平面，SDN 的核心优势在于集中的控制平面，控制器基于整个网络的全局视图负责处理数据流和管理网络资源。为了维护全局网络视图，控制器必须要彼此间同步状态信息。当网络状态频繁变化时，控制器之间的信息同步会导致网络过载，而且 SDN 控制器信息状态的不一致会明显降低许多应用的性能[38]。由于完全逻辑集中的控制限制了控制平面的可靠性和可扩展性，控制平面在状态和逻辑上必须是物理分布的。即使所有控制器没能互相交换彼此的本地网络视图，控制器也能够获得一条非最优但是较好的数据流路径。

为了解决集中控制平面在大规模数据中心中的可扩展性问题，文献[39]提出了利用多个独立控制器，每个控制器仅仅控制整个网络的一部分。这样的控制器可以看成一个单一集中的控制器，它能够保证至少一个控制器能够随时响应给定的请求，然而没有一个控制器能够获取数据中心网络的完整信息。该方法最大的缺陷在于每个控制器不能寻找到每条数据流的最优路径。

对于分布式的控制平面，每个控制器管理自己的本地域。文献[40]的目的是通过改进的本地算法令每个控制器实现更好的路由决策。每个控制器只与它的相邻控制器通信，利用现有的本地算法提出了有效的控制器协议。尽管能够利用现有的分布式算法来实现路由，专门针对 SDN 的分布式算法仍需要研究。

Kandoo[29]是一个完全分布式控制平面的典型架构，它是一个分层结构。如图 3.4 所示，Kandoo 部署了两层控制器。数据平面数据流的大小是不同的，生成大量数据传输量的流称为大象流，这类数据流能够极大地影响下层网络的负载，不过大象流的数量比较少，大部分数据流是普通流。当 Kandoo 检测到大象流时，上层根控制器根据全局网络视图为这条大象流计算最优路径。下层控制器根据各自的本地视图处理大部分的普通流。因此，这些底层控制器能够处理大部分的网络事件并有效地降低根控制器的负载。Kandoo 使得网络运营商能够按需部署本地控制器，减轻了网络在可扩展性方面的潜在瓶颈问题，即上层控制器的过载问题。

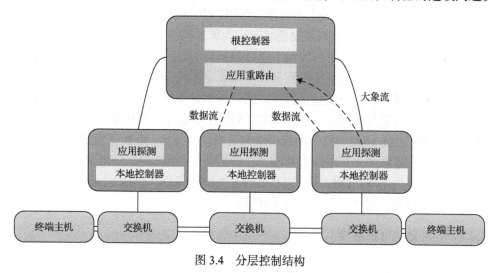

图 3.4 分层控制结构

3.4 SDN 控制平面的性能和可扩展性

3.4.1 控制器性能

一个控制器的性能反映了这个控制器每秒能够处理数据流请求的数量以及处理每条流请求的速度。例如，常见的网络控制器 NOX，它每秒能处理大约 30000 条流请求，维持 10ms 以下的流建立时间[41]。为了提高 NOX 的性能，文献[42]向 NOX 控制器加入了一些成熟的优化技术，如 I/O 批处理和多线程，该优化策略能显著提高 NOX 性能。例如，在 2GHz CPU（central processing unit，中央处理器）的 8 核处理器上，NOX 每秒能够处理 160 万次请求，平均响应时间为 2ms。

尽管相关研究已经为增强控制器的性能做出了大量努力，这仍然不能满足网络的高需求，如井喷式的数据请求和降低响应延迟。针对一些产品环境的研究也表明单控制器的性能是远远不够的。文献[43]发现 1500 个服务器平均每秒能够接收 10 万条数据流。文献[30]指出一个拥有 100 个交换机的网络每秒至少能产生 1000 万条数据流。因此，单一控制器无法满足业务对于网络处理能力和响应时间的需求。

　　有限的控制器性能和网络流量的巨大需求之间的差距，促使研究人员解决感知体系结构的低效问题[18,19]。由于启用了流级控制，OpenFlow 可以简化企业和数据中心网络中的网络和流量管理。然而当前的 OpenFlow 设计无法满足网络高性能的需求，考虑到这一点，文献[18]提出了一种改进的 OpenFlow，即 DevoFlow。DevoFlow 打破了控制和全局可见性之间的耦合，仅维持一定有用的可见性。这样 DevoFlow 能处理数据平面的大多数小数据流，同时在每个交换机上使用平均减少为原流表项 1/53～1/10，使得控制消息减少为原来的 1/42～1/10。文献[19]指出一条数据流经过长路径的传播时间短于经过控制器的时间。这意味着从 SDN 交换机发送出流请求到 SDN 交换机得到从控制器制定的转发规则的时间比直接向数据平面转发的时间要长，即使直接转发的路径并不是最优的。因此，为了加速数据流的处理同时降低控制器的负载，文献[19]提出了在 SDN 中加入前瞻性规则的DIFANE。DIFANE 将控制器的功能降级为更简单的任务，即在交换机上对这些规则进行划分。通过预先在中间交换机上存储必需的规则，DIFANE 能处理数据平面的所有流量。此外，DIFANE 能有效处理通配符规则，迅速响应网络的动态变化，如策略改变、拓扑变化和主机迁移等。

3.4.2　控制器的可扩展性

　　SDN 消除了控制平面设计的复杂性，并使其更具可扩展性。SDN 控制平面面临的可扩展性挑战本质上与传统网络类似。为了解决单一控制器的可扩展性问题，主要的解决方式是通过线性增加 CPU 内核来提高控制器的性能。McNettle 是一个具有高度可扩展性的 SDN 控制结构框架，它能够执行共享内存的多核服务器并为控制器开发者提供简单的编程模型。OpenDaylight 通过支持开放服务网关协议（open service gateway initiative，OSGi）提高了控制平面的可扩展性。OSGi 用于和控制器运行在相同地址空间的应用程序中，业务逻辑和算法都存储在应用程序。由于越来越多应用程序的出现，OpenDaylight 增强了控制平面的可扩展性。虽然以上策略能够提高控制器可扩展的性能，但是仍然无法提高流请求的响应速度。

　　前面提到的逻辑集中的控制平面通常由多个分布式的控制器组成，这不仅提高了控制器每秒处理流请求的数量，也降低了每条流请求的响应时间。文献[26]、[33]和[37]研究了逻辑集中物理分布式控制器的设计。实现分布式的核心在于操作人员可以在不中断网络的情况下将服务器增量添加到 ONOS 中，以获得额外的控制平面容量。ONOS 实例共同工作来创建作为单个平台的网络和应用程序[35]，应用程序和网络设备不需要知道它们使用单个还是多个 ONOS 实例。这个特性使得 ONOS 可以无缝扩展。

　　分布式的控制器需要维护一个全局一致性的网络视图来实现逻辑集中的控制平面。多控制器通过状态同步机制来共享信息，因此为了提高网络可扩展性，至关重要的目标是在保持控制器间信息一致性的同时降低状态同步的负载。现有的多控制器信息同步机制大都是基于周期同步的。值得注意的是，控制器的状态同步机制经常引发一些问题，如转发回路。为了解决这些问题，文献[44]提出了一个基于负载变化的同步机制。该机制规定当某个服务器或者控制域的负载超过一定阈值时，控制器才进行状态同步，这样就能有效降低控制器之间的同步负载并避免了转发回路的问题。

全局网络视图存在的一些挑战和问题，在分布式控制平面能够通过相关本地算法来处理。另外，每个控制器只需要在一定数量的路由跳数之内与它们的本地相邻控制器进行通信，这样就能够降低控制器的负载并实现控制器的负载均衡。根据文献[40]提出的有效机制，逻辑集中控制器的可扩展性也能够显著提高。

3.4.3 控制器的部署问题

分布式的控制平面又提出了一个开放式的问题，即网络中需要控制器的数量。控制器的数量和它们在网络中的位置都会直接影响 SDN 的性能。文献[45]最初形式化描述了广域网中的控制器部署问题。控制器之间和控制器与交换机之间的延迟会导致较长的响应时间，进而影响控制器处理网络事件的能力。文献[45]考虑了最小化控制器之间和控制器与交换机之间的传播时延的控制器优化部署问题，同时指出在现有的中等规模网络拓扑中单一控制器到各个交换机的时延能够满足降低响应时延的要求。但是随着网络规模的不断扩大，只部署一个控制器难以管理整个网络，因此需要部署多个控制器共同协作控制。

考虑到商用控制器的处理能力都是可扩展的，大多数控制平面的设计都没有考虑可扩展性。文献[46]从控制器的部署问题方面考虑，设计了可扩展的控制平面。利用 k-Critical 算法找到所需控制器的最小数量和控制器的位置，建立一个高鲁棒性的控制网络拓扑，降低故障率，平衡多数特定控制器之间的负载。

同时，网络中部署控制器的数量和位置也会影响 SDN 的可靠性。文献[47]引入了一个称为控制路径失效百分比期望的指标，用它来衡量控制器位置对 SDN 可靠性的影响，利用模拟退火算法来优化控制器的位置。

然而，以上提出的这些方法都基于静态的网络而不支持动态网络。文献[48]提出了一个在广域网中动态部署多控制器的机制，网络中所需的活跃和非活跃控制器数量和位置会随着网络状态的改变而变化，该机制能够缩短每条数据路径的建立时间。

3.5　SDN 数据平面

SDN 数据平面由负责数据包转发的交换机、路由器等网络设备组成。然而不同于传统网络，这些设备是没有自主决策能力的简单转发网络元件。设备之间通过标准的 OpenFlow 接口与控制器进行通信，从而保证不同设备之间通信的兼容性和互操作性。利用 OpenFlow 协议的转发设备拥有若干个数据流转发表（流表）组成流表流水线，每个流表由三部分组成：流规则匹配、匹配数据包执行的操作集以及用于匹配数据包信息统计的计数器。流规则匹配字段包括交换机端口号、源 MAC 地址、目的 MAC 地址、以太网协议、VLAN ID、IP 源地址、IP 目的地址、TCP 源端口号和 TCP 目的端口号。数据流规则可以由这些字段组合定义。常见的操作集包括将数据包转发到输出端口、封装并转发给控制器、丢弃数据包、数据包排队以及修改字段。最常见的情况是配置一个默认规则来指示交换机将数据包转发给控制器来进行决策。

OpenFlow 是一个开放协议，其中定义了 OpenFlow 设备规范以及作为南向接口的 OpenFlow 通信协议，用于指导网络交换设备完成数据转发。下面依据 OpenFlow V1.3[49]对 OpenFlow 协议中的消息类型以及流表匹配过程进行介绍，OpenFlow 协议中的通信消息分为以下三种类型。

1. Controller-to-Switch

Controller-to-Switch 指由控制器初始化后发送给交换机的消息，用于管理和检查交换机状态，详细内容如表 3.1 所示。

表 3.1　Controller-to-Switch 消息

消息	描述
Handshake	用于在建立通信连接时询问交换机特征，包括数据路径 ID（DPID）、缓冲区大小等信息
Switch Configuration	查询、设置交换机配置
Flow Table Configuration	查询、设置流表配置
Modify State Messages	用于设置交换机中的端口，以及新增、修改、删除流表、组表等
Multipart Messages	查询网络设备描述信息及相关数据统计信息
Queue Configuration Messages	查询指定交换机端口上配置的队列的相关信息
Packet-Out Message	对 Packet-in 消息的响应，指导数据包转发
Barrier Message	用于控制消息处理的先后顺序以确保满足依赖关系
Role Request Message	用于查询角色信息，当一个交换机同时与多个控制器相连时，只有一个控制器是主控制器，其余均为从控制器
Asynchronous Configuration Message	用于查询或设置可以接收的异步消息类型

2. Asynchronous

Asynchronous 指由交换机初始化后发送给控制器的通信消息，用于向控制器更新网络状态，详细内容如表 3.2 所示。

表 3.2　Asynchronous 消息

消息	描述
Packet-in Message	存在以下几种情况时交换机需要向控制器发送 Packet-in 消息，包括接收到无法与已有流表项匹配的数据包、数据包所匹配到流表项的动作是转发给控制器以及需要对链路发现数据包做出响应
Flow Removed Message	控制器在下发流表项时可以设置接收该流表项的移除提醒，表示希望在其超时失效或被控制器主动删除后可以收到 Flow Removed 消息
Port Status Message	通知控制器端口配置或状态的变化
Error Message	错误事件提醒

3. Symmetric

Symmetric 指可以由控制器或交换机初始化后发送给对方的通信消息，无须协商，包括用于建立通信连接的 Hello 消息，以及可用于判断通信连接是否存在或测试网络延迟及带宽的 Echo request/reply 消息。

OpenFlow 中的流水线机制定义了数据包在流表间的处理过程，即每个 OpenFlow 交换机中至少要包含一个流表用于数据包匹配。从 0x0 开始对交换机中的流表进行编号，初始流表 Table 0 中的表项均为可直接触发的流表项。另外，OpenFlow 遵循高优先级匹配原则，流表项在三态内容存址存储器（ternary content addressable memory，TCAM）中根据优先级降序存储。数据包进入交换机后将依次与 Table 0 中的各流表项进行匹配，并依据匹配到的第一个流表项对数据包进行相应的处理或转发。同时，每个流表的末尾都会有一个 Table-miss 表项，用于描述未匹配数据包的处理流程，故数据包在进入 Table 0 后将根据匹配到的流表项或 Table-miss 表项完成的操作，包括从指定端口转发、进入下一流表处理、直接丢弃或转发给控制器询问如何操作等。图 3.5 展示了 OpenFlow 流水线多级流表匹配过程，其中流表作为 OpenFlow 交换机处理数据包的重要依据，其详细结构如图 3.6 所示。

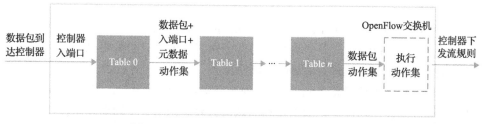

图 3.5　OpenFlow 流水线多级流表匹配过程

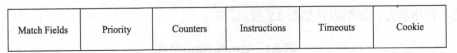

图 3.6　OpenFlow 流表项结构

OpenFlow 流表项主要包含以下 6 个构件。

（1）Match Fields，表示流表项匹配域，基于 1～4 层网络地址/端口信息进行匹配以实现灵活的、细粒度的处理。

（2）Priority，表示流表项优先级，用于标识流规则的匹配顺序。

（3）Counters，表示流表项统计数据计数器，可以对匹配到的数据流中所包含的字节数、数据包数等进行统计。

（4）Instructions，表示流表项操作指令，包括修改数据包动作集、继续流水线匹配过程等。

（5）Timeouts，表示流表项的失效时间。

（6）Cookie，表示供控制器标识流表项的内容。

每个数据包都有一个动作集与之关联并在流表间传递，最后，OpenFlow 交换机将根据数据包动作集中包含的动作对其进行处理，可选的动作包括：Set_field，修改数据包头部字段；Output，从指定端口转发出去；Group，指定某一特定组表项，由该组表项完成数据包的后续处理；Drop，直接丢弃数据包等。

组表用于统一描述可对多条数据流执行额外的转发操作，其详细结构如图 3.7 所示，例如，对于多条目的地址相同的数据流，可通过配置一个组表项来代替在流表中放置多个流表项，以节约 TCAM 存储资源。

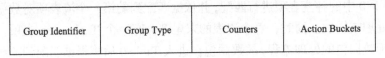

图 3.7　OpenFlow 组表项结构

OpenFlow 组表主要包含以下 4 个构件。

（1）Group Identifier，用于唯一标识该转发组。

（2）Group Type，用于定义这个组的语义，其中可选的组类型及相应的语义如表 3.3 所示。

（3）Counters，用于记录经由这个组处理的数据包数。

（4）Action Buckets，多个动作桶的有序列表，表示该组需要执行的一系列动作，其中动作桶可以理解为带参数的动作。

另外，没有明确定义 Drop 动作，而是在动作集中既不包含 Output 动作也不包含 Group 动作的情况下，数据包将默认被丢弃。同时，不同动作间存在优先级关系，Set_field 动作优先于 Group 动作执行，Group 动作优先于 Output 动作执行。

表 3.3 组类型及相应语义

组类型	语义
All	为每个动作桶复制数据包，然后执行所有动作桶，多用于广播或多播
Select	基于交换机中的 Selection 算法，如用户配置的多元组、哈希、轮询等，选择执行某个特定的动作桶，通过 Weight 字段设置动作桶权重，可用于负载均衡
Indirect	执行该组仅有的一个动作桶，可实现快速的收敛切换
Fast Failover	执行第一个 live 状态的动作桶而无须等待控制器判断，可用于实现快速的故障恢复

3.6 SDN 的主要接口协议

SDN 的接口主要为与 SDN 控制器相关的几个接口，其是 SDN 正常运行的关键组件。首先，控制器需要提供一个南向接口来管理下层物理网络。其次，控制器与上层应用层之间的北向接口是直接支持各种网络应用程序的关键，这些应用程序对底层网络有特定的需求。北向接口同时也能简化创新性网络应用程序和服务的设计和实现。最后，对于分布式控制器而言，为了实现控制器之间的有效通信，提高控制平面的可靠性，需要建立东西向接口。

3.6.1 南向接口

SDN 中控制平面和数据平面的分离能够实现网络可编程，让网络管理者能够管理整个网络。许多全网应用程序，如数据流监控和交换机的负载均衡，都需要对底层网络进行编程。因此，交换机的配置和网络管理的优化需要南向接口来建立控制器和交换机之间的通信信道。OpenFlow[15]是一个广泛应用的南向接口协议，它要求每个以太网交换机都配置一个内部流表。OpenFlow 协议在控制器和交换机之间建立一个安全的信道，每个交换机通过这个信道向控制器发送数据流请求，然后控制器向有关交换机下发该流请求的转发规则。在收到来自控制器的规则之后，交换机更新自己的流表。OpenFlow 允许研究人员在异构的交换机上运行试验，供应商不需要公开交换机的内部细节，并且可以向他们的交换机产品添加OpenFlow。

网络配置协议(network configuration protocol, NETCONF)[50]是一个修改网络设备配置的管理协议。它允许网络设备公开一个 API，通过该 API 可以传输和检索可扩展的配置数据。NETCONF 协议简化了网络设备的重新配置，并充当了一个构建块，但是它没有将控制平面和数据平面分离。因此，采用 NETCONF 协议的网络不是完全可编程的。

自 2003 年以来，ForCES[9]是另一个有名的用于控制器和转发元件之间通信的协议。尽管 ForCES 与 SDN 存在一些相同的目标，但是它们的表现在许多方面都不同。对于 ForCES，每个网络设备的内部结构都是重新定义的，这样控制元件就与数据元件分离，但是它们的组合仍是外部世界的单一网络元件。有一些研究也尝试将额外的转发硬件与第三方控制结合在一个单一网络设备内。对于 SDN 来说，ForCES 是一个由 IETF 转发与操控别离组（Forwarding and Control Element Separation Working Group）开发的并行方案。

另外，需要一种高级的命令网络编程语言来简单高效地在控制器上管理交换机。与其他编程语言相比，它应该为命令式网络编程提供一个简单结构化的语法，并且只需要几类语句来构建接口规则。由这些命令编写的程序能够在交换机上建立和安装规则，然后控制器能够向流表内添加规则和管理交换机。

3.6.2　北向接口

北向接口协助应用程序开发者管理和规划网络。然而现有的编程语言通常利用由下层硬件支持的低级的抽象概念，因此不能提供模块化的编程。SDN 域内直观的网络策略本质上具有动态性和状态性。目前的网络配置语言也没有足够的表达能力来捕获这些策略。

Frenetic[51]是一个用于配置网络交换机的高级语言。它为网络流量分类和聚集提供了声明性的查询语言，它还提供了一个用于描述高级数据包转发策略的函数库。Frenetic 促进了模块化推理，并激活了代码重用。这些特性都可以在 Frenetic 新型运行环境中实现，管理所有在物理交换机上安装、卸载和查询低级数据包处理规则的相关细节。

Procera[52]是一个 SDN 控制结构，它支持基于功能反应编程的声明性策略语言。Procera 能够进一步扩展来表示那些高级网络策略和事件流上的时间查询，这些在网络策略中经常发生，同时必须确保在一个任务上配置的规则不会影响其他任务。文献[53]提出使用一组新的抽象来开发具有多个独立模块的应用程序来共同管理网络。为了简化 SDN 程序设计，Maple[54]利用一个标准的编程语言做出全网的行为决策，同时它也提供了一个开发者定义的集中策略，在每个进入网络的数据包中运行，因此它能在每个交换机上将一个高级策略转换成 SDN 规则。Maple 包括一个高效多核调度程序和一个新型的追踪运行时间的优化程序。调度程序能够有效地扩展到具有至少 40 核的控制器，优化程序能自动记录可重用的策略决定和维持交换机内最新的流表。

多个控制器共同工作存在资源竞争问题，为了解决这个问题，文献[55]设计了 Corybantic 系统，它包括一个典型 SDN 控制器的协调器。协调器利用许多独立的模块，每个模块负责管理网络的不同方面，协调器负责处理模块之间的冲突。每个模块负责一个或者多个目标函数的优化，这些模块之间的协调可以最大化控制器决策产生的总体价值。

目前，SDN 仍然缺少北向接口的标准。ONF 下属的北向接口工作小组 (North Bound Interface Working Group，NBI-WG)[56]致力于为 SDN 控制器定义并随后标准化各种北向 API 接口 (NBIs)。首先，该组织的目标是为控制器、网络服务和应用程序开发人员提供可扩展、稳定和可移植的 NBI API。其次，他们希望通过在不同抽象级别定义多个 API 来提高控制器交互软件设计的可移植性，从而使网络行为更具可编程性。之后是保证控制器供应商利用 API 的扩展来设计和更新网络行为，这些努力都将加速 SDN 的创新。

3.6.3 东西向接口

事实上，大规模数据中心网络和企业网络通常划分为许多子网络，每个子网络被不同的控制器控制，网络也被不同域的管理者管理。网络的实际情况限制了这些域的集中控制，每个域通常部署一个控制器。每个控制器应该拥有全局网络视图来决定数据流的跨域路由。因此，控制器需要在域间网络交换可达性和拓扑信息。但是这些控制器在没有接口的条件下无法直接互相通信，控制器之间的信息交换需要借助东西向接口来完成。东西向接口实现了在不同的控制器之间交换本地网络视图，每个控制器能够通过信息交换拥有整个网络的全局视图。在接收到每条流的第一个数据包之后，控制器会根据全局视图来计算该流的最优路由路径。

文献[57]提出了高性能异构 SDN 域的运行机制，以交换企业、数据中心和域内网络的网络视图，同时考虑到网络隐私，提出了 WBridge，并将物理网络抽象成虚拟网络视图。东西向的桥机制可以在不同 SDN 域互相合作，实现网络信息的端对端交换。考虑到不同的 SDN 域，应该交换什么网络信息以及信息如何有效地在 SDN 域间传递是两个重要问题。为了在异构的 SDN 域实现弹性的端到端控制平面，文献[58]提出了一种基于连接度最大化的连接算法，为解决隐私问题，提出了虚拟化 SDN 视图，并且只交换虚拟的网络视图来构建相对全局网络视图。

可以将 ONOS[35]看成部署在一群服务器上的服务，在每个服务器上运行相同的 ONOS 软件。每个 ONOS 实例管理一部分子网络，子网络的本地状态信息作为网络事件在集群中广播。网络事件在存储器中生成，并通过内置到各种服务的分布式存储中的分布式机制与集群中的所有节点共享。利用发布/订阅模型中的高速信息传递，ONOS 实例能够迅速地通知其余实例更新状态信息。ONOS 的分布式内核为实例之间提供信息传递、状态管理和领导人选举服务，这样，多个实例就能像一个逻辑实体一样工作。

3.7 SDN 未来面临的挑战

SDN 具有全局网络视图、集中控制、可编程等优点，尽管有助于解决网络僵化问题，方便并简化网络管理，促进网络创新，其在现实中缺乏统一的定义和标准，给网络发展带来了巨大挑战，下面列举了一些需要解决的基本问题，从而帮助改进 SDN 在开发和使用中的一些不足。

3.7.1　SDN 应用部署

网络应用程序实现控制逻辑，将控制逻辑转换为要配置在数据平面上的命令，指示转发设备的行为。SDN 可以部署在任何传统的网络环境中，从家庭和企业网络到数据中心，环境的多样性使网络应用程序的部署更加广泛。尽管用例种类繁多，但大多数 SDN 应用程序可以分为以下五类：流量工程、移动和无线、测量和监控、安全和可靠性以及数据中心联网。现有的网络应用程序执行传统功能，如路由、负载平衡和安全策略实施。为了更好地管理网络，需要研究更多的抽象、框架和编程语言，以便在控制器上部署更多样化的控制应用程序，而将所有应用程序部署到每个控制器中是不切实际的。因此，需要进一步研究应用程序的部署问题。

来自不同应用程序的策略将会被转换为控制平面上的流规则，规则之间可能存在冲突。同时，对于要处理相同数据流的多个应用程序，需要将这些应用程序中的规则组合起来。因此，我们需要在数据流规则的融合和冲突避免方面做更多的工作。

3.7.2　SDN 信息一致性维护

为了解决集中控制平面性能、可扩展性和拓扑方面的问题，分布式的控制平面是一个合理的解决方案。然而网络的动态特性导致维护全局网络视图非常困难，分布式的控制平面也存在控制器之间信息不一致的问题，需要研究更加有效的方法维护全局网络视图的一致性，并减少一致性通信的消耗。因此，一致性维护方面的挑战涉及分布式 SDN 控制器中状态分布一致性模型、控制应用程序的一致性要求和性能之间的权衡。如果控制器能够快速响应请求并制定转发策略，则无法保证全局一致性，因此在提高网络性能的情况下维护分布式控制器的信息一致性成为 SDN 发展的关键问题。SDN 信息一致性维护问题主要分为控制逻辑的一致性问题、分布式控制器之间的一致性问题和并发策略的一致性问题。

3.7.3　SDN 可扩展性问题

可扩展性决定着 SDN 的进一步发展，需要进一步研究南向接口协议、北向接口协议和东西向接口协议。OpenFlow 协议成为 SDN 普遍应用的南向接口规范，然而 OpenFlow 协议并不成熟，版本仍在不断更新中。OpenFlow 对于新应用的支持力度不足，需要通过提高交换机的软硬件技术增强支持能力，从而进一步发展接口抽象和通用协议。应用的差异性为通用北向接口的设计增加了难度，需要考虑灵活性与性能之间的权衡，提供数学理论支持的抽象接口定义。东西向接口使得多个 SDN 域之间可以进行跨域通信。更好的接口设计将大大增强 SDN 的部署能力。

尽管现在有许多关于 SDN 控制器可扩展性方面的工作，这个问题仍然没有得到很好的解决。仅仅增加控制器的数量不能有效地提高控制器的可扩展性。控制器的位置和数量都能对网络性能产生较大的影响，确定网络中部署控制器的最优数量和合适位置仍然需要大量研究。

3.7.4　SDN 安全

SDN 的脆弱性受到了学术界和产业界的广泛关注。因此，需要强大的访问控制机制，实现应用与控制平面、控制平面与数据平面之间交互的安全；需要鲁棒的容错机制，保证 SDN 在发生故障时仍能完成预期任务并迅速从故障中恢复；需要坚实的脆弱性管理机制，防止因脆弱点受到恶意攻击而导致网络性能严重下降甚至瘫痪；简言之，需要建立安全机制来保障 SDN 的可靠运行。

通常认为网络可编程性和全局控制平面是 SDN 两个独立的功能，每个功能本身都存在一些安全问题。目前针对 SDN 安全问题的研究包括三个部分，分别是控制器、控制器之间的通信信道以及控制器和交换机之间的通信信道。其中，对 SDN 控制器安全方面的研究比较少。此外，对数据完整性和控制器之间的保密性也缺乏充分的关注。企业网中存在的安全问题与互联网中不同。企业网中的安全机制可以通过中央控制对网络进行管理，并对所有网络元件进行身份验证，从而保证企业的安全。数据中心通常需要负载均衡器来确保服务器之间的访问平衡。与专用的负载均衡设备相比，SDN 提供了一种替代方法，即在控制器上部署负载均衡应用程序。控制器将数据包处理规则配置到数据中心内的交换机中，这个规则最终会以负载均衡的方式把流量分发到专门的服务器。

目前对于控制器之间通信的安全研究还很匮乏。现有工作基本上还处于对问题进行描述和提出解决思路的阶段，或者仅是针对某一种 SDN 产品或某类安全问题提出的特定解决方案，很多方面尚属空白，迫切需要站在全局的高度对 SDN 面临的安全问题及其处理机制进行系统的研究与开发。

参 考 文 献

[1] Amin R, Reisslein M, Shah N. Hybrid SDN networks: A survey of existing approaches[J]. IEEE Communications Surveys and Tutorials, 2018, 20(4): 3259-3306.

[2] Feamster N, Balakrishnan H, Rexford J, et al. The case for separating routing from routers[C]. Proceedings of the ACM SIGCOMM Workshop on Future Directions in Network Architecture: Association for Computing Machinery, Portland, 2004: 5-12.

[3] Bonaventure O, Uhlig S, Quoitin B. The case for more versatile BGP route reflectors[EB/OL]. https://citeseerx.ist.psu.edu/viewdoc/download;jsessionid=572901DD43554FFC0C11810704AEF A12?doi=10.1.1.59.4609&rep=rep1&type=pdf. [2022-05-18].

[4] Ash G, Farrel A. A path computation element (PCE)-based architecture[EB/OL]. https://www. rfc-editor.org/rfc/rfc4655.html. [2022-05-18].

[5] Greenberg A, Hjalmtysson G, Maltz D A, et al. A clean slate 4D approach to network control and management[J]. ACM SIGCOMM Computer Communication Review, 2005, 35(5): 41-54.

[6] Casado M, Freedman M J, Pettit J, et al. Ethane: Taking control of the enterprise[C]. ACM SIGCOMM Computer Communication Review, 2007, 37(4): 1-12.

[7] Casado M, Garfinkel T, Akella A, et al. SANE: A protection architecture for enterprise networks[C]. Proceedings of the 15th Conference on USENIX Security Symposium, Vancouver, 2006: 137-151.

[8] Network Functions Virtualisation (NFV)[EB/OL]. http://portal.etsi.org/NFV/NFV_White_Paper2. pdf. [2022-05-18].

[9] Doria A, Salim J H, Haas R, et al. Forwarding and control element separation (ForCES) protocol specification[J]. Heise Zeitschriften Verlag, 2010, 5810: 1-124.

[10] Sequeira A. Introducing VMware NSX-the platform for network virtualization[EB/OL]. https://blogs.vmware.com/networkvirtualization/2013/08/vmware-nsx.html/. [2022-05-18].

[11] Hyper-V network virtualization[EB/OL]. https://learn.microsoft.com/en-us/windows-server/net working/sdn/technologies/hyper-v-network-virtualization/hyper-v-network-virtualization. [2022-05-18].

[12] Cisco application centric infrastructure solution overview[EB/OL]. https://www.cisco.com/c/ en/us/solutions/collateral/data-center-virtualization/application-centric-infrastructure/solution-overview-c22-741487.html. [2022-05-18].

[13] Jain S, Kumar A, Mandal S, et al. B4: Experience with a globally-deployed software defined WAN[J]. ACM SIGCOMM Computer Communication Review, 2013, 43(4): 3-14.

[14] Juniper[EB/OL]. https://www.juniper.net/us/en/research-topics/what-is-sdn.html. [2022-05-18].

[15] McKeown N, Anderson T, Balakrishnan H, et al. OpenFlow: Enabling innovation in campus networks[J]. ACM SIGCOMM Computer Communication Review, 2008, 38(2): 69-74.

[16] Fundation O N. Software-defined networking: The new norm for networks[EB/OL]. http://www. valleytalk.org/wp-content/uploads/2012/05/wp-sdn-newnorm.pdf. [2022-05-18].

[17] Opendaylight project releases new architecture details for its software defined networking platform[EB/OL]. http://archive15.opendaylight.org/announcements/2013/09/opendaylight-project-releases-new-architecture-details-its-software-defined. [2022-05-18].

[18] Curtis A R, Mogul J C, Tourrilhes J, et al. DevoFlow: Scaling flow management for

high-performance networks[J]. ACM SIGCOMM Computer Communication Review, 2011, 41(4): 254-265.

[19] Yu M, Rexford J, Freedman M J, et al. Scalable flow-based networking with DIFANE[J]. ACM SIGCOMM Computer Communication Review, 2011, 41(4): 351-362.

[20] Kanizo Y, Hay D, Keslassy I. Palette: Distributing tables in software-defined networks[C]. Proceedings IEEE INFOCOM, Turin, 2013: 545-549.

[21] Kang N, Liu Z, Rexford J, et al. Optimizing the one big switch abstraction in software-defined networks[C]. Proceedings of the 9th ACM Conference on Emerging Networking Experiments and Technologies, California, 2013: 13-24.

[22] Bannour F, Souihi S, Mellouk A. Distributed SDN control: Survey, taxonomy, and challenges[J]. IEEE Communications Surveys and Tutorials, 2018, 20(1): 333-354.

[23] Gude N, Koponen T, Pettit J, et al. NOX: Towards an operating system for networks[J]. ACM SIGCOMM Computer Communication Review, 2008, 38(3): 105-110.

[24] Erickson D. The Beacon openflow controller[C]. Proceedings of the 2nd ACM SIGCOMM Workshop on Hot Topics in Software Defined Networking, Hong Kong, 2013: 13-18.

[25] Cai Z, Cox A L, Ng T S. Maestro: A system for scalable openflow control[R]. Houston: Rice University, 2011.

[26] Tootoonchian A, Ganjali Y. HyperFlow: A distributed control plane for openflow[C]. Proceedings of the Internet Network Management Conference on Research on Enterprise Networking, San Jose, 2010: 3.

[27] Phemius K, Bouet M, Leguay J. DISCO: Distributed multi-domain SDN controllers[C]. IEEE Network Operations and Management Symposium, Krakow, 2014: 1-4.

[28] Panda A, Zheng W, Hu X, et al. SCL: Simplifying distributed SDN control planes[C]. Proceedings of the 14th USENIX Symposium on Networked Systems Design and Implementation, Boston, 2017: 1-17.

[29] Yeganeh S H, Ganjali Y. Kandoo: A framework for efficient and scalable offloading of control applications[C]. Proceedings of the First Workshop on Hot Topics in Software Defined Networks, Helsinki, 2012: 19-24.

[30] Voellmy A, Wang J. Scalable software defined network controllers[J]. ACM SIGCOMM Computer Communication Review, 2012, 42(4): 289-290.

[31] Greenberg A, Maltz D A, Rexford J, et al. Reflections on a clean slate 4D approach to network control and management[J]. ACM SIGCOMM Computer Communication Review, 2019, 49(5): 90-91.

[32] Singla A, Rijsman B. OpenContrail architecture document[EB/OL]. https://wiki.huihoo.com/wiki/OpenContrail_architecture_document. [2022-05-18].

[33] Koponen T, Casado M, Gude N, et al. Onix: A distributed control platform for large-scale production networks[C]. The 9th USENIX Symposium on Operating Systems Design and Implementation, Vancouver, 2010: 351-364.

[34] Canini M, Kuznetsov P, Levin D, et al. A distributed and robust SDN control plane for transactional network updates[C]. IEEE Conference on Computer Communications（INFOCOM）, Hong Kong, 2015: 190-198.

[35] Berde P, Gerola M, Hart J, et al. ONOS: Towards an open, distributed SDN OS[C]. Proceedings of the Third Workshop on Hot Topics in Software Defined Networking, Chicago, 2014: 1-6.

[36] Medved J, Varga R, Tkacik A, et al. OpenDaylight: Towards a model-driven SDN controller architecture[C]. Proceeding of IEEE International Symposium on a World of Wireless, Mobile and Multimedia Networks, Sydney, 2014: 1-6.

[37] Dixit A, Hao F, Mukherjee S, et al. Towards an elastic distributed SDN controller[J]. ACM SIGCOMM Computer Communication Review, 2013, 43 (4): 7-12.

[38] Levin D, Wundsam A, Heller B, et al. Logically centralized? State distribution trade-offs in software defined networks[C]. Proceedings of the First Workshop on Hot Topics in Software Defined Networks, Helsinki, 2012: 1-6.

[39] Tam A S W, Xi K, Chao H J. Use of devolved controllers in data center networks[C]. IEEE Conference on Computer Communications Workshops (INFOCOM WKSHPS), Shanghai, 2011: 596-601.

[40] Schmid S, Suomela J. Exploiting locality in distributed SDN control[C]. Proceedings of the Second ACM SIGCOMM Workshop on Hot Topics in Software Defined Networking, Hong Kong, 2013: 121-126.

[41] Tavakoli A, Casado M, Koponen T, et al. Applying NOX to the Datacenter[C]. HotNets, NewYork, 2009: 1-6.

[42] Tootoonchian A, Gorbunov S, Ganjali Y, et al. On controller performance in software-defined networks[C]. Presented as Part of the 2nd {USENIX} Workshop on Hot Topics in Management of Internet, Cloud, and Enterprise Networks and Services, San Jose, 2012: 10.

[43] Kandula S, Sengupta S, Greenberg A, et al. The nature of data center traffic: Measurements and analysis[C]. Proceedings of the 9th ACM SIGCOMM Conference on Internet Measurement, Chicago, 2009: 202-208.

[44] Guo Z, Su M, Xu Y, et al. Improving the performance of load balancing in software-defined networks through load variance-based synchronization[J]. Computer Networks, 2014, 68: 95-109.

[45] Heller B, Sherwood R, McKeown N. The controller placement problem[C]. Proceedings of the First Workshop on Hot Topics in Software Defined Networks, Helsinki, 2012: 7-12.

[46] Jimenez Y, Cervello-Pastor C, García A J. On the controller placement for designing a distributed SDN control layer[C]. IFIP Networking Conference, Trondheim, 2014: 1-9.

[47] Hu Y, Wang W, Gong X, et al. On reliability-optimized controller placement for software-defined networks[J]. China Communications, 2014, 11 (2): 38-54.

[48] Bari M F, Roy A R, Chowdhury S R, et al. Dynamic controller provisioning in software defined networks[C]. International Conference on Network and Service Management, Zurich, 2013: 18-25.

[49] OpenFlow Switch Specification[EB/OL]. http://opennetworking.wpengine.com/wp-content/uploads/2014/10/openflow-switch-v1.3.4.pdf. [2022-05-18].

[50] Enns R, Bjorklund M, Schoenwaelder J, et al. Network configuration protocol (NETCONF) [EB/OL]. https://www.rfc-editor.org/rfc/rfc6241.html. [2022-05-18].

[51] Foster N, Harrison R, Freedman M J, et al. Frenetic: A network programming language[J]. ACM Sigplan Notices, 2011, 46 (9): 279-291.

[52] Voellmy A, Kim H, Feamster N. Procera: A language for high-level reactive network control[C]. Proceedings of the First Workshop on Hot Topics in Software Defined Networks, Helsinki, 2012: 43-48.

[53] Monsanto C, Reich J, Foster N, et al. Composing software defined networks[C]. The 10th {USENIX} Symposium on Networked Systems Design and Implementation ({NSDI} 13), Lombard, 2013: 1-13.

[54] Voellmy A, Wang J, Yang Y R, et al. Maple: Simplifying SDN programming using algorithmic policies[C]. ACM SIGCOMM Computer Communication Review, Hong Kong, 2013, 43 (4): 87-98.

[55] Mogul J C, AuYoung A, Banerjee S, et al. Corybantic: Towards the modular composition of SDN control programs[C]. Proceedings of the Twelfth ACM Workshop on Hot Topics in Networks, College Park, 2013: 1.

[56] Open Networking Foundation announces chairperson of northbound interfaces working group[EB/OL]. https://opennetworking.org/news-and-events/press-releases/open-networking-foundation-announces-chairperson-of-northbound-interfaces-working-group/. [2022-05-18].

[57] Lin P, Bi J, Wang Y. East-west bridge for SDN network peering[C]. 第二届中国互联网学术年会, 张家界, 2013: 140-145.

[58] Lin P, Bi J, Chen Z, et al. WE-bridge: West-east bridge for SDN inter-domain network peering[C]. IEEE Conference on Computer Communications Workshops (INFOCOM WKSHPS), Toronto, 2014: 111-112.

第4章　网络功能虚拟化

4.1　NFV　概　述

2012 年 10 月，超过 20 个世界上最大的电信服务提供商在 ETSI 成立了一个行业规范组(Industry Specification Group，ISG)，旨在提出网络功能虚拟化(NFV)的新型概念，并促进 NFV 相关标准和框架的规范化，最终构建 NFV 生态系统。至此，NFV 开始受到业界的广泛关注。发展到现在，ETSI ISG 已经拥有超过 800 个组织成员，分别来自 5 个大陆的 64 个国家[1]。

NFV 标准的目的在于解决传统电信网络中运营和维护所面临的重重困难，降低高额的专用设备管理和投资成本，加速网络服务的创新过程。通过对传统专用设备中的网络功能进行虚拟化操作或者重新组装操作，网络运营商能够获得极大的灵活性，并促进新服务的快速部署，从而降低投资成本(capital expenses，CAPEX)和运营成本(operation expenses，OPEX)[2]。

4.1.1　NFV 相关概念

为了实现 NFV 的规范化，需要引入诸多新术语，本节将介绍使用相对频繁的 NFV 术语。

(1)物理网络功能(physical network function，PNF)：通常为具有明确定义的外部功能和接口的专用功能块。目前，PNF 指的是某个和物理功能紧密耦合在一起的网络节点或设备。

(2)网络功能虚拟化基础设施(network function virtualization infrastructure，NFVI)：NFVI 为用户提供了软硬件共同组成的网络环境，可以用于部署、管理和执行各类虚拟化网络功能(virtual network function，VNF)。通常，单个 NFVI 可以跨越多个地理位置，而这些地理位置之间的连接也被视为 NFVI 的一部分。

(3)网元管理系统(element management system，EMS)：单个 EMS 通常由一组独立的网元管理器(element manager，EM)组成。每个 EM 负责管理相应的 VNF 对象在其生命周期内的实例化、执行以及部署等操作。

(4)管理与编排(management and orchestration，MANO)：NFV 为通信网络引入了一些新的元素，而 MANO 用于管理和适配这些元素。MANO 被进一步划分为三个部分，分别为虚拟化基础设施管理器(virtualized infrastructure manager，

VIM)、VNF 管理器(VNF manager，VNFM)和 NFV 编排器(NFV orchestration，NFVO)，分别负责 NFVI 管理、资源分配、功能虚拟化等操作。

(5) VNF：VNF 是 PNF 的软件实现，它必须提供与 PNF 相同的功能行为和外部操作接口。一个 VNF 可以由一个或多个组件组成。如果 VNF 被部署在单个虚拟机中，则它由一个组件组成。如果 VNF 跨多个虚拟机部署，则它由多个组件组成，其中每个虚拟机托管一个组件。以 EMS 为例，它实际上是一个 VNF，由许多单独的组件(即 EM)组成，这些组件分布在不同的 VM 中。

(6) 网络接入点(network point of presence，N-PoP)：执行 PNF 或 VNF 的网络位置。可以通过 N-PoP 接入访问相应的资源，如内存和存储等。

为了帮助理解这些术语之间的关系，将其以分层的结构展示在图 4.1 中。其中，相关术语使用加粗字体标注，可以看到，VNF 和 PNF 之间的共存是不可避免的。另外，EM 负责管理 VNF，NFVI 负责 PNF 与 VNF 的资源分配，MANO 负责收集 PNF 与 VNF 的基础信息提供全局视图。这些网络元素之间相互协作，共同协调 VNF 和 PNF，以快速高效地提供网络服务。

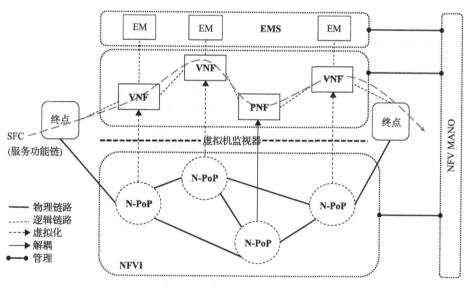

图 4.1 不同术语之间的关系

4.1.2 NFV 标准化组织与活动

为了加快 NFV 的部署，一些标准开发组织(Standard Development Organization，SDO)(如 ETSI[1]和 OPNFV[3])开展了许多标准化的 NFV 活动，并通过开源的方式和外界共享这些成果，以此避免在同样的误区犯错。这些标准化活动对于 NFV

的发展有着深远意义。下面分别介绍了为 NFV 发展做出贡献的主要组织和标准化活动。

1. ETSI

ETSI 于 2012 年 10 月首次成立了 NFV 研究小组，即 ETSI NFV ISG。同年，ETSI NFV ISG 发布了第一版 NFV 白皮书。随着越来越多的成员加入该组织，NFV 白皮书分别在 2013 年 10 月和 2014 年 10 月进行了两次更新。2015 年初，ETSI NFV ISG 发布了关于 NFV 的 11 个规范[4-14]，内容涵盖了 NFV 基本框架下的所有内容，基本完成第一阶段的工作。截至 2015 年，NFV 第二阶段工作已经完成，并在接口互操作性等目标上实现了统一。第三阶段的工作仍在筹备阶段。ETSI 于 2016 年 2 月成立了开源编排与管理(Open Source MANO, OSM)小组，旨在通过一系列开源工具构建出一套开源的 NFV MANO 栈。鉴于 MANO 与 NFV 之间的关系，OSM 实际上为 ETSI NFV ISG 提供了在 NFV 管理与编排方面所需要的基础工作[15]。

2. ONF

尽管 ONF 的主要思想是通过 SDN 加速网络创新，但是也无法忽视 NFV 对未来网络格局的影响。鉴于这一点，ONF 以 SDN 为主题，融入 NFV 的理念，并为此发布了二者结合的解决方案书[16]。在此基础上，ONF 同时发布了一份技术报告，从网络体系结构的角度详细说明了 SDN 与 NFV 之间的互补关系[1-17]。

3. IRTF

因特网研究任务组(Internet Research Task Force，IRTF)成立了 NFV 研究小组 (NFV Research Group，NFVRG)[18]，旨在提供一个共同的 NFV 平台。在此平台上，世界各地的研究人员可以分享和探索他们对于这个新领域的经验与体会。此外，NFVRG 还专门举办了关于 NFV 的专题会议(如 GLOBECOM)。

4. IETF

IETF[19]成立了一个服务功能链工作组(Service Function Chain Working Group，SFC WG)[19]，该工作组致力于从 SFC 协议描述、服务功能路径计算[20]等方面设计通用的服务体系结构。通常，服务路径的信息被嵌入包头中[19]。基于这些信息，可以控制 SFC 流量通过其所需要的网络功能，并最终到达目的地。

5. OPNFV

OPNFV[3]是一个开源和运营商级别的项目，致力于促进新的 NFV 服务和产品的开发。OPNFV 通过汇聚其他开源项目(如 OVS[21]和 Linux[22])、设备供应商(如华为和思科)以及机构(如 ETSI 和 IETF)的相关工作,来提供和构建一个开放的标准化 NFV 平台。

6. ATIS

电信行业解决方案联盟(Alliance for Telecommunications Industry Solutions, ATIS)[23]是一个北美电信标准集团,致力于开发与现有工程互补或扩展的 NFV 规范。ATIS NFVI 的研究范围包括 NFV 技术需求、功能分类和服务链。此外,ATIS NFVI 与 ETSI 在 NFV 实施上具有一定合作关系,包括支持 VNF 灵活部署的 NFVI 架构以及支持快速服务的 NFV 解决方案[24]。

7. DMTF

分布式管理任务组(Distributed Management Task Force, DMTF)在云管理、虚拟化管理、网络管理方面从事标准化工作。2015 年 DMTF 将自身工作与 NFV 架构进行了比对,并寻求和 NFV 工作的结合。DMTF 在 NFV 的工作刚刚开展,影响力有限,远不及 ETSI。

8. BBF

宽带论坛(BroadBand Forum, BBF)2015 年成立了名为"SDN in Broadband Network"的 Work Area,针对 SDN、NFV 宽带技术融合进行研究,但是目前尚未有正式的研究项目。

9. 3GPP

第三代伙伴合作项目(The 3rd Generation Partnership Project, 3GPP)[25]的主要目标在于探索 NFV 的潜在研究问题。此外,3GPP 与 ETSI 在 NFV 上一直存在合作关系。例如,制定标准的 NFV 参考点规范,参考点的一侧是由 3GPP 定义的实体,而另一侧是由 ETSI 定义的功能块。

4.1.3 NFV 发展历史

NFV 目前还处于发展初期。尽管如此,在 NFV 体系中扮演重要角色的虚拟化技术已经发展多年。目前,已经存在多种虚拟化技术,包括硬件虚拟化(VMware)和计算虚拟化(云)等。网络组件(尤其是网络功能)的虚拟化是 NFV 的主要特征。为了给出一个相对完整的发展史,本节将从虚拟化技术的历史开始讨论,然后过渡到 NFV 发展史。

　　1959 年，Strachey[26]首先提出了虚拟化术语，并将其作为一种理论。20 世纪 60 年代中期，国际商业机器公司（International Business Machines Corporation，IBM）提出了自己的试验系统 M44/44X，首次引入了虚拟机的概念[27]。随着时间的推移，CPU 和随机存取存储器（random access memory，RAM）性能的提升，使得计算机可以满足虚拟化的需求。于是，在 1999 年，VMware 公司推出了第一款基于 x86 体系结构的商用虚拟化产品，主要实现了在一台服务器上的资源隔离，从而创建独立的工作环境[28]。随后，为了管理所有分离环境，出现了各种各样的管理程序或虚拟机监视器，如 Citrix 的 Xen[29]、微软的 Hyper-V[30]和 VMware 的 vSphere[31]。

　　虚拟化技术通常用于实现资源的虚拟化，从而进一步提高资源利用率。然而，在实际情况下，网络中充满了各种基于硬件的专用设备，又称为中间件。这些专用设备提供了网络所需要的各种功能，但同时导致了网络僵化问题。为了解决或者至少缓解这种状况，需要将这些专用设备进行虚拟化。在这种需求背景下，NFV 应运而生。NFV 最初由全球 20 多家电信公司于 2012 年 10 月联合推出[1]。同年 7 月，在 ETSI 成立了 NFV ISG。截止到目前，加入 ETSI NFV ISG 的成员已经超过了 235 家公司，其中包括 34 家服务提供商。在 2013 年 1 月前，ISG 已经召开了七次横跨亚洲、欧洲和北美的全体会议。2013 年 10 月，ETSI 更新了白皮书并发布了 NFV 架构框架[32]，该框架确定了 NFV 系统组件及其之间的接口。在接下来的两年里，许多专家和公司相继加入 ETSI NFV ISG，促进 NFV 标准的发展。

　　NFV 的发展分为三个阶段。第一阶段工作在 2014 年底完成，在 NFV 白皮书的基础上，发布了 11 项规范文件，包括 NFV 管理和编排[6]、体系结构框架[7]、基础结构概述[8]、服务质量指标[12]、弹性[13]、安全以及信任[14]等。所有这些功能块都是在 240 多个组织两年的紧张工作之后完成的。NFV 第二阶段的工作是对第一阶段进行改进和完善。由于不考虑结构方面的任务，NFV 基本框架和 MANO 结构基本保持不变。第二阶段的工作包括 NFV 基本框架中所需要确定的接口要求、互操作性、接口规范及其信息模型[33]。同时，为了验证第二阶段中关于服务描述和软件映像方面的工作，提出了另外一项工作任务，即 NFV Plugtests，旨在验证 NFV 体系结构中不同 VNF 对象和主要组件之间的互操作性问题[34]。第三阶段的工作目标是在未来若干年内制定 NFV 的大型生态规范系统，其中需要注意的是：①定义了 cloud-native VNF 的概念，以充分利用云计算的优势；②支持 PaaS 模型，用于协助设计支持 cloud-native 特性的 VNF；③支持跨域 MANO 服务。NFV 发展涉及的重要事件如图 4.2 所示。

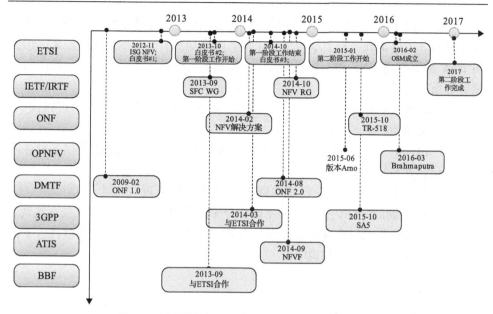

图 4.2　标准化组织以及 NFV 发展涉及的重要事件

4.2　NFV 基本架构

4.2.1　NFV 整体框架

标准 NFV 整体框架如图 4.3 所示，它主要由 NFVI 层、MANO 层和 VNF 层组成[35-37]。其中，NFVI 层属于数据平面，主要负责底层数据转发、资源供给等。

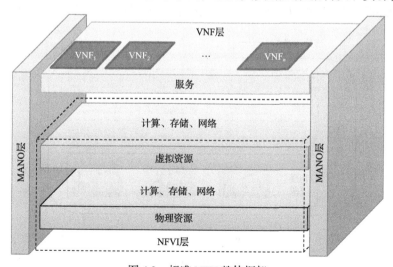

图 4.3　标准 NFV 整体框架

MANO 层属于控制平面，主要负责 VNF 适配、连接、资源协调等。VNF 层属于应用平面，可以承载各种上层应用程序或者网络功能。这种虚拟化的框架结构使得 NFV 能够提高 VNF 动态部署的能力，从而满足企业对于可扩展性、性能和容量等方面的需求。

(1)NFVI 层：对构成基础设施的硬件资源(如服务器、存储、网络)进行抽象，提供虚拟化功能实例的运行环境。

(2)MANO 层：资源管理与业务流程编排，在 VNF 生命周期内提供各种各样的虚拟化管理与控制能力。

(3)VNF 层：主要负责对已经实例化的 VNF 进行管理与控制。

图 4.3 中的标准 NFV 整体框架不同部分采用不同的标准和虚拟化技术实现，通过这些虚拟化技术，企业能够提高其服务的灵活性、可扩展性及高效性。下面分别对这三部分进行阐述和说明。

4.2.2　NFVI 层

NFVI 为 VNF 提供了部署和执行的环境，主要由网络基础环境中的所有硬件和软件资源组成。物理资源主要为标准的通用化硬件(commercial-of-the-shelf, COTS)，如计算、存储、网络，而虚拟资源是物理资源的抽象。如图 4.4 所示，物理资源的抽象过程由虚拟机监视器(Hypervisor)完成。通常，根据网络本身的复杂度和物理分布情况，不同企业之间的 NFVI 具有很大差别。另外，NFVI 也包括位于不同物理位置的设备之间的网络连接(如数据中心和公有/私有/混合云的连接)。有趋势表明，其他的一些业务，如文件目录、外部测试和监控等将来也会逐步加入到 NFVI 中。这种趋势将导致系统在稳定和性能等方面对这些业务产生依赖，从而逐渐成为 NFVI 建设过程中非常关键的一部分。对于 VNF 而言，Hypervisor

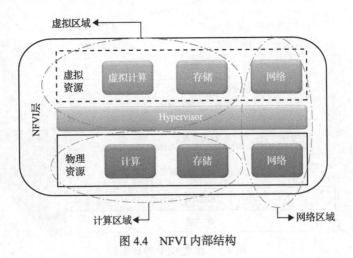

图 4.4　NFVI 内部结构

和硬件资源属于同一实体,它们共同提供了 VNF 部署所需要的虚拟环境。Hypervisor 层位于物理资源之上,对物理资源(包括计算、存储和网络)进行抽象,包括资源划分、整合、重新分配。Hypervisor 以及抽象出来的虚拟计算、存储、网络,将 VNF 和底层硬件解耦,使得 VNF 能够基于虚拟资源运作而不受底层硬件的限制。

ETSI NFV ISG 更加精确地将 NFVI 划分为三个区域[38-40],即计算区域(compute domain)、虚拟区域(hypervisor domain)和网络区域(network domain)。如图 4.4 所示,计算区域包括物理资源的计算和存储,虚拟区域包括虚拟资源的虚拟计算、存储和 Hypervisor,网络区域包括虚拟资源和物理资源的网络。这三个区域不论是从功能还是实现层面都存在很大的差异。

1. 计算区域

计算区域一般由 COTS 组成,主要为网络提供基础的计算和存储能力。计算区域中提供计算能力的组件称为计算节点(compute node,CN)。每个 CN 都是一个独立的结构实体,它们通过内部指令集进行独立管理,通过网络接口与其他 CN 和网元设备通信。

通常,在由 COTS 支撑的体系结构中,一个 CN 一般包括 CPU 和芯片组(指令集处理部件,如 ARM)、存储子系统、网卡设备、可选硬件加速器(如协同处理器)、节点内存(如非易失性存储器、本地磁盘)和基础引导加载程序等资源。

2. 虚拟区域

虚拟区域包括 Hypervisor 和由 Hypervisor 虚拟出来的虚拟计算与存储资源。通常来说,Hypervisor 所提供的环境必须和原来硬件设备中的环境一致,也就意味着虚拟化环境必须支持相同的操作系统、软件及工具包等。

另外,为了能够满足 NFV 的需求,Hypervisor 必须具备以下能力。

(1)为软件设备的可移植性提供充分的硬件抽象。

(2)将计算区域的资源合理分配给以软件形式存在的 VNF。

(3)向 NFV 管理与编排系统提供一个接口,供其创建、监测、管理和释放 VNF。

图 4.5 给出了虚拟区域功能分布结构图,它是 NFV 朝着整体目标演进过程中的重要组件之一。可以看出,虚拟区域实际上提供了一个软件环境,站在硬件资源的抽象层面实现服务。除了内部的虚拟功能和设备驱动外,虚拟区域对外还有三个接口,而这三个接口是 Hypervisor 提供虚拟化服务的关键。首先,Hypervisor 并不会自动提供虚拟服务,一般由网络管理与编排系统向 Hypervisor 请求虚拟资源。如果存在可用虚拟资源,则直接将服务请求转发至对应的 VNFM 即可,否则需要先获取硬件资源信息,再采用虚拟化手段构造虚拟机环境,用于运行由一个或者多个 VNF 所组成的网络服务。

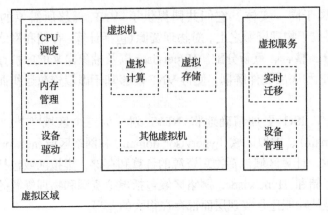

图 4.5　虚拟区域功能分布结构

3. 网络区域

网络区域本质上由物理网络、虚拟网络和管理功能模块组成。物理网络主要包括 COTS，虚拟网络对物理网络进行抽象，得到一层逻辑上存在的网络，它为不同的 VNF 之间提供逻辑上的连通性。这种虚拟网络的实现目前有两种形式，分别为基于基础架构的虚拟网络和基于分层的虚拟网络。

对于基于基础架构的虚拟网络，指的是该虚拟网络依赖底层网元设备来提供一些网络功能。例如，通过划分地址空间进行流量隔离，同样也可以将地址空间进行划分，使得不同的虚拟网络能够共享物理网络，但是这种划分并不支持地址空间的叠加(overlay)。另外，通过隧道技术或者对网络及资源进行虚拟分割，基于分层的虚拟网络能够在基础网络架构上实例化一个或者多个私有拓扑，以达到网络虚拟化的效果。与基于基础架构的虚拟网络相比，基于分层的虚拟网络支持地址空间的叠加，但需要付出一定的管理成本。根据实际网络的情况，一般选择这两者的折中方案进行网络虚拟化。

ETSI NFV ISG 并没有给出 NFVI 的具体解决方案，因此一般的项目都基于现有 Hypervisor 的标准功能来实现对底层硬件资源的抽象以及虚拟资源的分配过程。当然，除了使用 Hypervisor 之外，企业也可以利用非虚拟化服务器的操作系统来提供虚拟化层，或者将 VNF 当作一个应用程序来部署。还可以结合实时 Linux 操作系统、虚拟交换机(vSwitch)等技术，以确保电信级网络运行的性能和可靠性，达到 NFV 的最终目标，即在标准商用 IT 硬件资源上构建和运行网络。

4.2.3　MANO 层

在传统网络中，网络功能的实现通常与底层基础硬件设施紧密地耦合在一起。NFV 利用虚拟化技术打破这种耦合，将网络功能从硬件设备中解耦出来，从逻辑上分离网络功能与硬件设施。解耦的过程必然需要其他技术的支撑，如虚拟化技术。由此而产生了诸多新的网络组件和元素，包括 VNF、PNF、NFVI、服务链等。这些原本不存在的网络组件和元素必然需要一种特殊的管理与编排系统来进行统一规划和处理。为了应对这种需求，ETSI NFV ISG 在标准化框架结构中构建了一套 NFV 管理与编排系统，即 MANO。

MANO 层的任务是对 NFV 框架中所有特定虚拟化的内容及过程进行管理。具体来说，包括对支持基础设施虚拟化的软件以及硬件资源的编排和生命周期的管理、对 VNF 实例的生命周期以及与这些实例相关的数据和属性的管理、对各VNF 实例之间接口的管理。MANO 层的这些功能按照所属范围被 ETSI ISG 划分为三部分，分别为 NFVO、VNFM 和 VIM[41]，如图 4.6 所示。

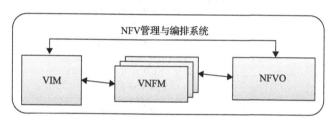

图 4.6　NFV 管理与编排系统内部结构

NFVO 负责对 NFVI 层物理资源和上层虚拟资源的编排和管理，在 NFV 的基础设施层上实现网络服务。这种编排能力既可以根据业务的需求，调整分配给各VNF 的资源，也可以在各机柜、机房以及地域之间迁移 VNF 等。NFVO 是实现业务全自动化的核心模块。VNFM 负责 VNF 的生命周期管理，包括实例化、更新、查询、扩展和终止等操作。一个 VNFM 可以管理一个或者多个 VNF。根据VNFM 与 VNF 之间的对应关系(一对一或者一对多)，可以在网络中部署合适数量的 VNFM。VIM 主要用于控制和管理 VNF 与底层的计算、存储、网络资源的交互。VIM 的操作权限通常被约束在虚拟层，于是企业可以继续沿用 Hypervisor技术来支持和实现 VIM 的功能。VIM 提供了底层基础设施的可视化管理和资源管理，主要包括 NFVI 可用资源的清单、虚拟资源的合理分配与管理、优化资源使用效率等。表 4.1 中展示了 MANO 层各模块的具体功能特性，NFVO、VIM和 VNFM 之间会有部分功能上的重叠，例如，它们都一定程度上涉及对 VNF的管理。

除了以上的三部分之外，NFV 还需要和传统的运营支撑系统(operation support system，OSS)相结合。OSS 将传统 IP 数据业务与移动增值业务相融合，是电信运营商一体化、信息资源共享的支持系统。它不但能够帮助运营商制定符合自身特点的运营支撑系统，也能帮助其确定系统的发展方向。然而，OSS 并不是 ETSI NFV ISG 关心的重点，其准则在于将 NFV 与 OSS 进行整合，通过 NFV 本身的特性来改善传统的 OSS。

表 4.1　MANO 层的功能描述

MANO 模块	功能描述
NFVO	管理网络服务部署的模板和 VNF 程序包； 管理网络服务实例及其生命周期； 管理 VNFM 实例； 管理 VNF 实例，协调它与 VNFM 之间的关系； 确认 VNFM 的资源请求并授权； 管理网络服务实例组成的拓扑； 规则管理及服务评估
VNFM	VNF 的实例化以及配置； VNF 实例的可行性分析； VNF 实例的更新、修改、扩展、终止； 收集 VNF 实例的相关信息； 管理 VNF 生命周期变化通知； 管理 VNF 的完整性
VIM	对 NFVI 资源进行编排和优化，包括资源分配、释放、回收 管理虚拟资源和物理资源的关联规则 通过提供虚拟链路、网络、端口等，来支持对 VNF 转发图以及 网络安全访问控制的管理；虚拟化资源容量管理以及使用情况报告

4.2.4　VNF 层

VNF 层在 NFV 整体架构中占有很重要的地位。NFV 对底层的网络功能进行虚拟化，而 VNF 是物理网络功能的虚拟化表示，它以软件的形式实现并安装到底层通用硬件上以取代专用硬件设备所提供的网络功能。图 4.7 给出了 VNF 层的基本结构。其中，每个 VNF 层都由对应的 EM 管理，同时每个 VNF 也可以由多个虚拟网络功能组件（VNF component，VNFC）组成，从而形成一种高度灵活的特性。

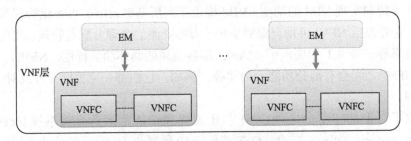

图 4.7　VNF 层的基本结构

通常而言，基础网络中的 PNF 都具有定义完善的外部接口以及对应的行为模式，如边界网关、防火墙、DHCP 等。如果将这些 PNF 看成部署在物理环境中的功能块,那么 VNF 则是 PNF 在虚拟环境(如虚拟机)中的实现。一方面,单个 PNF 的实例化工作由隶属于同一 VNF 的多个 VNFC 共同完成;另一方面,多个 VNF 也能共同组成一条服务链。根据企业采用的架构,既可以将服务链部署在单个虚拟机上,也可以跨多个虚拟机进行协同部署。EM 对 VNF 的管理内容有状态监测、日志记录、配置以及安全等,其中 VNF 状态监测是 VNF 管理的重要部分,VNF 从创建开始到终止最多有五种状态的变化,如表 4.2 所示。

表 4.2　网络运行过程中 VNF 实例可能的状态[42]

VNF 状态	简单描述
NULL	VNF 实例并不存在,等待被创建
Instantiated Not Configured (I-N-C)	VNF 存在,等待进行服务配置
Instantiated Configured Inactive (I-C-I)	VNF 已完成配置,等待提供服务
Instantiated Configured Active (I-C-A)	VNF 已完成服务配置,正在提供服务
Terminated	VNF 已经终止

相应的状态转移图如图 4.8 所示。其中虚线部分表示 VNF 从实例化到终止的一套常规状态转移过程。

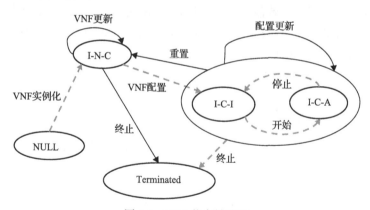

图 4.8　VNF 状态转移图

在某些情况下,VNF 也可以运行在物理服务器上,并通过物理服务器的监控管理程序进行管理。需要注意的是,不论是运行在物理环境还是虚拟环境中,对外提供的服务必须保持一致性。

4.3　NFV 用例分析

ETSI 在 2013 年第一阶段的工作中就列出了 NFV 的 9 种使用案例,并分别进行了详细的分析和说明。其目的在于帮助 ISG 制定更加完善的 NFV 标准以及促进相关产品商业化过程，也可以作为其他工业组织在部署 NFV 时的参考标准[43]。发展到现在，NFV 的用例已经不再局限于此，更多特定案例已经得到验证。但是，作为行业的标准，NFV 提出的应用案例代表着如今的主流应用。因此，本节对其中具有代表性的应用案例进行说明。

4.3.1　NFVI 即服务

为了满足用户对于网络服务的性能(如时延、可靠性)需求，往往要求服务提供商在不同的虚拟平台上运行特定的 VNF 实例。从 NFV 的角度看，这种虚拟平台即 NFVI。于是，NFVI 就可以作为一种服务而存在。

很少有服务提供商能够做到在全球范围内建立、部署并维护自己的基础网络设施。相反，消费者，无论是企业还是个人，可能来自全世界各个地区，这也就形成了全球范围内的服务需求。这种反差使得将 NFVI 作为一种服务成为可能。不同的服务提供商可以通过租用全球范围内的其他服务提供商的 NFVI 环境，并远程部署自己的 VNF 实例来满足该地区的用户对于服务的需求。例如，在图 4.9 中，运营商 A 将自己的虚拟服务 VNF 部署在运营商 B 提供的 NFVI 服务上。对于运营商 A 而言，只需要按需支付费用即可获得包括用户服务质量的提高和自身 NFVI 的弹性保证等诸多效益。但对于运营商 B 而言，它除了需要识别并允许运营商 A 在其 NFVI 上部署服务之外，也必须提供一定的隔离机制，使得运营商 A 的操作不会干扰到其他的运营商。

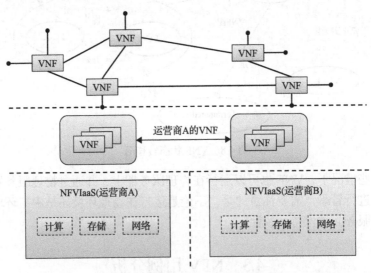

图 4.9　NFVI 即服务用例分析图

"NFVI 即服务"(NFVI as a service，NFVIaaS)的出现将直接加速 NFVI 在全

球范围内的部署。另外，同属于一个服务提供商的不同部门之间也能够将 NFVI 作为一种服务。尽管 NFVI 对外提供的是抽象视图，但归根结底，出售的仍然是底层的计算、存储以及网络资源。同样，运行在 NFVI 环境中的 VNF 也可以作为一种服务进行出售。VNF 将网络中的专用设备功能(如防火墙、NAT)抽象出来以软件的形式实现，从而形成 VNF 即服务(VNF as a service，VNFaaS)。类似的例子有虚拟网络平台即服务(virtual network platform as a service，VNPaaS)。

4.3.2　VNF 转发图

VNF 转发图(VNF forwarding graph，VNF-FG)本质上仍然是网络功能转发图，它定义了数据包所通过的网络功能序列，而这种序列就是网络服务[44]。在 NFV 中，最简单的网络服务可以使用点到点链路来实现。VNF-FG 和通过线缆相互连接的物理设备所组成的结构类似，不过其对象是虚拟设备，它表示虚拟设备之间的逻辑连接。这样做的优势在于可以表达更为复杂以及跨不同网络部署的网络服务结构，而无须关心底层的具体设计实现。相反，如果依赖物理设备，那么当网络变得复杂或者需要接入其他网络时，就不得不添加额外的设备以及相应的可兼容接口来支持系统，另外还需要对其进行配置。因此，与物理设备所组成的转发图相比，VNF-FG 显然具有更大的优势。

图 4.10 提供了一个 VNF-FG 示例。显然，在这个例子中，服务提供商已经将 VNF-FG(包括 VNF-A、VNF-B、VNF-C、VNF-D1、VNF-D2、VNF-E)作为其服务的一部分，这些 VNF 由至少一个 VNF 提供商来供应。但从物理网络功能的角度来看，这其实是一个点到点的服务，VNF 的引入把简单的服务变得多样化。通

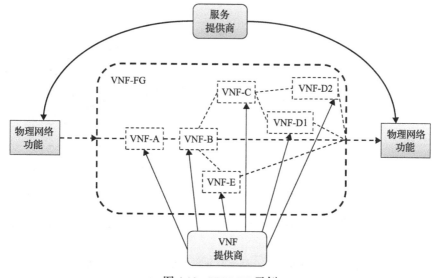

图 4.10　VNF-FG 示例

过选择不同的组合路径可以向用户提供不同的服务，避免了人工部署的复杂以及高错误率。图 4.10 中的 VNF 供应商就提供了 4 条不同的服务链，分别为{VNF-A, VNF-B}、{VNF-A, VNF-B, VNF-E}、{VNF-A, VNF-B, VNF-C, VNF-D1} 和 {VNF-A, VNF-B, VNF-C, VNF-D2}。

尽管图中只给出了一个 VNF 提供商，但在实际的网络中是多个 VNF 提供商共存的现状，他们可能位于不同的地理位置。用户可以根据自身的实际情况（如成本、地理位置）进行选择，既能选择单一 VNF 提供商的服务，也能够选择多个提供商提供的 VNF，然后组合为需要的服务，这种结构极大提高了用户选择的灵活性。

4.3.3 移动网络虚拟化

目前的移动网络中充斥着大量的专用设备，运营和维护成本较高，且难以管理。NFV 旨在采用标准的虚拟化技术将不同类型的设备整合成工业标准的大容量服务器、交换机、存储设备，以降低网络复杂度和解决相关运营问题。

基于 NFV 技术，可以将移动通信核心网从专有设备实现环境中分离出来。同时 NFV 提供了完整的虚拟化环境，支持网络功能的灵活部署，允许更多第三方网络应用的创新与实现，为网络运营带来了效率的提升，同时也能够满足用户特定服务需求的增长趋势。

以 4G 核心网络的演进分组核心（evolved packet core，EPC）[45]为例，它由移动管理设备（mobility management entity，MME）、服务网关（serving gateway，SGW）、公用数据网（PDN）网关（public data network gateway，PGW）等网络功能模块组成，传统移动核心网部署方案与 EPC 虚拟化部署方案如图 4.11 所示。

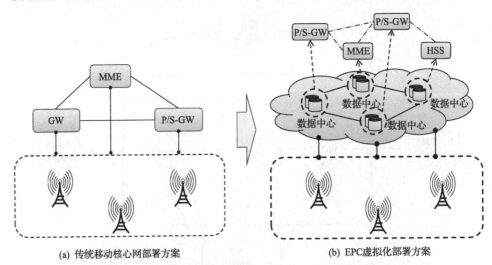

(a) 传统移动核心网部署方案　　　　　(b) EPC虚拟化部署方案

图 4.11　传统移动核心网部署方案与 EPC 虚拟化部署方案

HSS: home subscriber server, 归属用户服务器；P/S-GW: P-GW 是 PGW, S-GW 是 SGW

在图 4.11(b)，MME、P/S-GW 均以 VNF 的形式存在。相比图 4.11(a)以实体形式存在的功能而言，虚拟化的形式支持根据各功能的不同需求进行独立扩展，不会相互影响。例如，MME 进行资源扩展时不会影响到位于不同数据中心的 P/S-GW 功能，反之亦然。另外，不同应用场景下的虚拟化程度可能会不一样，例如，EPC 可以实现整体的虚拟化或者仅对部分功能进行虚拟。具体来说，移动核心网的虚拟化带来的优势如下所示。

(1)降低整体拥有成本(total cost of ownership，TCO)。

(2)网络功能在硬件资源池上的动态配置提高了网络利用效率。

(3)虚拟化技术支持的动态网络配置与重配置提高了网络服务的可靠性和弹性。

(4)根据网络实际负载动态提供网络能力，增强了可扩展性。

4.3.4　内容分发网络虚拟化

目前的网络中存在着大规模的用户流量(尤其是视频流)，它们的转发和交付给整个运营商网络带来了巨大挑战。除此之外，用户对服务质量的要求也在不断提高。然而，基于传统架构的运营商网络的服务质量并没有较大的提升。这种反差导致用户体验的持续下降。于是，为了应对这些问题，网络运营商提出在内容分发网络(content dilivery network，CDN)节点上部署虚拟化缓存，以一种有效、低成本的方式来应对视频流交付的挑战。网络中的 CDN 节点都缓存有很多公共数据，终端用户可以就近获取网络资源，而不是必须访问数据源。如此一来，节省出来的链路以及带宽资源就可以为其他数据流所使用。

然而，越来越多的第三方服务提供商将 CDN 缓存节点部署在互联网服务运营商网络中，导致运营商网络中的 CDN 节点类型和数量越来越多。通常这些节点都依赖特定的硬件设备，由此会引发一系列问题，例如：

(1)缓存节点容量的平均峰值利用率较低；

(2)专用设备导致网络运营成本的提高以及结构复杂化；

(3)私有硬件设备的封闭特性降低了网络应对变化的能力。

另外，在 CDN 中，除了存在缓存节点之外，还包括控制器。控制器负责根据用户的请求选择合适的缓存节点，并将请求重定向到该缓存节点，由缓存节点响应请求并将相关内容发送给用户。CDN 虚拟化包括两部分：缓存节点虚拟化和控制器虚拟化，但通常我们关注的是缓存节点虚拟化。将缓存节点虚拟化之后，可以灵活地将其部署在标准的运营商环境中。根据网络的实际需要动态修改缓存节点的部署位置。另外，虚拟节点之间也可以共享网络信息，实现资源的动态分配与负载均衡。更重要的是，这种新模式给 CDN 提供商带来了潜在的机遇。

4.4　NFV 机遇与挑战

4.4.1　VNF 部署

VNF 在整个 NFV 体系结构中扮演着重要的角色,因为 NFV 发起者旨在虚拟化底层的专用硬件,并以软件(即 VNF)的形式实现相应的网络功能。设备供应商和服务提供商不断提出各种各样的 VNF,导致出现诸多关键挑战,如 VNF 实例化数量和放置位置的确定。通常,受限于 VNF 部署的 NP 难问题,很难找到最优部署方案。这种情况在大规模网络应用场景[46]中尤为明显。现有的 VNF 部署研究工作通常可以分为两种,即精确部署和启发式部署。前者支持提供最优方案,但成本是呈指数增长的运行时间[47]。后者提供次优的部署方案和较短的运行时间[48]。因此,如何在这二者之间进行权衡仍是一个悬而未决的问题。

一般来说,对于一个小型网络(少于 1000 台主机),它可能包含大约 10 种基于硬件设备的专用功能,而在一个非常大的网络(超过 100000 台主机)中,专用功能的种类数量可能达到 2000 个。所以,这种基于硬件设备的专用网络功能在网络中广泛存在。在这种情况下,VNF 与专用网络功能之间的共存是提供 NFV 服务的必然和关键。例如,若在同样的网络环境中已经存在某一特定的专用功能设备,则不需要重新放置一个相同功能特性的 VNF。一些文献已经验证了 VNF 和专用网络功能混合存在的合理性,但没有具体说明如何在这两种网络功能之间形成合作关系[49]。

尽管基于 COTS 的基础设施环境相同,但不同的 VNF 在实例化时间、成本等方面可能有不同的部署要求。例如,基于 Xen 的小型操作系统 MiniOS 可用于 VNF 的快速实例化(约 31ms)[50]。为了支持(超)大规模的网络拓扑,VNF 部署不仅要快速,而且需要具备自动和智能的能力。针对这一点,许多机构和组织已经开始着手研究如何将机器学习技术应用于 NFV 框架中,从而为其提供自修复和自动化的功能[51]。特别地,通过机器学习技术来收集和分析大量来自用户的数据,可以引导快速做出决策并形成 VNF 的部署,最终构造出用户所需要的服务。尽管如此,机器学习往往需要一段很长的时间才能达到期望的效果。

此外,有些 VNF 可能通过了一部分 NFVI 平台上的功能和性能验证,但这并不能保证这些 VNF 就一定能够正确地运行在其他的 NFVI 平台上[52]。这主要是因为不同的 NFVI 在某些参数上(包括 CPU 核心分配和存储策略)还是会存在差异,而这些存在差异的参数将会直接影响 VNF 本身的功能特性。当然,也可以在参数不完全满足的情况下将 VNF 部署到 NFVI 中,但这样做往往会导致不好的结果。最好情况下可能会降低系统性能,而最坏情况下可能会导致系统意外崩溃[53]。尽管可以配置 NFVI 参数来满足部分 VNF 的需求，但这种配置的过程往往耗时且需要进行手动操作。于是，针对这种情况，许多解决方案提出将参数的配置过程自动化。以 OpenStack[54] 为例，它将 VNF 的需求转换为对 API 的调用，从而为 VNF 部署创建所需要的虚拟资源。考虑到在 NFVI 中，存在某些 VNF 已经配置正确的参数，而此时需要在该 NFVI 上部署另一个具有不同参数需求的 VNF，那么，管理员在为这个新到达的 VNF 进行参数配置时，可能会直接或者间接导致原始参数发生变化，从而无法为最初正确配置的 VNF 提供最佳运行环境。

NFV 部署和落地缓慢也可能是由 VNF 供应商和服务供应商之间的矛盾导致的[55]。为了支持 NFV 的故障查找，实现 NFV 的平缓过渡，服务提供商希望利用包级别的流量可见性能力来对网络中发生的宕机进行诊断，然而设备供应商却并不提供这种能力。实际上，我们可以将 VNF 部署看成一种动态优化问题。现有的大多数解决 VNF 部署的算法并不具备通用能力，无法适应所有常见的网络场景。此外，为了满足特定的服务请求，节点资源(如 CPU、存储和内存)和链路资源(如带宽)的消耗是不可避免的，但可以通过采用相应的策略来减少资源消耗。例如，可以使用最少数量的 VNF 为给定请求提供服务，进而减少节点资源消耗。但是，这样的决定可能会导致从源节点到目标节点之间的过长路径，这也就意味着消耗的网络带宽资源的增加。另外，将所需的 VNF 实例放在源节点或目标节点附近，可以使得流量沿着最短路径到达目标，而不是使用绕行路径，从而降低带宽消耗。但这种行为会导致节点上的高资源消耗。因此，应根据实际应用情况，对不同类型的资源消耗进行权衡设计。

4.4.2　性能评估

传统的网络由专用硬件设备组成，因此性能评估通常通过使用专用环境或设施来完成。相反，NFV 将网络功能虚拟化为软件，并在 COTS 硬件上运行。通过这种方式，可以实现对 NFV 进行评估的通用化处理。同样，COTS 硬件相较于专用设备也具有诸多优势，如高灵活性和可扩展性、低成本等。尽管如此，对网络功能的虚拟化可能会导致数据平面出现性能瓶颈问题。另外，由于 VNF 的性能往往很难预测，资源可能会被过度分配给某些 VNF。

对于 EPC、无线电接入网(radio access network，RAN)等电信网络子系统，分组转发过程的效率对于其系统的负载情况至关重要。根据 Gallenmller 等[56]和 García-Dorado 等[57]的研究成果，影响数据包转发的因素很多，包括以太网网卡带宽、CPU 速度、外围组件的互联速度和内存等。大多数现有研究中的 VNF 性能都受限于 CPU 速度和以太网带宽。通常，在部署 NFV 环境时，需要在一台或多台服务器上虚拟化数百个甚至更多的网络功能[58]。这种行为需要大量的带宽作为支撑，以确保虚拟化功能的性能。以大小为 64 字节的数据包为例，为了在具备通用网卡的 COTS 服务器上实现 10Gbit/s 的吞吐量，最小的网络输入/输出 (input/output，I/O)容量为 14.4Mp/s(百万包/s)[59]。

通过在虚拟化平面上对物理网卡进行虚拟化处理，NFV 提高了网络转发的性能。另外，将一些数据平面加速技术，如数据平面开发套件(data plane development kit，DPDK)和单根 I/O 虚拟化(single root I/O virtualization，SR-IOV)，应用于虚拟网卡，可以进一步提高虚拟网卡的性能。基于这点考虑，Nakajima 等[59]提出了一个针对 NFV 的高性能虚拟网卡框架，用于提供与 DPDK 兼容的 API。通过测试，该虚拟网卡可以提供超过 120Gbit/s 的吞吐量和超过 14.2Mp/s 的 I/O 处理速度。Kourtis 等[60]则通过在虚拟网卡上应用 DPDK 和 SR-IOV 技术，将 Linux 内核吞吐量提高了 81%左右。尽管使用虚拟网卡可以提高吞吐量，但会导致较高的带宽消耗和能耗。这种矛盾的现象将不可避免地为 NFV 的实施带来挑战。

对于大多数电信运营商来说，他们的网络架构仍然是静态的。通过引入 VNF可以在一定程度上缓解这种情况。例如，可以通过灵活的 VNF 迁移来实现网络负载平衡。于是，对 VNF 的性能评估十分重要。现有研究工作从不同角度公布了各自的评估标准。例如，IETF 发布了用于评估和测试 VNF 的通用指标、策略及基准[61]，而其他一些研究侧重于评估某些特定的 VNF。对于在 COTS 硬件上运行的 VNF 来说，提供与在专用硬件上运行的功能相当甚至更好的性能仍然是一个挑战。

根据底层硬件、操作系统以及实现方案的不同，VNF 可能会呈现出不同的行为，这就导致 VNF 的不可预测性。例如，某个 VNF 可能会报告与网络的连接出现问题，而实际上真正的原因可能是该 VNF 缺乏足够的 CPU 执行时间使其保持活跃状态。因此，对于一些特定的 VNF 需要进行仔细配置。除此之外，为了满足一些和语音、视频相关的 VNF 的实时性，最好采用多种时间同步机制，甚至还应该禁用一些可能导致冲突的选项[62]。由于大多数 VNF 的可靠性比不上基于专用硬件的网络功能，供应商还需要为其提供冗余 VNF 以防止故障的出现。

传统意义上，保证网络性能的常用方法是估计网络功能的峰值需求，然后分配相应数量的资源。但是这种方式太浪费资源，而且由于 VNF 性能的不可预测性，这种方法并不适用。另外，不同 VNF 之间还可能会相互干扰。那么，如何保证 VNF 的性能，特别是在大规模的电信级网络中，对于 NFV 的实施和落地是一项重大的挑战。使用数据平面加速工具同样可以提高 VNF 的性能，如 Lange 等[63]和 Kourtis 等[60]分别研究使用 DPDK 和 SR-IOV 来提高 VNF 的性能。尽管利用 DPDK 和 SR-IOV 技术可以取得较好的性能，但同时会导致一些能源消耗和安全问题。

4.4.3 能耗与能效

在数据中心、云和核心网等各类通信网络中，能耗问题一直存在。目前，主要消耗的能源仍为电和燃料。其中，电消耗所占的比例一般可以达到 85% 左右。例如，2011 年中国电信总用电量达到 650 亿 kW·h，分别用于通信(占 50%)、制冷(占 40%)和照明(占 10%)[64]。除此之外，网络中 L2/L3 层转发设备与中间件的数量相近，这些设备耗能占总能耗的 15% 左右。对于如此巨大的能耗问题，NFV 支持通过设备整合以及使用标准化硬件取代专用硬件，来降低能耗。例如，可以通过使用虚拟化技术关闭或将一些服务器置于节能模式，并在非高峰时间(如午夜)整合少量服务器上的工作负载，从而起到节能效果。ETSI 研究表明，相较于传统的专用设备网络，NFV 的节能效果高达 150%[8]。然而，这个结论目前还在验证阶段。众所周知，云计算的能耗非常高。于是，基于云计算的 NFV 同样引起了人们的关注。尽管 NFV 能够有效降低能耗，但在其部署和实施的过程中，依然避免不了对网络设备(包括服务器和交换机)、电源系统以及基站的需求。为了满足用户的需求，通常需要提供 24 小时服务。这些情况综合在一起，也将导致巨大的能源消耗。因此，如何最大化 NFV 带来的效益，同时最小化 NFV 部署所需要的能耗，是当前研究所面临的挑战。

那么，为了解决 NFV 所面临的能耗问题，贝尔实验室提出了 G.W.A.T.T.[65] 工具，旨在通过虚拟化网络功能来降低能耗。Mijumbi 等[66]使用该工具测试了 NFV 在不同应用场景(包括虚拟 EPC、虚拟 RAN 和虚拟客户场所设备(customer premises equipment，CPE))中的节能效果。具体而言，采用 NFV 技术，虚拟 EPC 能够节省 24044.1MW 的电能损耗，虚拟 CPE 能够节省 2703.63MW 的电能损耗，虚拟 RAN 能够节省 26604.4MW 的电能损耗[24]。另外，Xu 等[67]分别在三种不同的 NFV 配置环境下(DPDK-OVS、Click、Netmap)测量了 NFV 所带来的能效。根据测量结果，可以从软件数据平面、虚拟 I/O 和中间件等方面实现更加节能的 NFV 解决方案。

NFV 与其他网络范式(如 SDN)进行集成也是降低能耗和提高能效的一种有效途径。以 SDN 为例，可以利用 SDN 提供的集中视图对 NFV 网络进行控制、管理和监控，从而降低能耗。例如，Bolla 等[68]基于 SDN 结构，扩展并提出了分布式开源框架 DROPv2，旨在为 NFV 提供一种新颖的分布式网络范式，从而满足日益增长的能效需求。从整体结构的角度而言，DROPv2 并非单个独立的实体，而是通过整合大量开源软件来提供网络数据平面和控制平面的功能。Luo 等[69]同样也在 NFV 中集成 SDN，通过基础设施监测和控制网络拓扑结构等方面来节省能源开销。鉴于 SDN 与 NFV 集成结构所带来的广泛关注和效益，越来越多的研究工作倾向于采用这二者的集成模型来研究能耗问题。

4.4.4　可靠性

可靠性是指系统抵抗敌对或意外情况的能力，在从传统网络向基于 NFV 的网络转换时不应受到较大的影响。在 NFV 网络中，将物理网络功能虚拟化为 VNF 能够解决诸多问题，但虚拟化的同时也导致可靠性更加难以保障。

虽然专用硬件功能可能由于配置错误、过载等而失效，但许多传统的网络运营商和设备供应商仍然可以通过使用这些专用功能提供服务，可以保证高可靠性 (99.999%)和不超过 1s 的故障检测时间。由于 NFV 服务由不同的 VNF 所组成，为了保证 NFV 服务的可靠性，必须确保 VNF 至少能够提供与硬件功能相当的可靠性[70]。一方面，NFV 组件(包括各种 VNF)应该在许多方面提供较好的性能，包括提高故障检测成功率和缩短故障恢复时间。另一方面，组件的设计应该充分考虑 COTS 和虚拟化的特性，这对于组件的兼容性和可靠性有着重要作用。NFV 保持高可靠性的常用方法在于提高 VNF 的弹性和恢复能力，但某个 VNF 的变化会对其他 VNF 产生一定影响，从而可能导致出现新的故障点[71]。

随着虚拟网络在 NFV 中的应用,研究领域逐渐从单一的虚拟网络可靠性转向端到端的服务可靠性。根据运营商级别的 VNF 标准，设备供应商和服务供应商希望通过三种服务可用性级别(service availability level，SAL)来检测和实现服务的可靠性。默认情况下，最高的 SAL 包括小于 1s 的故障检测时间(等于专用硬件功能的故障检测时间)和 5~6s 的故障恢复时间。居中的 SAL 包括小于 5s 的故障检测时间和 10~15s 的恢复时间。而最低的 SAL 包括小于 10s 的故障检测时间和 20~25s 的恢复时间[13]。然而，为了提供保证可靠性的 NFV 服务，还需要仔细考虑其他诸多方面，包括如何避免单点故障(包括故障检测和预防)以及如何从故障中快速恢复。这些问题在多 VNF 供应商环境中尤为严重[72]。

端到端服务的连续性是高可靠性的另外一种体现。为了保证服务的连续性，VNF 必须能够保存相关的状态信息，这些信息可用于保护用户免受破坏性事件的影响，并快速从灾难中恢复服务[73]。此外，为了确保在过渡到 NFV 结构时，现有服务模式仍然可用，网络运营商需要根据实际情况和标准对其服务器上的各种参数进行调整和配置。在面临大规模网络灾难时，尽管无法保证所有服务都正常运行，但是通过资源转移，至少可以保证一些重要的服务继续运行。例如，在发生灾难时，可以将最初分配给游戏服务的带宽资源转移给语音呼叫服务来保证信息传递的可靠性。此外，在紧急情况和灾难情况下，冗余的远程 VNF 部署也是十分必要的。

4.4.5 安全性

无论是在传统的网络场景中还是在支持 NFV 的网络场景中,安全始终是一个重要的焦点问题。云计算中所使用的虚拟化技术同样也应用于 NFV 网络中，用于构造虚拟化环境。在享受其带来好处的同时，也面临着这些虚拟化技术所带来的安全性挑战。为此，ETSI 专门成立了一个安全专家组(Security Expert Group，

SEG)，致力于识别和解决 NFV 中的安全问题。而 NFV 本身所带来的潜在安全问题也是 ETSI SEG 研究的另一个方面。据 SEG 研究表明，NFV 确实引入了一些新的安全问题，包括拓扑验证和多管理员权限隔离问题，但这些问题都是可以解决的。例如，在拓扑验证方面，Jaeger[74]提出了一种基于 SDN 的安全协调机制，它在 ETSI 提出的 NFV 架构基础上，增加了全局信任管理模块，为快速有效的拓扑验证过程提供了全局视图。

NFVI 为 NFV 部署提供虚拟化的基础设施平台，但平台本身同时存在来自内部和外部的安全威胁[75]。内部威胁是由操作不当造成的，可以通过遵循严格的操作程序来避免。外部威胁来自脆弱的软件设计和实现，这是很难避免的。大多数安全问题都是源于将功能与专用设备分离，换言之，负责这种解耦的虚拟化平面可以被视为一个潜在的安全隐患平面。在该平面上，VNF 可能会受到各种各样的折中式攻击。另外，由于虚拟化平面的解决方案由不同的供应商提供，它们之间潜在的不兼容性和冲突也增加了安全风险[75]。NFV 框架中的各种组件由不同的设备供应商或者服务提供商所供应，ETSI NFV ISG 期望构建一个开放和多样化的NFV 生态系统，但由于缺乏标准的互操作性规范，在集成不同组件或解决方案时，往往会导致安全回路问题[35]。

为了解决这些安全问题，大多数研究人员和企业都依赖使用 SDN 和 NFV 的集成模型来提供一个相对全面的安全框架。例如，通过构造基于 SDN 和 NFV 的安全框架，Liyanage 等[76]将网络的安全性能提高了 50%；Park 等[77]实现了安全服务的快速恢复（不到 2s）。对于网络中的 DDoS，它比其他安全威胁要高 65% 左右，SDN 和 NFV 集成架构同样也提供了高效、可扩展的特征，用于检测 DDoS 恶意活动并防止其扩散或中断[78]。尽管利用 SDN 所提供的持续监控和集中管理，可以快速检测到许多安全威胁，但集中的控制器却很容易变成单点故障[79]。因此，如何最大化 SDN 效益，并避免单点故障，是保障 NFV 安全的关键。

此外，为了解决 SDN 和 NFV 集成带来的安全挑战，出现了许多网络分析工具。根据 ARBOR 的安全报告[80]，最具代表性的是 NetFlow，其使用频率高达78%。其次是防火墙相关工具（使用频率约为 64%）和入侵检测与防御相关工具（使用频率约为 51%）等。然而，这些工具的虚拟化实现通常要跨越不同的数据中心，从而导致不同区域之间的安全边界模糊不清。为了进行及时管理和调整，需要实现区域边界的自动诊断和边界功能的自动放置。除此之外，华为强调了有效的安全监控对于发现 NFV 安全方面的威胁和缓解攻击的重要性[81]。稳捷网络（Wedge Networks）[82]、阿尔卡特-朗讯（Alcatel-Lucent）和英特尔（Intel）通过描述 NFV 中存在的安全威胁，提出了相应的解决方法。这些工作虽然可以在一定程度上缓解 NFV 中的安全问题，但就实际情况而言，这些解决方案的实现往往过于复杂。

参 考 文 献

[1] ETSI. Network visualization function[C]. SDN and OpenFlow World Congress, Darmstadt, 2012.

[2] Bremler-Barr A, Harchol Y, Hay D. OpenBox: Enabling innovation in middlebox applications[C]. Proceedings of the ACM SIGCOMM Workshop on Hot Topics in Middleboxes and Network Function Virtualization, London, 2015: 67-72.

[3] Foundation L. Open platform for NFV[EB/OL]. https://www.opnfv.org. [2022-05-18].

[4] ETSI. Network functions virtualisation (NFV); Terminology for main concepts in NFV[EB/OL]. https://www.etsi.org/deliver/etsi_gs/NFV/001_099/003/01.02.01_60/gs_NFV003v010201p.pdf. [2022-05-18].

[5] ETSI. Network function virtualization (NFV); Virtual network functions architecture[EB/OL]. http://www.etsi.org/deliver/etsi_gs/NFV-SWA/001_099/001/01.01.01_60/gs_nfv-swa001v010101p. pdf. [2022-05-18].

[6] ETSI. Network function virtualisation (NFV); Management and orchestration[EB/OL]. https://www.etsi.org/deliver/etsi_gs/NFV-MAN/001_099/001/01.01.01_60/gs_NFV-MAN001v010101p. pdf. [2022-05-18].

[7] ETSI. Network function virtualisation (NFV); Architecture framework[EB/OL]. http://www.etsi. org/deliver/etsi_gs/nfv/001_099/002/01.02.01_60/gs_nfv002v010201p.pdf. [2022-05-18].

[8] ETSI. Network function virtualisation (NFV); Infrastructure overview[EB/OL]. https://www.etsi. org/deliver/etsi_gs/NFV-INF/001_099/001/01.01.01_60/gs_NFV-INF001v010101p.pdf. [2022-05-18].

[9] ETSI. Network function virtualisation (NFV); Infrastructure; Compute domain[EB/OL]. https://www.etsi.org/deliver/etsi_gs/NFV-INF/001_099/003/01.01.01_60/gs_NFV-INF003v010101p.pdf. [2022-05-18].

[10] ETSI. Network function virtualisation (NFV); Infrastructure; Hypervisor domain[EB/OL]. https://www.etsi.org/deliver/etsi_gs/NFV-INF/001_099/004/01.01.01_60/gs_NFV-INF004v0101 01p.pdf. [2022-05-18].

[11] ETSI. Network function virtualisation (NFV); Infrastructure; Network domain[EB/OL]. https://www.etsi.org/deliver/etsi_gs/NFV-INF/001_099/005/01.01.01_60/gs_NFV-INF005v010101p.pdf. [2022-05-18].

[12] ETSI. Network function virtualisation (NFV); Service quality metrics[EB/OL]. https://www. etsi.org/deliver/etsi_gs/NFV-INF/001_099/010/01.01.01_60/gs_NFV-INF010v010101p.pdf. [2022-05-18].

[13] ETSI. Network function virtualisation (NFV); Resiliency requirements[EB/OL]. http://www. etsi.org/deliver/etsi_gs/NFV-REL/001_099/001/01.01.01_60/gs_nfv-rel001v010101p.pdf. [2022-

05-18].

[14] ETSI. Network function virtualisation（NFV）; Security and trust guidance[EB/OL]. https://www.etsi.org/deliver/etsi_gs/NFV-SEC/001_099/003/01.01.01_60/gs_NFV-SEC003v010101p.pdf. [2022-05-18].

[15] ETSI. Open source management and orchestration[EB/OL]. https://osm.etsi.org. [2022-05-18].

[16] ONF. Openflow-enabled SDN and network function virtualization[EB/OL]. https:// opennetworking. org/wp-content/uploads/2013/05/sb-sdn-nvf-solution.pdf. [2022-05-18].

[17] ONF. TR-518 relationship of SDN and NFV[EB/OL]. https://opennetworking.org/wp-content/uploads/2014/10/onf2015.310_Architectural_comparison.08-2.pdf. [2022-05-18].

[18] IRTF. Network function virtualization research group（NFVRG）[EB/OL]. https://irtf.org/concluded/nfvrg. [2022-05-18].

[19] IETF. Service function chaining working group[EB/OL]. https://datatracker.ietf.org/wg/sfc/charter/. [2022-05-18].

[20] Sahhaf S. Scalable architecture for service function chain orchestartion[C]. IEEE 4th European Workshop on Software Defined Networks, Bilbao, 2015: 9-24.

[21] OVS[EB/OL]. http://www.openvswitch.org/. [2022-05-18].

[22] Kernel Virtual Machine[EB/OL]. http://www.linux-kvm.org/page/Main_page. [2022-05-18].

[23] ATIS. NFV infrastructure metrics for monitoring virtualized network deployments[EB/OL]. https://access.atis.org/apps/group_public/download.php/38451/ATIS-I-0000062.pdf. [2022-05-18].

[24] Mijumbi R, Serrat J, Gorricho J L, et al. Network function virtualization: State-of-the-art and research challenges[J]. IEEE Communications Surveys and Tutorials, 2017, 18（1）: 236-262.

[25] The 3rd generation partnership project（3GPP）[EB/OL]. http://www.3gpp.org/about-3gpp/about-3gpp. [2022-05-18].

[26] Strachey C. Time sharing in large fast computers[C]. Proceedings of the IFIP Congress, Paris, 1959: 336-341.

[27] Nanda S, Chiueh T. A survey on virtualization technologies[J]. RPE Report, 2005, 179: 1-42.

[28] Sahoo J, Mohapatra S, Lath R. Virtualization: A survey on concepts, taxonomy and associated security issues[C]. Proceedings of the Second International Conference on Computer and Network Technology, Bangkok, 2010: 222-226.

[29] Citrix. XenServer[EB/OL]. https://www.citrix.com/content/dam/citrix/en_us/documents/products-solutions/citrix-xenserver-industry-leading-open-source-platform-for-cost-effective-cloud-server-and-desktop-virtualization.pdf. [2022-05-18].

[30] Hyper-V 技术概述[EB/OL]. https://docs.microsoft.com/zh-cn/windows-server/virtualization/hyper-v/hyper-v-technology-overview. [2022-05-18].

[31] VMware. vSphere[EB/OL]. https://www.vmware.com/products/vsphere. [2022-05-18].

[32] ETSI. Network function virtualisation-white paper2, SDN and openflow world congress [EB/OL]. http://portal.etsi.org/NFV/NFV_White_Paper2.pdf. [2022-05-18].

[33] ETSI. NFV announcement on work progress, release 2 and the definition of release 3[EB/OL]. https://docbox.etsi.org/ISG/NFV/Open/Other/NFV（16）000338_ETSI_NFV_Announcement_on _work_progress-Release_2_and_the_Definition_of_Release_3.pdf. [2022-05-18].

[34] ETSI. ETSI plugtests report[EB/OL]. https://www.etsi.org/images/files/Events/2017/ NFV-Plugtests-1/ 1st_ETSI_NFV_Plugtests_Report_v100.pdf. [2022-05-18].

[35] Hawilo H, Shami A, Mirahmadi M, et al. NFV: State of the art, challenges and implementation in next generation mobile networks（vEPC）[J]. IEEE Network, 2014, 28（6）: 18-26.

[36] Wang P, Lan J, Zhang X, et al, Dynamic function composition for network service chain: Model and optimization[J]. Elsevier Computer Network, 2015, 92（2）: 408-418.

[37] Cerrato I, Palesandro A, Risso F, et al. Toward dynamic virtualized network services in telecom operator networks[J]. Elsevier Computer Network, 2015, 92（2）: 380-395.

[38] Haleplidis E, Denazis S, Koufopavlou O, et al, ForCES applicability to SDN-enabled NFV[C]. Third European Work-shop on Software Defined Networks, Budapest, 2014: 43-48.

[39] Matias J, Garay J, Toledo N, et al. Toward an SDN-enabled NFV architecture[J]. IEEE Communications Magazine, 2015, 53（4）: 187-193.

[40] Ding W, Qi W, Wang J, et al, OpenSCaas: An open service chain as a service platform toward the integration of SDN and NFV[J]. IEEE Network, 2015, 29（3）: 30-35.

[41] Barona L, Valdivieso C, Garcia V, et al. Trends on virtualization with software defined networking and network function virtualization[J]. IET Network, 2015, 4（5）: 255-263.

[42] CloudNFV™ unites the best of cloud computing, SDN and NFV[EB/OL]. http://www. cloudnfv.com/WhitePaper.pdf. [2022-05-18].

[43] Huawei Launches Global NFV Open Lab[EB/OL]. https://www.lightreading.com/nfv/nfv-strategies/huawei-launches-global-nfv-open-lab/d/d-id/712228. [2022-05-18].

[44] Figueira N, Krishnan R, Diego L, et al. Policy architecture and framework for NFV and cloud services[EB/OL]. https://datatracker.ietf.org/doc/html/draft-norival-nfvrg-nfv-policy-arch-01. [2022-05-18].

[45] Riggio R, Rasheed T, Granelli F. EmPOWER: A testbed for network function virtualization research and experimentation[C]. IEEE SDN for Future Networks and Services, Trento, 2013: 1-5.

[46] Addis B, Belabed D, Bouet M, et al. Virtual network functions placement and routing optimization[C]. Proceedings of the IEEE 4th International Conference on Cloud Networking （CloudNet）, Niagara Falls, 2015: 171-177.

[47] Clayman S, Maini E, Galis A, et al. The dynamic placement of virtual network functions[C].

IEEE Network Operations and Management Symposium, Krakow, 2014: 1-9.

[48] Bari M F, Chowdhury S R, Ahmed R, et al. Orchestrating virtualized network functions[J]. IEEE Transactions on Network Service Management, 2016, 4 (99): 1-14.

[49] Sahhaf S, Tavernier W, Rost M, et al. Network service chaining with optimized network function embedding supporting service decompositions[J]. Elsevier Computer Network, 2015, 93 (3): 492-505.

[50] Natarajan S, Krishnan R, Ghanwani A, et al. An analysis of lightweight virtualization technologies for NFV[R]. Palo Alto: IETF NFV Research Group, 2016.

[51] Shi R, Zhang J, Chu W, et al. MDP and machine learning-based cost-optimization of dynamic resource allocation for network function virtualization[C]. Proceedings of the IEEE International Conference on Services Computing, New York, 2015: 65-73.

[52] Nakagawa Y, Lee C, Hyoudou K, et al. Dynamic virtual network configuration between containers using physical switch functions for NFV infrastructure[C]. Proceedings of the IEEE Conference on Network Function Virtualization and Software Defined Network (NFV-SDN), San Francisco, 2015: 156-162.

[53] Zhang Y, Li Y, Ke X, et al. A communication-aware container re-distribution approach for high performance VNFs[C]. Proceedings of the IEEE 37th International Conference on Distributed Computing Systems (ICDCS), Atlanta, 2017: 1555-1564.

[54] OpenStack API Documentation [EB/OL]. https://docs.openstack.org/api-quick-start/. [2022-05-18].

[55] Zhang X, Huang Z, Wu C, et al. Online stochastic buy-sell mechanism for VNF chains in the NFV market[J]. IEEE Journal of Selected Areas Communication, 2017, 35 (2): 392-405.

[56] Gallenmller S, Emmerich P, Wohlfart F, et al, Comparison of framework for high-performance packet I/O[C]. Proceedings of the 11th ACM/IEEE Symposium on Architectures for Networking and Communications Systems, Oakland, 2015: 29-38.

[57] García-Dorado J L, Mata F, Ramos J, et al. High-performance network traffic processing systems using commodity hardware[M]// Biersack E, Callegari C, Matijasevic M. Data Traffic Monitoring and Analysis. Berlin: Springer, 2013: 3-27.

[58] Herrera J D J G, Vega J F B. Network functions virtualization: A survey[J]. IEEE Latin American Transactions, 2016, 14 (2): 983-997.

[59] Nakajima Y, Masutani H, Takahashi H. High-performance vNIC framework for hypervisor-based NFV with userspace vSwitch[C]. Proceedings of the IEEE 4th European Workshop on Software Defined Networks, Bilbao, 2015: 43-48.

[60] Kourtis M A, Xilouris G, Riccobene V, et al. Enhancing VNF performance by exploiting SR-IOV and DPDK packet processing acceleration[C]. IEEE Conference on Network Function Virtualization and Software Defined Network, San Francisco, 2015: 74-78.

[61] Morton A. Considerations for benchmarking for virtual network functions and their infrastructure[EB/OL]. https://www.rfc-editor.org/rfc/rfc8172.html. [2022-05-18].

[62] Keeney J, Meer S. Fallon L. Towards real-time management of virtualized telecommunication networks[C]. Proceedings of the 10th International Conference on Network and Service Management and Workshop, Rio de Janeiro, 2015: 388-393.

[63] Lange S, Nguyen-Ngoc A, Gebert S. Performance benchmarking of a software-based LTE SGW[C]. Proceedings of the 11th International Conference on Network and Service Management, Barcelona, 2015: 378-383.

[64] China telecom corporation annual report[EB/OL]. http://www.chinatelecom-h.com/ en/ir/ report/annual2012.pdf. [2022-05-18].

[65] Bell Labs introduces G.W.A.T.T.2.0 to measure energy consumption within network[EB/OL]. https://www.cioreview.com/news/bell-labs-introduces-gwatt-20-to-measure-energy-consumption-within-network-nid-4802-cid-9.html. [2022-05-18].

[66] Mijumbi R, Serrat J, Rubio-Loyola J, et al. On the energy efficiency prospects of network function virtualization[J]. arXiv2015, 2015: 1512.00215.

[67] Xu Z, Liu F, Tao W, et al. Demystifying the energy efficiency of NFV[C]. IEEE/ACM 24th International Symposium on Quality of Service, Beijing, 2016: 1-10.

[68] Bolla R, Lombardo C, Bruschi R, et al. DROPv2: Energy efficiency through network function virtualization[J]. IEEE Network, 2014, 28(2): 26-32.

[69] Luo S, Wang H, Wu J, et al. Improving energy efficiency in industrial wireless sensor net works using SDN and NFV[C]. Proceedings of the IEEE 83rd Vehicular Technology Conference (VTC Spring), Nanjing, 2016: 1-5.

[70] Kim T, Koo T, Paik E. SDN and NFV benchmarking for performance and reliability[C]. Proceedings of the 17th Asia-Pacific Network Operations and Management Symposium, Busan, 2015: 600-603.

[71] Han B, Gopalakrishnan V, Ji L, et al. Network function virtualization: Challenges and opportunities for innovations[J]. IEEE Communications Magazine, 2015, 53(2): 90-97.

[72] Liu J J, Jiang Z Y, Kato N, et al. Reliability evaluation for NFV deployment of future mobile broadband networks[J]. IEEE Wireless Communications, 2016, 23(3): 90-96.

[73] Gao X. Virtual network mapping for multicast services with max-min fairness of reliability[J]. IEEE/OSA Journal of Optical Communication of Network, 2015, 7(9): 942-951.

[74] Jaeger B. Security orchestrator introducing a security orchestrator in the context of the ETSI NFV reference architecture[C]. Proceedings of the IEEE Trustcom/BigDataSE/ISPA, Helsinki, 2015: 1255-1260.

[75] Yang W, Fung C. A survey on security in network functions virtualization[C]. IEEE NetSoft

Conference and Workshops, Seoul, 2016: 15-19.

[76] Liyanage M, Ahmad I, Ylianttila M, et al. Leveraging LTE security with SDN and NFV[C]. Proceedings of the IEEE 10th International Conference on Industrial and Information Systems, Peradeniya, 2015: 220-225.

[77] Park T, Kim Y, Park J, et al. QoSE: Quality of security a network security framework with distributed NFV[C]. Proceedings of the IEEE International Conference on Communications, Kuala Lumpur, 2016: 1-6.

[78] Brocade. Real-time SDN and NFV analytics for DDos mitigation[EB/OL]. https://blog.sflow. com/2014/02/nfd7-real-time-sdn-and-nfv-analytics_1986.html. [2022-05-18].

[79] Protecting your SDN and NFV network from cyber security vulnerabilities with full perimeter defense[EB/OL]. https://www.lightreading.com/webinar.asp?webinar_id=549&webinar_promo= 531. [2022-05-18].

[80] ARBOR. Worldwide infrastructure security report[EB/OL]. http://www.cs.unibo.it/babaoglu/ courses/security/resources/documents/2014-Arbor-WISR.pdf. [2022-05-18].

[81] Huawei. Huawei white paper, observation to NFV[R]. Shenzhen: Huawei, 2014.

[82] Wedge Networks Whitepaper. Network functions virtualization for security(NFV-s)[EB/OL]. https://www.wedgenetworks.com/lit/Wedge%20Whitepaper%20NFV-S-06032014.pdf. [2022-05-18].

第5章 信息中心网络

信息中心网络(ICN)是一种以数据内容为中心的未来互联网架构。与传统 TCP/IP 网络不同，ICN 专注于内容本身而不是内容所在地，通过内容的名字建立通信，实现内容的分发和检索，提高路由效率，减少网络流量开销。

5.1 ICN 概 述

5.1.1 ICN 出现

经过半个世纪的不断发展，互联网已从少数高端用户使用的通信平台发展为当今世界的信息基础设施。互联网的主要应用也从最初的围绕主机的分组交换模式转变为围绕数据与用户的多样化模式[1]。随着互联网中内容分发型应用程序(如优酷、微博、YouTube、Facebook 等)的日益增长，数据的分发与检索成为日益增长的网络流量的生力军[2]。为了缓解这一问题，点对点(peer to peer，P2P)技术和 CDN 相继出现，推动一种通过名称而非源服务器地址访问数据的通信模型产生。然而，CDN 提供者和 P2P 应用程序依赖于专有的分发技术，信息的安全性保障也不能独立于分发渠道单独实现。此外，不同的分发技术通常以叠加(overlay)的方式实现，而应用层目标与底层点到点协议的语义不匹配，不可避免地造成了低效性[3]。为了从底层满足应用需求，ICN 这种以数据内容作为核心的未来互联网架构应运而生。

ICN 采用革命式的方式解决当前的网络问题，关注于内容本身而非地址，变更传统的以主机为中心的通信方式为以内容为中心的通信方式，满足用户以信息为中心的通信方式的需求[4]。其运用独特的命名方式，永久唯一地标识每个内容；引入网内缓存技术，提高网络鲁棒性和效率；解耦内容与其地址，支持基于内容名字的通信；通过在内容内部嵌入安全信息，确保内容的完整性与安全性。

5.1.2 ICN 特性

近年来，众多科研团队提出了多种不同的 ICN 架构模型。纵然他们侧重及依赖的技术手段各不相同，但他们都需遵从 ICN 的一些网络特性，如命名数据对象、命名、网内缓存、基于名字的路由、移动支持等。下面介绍这些网络特性的意义及目前的一些实现技术。

1. 命名数据对象

ICN 以信息为中心的通信模式使得内容本身成为网络一级成员。与 TCP/IP 网络以 IP 地址标识通信主机相似，ICN 中每个内容也需要一个永久的全局唯一的名称。这里每个被命名的内容可称为一个命名数据对象(NDO)。无论 NDO 存放于何处，由哪个提供者发布，用户均可以在 ICN 中通过 NDO 的名字对 NDO 进行检索访问，从而实现内容与地址的解耦。

2. 命名

根据名字结构，ICN 采用以下两种命名方法为 NDO 命名[5]，即层次式命名方法和扁平式命名方法。

在层次式命名方法中，每个 NDO 拥有唯一的、层次化的、人类可读的名字。每个 NDO 的名字由多个名字部件构成，如/lab/thu/icn.jpg 由 3 个 "/" 分隔开的名字部件构成。这种命名方式既提高了名字的可读性，便于用户表达和确认其所需 NDO，又提供了名字的聚合性，使得内容名字可以拥有如 IP 地址一样的聚合能力，如/lab/thu/icn.jpg 和/lab/thu/ip 可聚合为相同名字前缀/lab/thu。相应地，采用层次化命名方案的 ICN 架构，既可以通过最长前缀匹配(longest prefix matching, LPM)模糊匹配潜在需要的数据源，又可以通过名字聚合来解决路由表的可扩展问题。

在扁平式命名方法中，每个 NDO 拥有唯一的、扁平的、无语义的名字。这个名字通常由不规则的数值或字符组成，具有自认证能力。因此，无需第三方的介入，NDO 的安全性可通过其扁平式命名的自认证能力实现。在采用扁平式命名方案的 ICN 架构中，路由的选择必须是基于 NDO 全名进行的准确匹配。而扁平名字的不可读性，使得用户必须通过一个可信任的第三方提供的用户使用名(可读名)到网络使用名(扁平名)的映射，来获取其所需的 NDO 的正确名字。

虽然层次式命名和扁平式命名各有优势，但根据 Zooko 三角理论，它们分别缺少安全性和可读性。因此，哪种命名方式更适合 ICN 仍存在争议[6]。

3. 网内缓存

网内缓存是 ICN 建网的重要特征之一，对提高 ICN 性能具有举足轻重的意义。网内缓存就是网络中路由器具有缓存 NDO 副本的能力。这种具有副本缓存能力的路由器通常称为内容路由器。以信息为中心使得 ICN 仅需关注 NDO 的获取，而无须在意该 NDO 来自哪里。在 NDO 请求的转发途中，只要在经过的内容路由器中缓存有匹配的 NDO 副本，则成功获取 NDO，转发结束。因此，ICN 的网内缓存可以有效地降低获取 NDO 所需的时延，减少网络流量。而且，网络中多副本的存在使得 ICN 在均衡网络流量、避免节点/链路故障上具有天然优势。然而，内容路由器缓存能力是有限的，其缓存的副本可能很快地被新到来的副本取代，不可能永久存在。考虑到用户对 NDO 的请求亦满足空间和时间的局部性[7]，那么如何制定合理有效的缓存管理方案成为 ICN 性能提升的关键。

缓存管理方案在传统的 Web 缓存（Web cache）、P2P 以及 CDN 等应用中已经得到成熟的发展，其有效性也得到明确的商业验证。但与 Web、P2P 以及 CDN 等仅在终端或代理上运行缓存系统不同，ICN 中网内缓存能力部署在内容路由器上。此外，不同于 Web 缓存、P2P 和 CDN 中缓存的应用依赖性，即缓存的管理是根据具体应用要求制定且运行于网络层之上的，ICN 中网内缓存的管理是应用无关的、透明的、简单的、支持线速包传递的[8]。Web 缓存等应用中的协作缓存策略在 ICN 中是不适用的，ICN 需要根据其特性重新制定缓存管理方案。根据内容缓存的位置，ICN 的缓存方案主要分为 on-path 和 off-path 两种[9]。

（1）on-path 缓存方案在内容请求转发的路径上缓存内容，使得后续相同的请求能够在转发途中就近获得所需 NDO。on-path 缓存方案虽然能以简单的方式支持用户快速获得所需内容，但其沿对称交付路径（反向的请求转发路径）缓存数据的模式让内容副本集中缓存在转发路径上，造成副本集中冗余的现象。而就近获取内容副本的原则使得只有靠近用户的缓存副本才能得到命中，即利用，缓存在路径其他位置上的副本无命中发生。对于有限的网络缓存能力而言，on-path 缓存方式虽然能为用户提供良好的延迟体验，但大量的冗余副本造成了不必要的缓存资源浪费，降低了网络中缓存副本的命中概率。

（2）off-path 缓存方案缓存内容在内容请求转发的路径之外。当用户请求的转发与内容交付路径对称时，为了实现 off-path 缓存，ICN 除了需要向用户交付其所需 NDO 之外，还需转发 NDO 到指定的缓存位置。对于 off-path 缓存的利用，通常需要 ICN 能够提供到缓存副本的路由，重定向内容请求的转发路径到 off-path 的副本缓存位置。虽然 off-path 缓存方案能通过有效的协作最大化缓存资源的利用率，但其缓存副本的利用不可避免地增加了缓存管理的复杂度。

4. 基于名字的路由

为了基于 NDO 名字完成对 NDO 的检索分发，ICN 提供基于名字的路由。根据内容请求的路由转发方式，ICN 主要采用以下两种方式实现基于名字的路由：按名路由方式（route-by-name paradigm）和解析检索方式（resolve-and-retrieve paradigm）。

按名路由与 IP 路由类似，用户请求根据路由器中维护的以 NDO 名字为索引的路由条目转发至数据源。按名路由方式中，每个路由器维护一张由全局 NDO 名字构成的路由表信息，可以独立完成内容请求的转发操作。考虑到网络中多副本存在，路由条目中每个名字（前缀）对应多个出口信息。内容请求通过路由器中存放的路由信息被逐跳转发到相应数据源(副本)。

解析检索方式类似于域名解析服务[10]过程。在解析检索的路由方式中,一个类似 NRS(name resolution service,名字解析服务)的系统被部署到网络中,用于管理内容名字到内容地址的映射。路由器在收到用户请求后转发请求到 NRS 中,查找所需 NDO 所在的地址信息。随后,NRS 返回找到的所有数据源的地址信息或者一个最优的数据源的地址信息给用户。最后,由用户根据获得的地址信息与数据源建立通信,请求所需 NDO。因此,与按名路由方式不同,解析检索方式的路由分为两个阶段,即名字解析阶段和数据检索阶段。相应的,路由器不仅需要支持以名字为索引项的路由策略来转发请求到 NRS 获取相应的地址信息,而且需要支持以地址为索引项的路由策略以成功地在数据检索阶段转发请求到数据源。

作为 ICN 的关键技术,ICN 路由不仅影响网络性能,而且与 NDO 的命名技术和网内缓存技术息息相关。如何设计 ICN 路由来有效地利用 NDO 命名和网内缓存技术提高网络性能,成为 ICN 发展和实现的重要问题。

5. 移动支持

随着移动通信技术的发展和智能移动终端的普及,移动流量占据网络流量开销的比重越来越大。移动网络的覆盖范围越来越广,移动终端持有者(用户)能随时随地地离开或者进入互联网(如到达新的环境或接入新的 Wi-Fi),向网络推送内容或请求内容。而 ICN 围绕内容进行通信的特性,使其面临着内容请求用户的移动支持问题和内容提供用户的移动支持问题。

5.1.3 ICN 发展及研究现状

以信息为中心的概念最初在斯坦福大学的 TRIAD 研究项目中出现。2006 年,加利福尼亚大学伯克利分校和国际计算机科学研究所(International Computer Science Institute,ICSI)的 DONA(Data Oriented Network Architecture,面向数据网络体系结构)[11]项目,通过提出自认证性和永久性的扁平命名,进一步优化了 TRIAD 提出的网络架构。

2008 年,欧盟启动了第七框架计划下的 PSIRP(Publish Subscribe Internet Routing Paradigm)项目[12]及 4WARD 项目[13],为以信息为中心的网络建立合理有效的网络架构。2010 年,PURSUIT(Publish Subscribe Internet Technology)项目[14]和 SAIL(Scalable and Adaptive Internet Solutions)项目[15]分别作为 PSIRP 与 4WARD 的继任继续研究以信息为中心的网络架构。与此同时,COMET(Content Mediator Architecture for Content-Aware Networks)项目[16]与 Convergence 项目[17]也在欧盟的资助下相继展开。

对 ICN 这一新兴领域的抢占,美国也是当仁不让。除了先期的 TRIAD 和

DONA 项目，PARC 公司(Palo Alto Research Center Incorporated)在其研究员 van Jacobson 于 2006 发表的演讲"A new way to look at networking"的基础上启动了 CCN 项目[18,19]，成功地将 CCN 发展为一个成熟的 ICN 先驱架构。2010 年，由美国国家科学基金会的未来互联网架构计划资助的 NDN 项目[20]和 MobilityFirst 项目[21]成功启动，分别致力于对 CCN 架构的进一步发展和研究以信息为中心网络对移动与无线领域的支持。

除此之外，法国、日本和中国也积极投入 ICN 架构的研究中。2011 年，法国启动了由其政府资助的自然基金项目 ANR Connect。2013 年，日本成功启动其与欧盟共同资助的 GreenICN 项目[22]。我国的科研人员和单位也积极投身其中，于 2012 年起在国际权威的期刊与会议上发表 ICN 的相关研究成果，并于 2018 年成功主办第一届 IEEE 信息中心未来网络学术会议[23]。

众多的研究组织投入到未来互联网络项目的研究中，也提出了一些典型的 ICN 架构，但它们大多发展较为缓慢。相对而言， CCN 从 2009 年提出至今一直受到学术界和工业界的广泛关注。据统计，当前 ICN 的研究中 95%以上都是以 CCN 为背景进行的。因此，CCN 毋庸置疑地成为当前极具前景的 ICN 范式。

5.2　ICN 典型架构

5.2.1　DONA

DONA 作为 ICN 项目的先锋之一，由加利福尼亚大学伯克利分校负责组建。它在 TRAID 的基础上对网络架构进一步改进和完善，针对层次化的网络拓扑提供了完整内容的请求/响应方案，成为首批较为完整的 ICN 架构。

1. 网络结构

DONA 中存在一种名为解析处理器(resolution handler, RH)的特殊网络实体，它们分布于网络的各个域中。每个域至少拥有一个逻辑 RH，RH 之间通过分层结构互联。每个 RH 维护着一张由三元组〈内容名字，下跳 RH/数据源，距离数据源跳数〉构成的注册表，存放其所在域和相应子域(及对等域)内各个内容发布者(数据源)发布的内容信息。

为了保证内容的可达性，内容发布者向本地 RH 发布 REGISTER 报文，在本地 RH 及上层(及对等域)RH 中建立相应的注册表信息，如图 5.1 所示。一旦本地 RH 收到 REGISTER 报文，添加报文中的注册信息〈内容名字，数据源，距离数据源跳数〉到注册表中，更新报文中的注册信息为〈内容名字，当前 RH，距离数据源跳数+1〉，并转发报文到上层 RH 中。当上层 RH 接收到 REGISTER 报文时执行相同操作，并继续转发该报文到上层 RH，直至 Tier-1 层 RH 的注册表中成功添加该注册信息。

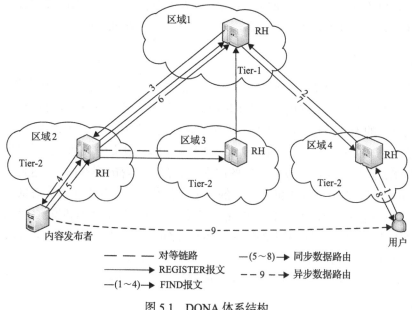

图 5.1　DONA 体系结构

2. 命名

DONA 采用扁平式命名方式为内容命名。每个内容都有一个内容发布者(负责人)，内容的名字由一个公钥 P 和一个标签 L 构成，用 $(P{:}L)$ 表示。其中 P 是负责人公钥的加密哈希值，L 是负责人为内容选择的标签，用以确保内容名字的唯一性。

3. 路由

DONA 采用按名路由方式。用户向当地 RH 发送 FIND$(P{:}L)$ 报文表达其所需的内容请求。DONA 通过 RH 构成的分层结构进行层次化名称解析服务，传递 FIND$(P{:}L)$ 报文到内容发布者。如图 5.1 中实线$(1\sim4)$箭头所示，通过自底而上访问各个 RH 的注册表信息，FIND 报文成功在区域 1 的 RH 中获得内容注册信息。然后，FIND 报文根据 RH 中匹配的注册信息被向下转发至相应的内容发布者。一旦接收到 FIND 报文，发布者向用户交付其所需内容。这里，发布者既可以通过对称的数据路由，即与 FIND 报文转发路径对称的路径，通过 FIND 报文中收集的 path-labels 沿着 FIND 的转发路径反向发送内容到用户(如图 5.1 中实线$(5\sim8)$所示)，又可以采用不对称的数据路由，即与 FIND 报文转发路径不对称的路径，通过为内容发布者和请求用户专门建立的通信路径交付内容给用户(如图 5.1 中虚线 9 所示)。为了提高路由效率，RH 可以向对等域发送 REGISTER 报文(如图 5.1 中区域 2 和区域 3 的 RH)，使得 RH 的注册表中不仅保存子域 RH 的注册表信息，而且维护对等域 RH 的注册表信息，以避免不必要的跨域路由。

4. 缓存利用

根据副本的缓存位置，DONA 采用 on-path 缓存方式，在 RH 上缓存收到的内容信息。在对称的数据路由中，当 RH 收到流经的内容时，RH 可以自行决定是否缓存该内容的副本信息。当 DONA 选择不对称的数据路由时，如果 RH 决定缓存其转发的 FIND 报文所需的内容，则该 RH 替换 FIND 报文中源地址为该 RH 地址，确保其能通过数据路由接收到相应的内容并缓存该内容的副本信息。这样，当 RH 收到 FIND 报文时，首先查询其缓存的副本。若有满足 FIND 的副本信息，RH 可直接通过数据路由交付副本给请求用户，不必继续 FIND 报文的转发。此外，DONA 支持副本注册，任何缓存副本的网络实体(如路由器)，可以通过 REGISTER 报文向 RH 注册其缓存的副本信息，以最大化缓存副本的利用率。但由于缓存副本的暂时性和不稳定性，注册的缓存副本可能很快被其他副本取代，使得 RH 中信息过时，造成路由失败。

5. 移动支持

DONA 支持网络内容请求用户的移动性。当请求者在收到所需内容之前发送 FIND 报文并移动到一个新的位置时，请求者只需在新的位置上重新发送 FIND 报文即可。但当内容发布者从原始位置移动到一个新的位置时，为了保证内容的可达性，发布者需要重新向 RH 发布 REGISTER 报文，更新 RH 中相应的注册信息。

5.2.2　PSIRP/PURSUIT

PSIRP 和 PURSUIT 一样都出自 EU-FP7 项目。PSIRP 的主要目标是构造一种基于发布/订阅范式的新型网络体系结构。而 PURSUIT 是在 PSIRP 的基础上，发展可部署的功能组件。因此，本节以 PSIRP 为例，阐述发布/订阅范式的 ICN 架构。

1. 网络结构

PSIRP 拥有三个独立的功能模块，即汇聚、拓扑管理和转发。PSIRP 利用层次化分布式哈希表(distributed hash table，DHT)技术，在网络中部署一个叠加(overlay)的汇聚网络，维护内容名到发布者(地址)的映射。在该汇聚网络内，完成用户订阅与内容发布者发布内容的匹配。拓扑管理部分由拓扑管理(topology manager，TM)节点负责。TM 节点的具体功能在于发现和管理拓扑信息，并根据拓扑信息计算内容的交付路径。转发模块由普通的转发节点(forward node，FN)构成，负责内容的实际传输，即根据 TM 节点计算生成的转发标识(forwarding identifier，FID)完成内容的交付。

2. 命名

PSIRP 用一对标识符为内容命名，即范围标识符(scope identifier，SID)和汇聚标识符(rendezvous identifier，RID)。RID 是一串扁平的、固定长度的、无语义的符号。SID 表示内容所属范围，是一组由固定长度符号构成的可变长度的符号列表。若一个内容的 SID 为/X/Y，则表示该内容属于 X 范围的子范围 Y。每个 SID 是唯一的，每个 RID 在 SID 范围内也必须是唯一的。

3. 路由

为了保证内容的可达性，在 PSIRP 中，发布者需要向汇聚网络发送 PUBLISH 报文宣告其发布的内容信息。一旦汇聚网络接收到 PUBLISH 报文，其根据报文中内容名字中包含的 SID 信息，在相符的范围内注册发布的内容信息。订阅者通过向网络发送 SUBSCRIBE 报文表达其内容请求。当节点收到订阅者发送的 SUBSCRIBE 报文时，转发该报文到汇聚网络，在汇聚网络的汇聚点(rendezvous point，RP)上完成订阅信息和发布信息的汇聚，获得内容发布者信息。随后，RP 向 TM 节点发送内容交付请求。TM 根据收到的请求计算内容发布者到订阅者的交付路径，并将其编码为 FID，传递给内容发布者。一旦接收到 FID，内容发布者根据 FID 信息通过交付路径传递内容给订阅者。

4. 缓存利用

在网内缓存利用方面，PSIRP 既支持 on-path 缓存机制，又支持 off-path 缓存机制[24]。PSIRP 对 on-path 缓存机制的支持，可以通过在 FN 上缓存流经的副本信息实现。但由于 PSIRP 采用不对称的数据路由，也就是说订阅包的转发路径与内容的交付路径并不对称，缓存副本的 FN 不一定在 SUBSCRIBE 报文的转发路径上，缓存副本的利用率较低。对于 off-path 缓存机制，PSIRP 需要一个专门的机制来选择副本的缓存放置，优化网络性能。为了实现 off-path 缓存利用，PSIRP 将缓存副本的节点作为内容发布者。每个缓存节点通过向汇聚网络发布 PUBLISH 报文，注册其缓存的副本信息。这样，当 SUBSCRIBE 报文到达汇聚点时，可以选择最近的副本所在的缓存节点作为发布者，从而减小内容交付时延并减少网络开销。

5. 移动支持

对于订阅者的移动，为了减少切换延迟，PSIRP 既可以通过 TM 建立组播树，缓存交付内容到订阅者可能存在的若干个位置，又可以通过移动预测，缓存订阅者所需内容到其可能移动到的区域[25,26]。对于发布者的移动，为了确保内容的可得性，需要涉及汇聚网络信息的更新，这一部分仍是 PSIRP 需要解决的问题。

5.2.3 CCN/NDN

CCN 作为一个较为成熟的 ICN 体系结构，出自 PARC 公司，是一个极具发展前景的 ICN 体系结构，绝大多数 ICN 的相关研究都是由它衍生的。NDN 则是 NSF 未来互联网设计工作组资助的一个未来互联网项目。NDN 提出的一系列未来互联网的设计构想都是基于 CCN 架构之上的。为了便于理解，此后我们都将基于 CCN/NDN 基础通信模式的设计统称为基于 CCN 的设计。

1. 网络结构

命名内容的检索通过 CCN 中存在的两种消息包完成，即兴趣包和数据包。兴趣包由用户发出，表达用户所需的内容请求。如图 5.2(a)所示，兴趣包中封装着用户请求的内容名字、选择器和一个随机数。这里，随机数用来准确标识一个兴趣包，将该兴趣包与其他相同内容请求的兴趣包区别开来；选择器管理内容的发布范围等信息，用于指引兴趣包选择传播方向。用户通过在网络中传播兴趣包查找其所需内容。网络中任意接收到兴趣包的节点若能满足兴趣包要求，则回应一个数据包来响应该兴趣包。因此，数据包的传输是由兴趣包驱动的，数据包和兴趣包是一一对应的，维护着严格的流量平衡。如图 5.2(b)所示，数据包中封装着兴趣包所需内容名字、内容的元信息及认证信息和数据。这里，元信息维护内容类型、生存期等信息；认证信息保存一些发布者公钥等用于完成内容自认证以保证内容安全性的信息。只要兴趣包中封装的内容名字为数据包中封装的内容名字的前缀，就认为数据包满足兴趣包的要求。

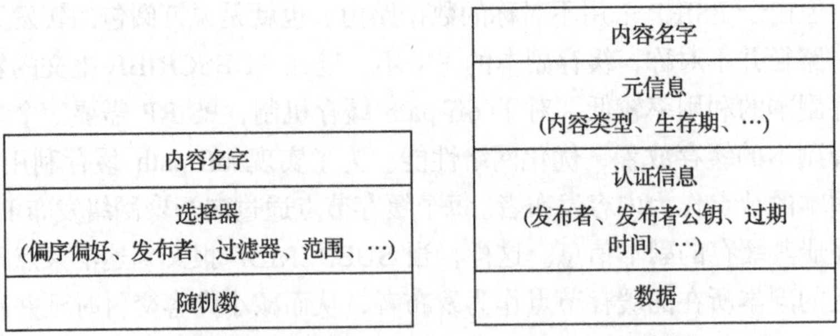

(a) 兴趣包 内容名字 / 选择器 (偏序偏好、发布者、过滤器、范围、…) / 随机数

(b) 数据包 内容名字 / 元信息 (内容类型、生存期、…) / 认证信息 (发布者、发布者公钥、过期时间、…) / 数据

图 5.2　CCN 包格式

为了支持高效的内容分发，如图 5.3 所示，每个 CCN 路由器内维护三种数据结构，即转发信息库(forwarding information base，FIB)、内容缓存(content store，CS)和兴趣未决表(pending interests table，PIT)。

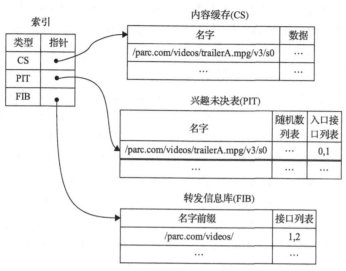

图 5.3 CCN 路由器的数据结构

FIB 中存放内容的路由信息，其结构与 IP 的 FIB 结构类似，只是用名字前缀替代 IP 前缀。考虑到对于每个内容网络，可能存在多个内容提供方(即具有多个内容副本)，每个 FIB 条目对应多个出口接口而非单一的一个。在多转发接口的支持下，CCN 天然具备多源通信能力，即一个用户请求可以从多个数据源处获得所需内容，在网络的负载均衡和鲁棒性上具有天然优势。此外，在分层名字结构的支持下，CCN 具有与 IP 聚合类似的名字聚合能力。FIB 中存储的具有相同名字前缀的、出口接口相同的若干条路由信息，可以聚合为一条到该相同名字前缀的路由信息，有效地减少了 FIB 存储的路由条目数。例如，若图 5.3 的路由器从接口 1 和 2 接收一条到/parc.com/documents/的路由信息⟨/parc.com/documents/，{1, 2}⟩，则其可将该路由条目与 FIB 中原有的路由条目⟨/parc.com/videos/，{1, 2}⟩进行名字聚合，成为一个新的路由条目⟨/parc.com/，{1,2}⟩。

CS 用来缓存路由器接收到的数据包。其与 IP 路由器的缓冲内存相同，但具有不同的替换策略。由于每个 IP 包都属于一个点到点的会话，IP 包的存在对其他会话没有任何价值。因此，IP 包在路由器中占用的缓存资源在被成功转发出去后即刻被回收。然而，CCN 中数据包是幂等的、自认证的，每个数据包可以潜在地满足多个用户请求，如优酷中的一个视频文件可能被多个用户请求。缓存的数据包的生存期越长，其能满足的用户请求数就越多，相应地，内容检索的时延就越短、消耗的带宽资源就越低。因此，CS 中缓存的数据包只是在缓存资源耗尽后根据 LRU（least recently used，最近最少使用）等策略被新到来的数据包替换。

　　PIT 记录由下游到来的兴趣包的转发痕迹，以交付到来的数据包给朝向内容请求者的下游节点。在 CCN 中，只有兴趣包才会被路由转发，数据包会根据相应兴趣包在从内容请求者到潜在数据源的路由过程中沿途留下的"面包屑"，追踪到内容请求者，完成数据的交付。而每个 PIT 条目就是兴趣包留下的"面包屑"，记录着兴趣包的入口接口信息。如图 5.3 所示，每个 PIT 条目维护着接收到的兴趣包的内容名、随机数和入口接口信息。考虑到路由器可能收到多个用户的同一请求，PIT 支持兴趣包聚合，PIT 条目中每个内容名对应着一个随机数列表和入口接口列表，准确标记收到的多个相同内容请求的兴趣包及相应的入口接口信息。因为 PIT 条目的存在主要是为了给随后找到匹配的数据包留下"面包屑"以指引其传递，当匹配的数据包到来后，对应的 PIT 条目即可被清除。而对于无法成功找到数据包的兴趣包，其 PIT 条目会在一段时间（如生存时间）后自动清除。此时，若用户仍然想得到该内容，需要重新发送兴趣包请求。

　　CCN 路由器的基本操作与 IP 路由器类似：从一个接口接收兴趣包，然后根据 LPM 原则基于内容名进行查找，最后基于查找的结果执行操作。但与 IP 路由器中仅需进行 FIB 查找不同，CCN 路由器存在 CS、PIT、FIB 三种数据结构，需要在这三种数据结构上进行查找。出于提高内容分发效率考虑，三种数据结构中的查找是具有先后顺序的，遵循 CS 优于 PIT、PIT 优于 FIB 的原则。图 5.4 显示了 CCN 路由器的包处理过程。

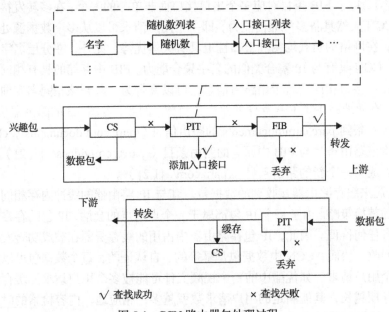

图 5.4　CCN 路由器包处理过程

当 CCN 路由器接收到一个兴趣包请求时，首先查询 CS，根据 LPM 原则从 CS 中查找满足兴趣包的数据包。这里需要注意的是，兴趣包内封装的内容名必须等于数据包的内容名或者是数据包的内容名的前缀。如果 CS 中具有满足兴趣包的数据包，则直接通过兴趣包的入口接口返回数据包。相应地，兴趣包路由转发结束，路由器直接丢弃该兴趣包。

若 CS 中没有满足兴趣包的数据包，则根据兴趣包中封装的内容名查询 PIT，在 PIT 中寻找名字与内容名完全匹配的 PIT 条目。若 PIT 中存在匹配条目，则进行兴趣聚合，添加该兴趣包的随机数和入口接口信息到该匹配条目的随机数列表和入口接口列表中。若路由器中存在匹配 PIT 条目，意味着路由器之前已经转发过相同内容的请求，且当前正在等待相应数据包的返回。为了减少网络流量开销，路由器不必再重复转发相同内容请求的兴趣包，只需在接收到相应数据包后，复制数据包并根据 PIT 条目中记录的入口接口信息实现数据包的交付即可。此时兴趣包的路由转发结束，直接被丢弃。

若 PIT 中没有匹配的路由条目，则在 PIT 中为该兴趣包创建相应 PIT 条目，记录该兴趣包的转发痕迹，并查询 FIB，根据 LPM 原则从 FIB 中查找匹配的 FIB 条目。若找到匹配的 FIB 条目，则根据 FIB 条目中记录的出口接口信息转发兴趣包到朝向数据源的下游节点；否则，意味着路由器中没有相关内容的路由信息，兴趣包被丢弃。

当兴趣包通过 FIB 获得的出口信息到达下游节点时，继续执行上述操作，直至从路由器的 CS 中或是数据源处得到对应的数据包。此时兴趣包转发处理结束，触发数据包处理。

数据包的处理相较于兴趣包来说较为简单。因为数据包的传递不必进行路由选择，数据包在路由器中的处理仅涉及 PIT 和 CS 这两个数据结构。当路由器收到数据包时，根据数据包中内容名查询 PIT，从中查找与内容名完全匹配的 PIT 条目。若存在匹配的 PIT 条目，则根据 PIT 条目中记录的入口接口信息传递数据包到上游节点，并从 PIT 中将该匹配条目清除。与此同时，路由器根据其缓存策略在 CS 中缓存数据包副本。否则，直接丢弃数据包。

当数据包通过记录的入口接口进入上游节点后，在上游节点上继续上述数据包处理操作，直至数据包在 PIT 信息的指引下到达请求用户，数据包交付结束，用户成功获取所需内容。

2. 命名

为了实现名字聚合和 LPM 匹配策略，CCN 在遵循永久和全局唯一特性的基础上，采用分层命名方法为每个 NDO 分配一个层次化的、变长的、人类可读的名字。每个 NDO 的名字由若干个名字部件构成(每一层代表一个名字部件)，每个名字部件由若干个字符或数字组成。为了便于表达，CCN 使用类似于统一资源标识符(uniform resource identifier，URI)的方法表示 NDO 名字，通过 "/" 分隔符将各个名字部件分别分隔开来，如/parc.com/videos/trailerA.mpg/_v2/_s0。但是这些分隔符并不是名字的一部分，所以也不包含在编码中。

通过内容名字的分层结构，CCN 不仅支持提供者通过全局可路由名字来表达其服务的所有 NDO 信息，而且支持 FIB 聚合拥有相同前缀和出口信息的路由条目，可以改善网络可扩展性。与此同时，基于分层名字对 LPM 这种模糊匹配原则的支持，CCN 中用户即使不能准确记忆其所需 NDO 的完整名字(如 NDO 的版本号及分段)，也可以根据已知的 NDO 前缀完成 NDO 的检索。

3. 路由

根据 CCN 的包类型，CCN 路由包括兴趣包路由和数据包路由。当收到用户的兴趣包请求时，CCN 通过兴趣包路由转发兴趣包到内容提供者获得匹配的数据包。至此，兴趣包路由结束，数据包路由启动。而 CCN 中，数据包的交付路径与兴趣包转发路径是对称的，数据包的传递是基于兴趣包留下的转发痕迹进行的。因此，CCN 中数据包的传递不需要进行路由选择。严格来说，CCN 的路由转发即为兴趣包的路由转发。

在兴趣包路由中，CCN 采用按名路由方式转发兴趣包检索所需 NDO。每个路由器的 FIB 中维护以名字前缀为索引项构建的路由信息，记录到发布名字前缀的内容提供者的下一跳转发路由。因此，路由器可以根据其 FIB 记录的路由信息，独立完成兴趣包的路由转发，使其到达靠近内容提供者的下游节点。CCN 的路由操作与 IP 路由类似，只是使用内容名替代内容的地址作为路由索引项，通过逐跳的路由转发传递兴趣包到相应的内容提供者。考虑到网络中每个 NDO 可能有多个提供者，FIB 条目中每个名字前缀对应一个出口列表，CCN 天然地支持多源路由。对于接收到的兴趣包，路由器可以根据匹配路由条目中存放的出口接口列表进行多接口转发，也可以根据一些规则选择接口进行单接口转发。

与 IP 网络中 IP 包的无状态路由转发不同，CCN 中兴趣包的路由转发是有状态的。通过在沿途经过的各个路由器的 PIT 中记录接收到的兴趣包的转发信息，CCN 实现有状态的路由转发。在 PIT 的帮助下，CCN 不仅可以支持组播路由，而且天然地支持无环路路由。如图 5.3 所示，PIT 的兴趣聚合使得数据包可以通过 PIT 条目中记录的入口接口列表组播传递到各个用户，且 PIT 条目中记录的兴趣包的随机数唯一标识该兴趣包，当路由器接收到相同的兴趣包时，通过与 PIT 中记录的未决兴趣包的匹配，即可得知是否发生环路现象。若 PIT 中存在相同的兴趣包，路由器直接丢弃该兴趣包就可避免环路发生。

为了实现按名路由，确保内容的可得性，内容提供者可以通过简单的洪泛方式向全网发布其服务的名字前缀信息，在 FIB 中创建该名字前缀的路由信息。此外，考虑到 CCN 路由和 IP 路由的相似性，内容提供者还可以通过类似链路状态协议和距离矢量协议等分布式路由协议，如命名数据链路状态路由 (named-data link state routing, NLSR) 协议[27]、一种基于开放式最短路径优先 (open shortest path first, OSPF) 的命名数据网络路由协议 (an OSPF based routing protocol for named data networking, OSPFN)[28]、基于距离的内容路由 (distance-based content routing, DCR) 协议[29]在 FIB 中完成路由信息的建立。

作为 CCN 的关键技术，CCN 路由不仅依赖分层的命名技术，而且与网内缓存技术息息相关。如何设计 CCN 路由以有效地利用分层的命名空间和网内缓存来提高网络性能，成为 CCN 发展的关键。

4. 缓存利用

在对网内缓存的利用上，CCN 采用处处缓存 (leave copy everywhere, LCE) 这种沿途缓存的 on-path 缓存机制。在数据包的传递过程中，将数据包内存放的内容缓存到沿途经过的各个 CCN 路由器的 CS 中，以满足后续收到的相同的兴趣包请求。

5. 移动支持

面对移动用户的环境，在 CCN 中，当内容请求用户在收到所需内容前迁移到一个新位置时，该请求用户只需在新位置上重新发送相应的兴趣包即可，无须如在传统 IP 网络中一样重新恢复之前的通信。在新兴趣包 (在新地址上重新发送的兴趣包) 的转发过程中，若其转发路径与旧兴趣包 (在用户移动前发送的兴趣包) 的转发路径交叉时，在交叉点路由器的 PIT 和 CS 的帮助下，新兴趣包可以直接获得旧兴趣包取回的内容信息。而当内容发布者从原始的位置移动到新的位置时，为了保障信息的可达性，发布者需要在新的位置上重新广播其服务的内容信息，更新 FIB 中的路由信息。

5.2.4 SAIL

SAIL 项目致力于设计一种便于平稳过渡的未来互联网范式。其主要包括 ICE (impact and collaboration enabling)、CloNe (cloud networking)、OConS (open connectivity services) 和 NetInf (Network of information)[30]等研究方向，本节主要对 NetInf 进行研究分析。

1. 网络结构

为了完成从当前网络到以信息为中心的未来互联网的平稳过渡，NetInf 引入汇聚层(convergence)转化 NetInf 报文为当前网络服务的报文，利用不同的底层网络服务完成内容的检索。NetInf 可以看成 PSIRP 和 CCN 架构的混合，一方面维护名字解析系统(name resolution system, NRS)管理“名字-地址”映射信息，使得用户能获得所需内容的服务地址；另一方面如 CCN 一样在路由器上维护以内容名为索引项的路由表，通过按名路由方式逐跳转发用户的内容请求。NetInf 中通信主要通过 GET 报文、PUBLISH 报文和 DATA 报文完成。其中，GET 报文用于用户表达内容请求；PUBLISH 报文用于内容发布者发布服务的内容信息；DATA 报文用于传递内容。

2. 命名

NetInf 采用“ni”URI 方法：ni:// A/ L[31]为内容命名。每个名字由权威(authority, A)部分和本地(local, L)部分构成。A 和 L 既可以是哈希值也可以是字符串。在 NRS 中，将内容名字看成扁平式名字，用户请求的内容名字必须与发布者发布的内容名字完全匹配。在按名路由的过程中，将内容名看成层次式名字，支持 LPM 转发策略。

3. 路由

综合 PSIRP 和 NDN 的通信模式，NetInf 既支持解析检索的路由方式，又支持按名路由方式。与此同时，NetInf 还可以通过两者的混合模式检索内容。解析检索的路由方式下，发布者向 NRS 注册其服务的内容信息，请求者发送 GET 报文到 NRS 中获得所需 NDO 的发布者的地址信息。当请求者收到发布者地址时，根据地址信息与发布者建立通信。通过向发布者发送 GET 报文表达需求，从发布者那里获得所需内容。这里，NRS 是可以通过多级分布式哈希表(multilevel distributed hash table, MDHT)技术[32]和 HSkip(hierarchical skipnet)技术[33]建立的一个全局的层次化的“名字-地址”映射系统。按名路由方式下，同 CCN 相同，NetInf 可以通过与 OSPF 协议类似的路由策略为路由器建立路由表。当路由器收到 GET 报文时，根据其存储的路由表逐跳向数据源方向转发 GET 报文。这里，GET 报文会记录其具体的转发方向。一旦 GET 报文找到所需内容或副本信息，将其封装到 DATA 报文中，沿着 GET 记录的转发方向反向传递给所需用户。混合模式下，NetInf 在转发 GET 报文的过程中可以自动切换通信模式。例如，在解析检索的路由模式中，当用户在获得发布者地址后向发布者发送 GET 报文时，若沿途路由器上有相应的路由信息，可以转换为按名路由的方式；在按名路由方式中，当路由器的路由表中没有匹配的路由信息时，可以向本地 NRS 发送 GET 报文，通过解析检索的方式获得所需内容。

4. 缓存利用

在对网内缓存的利用上，NetInf 同时支持 on-path 和 off-path 两种缓存机制。NetInf 既可以通过在路由器上缓存收到的内容副本来支持 on-path 缓存利用，又可以通过 NRS 提供 off-path 缓存利用。每个缓存副本的路由器可以作为一个内容发布者，通过向 NRS 发布 PUBLISH 报文注册其缓存的副本信息，使得请求者可以获得最优的副本。通过对 off-path 缓存的支持，NetInf 可以借助于层次化的 NRS 设计协同的缓存策略，以优化缓存利用，提高缓存命中率。

5. 移动支持

在移动支持方面，作为 ICN 架构，NetInf 天然地支持内容请求者的移动性。同时，在 NRS 的帮助下，发布者的移动性也受 NetInf 支持。与 DONA 和 PSIRP 相似，当发布者发生位置迁移时，NetInf 需要在 NRS 上更新其地址信息。

5.3　ICN 应用

5.3.1　视频、直播、多用户聊天

ICN 在对视频流媒体的支持上具有显著优势，尤其是在体育赛事、节日庆典这类活动中，大量人群因为相同的目的和兴趣在一个特定时间内聚集在一个有限的场所获取流媒体视频。

在大型活动中，面对用户对活动相关媒体内容的发布及订阅需求，传统的以主机为中心的通信网络需要为每个用户分配一个单播流，不可避免地造成网络基础设施的过载问题。而以内容为中心的通信模式以及其网内缓存能力使 ICN 能从容地面对用户的内容需求，有效提高大型活动的网络性能和资源效率。

为了证明 ICN 的网络结构对实时视频流的支持，文献[34]基于 NetInf 设计了一个实时视频流系统架构。其用一个 Header NDO 表示整个视频流，通过 NetInf 路由器进行内容缓存并完成内容名到内容地址的解析。这里，视频流的发布和订阅都是通过在 NetInf 路由器上进行 Header NDO 的通知和订阅完成的。NetInf 路由器具备内容缓存能力，使得用户能从本地缓存获得所需视频流，避免边缘链路（连接接入网和核心网的链路）的流量阻塞现象。且 NetInf 路由器的兴趣聚合能力（如 CCN 路由器的 PIT 功能）使其能通过组播通信完成多用户视频流的交付，有效地提高网络性能，减少网络流量消耗。此外，文献[35]通过试验评估验证了 ICN 在对自适应流媒体视频的支持上较之 TCP/IP 网络更具优势。与此同时，GreenICN 项目组致力于开发 ICN 对流媒体视频的支持，从节能、移动应用等方面论证 ICN 对自适应流媒体的支持[36-40]。

5.3.2　灾难救援

ICN 方法以其内容为中心的特性成为灾难场景中启用应急通信的解决方案之一。众所周知，在灾难救援中，通信占据至关重要的地位，影响着人们的安全、救援和疏散工作以及必需品的供应。但是，传统网络在灾难面前是不堪一击的。灾难过后，物理链路和设备的故障比比皆是，快速的网络功能恢复无法实现，传统的端到端的通信无以为继。此时，ICN 以内容为中心的通信特征使其适用于灾难恢复中的快速组网，成为确保灾难通知和紧急救援信息分发的有效方案。

在灾难环境中网络面临着如下通信挑战：①在与网络其他部分断联的情况下怎么保障基础设施功能部件的正常使用；②在与提供安全认证的服务器断联情况下如何进行分散的身份认证；③在高拥挤网络状态下(部分设施故障)怎么进行信息的传递；④在电力断开后基础通信设备的电池怎么进行节能；等等。Green ICN 项目组详细分析了 ICN 的网络特性在应对这些挑战上的优势，并提出了相应的 ICN 方案来支持灾难场景下信息的有效分发[41]。其中，ICN 的自认证命名方式使得 NDO 具有自认证性，不需要依赖一个可信任的第三方提供安全认证；其基于名字的路由方式使得信息的传递不再需要依赖端到端通信，更适应于灾难过后大量网络基础设施瘫痪后造成的碎片网络，且其网内缓存能力和组播支持能有效地减少网络流量消耗、节约能耗。基于此，文献[42]和[43]针对灾难环境下信息的传递，在 ICN 基础上设计了基于名字的信息传递方案。文献[44]和[45]从能耗角度出发，在 ICN 基础上提出节能的内容检索方案。文献[46]基于 NDN 完成了中型灾难环境下的快速组网。

5.3.3　对 IoT、边缘计算及机会网络的支持

随着通信技术和设备的不断发展，互联网不仅能提供人和人或人和应用服务之间的通信，而且支持设备和设备之间的互联，实现信息的获取、共享及操作，形成了我们所说的物联网(internet of things，IoT)，也就是下一代互联网和"Web 3.0"的基础，使智能家居、智能交通、健康监测和智慧城市等极具价值的应用成为可能。

然而，IoT 中数以亿计的设备之间的互联不可避免地生成大量的数据，由此带来一系列的挑战。首先，面对如此庞大规模(且在不断增长)的设备，在 IP 架构中对各个设备进行寻址是不理想的，其不仅可能遭遇 IP 地址耗尽的状况，而且 IPv6 的地址长度在一些面向约束的设备间通信时并不适用。并且，各个设备的约束和规格都是不尽相同的，这不可避免地带来了异构问题。此外，一些设备的存储空间及电池寿命是有限的，导致其收集的一些数据可能无法存储或不能及时传递，造成数据不可得的问题。最后，一些 IoT 应用或需要加强数据的安全与隐私

保护(如健康监测)或需要机动性保障(如车联网)。而且,除上述挑战外,IoT 对海量数据的传递和可扩展性亦有所要求。显而易见,传统网络架构缺乏处理这些挑战的功能特征,而 ICN 的特性使其天然具备支持 IoT 应用的优势。

文献[47]从 ICN 的命名、缓存、路由、安全及移动支持的角度分析了 ICN 在 IoT 挑战上的优势。ICN 的命名方法可以有效地提供可扩展的 IoT 设备的命名、寻址,以及处理设备间的异构问题。此外,ICN 的网内缓存能力使得中间设备能存储终端设备产生的数据,有效地解决低寿命、低内存设备造成的数据不可得问题,且有利于减少数据传递开销、节约能耗、提高网络生存时间。以数据对象为中心、消费者驱动的通信模式,以及数据对象的自认证能力,使得 ICN 能够简化 IoT 中数据对象流动情况的监察和数据对象安全保证,为 IoT 应用提供简单有效的数据安全及隐私保障。与此同时,ICN 的移动支持性以及灵活的内容命名和通信的位置无关性,便于支持 IoT 中移动设备的位置切换。文献[48]、[49]和[50]讨论了 ICN 在 IoT 上的一些应用场景及其面临的挑战。

IoT 的快速发展推动边缘计算这一计算范式的诞生。边缘计算与云计算不同,它要求在网络的边缘处理数据,有潜力解决响应时间需求、电池寿命限制、带宽成本节约以及数据安全和隐私等问题[51]。从 IoT 的角度而言,边缘计算是减少网络传输的数据量、降低内存及处理要求的必要手段,可以简化移动设备的管理和设备间的数据通信,有效地延长网络寿命。考虑到边缘设备的移动性,以及在能源和内存等方面存在的约束,边缘计算同样有缓存数据的需求。与此同时,ICN 缓存数据于网络边缘的做法更有助于满足边缘计算的要求。因此,使用 ICN 的通信技术支持边缘计算、改善 IoT 性能,也是 ICN 的一种极具发展意义的应用场景[52]。

此外,ICN 的通信特性亦适用于机会网络的通信——终端系统通过自发的有时间限制的连接来交换信息。ICN 以内容为中心的通信模式和网内缓存能力使其不仅不需要进行移动设备的发现,而且有助于提高机会网络的通信效率[53]。

5.4 ICN 挑 战

5.4.1 路由可扩展性

不同于 IP 网络基于主机建立通信获取内容,ICN 基于 NDO 名字执行内容检索。而与主机数量相比,NDO 的数量要高好几个数量级。因此,相较于 IP 网络,ICN 面临更为严峻的挑战。根据谷歌博客,2008 年 URL 的数量已经达到 1 万亿[54]。但当今骨干路由器的存储能力仅容纳百万条路由[55],远远不能满足 ICN 如此巨大的内容名称空间的路由需求。对于如此庞大的名字空间,路由方案不同,其面临的具体问题也不尽相同。下面主要分析按名路由方式、解析检索路由方式以及混合路由方式的可扩展性挑战。

1. 按名路由方式

按名路由方式要求任意一个路由器都能为内容请求提供路由信息。因此，每个路由器都需要维护所有 NDO 的路由信息。虽然层次化的名字可以通过名字聚合来减轻 FIB 负担，但这种聚合能力仍是远远不够的。为了尽可能地减少发布的名字前缀的数量，即便我们可以假设网络中所有发布的名字前缀均为一级域名，但根据 DomainTools 的互联网统计[56]，这种情况下 FIB 仍然必须携带亿万个域名。即使很多人提出可以利用布隆过滤器来压缩路由表[57-60]，但是要实现 FIB 的一次查找需要片上存储器的内存达到 1Gbit[61]，远远超过了如今 200Mbit 的标准。

2. 解析检索路由方式

解析检索路由方式首先在名字解析阶段基于用户请求的 NDO 的名字在 NRS 中找到 NDO 到数据源所在地的映射。然后，在内容检索阶段根据得到的地址信息与数据源建立通信获得所需 NDO。由于基于地址的通信可以由 IP 网络提供，解析检索路由的可扩展性挑战主要体现在名字解析处理阶段。具体来说就是如何建立可扩展的 NRS 以满足"名字-地址"的快速查找以及实现"名字-地址"的快速更新。

3. 混合路由方式

混合路由方式结合按名路由方式和解析检索路由方式，利用它们各自的优点弥补各自缺点，实现一个较为理想的路由性能。混合路由方式一方面通过在单域（局部）内进行按名路由规避全局庞大名字空间的压力，避免解析处理带来的时延。另一方面通过在域间（全局）建立 NRS，转发在单域内按名路由方式无法满足的内容请求，缓解全局 FIB 缓存压力。但是，与解析检索路由方式类似，如何管理维护一个可扩展的 NDO 名字到 NDO 所在域的映射系统成为关键问题。

5.4.2　缓存机制

ICN 引入网内缓存技术，支持路由器缓存 NDO，使得用户能获得距其较近的副本信息，从而有效提高内容分发效率，节省网络开销。然而网络缓存能力是有限的，如何利用有限的缓存资源最大化改善网络性能是缓存机制不得不面对的问题。本节主要从缓存资源分配、副本放置及缓存感知路由三方面[62]入手，分析缓存机制面临的具体挑战。

1. 缓存资源分配

如 5.2.2 节所述，缓存机制根据缓存位置可以分为 on-path[63]和 off-path[64]两种。

对于 off-path 缓存机制而言，其与代理缓存和 CDN 服务器分配相似，要求内容请求可以被重定向转发到相应副本上，可以划归于缓存感知路由问题。而缓存资源分配问题主要针对 on-path 缓存机制。

on-path 缓存机制中副本的使用依靠兴趣包转发路径上副本的机会性命中。面对庞大数量的 NDO，on-path 缓存机制的机会性命中带来的利益有限。基于此，网络运营商最初考虑可以只升级部分网络元素使其具有缓存能力。然而，决定在哪些节点上部署缓存功能是一个开放问题。这不仅与节点的拓扑位置和流量特征有关[65,66]，而且受成本的经济性约束[67,68]。

2. 副本放置

副本的位置不仅影响 off-path 缓存机制中路由的重定向，而且与 on-path 缓存机制的命中率息息相关。

副本冗余是副本放置要解决的一个主要问题。虽然冗余副本的问题已经在层次化的 Web 缓存中得以解决，但其主要通过一个 overlay 系统来协调数据层和控制层以提高缓存命中率。on-path、线速及网内缓存等特性，使得 ICN 中副本的放置成为一个完全不同的问题[69,70]。如何协调 on-path 上副本的放置、减少副本冗余，目前仍然是一个开放问题[71]。

此外，副本的放置问题也涉及要缓存内容的特性[72,73]，如内容流行度。流行度高的副本请求概率大，缓存其在靠近下一个请求用户的位置可以有效提高缓存命中率、缩短路由长度。因此，如何正确预测内容流行度并考虑其与时间和空间的关系亦是解决副本放置问题的一个重要挑战[74-76]。

3. 缓存感知路由

为了提高缓存副本的利用率，网络必须能转发用户请求到副本所在位置。因此，网络提供的路由信息中必须包含这些副本的路由信息。然而，由于缓存副本的易消散性，考虑到副本注册带来的开销，向全网广播副本信息是不可行的。这里就需要使用缓存感知路由技术，吸引用户请求到副本缓存位置。缓存感知路由的实现涉及控制和数据两个平面[77,78]或其中任一平面。缓存感知路由可以在自治域规模内完成[79-83]，也可以在多个自治系统上完成。对于后者而言，建立可扩展缓存路由模型时，需要参考自治系统间的业务关系。如何利用较小的开销实现缓存感知路由，提高缓存利用率，成为缓存利用的挑战之一。

5.4.3　拥塞控制

ICN 的特性，即地址解耦、网内缓存、多宿主、组播等使其面临着与传统 TCP/IP 网络不同的拥塞控制挑战。

1. 基于网络部件的拥塞控制

一般而言，ICN 采用消费者(接收端)驱动的通信模式以 "pull" 模式来获取内容。消费者发送 NDO 请求，从数据发布者/缓存副本获得所需 NDO，并以数据包的形式返回。可以通过控制消费者发送兴趣包的速率来控制数据包的返回速率。但不同于 TCP/IP 的端到端通信，ICN 的多宿主特性使 ICN 中源端拥塞控制算法很难通过恢复时间目标(recovery time object，RTO)进行准确的拥塞判断，不仅会造成昂贵的成本，而且无法保证网络的稳定性[84-87]。此外，不同于 TCP/IP 中中间节点负责转发数据包，拥塞控制主要是终端来维护，ICN 可以在中间节点上通过控制请求的下一跳选择速率控制数据包的返回速率，实现逐跳的拥塞控制[88-92]。虽然逐跳的速率整形机制可以快速有效地实现控制拥塞，但是由于需要在每个节点上进行限速，造成的成本开销是个不能忽略的问题。现有的基于接收端的拥塞控制，可以从源头上控制拥塞，但仅仅通过源端拥塞控制算法会造成对拥塞的反应存在延迟，多源造成的依赖 RTO 的拥塞判断不准确，以及维护多倍信息造成的较低可扩展性。基于中间节点的拥塞控制可以主动控制拥塞，较为迅速有效，但逐跳的应用会造成高成本。协同拥塞控制算法可以综合应用二者的优点[93,94]，但如何很好地协调好接收端和中间节点仍然需要研究，并且要避免过度拥塞控制造成网络资源利用不足的问题。

2. 基于缓存和多路传输的拥塞控制

作为 ICN 的重要特性，网内缓存带来的缓存命中和多宿主带来的多路径传输和 ICN 的拥塞控制密切相关。在拥塞控制中考虑 ICN 缓存特性[95]，协调拥塞控制与缓存利用之间的关系，是拥塞控制算法的设计方向之一。当严重拥塞持续产生时，仅在一条路径上进行速率控制不足以减轻拥塞。在这种情况下，多路径传输是分流和缓解拥塞的好办法[96,97]。因此，如何基于 ICN 的缓存和多宿主特性进行拥塞控制，优化网络性能，是 ICN 拥塞控制面临的挑战。

3. 针对具体应用程序的拥塞控制

不同应用程序有不同的传输质量需求，发生拥塞时，需要有不同的速率调整方案[98]，ICN 的拥塞控制研究需要考虑到不同应用程序的具体要求。

4. 重传和稳定性

重传是拥塞发生之后的工作，对网络传输的稳定性有很大影响。网络丢包后如何决定由中间节点还是其他节点进行重传[99]，如何设置超时重传时间，以及如何保证在兴趣包生存时间到期之前发送兴趣包[100]等，都会影响网络性能，并且也将会影响 PIT 占用[101,102]。

5.4.4　移动支持

移动通信技术的高速发展及便携式终端的普及，使得移动通信的流量消耗在网络中所占的比重逐渐增加。同传统 IP 网络不同，CCN 的移动性不仅包括内容请求者的移动，还包括内容提供者的移动[103]。ICN 的请求驱动型通信方式，使其内在地支持内容请求者的移动。当内容请求者在发出内容请求后接收到所需 NDO之前迁移到新的位置时，内容请求者只需重新发送兴趣请求，无须恢复之前的通信[104]。

与之相反，ICN 对内容提供者的移动支持较难实现[105]。一旦内容提供者发生位置迁移，根据原始地址建立的内容路由信息即会过时。若没有相应的策略去更新路由，内容的检索将会失败。即使网络能及时地根据内容提供者的迁移更新相应 NDO 的路由信息，路由更新带来的时延对实时业务的影响也是不可忽略的[106]。

因此，ICN 的移动问题主要指的是内容提供者的移动支持问题。其主要需要解决以下两个问题：①无论内容如何移动，ICN 都能保障内容的可得性；②如果不能确保移动期间内容的可得性，如何减少切换时延[107]，即内容重新接入网络时刻与向未满足的兴趣包请求提供所需内容时刻之间的时间差。

5.4.5　安全与隐私

与传统网络相同，ICN 同样面临安全与隐私的挑战。但 ICN 以内容为中心的通信特性，使其面临的安全挑战与传统网络亦有所不用。

1. 数据完整性和源认证

ICN 中的用户不仅能从原始发布者那里获取 NDO，也可以从任何缓存点得到相应副本。因此，获取到的 NDO 的通信端点不再可信，数据对象可能被恶意修改。ICN 应该为接收者提供一个安全的机制来验证数据对象的完整性。对于静态的数据对象，可以通过自认证的命名方法实现数据完整性的认证。对于动态的数据对象，可以使用公钥密码认证方案。然而，如何分布公钥到数据对象的用户中是实现数据完整性和源认证的一大挑战。

2. 访问控制与授权

ICN 的通信模式缺乏用户-服务器的认证，使得访问控制和授权成为 ICN 发展不可避免的挑战。然而，ICN 的网内缓存功能使得所有网络实体(具有缓存能力)都能够根据需求交付 NDO。在这样的环境中，基于访问控制列表的传统访问控制方案不再适用，且广泛分布的 ICN 实体必须对每个消费者维护一个相同的 NDO

控制策略。但是，由于计算开销和隐私问题，这种方案是行不通的。目前的解决方案主要包括以下两种。

(1)分离方法：独立于 ICN 实体的第三方访问控制服务。虽然这种方法既可以使得 ICN 实体可以不受计算开销的影响确定消费者对 NDO 的可访问性，又可以使得消费者通过独立授权实体保护他们的隐私，但是这种方法面临着授权延迟和传播及访问控制信息一致性的维护等挑战。

(2)集成方法：来自 ICN 实体的访问控制服务。这种方法基于内容加密和密钥分发。如前所述，这种方法需要花费高昂的开销进行密钥验证处理，且密钥分发本身就是一种挑战。虽然这种方法可以在没有外部访问控制提供者帮助的情况下检索 NDO，但需要解决以下问题：①为网内缓存中的动态 NDO 提供一个及时的访问控制机制；②以可伸缩的方式为消费者提供对单个 NDO 不同级别的可访问性；③提供管理密钥撤销和类似的管理功能。

3. 用户请求安全性

ICN 的以内容为中心的通信模式和网内缓存能力使其引入了兴趣洪泛攻击和缓存污染攻击两大类新型的网络安全挑战[108-110]。

兴趣洪泛攻击是指攻击者向网络中发送大量恶意兴趣请求，请求网络中不存在的内容，从而使得网络中路由器节点的 PIT 中缓存大量无效未决兴趣请求，占用资源，从而导致合法兴趣请求被拒绝。根据其攻击特性，目前的检测方案主要针对 PIT 异常状态进行统计分析以及基于攻击流量的行为特征进行异常攻击检测。虽然前人已经做了大量的攻击检测与防御的工作，但是大多数防御措施都在一定程度上抑制了合法兴趣请求的服务，目前关于如何减少防御措施对合法用户的影响尚待研究。此外，现有方法都是设定一种具体攻击的场景，从而采取相应的攻击检测和防御手段。虽然针对其预设场景优化较好，但是面对更复杂的网络环境中多种攻击类型并存的情况则显得性能不佳，甚至难以取得效果，导致资源浪费。所以，针对多种攻击同时发生的方案仍有待研究。再者，现有方案大都针对全网路由进行部署，开销较大。

缓存污染攻击是指攻击者通过利用广泛的路由器缓存，不断对某些低流行度的文件或非法文件发送请求，使该文件一直保留在中间路由器的缓存中，达到人为降低节点缓存中用户关注的流行内容的存储比例，降低节点的请求命中率，从而达到增加内容获取时延的目的。

目前针对缓存污染攻击的检测主要是围绕对兴趣包和内容包展开的。对兴趣包的检测分为四种，即重复请求比率、命中率、兴趣包分布变化以及兴趣包中的 Exclude 字段。对数据包的检测分为三种，即内容的生命期、缓存内容存储分布变化和签名验证。针对缓存污染的防御方法主要有设置存储阈值限制内容缓存策略、邻居通告策略、回溯策略以及自验证请求和内容等策略。然而，现有的缓存污染攻击检测和防御手段仍然面临诸多问题和挑战。首先，缓存节点众多，由于可以在网络中任何位置进行内容请求的汇聚和分裂，很难预测在缓存污染攻击下 ICN 的缓存行为和性能，目前防御策略研究更多地关注单一的孤立的节点。其次，现行的策略在针对多种攻击形式并存的、更加复杂的网络环境时难以取得较好的效果。

参 考 文 献

[1] Chowdhury S R, Ahmed R, Boutaba R. A survey of naming and routing in information-centric networks[J]. IEEE Communications Magazine, 2012, 50(12): 44-53.

[2] Ahlgren B, Dannewitz C, Imbrenda C, et al. A survey of information-centric networking[J]. IEEE Communications Magazine, 2012, 50(7): 26-36.

[3] Pan J L, Paul S, Jain R. A survey of the research on future internet architectures[J]. IEEE Communications Magazine, 2011, 49(7): 26-36.

[4] Xylomenos G, Ververidis C N, Siris V A, et al. A survey of information-centric networking research[J]. IEEE Communications Surveys and Tutorials, 2014, 16(2): 1024-1049.

[5] Adhatarao S S, Chen J, Arumaithurai M, et al. Comparison of naming schema in ICN[C]. Proceedings of IEEE International Symposium on Local and Metropolitan Area Networks, Rome, 2016: 1-6.

[6] Dannewitz C, Golic J, Ohlman B, et al. Secure naming for a network of information[C]. Proceedings of IEEE Computer and Communications, San Diego, 2010: 1-6.

[7] Sadeghi A, Sheikholeslami F, Giannakis G B. Optimal and scalable caching for 5G using reinforcement learning of space-time popularities[J]. IEEE Journal of Selected Topics in Signal Processing, 2018, 12(1): 180-190.

[8] Kim Y, Yeom I. Performance analysis of in-network caching for content-centric networking[J]. Computer Networks, 2013, 57(13): 2465-2482.

[9] Fang C, Yu F, Huang T, et al. A survey of energy-efficient caching in information-centric networking[J]. IEEE Communications Magazine, 2014, 52(11): 122-129.

[10] Shaikh A, Tewari R, Agrawal M. On the effectiveness of DNS-based server selection[C]. Proceedings of INFOCOM 20th Joint Conference of the IEEE Computer and Communications Societies, Anchorage, 2001: 1801-1810.

[11] Koponen T, Chawla M, Chun B, et al. A data-oriented (and beyond) network architecture[J]. ACM SIGCOMM Computer Communication Review, 2007, 37(4): 181-192.

[12] PSIRP. Publish-Subscribe Internet Routing Paradigm[EB/OL]. http://www.psirp.org/files/ Deliverables/FP7-INFSO-ICT-216173-PSIRP-D2.2_ConceptualArchitecture_v1.1.pdf. [2022-05-18].

[13] 4WARD-Architecture and design for the future internet[EB/OL]. https://cordis.europa.eu/project/id/216041. [2022-05-18].

[14] Carzaniga A, Papalini M, Wolf A L. Content-based publish/subscribe networking and information-centric networking[C]. Proceedings of the ACM SIGCOMM Workshop on Information-Centric Networking, Toronto, 2011: 56-61.

[15] SAIL[EB/OL]. https://sail-project.eu/. [2022-05-18].

[16] Garcia G, Beben A, Ramon F J, et al. COMET: Content mediator architecture for content-aware networks[C]. Proceedings of Future Network and Mobile Summit, Warsaw, 2011: 1-8.

[17] The Convergence Project[EB/OL]. http://www.ict-convergence.eu/. [2022-05-18].

[18] Jacobson V, Smetters D K, Thornton J D, et al. Networking named content[C]. Proceedings of International Conference on Emerging Networking Experiments and Technologies, Rome, 2009: 1-12.

[19] Ahmed S H, Kim D, Bouk S H. Content-Centric Networks: An Overview, Applications and Research Challenges[M]. Heidelberg: Springer, 2016.

[20] Zhang L, Afanasyev A, Burke J, et al. Named data networking[J]. ACM SIGCOMM Computer Communication Review, 2014, 44(3): 66-73.

[21] MobilityFirst[EB/OL]. http://mobilityfirst.winlab.rutgers.edu/. [2022-05-18].

[22] GreenICN[EB/OL]. http://www.greenicn.org/. [2022-05-18].

[23] IEEE HotICN 2018[EB/OL]. http://2018.hoticn.com/introduction.html#icn. [2022-05-18].

[24] Sourlas V, Flegkas P, Paschos G S, et al. Storage planning and replica assignment in content-centric publish/subscribe networks[J]. Computer Networks, 2011, 55(18): 4021-4032.

[25] Xylomenos G, Vasilakos X, Tsilopoulos C, et al. Caching and mobility support in a publish-subscribe Internet architecture[J]. IEEE Communications Magazine, 2012, 50(7): 52-58.

[26] Fotiou N, Katsaros K, Polyzos G, et al. Handling mobility in future publish-subscribe information-centric networks[J]. Telecommunication Systems, 2013, 53(3): 299-314.

[27] Hoque A, Amin S O, Alyyan A, et al. NLSR: Named-data link state routing protocol[C]. Proceedings of the 3rd ACM SIGCOMM Workshop on Information-Centric Networking, Hong Kong, 2013: 15-20.

[28] Wang K, Chen J, Zhou H, et al. Modeling denial-of-service against pending interest table in named data networking[J]. International Journal of Communication Systems, 2014, 27(12): 4355-4368.

[29] Garcia-Luna-Aceves J J. Name-based content routing in information centric networks using distance information[C]. Proceedings of the 1st International Conference on Information-Centric Networking, Paris, 2014: 7-16.

[30] Dannewitz C, Kutscher D, Ohlman B, et al. Network of information (NetInf) an information-centric networking architecture[J]. Computer Communications, 2013, 36(7): 721-735.

[31] SAIL Project. D-3.1 (D-B.1) The Network of Information: Architecture and Application [EB/OL]. https://www.yumpu.com/en/document/view/43354819/d-31-d-b1-the-network-of-information-architecture-and-sail. [2022-05-18].

[32] Ambrosio M D, Dannewitz C, Karl H, et al. MDHT: A hierarchical name resolution service for information-centric networks[C]. Proceedings of ACM SIGCOMM Workshop on Information-Centric Networking, Toronto, 2011: 7-12.

[33] Dannewitz C, DAmbrosio M, Vercellone V. Hierarchical DHT based name resolution for information-centric networks[J]. Computer Communications, 2013, 36(7): 736-749.

[34] Malik A M, Ahlgren B, Ohlman B. NetInf live video streaming for events with large crowds[C]. Proceedings of the 2nd ACM Conference on Information-Centric Networking, San Francisco, 2015: 209-210.

[35] Samain J, Carofiglio G, Muscariello L, et al. Dynamic adaptive video streaming: Towards a systematic comparison of icn and TCP/IP[J]. IEEE Transactions on Multimedia, 2017, 19(10): 2166-2181.

[36] Awiphan S, Muto T, Wang Y, et al. Video streaming over content centric networking: Experimental studies on planetlab[C]. Computing, Communications and IT Applications Conference (ComComAp), Hong Kong, 2013: 19-24.

[37] Detti A, Ricci B, Blefari-Melazzi N. Peer-to-peer live adaptive video streaming for information centric cellular networks[C]. Proceedings of the 24th IEEE International Symposium on Personal, Indoor and Mobile Radio Communications, London, 2013: 8-11.

[38] Argyrios G. Tasiopoulos, Ioannis P, et al. TubeStreaming: Modelling collaborative media streaming in urban railway networks[C]. IFIP Networking, Vienna, 2016: 1-9.

[39] Ishizu Y, Kanai K, Katto J, et al. Energy-efficient video streaming over named data networking using interest aggregation and playout buffer control[C]. Proceedings of IEEE International Conference on Data Science and Data Intensive Systems, Sydney, 2015: 318-324.

[40] Detti A, Ricci B, Blefari-Melazzi N. Supporting mobile applications with information centric networking: The case of P2P live adaptive video streaming[C]. Proceedings of the 3rd ACM SIGCOMM Workshop on Information-Centric Networking, Hong Kong, 2013: 12-16.

[41] Seedorf J, Tagami A, Arumaithurai M, et al. The benefit of information centric networking for enabling communications in disaster scenarios[C]. Proceedings of GLOBECOM Workshops, San Diego, 2015: 1-7.

[42] Tagami A, Yagyu T, Sugiyama K, et al. Name-based push/pull message dissemination for disaster message board[C]. Proceedings of the 22nd IEEE International Symposium on Local and Metropolitan Area Networks, Rome, 2016: 1-6.

[43] Psaras I, Saino L, Arumaithurai M, et al. Name-based replication priorities in disaster cases[C]. Proceedings of the 2nd Workshop on Name Oriented Mobility (NOM 2014) in Conjunction with the IEEE INFOCOM, Toronto, 2014: 434-439.

[44] Hayamizu Y, Yagyu T, Yamamoto M. Energy and bandwidth efficient content retrieval for content centric networks in DTN environment[C]. Proceedings of IEEE GLOBECOM Workshop for ICNS (Information Centric Networking Solutions for Real World Applications), San Diego, 2015: 1-6.

[45] Kim S, Urata Y, Koizumi Y, et al. Power-saving NDN-based message delivery based on collaborative communication in disasters[C]. Proceedings of the 21st IEEE International Workshop on Local and Metropolitan Area Networks (LANMAN 2015), Beijing, 2015: 1-6.

[46] Xu J, Ota K, Dong M. Fast Networking for disaster recovery[J]. IEEE Transactions on Emerging Topics in Computing, 2020, 8(3): 845-854.

[47] Arshad S, Azam M A, Rehmani M H, et al. Recent advances in information-centric networking-based Internet of Things (ICN-IoT)[J]. IEEE Internet of Things Journal, 2018, 6(2): 2128-2158.

[48] Pentikousis K, Ohlman B, Corujo D, et al. RFC 7476: Information-centric networking: Baseline scenarios[EB/OL]. https://www.rfc-editor.org/rfc/rfc7476.html. [2022-05-18].

[49] Mathieu B, Westphal C, Truong P. Towards the Usage of CCN for IoT Networks[M]. Cham: Springer, 2016.

[50] Quevedo J, Corujo D, Aguiar R. A case for ICN usage in IoT environments[C]. Proceedings of the Global Communications Conference, Austin, 2014: 1-6.

[51] Shi W, Cao J, Zhang Q, et al. Edge computing: Vision and challenges[J]. IEEE Internet of Things Journal, 2016, 3(5): 637-646.

[52] Mao Y, You C, Zhang J, et al. A survey on mobile edge computing: The communication perspective[J]. IEEE Communications Surveys and Tutorials, 2017, 19(4): 2322-2358.

[53] Anastasiades C, Braun T, Siris V A. Information-Centric Networking in Mobile and Opportunistic Networks[M]. Cham: Springer, 2014.

[54] Ahlgren B, Christian D, Claudio I, et al. A survey of information-centric networking (Draft)[C]. Proceedings of Information-Centric Networking, Dagstuhl Seminar, Schloss Dagstuhl-Leibniz-Zentrum Fuer Informatik, Dagstuhl, 2011: 1-26.

[55] Wang F, Shao X Z, Gao L X, et al. Towards variable length addressing for scalable internet routing[C]. Proceedings of IEEE 35th International Performance Computing and Communications Conference, Las Vegas, 2016: 1-9.

[56] Domain count statistics for TLDs[EB/OL]. https://research.domaintools.com/statistics/tld-counts. [2022-05-18].

[57] Lee J, Shim M, Lim H. Name prefix matching using bloom filter presearching for content centric network[J]. Journal of Network and Computer Applications, 2016, 65: 36-47.

[58] Wei Q, Xu C, Vasilakos A V, et al. TB2F: Tree-bitmap and bloom-filter for a scalable and efficient name lookup in content-centric networking[C]. Proceedings of Networking Conference, Trondheim, 2014: 1-9.

[59] Westphal C, Mathieu B, Amin S O. A bloom filter approach for scalable CCN-based dis-covery of missing physical objects[C]. Proceedings of the 13th IEEE Consumer Communications and Networking Conference, Las Vegas, 2016: 1-6.

[60] Tortelli M, Grieco L A, Boggia G. CCN forwarding engine based on bloom filters[C]. Proceedings of the 7th International Conference on Future Internet Technologies, Seoul, 2012: 13-14.

[61] Perino D, Varvello M. A reality check for content centric networking[C]. Proceedings of the ACM SIGCOMM Workshop on Information-Centric Networking, Toronto, 2011: 44-49.

[62] Kutscher D, Eum S, Pentikousis K, et al. ICN research challenges[EB/OL]. https://hal.inria.fr/hal-00922773. [2022-05-18].

[63] Jeon H, Lee B, Song H. On-path caching in information-centric networking[C]. Proceedings of the 15th International Conference on Advanced Communication Technology, PyeongChang, 2013: 264-267.

[64] Bayhan S, Wang L, Ott J, et al. On content indexing for off-path caching in information-centric networks[C]. Proceedings of ACM Conference on Information-Centric Networking, Kyoto, 2016: 102-111.

[65] Araldo A, Rossi D, Martignon F. Cost-aware caching: Caching more (costly items) for less (isps operational expenditures)[J]. IEEE Transactions on Parallel and Distributed Systems, 2016, 27(5): 1316-1330.

[66] Chu W, Dehghan M, Towsley D, et al. On allocating cache resources to content providers[C]. Proceedings of ACM Conference on Information-Centric Networking, Kyoto, 2016: 154-159.

[67] Rossi D, Rossini G. On sizing CCN content stores by exploiting topological information[C]. Proceedings of IEEE Conference on Computer Communications Workshops, Orlando, 2012: 280-285.

[68] Wang Y, Li Z, Tyson G, et al. Design and evaluation of the optimal cache allocation for content-centric networking[J]. IEEE Transactions on Computers, 2016, 65(1): 95-107.

[69] Thomas Y, Xylomenos G, Tsilopoulos C, et al. Object-oriented packet caching for ICN[C]. Proceedings of ACM Conference on Information-Centric Networking, San Francisco, 2015: 89-97.

[70] Abdullahi I, Arif S, Hassan S. Survey on caching approaches in information centric networking[J]. Journal of Network and Computer Applications, 2015, 56: 48-59.

[71] Chai W K, He D, Psaras I, et al. Cache "less for more" in information-centric networks (extended version) [J]. Computer Communications, 2013, 36(7): 758-770.

[72] Ioannou A, Weber S. A survey of caching policies and forwarding mechanisms in information-centric networking[J]. IEEE Communications Surveys and Tutorials, 2016, 18(4): 2847-2886.

[73] Zhang G, Li Y, Lin T. Caching in information centric networking: A survey[J]. Computer Networks, 2013, 57: 3128-3141.

[74] Zhang Y, Tan X, Li W. PPC: Popularity prediction caching in ICN[J]. IEEE Communications Letters, 2018, 22(1): 5-8.

[75] Cho K, Lee M, Park K, et al. WAVE: Popularity-based and collaborative in-network caching for content-oriented networks[C]. Proceedings of IEEE Conference on Computer Communications Workshops, 2012: 316-321.

[76] Li J, Wu H, Liu B, et al. Popularity-driven coordinated caching in named data networking[C]. Proceedings of Eighth ACM/IEEE Symposium on Architectures for Networking and Communications Systems, Austin, 2012: 15-26.

[77] Wang Y, Lee K, Venkataraman B, et al. Advertising cached contents in the control plane: Necessity and feasibility[C]. Proceedings of IEEE Conference on Computer Communications Workshops, Orlando, 2012: 286-291.

[78] Eum S, Nakauchi K, Murata M, et al. Catt: Potential based routing with content caching for ICN[C]. Proceedings of the ICN Workshop on Information-Centric Networking, Helsinki, 2012: 49-54.

[79] Sourlas V, Gkatzikis L, Flegkas P, et al. Distributed cache management in information-centric networks[J]. IEEE Transactions on Network and Service Management, 2013, 10(3): 286-299.

[80] Sourlas V, Psaras I, Saino L, et al. Efficient hash-routing and domain clustering techniques for information-centric networks[J]. Computer Networks, 2016, 103: 67-83.

[81] Zhang G, Wang X, Gao Q, et al. A hybrid ICN cache coordination scheme based on role division between cache nodes[C]. Proceedings of IEEE Global Communications Conference, San Diego, 2015: 1-6.

[82] Eum S, Nishinaga N. Potential based routing as a secondary best effort routing for information centric networking (ICN) [J]. Computer Networks, 2013, 57(16): 3154-3164.

[83] Saino L, Psaras I, Pavlou G. Hash-routing schemes for information centric networking[C]. Proceedings of the 3rd ACM SIGCOMM Workshop on Information-Centric Networking, Hong Kong, 2013: 27-32.

[84] Arianfar S, Nikander P, Eggert L, et al. Contug: A receiver driven transport protocol for content-centric networks[C]. Proceedings of IEEE ICNP, Kyoto, 2010: 1-9.

[85] Saino L, Cocora C, Pavlou G. CCTCP: A scalable receiver-driven congestion control protocol for content centric networking[C]. Proceedings of IEEE ICC, Budapest, 2013: 3775-3780.

[86] Carofiglio G, Gallo M, Muscariello L, et al. Multipath congestion control in content-centric networks[C]. Proceedings of IEEE INFOCOM Workshop on Emerging Design Choices in Name-Oriented Networking, Turin, 2013: 363-368.

[87] Braun S, Monti M, Sifalakis M, et al. An empirical study of receiver-based AIMD flow-control strategies for CCN[C]. Proceedings of IEEE ICCCN, Nassau, 2013: 1-8.

[88] Rozhnova N, Fdida S. An effective hop-by-hop interest shaping mechanism for CCN communications[C]. Proceedings of IEEE INFOCOM NOMEN Workshop, Orlando, 2012: 322-327.

[89] Wang Y, Rozhnova N, Narayanan A, et al. An improved hop-by-hop interest shaper for congestion control in named data networking[J]. ACM SIGCOMM Computer Communication Review, 2013, 43 (4): 55-60.

[90] Lei K, Hou C, Li L,et al. A RCP-based congestion control protocol in named data networking[C]. Proceedings of IEEE International Conference on Cyber-Enabled Distributed Computing and Knowledge Discovery (CyberC), Xi' an, 2015: 538-541.

[91] Kato T, Bandai M. A hop-by-hop window-based congestion control method for named data networking[C]. Proceedings of Consumer Communications and NETWORKING Conference, Las Vegas, 2018: 1-7.

[92] Mejri S, Touati H, Malouch N, et al. Hop-by-hop congestion control for named data networks[C]. Proceedings of IEEE/ACS, International Conference on Computer Systems and Applications, Hammamet, 2017: 114-119.

[93] Carofiglio G, Gallo M, Muscariello L. Joint hop-by-hop and receiver-driven interest control protocol for content-centric networks[J]. ACM SIGCOMM Computer Communication Review, 2012, 42 (4): 491-496.

[94] Zhang F, Zhang Y, Reznik A, et al. Providing explicit congestion control and multi-homing support for content-centric networking transport[J]. Computer Communications, 2015, 69 (C): 69-78.

[95] Xie H, Shi G, Wang P. TECC: Towards collaborative in-network caching guided by traffic engineering[C]. Proceedings of IEEE INFOCOM Mini Conference, Orlando, 2012: 2546-2550.

[96] Yi C, Afanasyev A, Moiseenko I, et al. A case for stateful forwarding plane[J]. Computer Communications, 2013, 36 (7): 779-791.

[97] Carofiglio G, Gallo M, Muscariello L, et al. Optimal multipath congestion control and request forwarding in information-centric networks: Protocol design and experimentation[J]. Computer Networks, 2016, 110: 104-117.

[98] Thibaud A, Fasson J, Arnal F, et al. Cooperative congestion control in NDN[C]. Proceeding of IEEE International Conference on Communications, Dublin, 2020: 1-6.

[99] Abraham H B, Crowley P. Controlling strategy retransmissions in named data networking[C]. Proceeding of ACM/IEEE Symposium on Architectures for Networking and Communications Systems, Beijing, 2017: 70-81.

[100] Arianfar S, Sarolahti P, Ott J. Deadline-based resource management for information-centric networks[C]. Proceedings of the 3rd ACM SIGCOMM Workshop on Information-Centric Networking, Hong Kong, 2013: 49-54.

[101] Abu A J, Bensaou B, Wang J M. Interest packets retransmission in lossy CCN networks and its impact on network performance[C]. Proceedings of the 1st ACM Conference on Information-Centric Networking, New York, 2014: 167-176.

[102] Abu A J, Bensaou B, Abdelmoniem A M. A Markov model of CCN pending interest table occupancy with interest timeout and retries[C]. Proceedings of IEEE International Conference on Communications, Kuala Lumpur, 2016: 1-6.

[103] Gareth T, Nishanth S, Ruben C. A survey of mobility in information-centric networks[J]. Communications of the ACM, 2013, 56(12): 90-98.

[104] Jiang X, Bi J, Wang Y. What benefits does NDN have in supporting mobility[C]. Proceedings of IEEE Symposium on Computers and Communications, Funchal, 2014: 1-6.

[105] Tyson G, Sastry N, Rimac I, et al. A survey of mobility in information-centric networks: Challenges and research directions[C]. Proceedings of ACM Workshop on Emerging Name-Oriented Mobile Networking Design, Hilton Head, 2012: 1-6.

[106] Kim D, Kim J, Kim Y, et al. Mobility support in content centric networks[C]. Proceedings of ACM Special Interest Group on Data Communication, Helsinki, 2012: 13-18.

[107] Liu L, Ye Z, Ito A. CAMS: Coordinator assisted mobility support for seamless and bandwidth-efficient handover in ICN[C]. Proceedings of IEEE GLOBECOM Workshops, San Diego, 2015: 1-7.

[108] Tourani R, Misra S, Mick T, et al. Security, privacy, and access control in information-centric networking: A survey[J]. IEEE Communications Surveys and Tutorials, 2018, 20(1): 566-600.

[109] Abdallah E G, Hassanein H S, Zulkernine M. A survey of security attacks in information-centric networking[J]. IEEE Communications Surveys and Tutorials, 2015, 17(3): 1441-1454.

[110] Ngai E, Ohlman B, Tsudik G, et al. Can we make a cake and eat it too? A discussion of ICN security and privacy[J]. ACM SIGCOMM Computer Communication Review, 2017, 47(1): 49-54.

第6章　移动社交网络

信息和通信技术的爆炸式变革使具有相似兴趣和背景的人们能够通过在线社交网络(online social network，OSN)实现连接和互动，如 Facebook、Twitter 等。如今，随着移动设备的日益普及，社交网络服务正通过移动设备进入人们的生活，这为移动社交网络(mobile social network，MSN)的出现提供了铺垫。MSN 允许用户交换和共享信息以及构建社区。鉴于其特有的基于人类社交关系进行信息传输的方式，MSN 作为未来互联网中一种重要的体系结构获得了诸多研究者的关注。

6.1　MSN 概 述

MSN 是一种涉及移动通信网络和社交网络的移动通信系统。这两种网络技术相辅相成，共同构成了 MSN。具体而言，移动应用程序可以使用社交网络创建本地社区从而促进服务的发现与协作，而社交网络可以利用移动功能实现无处不在的可达服务访问。利用社交网络分析(social networks analysis，SNA)方法挖掘移动设备的相互依赖性，从而能够为移动用户提供更好的服务质量。此外，MSN 可以在任何现有集中式移动网络和分布式移动网络上建立，因此它具有很强的嫁接性。也就是说，它能够在保留现有网络的基础上实现便捷且有效的部署，这也是它成为社交网络中热门研究领域的重要原因。

传统的 MSN 是由移动用户构成的无线网络，他们通过 OSN 服务(如微博)实现信息共享。然而，随着蓝牙(bluetooth)等短距离通信技术的发展，MSN 用户能够在移动设备相遇时进行消息转发从而实现数据共享。此时，MSN 被定义为一种由具有社交属性的移动节点组成的 DTN。与 OSN 不同，MSN 关注用户的移动性，通过挖掘移动用户的社交关系预测其运动轨迹进而判断他们是否有可能相遇。当两个用户相遇时，即移动设备处于彼此的通信范围内时，节点以机会式的通信技术和逐跳转发的方法实现信息交付[1]。

6.1.1　MSN 典型结构

在 MSN 中，根据网络中是否存在基础设施(如基站)将其划分为集中式结构、分布式结构和混合式结构[2]，下面对这三种结构进行详细阐述。

1. 集中式结构

在这种结构中，移动设备需要通过接入网络与基础设施相连、并依赖互联网实现通信。由此可见，这种结构本质上是 OSN。由于对基础设施的依赖，集中式网络结构的建立成本往往较高。在集中式结构中，移动用户经常使用的接入网络包括蜂窝网、Wi-Fi 热点等。这些接入网络有各自的优点。具体而言，对于蜂窝网，只要移动设备在基础设施的覆盖范围内，蜂窝网就能够给移动用户提供无缝的网络接入。而对于 Wi-Fi 热点，虽然它的覆盖范围相对较小，但是它能提供较高的数据传输率。集中式 MSN 结构如图 6.1 所示。由图可见，所有网络成员的信息被保存在内容提供者的服务器上，用户必须通过集中式服务器完成消息浏览和发布，并使用所配置的无线架构接入到远端服务器。集中式结构是现有网络部署中最为普遍的结构，我们日常所使用的 Facebook 和新浪微博等均为这种结构。与集中式 MSN 结构相关的研究主要包括内容发布、数据交换、数据共享和分发服务等。

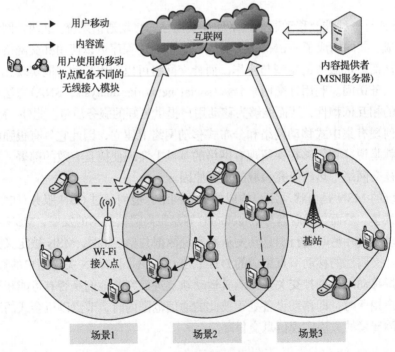

图 6.1　集中式 MSN 结构

2. 分布式结构

在分布式结构中，不需要复杂的基础设施。换句话说，互联网对于所有的移动用户是不可用的。分布式结构由于不依赖基础设施，建立成本相对较低，从而能够在沙漠等极端环境中发挥重要作用。移动用户通过短距离无线通信技术彼此相连，并依赖于 Ad Hoc 或者时延容忍网络 (delay tolerant networks, DTN) 等网络结构实现它们之间的数据传输。具体地，得益于 Ad Hoc 技术，移动节点能够通过自组织方式构建网络，而不是通过基础设施与服务器连接。而在 DTN 中，由于节点间的相遇是随机的，无法保证端到端的连接，因此节点以一种"存储—携带—转发"的通信方式将消息"逐跳转发"地交付给目的节点，从而实现消息交付。然而，这种交付模式会导致 DTN 中的消息交付延迟相对于骨干网络较高。

分布式 MSN 结构如图 6.2 所示，它并不需要集中服务器的支持，移动用户仅通过与其他人建立直接连接进行通信。因此，网络设备自身需要具有存储数据的功能。在分布式网络结构中，也可以有基础网络的存在。例如，通过蜂窝网络和 Wi-Fi 接入点，两个节点可以实现相互连接。然而，由于现在的移动终端都配有多个无线接口的蓝牙和 Wi-Fi，它们可以在无基础网络支持的环境下通过自组织技术建立彼此间的通信连接。与分布式 MSN 结构相关的研究主要包括设计推荐、移动中间件等。

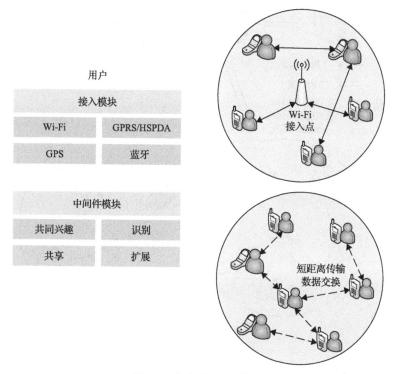

图 6.2　分布式 MSN 结构

GPRS/HSPDA：general packet radio servicel/high speed downlink packet access，通用分组无线服务/高速下行分组接

入；GPS：global positioning system，全球定位系统

3. 混合式结构

混合式 MSN 结构是集中式 MSN 结构和分布式 MSN 结构的结合。如果移动节点能够与基础设施实现连接，则其通过互联网实现网络通信；而如果其无法与基础设施实现连接，则其将通过短距离通信技术以自组织的方式实现与其他节点的通信。因此，这种结构的建立成本弹性很大，能够根据成本预算决定基础设施的投放数量。基于混合式结构，MSN 用户能够得到优化的通信服务。举例而言，基于集中式结构，终端服务器能够获得网络全局信息，从而得到全局视图的用户社交关系(如用户社区结构)。接下来，社交关系通过基础设施下发给每个用户，使用户能够根据此社交关系准确转发消息，提高路由的交付率。此外，由于节点间的分布式转发能够对基础设施的流量进行分流，基于混合式结构能够在一定程度上缓解网络拥塞的情况。混合式 MSN 结构如图 6.3 所示，其兼具集中式结构和分布式结构的特点，既包括由中心服务器提供的信息发布和浏览，也支持用户间的直接信息交互。

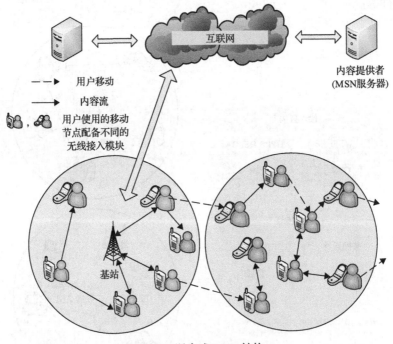

图 6.3　混合式 MSN 结构

6.1.2　MSN 特征

MSN 包含了用户社交属性与移动属性，具有许多区别其他网络的独特性质。

1. 社交关系

用户之间的社交关系是驱动 MSN 发展的最主要因素之一。这主要体现在两个方面：一方面，MSN 的设计目的可为移动用户之间的社交互动；另一方面，MSN 在一定程度上能够反映出用户个体的社交模式和用户之间的社交关系。在 MSN 中，社交关系通常以如下两种形式存在：①微观形式，即相比于其他大多数用户而言，少数用户具有更高的社会地位(如中心性)；②宏观形式，即网络中的部分用户之间相比较于其他用户之间具有更紧密的社交关系，并能够聚簇成为一个社区[2]。

2. 用户移动性

用户的移动使其所携带的移动设备(即节点)具有移动性，这也是 MSN 的一个主要驱动因素。人们各种各样的日常活动(如工作、学习、购物、健身等)导致他们在一天之中频繁地移动于不同的地点。用户的这种移动性使得由他们携带的移动设备所组成的 MSN 拓扑呈现高度动态性。也就是说，当用户看似"无拘无束"地在任何时间出现在任何地点时，他们出入的地理位置和他们之间的社交关系存在着密切的联系，而有效挖掘这种联系对于提高 MSN 应用性能发挥至关重要的作用。

3. 机会式通信

由于现有无线接入网络(如蜂窝网)在实际部署中尚无法有效支持 MSN 路由等通信机制，在这种情况下，节点需要自组织地建立网络，即在处于彼此的传输范围内时交换信息从而实现信息交付。此外，由于 MSN 拓扑呈现动态性，节点之间难以保证持续性的连接，这导致在源节点和目的节点之间传输数据时，路径连通性无法得到有效维持。因此，为了实现源节点到目的节点消息的快速交付，消息传输机制应该充分挖掘人类的移动性特征。例如，可以将消息转发给那些与目的节点相遇概率较高的节点，从而实现消息交付[3]。

4. 区别于 OSN

OSN 通常采用"客户=服务器"体系结构，也就是说，OSN 服务需要通过集中式的服务系统给用户提供服务。用户通过前端接口接收服务，并通过集中式服务系统发送请求和获取服务。同时，用户的个人数据，包括简介(profile)、朋友列表、消息和帖子等都被进行集中式的存储。然而，MSN 却并不局限于客户-服务器结构。得益于移动设备的短距离无线通信能力，节点能够以一种分布式的模式组建 MSN，而不依赖任何服务器，即分布式 MSN 结构。在这种分布式 MSN

中，用户自主管理其个人数据和接入控制策略，并且在其他用户的协助下实现服务响应，而不必依赖互联网。此外，结构的差异性同样使得 MSN 和 OSN 的支持性机制(如路由和安全性等)存在较大差异。

6.1.3　MSN 应用

1. 车载网络

车载网络(vehicular ad hoc network，VANET)是一种允许车辆、行人及基站互联的网络架构。在 VANET 中，涉及移动网络、卫星网络以及传统通信网络等多种网络结构[4]。现有 VANET 解决方案主要是将传统的 TCP/IP 方案应用到 VANET中，实现车辆间通信、车辆与基站通信以及车辆与行人通信[5,6]。得益于社交网络和 VANET 中相关概念的结合，车载社交网络(vehicular social network，VSN)应运而生，它包含了道路上具有相同兴趣偏好或者需求的个体组。图 6.4 呈现了一个可行的 VANET 与 MSN 结合的网络框架。

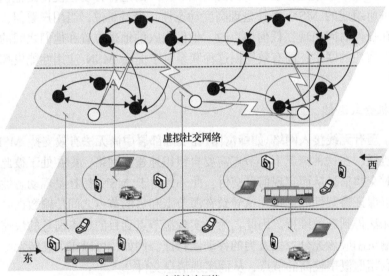

图 6.4　车载社交网络框架

图 6.4 中，VSN 覆盖于社交感知网络(social aware network，SAN)上。空心节点代表车辆，它们基于车辆的移动规律和驾驶者的共同兴趣建立社交联系。实心节点代表移动设备，当它们彼此邻近时能够建立一个社交网络。VSN 为具有以下特征的 VANET：一方面，它包含了传统的车辆对车辆(vehicle-to-vehicle，V2V)和车辆对基础设施(vehicle-to-infrastructure，V2I)的通信结构；另一方面，它包含了人类的属性，如人类的移动性、自私性以及兴趣偏好等[7]。

VSN 通过空间位置和时间局部性的方式实现其社交功能。具体而言，城市道路能够天然地将驾驶员的活动形成规律和可预测的模式。在排除一些特殊情况的前提下，车辆仅限于在道路上行驶，且由于驾驶员必须这样做，VSN 中存在天然的空间位置。此外，通常情况下，驾驶员在道路上行驶的过程中表现出时间局部性。例如，对于大多数上班族来说，他们需要在规定时间到达工作岗位，并且需要在规定时间下班回家。利用这种现象，Smaldone 等[8]开发了 RoadSpeak 系统，该系统允许用户自动加入位于高速公路和道路上的语音聊天群社区，而聊天参与者可以通过一个中央道路语音服务器交换他们的语音消息，并同时充当聊天的协调者。

2. 医疗服务

随着身心健康正在成为人们最关注的一个方面，医疗服务以一种全新的医疗模式出现在大众的视野，帮助用户解决生理和心理上的多种问题。在医疗方面，MSN 可用于交换信息并提供医疗领域所涉及的虚拟门户。现如今，已经有免费的基于网络的社交网络应用程序问世，如 PatientsLikeMe[9]和 CaringBridge[10]，它们通过成员连接以共享治疗和症状的相关信息，进而实现跟踪和学习现实世界的目标。MSN 可以通过在紧急情况下提供便捷访问从而实现此类服务的扩展。mCare 服务[11]是另一种诸如此类的医疗服务，它利用社交网络的基本原理为患者和医生提供高效的服务。患者可以搜索或请求不同医疗小组的帮助，例如，对于患有严重精神疾病和生理疾病的人，医疗服务可以为患者提供持续的支持和指导。此外，文献[12]提出了针对严重精神疾病患者的通用 MSN 架构。当患者对自己所处的位置感到疑惑时，MSN 无论何时都可以定位到他的位置并向其提供帮助。当患者需要帮助时，MSN 可以在距离目标患者一定距离内识别并看护患者，从而保证患者的安全。类似的体系结构在文献[13]中亦得到了实施，即用于帮助患有发育迟缓儿童的家庭。在此 MSN 服务项目中，基于位置的服务 (location based service, LBS) 模块被用以帮助志愿者获得带有发育迟缓儿童家庭所需的位置。基于这一架构，这些信息就可以被分发给最近的志愿者，从而为患者提供帮助。如今，随着手机平台的进步和新兴传感器的问世，基于 MSN 的医疗服务将会继续发展。

3. 可穿戴服务

可穿戴服务是社交应用的一种经典形式。人们能够通过日常穿戴收集和交换与他们的社交互动信息，因此，可穿戴计算可以增加真实世界和虚拟世界的社交互动。可穿戴网络的主要实体为可穿戴在用户身上，并可用于行为建模、健康监测和娱乐开发的移动设备。MSN 可以为可穿戴服务提供社交情境数据并与其进行必要的整合，从而自动地满足用户的服务需求[14]。

　　可穿戴设备通过模仿人类情感，让人们具有真实感。例如，Hug Shirt[15]可以提供虚拟拥抱，即通过给其佩戴者施加压力和热量，使人获得真实的拥抱感。Hug Shirt 是传感器或执行器设备，以与具备蓝牙功能的手机进行交互以发送来自 MSN 服务的拥抱。同样，Patches[16]通过使用触摸和热传感器从表皮赋予身体感觉。Kanis 等[17]提出了一种有趣的可穿戴 MSN 设备，称为 iBand。该设备使用红外收发器进行通信，每个新用户首先输入一些联系人数据和个人信息。然后，两个用户在握手期间能够通过 iBand 实现信息交换。该设备装有红外收发器和运动传感器，只有当用户的手或手腕处于预校准握手方位时才会激活握手的手势。可穿戴服务的发展为 MSN 的应用提供了重要意义，其中的移动设备可以是可穿戴在用户身体上的任何东西，这无疑扩展了 MSN 的应用范围。

　　4. 个性化推荐服务

　　目标推荐系统是 MSN 的新型应用类别。这些系统通过跟踪用户的行为挖掘移动设备中可用的上下文信息，从而为用户提供不同主题的推荐。Quercia 等[18]提出了 FriendSensing 和 SensingHappiness 两个框架，旨在找到社交联系人并对他们进行培养，使用短程无线电技术记录（如蓝牙，将其连接到社交网络作为用户）历史相遇（社交联系）。Jung[19]专注于为移动用户提供个性化内容，他提出了一种基于社交网络个体的交互式方法，从而检测个体之间的社交关系。这项工作的展开建立于这样的假设，即个体的背景与其邻近个体的背景相关。另外，Min 等[20,21]使用贝叶斯网络来推荐候选人，实现了较高的推荐性能。

　　5. 社交服务

　　社交服务是最常见的 MSN 应用类别，它包括基于网络的社交网络平台（如 LinkedIn）和纯粹的社交移动平台（如 Dodgeball[22]）。在这些类型的应用程序中，成员可以共享他们的信息和视图以及个人文件。虽然在某种程度上，所有 MSN 应用程序都可以被视为社交服务，但在这部分仅指那些纯粹提供社交网络服务的应用程序。

　　6. 基于位置的服务

　　LBS 是 MSN 的另一个重要应用领域。LBS 使用 GPS 或蜂窝信号测量移动设备的位置信息。这种基于位置的信息与社交网络相结合可以为 MSN 用户提供各种上下文服务，如查找朋友的位置、获取最近银行自动取款机或餐厅的位置，推荐社交活动等，甚至可以提供基于位置的广告和游戏。在众多 LBS 中，Google Latitude[23]、Loopt[24]、Gypsii[25]、Whrrl[26]、Mobiluck[27]、Foursquare[28]是较为流行的 LBS MSN 服务。这些服务可以帮助用户与其网络中的其他人分享位置信息，并提供关于位置的相关照片(如 Loopt、Google Latitude 和 Mobiluck)和视频(如 Gypsii),以及使用户通过真实世界更新游戏体验(如 Foursquare)和形式体验(如 Whrrl)。除了谷歌(基于网页)之外的所有应用程序几乎都有移动版本,这些版本受到了苹果 iPhone、谷歌 Android、黑莓和诺基亚 Symbian 等手机的移动平台支持。对于这些服务而言,一个重要问题是隐私。用户理应获得适当的安全级别从而向个人或特定组显示或者隐藏他们的位置信息。

6.2　MSN 协议涉及问题及相关对策

6.2.1　社区发现技术

在社会学中,社区是彼此紧密连接的实体构成的簇,这些实体要么具有直接连接,要么能够通过接入实体充当媒介产生连接[29]。社区发现技术能够在 MSN 的许多方面发挥重要作用,如路由机制、信息散发、安全机制等。在路由机制中,通过引入社区结构能够带来如下好处:首先,基于社区结构,MSN 相应提出了用户簇和路由域等概念,节点能够基于社区结构实现自治,同时令簇头节点管理社区成员、更新路由表和缓存流行数据等,从而改善路由的可扩展性。其次,利用社区结构,首先将消息转发给目标社区再交付给目标节点,使消息的阶段性转发目标从单个节点扩展为一组节点,扩大消息转发范围并且缩短交付延迟。此外,由于社区成员之间的社交联系相比于社区之间成员的社交联系更加稳固,对比没有考虑节点社区结构的路由而言,社区感知的路由机制能够呈现更好的路由稳定性。最后,传统的路由通过建立和更新路由表来对抗动态的网络条件,但是这种方法只能使节点局部地捕捉到短暂的节点行为。而通过社区划分方法得到的社区结构能够捕捉节点之间存在的内在社交特征及关系,从而设计高效稳定的路由机制。由 Pan 等[30]提出的 Bubble Rap 机制作为最早引入基于社区结构的 MSN 路由机制,通过使用真实人类移动轨迹挖掘出的节点中心度以及社区结构,选择具有较高中心度的目标节点的社区成员作为中继节点。试验证明,基于社区结构的路由机制相对于没有考虑社区结构的路由机制能够呈现更高的性能。

在 MSN 中,社区发现指的是不断发现移动用户存在的相同社会相似性或兴趣的过程。演化的网络通常定义为静态网络序列,每个静态网络都表示不同时间戳下的网络状态。随着时间的推移,移动节点的位置、社会关系、兴趣、移动模式等社会特征发生动态变化,这使得社区检测成为 MSN 中具有挑战性的问题之一。社区检测有两种方法,即集中式社区检测和分布式社区检测。在集中式社区检测方法中,需要对整个网络及其关系有充分的了解,而在分布式社区检测方法中,每个节点只需要能够检测它所属的社区即可。检测到的社区也分为两种,即重叠社区和非重叠社区。

1. 基于层次聚类原理的社区检测技术

层次结构存在于许多复杂网络中。层次结构即一些节点组成的小社区，而小社区又可以组成一个更大的社区，依次下来，网络中就呈现出由小社区到大社区的结构。层次聚类原理分为两类：基于聚合的和基于分离的。无论是哪种算法思想，层次聚类都需要先定义一个相似度。在基于聚合的思想中，当两个节点（社区）间的相似度达到某个阈值时，将它们进行合并；在基于分离的思想中，通过移除网络中相似度比较低的节点之间的边来完成聚类。通过合并和移除，最终得到网络的社区结构。在基于层次聚类的原理中，最著名的就是 Girvan 和 Newman 在 2002 年提出的社区检测方法——GN（Girvan-Newman）算法[31]。

GN 算法认为，在一个网络中，社区内的边介数与社区间的边介数存在明显的数值差异，前者数量明显小于后者。因此，基于层次聚类的分离原理，也就是通过不断地比较网络中的边介数，通过移除其中边介数最高的边获得网络的层次结构，大致流程如下所示。

(1)将网络用图的形式表示，通过边介数的公式计算每条边的介数值；

(2)通过比较边的介数值，移除具有最高介数值的边；

(3)更新网络中各边的介数值。

通过循环以上步骤，GN 算法就可以自顶而下地建立层次。在面向大型网络时，该算法的运行时间消耗较高，因此只能处理一些规模较小的网络。

2. 基于模块度优化原理的社区检测技术

基于模块度优化原理的社区检测技术的出现得益于2004年Newman提出的模块度 Q，模块度被用来衡量网络结构的优劣性。对于一个待划分的复杂网络，在划分的过程中，将模块度 Q 值作为优化函数。当社区结构改变时，若模块度 Q 值升高则进行划分，反之则放弃这一操作。模块度优化原理中，比较典型的算法有 Newman[32]提出的 FN 算法以及 Blondel 等[33]提出的 BGLL（Blondel-Guillaume-Lambiotte-Lefebvre）算法。

FN 算法属于贪婪算法，其特点是贪婪式地优化网络模块度。模块度越高，社区结构划分的效果越好，反之则越差。该算法的大致流程如下所示。

(1)假设网络中边数为 m，节点数为 n，则认为最开始网络中有 n 个社区，即每个节点最开始都代表一个社区。

(2)将由边连接的两个社区计算合并后得到的模块度收益记为 ΔQ，当 ΔQ 大于 0 时，合并这两个社区，并将这两个社区用一个标号代替。

(3)依次进行以上步骤，最终可以得到网络的层次结构。

该算法的时间复杂度为 $O((m+n)n)$。相对于 GN 算法，FN 算法时间复杂度有了一些改进，它可以处理规模较大的网络。

3. 基于动力学原理的社区检测技术

由于复杂网络特性，节点与节点之间、节点与边之间、节点与网络结构之间并不是一成不变的关系。基于动力学原理的社区检测技术包括基于随机游走理论的启发式求解策略以及相位同步策略。其中，前者为在随机游走的过程中一些社区逐渐显现出来的强势表现，而后者即为网络中每个节点作为相位振荡器在迭代振荡的过程中，根据"位于相同社区的节点的相位将会趋于靠近，而在不同社区的节点相位将会产生明显差异"这一原理，通过网络稳定时节点相位的分布确定网络中的社区。动力学原理中，比较典型的算法有 van Dongen[34]提出的马尔可夫聚类(Markov cluster，MCL)算法和 Cheung 等[35]提出的前向纠错码(forward error correction，FEC)算法。

4. 基于团渗原理的社区检测技术

由于图的结构极其复杂，图中往往存在着许多重叠社区，而团(全连通子图，在这种子图中节点之间两两相连)之间正是通过这些重叠部分的节点紧密相连。因此，如何准确地找出这些团所形成的社区是关键所在。团渗原理中，比较典型的算法有 Palla 等[36]提出的派系过滤算法(clique percolation method，CPM)。在 CPM 中，社区是包含若干个互相连接的"团"的集合。其中，k 团即表示在这个团中有 k 个节点。当两个 k 团共享 $k-1$ 个节点时，则这两个 k 团是连通的。而由所有彼此连通的团构成的集合就是一个 k 团社区。

网络中会存在一些节点同时属于多个 k 团，但是它们所属的这些团可能并不相邻，即它们所属的多个团之间公共的节点数不足 k 个。所以，这几个 k 团不属于同一个 k 团社区。由于这些节点从属于多个不同的社区，则可以此构建社区的重叠结构。在 CPM 中，首先寻找网络中的极大完全子图，然后利用这些完全子图来寻找 k 团的连通子图(即 k 团社区)，不同的值对应不同的社区结构。在找到所有的 k 团之后，即可以建立这些团的重叠矩阵。重叠矩阵为一个对称矩阵，其中，每一行(列)代表了一个团。矩阵中的非对角线元素代表两个连通团中共享节点的数目，对角线元素代表团的规模。将小于 k 的非对角线元素置为 0，小于 k 的对角线元素置为 1。这样，就得到了 k 团连接矩阵，每个连通部分即构成了一个 k 团社区。

除了上面提到的四种典型的社区检测原理外，在社区检测领域还有很多流行的算法，如基于标签传播的算法[37]、基于仿生学的算法[38]、基于链接划分的算法[39]和基于局部扩展的算法[40]。

6.2.2　内容分发

由于在 MSN 中的稀疏连接和有限移动资源,内容分发成为 MSN 中极具挑战性的问题之一。为了实现在 MSN 中高效地分发内容,必须找到合适的转发节点或连接以提高传输效率并减少交付延迟。除此之外,MSN 内容分发还需要考虑一些重要因素,如带宽利用率、节点和内容的移动性、接触持续时间、消息重复度以及用户可用内容的新鲜度等。得益于多样化的体系结构和网络拓扑结构,MSN 节点可以使用机会性连接进行数据传播。换句话说,MSN 的用户可以在不连接网络基础设施的情况下,以时延容忍的方式与其他移动节点实现信息交换,从而获得更新的内容。此外,通过机会性连接,移动节点能够形成合理的社区。在这方面,社区检测在内容分发中扮演着重要的角色。可以使用社交网络分析(如亲密度、联系强度和移动模式)和优化方法(如优化特定效用函数)等在移动节点之间分发内容。下面介绍 MSN 有关内容发布的几种方法。

1. 基于社交模式的内容分发

机会性连接的频繁程度取决于与其他节点的相遇和再次相遇的概率。可以利用移动节点的社交模式来预测用户之间在未来的联系。其中,社交模式可以通过用户的连接模式、联系时间、社交行为和兴趣等来衡量。社交模式不仅影响用户的兴趣,而且影响用户分享内容的意愿(即自私行为)。文献[41]调查了移动用户之间的关系对带宽使用、内容传播和网络扩展的影响。结果表明,如果用户放弃与他们经常见面的人联系,而与他们很少见面的人联系(即保持弱关系),那么移动用户的带宽使用将会显著减少。此外,弱关系有助于保持与不相邻社区的必要联系,从而间接提高内容分发的速度。

由于 MSN 中节点在未来相遇的间歇性和不确定性,大多数消息转发协议都将消息进行拆分或复制,以增加消息成功交付的可能性。例如,在文献[42]中,泛洪概念被用于在社区中传播数据。首先,通过社会中心性度量来识别具有更多社交连接的节点(称为"代理")以进行社区检测。然后,在社区上构建代理网络。最后,在接收到数据时,代理将数据洪泛到社区中。但是,消息的洪泛会使网络中的流量负载过重,从而导致不必要的超载带宽使用,消耗更多的资源和内存。文献[43]提出了一种简单的消息冗余减少算法,该算法利用 MSN 用户移动的可预测性,使用图和生成树的概念减少网络中的消息冗余。通过持有相同消息的转发节点进行交互,仅允许能够最先遇到目标节点的消息持有节点保留该消息,而剩下的转发节点将丢弃该消息,从而确保只有一个消息副本被传递到目标节点。然而,该算法通过图来存储节点和边缘的信息,存储的数据量较高,因此会消耗较多的节点内存。

　　节点的自私行为是内容分发的一个重要问题,这是因为人们往往想减少付出却增加回报。在 MSN 中,自私节点会丢弃除了自己需要的消息以外其他所有收到的消息。针对这一现象,可以通过适当的激励措施来改善节点的自私性,进而高效地传递和转发消息。Mei 等[44]提出的转发协议可以促使自私节点进行内容分发,其核心思想为简单地隐藏某些必要信息,从而能促使自私节点在网络中保持活跃性。

2. 基于移动模式和控制的内容分发

　　移动性是 MSN 的一个重要特点,这是因为 MSN 中的移动设备是由人携带的,这是有别于其他移动网络的最根本差异。因此,通过对相遇事件和再次相遇事件的深入研究,可以预测特定时间段内节点的移动模式,从而有效地将内容分发到目的节点。事实上,如果相遇模式具备一致性和可重复性,节点则会形成一个社交群体或连接。通过记录历史相遇时间和相遇持续时长来预测节点的移动模式,可以缩短交付延迟,并有效地将内容分发给目的节点。另外,需要指出的是,平均相遇时间也是一个重要的因素。这是因为它决定了能够交换内容的尺寸大小。这意味着对于内容传递,相遇时间和相遇持续时长甚至比相遇和再次相遇发生的概率更为重要。

　　此外,通过特定标准控制用户的移动性可以有效地传播信息。例如,文献[45]提出了一种令 MSN 中未连接到基础设施的移动节点指向连接到基础设施的移动节点的方案。由于连接节点通过基站连接到主服务器,而未连接节点可以把连接节点作为中继,从而获得网络连接。用户的位置信息会定期更新到服务器上,因此服务器会向未连接的节点发送指令,以便其在指向的连接节点的信号覆盖范围内移动。此外,研究利用吸引力函数定义未连接节点的移动路径。结果表明,该移动控制方案可以显著提高节点连接网络的比例。

3. 基于优化的内容分发方法

　　目前提出的大多数内容分发方案都基于效用来优化数据传输。这是因为,效用通常与某些社会度量有关,所以可以利用此方法评估所提出算法的有效性。例如,文献[46]提出了用于内容更新的最佳解决方案。其目标是确定最佳的带宽分配方案,尽可能让内容提供商向移动用户分发新的内容,而新内容则通过移动用户的相遇在网络中传播。在这种情况下,过时的内容自动地被替换为更新的内容。文献[47]从内容提供商的角度考虑内容分发的问题,其目标是最大限度地增加拥有新内容的用户数量,通过基于约束马尔可夫决策过程的优化模型获得最优的内容分配策略。内容提供商和网络运营商的目标是不同的。内容提供商倾向于最小化带宽成本,同时最小化延迟;而网络运营商倾向于最大化对内容提供商出售无线接入服务的收入。因此，研究的核心思想是保留新内容，并允许移动用户在网络中更长时间地转发该内容。文献[48]为机会网络提供了一个基于效用的通用框架，它通过感知用户社交行为的上下文信息来找到适当的转发节点。数据转发权衡了内容的效用值与本地计算资源的消耗成本，从而在有限的资源下实现总效用的最大化。

6.2.3　上下文感知数据传输

上下文感知数据可以应用于 MSN 中，从而了解设备的使用情况。然而，获得上下文感知数据却需要多方面的分析（如模式分析、趋势分析和事实分析）。由于 MSN 具有移动性，内容服务提供商很难在特定的时间和地点以有效的方式了解用户的个人状态。这是因为每个用户的活动、兴趣和目标都非常多样化，并且取决于许多未知的参数。因此，MSN 中上下文感知的一个关键是确保 MSN 的服务器端可以随时随地为移动用户提供适当、有用且相关的内容和服务。在日常生活中，上下文感知的 MSN 应用程序有很多，例如，音乐点唱机可以将 Facebook 和 MSN 集成在一起，根据个人的喜好播放歌曲；再如，一款名为 CenceMe 的移动应用程序可以通过使用智能手机传感器提取数据来感知用户的存在和状态，以提供相关用户操作的详细信息。

Beach 等[49]通过结合 MSN 服务和传感数据，提供了一种上下文感知的全新方法。具体而言，通过将传感器网络集成到 MSN 中，以社会融合的形式获取更全面的上下文感知。用户通过其使用的移动设备为社会融合提供必要的位置信息，例如，通过使用加速度仪、麦克风、相机等传感器提供其行为信息，使用微博等 OSN 服务提供其社交行为信息等。通过定义多级架构和不同类别的整合数据从这些原始数据中提取有意义的上下文信息。Rana 等[50]提出了在基于语义网的开放代理框架中使用的上下文感知方法。代理可以获取上下文感知数据，并在此框架中感知不同环境的上下文数据，如基于架构的上下文数据、基于应用的上下文数据，以及个性化和社交上下文数据等。语义网可以解释 MSN 所需的上下文感知数据，从而提高 MSN 的效率、可用性和互操作性。

6.2.4　移动建模

移动性表征了用户的移动，这也是 MSN 中一个主要的关注点。由于人们随身携带移动设备，网络拓扑结构呈现高度动态性。节点的移动模型通过相应的算法与规则描述节点的位置、速度与移动方向等运动信息。MSN 的移动模型应该能够准确捕捉微观和宏观的社会属性，因此，其设计理念基本上围绕如下三点展开：①符合现实的移动模式；②在数学上易于处理；③具有足够的灵活性，从而体现质量和数量上不同的移动性特征。其中，现实的移动模式是指移动模型能够重现与实际移动轨迹类似特征的轨迹。目前，已经有许多性能良好的移动模型被提出，下面将介绍其中几种常用的移动模型。

1. 节点独立同分布理论移动模型

节点独立同分布理论移动模型具有建模简单、使用方便、通用性较好的优点。早期的 MSN 移动模型研究包括随机游走(random walk，RW)移动模型[51]、随机路点(random way point，RWP)移动模型[51]以及随机方向(random direction，RD)移动模型[52]。其中，RW 移动模型是最早的也是最具有代表性的移动模型，它是通过分析布朗运动的不规则随机运动特点提出的。因此，RW 移动模型的节点运动速度和运动方向都是完全随机的。RWP 移动模型随机选取当前区域内的其他节点位置作为当前节点的下一个目的地，随后进行匀速运动，直至移动到目的地。然后，进行一段时间的随机等待，再以同样的方式选择新的目的地前进。RWP 移动模型会导致出现中心区域节点密度过大、非均匀分布等情况。与 RWP 移动模型相比，RD 移动模型解决了局部性节点密集问题，其节点在仿真区域内选择一个方向后，一直运动，直到到达仿真区域的边界。随后，再随机选取一个方向继续运动。虽然这些随机的移动模型简单方便，但是无法体现节点移动模式在时间上的先后相关性。

2. 基于地图的移动模型

基于地图的移动模型[51](map-based movement model)包括随机地图移动模型(random map-based movement model)、最短路径地图移动模型(shortest path map-based movement model)和路由地图移动模型(routed map-based movement model)。基于地图的移动模型与实际场景十分相似，该模型限制了很多节点移动轨迹的道路，部分节点只能在人行道或马路上移动。

3. 基于社区的移动模型

基于社区的移动模型(community-based mobility model，CMM)[53]把人类活动具有社区特性这一特征加入移动模型中，根据节点之间的社会关系强度给出一个动态变化的权重值矩阵,并将该矩阵输入系统,模拟真实的社会网络场景。在 CMM 中，节点被划分成社区安置在地图网格上。节点沿直线移动，每次到达当前目标时就选择下一个目标。这些目标是在非随机选择的网格内随机选择的，而这种非随机选择是通过测量每个网格对节点的社会吸引力来决定的。除了节点之间(如朋友之间)的吸引力之外，现实中的吸引力还包括物理位置。然而，CMM 无法捕捉这种物理位置对用户的吸引力。

目前较好的基于社区的移动模型是由 Fischer 等[54]提出的 GeSoMo 模型。该模型由移动社交关系与节点之间的联系来确定，其中存在三种不同的引力类型，即位置吸引力、节点吸引力和节点排斥力。在时间规律性方面，引入了网络相似性指数度量来研究用户在一段时间之后再次出现在某个位置的趋势。GeSoMo 模型最重要的特征是引入了一致性要求，因此节点之间联系频率构建的连接图可以使用在移动模式的初始社交网络中。

4. 时变移动模型

为了更好地在移动模型中将用户的时间重复性体现出来，使移动模型更加真实和可靠，Hsu 等[55]提出了时变社区（time-variant community，TVC）移动模型。类似于 CMM，TVC 移动模型最大的优点是通过分析人类的生活习惯准确把握人类移动方式具有反复性的特点。通过捕获空间和时间的非均匀依赖关系，生成各种各样的合成轨迹。模型中的每一个节点都遵循相同的规律，即在不同的区域内进行周期性的移动。然而，该模型没有考虑社区或群组的形成机制。

5. 工作日移动模型

工作日（working day，WD）移动模型[56]反映了普通人每天的生活，其中的节点是基于地图进行移动的。基于地理位置的一个全局区域可以分为七个区域，其中四个是主区域，三个是重叠区域，从而增加了移动场景的真实性。该模型同时引入了社区和社会关系以及三个子模型（如家庭活动子模型、办公室活动子模型和聚会活动子模型）。WD 移动模型重点关注节点之间的联系时间和联系时长，因此能够体现出节点的社会特征。此外，该模型还包括三个运输子模型，分别是步行子模型、汽车子模型和公交车子模型。

6. 真实轨迹移动模型

真实轨迹移动模型是通过记录节点实际运动踪迹得到的，能充分反映现实节点的移动特征。目前研究者常用的实际移动模型有麻省理工学院的 Reality Mining 项目[57]、剑桥大学的 Haggle 项目[58]。其中，2004 年，Reality Mining 项目让 100 个用户携带安装特殊软件的 Nokia 6600 电话，用时 9 个月收集关于呼叫记录、位置相近的蓝牙设备标记、基站 ID、电话状态等信息。Hagglex 项目记录了 2005 年在美国迈阿密 IEEE INFOCOM 会议期间，从 2005 年 3 月 7 日到 2005 年 3 月 10 日，50 个参会人踪迹的数据。统计数据包括每个节点的种类、节点相遇的总次数、节点被某个节点遇到的次数、相遇时长合计、上次相遇和本次相遇时间间隔、设备 MAC 地址等信息。真实移动轨迹是针对不同场景测试得到的，虽然能够完美地描述人类的活动规律，然而收集时有一定的限制性，并且数据的收集往往需要消耗大量的人力、物力与时间。

6.2.5　安全与隐私

挖掘 MSN 用户的社会属性以及用户之间的社交关系需要根据历史信息进行分析，如相遇历史、地理位置、朋友列表、历史兴趣请求等，越充分且多元化的历史信息越能够保证分析结果的准确性。然而，用户的历史信息一定程度上会导致其隐私被泄露，甚至被不法分子利用，导致严重的法律问题。因此，对个人信息的保护是十分具有挑战性的课题。可行的方法主要包括两个方面：一个是通过法律途径，即通过第三方法律监管机构进行用户的安全认证和保密协议签署；另一个是通过计算机技术，即利用网络安全中加密的相关技术解决此类问题。

MSN 具有深远的影响力和独特的敏感性，因此隐私保障并非易事。例如，网络中可能存在一些恶意节点会对用户的私有信息进行监视，或者对网络结构进行破坏。此外，用户对于隐私的关注程度可能因人而异。例如，某些用户对敏感信息(如位置、关系和兴趣)可能与其他用户并不相同。那么，在此意义上，广义的隐私政策就很难实施。此外，一些中立的节点会表现出不同的行为，如自私行为、合作行为和恶意行为。然而，现有的研究方法却并不能同时针对多节点的不同行为进行定制。因此，如何保护用户的隐私和安全，如何充分利用有价值的信息、加强数据转发，一直是 MSN 领域的重点研究课题之一。一种可行的解决方案是提供上下文感知隐私保护，即使用真实的移动模型来确定隐私要求的范围和敏感性，并根据用户的上下文动态地适应隐私需求。但是，鉴于可能增长的开销，添加的隐私设置是否会提高特定算法或应用程序的性能尚无法确定。

通过隐私和安全管理能够解决三个主要问题：①为用户的身份和位置提供匿名方案，以防止用户被恶意识别；②为用户的个人信息指定细粒度的访问控制策略，例如，谁可以查看他们的哪些信息；③提供了全面的安全机制来防止如窃听、欺骗、重放和虫洞攻击等问题。安全保护的经典防御方法有访问控制、加密技术、入侵检测等；而隐私保护方法主要包括模糊算法、隐私匹配等。

位置隐私是 MSN 中的主要隐私之一。在传统的 LBS 中，用户能够获取位置相关的服务，而在主观上并不会暴露位置。而在 MSN 中，用户需要自愿分享其位置信息，而分享的位置信息会通过社交网络进行传播，这种差异性给用户隐私保护带来了新的挑战。经典的位置隐私保护方法主要有两类，即基于匿名的方法和基于模糊化的方法。Gruteser 等[59]最早提出了位置匿名的概念，并设计了一种调整位置信息的解析算法，使所得的位置区域满足匿名的需求，从而使攻击者无法对一个区域内的各个用户进行区分。Bettini 等[60]提出了一个评估框架来评估敏感位置信息被暴露的风险。由于用户提交的请求中包含位置信息的历史记录，可以将其看成一个准鉴别器。鉴于属性集可以和外部信息相关联，从而可以减少用户身份的不确定性。Chow 等[61]提出了一个隐私定义框架，在该框架中每个用户通过匿名参数及位置信息的最小可接受范围解析区域，从而定义其隐私偏好。框架包含位置匿名器和隐私感知的查询处理器。其中，前者用于扰乱用户的位置信息实现其隐私保护，后者用于匿名查询串的管理。

此外，基于模糊化的技术是通过降低位置信息的准确性来提供隐私保护。其中，可以利用地标信息代替用户基于坐标的地理位置信息，使用户暴露更少的准确位置信息。但是，如果用户位置信息的准确性太低，则会对服务质量产生严重影响。因此，Duckham 等[62]提出了一个位置模糊化协商框架，通过协商算法来平衡服务质量和位置隐私间的矛盾。由于不同用户对同一位置的隐私敏感程度不同，针对不同用户的隐私偏好应生成不同准确程度的位置信息。可以利用语义感知的模糊化技术[63]，通过对用户不同位置敏感程度的设定，来生成满足用户隐私需求的模糊位置信息。

除此之外，由于在 MSN 中同时存在内部威胁和外部威胁，身份验证和访问控制对于 MSN 的安全和隐私至关重要，这是由攻击者监控和暴露其他参与者的敏感数据造成的。为了解决这些问题，需要关注认证、授权和访问控制机制，包括协作环境中的隐私保护、动态访问授权的灵活性、移动网络的适应性，从而为移动设备提供移动社交服务的匿名性，并最大限度地减少协议和存储开销。事实上，认证、授权和访问控制机制的安全强度和通信或存储效率之间存在权衡关系，需要在设计过程中仔细考虑。

6.3　MSN 中的社交属性和度量

在 MSN 中，节点的移动性会导致网络拓扑变化，因此节点之间难以存在端到端的稳定路径。为了促进信息交换，需要利用 MSN 的固有社会属性来指导节点在消息路由过程中做出合理的选择和判断，实现高效路由。下面将分别介绍五种社会属性和度量，即社交关系、中心性、边缘扩展和聚类系数。

6.3.1　社交关系

个人之间的社交互动通常定义为社交关系，用来表示两个人之间是否存在有意义的互动。推动 MSN 发展的主要因素之一是用户之间潜在的社会关系。一方面，MSN 旨在促进用户之间的社交互动。另一方面，MSN 展示了一些类似于传统社交网络的社交模式和社交结构。

基于社交联系的路由是 MSN 中最根本、最普遍，也是研究最深入的路由研究方法，在 MSN 路由的研究中扮演着至关重要的角色[64]。通常，移动用户之间的社交关系通过他们携带的移动设备(节点)之间的历史相遇分析获得。基于具有较强社交关系的节点更容易相遇的事实，利用收集的信息分析得到节点间的社交关系，进而将消息发送给与目的节点社交关系更紧密的节点实现消息交付。

1. 频率(frequency)

人们彼此互动的次数越多，他们对彼此的友谊情绪就越强烈。可以考虑将联系频率作为两节点平均相遇间隔时间，常常被用作机会路由协议中的度量指标。

2. 亲密度(closeness)

节点的亲密度代表节点之间的社会联系程度和相互信任程度。在 MSN 中，节点之间依靠相遇机会来转发消息。然而，不同的节点对之间的亲密度不同，而具有高亲密度的节点对会经常处于彼此的通信范围之内，因此有更频繁的通信机会。显然，这样的节点更倾向于构成一个社区，它们之间具有直接联系或间接联系。例如，同一个寝室的同学之间由于经常见面、联系频繁，且相处的时间长，那么他们之间会拥有更高的亲密度，且更容易构成一个社区。而在一个社区内，节点之间的相互通信会更简单和快捷。

3. 新近度(recency)

Lin 等[65]引入并描述了两个节点之间最后一次交互的最近时间，称为新近度。这一度量通常与机会路由方案中的关系强度相关。

4. 规律性(regularity)

当人们相互之间不存在任何形式的社交关系时，他们有着许多的相遇可能。然而，只有这些相遇是一致且可重复的(体现规律性)，才说这两个人存在社交关系。这一度量对于 MSN 中的机会路由移动建模和分布式路由都非常重要。

5. 社交同质性(social homogeneity)

兴趣爱好相同或者社会行为相似的用户更容易产生接触和交流，这是社会学的基本原理。由于 MSN 在本质上也覆盖社会学的相关理论，因此，其往往呈现出一些类似于社会学的规律，即个体特征相似的用户有更大的可能成为朋友。他们会经常彼此联系和交流，并且拥有很多共同朋友。所以，社会同质性定义为"社会中个体偏好倾向于相似的程度"。目前，该属性被广泛地运用于 MSN 中，特别是上下文感知路由方案中。在这些方案中，消息被转发给与转发节点具有共同兴趣的邻居。

6.3.2　中心性

在图论[66]中，中心度是顶点在图中所处位置的相对重要性的量化指标[67]。由于图论已经被广泛地用于社交网络研究中，为了对社交网络中的个体进行社交地位的分类，中心度成为其中最常用的概念之一。举例而言，在某公司中最具社交活跃性的成员具有最高的中心度，因为他是那个把所有其他朋友凝聚在一起的人。在 MSN 中，中心度也是最常见的用于路由的度量之一[67]。

由于 MSN 归根到底属于社会网络，其基本特征符合人类对社会网络的认识。在社会网络中，每个人的社会地位不同，扮演的角色也不尽相同。具有重要影响力的人在整个网络中发挥着关键性的作用，对于消息的传播与扩散有积极的推动作用。举例而言，在微博中，大 V 级别用户被很多其他用户关注，因此其具有较高的中心性和较大的影响力，在内容散播过程中能够起到关键作用。在 MSN 中同样存在这样的效应，即如果一个节点处于网络的中心位置，则它与其他节点之间存在更多的关联。那么，如果选择该节点作为中介节点，将会更有利于消息的交付。

在社交网络中，利用中心节点的思想可以运用于不同场合。例如，在带宽分配中，社区中心对 VSN 中的动态带宽分配有着重要的影响；在容忍延迟 MSN 中，中心性能够用于确定路由目标；在基于 Web 的社交网络中，中心节点会保证更高的安全服务等。

目前，衡量中心度的方法有很多。其中，Freeman[68,69]提出了三个中心性度量，即度中心性（degree centrality）、亲近中心性（closeness centrality）及介数中心性（betweenness centrality）。这三种中心性度量也是现在最常用来衡量节点中心性的方法。

1. 度中心性

度中心性又称局部中心性。这是因为，通常节点只需要获取其邻居的信息，而不需要获取全网拓扑信息就可以计算其度中心性。具有较高度中心性的节点通常处于网络的中心位置，且与其他节点能够维持较多数量的连接。一个节点的度为与它相连的边的数量，而度中心性定义为该节点所连接节点的平均度数。令 $C_D(i)$ 代表节点 i 的度中心性，则其计算公式如式 (6.1) 所示：

$$C_D(i) = \sum_{k=1}^{N} \alpha(i,k) \tag{6.1}$$

其中，N 为网络中所有节点数量；当节点 i 和 k（$i \neq k$）之间存在连接时，$\alpha(i,k)$ 等于 1，否则等于 0。度中心性体现了节点的中心地位，度中心性越高，和其他节点之间的连接越强，越适合选作转发节点进行信息的传递。

2. 亲近中心性

亲近中心性定义为一个节点和其他所有节点之间的平均最短距离的倒数。如果一个节点与许多点的距离都很短，则称该点为亲近中心点，也就是节点到其他节点的最短路径之和。令 $C_C(i)$ 代表节点 i 的亲近中心性，则其计算公式如式 (6.2) 所示：

$$C_C(i) = \frac{N-1}{\sum\limits_{k=1}^{N} d(i,k)}$$ (6.2)

其中，$d(i,k)$ 为两个节点之间的最短距离。

3. 介数中心性

介数中心性是 MSN 中最常用的衡量中心性的指标，用来测量一个节点位于图中其他节点的"中间"程度。它定义为网络中经过一个节点的最短路径占所有最短路径的比例。介数中心性可以测量节点在其他节点链路上的"中间"程度，因此能够影响节点之间的信息流动。具有较高介数中心性的节点能够促进网络中节点之间的通信，因此更适合用来转发包。令 $C_B(i)$ 代表节点 i 的介数中心性，则其计算公式如式 (6.3) 所示：

$$C_B(i) = \sum_{j=1}^{N} \sum_{k=1}^{j-1} \frac{g_{jk}(i)}{g_{jk}}$$ (6.3)

其中，g_{jk} 是节点 j 和 k 间的最短路径；$g_{jk}(i)$ 是经过节点 i 的节点 j 和 k 间的最短路径。

6.3.3 边缘扩展

边缘扩展 (edge expansion) 并不是 MSN 中经常使用的度量标准，但是它却能够提供关于信息传播速度的信息，例如，它能够捕获信息在网络中洪泛的速率。边缘扩展是图论的另一个特性。具体而言，对于一个无向图 $G(V,E)$，其中 V 表示移动用户集合，E 为连接它们的边，令 E_A 表示网络中一组用户集合 A 的边缘扩展，则其计算公式如式 (6.4) 所示：

$$E_A = \min_{A \subset V, A \leqslant \frac{n}{2}} \frac{\sum\limits_{i \in A} \sum\limits_{j \in V \backslash A} q_{ij}}{|A|}$$ (6.4)

其中，q_{ij} 为节点 i 和节点 j 边的权重，假设分母为给定用户集合的容量，分子为该用户集合中所有外向连接权重之和。

6.3.4 聚类系数

Watts 等[70]在 1998 年引入了聚类系数 (clustering coefficient) 的概念，目的是确

定一个图是否属于一个小世界网络。在 MSN 中，聚类系数主要用于评价移动网络的分布。网络中某个节点和其他两个节点存在关系，那么很有可能这两个节点间也存在关系，这就是网络的传递特性。令 C_i 代表节点 i 的聚类系数，并假设节点 i 与其 k 个邻居之间存在 n 条边，则可以用式 (6.5) 计算 C_i：

$$C_i = \frac{n}{C_k^2} = \frac{2n}{k(k-1)} \tag{6.5}$$

其中，C_k^2 为从 k 个不同元素中取出 2 个元素的组合数。

6.4　MSN 面临的挑战与展望

尽管现有研究已经解决了一些 MSN 所面临的挑战，但是，仍然存在许多挑战需要被进一步解决，如提高 MSN 的效率和有效性以适应新的应用与服务。本节从 MSN 的体系结构和协议设计角度出发，对若干未解决的技术挑战和可能的研究方向进行概述。

1. 无线接入和服务质量支持的无线资源管理

MSN 中的带宽分配需要被进一步地优化以实现最佳性能，而社会关系对不同无线系统中无线电资源管理的影响尚未得到深入的研究。此外，现有的优化方案忽略了 MSN 应用的服务质量要求。例如，在基于语音的 MSN 中，丢包和延迟必须保持在可接受范围之内。由于缺乏集中控制，无线电资源管理和服务质量支持在分布式 MSN 中极具挑战。

2. 资源节约型协议

MSN 由不同的移动设备构成，并利用社交网络度量以谋求更好的网络性能。但是，这些移动设备在存储器、缓冲器、计算能力和电源方面都受到了限制。这些资源限制决定了在进行 MSN 协议设计应考虑具体的限制条件。由于 MSN 用户需要贡献其移动设备的本地资源，如带宽、计算能力和电能，参与 MSN 将意味着用户可用资源的减少。为了解决该问题，分布式计算中的资源管理技术可以应用于 MSN，例如，对需要其他移动设备提供的资源提前租用[71]。此外，带宽分配对 MSN 中的无线电资源管理也至关重要[72]，在移动设备中有效使用资源（如节能型社区检测）来进行路由和信息共享是十分必要的。然而，在保存资源和保证有效性以及不间断服务之间需要进行合理的权衡。

3. 跨层设计的优化和资源分配

跨层设计的概念基于不同层（即物理层、网络层和应用层）可以交换信息，从而提高整体网络性能[73]这一种体系结构设计理念，它通过分析用户的社交行为，可以改善 MSN 应用程序和服务的机会式通信，并优化不同层次的协议设计。目前，在针对 MSN 的跨层优化研究中已经取得了一些积极效果[74]。此外，通过跨层优化，可以提取网络层中有关数据传播的相关上下文信息，从而丰富已经获得的相关社交行为信息，并改善应用层中的应用服务。例如，可以使用中间件作为桥接器来使上层(即应用层)和下层(即网络层和物理层)在移动设备运行时相互支持，从而形成动态的最佳伙伴关系。此外，与传统的社交网络不同，MSN 不仅以个人为中心，还以移动设备为中心。因此，关于移动设备的信息(即感测数据和移动设备的唯一 ID 等)与其持有者的关系，在通信优化中也是至关重要的。

跨层优化对于 MSN 中的数据传播和资源分配发挥着重要的作用。Ning 等[75]提出了一种自利息驱动(self-interest-driven，SID)激励方案，以激发自私节点之间的合作，从而实现 MSN 中的广告传播。它引入了虚拟检查，以了解广告提供商应支付的信用额度和数量的需求。同时，将节点交互作为双人合作游戏的指定目标，通过纳什议价定理设计解决方案以最大化节点在数据传播中的优势。同样，Niyato 等[76]研究了内容提供商和网络运营商的交互方案，以在 MSN 中进行有效的内容分发。内容提供商的目标是最小化用于向订阅的移动用户分发内容的时间相关成本，以及支付给网络运营商通过基站的无线连接来传送内容的价格成本。该研究通过引入一种新颖的联盟博弈模型来调查内容提供商和网络运营商的决策过程。Chen 等[77]进一步发展了联盟博弈理论框架，以设计基于社交联系的合作策略，从而提高设备到设备的通信效率。该研究开发了一种网络辅助中继选择机制来实现联盟博弈解决方案，并证明该方案能够消除群体偏差和个体理性及真实性的影响。此外，Ashraf 等[78]探索了社交网络在用于具有通信设备的无线小型蜂窝网络中的用户关联优化。

4. 认知无线电技术

认知无线电技术可用于移动通信环境中灵活和有效的无线接入[79]。通过利用 MSN 中的社交关系以及用户的移动模式，可以使用认知无线电技术改善 MSN 中移动用户之间的数据通信。已有研究表明，认知用户之间的协作在降低成本和提高性能方面是有益的[79]。通过使用许可频谱，认知用户之间可以构成 MSN，从而支持用于数据分发的现有技术和未来技术。

5. 移动对等网络

移动对等网络是资源有限节点所构成的自组织系统，其中没有分层结构和集中控制[80,81]。移动对等网络服务包括文件传输和基于 IP 的语音传输(voice over internet protocol，VoIP)通信。通过分析用户的社交行为知识可以帮助理解他们的关系及其相互的依赖性。由于移动设备是由人携带的，了解其移动模式和关系将有助于在对等网络中找到适当的中继节点。由此可见，分布式 MSN 可以覆盖在移动对等网络上，通过移动对等网络实现 MSN 中的上下文感知型数据分发。

6. 数据挖掘

MSN 服务和应用程序可以通过移动设备生成或收集的上下文信息得到优化。通过利用数据挖掘技术向 MSN 提供高质量、有用和实时的上下文信息，可以提高 MSN 应用和服务的质量与效率。在 MSN 中使用数据挖掘技术主要有两种方法：一种是通过互联网，另一种是通过分布式移动设备及其周围环境。

随着云计算的出现，使用互联网上的网络分析软件可以自动从在线社交网站提取社交信息[81]，包括用户身份、兴趣和与他人的关系。云服务器上的计算能力和丰富的资源可以快速处理大量的数据。但是，用户可能具有不同的账户名称，因此可能导致难以将所有信息映射到一个特定的用户。同样，使用非唯一的数据字段映射数据很容易导致数据集的不准确。此外，网站上的大多数数据都能被用于浏览器，这是因为它们隐藏在表单、数据库和交互式界面中[82]。虽然许多 Web 服务器提供的 API 可以轻松访问到隐藏数据，但是它们通常需要某种形式的身份验证才能被许可。因此，在 MSN 中应用数据挖掘技术的挑战为获取数据挖掘的软件凭证以并行处理不同的 OSN 而不会危及用户的安全。

除此之外，还可以在分布式移动设备上进行数据挖掘，而其关注的是用户与其环境和周围人的上下文和交互。数据挖掘软件应该能够访问和分析存储在用户移动设备上的数据，如联系人列表和位置历史等，这是因为其能够反映最近的社交联系人或用户的真实朋友。移动设备上的本地数据还可以与互联网上的 OSN 进行融合，这些数据可以利用爬虫访问得到。类似地，在本地移动设备上运行的软件也可以收集到目标信息，然后将相关信息发布到外部网站。移动设备可以从其周围环境中收集数据，以便通过从部署在车辆等的移动设备中的传感器获取信息来检测社交的交互模式[83, 84]。这些信息可以与从上述社交网站获得的其他信息一起聚合处理，以便生成更全面的信息并进一步优化 MSN 的上下文信息和感知数据的挖掘质量。

7. 动态服务协作和人机交互

即时消息、视频会议和共享演示等服务可以发展成为商业和私人生活的重要工具[85]。由于社交网络已经发展成为广泛使用的交流平台，其能够将人们与内部协作功能进行互连，如内容和服务的共享。现如今，智能手机具有了一系列的传感器配备、强大的处理器和高带宽无线网络功能。预计在不久的将来，有关 MSN 的服务将变得普遍。如上所述，面向服务的体系结构(service oriented architecture,

SOA)可以提供服务交互的统一规范，并使软件服务协作成为可能的通用策略，以灵活的方式支持跨不同 MSN 平台和移动操作系统的服务组合和协作。因此，人类和移动设备之间的相互作用不容忽视，这是因为人类可以在 MSN 中提供智能服务。然而，个人的应用目的和专业性各不相同，并且其移动设备的容量是异构的，因此仍然缺乏可以同时支持在个人之间有效分配计算任务的优化机制[86]。鉴于此，研究人机相互(human computer interaction)理论和相关技术在 MSN 中的应用可能会在这一领域产生奇妙的"化学作用"。

8. 移动物联网

互联网使信息共享呈现爆炸式的增长，它使得信息过载问题迅速升级。到2020 年，互联网用户数量将达到近 50 亿。越来越多的人使用互联网，导致大量的数据上传和下载。随着移动和传感技术的出现，连接到互联网的智能对象的数量也在迅速增长。未来的网络设计应该准备好通过互联网处理众多的智能对象，如传感器、智能手机、无线射频识别(radio frequency identification，RFID)标签、智能电网终端和控制点等，这将导致网络规模的迅速膨胀[87]。因此，通过预测大量数据识别个体的有价值信息并在适当的时间和地点与用户分享极具挑战。

物联网(internet of things，IoT)已经被认为是未来互联网的一个重要组成部分，它延伸到了网络物理世界[88,89]。物联网涉及基于标准通信协议的唯一可寻址的全球网络互连对象。通过部署物联网技术，需要通过深入探索和研究相应技术与商业模式来解决当今的社会挑战，如健康监测、交通拥堵避免、污染监测、安全、工业过程优化等。移动设备的进步使得智能对象的物理交互能够促进移动设备的信息共享和接受服务[88,90]。例如，移动设备只需通过读取 RFID 或近距离通信(near field communication，NFC)技术标签或拍摄视觉标记照片即可收集数据并与智能对象进行交互[91,92]。

除了 RFID 和 NFC 技术标签之外，移动用户还可以通过智能手机的短距离通信(如蓝牙或 Wi-Fi)从其附近的传感器收集感测数据。该概念类似于数据骡子，它允许移动实体从周围的无线传感器收集数据[93]。从静止传感器网络、移动接收器或数据骡子到特别为稀疏环境部署的传感器网络数据收集[94,95]，无处不在的数据共享可以让移动用户获得原来无法直接收集的感知数据。移动用户可以机会式地或通过短距离通信彼此共享收集的传感数据[96,97]。进一步地，依据这些数据就可以创建 MSN 社区。此外，由于基于位置的服务越来越受到大众的欢迎，MSN 可能成为托管和共享大量有价值信息的通用平台。例如，为机会网络探索上下文和社会意识的数据传播。Boldrini 等[98]提出了一种中间件，它可以自动学习用户的上下文和社交信息，以预测用户的未来移动路线。

9. 人工智能 MSN 路由

随着人工智能的发展，智能移动设备的路由模块将具备更高程度的智能水平。这种智能化的路由模块将为 MSN 路由带来新的生命力，因此，将人工智能的方法应用于 MSN 路由将是一个极具潜力的研究。例如，在基于 ICN 的 MSN 路由机制中，虽然通过针对不同属性的计算能够对目标特征实现较为准确的分析，但是所得到的分析信息较为分散，缺乏一定的整合性。因此，可以采用人工智能分析的方法，对多种属性进行多维分析与识别，实现多属性集成的智能化。此外，内容的网内缓存是至关重要的环节，将网络范围内用户所感兴趣的内容恰当地分布在节点之间，能够在根本上提高兴趣满足程度。可以采用类似于大数据分析的方法，如基于神经网络中的深度学习算法，对用户的历史兴趣请求数据进行深层次分析，并对他们未来的兴趣请求进行预测，将内容放置在最优位置。

10. 软件定义 MSN 路由

SDN 能够帮助基于 ICN 的 MSN 路由机制达到更理想的路由性能。具体而言，分布式 MSN 的消息传输模式采用机会式转发，这种网络架构部署容易且不会耗费高昂的经济开销，却会一定程度上影响路由性能；而集中式 MSN 需要部署大量基站等基础设施以连接服务器，需要较高的经济开销，但是能够保证消息交付和延迟以及获取全面的信息输入，如网络的全局视图，因此分析得到的信息更为准确。所以，在部署新的 MSN 时，混合式 MSN 网络结构无疑是最理想的选择。可以利用 SDN 在集中式的网络部分获取信息输入和分析得到最佳的转发路径，即 SDN 流表，然后节点根据该最优转发路径转发消息。

参 考 文 献

[1] Ko H, Lee J, Pack S. An opportunistic push scheme for online social networking services in heterogeneous wireless networks[J]. IEEE Transactions on Network and Service Management, 2017, 14(2): 416-428.

[2] Mao Z, Jiang Y, Min G, et al. Mobile social networks: Design requirements, architecture, and state-of-the-art technology[J]. Computer Communications, 2016, 100: 1-19.

[3] Pelusi L, Passarella A, Conti M. Opportunistic networking: Data forwarding in disconnected mobile ad hoc networks[J]. IEEE Communications Magazine, 2006, 44(11): 134-141.

[4] Sharef B T, Alsaqour R A, Ismail M. Vehicular communication ad hoc routing protocols: A survey[J]. Journal of Network and Computer Applications, 2014, 40(1): 363-396.

[5] Seliem H, Shahidi R, Ahmed M H, et al. Drone-based highway-VANET and DAS service[J]. IEEE Access, 2018, 6: 20125-20137.

[6] Yu X, Ho W H, Magsino E R. The modeling and cross-layer optimization of 802.11p VANET unicast[J]. IEEE Access, 2018, 6: 171-186.

[7] Vegni A M, Loscrí V. A survey on vehicular social networks[J]. IEEE Communications Surveys and Tutorials, 2015, 17(4): 2397-2419.

[8] Smaldone S, Han L, Shankar P, et al. RoadSpeak: Enabling voice chat on roadways using vehicular social networks[C]. Proceedings of the 1st Workshop on Social Network Systems, Glasgow, 2008: 43-48.

[9] PatientsLikeMe[EB/OL]. https://www.ahrq.gov/workingforquality/priorities-in-action/patientslikeme. html. [2022-05-18].

[10] CaringBridge[EB/OL]. http://www.caringbridge.org/. [2022-05-18].

[11] Yu W, Siddiqui A. Towards a wireless mobile social network system design in healthcare[C]. Proceedings of the 3rd International Conference on Multimedia and Ubiquitous Engineering, Qinfdao, 2009: 429-436.

[12] Chang Y J, Liu H H, Wang T Y. Mobile social assistive technology: A case study in supported employment for people with severe mental illness[C]. Proceedings of the 3rd International Conference on Convergence and Hybrid Information Technology, Busan, 2008: 442-447.

[13] Chou L D, Lai N H, Chen Y W, et al. Management of mobile social network services for families with developmental delay children[J]. IEEE Transactions on Information Technology in Biomedicine, 2011, 15(4): 585-593.

[14] Ashok R L, Agrawal D P. Next-generation wearable networks[J]. IEEE Computer, 2003, 36(11): 31-39.

[15] The Hug Shirt Cute Circuit[EB/OL]. https://cutecircuit.com/hugshirt/. [2022-05-18].

[16] He Y, Schiphorst T. Designing a wearable social network[C]. Proceedings of Extended Abstracts on Human Factors in Computing Systems, Boston, 2009: 3353-3358.

[17] Kanis M, Winters N, Agamanolis S, et al. Toward wearable social networking with iBand[C]. Proceedings of Extended Abstracts on Human Factors in Computing Systems, Portland, 2005: 1521-1524.

[18] Quercia D, Ellis J, Capra L. Using mobile phones to nurture social networks[J]. IEEE Pervasive Computing, 2010, 9(3): 12-20.

[19] Jung J J. Contextualized mobile recommendation service based on interactive social network discovered from mobile users[J]. Expert System Application, 2009, 36(9): 11950-11956.

[20] Min J K, Cho S B. Mobile human network management and recommendation by probabilistic social mining[J]. IEEE Transactions on Systems, Man, and Cybernetics, Part B (Cybernetics), 2001, 41(3): 761-771.

[21] Min J K, Jang S H, Cho S B. Mining and visualizing mobile social network based on bayesian probabilistic model[C]. Proceedings of 6th International Conference on Ubiquitous Intelligence and Computing, Berlin, 2009: 111-120.

[22] Ziv N, Mulloth B. An exploration on mobile social networking: Dodgeball as a case in point[C]. Proceedings of the International Conference in Mobile Business, Copenhagen, 2006: 21.

[23] Google Latitude: An in-depth look[EB/OL]. https://www.pcworld.com/article/533389/google_latitude_look.html. [2022-05-18].

[24] 王建. Loopt: 基于位置服务的社交网站[J]. 互联网天地, 2011, (4): 71.

[25] Gypsii[EB/OL]. https://www.jaycaetano.com/portfolio/gypsii/. [2022-05-18].

[26] Pelago 希望将其定位软件用于新款 iPhone[EB/OL]. http://www.techweb.com.cn/news/2008-05-28/333054.shtml. [2022-05-18].

[27] Mobiluck[EB/OL]. http://www.mobiluck.com/en/. [2022-05-18].

[28] Foursquare[EB/OL]. http://foursquare.com/. [2022-05-18].

[29] Newman M E J, Girvan M. Finding and evaluating community structure in networks[J]. Physical Review E Statistical Nonlinear and Soft Matter Physics, 2004, 69(2): 1-16.

[30] Pan H, Crowcroft J, Yoneki E, Bubble Rap: Social-based forwarding in delay-tolerant networks[J]. IEEE Transactions on Mobile Computing, 2011, 10(11): 1576-1589.

[31] Girvan M, Newman M E J. Community structure in social and biological networks[J]. National Academy of Sciences, 2002, 99(12): 7821-7826.

[32] Newman M E J. Fast algorithm for detecting community structure in networks[J]. Physical Review E, 2004, 69(6): 066133.

[33] Blondel V D, Guillaume J L, Lambiotte R. Fast unfolding of communities inlarge networks[J]. Journal of Statistical Mechanics: Theory and Experiment, 2008, 10: 10008.

[34] van Dongen S M. Graph clustering by flow simulation[D]. Utrecht: University of Utrecht, 2000.

[35] Cheung W K, Liu J. Community mining from signed social networks[J]. IEEE Transactions on Knowledge and Data Engineering, 2007, 19(10): 1333-1348.

[36] Palla G, Derényi I, Farkas I. Uncovering the overlapping community structure of complex networks in nature and society[J]. Nature, 2005, 435(7043): 814-818.

[37] Raghavan U N, Albert R, Kumara S. Near linear time algorithm to detect community structures in large-scale networks[J]. Physical Review E, 2007, 76(3): 036106.

[38] Jin D, Yang B, Liu J. Ant colony optimization based on random walk for community detection in complex networks[J]. Journal of Software, 2012, 23(3): 1.

[39] Evans T S, Lambiotte R. Line graphs, link partitions, and overlapping communities[J]. Physical Review E, 2009, 80(1): 016105.

[40] Lancichinetti A, Fortunato S, Kertész J. Detecting the overlapping and hierarchical community structure in complex networks[J]. New Journal of Physics, 2009, 11 (3) : 033015.

[41] Ioannidis S, Chaintreau A. On the strength of weak ties in mobile social networks[C]. Proceedings of the 2nd ACM EuroSys Workshop on Social Network Systems, Nuremberg, 2009: 19-25.

[42] Yoneki E, Hui P, Chan S, et al. A social-aware overlay for publish/subscribe communication in delay tolerant networks[C]. Proceedings of the 10th ACM Symposium on Modeling, Analysis, and Simulation of Wireless and Mobile Systems, Chania Crete Island, 2007: 225-234.

[43] Kawarabayashi K, Nazir F, Prendinger H. Message duplication reduction in dense mobile social networks[C]. Proceedings of the 19th International Conference on Computer Communications and Networks, Zurich, 2010: 1-6.

[44] Mei A, Stefa J. Give2Get: Forwarding in social mobile wireless networks of selfish individuals[C]. Proceedings of IEEE 30th International Conference on Distributed Computing Systems, Genova, 2010: 488-497.

[45] Chelly B, Malouch N. Movement and connectivity algorithms for location-based mobile social networks[C]. Proceedings of IEEE International Conference on Wireless and Mobile Computing, Networking and Communications, Avignon, 2008: 190-195.

[46] Ioannidis S, Chaintreau A, Massoulie L. Optimal and scalable distribution of content updates over a mobile social network[C]. Proceedings of IEEE INFOCOM, Rio de Janeiro, 2009: 1422-1430.

[47] Niyato D, Wang P, Hossain E, et al. Optimal content transmission policy in publish-subscribe mobile social networks[C]. Proceedings of IEEE Global Telecommunications Conference GLOBECOM, Miami, 2010: 1-5.

[48] Boldrini C, Conti M, Passarella A. Context and resource awareness in opportunistic network data dissemination[C]. Proceedings of International Symposium on a World of Wireless, Mobile and Multimedia Networks, Newport Beach, 2008: 1-6.

[49] Beach A, Gartrell M, Xing X, et al. Fusing mobile, sensor, and social data to fully enable context-aware computing[C]. Proceedings of the 11th Workshop on Mobile Computing Systems and Applications, Annapolis Maryland, 2010: 60-65.

[50] Rana J, Kristiansson J, Hallberg J, et al. An architecture for mobile social networking applications[C]. Proceedings of the 1st International Conference on Computational Intelligence, Communication Systems and Networks, Indore, 2009: 241-246.

[51] Keranen A, Ott J, Karkkainen T. The ONE Simulator for DTN protocol evalution[C]. Proceedings of the 2nd International Conference on Simulation Tools and Techniques, Brussels, 2009: 720-730.

[52] Nain P. Properties of random direction models[C]. Proceedings of the 24th Annual Joint Conference of the IEEE Computer and Communications Societies, Miami, 2005: 1897-1907.

[53] Musolesi M, Hailes S, Mascolo C. An ad hoc mobility model founded on social network theory[C]. Proceedings of the 7th ACM International Symposium on Modeling, Analysis and Simulation of Wireless and Mobile Systems, New York, 2004: 20-24.

[54] Fischer D, Herrmann K, Rothermel K. GeSoMo—A general social mobility model for delay tolerant networks[C]. Proceedings of the 7th IEEE International Conference on Mobile Ad Hoc and Sensor Systems, Philadelphia, 2010: 99-108.

[55] Hsu W J, Spyropoulos T, Psounis K, et al. Modeling spatial and temporal dependencies of user mobility in wireless mobile networks[J]. IEEE/ACM Transactions on Networking, 2009, 17(5): 1564-1577.

[56] Ekman F, Keränen A, Karvo J, et al. Working day movement model[C]. Proceedings of the 1st ACM SIGMOBILE Workshop on Mobility Models, New York, 2008: 33-40.

[57] Eagle N, Pentland A. Reality Mining: Sensing complex social systems[J]. Personal and Ubiquitous Computing, 2006, 10: 255-268.

[58] Haggle: Pocket Switched Networks–Social Based Approach[EB/OL]. https://www.cl. cam.ac.uk/~ ey204/pubs/2007_CHANTS_FLIER.pdf. [2022-05-18].

[59] Gruteser M, Grunwald D. Anonymous usage of location based services through spatial and temporal cloaking[C]. Proceedings of the 1st International Conference on Mobile Systems, Applications and Services, New York, 2003: 31-42.

[60] Bettini C, Wang X, Jajodia S. Protecting privacy against location-based personal identification[J]. Secure Data Management, 2005, 3674: 185-199.

[61] Chow C Y, Mokbel M F. Trajectory privacy in location-based services and data publication[J]. ACM SIGKDD Explorations Newsletter, 2011, 13(1): 19-29.

[62] Duckham M, Kulik L. A formal model of obfuscation and negotiation for location privacy[J]. Pervasive Computing, 2005, 3468: 152-170.

[63] Damiani M L. Privacy enhancing techniques for the protection of mobility patterns in LBS: Research issues and trends[C]. Proceedings of European Data Protection: Coming of Age, Dordrecht, 2013: 223-239.

[64] Wang R, Wang X, Fei H, et al. Social identity-aware opportunistic routing in mobile social networks[J]. Transactions on Emerging Telecommunications Technologies, 2018, 29(8): e3297.

[65] Lin N, Dayton P W, Greenwald P. Analyzing the instrumental use of relations in the context of social structure[J]. Sociological Methods and Research, 1978, 7(2): 149-166.

[66] Weat D B. 图论导引(英文版)[M]. 2 版. 北京: 机械工业出版社, 2004: 136-142.

[67] Daly E M, Haahr M. Social network analysis for information flow in disconnected delay-tolerant MANETs[J]. IEEE Transactions on Mobile Computing, 2009, 8(5): 606-621.

[68] Freeman L C. Centrality in social networks: Conceptual clarification[J]. Social Networks, 1979, 1(3): 215-239.

[69] Freeman L C. A set of measures of centrality based on betweenness[J]. Sociometry, 1977, 40(1): 35-41.

[70] Watts D J, Strogatz S H. Collective dynamics of 'small-world' networks[J]. Nature, 1998, 393(6684): 440-442.

[71] Zhao H, Pan M, Liu X, et al. Optimal resource rental planning for elastic applications in cloud market[C]. Proceedings of the 26th IPDPS, Shanghai, 2012: 808-819.

[72] Kayastha N, Niyato D, Wang P, et al. Applications, architectures, and protocol design issues for mobile social networks: A survey[J]. Proceedings of the IEEE, 2011, 99(12): 2130-2158.

[73] Zhang Q, Zhang Y Q. Cross-layer design for QoS support in multihop wireless networks[J]. Proceedings of the IEEE, 2008, 96(1): 64-76.

[74] Katsaros D, Dimokas N, Tassiulas L. Social network analysis concepts in the design of wireless ad hoc network protocols[J]. IEEE Network, 2010, 24(6): 23-29.

[75] Ning T, Yang Z, Wu H, et al. Self-interest-driven incentives for ad dissemination in autonomous mobile social networks[C]. Proceedings of IEEE INFOCOM, Turin, 2013: 2310-2318.

[76] Niyato D, Han Z, Saad W, et al. Controlled coalitional games for cooperative mobile social networks[J]. IEEE Transactions on Vehicular Technology, 2011, 60(4): 1812-1824.

[77] Chen X, Proulx B, Gong X, et al. Social trust and social reciprocity based cooperative D2D communications[C]. Proceedings of the 14th ACM International Symposium on Mobile Ad Hoc Networking and Computing, Bangalore, 2013: 187-196.

[78] Ashraf M I, Bennis M, Saad W, et al. Exploring social networks for optimized user association in wireless small cell networks with device-to-device communications[C]. Proceedings of IEEE WCNC, Istanbul, 2014: 224-229.

[79] Yucek T, Arslan H. A survey of spectrum sensing algorithms for cognitive radio applications[J]. IEEE Communications Surveys and Tutorials, 2009, 11(1): 116-130.

[80] Lua K, Crowcroft J, Pias M, et al. A survey and comparison of peer-to-peer overlay network schemes[J]. IEEE Communications Surveys and Tutorials, 2005, 7(2): 72-93.

[81] Borgatti S P, Mehra A, Brass D J, et al. Network analysis in the social sciences[J]. Science, 2009, 323(5916): 892-895.

[82] Rana J, Kristiansson J, Hallberg J, et al. Challenges for mobile social networking applications, communications infrastructure, systems and applications[J]. Lecture Notes of the Institute for Computer Sciences, 2009, 16(5): 275-285.

[83] Chou L D. Mobile social network services for families with children with developmental disabilities[J]. IEEE Transactions on Information Technology in Biomedicine, 2011, 15(4): 585-593.

[84] Miluzzo E. Sensing meets mobile social networks: The design, implementation and evaluation of the CenceMe application[C]. Proceedings of the 6th ACM Conference on Embedded Network Sensor Systems, Raleigh, 2008: 337-350.

[85] Schuster D, Springer T, Schill A. Service-based development of mobile real-time collaboration applications for Social Networks[C]. The 8th IEEE International Conference on Pervasive Computing and Communications Workshops (PERCOM Workshops), Mannheim, 2010: 232-237.

[86] Hu X, Chu T, Chan H, et al. Vita: A crowd sensing-oriented mobile cyber-physical system[J]. IEEE Transactions on Emerging Topics in Computing, 2013, 1(1): 148-165.

[87] Ghodsi A. Information-centric networking: Seeing the forest for the trees[C]. Proceedings of the 10th ACM HotNets-X, Cambridge, 2011: 1-6.

[88] Atzori L, Iera A, Morabito G. The internet of things: A survey[J]. Computer Networks, 2010, 54(15): 2787-2805.

[89] Giusto D, Iera A, Morabito G, et al. The Internet of Things[M]. New York: Springer-Verlag, 2010.

[90] Broll G. Supporting mobile service usage through physical mobile interaction[C]. The 5th Annual IEEE International Conference on Pervasive Computing and Communications, White Plains, 2007: 262-271.

[91] Want R. An introduction to RFID technology[J]. IEEE Pervasive Computing, 2006, 5(1): 25-33.

[92] Gregor B. Perci: Pervasive service interaction with the internet of things[J]. IEEE Internet Computing, 2009, 13(6): 74-81.

[93] Shah R, Roy S, Jain S, et al. Data mules: Modeling a three-tier architecture for sparse sensor networks[C]. Proceedings of the 1st IEEE International Workshop on Sensor Network Protocols and Applications, Anchorage, 2003: 30-41.

[94] Somasundara A, Kansal A, Jea D, et al. Controllably mobile infrastructure for low energy embedded networks[J]. IEEE Transactions on Mobile Computing, 2006, 5(8): 958-973.

[95] Li Z, Liu Y, Li M, et al. Exploiting ubiquitous data collection for mobile users in wireless sensor networks[J]. IEEE Transactions on Parallel and Distributed Systems, 2013, 24(2): 312-326.

[96] Ngai E C H, Srivastava M B, Liu J. Context-aware sensor data dissemination for mobile users in remote areas[C]. Proceedings of IEEE INFOCOM, Orlando, 2012: 2711-2715.

[97] Tong X, Ngai E. A ubiquitous publish/subscribe platform for wireless sensor networks with mobile mules[C]. IEEE 8th International Conference on Distributed Computing in Sensor Systems, Hangzhou, 2012: 99-108.

[98] Boldrini C, Conti M, Delmastro F, et al. Context-and social-aware middleware for opportunistic networks[J]. Journal of Network and Computer Applications, 2010, 33(5): 525-541.

第7章 时延容忍网络

7.1 DTN 概 述

DTN 即时延容忍网络[1]，它起源于星际通信网络，不需要在目的节点和源节点之间存在完整路径，是依赖节点移动与相遇带来的机会实现网络通信的、时延和链路变化可容忍的挑战性网络。DTN 与传统计算机网络中 TCP/IP 协议的体系结构相比具有一定的差异[2]。TCP/IP 协议运行需要保证端到端之间存在稳定可靠的双向通信链路，并且具有较短的传输时延，同时还要求数据速率双向对称，以及极低的链路丢包率和误码率。但在一些特殊的情况下，网络不能保证达到上述要求，可能会出现链路频繁中断、间歇性的连接、数据传输速率低、时延较高、异构互联、丢包率和误码率高的问题。在这种极端环境下，传统的 TCP/IP 协议不能为网络提供有效的可靠服务，这时就需要部署 DTN。与传统网络相比，DTN 具有以下特点。

(1)间歇性连接。网络节点的能量和可使用的资源是有限的，并且节点是频繁移动的，这将导致各节点之间的连接会频繁地发生中断，导致网络拓扑结构在一定程度上发生改变，使得网络中的各节点长期处于部分连接或者间歇连接的状态。同时，网络中节点的移动具有随机性，导致不能预测各节点之间的连接[2]，因此源节点和目的节点之间也就不存在可以相互通信的端到端路径。

(2)较长的传输时延和较低的数据传输率。消息从源节点发送到目的节点的过程中每一跳的传输时延之和即 DTN 中的传输时延。其中接收消息的时间、消息在缓存中排队的时间、在网络中的传输时间及传播时间共同构成了每一跳的传输时延。消息的传输时间和传播时间因为网络的间歇性连接和节点频繁移动等因素受到每一跳节点的影响，以至于消息在每次传播的时延增加，这会引发节点之间的端对端时延较高。此外，节点缓存不足、链路带宽限制等因素将导致网络中的数据传输率较低。

(3)非对称的链路速率。节点相遇时节点之间上行和下行的带宽在不同的应用场景中是不同的。链路速率也会因节点自身的资源、处理能力及存储能力的不同而有所差异[2]。

(4)资源受限。在 DTN 中，CPU 的处理能力受成本的影响极为有限，同时网络中的节点大部分为移动便携设备，所以节点的缓存空间是有限的。在一些自然灾害的恶劣环境中，节点的能量有限导致节点的寿命也是有限的，消息传输时间可能会超过节点寿命，这将导致较高的丢包率。

(5)传输错误率高。由节点的频繁移动而导致的节点间的链路中断使消息传输时的丢包率增高。源节点不因消息传输时间超过最大生存时间或者因中继节点自身资源不足未能到达目的节点而重新发送消息，这导致了较高的传输错误率[2]。

(6)安全性差。在一些特殊的极端环境中，节点之间的资源竞争激烈，每个节点可用的资源有限，将导致一些节点拒绝服务，因此消息的机密性和完整性得不到保障。除此之外，还存在授权用户侦听其他用户、路由表遭到破坏等安全问题。

由于以上特点，DTN 与传统的多跳无线网络的体系结构有一定的差异。相比传统网络，DTN 的体系结构在应用层与传输层之间加入了束层[2]。通过在传输层上叠加束层，DTN 采取了"存储—携带—转发"的路由模式，也因此引入了一些特定的概念[2]。

(1)束，也称为消息，是 DTN 中的基本数据传输单元，束层在节点之间存储和转发整个束。束层的主要功能包括间歇性连接处理、定时与同步、携带转发、终端标识、可靠性保证、监护传递和拥塞控制。束层保证了网络层次间的透明性，提高了网络的扩展性。

(2)DTN 节点，即 DTN 中具有束层的实体。DTN 节点可以为其他节点转发束层存储的消息，可以是主机、路由器、网关，也可以是它们的组合。其中主机主要用来发送和接收束层的消息，但是却不进行转发，它是消息传输的源节点或者目的节点。在链路不稳定的网络当中，主机束层需要持续时间长的空间来存储，一直持续到排队等待的消息找到可用的出栈链路。而路由器也可以作为主机使用，它能连接不同网络的中继转发节点，同时支持保管传输。

(3)连接，代表着各个节点传输信息的机会，可分为预定连接、随机连接、间歇性连接。在 DTN 中，每个节点都有一定的通信范围，设置一个传输半径，在节点的半径距离内，节点可以检测到其他任何节点，并与它们进行通信。

(4)保管传递，即消息从一个 DTN 节点发送到另一个 DTN 节点并实现可靠传输的过程。保管传递为了降低数据的丢失率，要求束的投递是带有确认机制的可靠传输过程。在束的传输过程中，沿途接收到该束并且继续承担传递任务的节点成为保管员，保管员在必要时会重传束。保管传递的核心设计思想为在不能进行正常数据传输时，束节点在存储器中通过存储消息来保证可靠传输。

7.2　物理层技术

DTN 是一种面向端到端的网络，能够实现异构网络之间的通信，其底层可以容纳多种网络。它的物理层可以是 Wi-Fi 网络、无线传感器网络、蓝牙等多种网络的物理层。由于 DTN 的特性，一般使用的是对基础设施要求相对较低的无线技术。下面简单介绍一下上面提到的三种网络的物理层。

7.2.1　Wi-Fi 网络

Wi-Fi 网络是无线网络技术的一种,在 Wi-Fi 网络中各个电子装置能够通过无线电波进行数据的交换和传输并允许相关设备通过无线方式进入连接网络。Wi-Fi 最初是由电气与电子工程师学会(Institute of Electrical and Electronics Engineers,IEEE)制定的 IEEE 802.11 标准所规定的无线局域网产品。IEEE 802.11 标准是 IEEE 组织下 IEEE 802 家族标准的一员,这一系列的标准由 IEEE 相关组织进行维护。IEEE 802.11 标准本身重点在于规定无线通信的物理层和介质访问控制层。IEEE 802.11 物理层标准定义了无线协议的工作频段、调制编码方式及最高速度的支持。

无线局域网传输技术包括红外技术和无线电射频技术。其中无线电射频技术采用扩频技术,扩频技术又分为跳频扩频技术和直接序列扩频技术。

IEEE 802.11 标准是一个系列的标准,其系列标准信息如表 7.1 所示。

表 7.1　802.11 物理层标准

发布年份	标准	频段/GHz	带宽/MHz	调制技术	高级天线技术	最大数据传输速率
1997	802.11	2.4	20	DSSS,FHSS	—	2Mbit/s
1999	802.11b	2.4	20	DSSS	—	11Mbit/s
1999	802.11a	5	20	OFDM	—	54Mbit/s
2003	802.11g	2.4	20	DSSS,OFDM	—	542Mbit/s
2009	802.11n	2.4, 5	20, 40	OFDM	MIMO, 最多 4 条空间流	600Mbit/s
2013	802.11ac	5	40, 80	OFDM	MIMO, MUMIMO, 最多 8 条空间流	6.93Gbit/s

注:DSSS 表示直接序列扩频技术;FHSS 表示跳频扩频技术;OFDM 表示正交频分复用技术;MIMO 表示多输入多输出技术;MUMIMO 表示多用户多输入多输出技术。

IEEE 802.11 标准覆盖了无线网络的协议和操作,只处理开放式系统互联通信参考模型(open system interconnection reference model,OSI)物理层和数据链路层。IEEE 802.11 标准希望在数据链路层向下兼容物理层,所以不同的 IEEE 802.11 系列标准在上层为了实现兼容性都是相同的,不同之处在于链路层之下的物理层,其物理层具备的功能如下。

(1)解决用户设备中的数字数据表示问题,将通信信道传输的相应信号进行转换和调制。这些信号是在物理线缆中传输的信号。

(2)在物理介质之间建立连接并且在通信结束后关闭连接。

(3)介入资源在客户之间的共享过程,如通信资源的共享。

下面介绍 IEEE 802.11 物理层采用的两种技术。

(1)扩频技术。

扩频技术是带宽和可靠性相互妥协下的折中技术，目的是用更宽的带宽来减少噪声和干扰，保持功率不变扩展宽带使得功率峰值降低。IEEE 802.11 所用的扩频技术有两种，分别是跳频扩频技术和直接序列扩频技术。

跳频扩频技术多用在防止外界干扰或者公用频段上，将频段分成很多的窄频段，之后在传输的时候让传输频段在这些窄频段上"跳跃"。例如，将一个频段分成固定的份数，每隔一定时间按照设定好的跳频图谱进行一次跳动使原来的频段跳跃到新的频段上。IEEE 802.11 支持在 2.4GHz 处使用跳频技术并支持 1Mbit/s 和 2Mbit/s 的传输速率。

直接序列扩频技术的目的也是对抗噪声和外界干扰，是通过特定的码字展宽信号的宽带，然后进行复用以达到自身抗干扰的目的。在发送端用特定的码字对要发送的数据信号进行调制并发送，在接收端用同样的码字对收到的信号进行解调得到正确的信息。基于直接序列扩频技术的调制方法有三种：①在 IEEE 802.11 标准制定下的差分相干二进制相移键控(differentially coherent binary phase shift keying，DBPSK)方法，该方法在提供 1Mbit/s 传输速率的情况下使用；②在提供 2Mbit/s 的传输速率时采用四相相对相移键控(differential quadrature reference phase shift keying，DQPSK)方法，这种方法一次能够处理 2bit 码元；③基于补码键控(complementary code keying，CCK)调制方式的正交相位键控(quadrature phase shift keying，QPSK)方法是 IEEE 802.11b 标准使用的基本数据调制方法，这种方法传输速率分为 1Mbit/s、2Mbit/s、5Mbit/s 和 11Mbit/s。注意 IEEE 802.11 标准制定的直接序列扩频技术也是工作在 2.4GHz 处。

(2)红外技术。

红外技术使用红外二进制技术进行数据通信传输。红外技术有两种传输速率，分别为基本接入速率和加强接入速率，两种传输速率分别是 1Mbit/s 和 2Mbit/s。这两种传输速率使用的调制方案是不一样的。对于前者红外技术使用 16 位的脉冲位置调制，对于后者则只用 4 位脉冲位置调制。在 IEEE 802.11 标准中定义了 Wi-Fi 物理层的最高传输速率。

7.2.2　无线传感器网络

无线传感器网络(wireless sensor network，WSN)是指一组空间上分散且专用的传感器，这些传感器记录环境的物理条件并在中心节点整理收集到的数据集。WSN 类似于无线自组织网络，这些传感器依赖无线链路组成网络，使用无线链路传输传感器将数据发送到中间节点。本节仅介绍 WSN 物理层。

WSN 物理层将通信的传感器等设备连接起来，提供传输媒体为其传输数据，以求达到可靠数据传输的目的。WSN 物理层可采用的传输媒介多种多样，包括无线电波、红外线、光波、超声波等各种传送介质，红外线、光波、超声波因为传输距离短等特点，只适用于特定的 WSN，而无线电波的传输距离远、产生条件简单、穿透性强等特点使得无线电波成为 WSN 广泛使用的传输方式，这种方式没有太多的限制，能够满足 WSN 的绝大多数通信情况。

WSN 大多采用功耗低、距离短的通信方式，ZigBee 协议是目前公认的典型 WSN 的通信手段。传感器网络的链路特性如下所示。

(1)频率分配。在选择频率时要慎重考虑，因为其决定着可用容量和传播特性，如可穿透性。无线电是受到监管的，有些频段需要特别许可，当然也有免许可频段。最典型的是工业、科学、医学(industrial scientific medical，ISM)频段，在一个开放的频段工作时不需要从政府或者其他机构取得许可，所以这些免许可频段成为 WSN 的流行频段[3](表 7.2)。当然还要考虑在公用的 ISM 频段会有干扰问题，需要考虑抗干扰性，另一个需要考虑的问题是天线的辐射功率和总输入功率之比。

表 7.2　部分 ISM 频段

工业频段	地区和作用
13.553～13.567MHz	—
26.975～27.283MHz	—
40.66～40.70MHz	—
433～464MHz	欧洲
920～928MHz	仅限于美国
2.4～2.5GHz	用于局域网和个域网
5.725～5.875GHz	用于局域网
24～24.25	—

(2)调制解调。调制就是将消息置入消息载体便于传输，解调是相反的过程。调制方法分为调幅、调频和调相三种。其中调幅是让载波的幅度随消息的变化而变化；调频是在幅度保持不变的情况下，根据信号大小改变载波的瞬时频率；调相是控制载波信号相位。调制解调的方法有正弦波调幅、正弦波频率调制、正弦波相位调制、脉冲调制等。

WSN 物理层可以分为低速物理层和中高速物理层两种。

(1)典型低速物理层。

①在 WSN 中使用比较多的技术标准是 IEEE 802.15.4 标准。它规定了面向低速无线局域网物理层和链路层的规范标准，主要面向 10～100m 的短距离应用，IEEE 802.15.4 标准规定的频段是免许可频段，包括 2450MHz 和 868/915MHz 两个频段，其物理层标准都基于直接序列扩频技术，但其码片调制方式不同，具体参

数见表 7.3[3]。

表 7.3　IEEE 802.15.4 标准各个频点主要物理层参数

频点/MHz	带宽/MHz	信道数	码片调制方式	传输速率/(kbit/s)	应用地区
868	0.6	1	BPSK(二进制相移键控)	20	欧洲
915	2	10	BPSK(二进制相移键控)	40	美国
2.4	5	16	OQPSK(偏移四相相移键控)	250	全球

②红外线通信技术是无线通信技术的一种，可以进行无线数据传输，红外线传输的特点是距离短，要对准方向且中间不能有障碍物、点对点传输、传输速率难以控制。红外线传输的标准是红外数据组织(infrared data association，IrDA)，这个标准已经比较成熟，其 1.0 版本是一个串行的半双工同步系统标准，速率规定是 2400~115200bit/s，传输半径规定为 1m，其传输的角度是 15°~30°，之后版本的 IrDA 标准将其物理层进行了规格扩展。早期版本 IrDA 的物理层中将通信方式分为串行红外(serial infra-red，SIR)、中红外线(middle infra-red，MIR)、高速红外(fast infra-red，FIR)，其传输速率依次增加。

③超宽带技术(ultra wide band，UWB)是一种无线传输技术，UWB 技术利用纳秒至微秒级的非正弦波窄脉冲传输信息。其脉冲覆盖从直流到吉赫兹的范围，无须进行常规的频率变换，成形后直接通过天线进行发送。天线可以直接发送多个 UWB 技术信号，UWB 可以视为在天线上基带传送的方案，这与常规无线系统不同，它在建筑物内用极低频谱数据速率能达到 100Mbit/s。

(2)中高速物理层。

①Wi-Fi 最开始是建立在 IEEE 802.11b 标准基础上的一种无线局域网技术，之后随着 IEEE 802.11a、IEEE 802.11g 等系列标准的陆续发布，Wi-Fi 已经扩展到整个 IEEE 802.11 标准。具体的协议见表 7.1。

②WiMAX 是一个网络标准，具有无线、高速的特点，主要应用场景是城域网。在 IEEE 802.16 中作为唯一的选择，WiMAX 选择了 802.16-2004 版本的 256 carrier OFDM，能够进行远距离通信。这和 IEEE 802.11 的短距离通信有明显的区别，它可以建立热点、无线接入、企业间的高速连接，概念上和 Wi-Fi 比较类似，但是全球互通微波大大改善了存取性能和传输距离。

7.2.3　蓝牙

蓝牙技术目前已经十分成熟，大部分可以通信的智能设备一般都有能支持蓝牙技术的模块。随着蓝牙技术版本的更新，这种短距离无线通信技术也越来越快，蓝牙技术具有短距低价的特点。蓝牙技术诞生于 1998 年，由爱立信、东芝、IBM、诺基亚和 Intel 公司联合提出。然后这些公司成立了蓝牙兴趣小组，希望能够使蓝牙技术在未来成为无线传输标准技术。1999 年蓝牙技术联盟（Bluetooth Special Interest Group, Bluetooth SIG）公布了蓝牙技术第一版标准，预示着蓝牙技术标准的正式诞生。

　　蓝牙系统由四个功能单元组成，即天线单元、链路控制单元、链路管理单元和软件单元，其简化的结构图如图 7.1 所示。

　　（1）天线单元：天线单元也叫无线射频单元，主要功能是发送和接收数据或者语音。

　　（2）链路控制单元：连接其上层和底层，主要的功能是转化信号，为了使其上层和下层能够通信，链路控制单元进行天线信号和数字信号的相互转化。

　　（3）链路管理单元：用来进行蓝牙设备之间通信的单元，用来建立和配置链路。

　　（4）软件单元：负责高层协议和应用服务的实现等功能。

　　物理层协议有天线单元的射频协议和基带与链路控制单元的基带与链路控制协议。

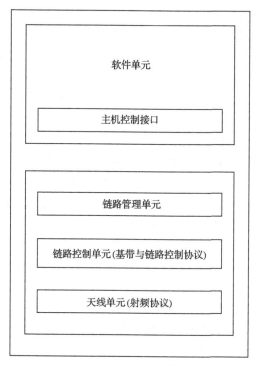

图 7.1　蓝牙系统结构图

　　（1）射频协议。

　　射频位置在图 7.1 中的最下层天线单元位置，蓝牙的工作频段是 ISM 频段，蓝牙的传输速率能达到 1Mbit/s，数据传输的距离能达到 10m。蓝牙用跳频扩谱技术主动避免频段受到干扰，一般是避免家电的干扰。其中各国 ISM 的频段范围略有差别，世界主要国家及地区 ISM 频段范围如表 7.4 所示，我国蓝牙所用的频率为 2400.0～2483.5MHz，一个蓝牙频道宽度是 1MHz。为了减少外来干扰，向上保留 3.5MHz，向下保留 2MHz 的保护，共有跳频点 79 个，所有跳频点中至少有75 个随机码跳动，半分钟内一个频点的使用不能超过 0.4s。

表 7.4　世界主要国家及地区 ISM 频段范围

国家及地区	ISM 频段范围/MHz	射频信道频率/MHz
中国、美国、欧洲	2400.0～2483.5	$F=2402+K$，$K=0,1,\cdots,78$ 随机取值
日本	2471.0～2497.0	$F=2473+K$，$K=0,1,\cdots,22$ 随机取值
法国	2446.5～2483.5	$F=2454+K$，$K=0,1,\cdots,22$ 随机取值
西班牙	2445.0～2475.0	$F=2449+K$，$K=0,1,\cdots,22$ 随机取值

①蓝牙的发射功率：发射功率分为一、二、三级，分别为 100mW(20dBm)、2.5mW(4dBm)、1mW(0dBm)。

②蓝牙的物理信道：有 79 个被伪随机数控制的跳频点，这些跳频点构成了信道，这些不同跳频序列构成了不同信道。其公式为 $F=2402+K$，其中 K 在 0，1，…，78 中随机取值。

③蓝牙的时隙：蓝牙的时隙是 625μs，原因是蓝牙的跳频速率是每秒 1600 次，则时隙为 1s/1600=625μs。

(2) 基带与链路控制协议。

蓝牙基带与链路控制协议是电路和分组交换的结合。基带与链路控制协议在图中第二层(从下向上数)部分，蓝牙发送数据时将从上层得到的数据进行信道编码并向下发送给射频单元发送出去，在接收消息时，将来自射频单元的数据解调并将解调后的数据发送给更上层协议。

①蓝牙的分组编码是小端模式。小端模式是指数据的高字节保存在内存的高地址中，而数据的低字节保存在内存的低地址中，这种存储模式将地址的高低和数据位权有效地结合起来，高地址部分权值高，低地址部分权值低[4]。

②蓝牙的地址结构如图 7.2 所示，其中字段的含义：LAP 表示低地址部分(lower address part)；UAP 表示高地址部分(upper address part)；NAP 表示无效地址部分(non-significant address part)。

制造商分配产品编号	蓝牙SIG分配的制造商编号	
LAP(24bit)	UAP(8bit)	NAP(16bit)

图 7.2　蓝牙地址结构

③蓝牙时钟：每个蓝牙都有一个本地时钟，在蓝牙设备自身内部独立运行，定时跳频就是基于时钟进行的，同时时钟在同步等方面也有重要作用。在同其他设备同步的时候需要加一个偏移量。

④蓝牙物理链路：链路有两种，一种是异步无连接链路，这种链路用来传输实时性要求不高的数据，如文件传输等；另外一种是同步面向连接链路，这种链路实时性高，主要传输时间敏感数据，如实时语音等，蓝牙只支持三条同步面向连接链路，而且这种链路不支持重传机制。

⑤蓝牙基带分组：蓝牙基带分组至少包括三部分，分别是接入码、分组头和有效载荷。其结构如图 7.3 所示。其中的接入码用于同步等功能；分组头部分一般包含通信链路信息，用来纠正错误；而具体信息内容在有效载荷部分，有效载荷分为语言有效载荷和数据有效载荷[5]。

接入码(72bit或68bit)	分组头(54bit)	有效载荷(0~2745bit)

图 7.3　蓝牙基带分组结构

蓝牙发展至今已经有很多标准版本出现，现在市面上的蓝牙技术主要使用的是 4.0 以上版本的蓝牙技术，低版本技术已经逐渐被高版本的标准技术取代。

7.3　媒质接入技术

7.3.1　Wi-Fi 网络

MAC 层的接入协议决定了如吞吐量、时延等一系列网络性能，同时 MAC 协议也影响了系统的频谱利用率、系统容量、小区结构、设备的复杂度和成本等参数。所以现在网络研究的当务之急就是提高无线资源的使用效率以及系统的容量和传输质量，这就需要选择适当的 MAC 层规范，根据网络业务特征有效地配置信道资源。

网络的业务类型随着通信业务在如今社会使用频次增大而变得多种多样。对各种接入方式进行持续的改进、融合才能够不断地优化网络性能，为其提供相应的服务质量保证。

MAC 协议可分以下三类。

1. 固定分配类

固定分配类的 MAC 协议将一起使用的一条公用的信道分为多个互相不影响的子信道，其中每个子信道都会被划分给一个或者数个用户专门使用。频分多址、时分多址、码分多址和空分多址是基本的固定分配多址技术。所以说，信道分割即所说的固定分配信道接入。把以上四种固定分配多址技术结合起来，可以形成一种新的多址技术，即混合多址。

固定分配类的 MAC 协议可以使信道保持较高的信道利用率并提供可靠的服务，属于面向信道的协议。由此可见，这种协议通常应用于通信量比较稳定的网络或者对实时性要求比较高的业务。如果网络中的用户不经常传播信息，那么会造成对所分配信道的浪费。

2. 随机竞争类

随机竞争类的 MAC 协议一般都把广播式信道作为其传输媒体，所有在这条信道上连接的节点都可以向该信道发送广播信息[6]。但是当节点想向信道发送信息时，会对信道的使用权进行竞争，只有得到信道使用权的节点才能够发送消息。所有在这条信道上的节点都能够接收同一信道上其他节点所发送的消息并进行检验，如果发现该消息是发送给自己的则接受，若不需要该消息则将其丢弃。

在一个随机接入协议中，站点竞争接入信道。当只有一个站点尝试发送时，帧会被成功传送。当多个站点尝试发送时，会发生冲突。站点根据冲突分解算法定义的规则有序地解决冲突。

随机竞争类的 MAC 协议适用于偶尔发送消息的节点，发送一些对延迟要求不高的信息，如传输文件等业务。以上所说的固定分配类的 MAC 协议以及随机竞争类的 MAC 协议都只适用于点对点的通信。

3. 按需分配类

按需分配类 MAC 协议也称预约类或无竞争类 MAC 协议，如令牌环、分组预约多址(packet reservation multiple access, PRMA)协议等。这种协议的工作机制是在一个网络中，依次判断各个节点是否有信息需要发送，若需要，则立即发送信息；若不需要，就去询问下一个节点，依次循环。按需分配类 MAC 协议可以详细划分为两种不同的类型，即分布式控制协议和集中式控制协议。在分布式控制协议中，每个节点自发地通过规定好的方案询问发送消息的控制过程。在集中式控制协议中，通常都确定了其控制中心，通过该控制中心实现对网络中每个节点的询问控制。

按需分配类 MAC 协议轮流询问每个节点的机制是一种较为公平的分配方式，这种机制不像随机竞争类 MAC 协议会由竞争导致带宽的浪费并造成较高的时延，在一定程度上大大提高了系统的吞吐量。而且这种协议是按照各个节点的需求进行分配的，所以通常被应用到较低的网络时延并且不能预测通信业务多少的情况下。预约就是在用户在获得信道的控制权后，根据自己的业务需要，预约后续信道。对于广播型的通信方式，通常采用随机竞争和预约相结合的 MAC 协议。

7.3.2　无线传感器网络

WSN 中的 MAC 层主要功能是调度网络中的节点在时间和空间上分配信道的使用权，为网络中的节点分配通信资源（即信道资源），控制和协调网络设备对信道的访问，规定访问的方式，调度网络的无线通信资源。

一般来说，MAC 协议中比较受关注的性能包括接入时延、发送时延、吞吐率、带宽利用率、公平性等。但在 WSN 中，传统的性能指标将不再使用。WSN 由许多计算能力、存储容量和能量受限的节点组成，与传统的有线网络和高功耗无线网络不同，资源受限的网络更加优先考虑的是如何延长网络的寿命[7]。在能量耗尽的情况下，考虑各类性能要求显然是毫无意义的。另外，WSN 中节点失效和新节点的加入等问题，会使网络的拓扑结构经常发生变化，因此 WSN 的 MAC 协议也应该具有良好的应对拓扑变化的能力[7]。因此，一个高效的 MAC 协议需要节约节点能量，有一定的可扩展性，以及实时性良好的网络吞吐量和带宽利用率。

WSN 需要延长网络寿命。节约能耗这一问题在网络的各个协议层都是一个值得考虑的问题，而在 MAC 层尤为重要。WSN 主要是面向应用的，所以针对不同的应用，需要侧重不同的网络性能。因此，在设计 MAC 协议时需要根据其应用的不同而侧重于不同的网络性能。常见的 MAC 协议主要分为以下三种。

（1）基于竞争的 MAC 协议，通过其需求的不同来选择占用不同的信道。网络中的节点持续地侦听无线信道，并在适当的时机争取该信道的使用权。若发现信道繁忙，则进入退避等待时间，若竞争信道成功，则发送相应数据[7]。典型的基于竞争的 MAC 协议有 ALOHA、S-MAC 等。

ALOHA[8]协议是一种最早使用的随机访问协议，这种协议分为时隙型和非时隙型两种。在非时隙型协议中，当节点发送数据时，并不采用任何退避手段和检测手段，直接进行数据的发送。协议规定，在发送节点发送数据后，数据接收节点在接收到数据后需要立即回复给发送节点一个确认帧，以表示数据的成功接收。同时，发送节点等待接收节点的确认帧，如果发送节点接收到确认帧，则认为此次的数据发送是成功的；如果在一定的时间内没有接收到回馈的确认帧，则认为发送失败。在发送失败的情况下，节点选择一段随机的回退时间进行退避，然后重新发送数据。在时隙型 ALOHA 协议中，时间被划分为若干时隙，节点仅能在一个时隙的开始阶段启动数据的发送。同样，如果节点进行随机退避，则下次数据的重发也必须在时隙的开始阶段进行。当两个相邻节点在同一个时隙发送数据时会产生碰撞。

为了降低能量的消耗，S-MAC[9]节点采用周期性侦听/休眠交换的机制工作。当节点处于苏醒状态时，启动射频天线，判断是否有数据需要发送或者接收。在休眠状态下，节点关闭射频天线，以节约能量。通信只有在发送节点和接收节点同时处于苏醒状态才能进行，因此需协调相邻节点的工作休眠周期，以达到工作时段的同步。

(2)基于调度的 MAC 协议，其基本思想是采用调度算法将时隙/信道/正交码字分配给节点，让节点在给定的时隙/信道/正交码字内无冲突地访问信道。典型的协议有 TRAMA、DMAC[7]。

TRAMA[10]协议是一种借助时分多址(time division multiple access，TDMA)算法来提高能效的基于调度的协议，是一种流量自适应访问协议。TRAMA 协议类似于 NAMA 协议，在每一个时隙里，为了避免发生冲突，在节点两跳的范围内选择唯一的发送节点，这种算法是分布式的。TRAMA 协议将时间划分为交替性的随机访问周期和调度访问周期，这些周期的长度视具体的应用情况而定。随机访问周期的主要目的是进行网络的维护，处理新加入的节点、失效节点和其他拓扑变化等问题。

DMAC[11]是为了针对数据收集这一特定功能的网络提出来的。在 WSN 中，如果大部分节点负责数据的采集，并且把数据向一个汇聚节点汇报，那么将形成一个以汇聚节点为树根的属性网络结构，也称数据采集树。DMAC 针对数据采集树型网络的结构特点，采用了特定的措施来减少数据传输的延迟和能量的消耗。

(3)混合式 MAC 协议，通过使用频分多址(frequency division multiple access，FDMA)、码分多址(code division multiple access，CDMA)等方式协调信道的使用，减少网络中的数据冲突，提高网络的带宽。可实现多信道选择的无线芯片和模块中的节点可以在不同的频道上切换、收发数据。工作在不同信道上的节点彼此之间不干扰，利用这一点可提升网络数据的吞吐量，减少通信冲突，从而提升网络的各项性能。目前已经出现多信道 MAC 协议，如 MMSN、TMCP 等。

MMSN[12]协议是第一个被提出的多信道 MAC 协议，提出者认为当前许多MAC 协议中采用的请求发送/清除发送(request to send/clear to send，RTS/CTS)通信机制导致了过多的侦听和控制消息消耗，针对此情况，需要提出一种轻量级的多信道协调机制。MMSN 协议相对于单信道协议，提高了网络的数据吞吐量，但是协议的复杂度较高，节点的收发机在不同的频道之间切换，需要消耗一定的时间和能量。

TMCP[13]协议假设网络中有一个网关，并以网关节点为根节点，把网络划分为许多子树，为每个子树分配一个固定的频道，每个子树之间通信不互相干扰[14]。协议把网络分配成若干个子树，子树内的节点通信采用竞争式，因此协议不需要同步。但 TCMP 协议只适用于多对一的应用场景，所有子节点的数据只上行发送给网关节点。

7.3.3　蓝牙

逻辑链路控制与适配层协议是蓝牙系统中的核心协议,它是基带的高层协议,与链路管理协议并行工作,逻辑链路控制与适配层协议是一种适配协议,为高层传输和应用层协议屏蔽了基带协议,属于数据链路层,在基带协议层之上[7]。

链路管理协议负责蓝牙组件间连接的建立,包括鉴权、加密等安全技术及基带层分组大小的控制和协商[15]。通过连接的发起、交换、核实,进行身份鉴权和加密等安全方面的任务,通过协商确定基带数据分组大小,控制无线单元的电源模式和工作周期,以及蓝牙组件的连接状态。

7.4　路　　由

7.4.1　无基础设施路由技术

1. 基于复制的路由技术

基于复制的路由技术通过网络中的节点相遇将转发消息,在消息扩散的过程中会占用大量的网络资源,虽然提高了消息递交率,但是付出了较大的网络开销。基于复制的路由技术主要有 Epidemic、Spray and Wait、PRoPHET、MRP、RDAD 等[16]。

Epidemic[17]在节点移动性较强且网络资源较为充足的网络环境下使用,消息的转发率会因节点资源受限下降。该路由采用多拷贝洪泛的路由机制,缺乏必要的缓存管理机制,消息长期储存缓存,只要存在通信机会就尽可能多地转发消息。

Spary and Wait[18]相比于 Epidemic 能够有限地避免节点拥塞,这种路由采用的是有限拷贝转发的路由策略,源节点转发报文至下一跳节点时采用洪泛机制,直到遇到目标节点才进行消息的传递,但是这种路由的平均时延仍然较大。

PRoPHET[19]不同于上述两种路由,是一种基于复制的概率路由技术。它通过源节点、中继节点以及目的节点的相遇情况定义消息递交概率值,并按照源节点和中继节点消息递交概率值的大小关系决定是否转发消息。

MRP[20]是移动自组织网络路由技术与随机转发相结合的产物,这种路由在 IP 层上增加了一个 MRP 层用于中继底层无法路由的消息。它根据路由的跳数来选择合适的中继模式,若路由小于一定跳数则进行转发,反之则进行存储。另外还设置了选取生存时间大于零的随机转发机制用于选择转发消息。

相对距离感知的动态数据传输策略(relative distance-aware data delivery scheme, RDAD)[21]利用节点多次收到广播信息强度的加权平均值定义消息的递交概率,提高了消息递交成功率,并且根据动态变化的递交概率设置消息最大复制数目，从而在一定程度上解决节点的能耗问题。

2. 基于效用的路由技术

基于效用的路由技术是一种通过定义各个中继节点路由决策的效用函数，将消息转发给效用函数较高的中继节点的路由算法。该类算法能够有效地控制信息转发次数，并且网络性能因定义效用函数而有一定的提高。基于效用的路由技术主要包括基于节点动力模型的容迟网络路由算法(capability model based routing strategy in delay tolerant networks, CM-RSD)、基于效用转发的自适应机会路由算法(an adaptive opportunistic routing algorithm based on utility, URD)、基于节点价值的算法(value of node, VoN)等。

CM-RSD[22]考虑了节点的能量状态，能够有效提高网络寿命。该技术将节点活跃度和能量剩余率相结合进行消息的限额转发，使得消息向能力更强的节点转发。

URD[23]建立了一个名为节点相遇效用的模型，通过中继节点与目的节点的相遇历史记录预测未来的相遇情况。该算法在理论上达到了不会形成路由环路，增加了各个节点之间遇到的机会，从而使消息的传输效率得到提高，在一定程度上减少了开销。

VoN[24]利用节点在一定时间内遇到的不同种类的节点的数量定义了节点质量，设计路由算法时还以节点价值为优化目标，平衡了转发节点的负载，降低了网络开销[16]。

3. 基于预测的路由技术

基于预测的路由技术通过记录节点历史相遇信息，并根据当前节点的位置和运动方向按照一定的算法来预测与目的节点的相遇情况。基于预测的路由技术有效地减少了消息在网络中的无序扩散，使消息的转发更加具有方向性。

文献[25]利用相遇记录矩阵记录节点相遇的概率，生成转移投递概率和总投递概率值预测节点递交概率，并以此为依据进行消息副本配额的分配。这种算法以较低的网络开销代价换取消息递交率和平均时延指标性能的提升。

在文献[26]中，通过在网络中的车辆上配备 GPS 装置，实时记录车辆的位置、速度等信息，根据当前车辆与目的节点所在位置的向量与车辆行驶方向的夹角预测车辆与目的节点相遇的概率。

文献[27]提出了一种基于马尔可夫过程预测模型的喷射转发算法。根据当前节点的历史运动轨迹，用二阶马尔可夫过程预测目的节点的运动位置，对预测位置的节点进行消息的贪婪转发。该方法使消息的扩散拥有更强的方向性，具有良好的网络性能。

4. 基于编码的路由技术

基于编码的路由技术首先在源节点对消息进行编码后再发送，目的节点接收到消息后对其进行重构以生成源消息。这种路由技术采用对 DTN 链路间歇断开、无线信道误码率高的补偿机制。

基于编码的无线网络加权广播重传机制[28]通过收集到的广播消息和链路状态信息构建分布式加权矩阵，以实现对编码消息的提取。这种算法不仅降低了算法的复杂度，消息的传输效率也得到了一定提升。

基于擦除编码的路由技术[29]可以确保网络状态较差时的消息传输。该算法将原始数据擦除编码后分成更小的消息并分配给多个中继节点，目的节点利用从中继节点接收到的消息重建原始消息。

5. 基于社区的路由技术

基于社区的路由技术通过考虑节点的社区移动特性进行消息转发。节点的社区移动特性体现在：节点运动具有偏好性，去往某一地点的概率可能会更高；节点运动具有差异性，只有某些节点去往某一位置；节点运动具有时空特性，节点在特定的时间很大概率会去某一地点。

在文献[30]中，在社交网络中通过定义节点向心性和相似度寻找网络中的"桥节点"，借此来实现消息的辅助转发。

在文献[31]中，在同一个社区的各个节点都被贴上了相同的标签。在多个节点行驶过程中，如果其相遇，首先检测它们之间的标签是否相同，如果有相同的标签，那么首先把消息传递给它们。这种算法在一定程度上优化了网络开销，大大减少了消息的跨区传输。

文献[32]提出了一种节点相遇间隔感知的社区路由算法。该算法通过节点访问社区的概率值估算出它们之间的相遇间隔时间，在消息转发的过程中，选取与目的节点间隔时间估计值较小的中继节点，这种算法有效地提高了消息的平均时延。

7.4.2 基础设施辅助路由技术

基础设施辅助路由技术通过在网络中部署固定或移动消息转发辅助设备以减少节点的缓存消耗，从而有效地提高节点的生存性。基础设施辅助路由技术根据基础设施的移动性可以分为固定设施辅助路由技术和移动设施辅助路由技术。

1. 固定设施辅助路由技术

固定设施辅助路由技术用于辅助转发的设备是固定的，不需要进行辅助节点路径规划设计[16]，但是与移动设施辅助路由技术相比，其辅助性能较弱。基于固定设施辅助的路由，网络中部署了一些功能类似于消息收集器的特殊固定基站。这种路由的消息转发方法分为两种：一种是既允许各个节点之间的转发，又允许节点到基站之间的转发，这种方法能耗较高，存在较低的时延。另外一种方法是只允许节点到基站之间的通信，这种方法的能耗较低，却拥有较大的时延。固定设施辅助路由技术是代价较高的路由方案，其使用了功率较大、存储能力强的基站。

文献[33]提出了抛掷盒路由技术，该技术引入了一种位置固定的无线中继设备抛掷盒，增加了 DTN 节点间的传输机会和网络容量。该协议不支持抛掷盒间的通信，只能使用节点与抛掷盒以及节点与节点两种通信方式。抛掷盒路由技术的中心思想是通过抛掷盒的位置矢量和路由矢量来求得最大的数据率，进而提高多种移动模型下的吞吐量并降低时延。

2. 移动设施辅助路由技术

移动设施辅助路由技术用于辅助转发的设备是移动的，该算法可以根据具体的辅助需求动态调整辅助节点的路径，但动态规划辅助节点路径的难度较大。在移动设施辅助路由技术中，有一部分按照预定路线移动的移动数据收集器加入到系统。多移动基础设施大大提高了系统的抗变换性，在这种环境下就要顾及基础移动设施的协同。

文献[34]提出的蛇协议是一种强制移动主机子集的路由协议。该协议通常使用较小的网络子集作为支持者，用和蛇的迂回运动相似的方式在整个网络中移动。蛇协议只能实现普通节点与支持者之间互相转发数据，在网络初始化的过程中执行一个领导者选举协议，把选出的领导者作为蛇头引导剩下的支持者运动。

文献[35]对蛇协议进行了一定的增强。在该协议中，在支持者之间通过对方来发送消息，并且支持者利用相互独立的随机游走模式运动。通过对蛇协议的改进优化，奔跑者协议有着更低的传输时延及更高的发送成功率。

7.5　DTN 安 全

7.5.1　DTN 面临的传统安全威胁

DTN 已经应用到星际探索、军事网络、移动自组织网和国际反恐网络等各个领域。DTN 面临着严峻的安全威胁，尤其在空间探索和军事通信这种安全要求极高的领域中难以达到相应的安全要求。在大多数情况下，网络通信链路特别是无线链路是相对开放的，这就给链路传输数据带来了安全隐患，在链路中传输的数据都存在被截获的危险，尤其是敌对国家在截获相应信息之后可能会利用截获的信息对网络进行更深层次的攻击，获取重要的情报并造成更大的破坏。网络中需要安全监督机制，当缺少相应机制时，网络不仅会面临外部的攻击威胁，还会面临来自网络内部合法成员的违规或者自私操作来降低自己的消耗或者得到更多的网络资源,从而导致整个网络资源的利用率下降,这些行为甚至会造成网络的整体瘫痪[36]。

DTN 中的威胁通常以潜伏的形式存在,一旦暴露就可能导致敏感信息泄露、网络瘫痪等重大问题,对个人财产和网络的正常运行造成严重损害。这些威胁中人为攻击居多,可以分为主动攻击和被动攻击两种。

(1) 主动攻击:这一类攻击的主要攻击方式有伪造和篡改信息、拒绝服务攻击、伪造身份攻击、重放攻击等[37],这类攻击的主要特点是会对网络中的信息和网络结构进行修改,在攻击过程中会对网络的运行造成影响。

(2) 被动攻击:这一类攻击主要分为信息内容窃取和数据流分析两种。前一种是在通信信道上窃取并泄露通信双方的数据流,之后通过分析得到的数据破译其内容来得到通信双方的一些相关信息。数据流分析并不对具体传输内容进行监听,而是监听目标发出消息的流量、信源和目的方等相关信息,之后通过统计学的方法得到一些敏感信息,这种攻击通常是在无法得到直接信息内容的情况下发起的。被动攻击的特点是不会修改网络中传输的信息,也不会对网络的正常运行造成影响,较主动攻击更加隐蔽,可以得到部分数据内容而不被发现。

在实际使用过程中,DTN 通常受到的攻击都是两种攻击方式的结合,并不是单一的只进行主动或被动攻击,例如,对手攻击者首先通过监听数据链路获取相关信息,之后分析得到发送的真实内容,再通过内容中的命令等信息控制链路中的节点,将后续内容截获并篡改之后发送篡改的假信息,这样从内部进行的伪装攻击往往会带来更加严重的后果。

7.5.2　卫星通信中 DTN 的安全威胁

与传统网络相比,DTN 存在长延迟、链路中断甚至链路不存在等情况,标准互联网中的很多安全机制都无法发挥作用,甚至其中的一些根本无法工作,如SSL、TLS 等传统网络安全协议就很难在 DTN 中起到作用,这是由 DTN 的特性决定的。DTN 体系必须采用新的机制来保证安全和防范威胁。下面以卫星通信为例进行介绍。

卫星通信也同样面临主动和被动两种安全威胁,卫星广播容易受到被动攻击,这是由其通信特性决定的,其容易发生如流量分析、信息窃听等攻击。主动攻击相对来说实施的难度比较大,当然也是有可能发生的,如欺骗攻击、篡改消息和DoS 攻击等[38]。

7.5.3　DTN 安全要求

DTN 从传统网络发展而来,本身会具有传统网络的一些特性,在安全需求上与传统网络有一定的相关性和共性。另外，DTN 相对于传统网络来说是一种新的网络概念，在传统网络中可以完全适用的一些网络安全特性可能会完全不适用于 DTN 的特性。随着 DTN 研究的深入和 DTN 实际应用不断出现，DTN 下的安全问题日益严峻，DTN 的进一步发展和研究受到安全问题的掣肘。明确 DTN 的安全需求是明确安全关键技术的基础和前提。

DTN 为了实现异构网络的互联互通，采取覆盖层体系结构设计，DTN 中希望通信节点网络底层架构对于其他的通信方来说是透明的，目的是使异构网络能忽略网络的不同进行正常通信，异构网络之间互联互通的基础是覆盖层的 Bundle 协议，这种通信机制使得异构网络各类安全问题无法得到解决。同样地，时延大和频繁中断的信道特征给安全机制实施增加了难度。

从信息安全特征着手，DTN 的安全要求分为下面四个部分。

(1)机密性。机密性是指网络对于敏感机密信息的保护性能，能通过一定的措施有效防止信息的泄露。对于 DTN 来说，机密性的要求十分迫切，如军事系统、深空通信等领域[39]。

(2)完整性。完整性是信息安全的基本要求之一，防止数据在传输过程中被非法篡改或破坏。在 DTN 中，其对数据完整性的要求进一步加强。

(3)认证性。认证性是指数据的可信度，包括确认信息发送方是否合法。DTN 难以维持长时间稳定的连接，无法通过重传等机制确认消息的合法性，因此 DTN 中必须引入身份认证机制。

(4)可靠性。可靠性就是保障合法用户能够正常访问资源并满足需求的特性，这一特性要求 DTN 能够满足合法用户的正常资源访问需求，保证合法用户使用网络资源的权利，同时要能够阻止合法用户非法使用网络资源以及将非法用户排除在网络之外。DTN 对可靠性的需求比传统网络更加迫切，DTN 中的节点资源比普通网络更加宝贵和稀少，如果可靠性不能得到保证则会造成网络资源不能合理利用，并导致网络资源枯竭，最终导致整个网络崩溃。

7.6　DTN　应　用

7.6.1　星际网络通信

星际网络通信，特别是深空通信，是指通过卫星和卫星之间以及卫星和地面设施之间的超远距离通信。这类通信传输链路不稳定，有间歇性、传输时延大的特点。针对这两个特点，DTN 可构建深空通信基础设施，用于与地球和地球之外的宇宙空间中的通信设施(如航天器、卫星等)进行通信，为人类探索宇宙星空提供技术支持[40,41]。已经有一些项目采用 DTN 体系结构和捆绑协议，在深空、行星、月球以及卫星等空间环境中进行了很多的路由试验,例如,2008 年的激光及光电会议(Conference on Lasers and Electro-Optics, CLEO)在太空环境中的路由试验,就包括了用 Bundle 覆盖层的 Saratoga 协议替代国际空间数据系统咨询委员会(Consultative Committee for Space Data Systems, CCSDS)文件传输协议(CCSDS file delivery protocol, CFDP),以更加充分地利用链路的不对称性提高数据传输速率[42-44]。

星际网络通信结构如图 7.4 所示。Akyildiz 等[45]提出的星际网络包括三种子网,分别是行星网络、星际骨干网和星际外延网。

(1)行星网络:由行星外部运行的卫星网络和在行星表面的基础设施网络组成。这种结构可以在任何外层空间行星上实现,提供一颗行星上的卫星和表面元素之间的互联与合作。

(2)星际骨干网:为地球、外太空行星、月球、卫星、中间中继站等之间的通信提供了一个共同的基础设施,包括具有远程功能的元素之间的数据连接。

(3)星际外延网:由成群结队在行星之间进行深空飞行的航天器、传感器节点群和空间站群组成。

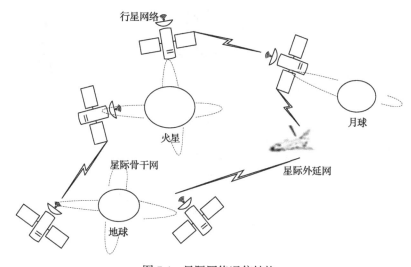

图 7.4　星际网络通信结构

7.6.2　移动车载通信

随着车载设备越来越普及,车辆自组织网络的通信需求也越来越高,对于行进中的车辆通信有了更高的要求。由于车辆在行驶过程中本身的速度较快,行驶速度也不均匀,位置自然也是随时变化,传统的网络无法满足车载网络高速移动、实时性以及覆盖网络不单一的要求[46]。而 DTN 就成为智能交通系统移动车载网络的最佳选择之一。车辆通过支持 DTN 可以收集、发布和连接自身传感器探测道路和对象车辆信息，除此之外车辆还可以通过 DTN 连接不同规格的网络来实现网络信息的传输，做到行驶中上网。同时，如果路边有基础设施也可以得到公共的服务和更加精确的道路服务信息，也可以利用路边设施和车辆接入互联网进行访问。一个简单的移动车载通信系统网络结构如图 7.5 所示[47]。

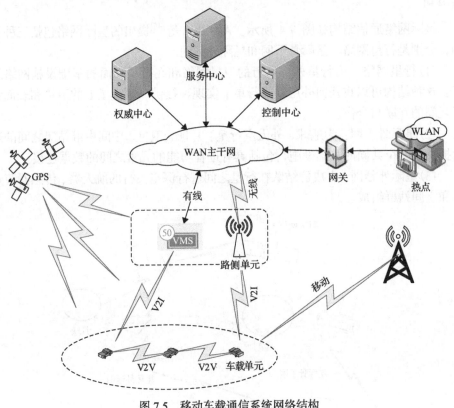

图 7.5　移动车载通信系统网络结构

VMS 表示可变情报板

7.6.3　应急无线通信

一些特定的网络(如应急通信网络、军事战术通信网等)在发生灾害或者被敌方破坏后，网络将不再完整甚至大部分设施都会瘫痪，通过基础设施的通信将难以正常连接。此时可以通过利用剩余的部分无线基础设施来构建 DTN 进行无线短距离甚至是间歇性的网络通信，在灾害或者战争中，这种情况下的网络通信是十分难得和珍贵的。因此，应急无线通信网络和终端设备在日后应该能支持 DTN 通信，在紧急情况下能充当主机或者网络中转的设备。一个简单的应急无线通信系统网络结构如图 7.6 所示。

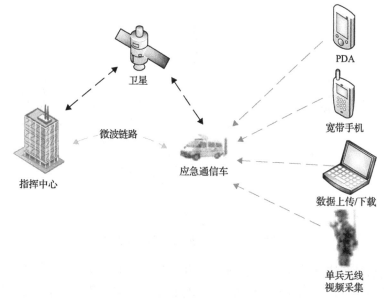

图 7.6　应急无线通信系统网络结构

7.6.4　野生动物跟踪

在荒无人烟的野外,人类的足迹不多,建设完备的网络基础设施从经济角度来看是难以接受的事情。但是出于对地区的控制、对野生动物尤其是濒危动物的跟踪和保护研究、对自然环境的保护等目的,人们又不得不在野外建立传输信息的网络。在这种情况下,DTN 技术可以很好地解决这个问题。DTN 对于基础设施的要求没有传统网络那么高,具体做法是在车辆上或者在野外固定地点安装通信设备,如车载移动小型基站、水面基站、野外定点固定基站等。如果是跟踪野生动物,则需要在动物身上安装传感器和其他设备来搜集信息。利用 DTN 我们有机会从动物身上采集到的信息通过野外简单的基站传送回来,一个简单的野生动物跟踪系统网络结构如图 7.7 所示。

7.6.5　偏远地区通信

偏远地区的经济落后,基础设施不完善,所以偏远地区难以连接到网络,存在着和野外地区相似的情况,利用 DTN 可以有效地降低布网成本,提供实时性不高的网络[48]。在有交通系统的情况下,可以通过交通系统携带无线接入点设备,收集沿途发出的消息并最终将其送入网络从而进行通信。这种网络通信同样有和 DTN 相似的间歇性通信、高延迟的特点,因此同样适用于构建 DTN 进行通信。例如,在印度的一些偏远山区,一些研究者运用 DTN 原理布置了一套网络,这套网络被称为 MotoPost。该网络中人们将公交车行进过的每个村子视为一个个局域

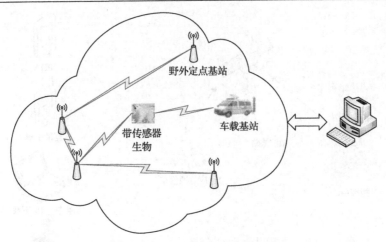

图 7.7　野生动物跟踪系统网络结构

网，在村边的车站电话亭中安装了通信设施，在公交车上也安装了车载设备。村民向外网络发送的信息先存储在村边的车站电话亭的存储设备中，而互联网中发送来的信息则会存储在车载设备中。这样，在公交车行驶过程中便可以完成通信的信息交换，当然这种通信方式的实时性不能苛求。偏远地区通信网络结构如图 7.8 所示。

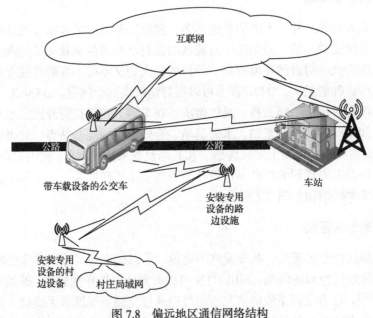

图 7.8　偏远地区通信网络结构

参 考 文 献

[1] Fall K. A delay-tolerant network architecture for challenged internets[C]. Proceedings of the

Conference on Applications, Technologies, Architectures, and Protocols for Computer Communications, New York, 2003: 27-34.

[2] 胡立颖. 延迟容忍网络中机会路由算法研究[D]. 大连: 大连海事大学, 2016.

[3] 王营冠, 王智. 无线传感器网络[M]. 北京: 电子工业出版社, 2012.

[4] 周微微. DES 算法的跨平台研究与实现[J]. 中国高新技术企业, 2010, 2010(21): 30-31.

[5] 周长健. 蓝牙协议栈移植与应用设计[D]. 哈尔滨: 哈尔滨工业大学, 2015.

[6] 畅恒宇. 无线传感器网络 MAC 层协议的研究与实现[D]. 哈尔滨: 黑龙江大学, 2007.

[7] 李良灿. 智能家居中网络系统关键技术的研究[D]. 北京: 北京邮电大学, 2013.

[8] Abramson N. The ALOHA system: Another alternative for computer communications[C]. Fall Joint Computer Conference, New York, 1970: 281-285.

[9] Ye W, Heidemann J, Estrin D. Medium access control with coordinated adaptive sleeping for wireless sensor networks[J]. IEEE/ACM Transactions on Networking, 2004, 12(3): 493-506.

[10] Rajendran V, Obraczka K, Garcia-Luna-Aceves J J. Energy-efficient collision-free medium access control for wireless sensor networks[C]. Proceedings of the 1st International Conference on Embedded Networked Sensor Systems, New York, 2003: 181-192.

[11] Lu G, Krishnamachari B, Raghavendra C S. An adaptive energy-efficient and low-latency MAC for data gathering in wireless sensor networks[C]. The 18th International Parallel and Distributed Processing Symposium, New Mexico, 2004: 224.

[12] Zhou G, Huang C, Yan T, et al. MMSN: Multi-frequency media access control for wireless sensor networks[C]. Proceedings of the 25th IEEE International Conference on Computer Communications, Barcelona, 2006: 1-13.

[13] Wu Y, Stankovic J A, He T, et al. Realistic and efficient multi-channel communications in wireless sensor networks[C]. Proceedings of the 27th Conference on Computer Communications, Phoenix, 2008: 1193-1201.

[14] 卓书果. 无线传感器网络自适应信道接入层协议研究[D]. 杭州: 浙江大学, 2015.

[15] 吴宗运. 无线传输技术及其在仿真系统中的应用[D]. 南京: 南京航空航天大学, 2007.

[16] 余侃民, 钟赟, 孙昱, 等. DTN 网络路由技术研究综述[J]. 计算机应用与软件, 2016, 33(7): 148-153.

[17] Vahdat A, Becker D. Epidemic routing for partially connected ad hoc networks[R]. Durham: Duke University, 2000.

[18] Spyropoulos T, Psounis K, Raghavendra C S. Efficient routing in intermittently connected mobile networks: The multiple-copy case[J]. IEEE/ACM Transactions on Networking, 2008, 16(1): 77-90.

[19] Lindgren A, Doria A, Schelen O. Probabilistic routing in intermittently connected networks[C]. Proceedings of Service Assurance with Partial and Intermittent Resources: First International

Workshop, Fortaleza, 2004: 239-254.

[20] Nain D, Petigara N, Balakrishnan H. Integrated routing and storage for messaging applications in mobile ad hoc networks[J]. Mobile Networks and Applications, 2004, 9(6): 595-604.

[21] 许富龙, 刘明, 龚海刚, 等. 延迟容忍传感器网络基于相对距离的数据传输[J]. 软件学报, 2010, 21(3): 490-504.

[22] 聂旭云, 杨炎, 刘梦娟, 等. 基于节点能力模型的容迟网络路由算法[J]. 电子科技大学学报, 2013, 42(6): 905-910.

[23] 王博, 黄传河, 杨文忠. 时延容忍网络中基于效用转发的自适应机会路由算法[J]. 通信学报, 2010, 31(10): 36-47.

[24] 李家瑜, 张大方, 何施茗. DTN 中基于节点价值的效用路由算法[J]. 计算机应用研究, 2012, 29(9): 3379-3382.

[25] 彭敏, 洪佩琳, 薛开平, 等. 基于投递概率预测的 DTN 高效路由[J]. 计算机学报, 2011, 34(1): 174-181.

[26] LeBrun J, Chuah C N, Ghosal D, et al. Knowledge-based opportunistic forwarding in vehicular wireless ad hoc networks[C]. IEEE 61st Vehicular Technology Conference, Stockholm, 2005: 2289-2293.

[27] Dang F, Yang X L, Long K P. Spray and forward: Efficient routing based on the Markov location prediction model for DTNs[J]. Science China Information Sciences, 2012, 55(2): 433-440.

[28] 苟亮, 张更新, 孙伟, 等. 无线网络中基于机会网络编码的加权广播重传[J]. 电子与信息学报, 2014, 36(3): 749-753.

[29] Wang Y, Jain S, Martonosi M, et al. Erasure-coding based routing for opportunistic networks[C]. ACM Special Interest Group on Data Communication, New York, 2005: 229-236.

[30] Daly E M, Haahr M. Social network analysis for information flow in disconnected delay-tolerant MANETs[J]. IEEE Transactions on Mobile Computing, 2009, 8(5): 606-621.

[31] Hui P, Crocroft J, Kunchan L. How small labels create big improvements[C]. The 5th Annual IEEE International Conference on Pervasive Computing and Communications Workshops, New York, 2007: 65-70.

[32] 张炎, 靳继伟, 向罗勇. 相遇时间感知的机会网络社区路由策略[J]. 重庆大学学报, 2013, 36(6): 137-142.

[33] Zhao W, Yang C, Ammar M H, et al. Capacity enhancement using throwboxes in DTNs[C]. IEEE International Conference on Mobile Ad Hoc and Sensor Systems, Vancouver, 2006: 31-40.

[34] Chatzigiannakis I, Nikoletseas S, Spirakis P. Analysis and experimental evaluation of an innovative and efficient routing protocol for ad hoc mobile networks[C]. International Workshop on Algorithm Engineering, Berlin, 2001: 99-110.

[35] Chatzigiannakis I, Nikoletseas S, Paspallis N, et al. An experimental study of basic

communication protocols in ad hoc mobile networks[C]. Algorithm Engineering, Berlin, 2001: 159-171.

[36] Farrell S, Symington S F, Weiss H, et al. Delay-tolerant networking security overview[EB/OL]. https://tools.ietf.org/html/draft-irtf-dtnrg-sec-overview-06. [2021-05-13].

[37] 张希. 延迟容忍网络及其安全关键技术研究[D]. 长沙: 国防科技大学, 2013.

[38] Bhutta N, Ansa G, Johnson E, et al. Security analysis for delay/disruption tolerant satellite and sensor networks[C]. International Workshop on Satellite and Space Communications, Siena, 2009: 385-389.

[39] Kate A, Zaverucha G M, Hengartner U. Anonymity and security in delay tolerant networks[C]. The 3rd International Conference on Security and Privacy in Communications Networks and the Workshops-SecureComm, Nice, 2007: 504-513.

[40] Burleigh S, Hooke A, Torgerson L, et al. Delay-tolerant networking: An approach to interplanetary internet[J]. IEEE Communications Magazine, 2003, 41 (6): 128-136.

[41] Scott K L, Burleigh S. RFC5050: Bundle protocol specification[EB/OL]. https://tools.ietf.org/html/rfc5050. [2021-05-13].

[42] Caini C, Cruickshank H, Farrell S, et al. Delay-and disruption-tolerant networking (DTN): An alternative solution for future satellite networking applications[J]. Proceedings of the IEEE, 2011, 99 (11): 1980-1997.

[43] Symington S, Farrell S, Weiss H, et al. Bundle security protocol specification[EB/OL]. https://tools.ietf.org/html/rfc6257. [2021-05-13].

[44] van Besien W L. Dynamic, non-interactive key management for the bundle protocol[C]. Proceedings of the 5th ACM Workshop on Challenged Networks, Chicago, 2010: 75-78.

[45] Akyildiz I F, Akan O B, Chen C, et al. The state of the art in interplanetary internet[J]. IEEE Communications Magazine, 2004, 42 (7): 108-118.

[46] Burgess J, Gallagher B, Jensen D, et al. MaxProp: Routing for vehicle-based disruption-tolerant networks[C]. The 25th IEEE INFOCOM Conference on Computer Communications, Barcelona, 2006: 1688-1698.

[47] 熊炜, 梁德民. 车辆自组织网络[J]. 汉斯无线通信杂志, 2013, 3 (1): 22-44.

[48] Park K, Lim S S, Park K H. Computationally efficient PKI-based single sign-on protocol PKASSO for mobile devices[J]. IEEE Transactions on Computers, 2008, 57 (6): 821-834.

第 8 章 数据中心网络

8.1 数据中心的起源与发展

8.1.1 数据中心的概念及发展历程

数据中心是一套复杂的设施网络，它不仅包括计算机系统和其他支持设备（如通信和存储系统），还包括冗余数据通信链路、环境控制设备、监控设备和各种安全设备[1]。文献[2]给出了数据中心的含义：可容纳多台服务器和通信设备的多功能建筑。数据中心网络（data center network，DCN）连接了大规模的数据服务器，为分布式计算和存储提供路由和传输服务。因此，数据中心的演变与计算机的发展是紧密联系在一起的。数据中心演变历程如图 8.1 所示。

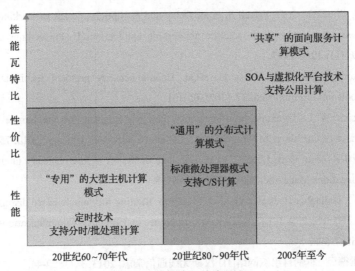

图 8.1 数据中心演变历程

20 世纪 60~70 年代被称为"专用"的大型主机计算年代，数据中心主要将大型主机作为主要的计算设备，它使用哑终端与大型主机相连，强调主机的分时/批处理性能，利用较少的计算基础设施形成主机终端的整体服务模式，具有较高的系统性能和可靠性，因而当前某些行业的核心应用仍在使用这种服务模式。然而它也存在着明显的缺点，如不开放、不灵活和高成本等。

20 世纪 80~90 年代称为"通用"的分布式计算年代，数据中心以小型机与

PC 服务器为通用计算设备，它使用客户机/服务器(C/S)方式相连，强调性价比。但随着 C/S 系统的发展，企业或组织的规模不断扩大，分布式计算模式的缺点越来越明显，如管理难度大、资源分散、成本高和安全性低等成为妨碍企业或组织发展的主要障碍，因而开始发展集中式计算模式以解决这个问题。

2005 年至今，企业或机构开始建立"共享"的面向服务计算模式的企业级数据中心，考虑采用集中计算模式，努力实现集中计算与基础设施共享和信息共享。比较典型的是云数据中心网络，使用虚拟化技术对网络资源虚拟化，以刀片服务器构建共享公用计算平台，并对其集中管控，根据业务需求为用户提供服务而不是提供资源。

8.1.2 数据中心的分类

通过考虑服务对象、服务质量和业务的不同规模，当前的数据中心主要根据以下几个因素进行分类。

1. 关联级别分类

根据企业的组织机构将数据中心分为单级数据中心和多级数据中心。

单级数据中心是指企业或组织将业务系统集中化管理，只设立一个数据中心，不管是本部，还是分支机构的客户端都通过相关通道连接内部服务。单级数据中心多为中小型企业应用。

多级数据中心是指企业或组织以多层次和分布式模式建设的数据中心，总部部署一级数据中心，下级单位建立二级数据中心和三级数据中心等。多级数据中心则多为大型企业和科研机构等。

2. 服务对象分类

根据服务对象的不同，将数据中心分为企业数据中心和互联网数据中心。

企业数据中心是由企业或组织自行构建，为企业内部员工、关联客户、合作伙伴提供数据处理和数据访问等信息服务。

互联网数据中心是由服务提供商所有，通过互联网向客户提供有偿信息服务。由于面向的服务对象更广，这类数据中心规模较大，设备和平台也较为先进。

8.1.3 新一代 DCN 的发展趋势

数据中心内的流量呈现出典型的交换数据集中和东西流量增多等特征，因而对 DCN 提出了进一步的要求：大规模、高鲁棒性、高扩展性、低配置开销、低成本、高效的网络协议、链路容量控制、灵活的拓扑、绿色节能、服务器间的高带宽和服务间的流量隔离等。在这样的背景下，传统的网络架构很难满足现有的服务需求，而网络虚拟化以及可编程定义的网络很可能成为数据中心网络架构的新趋势。

1. 虚拟化

在新一代数据中心中，通过虚拟化技术将"池化"所有的服务器、存储器和网络等基础设施资源[3]，形成共享基础设施资源池，随后在应用系统运行中实现动态资源按需供应。它将通过自动化资源管理工具，如工作负载管理器(work load manager，WLM)和进程资源管理器(process resource manager，PRM)等，按照服务等级协议(service level agreement，SLA)的承诺，对共享基础设施资源实施再分配。除此之外，新一代的数据中心还能提供共享应用服务和共享 IT 服务，前者包括共享 Web 服务器服务、共享应用服务器服务和共享数据库服务。后者是面向数据中心客户的所有 IT 服务管理和开发与测试服务。随着时间的推移，物理服务将大部分转向虚拟服务，当所有的服务以虚拟形态出现时，数据中心高度虚拟化的雏形基本成型，如图 8.2 所示。然而，仅仅是服务器虚拟化显然无法实现高度虚拟化的数据中心，因此存储虚拟化和网络虚拟化成为虚拟化的延伸和高可用性的保障。

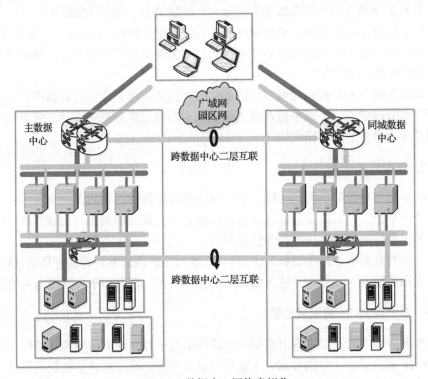

图 8.2　数据中心网络虚拟化

存储虚拟化是将相互独立的存储空间完全抽象到一个全局范围的存储区域

网络,形成一个巨大的"资源池"集中管理数据,管理平台将动态分配这些资源供给各个系统应用,这一应用能够有效提高资源的利用率。同时,存储虚拟化将底层相对复杂的基础存储转变为更加层次化的资源虚拟视图,以便于管理。而对于用户,可以体验高速和大容量的存储技术,这是个双赢的资源整合模式转变。

网络虚拟化通过智能化的软件抽象划分物理网络流量,针对不同部门和不同用户将一个企业的物理网络抽象成多个逻辑网络。网络虚拟化也可以将多个物理网络抽象为一个虚拟网络,重新构成的大型虚拟网络可以满足多种网络需求,例如,当某个网站的访问量激增时,将多个物理网络进行整合,完成抽象虚拟化以实现网络应用。

2. 软件定义化

在软件定义数据中心,将硬件的能力抽象成为能够统一调度管理的资源池,灵活实现网络计算、存储和网络资源的管理和分配,这个过程需要网络新技术以实现不同的抽象功能。

(1)软件定义计算:虚拟化技术是软件定义计算最主要的解决途径。类似的技术早在 IBM S/360 系列的机器中就出现过,直到 VMware 推出基于 x86 架构处理器的虚拟化产品之后才真正走入大规模数据中心。随后,还有基于 Xen 的虚拟机和基于内核的虚拟机(kernel-based virtual machine,KVM)等开源解决方案。虚拟机逐渐成为计算调度和管理的单位,能够在数据中心范围内甚至跨数据中心的范围内实现动态迁移而不会中断服务。

(2)软件定义存储:分离管理接口与数据读写是软件定义存储主流的技术方案,由统一的管理接口与上层管理软件交互,同时兼容不同的连接方式进行数据交互。采用这种方式能够很好地与传统的软硬件环境兼容,避免"毁坏性"的改造。

(3)软件定义网络:同软件定义存储一样,首先要分离管理接口与数据读写。软件定义的网络拓扑结构可以利用开放的网络管理接口(如 OpenFlow)来完成,除此之外还可能是层叠的网络结构,如实现基于虚拟扩展局域网(virtual extensible local area network,VXLAN)的层叠虚拟网络。

如图 8.3 所示,软件定义数据中心对于硬件并没有特殊的要求,硬件基础设施主要包括服务器、存储系统和各种网络交换设备,处于网络最底层。服务器最好能支持最新的硬件虚拟化,同时最大化虚拟机性能,提供自动化管理功能,具备完善的带内(in band)和带外(out band)管理功能。软件定义数据中心可以同时管理新旧硬件,使之共同发挥作用,当更新的硬件出现时,可以充分发挥新硬件的能力,这就激励用户不断升级硬件配置以实现更好的性能。

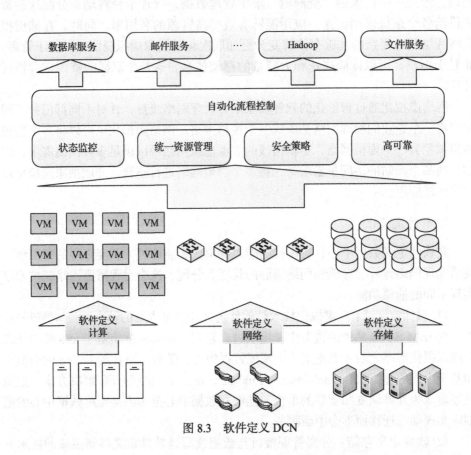

图 8.3　软件定义 DCN

8.2　DCN 体系结构

8.2.1　DCN 拓扑

　　DCN 的基本设计目标是采用特定的网络体系结构高效地连接大量服务器和网络设备，而网络体系结构的设计是影响网络性能的决定性因素。传统 DCN 主要采用树型体系结构，其由三层交换机互联构成，自上而下分别为核心层交换机、汇聚层交换机和边缘层交换机，如图 8.4 所示。

　　传统的 DCN 体系结构已经无法满足现有的需求，需要新型 DCN 体系结构来支持。当前提出的新型 DCN 拓扑包括交换机中心拓扑、服务器中心拓扑、光增强型拓扑以及无线增强型拓扑。

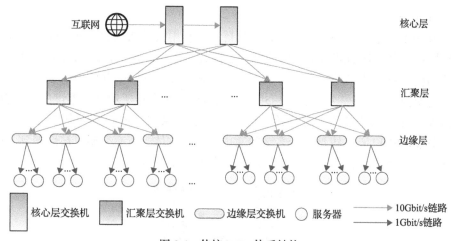

图 8.4　传统 DCN 体系结构

1. 交换机中心拓扑

在以交换机为中心的拓扑结构中，交换机被增强以适应网络和路由需求，而服务器基本未被修改。典型架构包括 Fat-Tree[3]、VL2[4]、F²Tree[5] 和 FBFLY[6]等。

1）Fat-Tree

Fat-Tree 仍然采用传统的三层树型体系结构，不同于传统树型结构的是，接入层交换机和汇聚层交换机被划分为不同的 PoD（point of delivery）。单个 PoD 内的接入层交换机和汇聚层交换机相连构成完全二分图。每个集群里的汇聚层交换机与核心层的一部分核心层交换机连接，但每个集群和任何一个核心层交换机都相连。

Fat-Tree 通过两级前缀查找路由表实现了均匀的带宽和流量分布。许多数据中心都利用了这种设计，例如，思科的大规模数据中心在 Nexus 7000 系列平台上采用 Fat-Tree，在任意两台服务器之间提供多条路径。

2）VL2

VL2 中机架交换机和两个聚合交换机相连，同时任意两个聚合交换机又都可通过中继交换机互联。这种方法增加了路径数量，也增强了网络的鲁棒性。在 VL2 中，IP 地址没有拓扑含义，仅仅作为名字使用。VL2 的寻址机制将服务器的位置和名字分开。VL2 使用目录系统来维持名字和位置间的映射。

3）F²Tree

F²Tree 提出一种容错解决方案，其可以显著地减少 DCN 中的故障恢复时间。F²Tree 通过重新编排少量链路来改善路径冗余情况，并通过改变一些交换机配置来重新选择本地路由。F²Tree 将汇聚层或核心层的同一个 PoD 中的交换机连接成一个环状，这可以增加链路的即时备份，以确保在发生故障时进行数据包转发。

4) FBFLY

FBFLY 具有 *k*-ary *n*-flat 型结构，其目的是利用大量同构的高密度端口交换机进行网络互联，进而获得更低的数据中心能耗。图 8.5 是一个 8-ary 2-flat FBFLY 拓扑结构，每个节点是一个具有 15 个端口的交换机。该 FBFLY 中第 1 个维度包括 8 台交换机，其中，每台交换机用 8 个端口连接 8 台位于第 2 个维度的服务器，用另外 7 个端口连接第 1 个维度内的其他 7 台交换机，最终网络中总共接入 64 台服务器。FBFLY 本质是一个多维的通用超级立方体，所有交换机被部署到不同的维度，每个维度的交换机之间可以互连构成全连通图。

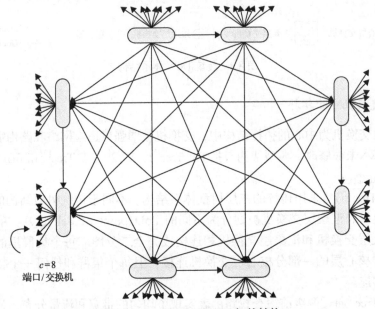

图 8.5　8-ary 2-flat FBFLY 拓扑结构

2. 服务器中心拓扑

在以服务器为中心的拓扑中，服务器负责网络和路由，交换机仅用于转发数据包。以服务器为中心的体系结构通常是多层递归的结构。典型的以服务器为中心的大型数据中心拓扑包括 DCell[7]、SWCube[8]、SWKautz[8]、BCube[9]等。

1) DCell

DCell 是一种新颖的网络结构，具有许多 DCN 所需的功能。它是由微型交换机和具有多个网络接口卡的服务器递归构成的结构，每层 DCell 由多个下层 DCell 相连形成全连通结构，它能有效地处理 DCN 服务器的急剧增加问题。随着 DCell 层数的增加，DCell 可容纳的服务器规模呈指数级增长。此外 DCell 还具有良好的容错能力，不存在单点失效问题。即使网络中存在严重的链路或节点故障问题，其分布式容错路由协议在不使用全局状态的情况下执行分布式容错路由,其性能接近最优的最短路径路由。

2)SWCube 和 SWKautz

SWCube 和 SWKautz 是两种使用商用交换机和双端口服务器构建的低直径、可扩展和容错的架构。SWCube 在逻辑上是一个经过修改的广义超立方体,其中顶点被交换机取代,双端口服务器位于每条边中。SWCube 容纳的服务器数量与 DPillar[10]相当。具体而言,当交换机端口号较小且网络直径较大时,SWCube 容纳的服务器数量少于 DPillar;而在交换机端口数量较大且网络直径较小时,其能容纳比 DPillar 更多的服务器。

3)BCube

BCube 是一个专门用于微数据中心的低延迟全带宽架构,支持不同的通信模式。如图 8.6 所示,在 $BCube_0$ 中,n 台服务器直接连到一台 n 端口的微型交换机上。当 $n=4$ 时,它由 4 个 $BCube_0$ 和 4 个四端口交换机构成。更一般的情况是,$BCube_k$ 由 n 个 $BCube_{k-1}$ 和 n^k 个 n 端口交换机构成,其中包含 n^{k+1} 个服务器和 $(k+1)n^k$ 个交换机。

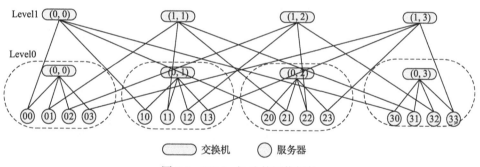

图 8.6 BCube(4,1)的网络拓扑

3. 光增强型拓扑

光网络是一种面向按需连接的网络,其灵活性高于传统的以太网。另外,光学链路可以传输更长距离和更高带宽,且比铜电缆成本更低。因此,以光交换为中心的体系结构将为 DCN 带来很多好处。典型的光增强型拓扑包括 Helios[11]、OSA[12]和 FireFly[13]等。

FireFly 是一种 inter-rack 间网络解决方案,其使用自由空间光学(free space optical,FSO),只需用低传输功率即可实现每秒几十吉比特的数据传输速率。在 FireFly 架构中:①所有链路均可重新配置;②所有链路都是无线的;③非顶架(non top-of-rack)交换机完全被取消。FireFly 还具有显著的优势,如降低设备成本和降低布线复杂度等。

4. 无线增强型拓扑

无线增强型网络采用 60GHz 频段的无线天线，其理论数据传输速率高达 7Gbit/s。典型的无线增强型拓扑包括 Flyways[14]和 Graphite[15]等。

Graphite 是一种灵活的无线架构。它将喇叭天线放置在不同的层中，很好地解决了链路阻塞的问题。无线技术 60GHz 的传播距离，使服务器能够尽可能多地与其他服务器进行通信。Graphite 还提高了平均节点度，比同样条件下的任何其他现有无线增强型拓扑都要高，且可应用于不同类型的数据中心。

5. 比较与讨论

表 8.1 分别对交换机中心拓扑和服务器中心拓扑中的代表性方案的性能进行对比，下面对表 8.1 中涉及的指标进行介绍。

表 8.1　交换机中心拓扑和服务器中心拓扑代表性方案性能对比

类型	拓扑	可扩展性	带宽	布线复杂度	成本	容错性	能源效率	流量控制
交换机中心拓扑	Fat-Tree	中	高	中	低	中	高	集中式
	VL2	高	高	中	中	中	高	集中式
	FBFLY	中	高	高	高	低	高	集中式
	F^{2}Tree	高	中	高	中	高	高	集中式
服务器中心拓扑	DCell	极高	中	极高	高	高	低	分布式
	SWCube	中	高	高	中	中	中	集中式
	SWKautz	中	高	高	中	中	中	集中式
	BCube	低	高	高	中	中	中	集中式

(1)可扩展性：DCN 体系结构可扩展的能力，由交换机的端口号和递归定义的连接模式所限制，分为低、中、高和极高四个层次。

(2)带宽：如果一个网络被分割成两个相等的部分，则二等分带宽是两部分之间可用的带宽，这是最差情况下的性能指标，分为低、中、高和极高四个层次。

(3)布线复杂度：构建 DCN 所需的内部交换机数量的一种度量，分为低、中、高和极高四个层次。

(4)成本：由电源成本和所有物理组件(包括交换机、服务器、存储、机架和电缆)组成，分为低、中、高和极高四个层次。

(5)容错性：指在部分组件发生故障时，使 DCN 能够继续正常运行的能力，分为低、中、高和极高四个层次。

(6)能源效率：旨在减少云服务所需的能量，分为低、中、高和极高四个层次。

(7)流量控制：管理、控制或减少网络流量以实现低延迟和低丢包率的过程，分为集中式和分布式两种控制模式。

在未来的 DCN 研究中，重点关注的方向包括以下几个方面。

(1)异构可扩展的体系结构。当前 DCN 体系结构主要关注同构可扩展问题，即使用相同型号或端口的交换机和服务器。但数据中心的扩容必然会引入异构的计算和网络设备。因此，将异构设备有效地组织起来是非常重要的。

(2)地址自动配置。Bcube 的体系结构中将位置和拓扑信息编码到服务器或交换机的地址中，从而提高路由的性能。而在这种场景中无法使用 DHCP 类型的协议，并且人工配置大量的服务器或交换机又是不可能的任务。因此，地址自动配置是目前重要的研究方向，并且已经得到许多关注。

(3)节能机制。低碳节能减排是社会发展的大趋势，对数据中心结构以及路由的能耗提出了新的挑战。DCN 的节能可以通过以下几个方面共同实现，即设备节能、路由节能、虚拟机和任务调度的节能。

(4)DCN 协议的研究与改进。DCN 协议包括从 MAC 层到物理层的协议。DCN 在管理和结构上都显著区别于现有的因特网体系结构。利用其结构信息提出适合特定结构的协议可以增加运行效率。

8.2.2　DCN 传输协议

DCN 的性能一般会受到网络通信质量的很大影响，网络中流量的主要特点包括面向应用、业务流位置、业务流持续时间和大小、并发业务流以及利用率[16]。相关研究表明[17]传输协议部分产生的流量是占据 DCN 流量的主要部分。传统的 TCP 传输协议不能满足 DCN 中快速合流和低丢包率的要求，将传统 TCP 协议直接用于 DCN 会产生 TCP Incast、TCP Outcast 和高延迟等问题。另外，DCN 是面向应用的网络，网络传输协议也应该根据不同应用进行设计。

与此同时，DCN 的很多应用都具有典型的组通信模式，在数据中心的集中可控环境中，例如，组播技术在互联网部署时缺乏合理计价机制和安全性等问题将不复存在，这使得组播能更好地在数据中心中得以应用。但数据中心中的组播还存在一些新的挑战。目前 DCN 中广泛使用的低端交换机不能满足用户需求，导致产生大量的组播流量。此外，面向的应用服务质量需求需要组播数据传输可靠性的支持。

1. DCN TCP 协议

1)TCP Incast

TCP Incast[17]指的是在多对一传输模式下，大量服务器同时给接收方发送数据时，由网络拥塞而造成网络性能的明显下降。发生 TCP Incast 的前提条件是[18]：

高带宽和低时延，而且交换机的缓存小；网络中存在高并发的多对一流量；每条TCP链接上的数据流量较小。

研究表明[19,20]导致 TCP Incast 的根本原因在于丢包导致超时重传，且 TCP 重传定时器的超时时间与往返时间（RTT）值严重失配。在此基础上，发生超时重传的类型可划分为 LHTO（loss head timeout）、LTTO（loss tail timeout）和 LRTO（loss retransmitted packets timeout）。其中，LHTO 是在通信的开始阶段，由于整个窗口的数据被丢弃而发生的超时重传。LTTO 是通信的结束阶段，由于最后的 3 个报文中至少有一个被丢弃，造成无法触发快速重传而导致超时重传。LRTO 是当重传数据再次丢失时，发送方需要等待重传定时器。

学术界提出了若干解决 TCP Incast 的方案，通过以下四个标准对主要的一些方案进行了比较：修改 TCP 栈中的发送方或接收方、是否需要交换机支持、拥塞控制算法以及避免超时的机制，见表 8.2。

表 8.2　TCP Incast 解决方案的比较

协议	所做修改	交换机支持	拥塞控制算法	避免超时的机制		
				LHTO	LTTO	LRTO
FGRTO[19]	发送方/接收方	否	基于窗口	否	否	否
PLATO[20]	发送方/接收方	是	基于窗口	是	是	是
DCTCP[21]	发送方/接收方	是	基于窗口	否	否	否
IDTCP[22]	发送方	否	基于窗口	是	是	否
TCP-FITDC[23]	发送方/接收方	是	基于延迟	否	否	否
IA-TCP[24]	接收方	否	基于速率	否	否	否
SAB[25]	发送方/接收方	是	基于窗口	否	否	否

2) TCP Outcast

当一系列从不同端口进入同一交换机的数据包竞争交换机的一个出端口时，由出口队列溢出而导致大量丢包的问题，即 TCP Outcast[26]。

TCP-CWR[27]方案是专门设计用来解决 TCP Outcast 的，它认为具有不同 RTT 的数据流在物理链路上的不均匀分布以及运行于 DCN 上的应用特点是造成 TCP Outcast 的实质原因。其解决问题的基本思想是在完成数据传输之前，先统一各个发送方的拥塞窗口大小。

除此之外，用于解决 TCP Incast 问题的数据中心 TCP（data center TCP，DCTCP）和 SAB[25]方案也能用来解决 TCP Outcast 问题。

3) 多路径 TCP

和传统 TCP 协议相同，大部分 DCN 应用仍然采用单路径 TCP。这难以满足 DCN 高通信量的特点，很容易造成拥塞。为了充分利用链路资源以及提高网络吞吐率，文献[28]引入了多路径 TCP(multi-path TCP，MPTCP)。不同于传统 TCP，MPTCP 在一对源和目的端之间建立多个链路连接，源端将数据拆分成若干部分，使用不同的连接同时进行数据传输。MPTCP 在连接建立阶段，由服务器端向客户端返回服务器端所有的地址信息，用于客户端建立连接；同时使用多个子流传输数据，接收端将从不同子流接收到的数据组装还原。相互连接的拥塞控制器可以在短时间内将流量从较拥塞的路径转移到更通畅的链路上，从而降低丢包率，提高吞吐量。

4) 应用定制的传输协议

数据中心的一大特点是面向应用，不同于互联网为所有应用提供公共的传输协议，不同的数据中心往往运行不同的应用，传输协议也相应有所差别。因此，传输协议的定制化是 DCN 传输协议的一个重要研究方向。D3[29]是针对数据中心实时应用的一个代表性协议，其根据数据流大小和完成时间的需求，为每个流显式地分配传输速率。当网络资源紧张时，主动断开某些断定为无法按时完成传输的数据流，从总体上提高数据流的传输完成率。

2. DCN 组播协议

DCN 作为数据中心的通信桥梁，其通信质量严重影响数据中心的性能。组播可以有效地降低数据中心中的网络负载，特别是在通信量大而集中的 DCN 中更显突出。目前对于 DCN 中的组播协议研究主要集中在可扩展性以及可靠性两方面。

1) 数据中心可扩展组播

目前在 DCN 环境下提出的可扩展组播的解决方案中，以 MCMD(Dr. Multicast)[30]为代表的方案将组播应用映射为网络层组播和单播；而另一种以端系统组播(end system multicast，ESM[31])和多级布鲁姆滤波器(multi-class Bloom filter，MBF[32])为代表的方案利用 Bloom 滤波器来解决组播可扩展性问题。

MCMD[30]利用基于 Gossip 的控制协议在网内公告所有组成员信息，以保证网内所有节点维护的组信息松散一致。MCMD 方案可扩展性强，对应用层透明，无需升级硬件，易于部署，用基于 Gossip 的控制平面发布组成员信息，容错性好。

ESM[31]用 Bloom 滤波器实现可扩展的组播。在分组内增加用 Bloom 滤波器编码的组信息项能够消除硬件对可扩展性的限制，但同时占用了更多的带宽。因此，当组成员较多时，仍采用传统的方式实现组播，当组成员较少时(DCN 中多数属于此类)采用以上增加 Bloom 滤波器编码信息的方式。

MBF[32]根据每个组播的出现概率指定不同的 Hash 函数个数，出现概率越大，则分配越少的 Hash 函数，通过适应性地采用 Bloom 滤波器编码信息，降低了采用 Bloom 滤波器进行组播数据转发带来的流量开销。

2）数据中心可靠组播

数据中心中链路资源丰富的特点使得传统互联网中采用的组播树原路恢复的可靠组播方案并不适用于 DCN。可靠数据中心组播（reliable data center multicast，RDCM）是一种针对 DCN 的可靠组播方案[33]。RDCM 在组播树上结合 DCN 拓扑特征建立显式的覆盖网络，其丢失报文的恢复是以 P2P 的方式直接在组成员（终端）中进行的。因此，RDCM 不需要网络设备的支持，其利用 DCN 中丰富的链路资源，采用组成员协作的方式实现故障隔离，有效提高网络吞吐量。

8.3　云数据中心网络

简单来说，云数据中心网络是基于云计算数据中心建立起来的网络，它通过通信网络把所有数据中心资源的资源池连接起来，需要具有可扩展性和高效率，以应对云计算不断增长的需求。

8.3.1　云环境对 DCN 的要求及挑战

1. 云服务模型

云服务模型有三种，即基础设施即服务（infrastructure as a service，IaaS）、平台即服务（platform as a service，PaaS）和软件即服务（software as a service，SaaS）。

（1）IaaS 在服务层次上是最底层服务，接近物理硬件资源，通过虚拟化相关技术为用户提供处理、存储和网络以及其他资源方面的服务，以便用户能够部署操作系统和运行软件。典型的服务如亚马逊的弹性云（EC2）和 Apache 的开源项目 Hadoop。

（2）PaaS 是构建在 IaaS 之上的服务。PaaS 专注于中间件，它为云提供开发工具和托管选项，客户管理自己的应用程序。用户通过云服务提供的软件工具和开发语言，部署自己需要的软件运行环境和配置。用户不必控制底层的网络、存储和操作系统等技术问题，底层服务对用户是透明的，这一层服务是软件的开发和运行环境。典型的服务有 Google App Engine 和 Microsoft Azure。

（3）SaaS 是基于前两层服务所开发的软件应用作为服务的一种服务形式，不同用户以简单客户端的方式调用该层服务。用户可以根据自己的实际需求，通过网络向提供商定制所需的应用软件服务，按服务多少和时间长短支付费用。典型的服务有 Salesforce 公司运行的客户关系管理（customer relationship management，CRM）系统和谷歌的在线办公软件，如文档（Word）、表格（Excel）和幻灯片（PowerPoint）等。

2. 云部署模型

1) 私有云(private cloud)

美国国家标准与技术研究院(National Institute of Standards and Technology, NIST)关于私有云的定义是：云基础架构由包含多个消费者(如业务单位)的单个组织专用。它可能由组织、第三方或它们的一些组合拥有管理和运营，并且可能存在于场内或场外。私有云是已经拥有数据中心和开发 IT 基础架构并且对安全或性能有特殊需求公司的选择。对于公司数据中心来说，这是比传统服务器更好的选择，因为虚拟化和自动化会带来许多好处。但是，它们也带来了挑战，主要是因为企业需要迁移或重构应用程序以适应云自动化。

2) 公有云(public cloud)

NIST 关于公有云的定义是：云基础设施供公众开放使用。它可能由商界、学术界和政府组织中的一个或多个共同运营管理。它是提供公共云服务、一般由云服务提供商运营的一种形式。它在集中数据中心资源、虚拟化和按需供应方面带来了一定的效益规模，并允许外包企业 IT 基础架构可以解决灾备恢复的问题，也适用于中小企业。但是，在公有云里数据和处理环境不受企业的控制，具有安全要求的应用程序或数据会引起企业的担忧。此外，服务提供商不可能完全保证服务，停电和网络问题等可能会使服务中断。

3) 混合云(hybrid cloud)

NIST 关于混合云的定义是：云基础设施是由两个或更多个独立的云基础设施(私有、社区或公共)组成的，它们仍然是独立的实体，只是通过标准或专有技术绑定在一起，实现了数据和应用程序的可移植性。混合云是现代公司最经济的运营模式。它将基于核心云的企业基础设施和外包给公共云的高负载任务相结合，还结合了受控环境在私有云中的优势和公有云的快速弹性特性。但是，它需要对企业云进行更深入的现代化升级，如过程和工作流程需要重新设计。

4) 社区云(community cloud)

根据 NIST 的定义，社区云被几个社区所使用，其云基础设施专门为具有共同关注点(如任务、安全要求、政策和合规性考虑)的特定消费者提供云服务。它可能由一个或多个社区组织、第三方或它们中的任意组合运营管理。社区云涉及来自多个组织的 IT 基础设施和资源的合作与整合。它可以服务于大型组织项目。例如，科学家在欧洲核子研究组织(CERN)大型强子对撞机共享社区云中组建了许多组织。它要求成员组织及其资源之间的互操作性和合规性，包括身份管理。

3. 大数据

基于云平台的一个基本特征是促进云应用程序中大型数据集的快速处理，其源于终端用户对新兴或快速发展的数据集日益增长的紧急处理需求。随着大数据需求的扩大，供应商越来越多地支持使用基于云平台计算的大数据。然而要在云DCN上部署大数据应用程序，需要面临数据量、数据多样性和数据吞吐速率等关键挑战。

(1)数据量问题：云 DCN 应该提供获取和存储大量数据的虚拟网络体系结构。在这方面，用于大数据节点的虚拟机应该具有用于数据采集、处理、组织和分析大容量数据的能力。这要求云 DCN 能够为这些虚拟机配置更多的 CPU、内存和离线存储资源，这为 DCN 中的资源计算和调度带来了挑战。

(2)数据多样性问题：大数据系统可以选择不同的工作流来处理不同的数据结构，因而虚拟网络应该通过调度到并行计算来支持这一点。这一特性对现有网络虚拟化技术在 DCN 路由器中网络拓扑结构的配置方面提出了挑战。例如，用于大数据节点的虚拟机可以迁移到另一个服务器，用于不同的工作流程，这会导致网络负载上的迁移开销。

(3)数据吞吐速率问题：为了支持高速数据吞吐量，云 DCN 应该提高虚拟网络的服务质量。因为大数据系统中的虚拟链路应该具有大容量，这就要求大数据节点的虚拟机在网络中具有更大的数据处理能力。当闲置的虚拟机不共享数据时，会造成物理带宽的浪费。

8.3.2　云分布式系统

云分布式系统(cloud distributed system，CDS)可以基于各种键值算法有效地划分和聚合数据，用于大数据和云计算。许多 CDS 已经成为大数据系统的流行子集工具，如 Hadoop 中的 MapReduce 和 Spark 或微软集群中的 DryadLINQ。在网络层面上，CDS 的任务是生成处理所有云数据的工作流。工作流将在 DCN 中分配一些工作和聚合器节点。一般来说，源于云应用的数据可以由三种工作流来处理，它们具有以下 DCN 要求。

(1)分区聚合工作流：在这个工作流中，聚合器节点将计算划分在多个工作节点上。工作节点并行执行计算并将结果发送回聚合器。聚合器将这些结果结合起来提供完整的响应。使用分区聚合工作流处理的应用程序包括 Web 搜索和数据排序。为了建立分区聚合工作流，DCN 应该选择具有较大计算和存储容量的聚合服务器或虚拟机。

(2)顺序工作流：在这个工作流中，应用程序按顺序处理。未来的请求取决于以前的工作结果。例如，Facebook 页面加载包括至少130个不同的数据请求，这些数据请求通常具有顺序依赖关系。页面服务质量响应通常小于 300ms。因此，DCN 负责从应用层获得数百个顺序请求的服务质量响应。

(3)并行工作流：在此工作流中，多个请求连接到生成结果并发出响应的同一个工作人员，或是可以将应用程序分发给多个工作人员进行处理。因此，分区聚合工作流可以被视为两个并行工作流和一个顺序工作流。DCN 保证并行工作流产生的所有流将在截止日期前处理，否则并行工作流将在网络中产生 TCP Incast 问题。

　　由于来自 CDS 的工作流产生大量基于云 SLA 的具有截止期限的流，在当前可用的 DCN 中部署 CDS 时会遇到很多挑战：首先，现有的 DCN 没有充分解决流量调度问题。特别是当前 DCN 中的大部分流量都很短（≤10KB）。另外，长寿命的贪婪流将会延长协议栈中的瓶颈队列，直到数据包被丢弃。这是因为 DCN 中的交换机仅在不知道流量大小和截止日期的情况下提供每个数据包的调度。因此，当 DCN 交换机中的长流被阻塞时，短流通常会丢弃。其次，现有的 DCN 不能充分平衡它们的负载。大部分流量来自机架层。文献[34]显示，机架层为云数据中心提供了 80%的数据中心流量，为大学或私有企业数据中心贡献了 40%～90%的流量。另外，流量热点是机架层面临的一大挑战。文献表明，只有少数几个架顶式（top-of-rack，ToR）交换机（5%～10%）是流量热点，而且它们的大部分流量都流向了其他一些 ToR 交换机。最后，在每个工作流中，CDS 任务以随机方式分配工人和聚合器。例如，MapReduce 中的许多写入行为未分配目标，因此下一跳的工作节点是不可预知的。这会导致 DCN 路由中的挑战，如路由环路问题。此外，由于聚合节点需要比工作节点更大的计算和存储容量，在恶劣的计算环境中分配聚合可能会降低 CDS 工作流的整体性能。

8.3.3　云环境下 DCN 拓扑

1. 分层模型

　　分层模型（hierarchical model）是 DCN 中最常用的体系结构[35]。分层模型将网络元素排列在多个层中，每层都以不同的方式表征流量，此模型能够减少网络中的拥塞，因为上层交换机可防止流量过载，没有上层交换机所有流量都会通过较底层中的相同交换机。分层 DCN 为云服务展示了许多现实世界的评估结果和云服务的体验。由于当今大多数廉价服务器、交换机和路由器都支持这种体系结构，构建分层 DCN 不用任何大的硬件和软件修改。因而，虚拟网络和虚拟机管理的大多数解决方案都采用分层 DCN。

　　三层 DCN 是分层 DCN 中最常用的分层基础设施，由核心层、汇聚层和边缘层组成。边缘层的交换机（有时称为机架层）连接到服务器；汇聚层的交换机收集来自边缘层的通信比特流，并将它们传送到核心层交换机；核心层交换机连接到互联网，并管理来自汇聚层的不同流量请求。由于部署过程需要较少的硬件修改，三层 DCN 可以更轻松地管理云中租户的不同虚拟网络。

　　另一个分层 DCN 示例是 Fat-Tree[36]。在具有 Fat-Tree 拓扑的 DCN 中，汇聚层和边缘层的交换机安排在 PoD 中，其中每个 PoD 负责路由端到端通信。核心层的交换机只需连接每个 PoD 的出口交换机，这减少了核心层的流量负载开销。Fat-Tree DCN 可以在各个级别使用商品交换机(commodity switches)，因此具有极高的成本效益。类似于三层 DCN，构建 Fat-Tree 需要较少的硬件和软件修改。但是，大多数分层 DCN 设计在连接大量服务器时没有考虑到它们复杂的拓扑结构所带来的可扩展性问题，此特点不适用于云计算的服务器扩展问题。

此外，研究结果表明，当分层 DCN 作为大数据系统或 CDS 的基础设施出现时，分层 DCN 会降低系统性能。

2. 递归(循环)模型

递归(循环)DCN 由多个单元组成，每个单元包含一个交换机和多个服务器。服务器用于桥接不同的单元，且需要比其他服务器拥有更高的计算速度。

DCell[37]是一种典型的递归 DCN 架构，它依赖廉价商品交换机。DCell 旨在通过网络的迭代扩展以指数规模扩充机器。每个服务器充当路由设备，连接不同DCell 中的服务器。当云应用程序产生流量时，与同一级别单元连接的链路会出现相同的超额认购率和流量负载。因此，较高级别的 DCell 会产生比较低级别更高的延迟和拥塞。随着流量规模的扩大，DCell 间链路问题会更加突出。大多数递归 DCN 具有很高的可扩展性和相当的成本效益，因为它们只需要比分层 DCN更便宜的交换机(交换机通常不用于桥接网络中的路由)，同时它们也能提供高效的负载平衡解决方案。这些功能为使用递归 DCN 来部署大规模云计算服务创造了机会。因此，递归 DCN 在如大数据和 CDS 等流量密集型云计算工作流方面具有优势。

然而，递归 DCN 通常不被视为云计算的基础设施，部分原因是其缺乏足够的领域测试。此外，大多数递归 DCN 使用计算服务器来桥接网络路由，这就要求桥接服务器不仅提供 all-to-all 接口，容量还要比分层 DCN 中的服务器更高。因此，桥接服务器的网络接口将与其他虚拟机实例共享如 CPU、内存和接口缓冲区之类的资源，这种共享模式在运行虚拟机提供云服务时会显著降低服务器的性能。

3. rack-to-rack 模型

最近对 DCN 架构的研究主要集中在为不同机架之间建立直接连接，而不是设置中继线层(trunk layers)。文献[38]中提出了一种机架到机架(rack-to-rack)架构的DCN，即 Scafida，它可以解决 DCN 拓扑结构中的大节点度(large node degree)问题。这种架构是一种无标度(scale-free)拓扑的架构，其中最长路径具有固定的上限，使得 Scafida 可以人为约束服务器或交换机的连接数量，从而允许创建任何规模的数据中心。机架到机架 DCN 提供了一个简单的解决方案来实现大量服务器的互联，可增强网络负载平衡和降低流量复杂度。此外，大多数机架到机架的模型都支持增量扩展(incremental expansion),添加或移除一台服务器不会严重影响系统网络拓扑,这为云服务提供商(cloud service provider,CSP)增减其数据中心的云服务量提供了灵活的基础架构。但是,地址模式是云计算中使用这种 DCN 的难题之一,因为机架到机架提供的是一种松散的拓扑结构(其中服务器位于随机的节点上),这给云计算中的互联网路由带来了挑战。此外,将机架到机架的 DCN 用于大数据会涉及许多冗余路径和环路,这会降低网络吞吐量并增加交换机查找表所带来的系统开销。

8.3.4 云环境下 DCN 联网技术

1. 光通信:全光网和混合光网

光 DCN(O-DCN)是一种依赖光开关和布线的 DCN 架构。由于光信号有利于高速连接和降低能耗,O-DCN 实现了大的二等分带宽,并容易实现放大。O-DCN 通常可以分为全 O-DCN 或混合 O-DCN[35]。

1)全 O-DCN

在全 O-DCN 中,来自控制平面和数据平面的所有元素都使用光电路和放大器。使用全 O-DCN 可以为 DCN 提供高速二等分带宽。在这方面,光电路交换 DCN 可以在核心层提供大的二等分带宽。该架构旨在对交换机中的静态路由路径进行预配置。另一种称为光分组交换(optical packet switching,OPS)的光学技术在 DCN 中提供按需带宽切换。光分组交换只有在全 O-DCN 提供全光缓冲器时才有效。同样,基于半导体光放大器的方法可以设定不同的带宽,并可选择性地把交换机配置成分组或电路模式。此外,还有基于弹性光纤网络的全 O-DCN,它能提供按需和灵活的带宽切换。全 O-DCN 需要将多个低速业务流传输到高速波长上以尽量减少交换开销,这种技术称为业务疏导,它已被用于波分复用环境中。目前,全 O-DCN 中流量疏导问题的主要挑战在于切换连接时如何区分好信号并进行适当的调整过滤。

2)混合 O-DCN

混合 O-DCN 能提供额外的按需带宽,对现有网络的影响较小且切换连接时能做到最大限度地减少路由跳数,还能避免机架级别的大型应用程序拥塞,这与混合 O-DCN 中的光信号路径复用功能降低流量复杂性并提供按需连接密不可分。文献[14]中提出的光交换架构(optical switching architecture,OSA)是混合 O-DCN 的一种,它建立了单跳通信和拥塞控制。OSA 控制器由电气部分和光学部分组成:电气部分正常存储路由信息;光学部分负责单跳通信。在发生拥塞时,OSA 控制器可以禁用拥塞链路,建立从源到目的地的单跳连接,并放大链路容量以满足瞬时需求。此外,OSA 的控制平面与电气和光学部分的控制器都是混合的。但是,混合 O-DCN 集中控制平面的可扩展性较差,不适合用于大规模云服务。此外,大多数混合 O-DCN 需要对 DCN 交换机进行大幅度修改或有高速缓冲要求, 构建这样的 O-DCN 成本会很高。

2. 无线通信

电和光网络面临的挑战主要是大规模网络布线的人工成本和开销以及按需改变网络中每个 ToR 的布线所带来的开销。因此, 已有人提出采用无线 DCN(W-DCN)来解决上述挑战。60GHz 的 W-DCN 是目前最常用的技术, 通常用于连接 ToR 交换机对。60GHz 链路可以使用波束成形技术, 将传输能量集中在特定方向, 以提高链路传输速率和抵抗干扰的能力。一般而言, 现有的 W-DCN 可以分为混合 W-DCN 或全 W-DCN。在混合 W-DCN 中, 整个拓扑通常遵循分层模型, 其中核心层和汇聚层使用有线商品交换机, 而 ToR 级别使用无线技术, 每个 ToR 都有一个无线发射器和接收器, 它们通过波束为终端主机提供路由。此外, 还有其他方式来提高 ToR 中混合 W-DCN 的性能。全 W-DCN 通常遵循机架到机架模型的拓扑结构, 其中包括设计用于从其他 ToR 获取无线信号的特定 ToR 开关。机架到机架模型能够为每个 ToR 计算多条冗余路径, 因此, 全 W-DCN 具有较高的容错能力。每个无线 ToR 灵活地考虑按需保留或删除其他路由路径, 所以全 W-DCN 克服了上述机架间模型冗余的难点。尽管 W-DCN 可以降低流量复杂性并解决瓶颈问题, 但是为云计算实施无线 DCN 还有许多挑战, 如较低的传输速率(带宽)、ToR 的放置和无线信号受到诸多因素的干扰等。

3. 软件定义网络

CSP 为虚拟机和虚拟网络提供满足用户需求的拓扑和服务质量定制化, 需要云 DCN 提供控制平面的智能和数据平面的流量灵活性。SDN 技术提供了一种强有力的方式来实现这些目标, 通过将控制平面与设备分离并手动注入和切换控制逻辑, 管理员可以直接从控制器配置网络硬件, 因而可以借助 SDN 技术实现许多通信和流量操作。基于 SDN 的 DCN 是采用 SDN 交换机和控制器的 DCN 架构。由于 SDN 提供了来自控制器的消息隧道这种有前景的解决方案, 交换机不需要自学所有的网络拓扑。这种宽松的要求使 DCN 能够在任何拓扑复杂度下提高基于 VLAN 通信的性能。基于 SDN 的 VLAN 基础设施可以成为提供多租户隔离虚拟网络的可行方案。SDN 提供高效的全局控制和可编程的接口。因此, 可以通过基于 SDN 的架构实现各种流量管理。

8.3.5 云环境下 DCN 路由

1. 物理 DCN 路由

物理 DCN 路由可以使用交换机的默认路由协议或 DCN 特定的路由方案来执

行[36]。

1)交换机的默认路由协议

大多数 DCN 架构都采用商用交换机作为桥接服务器到服务器通信的设备,因此这些交换机可用于配置通用互联网和以太网协议。为了在互联网上提供云服务,整个数据中心被视为一个自治系统(autonomous system,AS)。因此,许多内部网关协议可以配置在 DCN 交换机中进行路由。近年来,由于采用了基于多协议标签交换(multi-protocol label switching,MPLS)技术的交换机,DCN 也可以在其路由过程中简单地应用多路径协议。流级多路径协议根据 DCN 中下一跳的剩余带宽将流量从一个输入端口分配到多个输出端口。分组级多路径协议提供了多个输出端口。两种常见的 DCN 多路径协议是等价多路径(equal cost multi-path,ECMP)和权重成本多路径(weight cost multi-path,WCMP)。但使用交换机默认协议为云计算提供通信会带来两个关键挑战。首先,这些协议大多数对于 DCN 并不实用,因为它们是为小规模本地网络设计的,而云服务的 DCN 规模通常很大,需要连接数千台服务器,计算路径以及由 DCN 中的交换机和路由器执行交换机学习是具有挑战性的。其次,交换机默认协议不考虑 DCN 的拓扑结构,当它执行交换机自学习或手动配置时,由这些协议确定的下一跳链路或交换机可能是拥塞点,也可能导致路由路径中出现环路。这些问题将导致数据包丢失和流量延迟的增加。

2)DCN 特定的路由方案

大多数 DCN 都根据自己的拓扑结构寻找元素和进行路由。在一些 DCN 特定路由方案中,使用一个单元来连接路由和地址服务器,以服务器为中心地址的前缀长度随递归次数而变化。路由对于机架到机架 DCN 来说是一个难题,尽管与通用路由协议相比,DCN 特定的路由方案突出了可靠性和效率,但它们将云应用转发到互联网的能力有限。DCN 特定的路由方案不对现有边界网关协议(BGP)提供互联网的适当接口。如果两个 DCN 使用不同的路由架构彼此通信,那么 BGP 会面临 AS 间的流量适配失衡问题。一些 DCN 特定的路由方案实现了集中式路径寻找方法。但是,当 DCN 拓扑涉及大量服务器时,集中式路由的方法就不适用了。

2. 虚拟 DCN 路由

云计算网络由不同的虚拟化基础设施(virtualized infrastructure,VI)组成,这些 VI 需要有效地路由到 VI 元素,这就需要为 VI 提供适当的路由方案。具体而言,可以针对虚拟网络执行路由方案。

1)虚拟网络的路由方案

基于网络虚拟化技术,虚拟网络的路由方案可使用 MAC-in-IP 或 MAC-in-MAC 等特殊隧道机制进行设计。大多数路由方案都使用完整的 IP 功能且与设备的位置无关,因此可以减少所需的第二层广播量。这里有两种主要配置可以实现隧道机制:一种是设计自学习算法,以通过广播或多播学习 VI 拓扑;另一种是使用静态路由,此时虚拟网络信息是在每个节点预先配置的。自学习和预配置方法在 DCN 中路由云服务时缺乏可扩展性,尤其是对于自学习路由方案而言,其学习能力限于拓扑网络大小,但租户的虚拟网络通常很复杂,甚至需要连接数千个虚拟机,拓扑学习此时会给交换机造成很大开销。此外,预配置方法也仅适用于小范围的虚拟网络,因为每个交换机的转发表条目大小有限,大量的虚拟网络信息会耗尽表的容量。

2) 虚拟机的路由方案

在云 DCN 中,虚拟机共享主机服务器中的物理网卡,因此它们每个都具有隔离的 IP 和 MAC 地址,这意味着云 DCN 路由比没有虚拟化技术的 DCN 有更多的端到端通信。因此,为云数据流量网络设计一个高效的虚拟机流量源路由方案十分必要。在文献[39]中,NetLord 将每个虚拟机路由转变为主机路由,随后用 MAC-in-(IP+MAC) 进行封装,在每台服务器中,安装代理程序来管理服务器内所有虚拟机的数据包封装。NetLord 使用 SPAIN[39]在第二层广播其拓扑。出口交换机根据第二层查找将数据包转发到其目的地入口交换机,当入口交换机收到数据包后,根据额外的 IP 头将数据包转发到目标服务器。将虚拟机信息封装在物理基础设施中可以简化云 DCN 路由,并应解决以下问题:①被封装的代理(如终端主机或路由器)应该在各自的设备中分配额外的内存缓冲区来记录封装信息,这将占用可用于其他计算活动,如转发或 I/O 控制的额外缓冲区。②虚拟机信息成为封装在数据包中的有效载荷,因此应该为该有效载荷扩展数据包头,以便每个路由器都能解释它并决定是否转发。报头扩展增加了整个网络交换机的计算负担。③这种路由方案需要修改 DCN 中每个终端主机内核或所有交换机的逻辑模块,这种规模的修改不太可能用于大规模 DCN。

8.4 DCN 虚拟化

8.4.1 概念

服务器虚拟化技术使得传统 DCN 中的服务器利用率低和运营成本高的问题得到缓解,但是单独利用服务器虚拟化技术已不足以解决当今数据中心架构的所有限制,因为 DCN 仍然在很大程度上依赖于传统的 TCP/IP 协议栈,并且还存在着许多限制,如无性能隔离、安全风险增加、应用可部署性差、管理灵活性低、不支持网络更新等。

受这些限制的推动,在服务器虚拟化之后,网络虚拟化在近年来也被引入 DCN 中。与早期数据中心的服务器虚拟化类似,网络虚拟化旨在在共享物理网络上创建多个虚拟网络(virtual networks, VN)[40],并允许针对每个 VN 进行独立管理。每个虚拟网络是虚拟节点和虚拟链路的集合。通过将逻辑网络与底层物理网络分离,可以引入定制的网络协议和管理策略。

首先,VN 在逻辑上彼此分离,因此促进了实现性能隔离和满足应用服务质量。VN 的管理程序将更加灵活,因为每个 VN 都有自己的控制和管理系统。其次,网络虚拟化环境中提供的隔离还可以最大限度地降低安全威胁的影响。最后,通过定制协议和地址空间促进了虚拟数据中心(virtualized data center,VDC)环境中新应用程序和服务的部署,从而加速了网络更新。

至今,大多数关于网络虚拟化的现有工作都集中在对传统的 ISP 网络进行虚拟化处理。因此,虚拟化 DCN 是一个相对较新的研究方向,是迈向完全 VDC 架构的关键一步。

8.4.2　数据中心虚拟化

VDC 是一个数据中心,其中的一些或所有的硬件(如服务器、路由器、交换机和链路)被虚拟化。通常,使用称为管理程序的软件或固件来虚拟化物理硬件,管理程序将设备划分为多个隔离且独立的虚拟实例。例如,物理机(服务器)通过管理程序虚拟化,管理程序创建具有不同容量(CPU、内存和磁盘空间)并运行不同操作系统和应用程序的虚拟机。

VDC 是经由虚拟链路连接的虚拟资源(包括虚拟机、虚拟交换机和虚拟路由器)的集合。VDC 部署了资源虚拟化技术,是数据中心的逻辑实例,由物理数据中心资源的子集组成。VN 是一组虚拟网络资源,包括虚拟节点(终端主机、交换机和路由器)和虚拟链路。因此,VN 是 VDC 的一部分。

网络虚拟化和数据中心虚拟化都依赖虚拟化技术来划分可用资源并在不同用户之间共享它们,但是它们在各方面都存在不同。虽然虚拟化 ISP 网络主要由分组转发元素组成(如路由器),虚拟化 DCN 则涉及不同类型的节点,包括服务器、路由器、交换机和存储节点。与 VN 不同,VDC 由具有不同资源(如 CPU、存储器和磁盘)的不同类型的虚拟节点(如虚拟机、虚拟交换机和虚拟路由器)组成[41]。

DCN 和 ISP 网络之间的另一个关键区别是节点数量。虽然 ISP 骨干网中的节点数量达到数百个(例如,Sprintlink、AT&T 分别为 471 和 487 个节点[42]),但如今的数据中心中节点可以达到数千个(例如,一个 Google Compute 集群中大约有12000 台服务器[43]),这可能会增加可扩展性问题并增加管理复杂性。

此外,与 ISP 网络不同的是,DCN 使用属性定义良好的拓扑结构(如传统树结构、Fat-Tree 或 Clos 拓扑),允许开发针对此类特定拓扑优化的嵌入算法。例如,Ballani 等[44]提出了一种仅适用于树形拓扑的嵌入方案。

传统网络模型和网络虚拟化模型之间的另一不同在于参与者。前者假设有两个参与者,即 ISP 和最终用户,后者将传统 ISP 的角色分为两个,即基础设施提供商(InP)和服务提供商(SP)。在数据中心虚拟化的背景下，InP 是一家拥有并管理数据中心物理基础设施的公司。InP 将虚拟化资源租赁给多个服务提供商/租户。每个租户在 InP 拥有的物理基础设施上创建 VDC，以进一步部署提供给最终用户的服务和应用程序。

总之，DCN 虚拟化与 ISP 网络虚拟化不同，因为必须考虑不同的约束和资源，特定拓扑和可扩展程度。

1. 虚拟化技术

DCN 技术提供交互式解决方案，以在现有虚拟化技术的基础上实现基础设施的虚拟化。目前，涉及以下四种类型的虚拟化技术。

(1)服务器虚拟化(SV)：使用称为管理程序的软件或固件对一块物理硬件进行虚拟化，该管理程序将设备划分为多个独立的虚拟实例。

(2)网络 I/O 虚拟化(NIOV)：NIOV 提供在虚拟机之间共享网络 I/O 设备的抽象。DCN 中最常用的 NIOV 是 NIC(network interface card，网卡)虚拟化，其中物理 NIC 通过虚拟机管理程序在多个虚拟机之间共享[45]。DCN 使用 NIOV 为虚拟化 I/O 设备中的每个虚拟机提供大带宽容量和低 CPU 开销访问。

(3)网络虚拟化(NV)：NV 支持在物理 DCN 上创建逻辑上隔离的虚拟网络。因此，NV 解决了 VI 拓扑、寻址和路由架构的要求。

(4)资源虚拟化(RV)：RV 用于解决 VI 对虚拟机资源分配和管理的要求。

2. 虚拟化基础设施

虚拟化基础设施由虚拟机、虚拟 NIC、交换机(物理或虚拟)和链路(物理或虚拟)等逻辑单元组成，其中大多数都是在真实的 DCN 物理机器上实例化的。虚拟网络是 VI 中用于通信的网络。

(1)虚拟机：由虚拟机管理程序启动和管理，虚拟机管理程序在共享硬件(通常是基于 x86 的机器)上提供二进制转换服务[45]。现有的虚拟机管理程序(如 Xen 或 VMware)可以快速提供具有大 CPU 和磁盘容量的虚拟机映像。

(2)虚拟网卡：虚拟 NIC(vNIC)是物理 NIC 的软件仿真，最初设计为由管理程序分配给虚拟机的嵌入式模块；但是，管理程序必须经常拦截来自大量 vNIC 的系统调用，因此必须将 I/O 控制与管理程序分离。虚拟功能包括资源分配和迁移。

(3)虚拟交换机和虚拟链路：虚拟交换机是一种安装在服务器上的软件工具，其作用类似于物理交换机。虚拟交换机执行物理网卡的切换[46]、多路复用和桥接等功能。虚拟交换机的优点是可以自定义路由控制，扩展第二层结构，以及灵活的端口管理。虚拟链路是一个特殊的独立隧道，为每个相邻的虚拟机或虚拟交换机提供流量隔离。对于某些协议，此隧道可能以与物理链路类似的方式直接连接到网络。除虚拟交换机外，虚拟链路还依赖服务器中的 CPU 处理速度。虚拟交换机和虚拟链路提供软件解决方案，可减轻物理交换机和链路的负担。但是，它们的性能依赖主机服务器的计算能力，其中来自虚拟端口的数据交换可能占用过多的内存。由于 DCN 连接了数千台服务器和虚拟机，每台交换机或链路上的工作负载可能会很大。在这种情况下，虚拟交换机和虚拟链路可能无法完成数据传输和交换。

(4) 虚拟网络：虚拟网络可按时间段分成两类。一是在云计算之前的如虚拟局域网 (VLAN)[47]和虚拟专用网络[47]之类的技术。但是，这类虚拟网络仍然与物理网络耦合，无法满足大规模集群需求。二是为了适应大量虚拟网络提出的 VXLAN[48]等虚拟网络技术。VXLAN 采用隧道传输来限制目的地网段中的数据包，通过使用 UDP 多播而不是广播，VXLAN 显著提高了数据中心之间的迁移性能。此外，VXLAN 具有更大的段地址大小 (24 位)，能够支持创建更多的虚拟网络。

8.4.3　DCN 虚拟化面临的挑战

1. 虚拟化边缘数据中心

到目前为止，大多数关于 DCN 虚拟化的研究都集中在包含数千台机器的大型数据中心。虽然大型数据中心由于其集中性而易于管理，但在服务托管方面具有固有的局限性。高度集中可能导致数据中心远离最终用户，带来更高的通信成本以及延迟、抖动和吞吐量方面次优的服务质量。

EdgeCloud[49]和微数据中心[50]等边缘数据中心解决方案，倡导建立小型数据中心以便在网络边缘（如接入网络）部署。边缘数据中心同样需要虚拟化，以支持来自具有不同性能目标和管理目标的多个租户的 VDC。然而，虚拟化边缘数据中心也有其独特的研究挑战：①如何划分远程和边缘中心间的基础设施，以实现性能和运营成本间的平衡；②如何有效管理多个数据中心托管的服务。因此，在存在大量边缘数据中心的大型基础架构中监视和控制资源极具挑战性。

2. 虚拟数据中心嵌入

VDC 的容量取决于虚拟资源到物理资源的有效映射。这个问题通常称为嵌入，并且已经成为网络虚拟化背景下广泛研究的主题[51]。VDC 嵌入算法设计的问题包括：①考虑对资源的需求时要全面覆盖所有资源（服务器、路由器和交换机等）；②应能适应数据中心应用程序对资源需求的变化；③能耗是数据中心的一大问题，因为它占据了大量的数据中心运营成本，降低能耗的主要挑战是如何联合优化虚拟机和虚拟网络的布局以节省能源；④容错是 VDC 的另一个主要问题，物理链路故障可能会导致共享链路的多个 VDC 中断；⑤现有数据中心架构依赖于 Fat-Tree 和 Clos 等不同的网络拓扑，但尚不清楚哪种拓扑最适合 VDC 嵌入。

因此，分析 VDC 嵌入对物理 DCN 拓扑设计的影响非常重要。

3. 网络性能保证

如今，商业数据中心拥有大量具有不同性能要求的应用。例如，面向用户的应用（Web 服务和实时应用）通常需要低通信延迟，而数据密集型应用需要高吞吐量。在这种情况下，希望通过设计可扩展但灵活的 DCN 以达到各种网络性能目标是一个具有挑战性的问题。虽然网络虚拟化能通过将 DCN 划分为多个逻辑网络来克服这些问题，但仍存在很多挑战。例如，提供延迟保证，这不仅需要隔离带宽分配，还需要有效的速率控制机制；数据中心环境中的一个特殊挑战是 TCP Incast 问题[19]，其中来自大量短流的分组的同时到达可能会让网络交换机中的缓冲区溢出，导致网络延迟显著增加。任何在 DCN 中提供延迟保证的解决方案都必须具备处理 TCP Incast 问题的能力，在多租户环境中提供延迟保证问题仍需要进一步研究。

4. 数据中心管理

在 VDC 环境中，基础设施提供商负责管理数据中心的物理资源，而服务提供商负责管理分配给其虚拟数据中心的虚拟资源（如计算、存储、网络和 I/O）。VDC 的一个重要优势是物理资源由单个基础设施提供商管理。这允许基础设施提供商具有系统的完整视图，从而促进有效的资源分配和故障处理。但是，VDC 仍然存在一些需要解决的挑战，包括以下方面：①对大量资源的监控，以及汇总监控信息并能向租户提供定制和隔离的视图，关键问题是尽量减少流量管理对网络性能造成的负面影响；②高效的能源管理对于降低数据中心的运营成本至关重要，而降低能耗可能会导致 VDC 性能下降，因此，在能耗和 VDC 性能之间找到良好的权衡是重要的研究问题；③检测和处理故障是任何数据中心体系结构的基本要求，因为物理资源的故障可能会影响多个服务提供者，提供高可靠性而不会产生过高的成本是未来探索的一个有趣问题。

5. 安全

安全性一直是任何网络架构的重要问题。由于租户和基础设施提供商之间以及租户之间的复杂互动，这个问题在 VDC 的背景下更加恶化。虽然服务器和 DCN 的虚拟化可以解决一些安全挑战，如限制信息泄露和性能干扰攻击，但现在的虚拟化技术仍远未成熟，甚至会引入一些新的漏洞，例如对虚拟机的攻击可能导致对托管虚拟机的物理服务器的管理程序的攻击[52]。这就产生了设计免受这些安全漏洞影响的安全虚拟化架构的问题。除了减轻与虚拟化技术相关的安全漏洞之外，还需要提供监控和审计基础架构，以便检测来自租户和基础设施提供商的恶意活动。另外，在多租户数据中心环境中，不同的租户可能需要不同级别的安全性，于是引入了管理异构安全机制和策略的额外复杂性。

6. 定价

定价是多租户数据中心环境中的一个重要问题，不仅因为它直接影响基础设施提供商的收入，还因为它为租户提供了导致预期结果的行为激励，例如，在最大化资源利用率和应用性能的同时还要求利润最大化且租户满意度高就很困难。一般来说，精心设计的定价方案应该既公平又有效。

虽然到目前为止的讨论一直侧重于数据中心内的资源定价，但数据中心外云资源定价的案例也是具有挑战性的。特别是，当租户希望跨多个数据中心部署虚拟数据中心时，有必要开发相应机制，不仅要帮助租户决定在多个网络中适当嵌入 VDC，还要允许租户和基础设施提供商协商服务质量和定价方案。

8.4.4　未来研究方向

1. 网络功能虚拟化

NFV 将网络功能(如防火墙、负载均衡器和域名服务与物理服务器)分离[53]。NFV 提供跨 VI 的中央功能管理，其中每个 VNF 都是隔离的。此外，NFV 节省了手动培训和云服务配置的时间。

但是，在为云计算安装 NFV 时，DCN 遇到了一些挑战。首先，NFV 在 DCN 架构中引入了额外的设备。DCN 应该具有为该设备定制的架构，以提供中央虚拟化隧道。例如，要求设备采用较少的跳数将其功能分配给相应虚拟机上的 VNF。其次，需要 DCN 为设备提供大带宽容量。最后，也可能要求 VNF 迁移到另一个虚拟机，但当前的迁移方法会导致高延迟[42]。例如，如果需要防火墙实例从一个虚拟机移动到另一个虚拟机，则必须停止其所有工作进程并保留其状态的快照，这些状态必须复制并传递到目标虚拟机。因此，如何减少迁移开销需要进一步的探索。

2. 容器虚拟化

容器虚拟化(container virtualization，CV)[54]提供容器的概念，这是一种比虚拟机更高效的虚拟化元素，可以在云中运行各种应用程序。传统上，每个虚拟机对应于由主机内核之上的管理程序虚拟化的单个内核。如果在虚拟机上运行的云应用程序访问主机内核，则来自管理程序的系统调用将导致高 CPU 开销，因为调用必须由主机内核进行转换。相比之下，容器可以直接共享主机内核而无需任何转换，从而加快了应用程序的流程。目前，Docker 是最受欢迎的 CV 产品。

CV 是一种新技术，可以消除虚拟机管理程序所需的主机，因此有很多关于通过 DCN 部署 Docker 进行云计算的开放性问题。首先，目前的 CV 技术不能充分解决 NIOV 和 NV 的性能问题。例如，容器、虚拟机和 KVM 无法有效共享 NIC。这使得 DCN 难以为容器提供足够的带宽和 I/O 控制。其次，由于容器意味着将虚拟机替换为云计算中的服务单元，DCN 应根据 SLA 有效地将硬件资源分配给不同的容器。未来的研究应该考虑容器放置算法以及不同用户的虚拟机放置。

3. 网络即服务

网络即服务 (network as a service, NaaS)[53] 已经成为一种基于互联网的云计算服务模型，它为租户创建了一些用于按需资源配置的 VI。与基于 VDC 的资源配置相比，NaaS 引发了来自多个租户的更高级别的需求，但是这两个概念可以合并以在云服务期间灵活地利用 DCN 资源。VDC 的主要目标是解决一个 VI 的资源分配问题，其中分配器根据需要将不同的虚拟机放置到物理基础设施，而 NaaS 允许多个 VDC 在不同的 VI 之间共享和管理 DCN 资源。

用于 NaaS 的 DCN 不仅应解决 VDC 内的智能虚拟机放置问题，还应提供智能 VDC 放置策略以协调不同 VDC 的隔离和交互。利用现有的 DCN 设计，难以在 VDC 内和 VDC 之间实现按需配置，因为这两个问题都是 NP 难的。但是，如果 VDC 分配器在将虚拟机放置到 DCN 时启发式地考虑多个 VDC 需求，而不是单独考虑虚拟机和 VDC 放置问题，则还有很多机会。例如，来自不同 VDC 的不同 SLA 矩阵可以合并为单个矩阵，从而整个 NaaS 基础设施可以作为单个 VDC 出现。这将出现更多 VDC 解决方案以应对 NaaS 的挑战。

8.5　DCN 软件定义化

动态计算和存储，需要较高的网络技术的支持。首先，DCN 应用通常访问分布在公有云和私有云中的数据库和服务器，这需要灵活的流量管理和足够的带宽来保证传输性能。其次，越来越多的用户通过自己的移动设备访问数据库和服务器，这需要灵活的网络技术来保持移动设备在线，并且还需要安全技术来检测恶意用户。

SDN 可以在 DCN 体系结构中灵活部署网络设备，以提供 SDN 控制器应用程序上的应用程序性能和安全策略。Tavakoli 等[55] 在 2009 年首次尝试使用带有 SDN 的 DCN(DCSDN)，此后越来越多的新研究提出整合 DCN 和 SDN 结构。

8.5.1　DCSDN 自动配置

随着公有云和私有云、混合云数量的增加，DCN 服务在网络配置方面面临着很大的挑战，如虚拟机迁移和网络负载均衡等。云租户数量的显著增长以及它们对网络资源池的巨大需求引发了许多关于应用程序中断的担忧。将 SDN 体系结构嵌入 DCN 体系结构中，SDN 可以为 DCN 中的流量自动配置提供便利。逻辑上集中的控制器可以直接管理每个 SDN 交换机上的流表项，并有效地部署具有一致配置的应用程序级策略。本节将介绍以下三种 DCSDN 配置。

(1)无缝虚拟网络。为在不同网络上迁移虚拟机，DCN 必须配置一个无缝寻址系统。SDN 控制器可以抽象多个 DCN 中的物理和虚拟网元成为一个具有端口、链路和策略虚拟组件的单一虚拟核心交换机。虚拟端口是连接到 DCN 的网元端口，网元被视为虚拟核心交换机的线卡。虚拟链路用于物理 DCN 内的服务器和网元之间的连接。虚拟策略应用于虚拟网络中支持移动网元。VICTOR[56]是从不同 DCN 的 SDN 支持的网元中抽象出来的大型虚拟路由器，在不修改用户应用程序或 TCP/IP 堆栈的情况下，支持跨数据中心(data center，DC)间虚拟机迁移。在 VICTOR 中，SDN 控制器被编程为处理帧内和 DC 间虚拟机迁移的信令和路由。但是，当虚拟机在具有不同寻址和路由方案的异构 DCN 体系结构(如 VL2 和 Portland)之间迁移时，很难在线维护连接，因为它们分别通过伪 IP 和伪 MAC 地址定位虚拟机。2015 年，思科提出 locator/ID 分离协议(LISP)[57]，此协议通过两个独立的地址空间重组网络地址，即虚拟地址空间中的 EID 地址和物理网络地址空间中的 RLOC 地址。因为 LISP 映射系统服务将维护 EID 地址和当前 RLOC 地址之间的映射，所以使用这种体系结构，DCN 中的虚拟节点可以迁移到具有不同 RLOC 地址的新位置。

(2)流量规则的无冲突更新。为了更新网络流量时不出现阻塞、路由循环或路由黑洞问题，可以由中央控制器调度网络规则更新流规则。VeriFlow[58]是交换机的代理抽象，对网络行为进行建模并检查路由不变量，如路由循环和路由黑洞。通过对现有规则进行前缀树表示和生成转发图来构建网络行为，然后通过基本的可达性算法来检测流规则的不变量，检测后，违反不变量的规则将被删除或安装警报。可达性算法将使用深度优先搜索方法遍历每个转发图。

(3)备用路由规则部署。为了从网络故障中恢复，有人提出将流转换为有效路径的恢复方案。SlickFlow[59]在链路故障时自动切换到备选路径来准备恢复路径。备用路径被嵌入在数据包的报头中，以便检测主路径链路故障的 SDN 交换机将数据包切换到备用路径。虽然该方法可以利用 DCN 丰富的路径多样性特性，但存在两个问题。首先，流表负荷的大小将是以前的两倍。其次，将备选路径嵌入报头中，增加了网络流量和功耗。Capone 等[60]提出一种基于 MPLS 标签的数据包重新路由的方法来重新寻路。一旦 OpenFlow 交换机检测到节点或链路故障，它将标记数据包并将其沿主路径发回，然后第一个可重新路由数据包的 OpenFlow 交换机将重新路由数据包并更改流表，以重新路由以后来自源节点的数据包。

8.5.2　DCSDN 安全

传统的防火墙、入侵检测系统和接入控制等网络安全设备在云租户的虚拟网络中受到挑战，租户通过动态虚拟连接和边界来决定他们的服务和虚拟网络。在 DCN 中，数据来源问题已经得到了解决。随着云 DCN 上虚拟机和虚拟网络服务的迅速崛起，DC 租户给 DCN 带来了新的要求和挑战。为防止租户的流量受到其他租户恶意行为的影响，可以利用现有的隔离方法(如 VLAN)，但它们都限制了网络的可扩展性和网络的可操作性。本节将展示 DCSDN 中网络安全问题的解决方案，即流量隔离和安全中间件替换。

(1)流量隔离。在流量隔离中，为重写 MAC 地址和插入 VLAN 的 ID 和 MPLS 标签，可定制的 SDN 交换机被设计成替代 DCSDN 的中间件。为了实现多租户虚拟 DCN 的地址隔离和可扩展性，Kawashima 等[61]在目标虚拟机的真实 MAC 地址被目标服务器和基于主机的 VLAN ID(VID)二元组的 MAC 地址取代的情况下，在租户网络的 SDN 虚拟交换机上使用包头重写。SDN 控制器维护二元组地址和虚拟机的真实 MAC 地址之间的映射，一旦新的虚拟机实例启动，就会添加新的映射。每个主机都有自己的 VID 空间，因此 VID 空间限制不会影响租户网络的数量。除了租户网络隔离，还可以通过在 SDN 控制器上维护路径成本表来实现租户带宽隔离。

(2)安全中间件替换。具有防火墙、入侵检测系统和访问许可控制等安全功能的中间件已经在 DCN 中基于 SDN 实现，其成本更低，性能更好。为了强化 DCN 租户的准入控制，Iyer 等[62]开发了一个名为 Avalanche 的基于 SDN 的安全系统，实现了 DCSDN 的全球可见性。借助 SDN 交换机上的预定义安全策略，Avalanche 可以决定是否允许新成员加入组播组。在 StEERING[63]中，安全策略可以动态地为每个流分配一系列的中间件来实现，利用启发式算法解决具有全局网络可见性的中间件位置选择，并实现细粒度的流量控制。

8.5.3　DCSDN 资源分配

DCSDN 中的资源分配方法是通过在主机或网络设备上实现的流量控制来实现的，这些方法分为基于主机的控制、基于网络的控制和混合控制。

1. 基于主机的控制

基于主机的控制是通过考虑网络和传输特性进行终端速率的自适应优化。SDN 提供网络可见性，以方便流量控制。终端主机可以计划更改它们的速率或迁移到替代的 DCN 服务器。在设计 DCN 应用程序调度策略时，可以利用网络可见性，例如在 Hadoop 作业调度中放置虚拟机。以下将介绍三种基于主机的控制的资源分配方法。

(1)TCP-like。为了最大化网络资源利用率，终端主机可以根据网络拥塞的情况来调整它们的发送速率。通过计算链路利用率和通信量矩阵，实现 SDN 交换机对网络拥塞进行实时监控。Jouet 等[64]设计了一个基于 SDN 的 TCP 控制环来解决 DCN 老鼠流的慢启动问题。在 DCN 中，带宽延迟积(bandwidth-delay product，BDP)明显较低，因此可以根据 SDN 控制器的时间测量来调整 TCP 参数，如初始化窗口和重传计时器。在这种设计中，中央控制器实时计算最小带宽延迟积，并监控拓扑结构、带宽和延迟的变化。

(2)最大最小公平。对于云网络资源共享，公平权重可以定义在不同的级别，包括虚拟机、流和租户。在虚拟机级别，每台服务器上的虚拟机共享服务器的带宽；在流级别，所有流具有相同的权重；在租户级别，每个租户的权重由虚拟机对流的数量定义。Popa 等[65]提出在具有不同租户权重的租户之间的带宽分配中应用最大最小公平性。租户权重可以通过三种不同级别的分配策略来确定，即网络级别(PS-N)、链路级别(PS-L)和最近链路级别(PS-P)。租户的 PS-L 权重由通过给定链路通信的虚拟机的总和决定。租户的 PS-N 权重由网络中虚拟机的总和确定。PS-P 权重根据链路与两台虚拟机之间的距离，为虚拟机对每条链路的权重分配 PS-L 权重。

(3)网络感知的虚拟机放置和迁移。虚拟机的位置是为每个虚拟机选择可用的物理主机，可以通过最小化通信虚拟机之间的网络设备数量对其进行优化。在 CloudNaas 框架[66]中，通过装箱启发式算法解决了虚拟机的放置问题，该算法将通信虚拟机排列到虚拟网络段中，然后按虚拟机的数量对其进行排序，最后将其分配到最近的主机中。虚拟机的位置可以是相同的主机、相同的机架、相同的聚合设备和任何可用的物理主机。

2. 基于网络的控制

从网络控制的角度来看，流量需求是网络资源分配的输入之一。使用 SDN 架构，可以设计具有网络可见性的网络，以高效地分配网络资源。此外，网络可以利用预定策略、动态分配策略和负载均衡策略调度网络资源，保证网络资源分配的性能。以下将介绍三种资源分配的方法。

(1)最短路由树。DCN 中的组播一直是个突出的话题，尤其是它的资源分配问题。充分利用 DCN 丰富的路径多样性，利用 SDN 对网络组播流量进行优化。Iyer 等[62]提出了一种高效的多播路由算法 AvRA，该算法利用 SDN 的全局网络可见性来最小化每个多播组的路由树的大小。基于全局可见性，AvRA 通过最短路径向现有树添加成员来实现多播树。

(2)资源预留。PANE[67]可以通过保留交换机端口的队列大小来预留链路资源。为避免分配冲突，PANE 的设计保证了每个流的最低要求。当 PANE 不能分配新的流量时，它会延迟流的启动时间。然而，PANE 仅提供固定的带宽保留，这不会随应用程序的流量变化而变化。对于虚拟 DC 之间的虚拟互连，学者提出了广度优先搜索资源记账算法[68]将可用的网络资源映射到虚拟路径，通过编程来计算相互连接的服务器和机架的可用带宽。对于光网络，可以使用灵活的网格技术来调度光分插复用器以进行资源分配。

(3)负载均衡。对于 DCN 复制操作，SDN 控制器通过对链接和路径的负载测量实现了负载平衡和拥塞避免。对于任何新产生的流，路由都是通过负载平衡和拥塞避免来最优选择的，然而流路由不能保证现有流的最佳路由集。对于具有动态性和短期流的 DCN，实时调度 SDN 控制器上的所有流是不现实的。相反，可以在 SDN 交换机上调度流转发，并使用实时链路利用率统计数据。

3. 混合控制

在混合控制中，SDN 控制器将对终端主机和网元进行综合控制。终端主机以允许的流量进入，而网元将对可见网络中的可用链路资源进行优化利用。例如，在 Hadoop 应用程序中，作业调度策略可以利用网络可见性，而路由可以通过对聚合、数据变换和部分重叠的聚合流量模式的通信模式来调度，以提高 Hadoop 应用程序的性能。基于 SDN 的应用程序可以与现有的网络设备或网络协议进行协作，并充分利用混合的网元和网络资源。

混合控制有以下几个特点：①处于不同地理位置的 DC 通过具有高带宽和高可靠性的广域网进行连接；②DCN 流量可以分为保证期限和带宽保证服务。前者需要一个固定的截止日期，而后者需要一个立即保证的带宽；③为了提高应用的可靠性，DCN 会在多台服务器上拥有文件副本，这将导致 DCN 流量的内容重复，例如，高达 50%的 HTTP 和超过 30%的 MapReduce；④为了优化链路利用率和节能，流量迁移和虚拟机迁移可以与流量感知同时进行。

8.5.4　DCSDN 节能

网络设备通常在 DCN 中消耗 20%～30%的能量。通常情况下，DCN 架构采用丰富的连接和多路径路由来实现高网络性能。然而，这种设计也会造成能源浪费，原因如下：①网络设备利用率低，因为 DCN 流量通常低于峰值速率；②网络设备所消耗的能量通常是恒定的，而不是扩展到流量负荷。降低网络设备功耗的主要策略分为流量聚合和虚拟机迁移。下面具体介绍这两类策略。

(1)流量聚合。可以在 SDN 控制器上实现流量聚合，提供对集中管理的 SDN 支持的网元进行实时监控和管理的能力。例如，ElasticTree[69]设计了一种为任何给定的 DCN 流量矩阵选择活动网元的最小功耗子网的算法。首先，OpenFlow 交换机向优化器提供端口统计信息(流量数据);然后,优化器计算流量数据,并将其发送到路由模块;最后,路由模块将其应用于网络(路径控制)。SDN 通过对网络资源的监控和对流量模式的抽象,可以将能量最小化问题建模为多商品流问题,并由 CPLEX、greedy-bin packer(贪婪分包器)和拓扑感知启发式(TAH)等优化器解决。

(2)虚拟机迁移。在流量聚合方法的基础上,还可以通过虚拟机配置策略来实现节能,以提高能源效率。将虚拟机合并为一组小的 PoD 和服务器,并尽可能减少网络通信量。例如,对于具有无限虚拟机布局的实际场景,VMPlanner[70]提出通过解决虚拟机布局的 NP 完备问题以及流量路由来节约能源。VMPlanner 将节能问题划分为三个子问题,即流量感知的虚拟机分组的平衡最小 K-cut 问题、基于服务器机架映射的距离感知虚拟机分组的二次分配问题和基于能力感知的跨虚拟机流量路由的多商品流问题。

8.6　DCN 面临的挑战与展望

8.6.1　面临的挑战

1. 可灵活定制功能

传统 DCN 没有采用数据与控制分离的思想,使得传统网络的控制层和数据层耦合在一起,失去了动态可拓展和灵活配置的特性,带来的结果就是网络功能服务只能在预定范围内有限提供。如今,随着互联网的发展,数据中心的网络应用需求也越来越丰富和灵活多变,为了满足不同用户的需求,提高数据中心服务能力,需要针对不同网络应用对应的网络服务进行适当的动态配置。以 SDN 为代表的新兴网络技术实现了数据转发平面和网络控制平面的分离(即解耦合)并提高了硬件平台的可编程性,这显然是一大进步,但其遵循的 OpenFlow 协议存在转发流程复杂、转发设备功能有限等问题,这促使更高效的 SDN 架构成为学术界追逐的目标。而这些都致使功能可定制化的 DCN 面临持续的挑战。

2. 横向可扩展

随着不同类型的用户对于计算和存储等多种资源的网络化访问需求的日益增长,计算、存储和网络资源的按需扩展成为数据中心必须具备的能力。服务器集群内部之间的有效互连是向用户提供这些服务的前提。以扩充交换机端口数量或提升端口速率为代表的纵向扩展方法无法适应当下 DCN 的规模扩展需求,需要探索各种横向扩展模式。以接入层交换机、汇聚层交换机和核心层交换机这一典型树型互连结构为代表的传统数据中心已经不能满足当前云计算业务对数据中心的需求，DCN 不仅是连接大规模服务器进行大型分布式存储和计算的桥梁，更是提高云计算服务性能的关键资源，因此数据中心适时扩展很有必要。目前，DCN横向扩展的研究大多是基于同构设备且缺乏对设备和链路故障的充分考虑。同时，数据中心的规模需求随业务量及用户数量的增加按需渐进地扩展，硬件技术的快速革新使得数据中心在扩容和维护过程中不可避免地引入异构服务器和网络设备。为了提高数据中心的资源利用率，DCN 拓扑必须具有异构扩展能力。此时，如何基于大量异构不可靠的服务器和网络设备构建系统层面可靠的数据中心，对横向可扩展的 DCN 设计提出了更艰巨的挑战。

3. 资源高效复用

资源的高效统计复用是数据中心核心价值之一。在已经给定的硬件设施基础上，通过一定的软件技术对硬件资源进行高效管理，提高数据中心的资源利用率以满足用户的各种应用需求。当前，云 DCN 所运行的网络协议基本上都是为广域网环境设计的。数据中心的网络环境与广域网有非常大的差异，如流量突发性强且不可预测、端到端带宽极高和端到端时延极低等，导致现有网络协议对 DCN资源的利用率很低。目前，在软件定义的框架下如何设计新型的路由和传输协议以提高 DCN 的资源利用率并提升上层应用的性能是非常具有挑战性的问题。

4. 关联性流量的协同传输

由于网络资源的共享特性，数据中心承载了各类服务和应用的频繁提取和处理分布存储的数据，数据中心中密集的数据交互行为产生了庞大的"东西向流量"，从而令网络资源严重制约了数据中心应用的服务质量。Multicast、Incast 以及Shuffle 传输是"东西向流量"的主要组成部分。此外，在组成 Multicast、Shuffle和 Incast 的众多数据流之间存在很大的数据关联性，进而存在非常大的数据流聚合增益。数据中心为各类上层应用提供多种分布中占用不同的链路资源，致使运用流量协同管理机制所节省的网络资源差异很大。因此，如何通过联合优化网络计算和网络存储以解决好不确定性关联流量的协同传输问题是十分重要而且有挑战性的。

5. 能耗的协同控制

数据中心数量和规模的不断增长导致了巨大的能耗开销，带来了巨额的运维成本和严重的碳排放污染，如何对数据中心进行有效的能耗管理、提高能源利用率和降低巨额能耗，具有重要的经济效益和社会影响，成为绿色数据中心迫切需要解决的问题。在软件定义数据中心的网络框架下，网络控制器可以通过外带方式获取 DCN 的温度、能耗信息和网络流量信息等，并以软件控制的方式进行流量整形和聚合、网络节能流量工程的实现、节点休眠和唤醒状态转换等自动能耗控制。因此，为了实现多维度的协同能耗控制，软件定义 DCN 需要研究如何实时高效地感知网络能耗信息，如何在不影响网络性能和可靠性的前提下实现节能流量工程，并尽可能地使用清洁能源。

8.6.2　展望

未来，DCN 中更适合的 SDN 架构会被提出，以此来实现数据中心更完善的功能可灵活定制，横向扩展和异构扩展也会进一步发展，新型的路由和传输协议会被用来提高 DCN 的资源利用率并提升上层应用的性能，关联性流量协同管理机制将有效降低"东西向流量"对服务质量的影响，软件定义 DCN 可以利用可编程和集中控制的思想来实现节能流量工程，进而满足多维度的协同能耗控制。此外，一些新型网络互联结构的设计与优化方法也会被提出，以便来满足 DCN 的高带宽、高容错和高可扩展性等方面的需求。

本章讲述了数据中心的起源与发展，以及现有 DCN 的不同体系结构特点。此外，还详细介绍了近年来云 DCN 发展的趋势，以及云环境对 DCN 的要求及挑战，介绍云 DCN 的体系特点及相关技术。之后，深入研究新一代 DCN 的发展趋势，如 DCN 虚拟化和 DCN 软件定义化，探讨新一代 DCN 的运用场景以及相关技术发展。最后，概述当前 DCN 面临的挑战并探讨 DCN 的一些未来发展趋势。

参 考 文 献

[1] Bari M F, Boutaba R, Esteves R, et al. Data center network virtualization: A survey[J]. IEEE Communications Surveys and Tutorials, 2013, 15(2): 909-928.

[2] Barroso L A, Clidaras J, Hölzle U. The datacenter as a computer: An introduction to the design of warehouse-scale machines[J]. Synthesis Lectures on Computer Architecture, 2013, 8(3): 1-154.

[3] Alfares M, Loukissas A, Vahdat A. A scalable, commodity data center network architecture[J]. ACM SIGCOMM Computer Communication Review, 2008, 38(4): 63-74.

[4] Greenberg A, Hamilton J R, Jain N, et al. VL2: A scalable and flexible data center network[J]. Communications of the ACM, 2009, 54(4): 95-104.

[5] Chen G, Zhao Y, Pei D, et al. Rewiring 2 links is enough: Accelerating failure recovery in production data center networks[C]. IEEE International Conference on Distributed Computing Systems, Columbus, 2015: 569-578.

[6] Abts D, Marty M R, Wells P M, et al. Energy proportional datacenter networks[C]. ACM International Symposium on Computer Architecture, Saint Malo, 2010: 338-347.

[7] Guo C, Wu H, Tan K, et al. DCell: A scalable and fault-tolerant network structure for data centers[J]. ACM SIGCOMM Computer Communication Review, 2008, 38(4): 75-86.

[8] Li D, Wu J. On the design and analysis of data center network architectures for interconnecting dual-port servers[C]. IEEE Conference on Computer Communications, Toronto, 2014: 1851-1859.

[9] Guo C, Lu G, Li D, et al. BCube: A high performance, server-centric network architecture for modular data centers[J]. ACM SIGCOMM Computer Communication Review, 2009, 39(4): 63-74.

[10] Wang T, Su Z, Xia Y, et al. Towards cost-effective and low latency data center network architecture[J]. Computer Communications, 2016, 82: 1-12.

[11] Farrington N, Porter G, Radhakrishnan S, et al. Helios: A hybrid electrical/optical switch architecture for modular data centers[C]. Proceedings of ACM SIGCOMM Conference, New Delhi, 2010: 339-350.

[12] Chen K, Singla A, Singh A, et al. OSA: An optical switching architecture for data center networks with unprecedented flexibility[J]. IEEE/ACM Transactions on Networking, 2018, 22(2): 498-511.

[13] Hamedazimi N, Qazi Z, Gupta H, et al. FireFly: A reconfigurable wireless data center fabric using free-space optics[J]. ACM SIGCOMM Computer Communication Review, 2014, 44(4): 319-330.

[14] Kandula S, Padhye J, Bahl V. Flyways to decongest data center networks[C]. Proceedings of the 8th ACM Workshop on Hot Topics in Networks, New York, 2009: 1-6.

[15] Zhang C, Wu F, Gao X, et al. Free talk in the air: A hierarchical topology for 60GHz wireless data center networks[J]. IEEE/ACM Transactions on Networking, 2017, 25(6): 3723-3737.

[16] Li D, Xu M, Liu Y, et al. Reliable multicast in data center networks[J]. IEEE Transactions on Computers, 2014, 63(8): 2011-2024.

[17] Zhang Y, Ansari N. On architecture design, congestion notification, TCP Incast and power consumption in data centers[J]. IEEE Communications Surveys and Tutorials, 2013, 15(1): 39-64.

[18] Nagle D, Serenyi D, Matthews A. The panasas activescale storage cluster: Delivering scalable high bandwidth storage[C]. Proceedings of ACM/IEEE Conference on Supercomputing, Washington, 2004: 53.

[19] Vasudevan V, Phanishayee A, Shah H, et al. Safe and effective fine-grained TCP retransmissions for datacenter communication[J]. ACM SIGCOMM Computer Communication Review, 2009, 39(4): 303-314.

[20] Shukla S, Chan S, Tam S W, et al. TCP PLATO: Packet labelling to alleviate time-out[J]. IEEE Journal on Selected Areas in Communications, 2013, 32(1): 65-76.

[21] Zhang J, Ren F, Tang L, et al. Taming TCP Incast throughput collapse in data center networks[C]. IEEE International Conference on Network Protocols, Raleigh, 2014: 1-10.

[22] Wang G, Ren Y, Dou K, et al. IDTCP: An effective approach to mitigating the TCP incast problem in data center networks[J]. Information Systems Frontiers, 2014, 16(1): 35-44.

[23] Zhao W, Wang J, Wen J, et al. TCP-FITDC: An adaptive approach to TCP incast avoidance for data center applications[C]. IEEE International Conference on Computing, Networking and Communications, San Diego, 2013: 1048-1052.

[24] Hwang J, Yoo J, Choi N. IA-TCP: A rate based incast-avoidance algorithm for TCP in data center networks[C]. IEEE International Conference on Communications, Ottawa, 2012: 1292-1296.

[25] Zhang J, Ren F, Yue X, et al. Sharing bandwidth by allocating switch buffer in data center networks[J]. IEEE Journal on Selected Areas in Communications, 2014, 32(1): 39-51.

[26] Prakash P, Dixit A, Hu Y C, et al. The TCP Outcast problem: Exposing unfairness in data center networks[C]. Proceedings of the 9th USENIX Conference on Networked Systems Design and Implementation, San Jose, 2012: 289-295.

[27] Qin Y, Shi Y, Sun Q, et al. Analysis for unfairness of TCP Outcast problem in data center networks[C]. Proceedings of the 25th International Teletraffic Congress, Shanghai, 2013: 1-4.

[28] Ford A, Raiciu C, Handley M, et al. TCP extensions for multipath operation with multiple addresses[EB/OL]. https://www.rfc-editor.org/rfc/rfc8684.html. [2021-05-13].

[29] Wischik D, Raiciu C, Greenhalgh A, et al. Design, implementation and evaluation of congestion control for multipath TCP[C]. Usenix Conference on Networked Systems Design and Implementation, USENIX Association, Boston, 2011: 99-112.

[30] Vigfusson Y, Abu-Libdeh H, Balakrishnan M, et al. Dr. Multicast: RX for data center communication scalability[C]. European Conference on European Conference on Computer Systems, New York, 2008: 1-12.

[31] Li D, Yu J, Yu J, et al. Exploring efficient and scalable multicast routing in future data center networks[C]. Proceedings of IEEE INFOCOM, Shanghai, 2011: 1368-1376.

[32] Li D, Cui H, Hu Y, et al. Scalable data center multicast using multi-class Bloom filter[C]. IEEE International Conference on Network Protocols, Vancouver, 2011: 266-275.

[33] Li D, Xu M, Zhao M C, et al. RDCM: Reliable data center multicast[C]. Proceedings of IEEE INFOCOM, Shanghai, 2011: 56-60.

[34] Benson T, Akella A, Maltz D A. Network traffic characteristics of data centers in the wild[C]. ACM SIGCOMM Conference on Internet Measurement, Melbourne, 2010: 267-280.

[35] Wang B, Qi Z, Ma R, et al. A survey on data center networking for cloud computing[J]. Computer Networks, 2015, 91(C): 528-547.

[36] Bilal K, Malik S U R, Khalid O, et al. A taxonomy and survey on green data center networks[J]. Future Generation Computer Systems, 2014, 36(7): 189-208.

[37] Kliegl M, Lee J, Li J, et al. Generalized DCell structure for load-balanced data center

networks[C]. Proceedings of INFOCOM IEEE Conference on Computer Communications Workshops, San Diego, 2010: 1-5.

[38] Gyarmati L, Trinh T A. Scafida: A scale-free network inspired data center architecture[J]. ACM SIGCOMM Computer Communication Review, 2010, 40(5): 4-12.

[39] Mudigonda J, Yalagandula P, Mogul J, et al. NetLord: A scalable multi-tenant network architecture for virtualized datacenters[J]. ACM SIGCOMM Computer Communication Review, 2011, 41(4): 62-73.

[40] Mudigonda J, Yalagandula P, Al-Fares M, et al. SPAIN: COTS data-center ethernet for multipathing over arbitrary topologies[C]. USENIX Symposium on Networked Systems Design and Implementation, Boston, 2010: 265-280.

[41] Jose S. Data center: Load balancing data center services SRND[R]. San Jose: Cisco, 2004.

[42] Spring N, Mahajan R, Wetherall D, et al. Measuring ISP topologies with rocketfuel[J]. IEEE/ACM Transactions on Networking, 2004, 12(1): 2-16.

[43] Zhang Q, Zhani M F, Zhang S, et al. Dynamic energy-aware capacity provisioning for cloud computing environments[C]. Proceedings of the 9th International Conference on Autonomic Computing, San Jose, 2012: 145-154.

[44] Ballani H, Costa P, Karagiannis T, et al. Towards predictable datacenter networks[C]. ACM SIGCOMM Computer Communication Review, 2011, 41(4): 242-253.

[45] Dong Y, Chen Y, Pan Z, et al. ReNIC: Architectural extension to SR-IOV I/O virtualization for efficient replication[J]. ACM Transactions on Architecture and Code Optimization, 2012, 8(4): 1-22.

[46] Wang A, Iyer M, Dutta R, et al. Network virtualization: Technologies, perspectives, and frontiers[J]. Journal of Lightwave Technology, 2013, 31(4): 523-537.

[47] Frantz P J, Thompson G O. VLAN frame format: US10225708[P]. [2009-11-24].

[48] VXLAN: The future for data center networks[EB/OL]. https://community.fs.com/blog/vxlan-the-future-for-data-center-networks.html. [2021-05-13].

[49] Islam S, Grégoire J C. Network edge intelligence for the emerging next-generation internet[J]. Future Internet, 2010, 2(4): 603-623.

[50] Church K, Greenberg A G, Hamilton J R. On delivering embarrassingly distributed cloud services[C]. The 7th ACM Workshop on Hot Topics in Networks, Calgary, 2008: 55-60.

[51] Butt N F, Chowdhury M, Boutaba R. Topology-awareness and reoptimization mechanism for virtual network embedding[C]. International Conference on Research in Networking, Chennai, 2010: 27-39.

[52] Greenberg A, Hamilton J, Maltz D A, et al. The cost of a cloud: Research problems in data center networks[J]. ACM SIGCOMM Computer Communication Review, 2008, 39(1): 68-73.

[53] Jammal M, Singh T, Shami A, et al. Software defined networking: State of the art and research

challenges[J]. Computer Networks, 2014, 72: 74-98.

[54] Martijn D. Docker: Build, ship, and run any app, anywhere[EB/OL]. https://delftswa. github.io/chapters/docker/. [2021-05-13].

[55] Tavakoli A, Casado M, Koponen T, et al. Applying nox to the data center[C]. Proceedings of Workshop on Hot Topics in Networks (HotNets-VIII), New York, 2009: 1-6.

[56] Hao F, Lakshman T V, Mukherjee S, et al. Enhancing dynamic cloud-based services using network virtualization[J]. ACM SIGCOMM Computer Communication Review, 2010, 40(1): 67-74.

[57] Farinacci D, Fuller V, Meyer D. RFC 6830: The locator/ID separation protocol (LISP)[EB/OL]. https://www.rfc-editor.org/rfc/rfc6830.html. [2021-05-13].

[58] Khurshid A, Zhou W, Caesar M, et al. VeriFlow: Verifying network-wide invariants in real time[C]. Proceedings of the 1st Workshop on Hot Topics in Software Defined Networks, Helsinki, 2012: 49-54.

[59] Ramos R M, Martinello M, Rothenberg C E. SlickFlow: Resilient source routing in data center networks unlocked by openflow[C]. IEEE 38th Conference on Local Computer Networks (LCN 2013), Sydney, 2013: 606-613.

[60] Capone A, Cascone C, Nguyen A Q T, et al. Detour planning for fast and reliable failure recovery in SDN with OpenState[C]. International Conference on Design of Reliable Communication Networks (DRCN), Kansas City, 2015: 25-32.

[61] Kawashima R, Matsuo H. Non-tunneling edge-overlay model using OpenFlow for cloud datacenter networks[C]. International Conference on Cloud Computing Technology and Science, Singapore, 2014: 176-181.

[62] Iyer A, Kumar P, Mann V. Avalanche: Data center multicast using software defined networking[C]. International Conference on Communication Systems and Networks, Singapore, 2014: 1-8.

[63] Zhang Y, Beheshti N, Beliveau L, et al. StEERING: A software-defined networking for inline service chaining[C]. IEEE International Conference on Network Protocols, Göttingen, 2013: 1-10.

[64] Jouet S, Pezaros D P. Measurement-based TCP parameter tuning in cloud data centers[C]. IEEE International Conference on Network Protocols, Göttingen, 2013: 1-3.

[65] Popa L, Yalagandula P, Banerjee S, et al. Elasticswitch: Practical work-conserving bandwidth guarantees for cloud computing[C]. ACM SIGCOMM Computer Communication Review, 2013, 43(4): 351-362.

[66] Benson T, Akella A, Shaikh A, et al. CloudNaaS: A cloud networking platform for enterprise applications[C]. ACM Symposium on Cloud Computing, Cascais Portugal, 2011: 1-13.

[67] Ferguson A D, Guha A, Liang C, et al. Participatory networking: An API for application control

of SDNs[C]. ACM SIGCOMM, Hong Kong, 2013: 327-338.

[68] Rosa R V, Rothenberg C E, Madeira E. Virtual data center networks embedding through software defined networking[C]. IEEE Network Operations and Management Symposium, Budapest, 2014: 1-5.

[69] Seetharaman S, Seetharaman S, Mahadevan P, et al. ElasticTree: Saving energy in data center networks[C]. USENIX Conference on Networked Systems Design and Implementation, San Jose, 2010: 249-264.

[70] Fang W, Liang X, Li S, et al. VMPlanner: Optimizing virtual machine placement and traffic flow routing to reduce network power costs in cloud data centers[J]. Computer Networks, 2013, 57(1): 179-196.

第9章 5G 网 络

随着无线网络通信技术的发展，第五代移动通信技术(5th generation mobile communication technology, 5G)将逐渐融入人们的生产和生活中。5G 在传输速率、覆盖率、可靠性、时延性等诸多方面都有极大的改善，以不断满足用户对超高流量密度、超高连接数密度、超高移动性的现实需求，并为用户提供新型业务的极致业务体验，如高清视频、虚拟现实、增强现实、云桌面、在线游戏等[1]。此外，5G 还将应用于工业设施、医疗仪器、交通工具等领域，通过深度融合，有效满足各行各业的信息化与智能化服务需求，最终实现"万物互联"这一美好愿景[2]。

9.1 5G 概 述

9.1.1 发展历史

纵观移动通信系统的整个发展过程，可以看出，每代移动通信系统都是受到业务需求的驱动而进一步发展起来的[3]。

20 世纪 70 年代，出现了第一代移动通信技术(1st generation mobile communication technology, 1G)。1G 采用模拟技术，它的基本模块是模拟电路单元，语音通信的实现依靠对模拟电路单元的利用，故 1G 通常被称为模拟标准。1G 的主要特征是 FDMA，基于蜂窝结构可以实现移动环境下的不间断通信，1G 所提供的基本服务为话音业务。北欧国家部署的北欧移动电话(Nordic mobile telephone, NMT)系统，德国、葡萄牙和南非部署的 C 网络(C-netz)系统，英国部署的访问通信系统(total access communication system, TACS)和北美部署的高级移动电话系统(advanced mobile phone system, AMPS)都是 1G 的代表性系统。

欧洲邮电管理大会(Conference Europe of Post and Telecommunications, CEPT)决定在 20 世纪 80 年代开发适用于欧洲境内的第二代移动通信技术(2nd generation mobile communication technology, 2G)。90 年代初，全球移动通信系统(global system for mobile communications, GSM)处于 2G 统治地位，GSM 进入了国际部署阶段。2G 实现的技术包括数字发送技术和交换技术，虽然这个时期语音业务依旧是所有无线通信系统的核心，但是数字技术极大地改善了话音质量和网络容量。与此同时，2G 引入了新服务和高级应用，如短信服务是采用文本信息存储和转发的。

通过引入数据分组交换业务，基于语音和数据电路交换技术使得 2G 成功演进至 2.5G。该时期的无线通信系统以有限的数据业务为辅助，以高容量的语音业务为核心。在这个时期，美国采用 1.25MHz 带宽的 CDMA 系统。GSM 优化至通用分组无线业务 (general packet radio service, GPRS) 和基于 GSM 与 IS-136 的数据增强型移动通信系统 (enhanced data rates for global evolution of GSM and IS-136, EDGE)，这也是欧洲通过对调制和编码技术升级进而实现的技术突破。

2G 系统商用不久，业内就着手准备发展支持语音和数据业务的第三代无线通信技术 (3rd generation mobile communication technology, 3G)。ETSI 推出的全球移动通信系统 (universal mobile telecommunications system, UMTS)，是对宽带码分多址 (wideband code division multiple access, WCDMA) 和时分同步码分多址 (time division-synchronous code division multiple access, TD-SCDMA) 这两个技术标准的有效融合，UMTS 是 3G 合作伙伴项目 (the 3rd generation partnership project, 3GPP) 制定的全球 3G 标准之一。与 1G、2G 不同之处在于，3G 是第一次由国际电联 (International Telecommunication Union, ITU) 发布的国际标准。它采用 CDMA，其主流技术有三种，即 WCDMA、CDMA2000、TD-SCDMA。回顾 2G 到 3G 的发展之路，是以语音业务为核心向以数据业务为核心的系统演进之路。在 3GPP 框架内，制定了被称为 3G 演进的新技术规范，即 3.5G，该演进技术包括基于 CDMA 2000 的演进版本 1xEV-DO 和 1xEV-DV、高速数据分组接入 (high speed packet access, HSPA) 技术和核心网演进建议。

进入 21 世纪，开始出现和使用第四代无线通信技术 (4th generation mobile communication technology, 4G)。4G 不仅支持语音业务，而且支持高速数据业务。长期演进 (long term evolution, LTE) /长期演进技术升级版 (LTE-advanced, LTE-A) 技术被业界定义为统一的 4G 标准[4]，并在全球范围内进行大规模部署。支持高数据传输速率是移动通信历史的里程碑事件，也是 4G 的一次飞跃。在保证有效改善用户体验以及支持网络平滑演进和后向兼容的前提下，4G 以 LTE/LTE-A 技术框架为基础进行演进，将增强技术引入传统移动通信频段，4G 系统的性能也在不断提升，实现速率更快、容量更大、连接数更多、时延更短等目标。然而，由于 4G 框架的相关局限性，大规模天线、超密集组网 (ultra dense network, UDN) 等增强技术的潜力难以施展，全频谱接入、部分新型多址等先进技术难以使用，要求性能达到极致的 5G 需求仅仅通过 4G 的演进路线是无法实现的[5]。

2013 年初，面向 5G 的构建 2020 年信息社会的无线移动通信领域关键技术 (mobile and wireless communications enablers for the 2020 information society, METIS) 研发项目[6]经由欧盟委员会第七框架计划启动，旨在对 5G 开展相关的应用研究。METIS 由八个工作组组成，主要研究目标是为建立 5G 无线通信系统奠定基础，使未来移动通信和无线技术在需求、特性、指标、概念、雏形、关键技术组成等方面达成统一的意见和共识。5G 论坛(5G Forum)于 2013 年在韩国成立,由韩国电子通信研究院和移动通信制造商推动发展,在韩国未来创造科学部和电信运营商的积极支持下,大力推动 6GHz 以上频段作为未来国际移动通信(international mobile telecommunications,IMT)频段,全面研发 5G 核心技术。在日本,5G 的研究主要通过企业和学术界合作推动。2013 年,日本设立 "2020 and Beyond Ad-Hoc" 项目,启动 5G 研究。对 5G,业界有很高的期待,高校、企业都选定有潜力的 5G 进行深入研究,例如,纽约大学和三星公司合作开展了 5G 毫米波技术研究工作,华为、高通、英特尔、安捷伦、博通等公司也加入到 5G 通信领域的研究中。工业和信息化部、国家发展改革委、科技部联合推动,成立了 IMT-2020(5G)推进组和 FuTURE 论坛[7]。IMT-2020 在 2015 年发布了 5G 概念白皮书,提出了 5G 的三大业务场景,分别是增强型移动带宽(enhanced mobile broadband,eMBB)、大连接物联网(massive machine type communication,mMTC)、超可靠低时延通信(ultra-reliable and low latency communication,URLLC)。

2019 年 6 月 6 日,中国电信、中国移动、中国联通、中国广电正式获得由工业和信息化部发放的 5G 商用牌照,从此,中国开启了 5G 商用时代。2019 年 9 月 10 日,在匈牙利首都布达佩斯举行的国际电信联盟世界电信展上,中国的华为技术有限公司发布了《5G 应用立场白皮书》,对多个领域的 5G 应用场景进行了展望,同时也呼吁全球行业组织和监管机构共同行动起来,积极推进 5G 标准协同。以上工作为 5G 商用部署和应用的有效推进,提供了良好的资源保障与商业环境支持。2019 年 10 月,工业和信息化部正式批准 5G 基站入网。同年 10 月 31 日,中国三大电信运营商正式公布了各自的 5G 商用套餐,2019 年 11 月 1 日,5G 商用套餐正式上线。目前,5G 已然成为国内外移动通信领域的研究热点。

9.1.2　发展趋势

作为当前移动通信需求和发展的新一代移动通信系统,5G 的主要发展目标与其他无线移动通信技术密切衔接,为移动互联网的快速发展提供无所不在的基础性业务能力。为了达到上述愿景,首先通过引入新的无线传输技术,提高频谱共享程度。其次,通过引入超密集组网部署技术,为千倍容量挑战提供可行的解决方案,显著提升区域频谱效率。进一步,叠加深度的智能化管控机制,提高整个系统的吞吐率。最后,挖掘新的频率资源,如高频段的毫米波与可见光等,扩展未来无线移动通信的频率资源。

当前信息技术正处于蓬勃发展的重要时期,结合移动通信的发展规律,5G 发展趋势呈现出以下新的特点。

(1)如今,"以大范围覆盖为主、兼顾室内"为设计理念的传统移动通信业务已不再适用于当前移动通信业务的发展趋势[7],室内移动通信业务正在逐渐发展成为移动通信业务的主流业务，因此，对室内无线覆盖性能及业务的支撑能力也将作为 5G 系统的主要设计目标之一。

(2)相较于 4G 系统，5G 不仅在传输速率和资源利用率等方面得到大幅提升，而且在传输时延、用户体验、覆盖性能以及系统安全等方面也将得到明显改善[8]。

(3)在推进技术变革的同时，5G 将更加关注用户体验，能够根据业务流量动态变化对网络资源做出调整。5G 的一些新型应用包括虚拟现实、3D、交互式游戏、海量传感设备及机器之间(machine to machine，M2M)通信等，因此，对以上新型应用提供支撑能力也将是系统设计的重要指标[9]。

(4)5G 系统将以多点、多用户、多天线、多小区协作组网技术作为突破口，将单点物理层传输转变为多点交互，不再仅仅依赖于物理层传输和信道编译码等传统技术，致力于在体系架构上大幅度提高系统性能[10]。

(5)高频段频谱将成为 5G 系统广泛采用的频谱资源，但是高频无线电波的穿透性具有一定的局限性，所以无线与有线通信的融合、光载无线组网等技术都将作为有益的补充。

(6)5G 系统具有高度的灵活性，可以根据业务的动态变化实时管控网络，使得网络具备自感知、自调整的智能化运维能力，有效降低网络的运营与维护成本。

(7)5G 系统将有效融合多种功能网络和相关无线移动通信技术，包括传统蜂窝网、大规模多天线网络、认知无线网络、设备直连通信等，构建泛在的新一代移动通信系统，不断满足人们日益增长的美好生活需要。

9.1.3　关键技术

信息技术正在经历新一轮重大变革，5G 正处于蓬勃发展时期，目前的主要技术可以分为以下几个方面。

1. 高密集异构网络部署

随着智能移动终端的广泛使用，数据流量呈爆炸式增长，因此需要增加单位区域的基站密度，这样便形成了高密集的网络部署情况。密集网络部署有利于改善整个通信的网络覆盖，提高频谱利用率。

2. 毫米波通信

作为高频段的频谱资源，毫米波的使用有效增加了频谱的可用带宽，缓解了日益紧张的频谱拥挤问题[11]。毫米波通信具有突出的特点，在 5G 系统中将发挥重要的作用。

3. 大规模多输入多输出技术

大规模多输入多输出(massive multiple-input multiple-output，massive MIMO)技术，就是在通信系统中使用大规模的天线阵列，通道数达到 64/128/256 个。这样可以提供丰富的空间自由度，实现多用户波束的智能赋形，增强波束的定向性，提供更多可能的信息传输路径，实现空间复用，提高系统的频谱效率和可靠性。

4. 设备到设备通信技术

设备到设备通信(device to device communication，D2D)技术是指一定距离范围内的用户设备之间进行直接通信的一种通信方式。这种通信方式可以减少基站承载的通信压力，改善网络的覆盖情况，降低时延和功耗，增强系统的灵活性，改善用户的通信质量。

5. 非正交多址接入技术

随着无线应用的发展，用户对移动通信系统传输速率的要求在不断提升，新型非正交多址接入技术已成为 5G 的候选技术。相关的非正交多址接入技术包括：面向功率域扩展的非正交多址接入(non-orthogonal multiple access，NOMA)、面向多维度扩展的图样分割多址接入(pattern division multiple access，PDMA)、面向码域非正交多址方向扩展的稀疏码分多址接入(sparse code multiple access，SCMA)和多用户共享接入(multi-user shared access，MUSA)等。

5G 不仅呈现出崭新的关键技术特征，而且建设运营网络的成本效率也将大幅提升，服务创新能力也将得到明显改善，5G 网络将更加泛在与智能，移动通信产业空间将得到全面拓展。

9.1.4　应用场景

5G 将应用到日常生活与工业生产的各个方面，提升生活品质与生产效率等。5G 的实际应用场景可以总结如下。

1. 自动驾驶

车辆自动驾驶在一定程度上影响社会的发展，自动驾驶或辅助驾驶可以通过碰撞避免机制为用户的安全出行增加一重保障。自动驾驶包括车辆之间的通信、车辆和人的通信、车辆和基础设施的通信，以及车辆和路边传感器的通信等。车辆控制指令一般不要求大带宽，但是对通信时延和可靠性的要求极高，其重要地位也不言而喻。与此同时，还包括一些其他要求，如自动驾驶车队需要快速获取周围环境的动态信息，这就要求网络具备较高的传输速率；支持高速车辆移动性的同时，还要求网络必须达到全覆盖。

2. 远程医疗

远程医疗能够提供较低成本且及时的健康服务，具有潜在而广阔的发展前景，极低的端到端时延和超可靠的通信是实现远程医疗应用的重要保障。例如，在远程手术中，医生需要得到准确的触感反馈，才能有效及时地挽救生命。此外，还要考虑一些特殊情况，如救护车抢救时，远程医疗服务需要在高速移动条件下进行。5G 网络的低时延和高可靠为远程医疗提供了有效的技术支撑。

3. 工业自动化

工业自动化对生产线上的通信系统有很高的要求。为了确保安全生产，设备之间需要采用超高可靠且超低时延的通信系统进行通信。尽管在工业应用中，这类通信的发送数据量并不大，而且对移动性也没有太高要求，但是众多工业制造应用以及工业自动化都对通信时延和可靠性要求极高，这就对现有无线通信系统提出了极大的挑战。由于苛刻的低时延、高可靠要求，目前工业制造类通信系统仍采用有线通信系统。值得一提的是，在大多数情况下，有线通信的成本非常高昂。

4. 灾难救援

面对灾难救援，可靠通信意义重大，即便部分网络出现损坏，也不能降低可靠通信的要求标准。在一些情况下，为了辅助受损网络，可以部署一些临时的救援通信节点。与此同时，中继节点可以由用户终端充当，用来帮助其他仍然具备通信能力的节点接入网络。发生灾难时，最重要的是发现幸存者，这就要求应急通信必须具备高可用性和低能耗。其中，高可用性保障了高发现率，低能耗可以延长幸存者终端设备的待机时间，将能耗降到最低，保证电池可以续航一个星期。

5. 虚拟现实和增强现实

虚拟现实技术可以使得现实生活中不在同一位置的用户实现类似于面对面的互动，一起完成复杂的任务，如会议、游戏、音乐演奏等。虚拟现实可以看成是重现现实，增强现实则可以看成是丰富现实，指通过增加环境周围的信息对现实达到丰富的效果。增强现实可以通过个人喜好获得个性化的附加信息来增强现实感。此外，每个人都能对虚拟现实的影像造成影响，为了获得更好的体验感，所有用户需要不断交换数据，这就使得终端和云平台之间需要双向传输大量数据。云计算平台需要获取周围的大量信息数据，从而为用户选择更适合的内容，为用户提供及时响应。当增强现实与"真实"现实之间的时延超过预期值时，就会导致用户产生"晕屏"的不适感觉，因此，为了达到高清质量的保障，要求数据流做到多向、高速、低时延。

6. 大型室外活动

通常，音乐会、展览会、体育赛事等大型室外活动的举行，会在较短时间内聚集大量的临时访客，而这些临时访客通常会拍摄照片和视频与家人或朋友进行实时分享。这就导致在有限的密集区域内短时期聚集了大量民众，造成了巨大的突发流量压力。另外，流量的时间关联性极强，例如通常在活动的间歇或结束时达到流量峰值，其他时间的流量则相对较低。此时，活跃用户密度远大于常态用户密度，导致相应的网络支撑能力远远不够，就会要求向用户提供能够保证视频数据传输的均匀速率，同时，还需要对高连接密度和大流量提供支持。此外，为了保证用户的良好体验感，还要求服务中断的概率要降到最低。

7. 海量设备通信

针对在广阔区域分布的设备采集信息系统，通常利用传感器和传动装置进行信息采集，同时，系统能够根据采集的数据做出相关决策进而执行相应的任务，如重要设备监控、辅助信息分享等。这些应用的共同特点是，涉及的设备数量巨大，因此通常要求设备具备低成本和长电池续航能力。此外，还要求系统能够高效处理在海量位置和不同时间下产生的数据和干扰。

8. 高速移动环境

人们希望能时刻享用方便快捷的网络服务。例如，当用户乘坐高速行驶的列车时，用户会有观看高清视频、玩游戏或者远程接入视频会议的需求。然而，高铁作为人们出行的重要公共交通工具，具有载客量大、旅客密度较高等特点，当列车在高速行进时，对移动通信系统提出了较高的要求。随着高铁时代的不断发展，我国高铁时速也在不断突破，这将导致多普勒频移，造成信号接收性能下降。严重时还将引发用户入网困难。另外，高铁用户的增多，也会导致基站负载过重，用户感知下降。如何在高速移动环境下，使用户体验感得到有效保证是面临的重要挑战。

9. 智慧城市

随着城市建设的高速发展，未来生活的很多方面都将会变得更加智能，如智慧家庭、智慧办公、智慧建筑、智慧交通等新型生产和生活模式的出现，将智能化变成了现实。当前连接还主要集中在人与人之间的连接，但未来的连接会显著延伸，人与物、物与物、人与周围环境之间的连接将广泛存在。智能连接提供的服务不仅具有个性化，也会涉及位置和内容。在智能服务中，连接具有无可替代的重要性。为了容纳未来的广泛化与智能化服务，无线通信系统也应顺势而为多样化发展。例如，一般要求"智慧办公"的云计算服务满足高速率和低时延需求；对小终端和可穿戴设备一般要求较小的数据量和适中的时延需求；对"智慧工厂"则要求提供高可靠和低时延的保障。除了应对这些差异化需求，还要求能够对海量连接提供有效支持，值得注意的是，在人口密度较大的地区，获得高数据速率服务面临较大的挑战。另外，随着室内、室外人群密度的变化，对速率和时延等通信指标的要求也会随之动态变化。

我国的华为技术有限公司已于 2018 年开始面向全球客户批量发货 5G，在华为的推动和助力下，中东、欧洲、亚洲等地区的运营商逐渐开展 5G 商用网络的批量部署。5G 的应用前景非常广阔，亟须对 5G 展开深入研究，以满足其商业化需求。

9.1.5　通信频谱

通信频谱是无线通信研究中的重要部分。按照频谱范围，5G 系统的授权频段大致可以分成低频段、中频段和高频段，如图 9.1 所示。频谱范围为 0～100GHz[12]，低频段、中频段和高频段的频率范围分别为 0～1GHz、1～6GHz 和 6～100GHz。

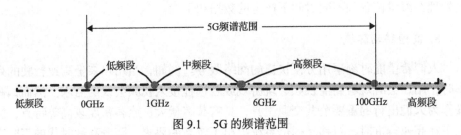

图 9.1　5G 的频谱范围

3GPP 定义的 5G 网络频率范围分为两大类，即 FR1 和 FR2。其中，FR1 的频率范围为 450～6000MHz，FR2 的频率范围为 24250～52600MHz。

FR1 即 sub-6GHz 频段，也就是我们常说的低于 6GHz 的部分，是 5G 的核心频段。通常来说，频率越低，覆盖能力越强，穿透能力越好，因此低频段适用于速率要求较为宽松的业务场景。中频段的频谱既可以支持良好的覆盖，也可以满足一定的速率要求，主要用于为 5G 的 eMBB 和关键业务提供大宽带支持。目前，中频段作为 5G 系统的重点部署频段备受重视，5G 应用最为广泛的频谱是 3.5GHz。2017 年 11 月，工业和信息化部正式颁发了 5G 系统 3000～5000MHz 频段规划。将5G 系统的工作频段划分为 3300～3400MHz(原则上仅限于室内使用)、3400～3600MHz 和 4800～5000MHz[13]。目前，中国移动的 5G 频段为 2515～2675MHz

和4800~4900MHz；中国联通为3500~3600MHz；中国电信为3400~3500MHz。

FR2范围主要是高频，又称为above-6GHz或毫米波，高频段主要用来提升热点区域的速率。高频段涵盖6~100GHz频段，包括授权频谱和非授权频谱、对称频谱和非对称频谱、连续频谱和离散频谱等。面向5G的候选频点，结合目前的信道测量成果，业界在积极地研究高频候选频点的信道传播特性，构建适用于高频频段的信道模型，对高频频点的适用场景进行分析和评估，进而选择适合5G的高频频段[14]。2017年7月3日，工业和信息化部发布我国5G研发试验频段为：4.8~5GHz、24.75~27.5GHz和37~42.5GHz。我国在2017年的亚太区域组织会议APG19-2上，对优先研究24.75~27.5GHz及37~42.5GHz频段的观点进行了阐述。同年，我国就5G系统使用24.75~27.5GHz、37~42.5GHz的频谱资源方案向公众征求意见[15]。厘米波是指波长在1~10cm的电磁波，通常对应于3~30GHz的无线电频谱。毫米波是指波长在1~10mm的电磁波，通常频段从30GHz延伸到300GHz[16-18]。美国联邦通信委员会等监管机构发布了针对接入厘米波频段和毫米波频段的行业兴趣征询，并在公开记录中显示了来自行业参与者的反馈内容。2019年11月22日，世界无线电通信大会(World Radiocommunication Conference，WRC)将24.25~27.5GHz、37~43.5GHz、66~71GHz确定为5G频谱[19]。全球对适合于5G的厘米波和毫米波频带达成广泛的共识。密集部署的无线网络可以采用毫米波频带以提供大量的容量，并提高传输效率。部署5G毫米波无线技术的企业或公共热区，应当采用大约500MHz的频谱块，为了支持频谱聚合，要求每频带至少分配2GHz。

随着网络与通信技术的不断发展和成熟，网络覆盖范围和系统性能都可以得到有效改善。作为5G的核心技术，全频谱接入技术采用低频和高频混合组网方式，充分挖掘低频和高频的优势，有效满足无缝覆盖、高速率、大容量等5G系统的需求。由于高频段传播特性与6GHz以下频段具有明显的不同之处，全频谱接入重点研究高频段在移动通信应用中的关键技术，目前业界普遍看好6~100GHz频段，因为这个频段拥有丰富的空闲频谱资源，可以有效满足5G对更高容量和速率的需求，能够支持10Gbit/s以上的用户传输速率。高频通信在军事通信和无线局域网等领域应用较早，但是在蜂窝通信领域的研究尚处于起步阶段。在移动应用环境下，高频信号容易受到障碍物、反射物、散射体以及大气吸收等环境因素的影响，高频信道与传统蜂窝低频信道有着明显差异，如传播损耗大、信道变化快、绕射能力差等，因此需要对高频信道测量与建模、高频新空口、组网技术等展开深入研究[20]。

5G的无线接入接口主要依赖波束成形技术以提高频谱效率，尤其在厘米波和毫米波信道中，对波束成形技术的依赖度更高。波束成形技术可以沿着最佳方向并行改善信噪比(signal noise ratio，SNR)到达接收器或接听发射器，改善用户平面和专用信令链路的几何形状，减少发射能量，降低通信干扰，提高网络的通信容量。

9.1.6　性能指标

5G 的主要性能指标如下所示。

1. 时延

时延是数据在空中接口媒体接入控制层的重要参数之一，通常情况下，单程时延(one-trip time，OTT)和 RTT 是用户更为关注的指标。其中，OTT 是指数据包从发送端到接收端所经历的时长。RTT 是指从发送端发送数据包的时刻开始计算，直至收到来自接收端返回的接收确认所经历的时长。5G 的各类业务场景都对时延提出了更高的要求。

2. 频谱效率

频谱效率是净比特率或最大吞吐量与通信信道带宽的比值。如何在有限的频谱资源内接纳更多的用户，并为用户提供满意的服务质量，是无线通信系统关注的主要问题。在 5G 时代，引入了高频段频谱，频谱效率也备受关注。

3. 峰值速率

峰值速率是指用户能够获得的最大业务速率，在 5G 系统中，峰值速率将进一步提升，可以达到每秒数十吉比特。

4. 用户体验速率

用户体验速率是指在单位时间内用户可以获得的数据量。在 5G 时代，将全力打造以用户为中心的移动生态信息系统，并将用户体验速率作为移动通信网络的重要性能指标，其同时也是绝大多数普通用户关注的一个网络性能指标[21]。

5. 连接密度

连接密度是指在特定区域内，单位面积可以支持同时在线的终端或者用户数总和。在 5G 网络时代，物联网应用需求将更为广泛，网络将面临海量规模终端设备的接入，连接密度是评价 5G 系统对终端设备规模支持能力的重要指标。

6. 流量密度

流量密度是指在一定的局部区域内，所有设备在单位时间内交换的数据总量与区域面积的比值，通常作为评价移动网络数据传输能力的性能指标。在 5G 时代，需要在一定区域范围内支持较高的数据传输量，力争实现每平方公里数十太比特每秒的数据流量密度，以满足用户的流量需求。

7. 可靠性

可靠性是指在一定时间内从发送端到接收端成功发送数据的概率。5G 具有高频段通信的特点，有利于达到更高的网络可靠性要求。

8. 能量效率

能量效率是指消耗单位能量可以支持传输的数据量。在 5G 系统中，可以通过采用一些关键技术，如新型接入技术、D2D 通信技术等提高系统的能量效率。

9. 成本

成本一般包括基础设施、最终用户、频谱授权三个方面。换句话说，可以根据运营商的总体拥有成本、基础设施节点数、终端数以及频谱带宽对成本进行估算。

9.2　5G 网络总体设计

本节在对 5G 网络进行简要概述的基础上，阐述面向 5G 场景需求的网络设计原则，分别从逻辑架构和物理架构两个方面对 5G 的架构设计进行探讨，将 5G 网络的逻辑架构划分为接入、控制和转发三个功能平面分别进行介绍。5G 网络物理架构决定了无线接入的一系列特点，也决定了无线接入节点和传输网络回传技术，对 5G 网络物理架构的设计和相关模块进行阐述。最后，分析讨论 5G 密集网络部署的特点及其面临的挑战。

9.2.1　概述

5G 能够支持高速率、低时延、高可靠、超高流量密度等网络需求，引领人类进入"万物互联"的智能社会。国际电信联盟无线电通信部门(International Telecommunication Union-Radio Communication Department，ITU-R)提出了 5G 三大业务场景。

1. eMBB

eMBB 主要针对大流量移动业务，提供极致的吞吐量、低时延通信、极强的覆盖能力，并能为覆盖范围内的用户提供近乎一致的用户体验。eMBB 主要应用在以下领域：3D超高清视频远程呈现、触感互联网、超高清视频传输、超高性能要求的赛场环境以及虚拟现实领域。eMBB还能够对可靠通信服务提供有效支持，如国家安全和公共安全服务等。

2. mMTC

mMTC对应的是为物联网等海量连接应用，以万物互联为指导的物联网的发展，带来了机器设备数量的大幅增长，需要提供多连接的承载通道。mMTC能够支持数以百亿计的网络设备的通信，相对于数据速率而言，更需要考虑连接的可扩展性、设备的低功耗特点以及覆盖的广阔和纵深程度。

3. URLLC

URLLC能够提供极高可靠性和极低传输时延的通信网络服务[22]。相对数据速率的要求，URLLC更侧重于应用高可靠性和低传输时延的业务场景，如工业控制、生产制造、交通安全、远程医疗等。

在5G中，面向更加灵活的业务场景，对于空口技术的要求也更加复杂多样化。基于5G的典型应用场景，在OFDM、通用滤波OFDM（UF-OFDM）和滤波器组多载波（filter bank multi-carrier，FBMC）三种空中接口候选技术中，eMBB场景更加适合使用基于OFDM的灵活的空中接口，而URLLC场景使用UF-OFDM或者FBMC会更加合适。

9.2.2 设计原则

简而言之，5G系统既可以作为公共网络提供一般的通信服务，又能够面向复杂场景为多种服务的灵活组合提供有效支持。5G网络架构的革新性发展主要是由超密集网络部署、SDN和NFV等新技术共同推动的[23]。5G系统设计的期望是在保障系统使用性能的前提下，最小化系统设计复杂度，尽可能地提供更多的公共功能，实现网络功能的按需编排。针对不同的场景和业务需求，为了使网络具有更强的自适应性，通常由运营商按需定制网络资源的分配和业务逻辑控制，灵活地构建功能模块，最大限度地发挥网络的效能。5G系统的设计原则如下所示。

1. 频谱高效利用

频谱的使用不能被某类服务固化，传统的频谱固定分配方式具有很大的局限性，主要体现在两个方面：一方面，频谱的分配方式和使用规则存在固化的局限性；另一方面，由可用频段资源短缺带来的局限性。针对频谱资源有限的问题，可以开发高频段频谱作为空白许可频段的补充,如毫米波和厘米波等。另外,还可以基于不同频段的不同特点,利用上下行分离、控制面与用户面分离等方式优化频谱的分配方式和使用规则,提高频谱资源利用率。

为了提高频谱资源利用率,可以通过设计灵活的双工模式提供有效解决方案。另外,在一定的应用场合下,还可以通过全双工技术来解决频带保护等问题,提高网络容量和组网灵活性。

2. 低成本密集部署

为了应对复杂的应用场景与用户需求,需要通过网络节点的超密集部署,提高网络的接入量,扩大网络覆盖范围。然而,节点部署的高度密集化,导致网络中节点间的协作变得困难,对于小区规划和协调部署都提出新的挑战。网络需要具备无需人工干预的自配置、自优化和自修复能力,进而有效处理非预期干扰和非规划部署。密集部署的成本问题同样是需要考虑的重要问题,可以通过设计新的部署模型使得密集部署经济可行,例如,整合第三方/用户部署、多运营商/共享部署等。

在高密集部署场景下,需要增强多层网络和不同无线接入技术间的协同,支持频率间、小区间、波束间、无线接入技术(radio access technology,RAT)间的动态/快速切换,保证用户在移动过程中的无缝切换。同时,也需要有效的终端速度与方向检测机制来提供支持。

除此之外,考虑到在大规模节点部署中,可能会存在不同厂商的设备,因此应当通过控制面和用户面之间的开放接口,基于通用控制面对不同平台上的用户面功能进行控制,进而在多厂商设备部署环境下保证网络的性能。

3. 多点协作传输和串行干扰消除

5G 架构设计中要重点关注如何设计有效的协作传输和干扰消除机制,大规模 MIMO 和多点协作传输(coordinated multiple points transmission/reception,CoMP)是重要的支撑技术,将为提高系统信噪比与频谱利用率提供有效解决方案,从而改善系统服务质量。另外,基于 NOMA 技术进行数据传输,在接收端进行串行干扰消除,也能提高系统性能增益。基于大规模 MIMO 和 CoMP 技术进行传输性能优化的前提是需要获得信道状态信息[24]。因此,5G 网络架构在设计之初必须考虑必要信息的获取机制。同时,5G 网络还应该能够基于网络传输性能自适应选择协作位置,并有效平衡中心位置区优化收益和资源分配回传时延等潜在影响。

对于采用不同回传技术的节点,为了满足不同网络功能拆分部署的需求,要在尽可能避免不必要约束的基础上设计空中接口。功能拆分通常会受到物理部署条件的影响，简单来说，某些功能拆分必须由物理基础设备提供相应的逻辑接口，而物理设备通常会给逻辑接口带来一些约束条件。

基于该原则，运营商既可以在现有的回传网络基础上进行 5G 部署，也可以适应新的空中接口设计以及在不同位置部署的基于 LTE 技术框架的网络。

4. 支持动态拓扑

终端由于受到能量有限性的制约，加之其具备移动性，会动态地加入或退出网络，使得网络拓扑呈动态变化。在系统设计中，应当充分考虑最小化能量消耗和信令数量，但是又不能对其可视性和可达性造成影响。例如，可穿戴设备既可以通过手机接入网络，也可以与网络直连。针对大规模传感网的应用扩展，可以通过引入端到端直接通信技术减轻网络的流量压力。由此可见，5G 网络拓扑结构应该是随场景需求不同而变化的，因此需要统一的帧设计、标识设计、鉴权过程等对网络的动态拓扑提供支持。

5. 与 LTE 共同部署

基于 LTE 的成功经验，5G 网络架构也可以与 LTE 共同部署，在充分利用共同部署优势的同时，也要避免两者之间过于依赖。此外，要为系统接入、移动性、服务质量处理和覆盖等 RAN 功能考虑新的空中接口工作的频率。基于这样的原则，在 5G 部署的前期阶段，LTE 覆盖将会更加广泛。另外，5G 也要遵循多 RAT 协作的设计原则，RAT 间的协作也包括 IEEE 802.11 技术等非 3GPP 技术，只是协作能力略有区别。

在 5G 网络的架构设计中，通过使用载波聚合或双连接等技术，支持一个终端连入相同 RAT 或者不同 RAT 的多个连接，如宏基站和小基站，或新的 RAT 和 LTE 等。另外，也包括非 3GPP RAT，如高效无线标准(high-efficiency wireless, HEW)IEEE 802.11 ax。

6. 高度灵活性

为了有效应对 5G 的业务场景并满足广泛的用例需求，5G 网络架构需要具备高度的灵活性，以期为网络性能优化提供有力支持。该原则要求 3GPP 在制定逻辑架构时，要充分考虑灵活地提供移动宽带(mobile broad band, MBB)业务和非 MBB 业务。同时，针对接入网和核心网架构，设计时也要考虑充分的灵活性，满足复杂多变的网络需求。

为了支持未来广泛的业务需求，5G 终端不仅要具备可编程框架，还要具备可配置能力，能够支持多模多频段，聚合来自不同技术的数据流，以提供大批量服务，支持快速业务创新。

9.2.3 逻辑架构

2015 年 5 月，IMT-2020 网络组在其发布的《5G 网络技术架构》白皮书中，提出了 5G 网络架构设计的基本原则，主要包括控制功能的重构、控制转发的分离、核心网结构的简化、高效灵活的控制转发、智能运营和开放网络能力的支持等。

在 5G 网络架构中，基于 SDN 和 NFV 等技术，将网络功能虚拟化，解耦网络设备功能和物理实体，做到控制和转发功能的分离，实现更加开放的 API，以及不同种类网络资源的实时感知和优化分配，并按需提供和适配网络连接与网络功能。与此同时，为了满足运营需求，要不断增强接入网和核心网的功能，构建支持多连接、自组织等灵活的网络拓扑结构，实现对不同业务的高效按需编排。

5G 网络将基于统一的核心网络进行管控，融合传统移动蜂窝网络、认知无线电网络、无线传感器网络（wireless sensor network，WSN）、无线 Mesh 网络、大规模天线阵列、Wi-Fi、小型基站、D2D 等多种无线接入技术和功能网络，支持多场景的一致无缝服务，提供极致的用户体验[25]。通信系统组成示意图如图 9.2 所示。

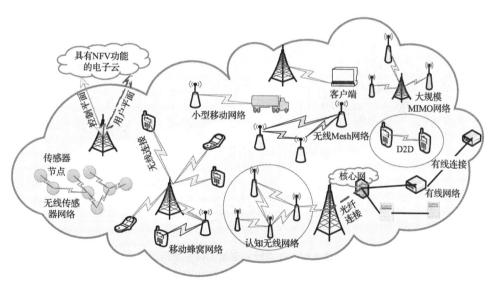

图 9.2　通信系统组成示意图

在 5G 网络架构中，接入网和核心网的逻辑功能界面清晰，而且二者的部署方式非常灵活，甚至还可以融合部署[26]。为了满足多场景下的多层异构网络，这就要求 5G 接入网以用户为中心，不再是只提供孤立的接入"盲"管道，而是要具备无线资源智能化管控和共享能力，对多接入和多连接、分布式和集中式、自回传和自组织的复杂网络拓扑结构提供有效支持，提高面向复杂应用场景下 5G 接入网的整体接入性能。为了提升小区边缘协同处理效率，可以结合宏基站和微基站，统一容纳空口多种接入技术，实现基站的即插即用，提高资源利用率[27]。为了实现对差异化业务需求的高效按需编排，进而支持低时延、大容量和高速率的各种业务需求，这就要求 5G 核心网简化结构，将计算能力和业务存储从网络中心转移到网络边缘，实现对转发功能的灵活控制。下沉转发平面，会使网络能力得到进一步开放，做到网络的智能化运营，支持灵活均衡的调度流量负载，实现对不同业务的按需编排，提升全网整体服务水平[28]。

　　综上所述，5G 系统的逻辑架构可以划分为控制平面、接入平面和转发平面。全局控制策略的生成由控制平面负责；高效灵活的无线接入控制则由接入平面负责，以提高资源利用率；策略执行主要由转发平面负责，以提升数据转发效率和路由灵活性。5G 系统的逻辑架构如图 9.3 所示。

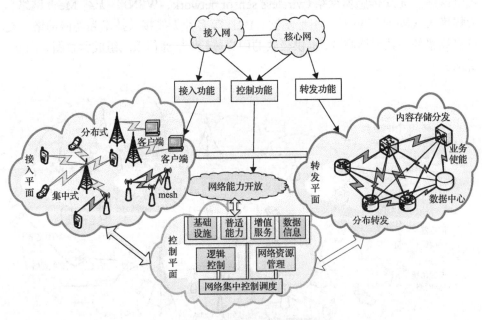

图 9.3　5G 系统的逻辑架构示意图

1. 接入平面

接入平面通常是指各类型基站和无线接入设备所处的平面。在 5G 网络中，为了满足多样化的无线接入场景对于网络高性能的需求，在接入平面需要增强基站之间资源调度与共享能力的灵活性和协作性，以便实现快速灵活的无线接入协同控制。移动性管理能力的提高，需要有效地解决小区间的干扰问题，可以基于分布式和集中式组网并用的机制，进而在网络的不同层次实现动态灵活的接入控制，达到提高管理能力的目的。通过用户和业务的感知与处理技术，接入平面可以基于用户需求定义接入网的拓扑结构和协议栈，进而以提供特定的部署和服务的方式，保障网络性能。典型的新型组网技术，如无线 Mesh 网络、动态自组织网络、统一多 RAT 融合等都可以在接入平面得到技术支持[29]。

2. 控制平面

在 5G 网络中，控制平面主要基于网络功能重构，简化控制流程，全局调度接入或转发资源，实现集中的控制功能。基于网络功能的按需编排，在面向不同业务需求时，可以定制网络资源和功能开放平台。控制平面具备的主要功能包括控制逻辑、网络资源按需编排以及网络能力开放。具体来说，控制逻辑就是指通过抽离与重构网元控制功能，集中管理分散的控制功能，形成接入控制、连接管理、移动性管理等独立功能模块，进一步，面向业务需求可以对这些功能模块进行灵活的组合，以满足不同应用场景或网络环境的信令控制请求。按需编排是指对网络资源通过虚拟化的控制平台实现按需编排功能。网络的灵活性和伸缩性通常由基于网络切片技术所构建的专用和隔离的服务网络来保障。网络能力开放是指在底层网络技术不可见的情况下，通信基础设施、管道能力和增值服务都可以通过控制平面所提供的 API 将网络功能高度抽象化，进而向第三方应用友好开放。

3. 转发平面

转发平面处于用户平面和控制平面之间，在控制平面的统一控制下，对边缘内容缓存以及业务流加速等功能进行集成，有效提升了数据转发效率和路由灵活性。在转发平面中，包含用户面下沉的分布式网关，对网关中的会话控制功能进行分离，从而实现分布式部署。基于控制平面的集中调度，转发平面利用网关锚点以及移动边缘计算等技术，在对负载均衡提供有效支持的基础上，实现端到端海量业务数据流的低时延和高容量传输，有效提高网内分组数据的承载效率，进而提升用户体验质量。

从整体来看，控制平面需要对网络功能进行重构，主要负责实现网络功能的集中控制和无线资源的全局调度。多类基站和无线接入设备处于接入平面，由接入平面负责实现快速灵活的无线接入协同控制，以有效提高无线资源利用率。分布式网关处于转发平面，同时转发平面还要集成内容缓存、业务流加速等功能，基于控制平面的统一控制，数据转发效率和路由的灵活度都得到很大提升。由上文分析可知，在系统逻辑架构设计与网络实际运营部署中，时延和流量密度等网络性能与很多因素密切相关，如网络拓扑结构、用户分布、网络负荷、业务模型、传输资源等。为此，在 5G 时代，网络功能的智能编排将会起到关键作用，通过深度感知通信场景及业务需求，灵活高效地调度网络资源。

9.2.4　物理架构

在网络实际部署阶段，物理架构设计十分重要，直接决定了将网络功能映射到物理节点所需的成本，同时也对网络性能优化起到关键支撑作用。为了对核心网的灵活性提供有效支持，5G 引入了 NFV 和 SDN 技术，这就使得 5G 与前几代技术不同，协议栈方法论的制定需要重新考虑，例如，接口不必要定义在网络单元之间也可以定义在网络功能之间，或者以软件定义接口代替原来的协议。物理架构示意图如图 9.4 所示。

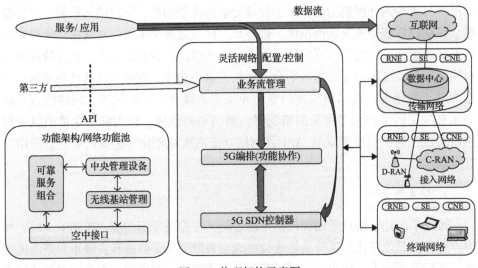

图 9.4　物理架构示意图

需要在系统功能池中对网络功能进行编排，完成数据处理和功能控制，包括接口信息、分布选择、功能分类(同步和异步)以及输入和输出的关系等，使其能够集中使用。RAN 相关功能在较高层面中分别分配到以下模块。

(1)中心管理模块：配备关键的网络功能，主要负责运行环境和频谱管理等，一般部署于某些中央物理节点，如数据中心。

(2)无线基站管理模块：主要负责管理连接多个不同物理站点的无线节点设备，如云无线接入网(cloud-RAN，C-RAN)、分布式无线接入网(distributed-RAN，D-RAN)等。

(3)空中接口模块：主要负责管理终端与基站之间的空中接口。

(4)可靠服务组合模块：既可以通过业务流的中央控制面板对业务构成进行集中控制，也可以作为不同构成模块之间的接口。该模块主要负责评估超可靠链路的可用性，以及决定是否要为一些需要超低时延或超高可靠等极致服务体验的业务提供超可靠链接服务。

根据业务和运营商的需要，对特定的功能进行有效的集成，具体方式是将数据和控制的逻辑拓扑单元映射到物理单元和节点上，并对网络功能和数据流进一步灵活地配置。对于业务流的管理，在充分考虑用户定制业务的要求基础上，分析网络传输时的需求，如最小时延和带宽要求等，这些需求会被发送给 5G SDN控制器和 5G 编排器。其中，5G 编排器主要用作建立或者实体化 VNF、NF 或者物理网络中的逻辑单元。而 VNF 的宿主或者硬件平台通常由无线网络单元(radio network element，RNE)和核心网络单元(core network element，CNE)担当。在小基站和终端中，RNE 还需要将物理网络中的软件和硬件相结合，以满足一些同步网络功能的需要。此外，接入网中的逻辑交换单元(switch element，SE)通常被分配给硬件交换机。由此可见，在无线接入网中，VNF 部署的灵活性十分受限。

鉴于大多数网络功能无须与无线帧同步，不需要对空中接口的时钟提出严格的要求，因此核心网单元中网络功能的虚拟化具有较高的自由度。

在 5G 系统中，为了满足业务场景以及运营商的需求，需要使用 5G SDN 控制器和 5G 编排器对网络单元进行灵活配置，在用户面建立数据流，同时执行调度和切换等控制面功能。

立足于高层角度，传输网络、接入网络和终端网络共同构成了物理网络。其中，传输网络使用高性能连接技术将各个数据中心相互连接，数据中心包含处理大数据流的物理单元，同时具备固定网络流量和核心网络的功能。通常为了实现集中化处理，RNE 需要采用集中化的部署方式。从无线接入角度来看，早期的 4G基站站址(D-RAN)与 C-RAN 宿主站址共存，并通过前传与天线相连。基于灵活的网络功能配置，可以将传统的核心网络功能部署在接近无线接口的位置，能够满足一些特定的场景需求，例如，为了满足本地分流的要求，在无线接入点处会导致 RNE、SE 和 CNE 共存。SDN 和 NFV 技术使得网络业务和功能的部署更加灵活，通过虚拟化网络配置以及网络切片的编排部署，可以优化网络的资源分配，进而满足多样化的业务需求。

在 5G 架构中，终端网络作为网络基础设施的一部分，受到某些制约，可以利用如 D2D 通信等技术帮助其他终端接入网络中。然而，即使在这样的网络结构中，依然不能避免 RNE 与 SE 和 CNE 共存。基于 D2D 技术的网络功能结构示意图如图 9.5 所示。

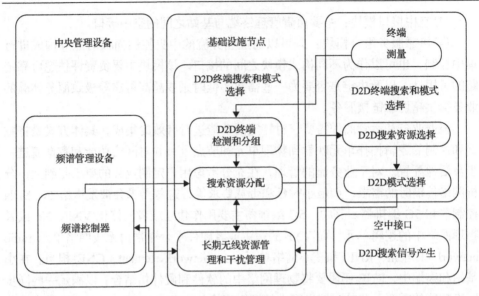

图 9.5　基于 D2D 技术的网络功能结构示意图

由图 9.5 可知，基于终端对于无线资源的测量情况，可以由终端和基础设施节点实施终端搜索功能，通过空中接口发送搜索信号。基于网络能力信息、业务需求和终端测量报告，相关的基础设施节点执行相应的终端分组操作。其中，网络能力信息的概念很广泛，例如，D2D 基于复用蜂窝资源的情况可以分为 D2D 通信复用蜂窝通信频谱资源的复用模式（underlay D2D）以及 D2D 通信使用专用频谱资源的正交模式（overlay D2D）。基于网络的负载状况和终端密度情况，由基础设施节点发起资源分配搜索，而终端发起基础设施选择匹配或者 D2D 模式选择。在资源分配过程中，干扰管理是影响 D2D 资源分配结果的重要因素。在多运营商 D2D 通信时，需要采用集中运行的频谱控制器，实现在专有的频谱资源上进行带外 D2D 通信。在物理网络中，可以将中心管理设备部署在传输网络的数据中心，而将逻辑基础设施部署在接入网络中。鉴于上述网络功能能够与无线帧异步工作，为基础设施节点功能的集中化提供了可能，这也表明 D2D 搜索检测和模式选择功能不是所有 RNE 都必须具备的。

网络的物理架构不仅决定了网络密度、期望的用户终端数量、天线数量、终端发射功率、传播特性、用户移动性特征和话务特征等一系列的无线接入特点，也决定了无线接入节点和传输网络回传技术将采用固网连接和无线接入异构混合的组成方式。物理部署同样也决定了核心网技术和逻辑单元的定义。综上所述，可知物理部署的影响涉及物理特性、数据速率、网络状态和业务构成限制等许多方面，是影响移动网络功能和逻辑等元素之间互动的主要因素。

9.2.5　网络部署

5G 网络架构包括三个功能平面，即接入平面、控制平面和转发平面。基于此，按不同的位置将 5G 网络的物理部署划分为三个部分，即接入网、汇聚网、骨干网[30]，如图 9.6 所示。

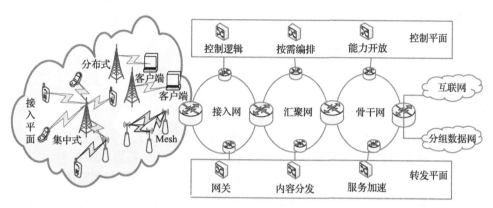

图 9.6　5G 网络部署

由于接入网的部署依赖接入网的控制功能，而汇聚网或骨干网的部署依赖核心网的控制功能，将两种网络的控制功能统称为网络控制功能。在低时延业务场景下，核心网控制功能需要部署在接入网边缘，甚至与基站融合部署。而为了减轻对回传网络的压力，可以在全网中灵活地部署数据网关和业务使能设备。网络按需编排功能可以实现对网络切片的创建、管理和撤销[31]。为了方便网络服务和管理功能向第三方开放，可以将网络能力开放功能部署于网络控制功能之上。

在 5G 网络中，随着网络接入设备的日益增多以及用户需求的日益提升，移动通信流量将呈现爆炸式增长态势，如何使得 5G 网络有效支持流量增长是面临的挑战之一。解决该问题的核心技术之一就是密集化组网，减小小区半径，部署更多的低功率节点。将宏蜂窝作为网络覆盖的主要元素，引入新的低功率节点加强对某些区域的信号覆盖，常用的低功率基站有中继站点、微蜂窝、微微蜂窝基站等，这种方式以增大基站部署密度来消除宏蜂窝基站的覆盖盲区，能够有效分担宏蜂窝的负载，在提高用户通信速率的同时，降低网络中的功耗，为用户带来更好的服务体验。超密集组网部署场景如图 9.7 所示。

超密集组网部署方式的主要特点如下所示。

（1）更小的基站间距。当前网络部署虽然也在逐渐向密集化部署发展，但最小的基站间距在 200m 左右。在 5G 的超密集组网场景中，要在现今的基础上，增加超过现有 10 倍数量的节点，站间距可以缩小至 10m 以内，可见基站间距会有明显的减小[32]。

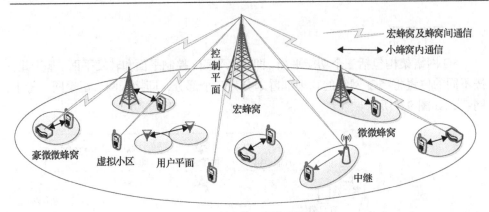

图 9.7　超密集组网部署场景

(2)更多的基站数量。为了对连续覆盖提供有效支持，势必要部署大量的小基站，如微基站、皮基站和微微基站。在超密集组网场景下，需要做到在 1km² 内为高达 25000 个用户提供连接，在极端的情况下甚至小基站数量与用户数量相同。同时在超密集组网的小区中，已经部署了各类微蜂窝基站、微微蜂窝基站、家庭基站、中继站点和分布式天线等，这些小型无线接入点可以与宏基站构成异构网络，分担宏蜂窝基站的压力，为需要大量连接的热点区域，如商场、体育馆这样人流密集的地区，提供高速移动数据接入。网络的密集部署，不仅可以有效增大网络的覆盖范围，提高系统容量，而且能够大幅提升频谱资源利用率并降低设备功耗，同时增强了业务接入的灵活性。

(3)更多样的站址选择。由于要在特定区域大规模部署小基站，而某些小基站的选址将不再像传统蜂窝网络部署一样经过严格的站址划分，通常直接将小基站部署在便于部署的位置，这也对网络架构的智能化提出更高的要求。

网络的超密集部署方式能够有效提升频谱效率、系统容量与峰值速率。然而，由于需要采用不同的空口接入方案来处理 eMBB、mMTC 或 URLLC 业务，在 5G 网络中异构性问题会更加突出。此外，需要高速率数据接入的热点区域会越来越多，网络的密集性会越来越强，网络结构将由现行简单的异构网络，逐步发展成为由基本规则的宏蜂窝以及高密度的非规则小蜂窝构成的多层高速超密集异构蜂窝网络。超密集组网在提升容量的同时，其密集性和异构性也将在干扰、回传方面带来如下挑战。

(1)干扰管理复杂。网络中的干扰主要包括同频干扰、共享频谱资源干扰、不同覆盖层次间的干扰等。与传统的部署机制相比，小区部署更加密集，异构网络大量存在，超密集部署的网络中基站间距会小得多，小区内、小区间的干扰则越来越复杂，相邻节点的传输损耗一般差别不大，这将导致多个干扰源强度相近，因此解决基站间干扰问题会面临极大挑战。如何实现对干扰的管理和控制，显得尤为重要。为了提升网络性能,通常使用基于网络侧或终端侧的干扰管理降低小区间的同频干扰。基于网络侧的干扰管理可以从频域、时域、码域等方面规避干扰,也可以将多个小区协同产生的干扰信号变为有用信号,进而服务同一个用户。而终端侧的干扰管理,更关注干扰对齐技术,该技术基于信道干扰信息设计编码与解码矩阵,并在接收端对多个干扰信号进行干扰抑制处理。

(2)回传链路增多。超密集网络架构虽然能够有效提升网络性能和容量,然而,随着基站部署数量增多并且分布更加密集,网络拓扑结构变得更加复杂,基站部署的增加直接导致回传链路部署的增加,这也加大了网络建设和维护的成本。基于此,在网络的超密集部署中不适合为所有的小型基站铺设高速光纤来提供回传。

(3)新的回传架构设计。在超密集网络部署中,由于小基站经常会部署在一些难以预设且方便部署的位置,如街边、屋顶等,而在这些位置通常很难铺设有线线路来提供回传。为了保证良好的覆盖及服务,通常要求小型基站节点可以即插即用。此外,考虑到传统的回传架构需要较长的部署周期,因此,需要设计新的回传架构与技术。可以通过设计灵活的干扰抑制技术以快速适应流量和部署情况变化,更好地协调小区间的干扰。

为了解决网络的超密集部署中有线回程资源不足的问题,可以采用接入与回程联合设计的自回程技术,该技术的原理是在回程链路和接入链路使用相同的无线传输技术,进而复用相同的频谱资源。基于无线传输的回程技术虽然可以满足部署灵活性的要求,但在链路容量、资源分配、路径优化等方面仍面临较大挑战,需要进一步设计合适的解决方案。

超密集网络主要应用在具有高流量和高用户密度的室内环境、大面积连续覆盖的农村或城区、需要连续覆盖的高速场景(如高铁)、密集城区车联网等。不同的部署场景对应不同的网络部署机制,不同的网络部署机制决定了网络功能的部署情况。为此,给出两个网络部署案例。

(1)集中广域部署。在基于有线光纤回传的广域覆盖机制中,对传输网络的容量和时延有较高的要求,所有的无线接入网功能都采用集中部署方式。集中部署方式将所有的无线网络功能都集成在数据中心,甚至将核心网功能也部署在同一位置,在获得软件虚拟化增益的同时,最大化协作分级收益。集中部署方式也会使得其他的 RAT 标准基于数据中心的具体实现,变得更容易集成。与此同时,对于密集部署场景,如果所有的微基站或微微基站都由光纤连接,必然会加大部署成本,而且微基站或微微基站的灵活性也大大受限。

(2)异构广域部署。在基于异构回传的广域覆盖机制中,考虑到实际可用回传链路和结构的约束,可以采用如多跳毫米波技术、非视距回传技术等技术。图 9.8 中给出了异构回传的广域部署机制示意图。在异构回传覆盖机制中,鉴于多个无线接入点之间的协作能力和适应网络参数变化的灵活性是不确定的,故而将集中部署划分为不同的级别。从成本开销的角度而言，异构广域部署场景相比于集中广域部署具有较大的优势，但在无线接入点协作、布局和规划数据处理单元、软件部署和网络单元管理等方面，仍面临许多问题和挑战。

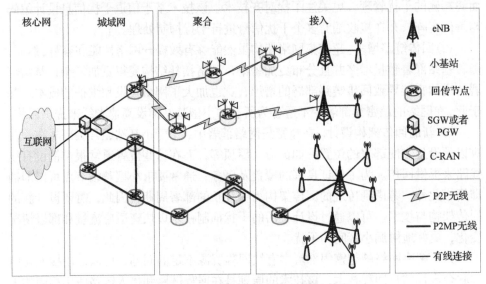

图 9.8　异构回传的广域部署机制示意图

P2MP 表示点对多点；eNB 是 LTE 中基站的名称

9.3　毫米波通信

毫米波作为一种新型的频谱资源，频谱的跨越范围为 30～300GHz，其中，5G 系统涉及 30～100GHz 的毫米波范围。本节首先介绍毫米波通信的历史和发展，阐述毫米波的概念以及毫米波通信的特点，分析讨论毫米波通信涉及的架构、天线、波束赋形、信道模型等方面的技术知识。

9.3.1　概述

随着社会的发展与进步，通信技术也从长波无线电通信、微波通信，发展到当今流行的毫米波通信。

9.2 节介绍了 5G 的频谱范围，可以看出，毫米波波段的引入是 5G 系统的重要特点。毫米波技术的使用不但提高了频谱利用率，也提高了网络链路流量。然而，它的发展经历了一个曲折的过程。

20 世纪 50 年代末，对于毫米波通信的研究就已经开始了，为了让通信距离更远、容量更大，同时躲避空间传播的各种不利因素，人们设想开发基于圆波导

TE01 模型传输的毫米波波导通信系统。但是，由于毫米波高功率放大器 (high-power amplifier，HPA) 和中行波管 (traveling-wave tube，TWT) 价格昂贵，而且其性能也不可靠，另外，其他元器件在设计方面还不成熟，这个设想不得已搁置了一段时间。

20 世纪 60 年代末，以毫米波放大与振荡的雪崩管 (impact avalanche and transit time，IMPATT) 为代表的毫米波固体器件取得了突破性进展。由于当时社会对多媒体通信的需求比较迫切，通信系统的研究试验马上相应地开展起来了。到了 1975 年，一些发达国家已经建成了若干试验系统。

到了 20 世纪 80 年代中期，毫米波的相关无源器件逐渐发展起来。例如，异质结双极性晶体管 (heterojunction bipolar transistor，HBT)、赝配高电子迁移率晶体管 (pseudomorphic high electron mobility transistor，pHEMT)、高电子迁移率晶体管 (high electron mobility transistor，HEMT)、毫米波及微波集成电路 (millimeter and microwave integrated circuits，MIMIC) 等器件的发展为通信设备的更新换代奠定了重要基础[33]。

从 20 世纪 90 年代起，伴随着全球信息化的浪潮，用户对宽带接入服务的需求越来越高，用户需求极大地促进了各种宽带接入网络和设备的发展。基于毫米波的无线宽带接入受到广泛关注，各种实用的毫米波通信系统如雨后春笋般相继出台[34]。其中，本地多点分发业务 (local multipoint distribution services，LMDS) 因具有带宽高且可以进行双向数据传输的特性，成为最具代表性的无线宽带接入技术。LMDS 基于毫米波传输技术，不但可以实现多种宽带交互式通信，还可以支持宽带多媒体业务，为家庭用户和企业提供宽带接入[35]。

近年来，在 4G 向 5G 的更新换代过程中，移动数据流量爆炸式增加了 1000 倍。如此快速增长的数据流量对 5G 系统提出了很大的挑战，亟须寻找新的解决思路以提升通信容量。为了有效应对网络流量需求的大幅增长，研究者提出了大量措施来提高吞吐量，其中最具代表性的就是采用毫米波通信技术[36]。

毫米波通信是一种有效的扩展现有频谱资源、探索广阔频谱资源的方法，改善了通信领域容量有限的问题，填补了当前无线通信不能取代光缆方面的空白。毫米波通信具有可观的发展前景，利用毫米波通信技术，可以提高网络部署的速度以及性价比；移动设备可使用无线连接器替代机械连接器，提升设备的可靠性；无线视频互连可消除笨重的线缆带来的行动限制，提升虚拟现实头盔的用户体验。虽然毫米波通信利用其独有的特性提高了通信容量，但是也给无线通信的发展带来了一定的挑战，亟须对其展开深入研究。

9.3.2　毫米波概念

根据傅里叶变换理论，任何电磁波都可以分为很多简谐电磁波。电磁波可以根据频率的高低进行排序。其中，微波泛指波长为 1mm～1m 的电磁波，其频率为 300MHz～300GHz。如图 9.9 所示，可以看出分米波、厘米波、毫米波都属于微波范畴。频率为 300MHz～3GHz(即波长在 10cm～1m) 的无线电波是分米波，它通常属于特高频(ultra high frequency，UHF) 频段；频率为 3～30GHz(即波长在 1cm～10cm) 的无线电波是厘米波，它通常属于超高频(super high frequency，SHF) 频段；频率为 30～300GHz(即波长在 1mm～1cm) 的无线电波是毫米波，它通常属于极高频(extremely high frequency，EHF) 频段。其中，5G 系统采用的毫米波资源是 30～100GHz 的极高频波段[37]。从图 9.9 中可以看出，毫米波位于微波频段的高频段。

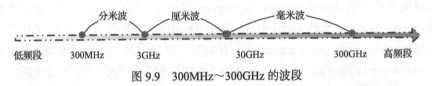

图 9.9　300MHz～300GHz 的波段

　　与传统的无线技术相比，毫米波信号的传输距离要短得多。毫米波只能在距离小于 100m 的地方提供良好的覆盖，而传统波能够在距离小于 500m 的地方提供良好的覆盖。因此，要想扩大网络的容量，可以增加微型基站的密度，并在基站之间使用多跳结构进行通信。

　　毫米波表现出如下四个基本特点。

　　(1)频率极高。毫米波的特性类似于光波，它们的频谱非常接近。光波可以被非常小的透镜和抛物线反射器聚集以形成强方向性光。毫米波也和光波一样具有强方向性，可以按照几何光学原理制作各种天线并形成强烈的定向辐射。反射面天线的尺寸大小与天线的工作频率和波长有着密切的关系。工作频率越高，波长越短，天线尺寸越短[38]。例如，工作于 44GHz 的 3m 天线，可以获得 60dBi 的增益，其半功率波束宽度约为 0.16°；当工作频率为 8GHz 时，为了获得相同的 60dBi 天线增益和 0.16°的半功率波束宽度，天线口径需增加到 16.8m。

　　(2)穿越电离层的传输特性。无线电波的传播往往会经过对流层、平流层、电离层和外部大气，其中电离层对电磁波的折射和吸收都很强，所以这一层在信号传输中起着举足轻重的作用。但是，毫米波具有很好的透射特性，电离层基本不会对毫米波的传播产生影响，也就是说，毫米波具备穿越电离层的传输特性[39]。

　　(3)受大气环境影响显著。空间传播中的毫米波路径损耗容易受到与频率相关的其他因素的影响。毫米波能量在传播过程中，会由于水蒸气和氧气分子的吸收而衰减。在特定的压力和温度环境下，水蒸气分子的一个电偶极矩和氧分子的一个磁偶极矩的共同作用会与一些毫米波波长实现共振，并吸收这部分毫米波的能量。雨衰会引起系统的噪声温度增加，导致噪声变大，从而改变电磁波的极化。

寄生损耗和绕射损耗也不容忽视，信号在传播过程中遇到的障碍物一般可以用作反射能源，寄生损耗会影响反射或入射信号路径，而绕射可以使信号迅速衰减。

(4)频带宽。毫米波频谱资源非常丰富，以 30～300GHz 范围计算，毫米波带宽高达 270GHz，分别是短波频带和厘米波总带宽的 10000 倍和 10 倍。如此丰富的频谱资源，能够有效满足人们对宽带图像业务、高速数据等大容量信息传输与处理的需求。如果再配备正交极化技术、非正交接入技术、空分技术、大规模天线技术等有利于频率复用的技术，则会获得更高的通信容量。除此之外，通过利用宽带、超宽带扩频技术，也可以获得极高的处理增益。毫米波频带资源丰富，可以作为抗干扰的有效途径，因此在军事通信方面备受关注。

9.3.3 毫米波通信特点

毫米波本身的特性使得毫米波通信具有与传统波不同的特点。

1. 方向性强

从电磁学理论中可知，无线电波沿直线传播时，如果无线电波的波长大于障碍物的尺寸，那么就会发生衍射现象，无线电波的传播会变得弯曲。然而毫米波由于自身波长很短，不容易绕过障碍物，很容易受到障碍物的阻挡[40]，毫米波通信被看成一种视距传输的通信。为此，通常采用定向天线，若采用全向通信会导致频谱能量消耗相对较快，无法实现远距离传输。毫米波的短波长高频率也带来了通信的强方向性，有利于在某一方向上集中能量，可在同等发射功率下获得高的有效全向辐射功率(effective isotropic radiated power，EIRP)，从而有利于系统间和系统内的电磁兼容性(electro-magnetic compatibility，EMC)。

2. 速率高

在频谱资源匮乏的当下，毫米波的带宽远大于其他低频段资源，这种大带宽的特性使其可以达到极高的理论传输速率和系统容量，对大容量通信服务十分有利。传统的窄带系统通过实现高速传输速率来提高频谱利用率，如采用高阶调制等方法，但是这种方法不但系统实现复杂，而且要求接收端信号具有很高的信噪比。而毫米波系统可以采用低阶调制等方法，在极低的信噪比条件下就可以实现数吉比特每秒的传输速率，大大提高了系统的吞吐量。

3. 抗干扰性强

毫米波具有较强的抗干扰性。电磁频谱极为干净，信道非常稳定可靠。由于毫米波的衰减显著，当采用全向天线时，远距离无线传输的通信效果较差，但可以用来实现近距离的无线传输[41]。毫米波频率非常高，具有较强的方向性，当采用定向传输时能量会集中在很窄的波束宽度内。毫米波天线较窄的波束和低旁瓣既可以减少系统外干扰的影响，也可以降低对其他系统的干扰辐射。

4. 安全性高

由于毫米波传播具有受大气和降雨等影响显著的特性，毫米波通信衰减严重，所以短距离通信信号很强，长距离通信信号很弱，不容易被外界干扰和窃听。毫米波的波束窄和旁瓣低的特点，增加了数据被截获的难度。所以，数据传输的安全性得到了较好的保证。

5. 时延低

毫米波资源丰富，频谱跨越范围广。带宽的增大可以提高信道容量，从而极大地降低了数据传输时延。

6. 元件尺寸小

与传统波相比，毫米波的波长只有毫米级别，因此元器件尺寸要小很多，毫米波系统也更加小型化。

9.3.4　毫米波通信系统架构

毫米波的通信系统包括终端、发射机、接收机、天线、毫米波传输线和双工器，如图 9.10 所示。发射机将基带信号转换为射频(radio frequency，RF)信号进行通信，接收机将收到的 RF 信号转换成基带信号。发射机通过天线与双工器连接到接收机。发射机发送电磁波到天线，再通过传输线送入接收机。毫米波传输线、毫米波天线和有源器件以及无源器件，是毫米波通信设备的重要组成部分，也是实现毫米波通信的基础。

发射设备是一种通过天线产生无线电波的电子设备，是组成毫米波通信设备的重要部分。发射设备本身会产生震荡的无线电频率，并传送到天线上。通过变频、放大等处理之后，发送至接收设备。为了满足通信接收端对信噪比的要求，毫米波通信设备会加大对射频信号的功率输出，同时为了在正常情况下保持功率电平的稳定性，要求发射设备具有调节输出功率的能力。

接收设备主要用来接收来自发射设备的射频信号，也是组成毫米波通信设备的重要部分。依照放大、变频、解调、解码等处理方法，接收设备还原出发送设备的原始信号。由于毫米波具有高损耗的特点，信号很容易衰减，所以需要通过放大器来放大毫米波信号。另外，放大的同时还要尽量避免放大器带来的噪声。变频就是将信号进行频率变换和信号分路，即将毫米波变成中频，将信号分选出

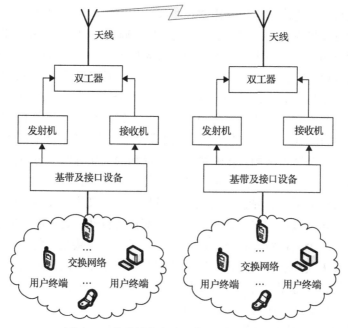

图 9.10　典型的毫米波通信系统的基本结构

FDMA 中对应不同地址的信号。解调是通过调制技术使信号特性与信道特性相匹配，根据协议要求，再对信号进行解码，最终得到二进制比特流。在设计和使用接收设备时，要求输入端的电平和功率即使超出正常工作范围，也不会影响设备的寿命和工作。随着单片微波集成电路(monolithic microwave integrated circuit, MMIC)技术的快速发展，接收设备朝着逐渐微型化的方向发展。

毫米波的传输线可以传输电磁波，广义的传输线等效于平行的双导线。在毫米波通信设备中，传输线的金属波导有圆形和矩形之分，即横截面为圆形的空心金属管和横截面为矩形的空心金属管。

毫米波通信系统还可以通过有源器件或无源器件集成电路对毫米波进行处理。例如，通过传输匹配器件获得最佳的传输功率，通过毫米波谐振器储能和选频，通过滤波器对不同频率信号进行选择和分隔。

9.3.5　毫米波天线

天线是毫米波通信系统不可或缺的组成部分之一，密切影响整个通信系统的性能，包括传播特性、系统结构、带宽特性、天线加工的适应性、天线本身的机械结构以及使用的方便性等方面。毫米波天线作为毫米波能量的辐射和接收装置，根据毫米波通信系统的不同对天线有不同的要求，如支持移动业务的系统与面向固定业务的系统在天线设计方面就会有不同。此外，系统自身特征对天线的设计和应用影响很大。毫米波通信只需要较小尺寸的射频前端电路和天线元件，天线和射频前端可以集成在同一芯片上或者与 RF 前端芯片和天线基板封装在一起。

　　在实际应用中，会使用天线方向图、方向性系数、主瓣宽度、旁瓣电平、天线效率、天线增益、极化、有效面积、有效长度、频带宽度、输入阻抗等作为表征天线特性的指标。其中，天线方向图指的是一个三维立体的曲面图形；方向性系数可以定义为，在一定的辐射功率条件下，天线在某一个方向上的辐射强度与平均辐射强度的比值；主瓣指的是天线辐射最大方向的波瓣，旁瓣指的是除主瓣外的其他波瓣，波瓣宽度指的是主瓣内辐射强度相同的相邻两个方向的角度间隔；天线增益可以定义为，在一定的输入功率条件下，天线在某一个方向上辐射强度与理想的全天线的平均辐射强度的比值；极化可以定义为，在某一个方向上天线辐射电磁波电场矢量的指向及其幅度随时间变化的特性，表示的是电磁波场强矢量空间指向的一个辐射特性；有效面积可以定义为，当接收机负载与天线阻抗共轭匹配，以及天线的极化与波极化完全匹配时，天线接收的最大功率与入射波的功率密度比值；频带宽度指的是根据规定电性能参量的允许变化范围；输入阻抗可以定义为天线输入电压与电流的比值。

　　由于受到毫米波特性的影响，通信系统的设计中会面临一定的局限性。首先，因为高频通信会引发信号衰减和吸收现象，为了补偿毫米波传输时的路径损耗严重的特性，在信号的发送端或接收端，需要引入 MIMO 技术。MIMO 技术通过为发送端和接收端提供天线阵列增益，提高了毫米波的通信质量。其次，受到不同传输方向上的信号之间的干扰，需要应用波束赋形技术改善传输的定向性，增加信道增益。最后，波束赋形预编码矩阵需要获取完整的信道状态信息，为此，对毫米波系统进行精确的信道估计就是一个非常关键的问题。

　　毫米波天线作为毫米波能量的辐射和接收装置，类型众多。传统的微波天线，如透镜天线、反射面天线、隙缝天线和喇叭天线等，在一些应用场合下按比例缩小后即可应用于毫米波频段。此外，MMIC 的普遍应用，以及毫米波通信设备的微小型化，对天线也提出了许多特殊的新要求：要求毫米波天线重量轻、体积小和成本低；要求在毫米波天线中实现更低的剖面以便于进行波束扫描；要求单片微波集成电路具有更高的集成度。

　　在空间传播过程中，无线信号的质量会出现衰减，但是它的能量传播仍然是有方向的，这就形成了波束。而波束成形技术，主要思路就是将原本散开的波束集中起来，形成定向发射的波束，即通过调节各天线的相位使信号进行有效叠加，产生更强的信号增益来克服损耗，提高信号的抗干扰能力，从而保证发射能量可以传递到用户所在位置。图 9.11 给出一个基站产生的毫米波定向波束示例。其中，主方向上会产生波束主瓣，在其周围会产生能量和传输距离较低的旁瓣。波束会在波束主瓣方向的两侧逐渐分散，开始下降固定功率的两侧形成的夹角，就是波束的宽度。

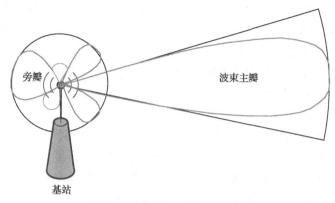

图 9.11　毫米波定向波束示意图

　　与全向发射相比，定向发射有利于能量集中。由于毫米波衰减严重，定向传输能够增加毫米波通信的距离。但是，一旦波束的指向偏离用户，用户反而接收不到高质量的无线信号。所以，快速而准确地对准接收设备，实现完美的接入和覆盖，从而提高传输质量就成为波束赋形需要面临的挑战。为此，可通过采用大规模 MIMO 技术并结合波束管理技术来解决以上问题。

　　大规模 MIMO 技术是指通过在系统中增加基站天线数量形成阵列，提升空间的覆盖率。这种大规模的天线阵列可以实现垂直方向和水平方向的波束导向和波束赋形，进而通过波束成形技术，将传输信号集中到空间的一个点上。在这种情况下，基站可以准确地区分每个用户，提高空间分辨能力。波束管理技术就是在大规模 MIMO 的众多波束中，能够以最快的速度找到基站和目标用户之间最佳的发射波束和接收波束，大幅提高波束对准的精度。

　　基于大规模 MIMO 和波束成形技术，通过多个天线组成相控天线阵列，天线之间的信号经过互相干涉影响，可以将信号能量集中到某一方向进行发射。为了传输得更远，这里选择定向发射信号，而不再使用全向发射，不再把信号能量全向发射，而是集中在一个方向发射出去，从而有效提高覆盖能力。

　　预编码器可以实现精确的波束赋形，目前应用在波束赋形系统中的预编码器有模拟预编码器、数字预编码器及模数结合的混合预编码器。在数字预编码器中，天线单元与射频链路是一一对应的关系，射频链路会随着大规模天线阵列的应用逐渐增多。这加大了硬件制造成本和复杂度，不利于普及应用。模拟预编码器和混合预编码器是大众较为接受的编码方案。

　　(1)模拟预编码器。在毫米波系统中，模拟预编码器结构简单、成本低廉，在 MIMO 多天线结构中很受欢迎。但是，相对来说，模拟预编码器性能较差，一般应用在信号发送端和接收端，通过受控的相移器来实现几个天线单元到单个射频链路上的连接，减少射频链路的数量。通常来说，对于相控阵列的模拟预编码器而言，模拟预编码器的性能会受到量化的相移器和量化的幅度信息这两个因素限制。其中，相移器包括有源相移器和无源相移器。有源相移器的性能会在现实情况下受到损耗、噪声及非线性等缺陷的影响，无源相移器功耗会受到插入损耗的严重影响。相移器的量化相位的分辨率极大地影响了能量的消耗。在毫米波 MIMO 多天线系统中，模拟预编码器还需要进一步完善。

(2)混合预编码器。可以通过合理地配置混合预编码器，有效地平衡毫米波通信系统的性能和硬件复杂度。在性能上趋近全数字预编码器，在成本和复杂度上低于全数字预编码器。混合预编码器要求射频链路个数远小于天线的数量。它的处理过程分别在模拟域和数字域中实现。在第一级结构中，每个用户的功能都通过模拟预编码器和组合器实现最大化。在第二级结构中，信号接收端使用信道状态信息来设计基带预编码器。与全数字方案相比，两级混合预编码算法可以达到近乎最佳的性能，而且复杂度远低于全数字预编码结构。因此，混合预编码器将在毫米波 MIMO 通信系统中扮演重要角色。

9.3.6 信道模型

随着 5G 的发展，信道建模会出现高频段的信道特性。毫米波作为高频段的代表，波长短、频率高、衰减严重，毫米波信道具有显著的传播特性，在数据传输方面可以实现短距离高流量的传输[42]。

尽管毫米波信号与其较低频率的对应物共享基本传播特性，如能量的路径损耗，但它们也具有一些非常重要的差异。这些差异对于设计毫米波蜂窝系统的数学模型非常重要。毫米波信道的特点主要体现在以下几个方面。

(1)毫米波的视距(line of sight, LOS)和非视距(not line of sight, NLOS)传播差异明显。

(2)毫米波的反射和散射现象，造成毫米波通信中出现 NLOS 现象。

(3)毫米波在 NLOS 路径上存在高穿透损耗和散射造成的能量损失，所以衰减要比 LOS 路径上严重很多。

(4)毫米波在室内比在室外的穿透损耗要高得多，反之亦然，以至于通常无法为室内用户提供室外基站的服务。

(5)毫米波信道具有较低的时延。

(6)除了占优势的 LOS 路径之外，还有一些散射簇，毫米波通道在角度域中通常是稀疏的。

无线信道的传播特性主要体现在大尺度衰落和小尺度衰落两个方面。在一定区域范围内，无线信号的传播会同时受到大尺度衰落和叠加在其上的小尺度衰落的影响。其中，大尺度衰落能够决定通信系统中发射端的最大覆盖范围及所需的信噪比，小尺度衰落能够决定通信系统中信号的传输质量，二者是通信系统设计中需要考虑的主要因素。

(1)大尺度衰落特性。

无线信道的大尺度衰落特性表现为信号接收功率在自由空间传播过程中随距离和频率的变化，是指信号收发距离之间长距离上的场强变化，反映的是无线信道宏观上的衰落特性。这种大尺度衰落主要包括自由空间阴影衰落和路径损耗。假设收发机之间的传播介质是理想、均匀、同性的，毫米波在传播过程中无反射、散射、绕射、折射和吸收现象，只存在能量扩散带来的传播损耗，这称为自由空间路径损耗。此时，接收功率与发射功率的比值称为路径损耗，即通信距离的幂函数。通常使用路径损耗来预测系统的链路情况。在实际环境中，受地形变化和障碍物等因素的阻挡，信号在传输中会对路径损耗产生附加波动，进而产生电磁场阴影效应，也就是通常所说的阴影衰落，阴影衰落会对路径损耗产生较大影响。

毫米波系统的情况依赖于对其信号传播和信道特性的准确理解。早在 20 世纪80 年代后期，布里斯托大学就已经展开了对室内毫米波通道的测量和研究工作，分别在 LOS 和 NLOS 条件下进行信道测量，后期也对室外毫米波通道展开了测量工作。得克萨斯大学奥斯汀分校和纽约大学周围室外城市环境的 28GHz 与 38GHz测量数据包括到达/离开角度、均方根(root mean squared，RMS)延迟、路径损耗以及建筑物穿透和反射系数的数据，基于此数据进一步测量了毫米波模型的通道。另外，要注意使用定向天线会改变接收器处的有效信道。定向天线减少了延迟，但存在由波束未对准导致的定向误差。

(2)小尺度衰落特性。

无线信道的小尺度衰落特性表现为信号强度的急速变化，是指信号短时间或短距离上的场强变化，小尺度衰落效应通常是由无线信道的多径性引起的，在不同的多径信号上，存在着由时变的多普勒频移引起的随机频率调制以及多径传播时延引起的扩展。当同一信号沿着多条路径传播时，来自各条路径的信号会以很小的时间差到达接收器，而信号之间的干扰就会引发小尺度衰落效应的产生。用来描述小尺度衰落特性的相关参数包括相干时间和多普勒扩展、相干带宽和时延扩展等。

通常，可以用功率方位角分布、功率延迟分布、信道冲击响应来分析小尺度衰落特性。功率方位角分布是基于固定参考角度扩展的函数，描述了功率与参考角度扩展的关系；功率延迟分布是基于固定参考时延的函数，描述了功率与参考时延的关系；而信道冲击响应是将传播信道模拟为线性滤波器后的等效脉冲响应。

毫米波通信中的小尺度衰落通常分为瑞利衰落和基于 Nakagami-m 的信道衰落。对于小尺度衰落而言，当将信道衰落考虑为 Nakagami-m 衰落时，其服从 Gamma 分布的随机变量，它的概率密度函数可以表示为

$$f(h) = \frac{h^{m-1}}{(m-1)!} m^m \mathrm{e}^{-mh}$$

其中，m 表示衰落因子，代表场景中信道衰落的大小，可以根据不同的场景取不同的值。随着 m 值的增大，对应的信道衰落将会逐渐减小；当 m 趋近于无穷时，表示信道未发生衰落。当 $m=1$ 时，Nakagami-m 衰落退化为瑞利衰落，因此瑞利衰落被认为是 Nakagami-m 衰落的一种特例。

9.4　天线技术

天线是无线通信系统中不可或缺的组成部分，与系统整体性能密切相关。本节首先介绍天线方面的基本概念以及分类标准，并对 5G 网络中涉及的多种天线类型进行了阐述，介绍无线通信系统中广泛采用的 MIMO 技术。面对 5G 系统性能方面的挑战，如系统容量和传输速率等，分析讨论大规模天线以及协作传输等方面的技术知识。

9.4.1　概述

天线的理论基础形成于麦克斯韦方程组中描述的经典电磁场原理。天线的设计涉及四个部分，分别为辐射单元、反射板、功率分配网络、封装防护。这四部分分别使用了对称阵子、底板、馈电网络、天线罩。简单来说，天线就是一种变换器，主要功能是向空中发射或者接收电磁波。天线在能量转换上追求高效率。通信设备如天线等，需要工作在一定的频率范围内，其中频率范围需要满足指标的要求。通常情况下，天线的工作频率就是根据指标要求的频率范围设计的。由于天线性能在工作频带宽度的频率点上是不一样的，相同指标下，频带宽度和设计难度成正比。

天线的辐射参数包括主瓣、旁瓣、半功率波束宽度、天线增益、前后比、交叉极化鉴别率。其中，半功率波束宽度、前后比、天线增益是覆盖要求的基础指标，交叉极化鉴别率可以作为网络通信质量的辅助指标。天线增益是由振子叠加产生的，用以衡量天线对某个特定方向进行辐射或接收电磁波的能力[43]。天线增益越高，方向性越好，能力越集中，波瓣越窄，天线长度越长。天线增益的选取要看波束是否与目标区域相配，尽量满足低损耗、电压驻波比（voltage standing wave ratio，VSWR）的馈电网络、无表面波寄生辐射等方面的需求。天线的辐射参数示意图如图 9.12 所示。

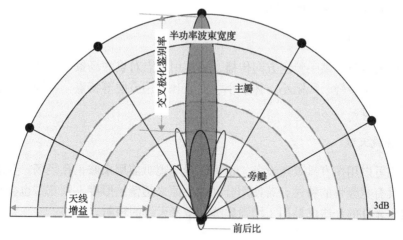

图 9.12　天线的辐射参数示意图

随着移动通信、卫星通信等各种通信手段的快速发展和广泛应用，无线通信对天线性能的要求也越来越高，例如，实现频谱复用、抗干扰，以及卫星覆盖下运动物体的不间断通信等方面。由此，在毫米波通信中，自适应天线、相控阵天线和多波束天线等先进天线技术也逐渐得到不同程度的应用。

目前，在天线方面有许多新颖的设计，这些设计与改造都在致力于毫米波特性的开发和利用。在一些应用场景中，传统的厘米波天线按照一定的比例缩小后是可以应用于毫米波频段的。此外，单片式微波集成电路的普遍应用，以及毫米波通信设备的小型化发展，要求天线在设计中需要考虑更多新的要求：毫米波天线需要拥有更低的剖面，且更加方便进行波束扫描；需要拥有更轻的重量、更小的体积、更低的成本；有源和无源电路能够与火线辐射单元，以单片电路的形式集成在紧凑的组件中。

9.4.2　天线分类

根据不同的分类标准，天线可以分成不同的类别。根据方向性分类，可以将天线分成定向天线和全向天线。根据工作波长分类，可以将天线分成微波天线、超短波天线、短波天线、中波天线、长波天线、超长波天线等。根据用途分类，可以将天线分成雷达天线、电视天线、广播天线、通信天线等。根据工作原理和结构形式分类，可以将天线分成面天线和线天线等。根据功能分类，可以将天线分成发射天线和接收天线。尽管发射天线和接收天线有一些差异，如性能要求和工作方式略有不同。但是，通过双工器，一个天线作为发射天线的同时，也可以作为接收天线。

在 5G 网络中，常见的天线类型包括平板天线、透镜天线、微带天线、喇叭天线、漏波天线、反射面天线等。

1. 平板天线

平板天线只沿某一特定方向传播，通常用于点对点的场景中。平板天线效率很高，具有重量轻、风阻小、体积小、安装和使用方便等特点，特别适合于接收卫星直播信号。

2. 透镜天线

透镜可以用作直接聚焦设备，也可以置于喇叭前用来修正孔径场。要求透镜的材料具有宽频带的特性，若使用分区减小原来透镜的厚度，则宽带也会减小。用作聚焦元件的介质已被用于增强裂缝和微带天线的辐射。

3. 微带天线

微带天线是一种主要使用微波频率的内置天线，通常情况下指的是在印刷电路板上通过使用微带技术制作的天线。一个单独的微带天线是由一块贴在印刷电路板表面的贴片天线组成的，在板的另一侧有一个金属箔接地面，通过箔微带传输线连接到发射机或接收机。大多数微带天线由二维阵列中的多个贴片组成。

4. 喇叭天线

喇叭天线通常应用于从波导向太空发射无线电波，或将无线电波收集到波导中以便接收，一般由短长度的矩形或圆柱形波导管组成，一端封闭，另一端扩成开口的锥形或金字塔形。喇叭天线具有结构简单、容易制造、频带较宽和方便调整等特点，因此广泛应用于微波和毫米波段，毫米波治疗仪中也普遍采用喇叭天线。

5. 漏波天线

漏波天线采用引导结构，支持电磁波沿开放式结构传输，因一些不连续结构而辐射能量。虽然漏波天线依赖在基本波导结构中传播模式的辐射，但辐射机制从一个子类到另一个子类有很大的变化。这种天线往往具有各种特性。

6. 反射面天线

反射面天线是一种结构简单、重量较轻的天线，广泛应用于航天器天线系统。反射面天线可以由多个反射面组成，反射面可以是抛物面、双曲线面、椭球面。

反射面需要被抵消，以避免堵塞馈电点。最流行的反射面天线是抛物面天线。反射面天线可以采用毫米波波段，构成许多类型的天线。其中一部分天线依靠毫米波全息摄影技术校准表面，采用碳纤维降低均方根误差，有助于提高反射面质量。

面临不断增长的流量需求，在天线技术的研究中还需进一步降低区间干扰，集中化天线辐射能量，逐渐将射频部分和天线部分融合，提高天线的性能。

9.4.3 多输入多输出技术

MIMO 技术是指在带宽不变的情况下，在发送端和接收端都使用多根天线，在收发之间构成多个信道的天线系统，通过利用空间资源来高效地提升通信系统的频谱利用率和容量。MIMO 系统中通过为天线单元之间保留足够的间隔，可以使得发送端和接收端之间存在多条独立的信道。利用空间信道中的多径衰落特性，使用空时处理技术获得复用增益或分集增益，消除天线间的信号相关性，增加数据吞吐量，提升信号的链路性能，但这也导致发送端与接收端的处理复杂度增大。

复用增益与分集增益使得 MIMO 技术得以广泛应用。当发射机和接收机配置多个天线时，这种性能增益称为多路复用增益。MIMO 系统的多路复用增益是将MIMO 信道分解为若干个并行的独立信道而得到的。通过并行传输不同的数据流来提高频谱利用率。利用发射机和接收机的多天线可以获得分集增益，通过一个复杂的比例因子加权相同的符号，进而发送到每个发射天线，通过分集实现衰落信道下的可靠接收。

MIMO 可以分为开环 MIMO 和闭环 MIMO，主要分类依据是发送端是否根据信道信息对数据进行预处理。按照发送端获取信道信息以及预编码矩阵生成的不同之处，闭环 MIMO 通常可以分为基于码本的预编码和基于非码本的预编码。在基于码本的方法中，接收端按照既定码本量化反馈信道信息，发送端根据收到的反馈计算预编码矩阵。需要从已建立的码本中选择预编码矩阵，例如，在 3GPP中，基于小区特定参考信号(cell-specific reference signal，CRS)来接收数据。在基于非码本的方法中，信道信息是通过信道上下行的对称性或互异性获得的，如时分双工(time division duplexing，TDD)系统。

MIMO 还可以分为单用户 MIMO(single-user MIMO，SU-MIMO)和多用户MIMO(multi-user MIMO，MU-MIMO)，主要分类依据是相同时频资源上复用的用户数量。其中，SU-MIMO 是指单个用户在同一时频资源上独占所有空间资源；MU-MIMO 是指多个用户在同一时频资源上共享空间资源，也称为空分多址(space division multiple access，SDMA)。

MIMO 技术已经广泛应用于 4G 系统中，面对 5G 系统在容量和传输速率等方面的性能挑战，进一步增加天线数目将成为 MIMO 技术继续发展的重要方向。

9.4.4 大规模天线技术

随着物理层关键技术的进一步发展，系统容量已接近香农求解的极限，需要以其他方式突破 5G 频谱效率和系统容量。大规模 MIMO 技术将成为区分 5G 系统与现有系统的核心技术之一[44]。

贝尔实验室的研究人员于 2010 年提出了大规模 MIMO 的概念。理论上假设当基站侧部署的大规模阵列天线数量远远大于用户终端数量时，可基于波束成形技术使天线能量集中在较窄的方向上传播，同时多用户传输的信道趋于正交，从而实现频谱资源在空间域的复用，大幅提高系统容量和频谱效率。

在此基础上，大量的研究人员研究了有关基站天线配置数量的问题[45]。大规模 MIMO 技术采用大量天线来服务相对较少数量的用户，可以有效地提升频谱效率[46]。基站的天线数量对于提高系统容量起着非常重要的作用，因为根据概率统计学原理，频谱的效率和可靠性会随着天线数量的增多而提高。当发射天线和接收天线的数量很大时，MIMO 信道的容量会随着收发天线数中的最小值而近似呈线性增长。当收发天线数与用户天线数的比例足够大时，信道将趋于正交，可以通过信道复用实现频谱复用，用户间的干扰也会在这种情况下趋于消失，阵列会产生巨大的增益，使得每个用户的信噪比可以有效提升，在同等时频资源的情况下，可以支持更多的用户传输[47]。

作为 5G 系统的核心关键技术之一，大规模天线技术使得基站能够具有高空间分辨率的高增益窄波束，可以提高空间复用能力，提升接收信号强度，抑制用户之间的干扰，进一步提高系统容量和频谱效率[48]。在 5G 系统中，大规模 MIMO 技术的特点如下所示[49]。

(1) 与传统的 MIMO 技术相比，大规模 MIMO 技术拥有更强的空间分辨率，通过时分双工技术以及空间维度资源，可以实现多用户同时通信，提高频谱效率。

(2) 大规模 MIMO 技术的引入，产生了新的部署形式，如低增益谐振天线阵列、共形天线阵列，同时也产生了新的架构形式。

(3) 波束赋形技术可以让通信更加具有定向性，因此也降低了来自其他通信设备的干扰，实现了用户传输信号的可靠性。

(4) 较大的天线阵列有利于将天线孔径保持在较高的频率。定向增强和天线阵列可以通过电子方式控制波束。相比于单一天线系统，大规模多天线技术可以通过空域、时域、频域、极化域各种不同的维度来提升频谱效率，降低能量消耗。

为了满足 5G 三大主流业务场景 eMBB、URLLC、mMTC 的需求，大规模天线技术起到了非常重要的作用。在三大场景中，eMBB 业务场景主要着眼于频谱效率、能量效率、峰值速率、用户体验速率等，随着天线规模的增加，用户间干扰和噪声的影响可以有效降低，而且可以提升能量效率，使用更低的发射功率获得相同的网络覆盖范围和吞吐量。另外，为了达到峰值速率，需要高频段大带宽的支撑，在大规模天线中，应用波束赋形技术提高增益可以有效补偿高频段的路径损耗，使高频段移动通信应用部署成为可能。URLLC业务场景则着重于低时延和高可靠，可以基于分布式的大规模天线技术，将数据分散到不同地理位置上的多个传输点进行传输。mMTC业务场景则更加关注连接数量和覆盖范围，可以基于MU-MIMO技术有效增加连接数量。同时，在大规模天线中，应用波束赋形技术也有利于满足mMTC场景的覆盖指标。

目前，对大规模天线技术的研究主要关注以下几个方面。

(1)信道状态信息的测量与反馈技术。

信道状态信息指通信链路的已知信道属性。它可以根据传输期间使用的导频信号来计算，并将其与接收到的导频信号进行比较。MIMO技术的应用离不开信道状态信息(channel state information，CSI)的测量与反馈。为了在信道状态信息测量的开销与精度方面取得折中，除了采用常见的基于码本的隐式反馈和基于信道互易性的反馈机制，还需要考虑设计基于压缩感知或预体验的新型反馈机制。

(2)传输与检测技术。

大量天线阵元形成的多用户信道间的准正交特性可以保证大规模天线的性能增益。但是，设备与通信环境在实际的信道条件下，会受到许多非理想因素的影响，需要通过设计下行发送与上行接收算法，来抑制用户间乃至小区间的同信道干扰，以获得稳定的多用户传输增益。值得注意的是，传输与检测算法的计算复杂度、天线阵列规模和用户数量直接相关[50]。另外，基于大规模天线的预编码/波束赋形算法，与阵列结构设计、系统性能、功率效率和设备成本直接相关。降低大规模天线系统的计算复杂性可以采用基于 Kronecker 运算的水平垂直分离算法、分级波束赋型技术、数模混合波束赋形技术等[51]。

(3)覆盖增强技术。

天线规模的扩大将极大地增加了业务信道的覆盖范围，但此举会对需要覆盖全小区的广播信道带来许多不利影响。在这种情况下，为了解决窄波束的广覆盖问题，引入类似于内外双环波束扫描的接入技术。此外，在移动场景中，如何实现高速率且高可靠的信号传输也是大规模天线研究中需要着重关注的问题。由于波束拓宽和波束跟踪技术对信道状态信息的获取依赖程度较低，可以考虑利用大规模天线的阵列增益对数据传输速率和传输可靠性进行提升和改善[52]。

(4)大规模有源阵列天线技术。

从结构角度来看，大规模天线前端系统可分为数字阵列和数模混合阵列两大类。考虑到功耗、成本和复杂性等因素，在高频段中，数模混合阵列架构将具有巨大的应用潜力。实际应用环境中大规模天线技术的性能与效率受到大规模有源阵列天线的构架、收发组件、校准方案等关键技术的影响，最终将决定大规模天线技术能否进入实用阶段。

（5）资源管理与用户调度技术。

在无线接入网络中，大规模天线可以提供更精细的空间粒度以及更大的空间自由度，由此可以基于大规模天线技术研究资源管理与用户调度问题，进而获得可观的性能增益。

（6）信道建模与应用场景。

大规模天线技术可以应用在宏覆盖、室内外热点、无线回传链路等潜在的应用场景中。此外，该技术一个可能的应用场景还包括以分布式天线形式构建大规模天线系统。可以将现有频段应用在需要广域覆盖的场景下，可以将更高频段应用在回传链路或热点覆盖等场景中。针对这些典型的应用场景，对大规模天线实测，根据实测结果对信道参数的分布特征及相关性建模分析，获得信号在三维空间的传播特性。

大规模天线技术为密集化部署的异构网络环境提供了灵活的干扰控制与协调手段，为系统能效、传输可靠性、用户体验质量、频谱效率等性能的提升提供了技术支撑。尽管在发展和应用的进程中，大规模天线技术还存在诸多问题需要解决，但是我们有理由相信，随着器件技术的进一步发展以及关键技术的一系列突破，大规模天线技术必然在 5G 系统中发挥巨大作用。

9.4.5　协作传输技术

随着移动通信技术的迅猛发展，对热点和密集场景的应用越来越多，随之而来的是这种场景下的覆盖问题日益突出，大规模 MIMO 技术和小小区（small cell networks，SCN）密集部署技术在增强小蜂窝网络覆盖以及提高系统容量方面提供了重要支撑，但是也为进一步发展提出了新的挑战。

小区间干扰是网络整体性能降低的主要原因，受到小小区间切换和干扰的限制，SCN 的优势很难得到发挥。在 LTE/LTE-A 等系统中，小区间的干扰，导致小区边缘用户的信干噪比和用户体验下降，却无法通过服务信号的增强使这一问题得到有效改善。

导频污染会影响大规模 MIMO 的性能。如果把正交的导频序列应用于小区内，把相同的导频序列组应用于小区间，则会导致基站对信道的估计变成了其他小区的训练序列，却不是本地用户和基站的信道。为此，在大规模 MIMO 产业化的进程中将导频污染问题视为一个务必解决的问题。虽然三维 MIMO 技术能够为消除导频污染提供有效的解决方案，但是三维 MIMO 技术会加剧相邻小区边缘用户的干扰。

5G 系统中存在大量的小区间干扰，主要是由于小区间频谱资源的大量重用，然而只通过简单地提升信号发射功率，并不能使得网络性能得到有效改善，这是

因为信号强度在增大的同时，干扰也会增大。面对这些挑战，将 CoMP 技术引入
SCN 和大规模 MIMO 中。CoMP 是一种降低小区间干扰的有效方法，是指通过协
调多个地理位置不同的传输点，为一个用户提供数据传输服务。在同一个网络系
统中，基站通常分布在不同的地理位置，基站之间通过动态协调以及交换传输信
息等方式，减少小区内的信号干扰，提升网络性能。虽然引入 CoMP 技术带来了
更高的复杂度，但是 CoMP 技术的应用使得小蜂窝边缘用户的下行链路吞吐量和
网络平均吞吐量均得到了有效改善。

目前来看，具有较好发展前景的多点协作传输技术主要有两种。

(1) 联合处理 (joint processing，JP)。在 JP 技术中，一个用户接收到的数据不
是仅来自一个基站，而是来自多个基站，协作基站之间通过共享信息和合作设计下
行链路信号，来自其他基站的信号不再是干扰，而是会设计成有用的信号。

(2) 协作波束赋形/调度技术。与 JP 技术相比，协作波束赋形/调度 (cooperative
beamforming/scheduling，CB/CS) 技术的协调程度要低一些。与 JP 技术不同的是，
在 CB/CS 技术中，每个用户接收到的数据仅仅来自一个基站，协作基站之间只需
要共享信道信息和调度的决策，因此相比 JP 机制来说，执行 CB/CS 机制情况下
的回传链路负载要小得多，另外，基站之间共享了信息和调度策略，因此它们之
间能够相互合作，通过发射定向波束减轻用户的干扰。

当然，在 5G 高低频组网场景下，有些毫米波相关的研究认为毫米波由于带
宽大的特点，属于噪声受限而不属于干扰受限，因此往往不考虑毫米波通信下的
干扰。但是，为了实现中国 IMT-2020 推进组关键技术指标，5G 必然会形成这样
一种局面，即采用毫米波小基站超密集部署以增加局部热点，而 sub-6GHz 作为
宏基站执行控制功能并实现广域覆盖。针对毫米波通信干扰，协作波束赋形技术
将发挥重要作用。

9.5　接　入　技　术

接入技术作为无线通信的核心技术，在移动通信系统的发展中起着重要作用。
本节首先介绍接入技术的基本分类。其次对经典无线接入技术的特点以及多址接
入技术的演进历程进行简单概述。最后分析讨论新型多址接入技术的技术原理和
特点，以及 5G 三大业务场景对接入技术的需求等方面的技术知识。

9.5.1　概述

随着网络计算机朝着综合化、宽带化、智能化和个人化方向发展，互联网也
朝着为用户提供声音、图像、数据和文本综合服务，实现用户之间的多媒体通信
的方向发展。

用户终端通常通过接入网络访问核心网络，来满足用户与网络之间的通信。为了更好地处理接入问题，需要使用网络接入技术。根据接入线路的不同，可以将接入技术分为两大类，即有线接入技术和无线接入技术。

1. 有线接入技术

有线接入技术主要包括：采用调制解调器拨号实现的公用电话交换网(public switched telephone network，PSTN)接入，采用数字传输和交换的综合业务数字网(integrated services digital network，ISDN)接入，采用各种类型数字用户线路的宽带接入，面向集团企业的数字数据网接入，采用线缆调制解调器利用有线电视网络的接入，通过以太网接入，通过无源光网络的接入等。

2. 无线接入技术

无线接入技术是指在为用户提供固定或移动通信业务时，采用无线技术作为其传输媒介。与用户终端建立无线连接的基站需要从与其连接的无线网络网关中选择一个网关进行接入。无线网络网关可以将接收到的来自用户终端的无线信号发送至核心网。无线接入技术作为现今大力发展的通信技术，主要包括移动式无线接入和固定式无线接入[53]。

移动式无线接入的服务对象主要为移动用户，用户终端包括便携式、车载式、手持式电话等。代表性的移动式无线接入通信系统包括蜂窝移动通信系统、集群移动无线通信系统、无线局域网、个人通信、移动卫星系统。

固定式无线接入通常也称为无线本地环路(wireless local loop，WLL)。提供服务的对象主要为位置固定的用户或仅在小范围内移动的用户，用户终端主要涵盖计算机、电话机、传真机等。代表性的固定式无线接入通信系统主要包括单点多址微波系统(point-to-multipoint microwave systems，PMMS)、卫星直播(direct broadcast satellite，DBS)系统、本地多点分配服务(local multipoint distribution services，LMDS)系统、多路多点分配服务(multichannel multipoint distribution services，MMDS)系统。依托于原有的固定无线接入系统，固定无线接入通过延伸 PSTN/ISDN 而发展起来。然而，随着 MMDS 和 LMDS 等宽带无线接入系统的相继出现，无线接入技术在多媒体数据传输以及互联网应用等方面发挥了举足轻重的作用，已经发展成为城市接入网建设的重要组成部分。

9.5.2　经典无线接入技术

经典的无线接入技术主要包括蓝牙技术、ZigBee 技术、Wi-Fi 技术、近距离无线通信技术等。

1. 蓝牙技术

蓝牙技术工作在 2.4GHz ISM 频段，是一种基于低成本的近距离无线连接技术，具有安全、快捷、灵活、小尺寸、低功耗、低成本的特点。作为一种小范围无线通信技术，可以在近距离范围内实现设备之间的互用和互操作，支持数据和语音的传输，是无限个域网通信领域的主流技术之一，在全球范围内得到广泛使用。

蓝牙技术会受到传输距离的限制，导致其很难与 5G 高度融合发展。

2. ZigBee 技术

ZigBee 技术建立在 IEEE 802.15.4 标准的低功耗局域网协议的基础上，工作频段为 868MHz、915MHz 和 2.4GHz，传输距离为 10～75m，是一种近距离、低速率、低功耗、低复杂度、低成本的双向无线通信技术。由于物联网通信对低功耗的需求比较高，ZigBee 可以作为一种有效的补充技术。随着物联网技术的蓬勃发展，ZigBee 技术将在智能传感方面大展身手，势必具有较为广阔的应用前景。

需要注意的是，在与 5G 融合发展的过程中，ZigBee 技术面临的主要挑战包括通信传输速率低、稳定性差等问题。

3. Wi-Fi 技术

Wi-Fi 技术又称无线宽带接入技术，具有传输速率高、移动性强、成本低廉、组网灵活简便等特点，在解决短距离无线传输的问题上发挥了重要作用，适用于大型密集场所、高校、办公区、住宅区等热点覆盖区域。

相比于 5G，Wi-Fi 不涉及任何管控频谱资源，包括 802.11ax、802.11ac、802.11b、802.11g、802.11n 等均使用免费开放频段。2019 年，无线网络标准 Wi-Fi 联盟宣布启动 Wi-Fi 6 标准认证项目。Wi-Fi 6 可以达到 9.6Gbit/s 的最高传输速率，1.2Gbit/s 的理论传输速率，可以实现多个终端并行传输，不必相互竞争，无需排队等待，可以有效降低时延并提升效率。

4. 近距离无线通信技术

近距离无线通信技术俗称近场通信技术，基于非接触式射频识别技术逐渐发展起来，工作频段为 13.56MHz，通信距离为 0～20cm，具有四种传输速率，分别为 106kbit/s、212kbit/s、424kbit/s 和 848kbit/s。近距离无线通信技术独特的信号衰减技术，使其具有成本低、带宽高、能耗低等特点。作为一种短距离无线通信技术，近距离无线通信技术曾受到 Nokia、Philips 和 Sony 等公司的大力推广。

近距离无线通信技术采用双向的识别和连接，电子设备之间允许进行非接触式点对点数据传输，当设备间彼此靠近时可以发生数据交换。近距离无线通信技术的短距离交互使身份验证和识别过程得到了较好的简化，使电子设备间的访问变得更直接、更清晰、更安全。通过将感应式卡片、感应式读卡器和点对点通信的功能集成在单个芯片上，移动终端可以被用于实现如移动支付、移动身份识别、门禁、防伪和电子票务等应用。

9.5.3　多址接入技术的演进

在无线接入系统中，当一个基站同时辅助多个用户与其他用户进行通信时，必须令不同的用户和基站发出的信号具有不同的参数，这些信号参数可以是射频频率、波形、码型、空间、时间等。通过对信号加以区别，可以令基站在众多用户中区分来自不同用户的信号，同时针对基站发出的众多信号，每个用户也能识别出哪些是发给自己的信号。上述问题可以通过多址接入技术来解决，多址接入技术是无线通信物理层的核心技术之一。

无线通信技术的发展伴随着 RAT 的演进，从第一代通信网络使用的 FDMA、第二代通信网络使用的 TDMA、第三代通信网络使用的 CDMA 到第四代通信网络使用的正交频分多址接入(orthogonal frequency division multiple access，OFDMA)。从设计的原则上，以上这些多址接入技术归属于正交多址接入(orthogonal multiple access，OMA)范畴。到 5G 时代，又出现了很多新型多址接入技术，将在 9.5.4 节详细介绍。

1. FDMA

FDMA 主要应用在 1G 系统中。FDMA 通过均等地划分总频段得到若干个子信道，并将不同的子信道分配给不同的用户使用，使得这些频道不产生重叠，从而避免相邻频道之间的串扰。当发送端选择一个信道发送信息时，接收端可以通过频率选择及滤波，选出相应信道的信息。

FDMA 的优势在于实现简单、技术成熟，可以根据要求按需动态地改变信道容量。但由于其系统容量太小，当系统中同时存在多个频率的信号时，不同信号之间的互调会产生严重的干扰，导致其不能支持具有大量用户的应用场景，特别是当多个频率信号在基站中集中发送时，这种干扰会更容易产生。

2. TDMA

TDMA 主要应用在 2G 系统中。TDMA 通过将无线频谱按时序划分成由若干时隙组成的周期性的帧，并按照一定的时隙分配原则，令发送端发送信号时可以依照规定的时隙发送信息，接收端接收信息时可以借助定时选通门选出来自不同发送端的信息。基于此工作流程，当达到定时和同步的条件时，接收端可以不受干扰地在各时隙中接收到不同发送端的信息。此外，基站发送给每个移动台的信号按预定的时隙顺序发送。只要每个移动台在指定的时隙中接收，发送到每个移动台的信号就可以在合路信号中区分出来。

采用 TDMA 技术通信可以提高信号质量，扩大系统容量，增强保密性。另外，TDMA 不存在频率分配问题，容易进行实时的动态分配。但是，由于移动终端和基站间正常通信的高度依赖精确的定时和同步，在技术实现上有较高的复杂度。

3. CDMA

CDMA 主要在 2G 和 3G 系统中得到了普及应用。CDMA 是基于频谱扩展的多址接入技术，在应用编码技术的基础上，通过对频谱进行扩充，做到在同一信道上容纳更多的用户。通过将发送端需要传送的具有一定信号带宽的信息数据，调制为一个带宽远大于该信号带宽的高速伪随机码，使得发送出去的调制数据信号的带宽在原来的数据信号的带宽上被扩展。通过在接收端使用相同的伪随机码，检测和处理接收到的带宽信号，把宽带信号解扩成原信息数据的窄带信号来实现信息通信。CDMA 以不同的伪随机码来区别基站，由于发送信号时叠加了伪随机码，信号的频谱大大加宽。

使用扩频编码技术能够极大地降低各个用户之间的相互影响，所以相比于TDMA 方式，在同一信道中 CDMA 能够容纳更多的用户通信。同时，采用宽带传输的 CDMA 具有更强的抗干扰、抗衰落和抗截获的能力，并且功率密度比较低，信号利于隐藏，具体来说就是信道传输中有用信号的功率要远低于干扰信号的功率，相当于信号隐藏在噪声中。尽管 CDMA 无须进行频率规划，但它的小区规划却并不容易，由于所有的基站都使用同一个频率，相互之间存在干扰，这会直接影响话音质量和系统容量。

4. OFDMA

OFDMA 主要应用在 4G 系统中。OFDMA 将传输带宽划分为一系列正交的非重叠子载波集合，并为不同的用户分配不同的子载波集以实现多址接入[54]。OFDMA 技术的优势在于可以为用户动态分配可用带宽资源，进而提高系统资源的利用率。不同用户占用相互独立的子载波集，因此系统在理想的同步条件下，可以避免多址干扰。

尽管 OFDMA 的实用化进程比较顺利，然而，如果每个 OFDMA 符号中使用了相同的载波，或者分配给每个用户的子载波较少，则可能损失部分频率选择衰落和分集增益的优势。另外，处理来自相邻小区的同信道干扰也会变得相对复杂。

9.5.4　新型多址接入技术

从上文讨论可知，从 1G 发展到 4G 使用的多址接入技术主要包括 FDMA、TDMA、CDMA、OFDMA，在时域、频域、码域上通过不同组合方式向多个用户正交分配无线资源。然而，OMA 中可用资源数量的有限性导致受支持的用户数量是受限的，另外，尽管采用了正交的无线资源，但信道引起的损伤却又总会使得其正交性受到破坏。随着移动互联网海量终端接入，数据流量呈爆炸式增长，5G 网络面临着更多连接数、更高频谱效率、更大容量、更低功耗、更低时延的挑战，为了实现有限的资源接入更多用户，需要新型多址接入技术的支持。

5G 网络与以新型多址接入技术为代表的其他先进技术之间融合发展，达到相辅相成、不可分割的整体，是时代发展的必然趋势。新型多址接入技术通过对发送端信号进行不同维度的处理，将多个用户信号非正交地叠加在时频资源上，通过在接收端使用多用户检测技术，将多个用户信号分离开来。新型多址接入技术通过多个用户复用相同资源，大幅度增加了网络中的可连接用户数量，同时也提高了网络的整体吞吐量和频谱效率。此外，采用新型多址接入技术在减少设备功耗、降低通信时延、灵活调度接入等方面都表现良好。相比于传统的接入技术，新型多址接入技术能够更好地满足 5G 网络面临的海量连接、实时可靠、高效节能等业务场景的性能需求[55]。

目前流行的新型多址接入技术主要包括 NOMA 技术、PDMA 技术、SCMA 技术、MUSA 技术等。

1. NOMA 技术

NOMA 作为一种新型多址接入技术，是下一代无线通信中最具发展前途的无线接入技术之一。相比于传统的 OMA 方式，在发送端，NOMA 主动引入干扰信息，并以非正交方式发送，而在接收端，NOMA 采用串行干扰删除等先进技术，实现信号的正确解调[56]。NOMA 技术的引入使得系统在上下行方向上都趋近容量界，有效提升了资源利用率和系统容量。虽然能够获得频谱效率的提升，但信号的叠加会导致接收机的复杂度相应提高，NOMA 正是以接收机设计的复杂度来换取频谱效率的提升。相信随着芯片处理能力的不断增强，将会有效推进 NOMA 在实际系统中的应用进程[57]。

在 NOMA 系统中，使用的关键技术主要包括脏纸编码(dirty paper coding, DPC)、功率复用、串行干扰消除(serial interference cancellation, SIC)。其中，脏纸编码是一种信源联合编码技术，通过对信源编码和信道编码构建最佳的联合编码方式，从理论角度可以将发送端引入的干扰信息完全消除。功率复用技术是指在发送端为多个用户分配不同大小的功率，并以此作为在接收端对用户进行区分的标准。通常以基站和用户间的信道增益作为功率分配的标准，即对于信道增益较低的用户，就为其分配较高的功率，对于信道增益较高的用户，就为其分配较低的功率，此举能够有效保证小区边缘用户接收到的信号质量。串行干扰消除技术主要基于串行干扰消除检测器的循环执行，首先需要检测判决输入的叠加信号中哪些是干扰信号，其次重建干扰信号并估计信道，最后逐个将叠加信号中的干扰信号去除，直到叠加信号不存在多址干扰，检测到用户信号。

NOMA 作为面向 5G 的新型候选多址接入技术，因其支持多用户共享非正交的时频资源，而且用户数量不会受到资源的严格限制，进而使得频谱效率和网络接入能力获得有效提升，受到了广泛关注。NOMA 在接收端基于盲检测和压缩感知进行数据检测，以实现未经授权的上行传输，从而大大减小了传输时延和信令开销。NOMA 技术中信道状态信息仅用于功率分配，因此对信道状态信息的准确性要求不高[58-60]。除此之外，NOMA 技术可以与无线缓存、协作中继、毫米波等关键技术紧密结合来提高系统性能。

2. PDMA 技术

PDMA 技术是由国内大唐公司主推的新型多址接入技术。基于多用户信息理论，PDMA 通过对发射端和接收端进行联合设计来提高通信性能。由于在多用户间引入合理不等分集能够提升网络容量，在发送端设计了相应的不等分集的图样矩阵，通过合理分割用户信号，实现多维度的非正交信号叠加传输，提高多用户复用和分集增益。在接收端，利用用户图样的特征结构，并基于广义串行干扰删除(general SIC)算法执行多用户检测，用以实现上下行的非正交传输，通过发送端和接收端的联合设计来逼近多址接入信道的容量边界。

为了得到较好的不等分集度特性，意味着 PDMA 获得尽可能高的复用能力，这就要求 PDMA 图样的设计中要尽可能增加具有不同分集度的组数。此外，为了保证干扰删除时的性能得到最大程度的优化，要尽可能降低具有相同分集度的组内干扰。与此同时，PDMA 也面临着应用中需要解决的一些关键问题，例如，在发射机端如何设计模式以便于用户区分、如何降低接收机的设计复杂度、如何有机结合 PDMA 与 MIMO 以设计空域编码模式等。

3. SCMA 技术

SCMA 是由华为技术有限公司提出的面向 5G 的全新空口核心技术。作为一种码域非正交多址接入技术，SCMA 能够支持编码域上的过载访问，从而提高总体速率和连接性。在发送端，通过将低密度扩频技术和多维调制技术相结合，可以同时获得编码和整形增益，为用户选择最优的码本集合，进而在同一时域资源单元中基于码域扩频和非正交叠加技术进行发送。在 SCMA 系统中，用户以低密度方式占用相同的资源块，在接收端，基于消息传递算法(message passing algorithm, MPA)进行多用户检测，利用线性解扩和 SIC 接收机将同一时域资源单元中的多个数据层分离出来，并结合信道译码恢复多用户信息，以实现最佳的性能。信号稀疏性可以有效降低并发通信时的信号冲突，扩频编码中的代码设计，提高了扩频增益，使得网络具有良好的覆盖范围和抗干扰能力[61]。

SCMA 主要通过低密度扩频与子带滤波的正交频分复用(filtered-orthogonal frequency division multiplexing，F-OFDM)的联合设计以实现多址接入，基于对 F-OFDM 调制器和线性稀疏扩频的联合优化，并基于设计好的码本集合，完成数据比特与码字的直接映射。F-OFDM 是基于子带滤波的 OFDM，可以将总频带划分为只具有极小的保护带的若干个子带，为了满足空口的灵活需求，各个子带可以根据实际的业务场景，使用存在于收发两端的子带滤波器来配置相应的波形参数。在发送端，为了抑制相邻子带间的干扰，将各个子带的数据映射到不同的子载波上并采用子带滤波器进行滤波。在接收端，采用匹配滤波器对子载波进行解耦合。F-OFDM 通过对频域中的保护带宽和时域中的循环前缀进行灵活调整，能够有效复用时域和频域资源，提高多址接入效率，并满足各种业务的空口接入要求。

4. MUSA 技术

MUSA 作为一种基于复数域多元码的非正交多址接入技术，能够高效地工作在免调度的上行接入模式中，并对上行接入的其他流程进一步简化。MUSA 从本质上来说是一种扩频技术，将不同的码序列分配给不同的用户，且对正交性不作要求[62]。

基于 MUSA 的工作原理，在发送端，各接入用户使用具有低互相关的复数域多元码序列扩展调制符号，使得扩展后的符号能够基于相同的时频资源发送。在接收端，基于线性处理与码块级 SIC 对不同用户信息进行分离。MUSA 的性能和接收机的复杂度都会受到扩展序列的直接影响，因此扩展序列是 MUSA 设计中的关键组成部分。当扩展序列选择特别的复数域多元码序列时，即使在序列长度很短的情况下，也能保持相对较低的互相关联。MUSA 通过结合先进的 SIC 接收机，可以支持免调度的海量连接场景，降低系统的信令开销和实现难度。此外，MUSA 能够基于不同用户到达 SNR 的差异性来提高 SIC 分离用户数据的性能[63]，当存在远近效应时，MUSA 技术可以将干扰转化为增益，从而对闭环功控过程进行简化甚至取消。

MUSA 技术由于易于实现，具有可控的系统复杂度、较大的用户接入量、较低的功耗，以及无需同步等特点，非常适合低成本、低功耗海量连接的应用场景。

除了上述多址技术以外，还有一些非正交多址接入技术，如交织网络多址接入(interleave-grid multiple access，IGMA)、远程直接内存访问(remote direct memory access, RDMA)等, 这些技术在原理上大同小异, 均以在同一资源上承载多个用户数据为目标, 获得系统性能的高增益。可以预见, 在 5G 网络的实用化进程中, 新型多址接入技术将会发挥重要的作用。

9.5.5　5G 业务场景的接入需求

与传统移动通信网络接入技术不同, 5G 网络接入技术最大的特点是要适用于新型的业务场景, 如 eMBB、URLLC、mMTC 等。但只能在一定程度上解决无线通信系统中普遍存在的空中接口"一刀切"的问题, 而无法满足 5G 系统的接入需求。

1. eMBB 业务场景的需求

eMBB 场景是要在现有移动宽带的基础上, 改善网络性能和用户体验, 要求系统容量、数据速率和频谱效率进一步提高。可以将 eMBB 场景分为高频和低频两种情况, 分别对应于广域覆盖和局部热点两种应用案例。而满足 eMBB 场景需求的基本方式是高低频协作。eMBB 业务场景的接入需求主要包括以下几种。

(1)提供更高的网络容量: 与 LTE 中的正交多址技术相比, 在上下行使用相同的时频资源情况下, 非正交多址技术可以传输更多的用户数据, 对正交性要求更低。

(2)提供更高的用户密度: 能够有效处理多用户之间的干扰, 进而获得更高的用户密度和流量负载。

(3)提供统一的用户体验: 能够支持用户的高速移动, 对小区中的边缘用户和中心用户提供统一的用户体验。

(4)提供多类型任务混合传输: 可以有效支持多类型业务的混合传输, 使得数据传输更加高效。例如, 有效均衡具有较低时延要求的小分组业务传输和数据量较大的视频类大分组业务传输。

针对 eMBB 的场景需求, 可以选择 SCMA、PDMA、NOMA、MUSA 等非正交多址接入技术。其中, 上行 eMBB 场景多采用 MUSA 技术。

2. URLLC 业务场景的需求

低时延、高可靠是 URLLC 场景的要求, 因此常应用于工业应用和控制、交通安全和控制、远程制造、远程培训、远程手术、车联网、智能电网等领域。这些应用实例中都要求尽可能低的空口传输时延、网络转发时延以及重传概率, 以满足低时延、高可靠的传输需求。

根据 ITU 要求, URLLC 场景下的空口时延应小于 1ms, 所以丢包率是基于 1ms 时延进行统计的。3GPP TR38.913 给出了 URLLC 关于时延和可靠性指标的定义。对于 URLLC 的时延指标，是指用户面上行和下行的时延目标都为 0.5ms，这里的时延定义为在特定信道质量条件下，从一端 L2/3 SDU 入口到无线接口协议层另一端的 L2/3 SDU 出口间传送小包的时延，并将特定时延内传送 X 字节数据包的成功率定义为可靠性指标，通常对于 URLLC 的可靠性指标要求达到 99.9999%。

5G 新空口系统能够对 URLLC 场景提供支持，一般需要考虑帧结构、混合自动重传请求(hybrid automatic repeat request，HARQ)、上行链路接入、信道编码和分集度等，5G URLLC 主要通过缩短传输时间间隔(transmission time interval，TTI)来降低时延，通过减少用户间干扰来获得高可靠性。短 TTI 的帧结构设计以及复用单框架垂直业务的方案主要分为两种：一种是针对不同的垂直业务采用不同的 TTI 长度；另一种是定义一个短的 TTI，其他业务应用这类 TTI 的集合。

新型多址接入技术通过资源复用传输多个用户信号，使系统获得较高的频谱效率，HARQ 机制的使用，能够使其与其他垂直业务共存，进一步减少开销。为了提升系统在用户接入发生碰撞时的鲁棒性，可以借助非正交多址技术的免调度传输方案，而提升的效果通常取决于 NMA 方案的设计，如 HARQ 操作、调制与编码策略(modulation and coding scheme，MCS)的选择等。

3. mMTC 业务场景的需求

从业务应用的角度来看，mMTC 和 URLLC 都可以归为物联网的业务场景，只是二者的侧重点不一样，相对于 URLLC 更侧重于物与物之间的通信需求来说，mMTC 更侧重于人与物之间的交互，业务特征包括数据速率较低、突发性较强、传输间隔较大等。mMTC 通常应用于大规模物联网场景，并将在 6GHz 以下的频段发展[64]。mMTC 业务的接入需求包括以下几个方面。

(1)连接密度高：相对于传统的人与人通信，物联网的终端数量要多得多，mMTC 针对的是物联网和各种行业应用，常见的物联网应用业务场景包括智能抄表、智能穿戴、物流跟踪、健康医疗、智慧城市等。随着技术的不断发展，物联网的连接数量也会迅猛增长，这种高连接密度的物联网应用对系统的接入能力提出了更加严峻的挑战。

(2)覆盖性能增强：对于终端设备位置分布式固定的物联网系统而言，部分终端设备安装在地下室等信道条件较差的位置，因而与网络间的信道环境呈现很大的衰落的情况，如智能抄表等业务场景。为此，要求 mMTC 的接入能够支持覆盖性能增强，为安装在不同位置的终端设备提供服务。

(3)低功耗：降低终端设备的功耗几乎是业界的共识，尽管不同行业和不同领域的应用场景对功耗需求的程度存在一些差异，但基本上，都希望能最大限度地降低功耗、延长终端设备的待机时长，因而，在 mMTC 场景中要求接入技术具有节能的优势。

5G 的 mMTC 业务场景对连接密度、覆盖限制、电池寿命、设备实现复杂度等方面都提出了相对具体的关键技术指标。对于 mMTC 场景来说,最为重要的关键业绩指标就是支持海量连接,3GPP RAN1 会议中提出几种新型多址接入方案,如 SCMA、PDMA 等,用以支持大规模设备。为了满足 mMTC 的业务传输需求,新型多址接入技术还应当优先考虑低成本、低功耗的免调度方案。

从 5G 的三大业务场景中可以看出,新型多址接入技术有着广阔的应用前景。新型多址技术的发展使得三大业务场景的需求得以满足,进一步推动 5G 的快速发展。

9.6　D2D 通信

D2D 通信作为 5G 系统的基本功能,可以有效提高频谱效率,提升数据传输速率,拓展覆盖范围,降低端到端时延,提升链路灵活性和网络可靠性等。本节首先介绍 D2D 通信的基本概念及其特点,并在此基础上,分析讨论 D2D 系统设计、D2D 通信建立以及 D2D 资源管理技术。

9.6.1　概述

随着海量智能终端设备与日俱增,面向特定需求的通信业务急剧增长,移动通信承载的数据流量爆炸式增长和无线频谱资源紧缺的矛盾愈加突出。在 5G 网络中,引入新的通信模式不仅可以进一步提高网络容量和频谱效率,还可以为用户提供更好的终端用户体验,而这也成为 5G 的重要演进方向。

D2D 技术作为面向 5G 关键候选技术之一,将在依托 5G 的高速率、大带宽、大规模接入等特征的基础上,通过发挥自身的核心技术优势,在提高无线频谱利用率、提升终端用户体验、减轻基站压力、提升系统性能等方面提供有效支持。

D2D 技术又称为终端直通技术,该技术本质上是近距离数据传输技术的一种,为对等用户节点之间提供了直接通信的桥梁。D2D 用户不需要借助基站来转发数据,而是直接在终端之间进行数据传输。在这一通信过程中,会话的建立和维持都由蜂窝网络控制,不仅如此,无线资源分配、计费、鉴权、识别、移动性管理等都由蜂窝网统一调度。而 D2D 用户分别承担通信过程中的两种角色:一种是提供服务的服务器节点,另一种是传统的客户端[65]。每个用户节点都能发送和接收信号,能够感知到彼此的存在,并具有自动路由的功能。因此,D2D 用户也可以自发地构成一个网络。在该网络中,网络参与者通过共享资源(包括数据处理、存储、连接能力等)获取服务,可以在无需基站干预的情况下,即不需要经过中间实体,就可以被其他用户直接访问,实现终端之间的直接通信。

在 5G 网络中,D2D 通信既可以在授权频段部署,也可在非授权频段部署。蜂窝网络引入 D2D 通信,可以减轻基站负担,降低端到端的传输时延,提升频谱效率,降低终端发射功率。图 9.13 给出了 D2D 通信在传统蜂窝网络中的典型用例。数据分享是 D2D 通信的主要应用场景之一,可以将缓存于一个终端的数据分享给邻近区域的终端。在无线网络的覆盖盲区,终端可借助 D2D 的中继通信功能,实现端到端通信甚至接入蜂窝网络以延伸网络覆盖,提升网络可用性,尤其对于涉及公共安全及室内和室外用户相关的应用场景格外重要。可以提供单跳或者多跳局域通信,邻近区域的终端可以无须使用蜂窝基础设施,建立起点到点的链路或者多播链路,可以用于提供公共安全服务等。另外,D2D 发现也是一个重要应用,用于识别一个终端是否靠近另一个终端。

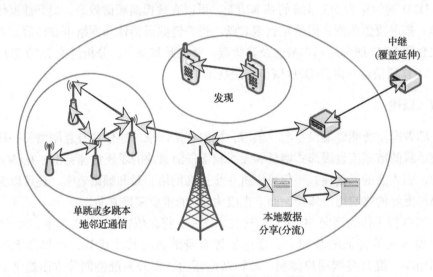

图 9.13　D2D 通信在传统蜂窝网络中的典型用例

D2D 通信技术的特性主要体现在以下几方面。

1. 提高频谱利用率

基于 D2D 的通信模式,数据可以在终端之间直接传输,这样一来,这些 D2D 用户可以在不增添蜂窝网络中转传输的基础上完成数据传输,由此就会获得链路增益。除此之外,在合理的调度下,D2D 用户可以共享蜂窝网络的通信资源,这也能产生空分复用增益。综合以上两种增益,D2D 技术可以有效提高频谱利用率,那么相应地也可以提高网络的吞吐量。

2. 改善用户体验

作为一种短距离通信方式，D2D 将本地数据流量从全局网络中剥离出来，这样，信令的负载就可以大大减少。而且对于回传网络和核心网络来说，数据流量的压力也会相应减小[66]。由于数据在终端之间进行直接传输，这样就降低了中心网络节点流量管理要求，有效缓解了基站的压力，提升了数据传输速率，进而改善了用户体验质量。随着移动互联网技术的发展，通过在相邻用户设备之间进行资源共享，形成小范围社交以及面向本地用户的特色业务等，正逐渐发展为无线应用中一个非常重要的业务增长点，在上述业务背景下，D2D 通信技术可以有效提升用户体验，势必具有广阔的应用空间。

3. 拓展覆盖范围

在基站位置固定的传统网络架构中，尽管采用多点协作技术可以改善小区边缘用户的覆盖性能，但是用户体验并不理想。D2D 技术将终端设备整合到网络管理概念之中，基于广泛分布的终端，拓展了分布式网络管理，能够有效改善现有网络的覆盖质量，扩大网络的覆盖范围。这一点在无线网络覆盖的盲区以及基础设施被损坏的区域就显得尤为重要。用户终端可以借助相邻的 D2D 设备实现通信，甚至可以借助其他设备接入到蜂窝网络。这些补充的 D2D 链路可以使得分集增益大大增加，进而使得系统的可靠性得到有效提升[67]。

4. 高能效

D2D 传输是在用户终端的通信距离之内，属于短距离传输，因此 D2D 的传输时延很小。同时，因为距离较短，可以采用较低的终端发射功率，能够显著降低终端功耗。

5. 应用拓展灵活

传统的无线通信网络需要通信基础设施的支持，对基础设施的要求较高，接入网设备与核心网设施的性能会影响整个系统的通信质量，基础设施一旦部署之后就很难更改。然而，D2D 技术具有较大的灵活性，通信终端通过自组织模式成网，可以在不改变基础设施的前提下对现有网络进行扩展。不仅如此，D2D 技术的引入还能支持新型的小范围点对点数据服务，使得现有无线通信技术的适用范围更广。

9.6.2 D2D 通信分类

在蜂窝通信系统中，D2D 通信根据其使用频谱的不同，可以划分为带内 D2D

和带外 D2D[68]。顾名思义，在通信过程中使用蜂窝网络频谱就是带内 D2D，而不使用蜂窝网络频谱则是带外 D2D。带外 D2D 摆脱了频谱的局限性，通信对不受基站控制，可以在未许可频带中操作。D2D 通信方式的划分可以参考图 9.14。

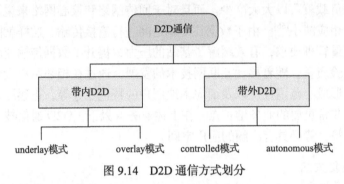

图 9.14　D2D 通信方式划分

　　带内 D2D 通信的蓬勃发展，引起了学术界及工业界的广泛参与[69]。选择带内 D2D 可以保持对授权频谱的高度控制，带内 D2D 可以划分为 underlay 和 overlay 两种模式，如果在连通过程中使用了蜂窝资源和频谱，那么就属于 underlay 模式。相对应地，如果将蜂窝资源分配给设备之后，两个设备直接建立通信，那么就属于 overlay 模式。在 underlay 模式下，可以通过使用多种技术，包括多样化、干扰减少、资源分配等来改进和提高不同指标的性能，如频谱效率、能效和蜂窝覆盖等[70]。在 overlay 模式下，虽然共用频谱资源，但是蜂窝和 D2D 用户都使用专用蜂窝资源，这样一来就可以大大减小蜂窝传输上的 D2D 通信干扰[71]。

　　在频谱资源日益紧缺的今天，带外 D2D 通信逐渐获得了广泛的关注。与带内 D2D 相比，带外 D2D 可以充分利用如 ISM 2.4G 等未经授权的频谱，这使得 D2D 和蜂窝通信之间的干扰不再成为障碍。然而，使用无授权频谱也面临一定的问题。由于无授权频谱相比授权频谱更加不受控制，在带外 D2D 通信中存在若干不同的协议和标准，如蓝牙、ZigBee、近距离无线通信技术和 Wi-Fi 直连等，因而难以进行干扰控制，导致通信质量无法保障，并且在不同协议之间建立传输链路，也是面临的新挑战。对于带外 D2D 通信而言，可以根据管理方式的不同，划分为两种模式，分别为 controlled（可控制）模式和 autonomous（自主）模式。这两种模式也反映了是否需要蜂窝网络的参与。在 controlled 模式中，蜂窝网络负责管理和控制 D2D 的连接。在这一过程中，蜂窝网络会综合考量 D2D 通信的可靠性、系统吞吐量和能源效率等指标。在 autonomous 模式中，D2D 通信的目标是降低蜂窝网络的开销，不需要对基站进行任何更改，可轻松部署。

9.6.3　D2D 系统设计

由于 D2D 技术强大的适用性，在系统设计过程中，不需要向后兼容 5G 空中接口。可以采用与系统演进互补的方案，并开发新的无线技术来支持 D2D。

对于跨小区 D2D 通信，需要综合考虑所获得的收益相对于增加的协同和信令负担情况。即使 D2D 通信不会对网络资源分配的情况产生太大影响，也需要采用基本的冲突避免机制，这样一来服务基站原先的无线资源管理(radio resource management，RRM)就会发生一些变化。另外，半双工系统也有许多限制，在设计过程中也要避免这一问题。因此，可以设计如下解决方案：通过集中的协同设备在基站之间交换调度信息；采用协议级方案来协同发送顺序；仅允许在小区内进行 D2D 通信，禁止在小区间实施 D2D 通信，小区间 D2D 数据可以经过基础设施进行转发，避免协同负担。

蜂窝干扰和 CSI 都会对资源的优化调度产生影响，为了达到优化目标，这些信息都是必须获取的。除此之外，还需要获取建立 D2D 连接时的一些信息，如 D2D 的配对信息、D2D 发射机和蜂窝终端之间的信道信息，以及蜂窝发射机与 D2D 接收机之间信道的信息等。当需要即时反馈消息时，这些额外信道状态交换的信息会使得系统无法承受。

移动性是 5G 系统的基本特性，因此 D2D 设备将不可避免地存在不同程度的移动性，当设备移动时对 D2D 链路的建立，以及对蜂窝用户的分流与干扰管理等策略都将产生不同程度的影响。随着移动终端计算能力和存储空间的提升，在 D2D 通信中，通过辅助节点进行缓存内容的合理部署和传递，能够有效提高数据传输速率，而移动性是方案设计中需要考虑的重要因素。此外，在移动环境下，如何在传统通信方式与 D2D 方式间进行模式选择与数据分流也是 D2D 通信系统设计中需要考虑的重要内容。因此，设备移动性对上述关键技术的影响是 D2D 无线通信技术不可忽视的问题。

9.6.4　D2D 通信建立

相比于完全依赖蜂窝网络，D2D 通信方式对提升频谱利用率以及节省功耗起着十分重要的作用，而且 D2D 短距离通信的特点十分符合 5G 时代终端爆炸性增长的特点，基于 D2D 通信方式进行数据传输俨然成为 5G 系统关注的重点内容。

D2D 通信建立连接的基础是设备间如何互相发现并建立会话。针对 D2D 通信建立的需求，需要设计有效的节点发现方法。高效网络辅助 D2D 发现可以用于确定终端邻近关系，是实现 D2D 通信的重要方式，这就意味着用户设备(user equipment，UE)应该能够以较低功耗的代价快速地发现附近的其他用户设备，并根据场景的需要建立 D2D 连接。

在设备发现阶段，从用户角度来看，对等发现技术包括两种类型，分别是受限模式和开放模式。在受限模式下，在没有明确授权的情况下用户设备是无法被发现的，也就无法产生连接。在开放模式下，只要进入设备的发现范围就能被检测到，进而建立连接。相比较而言，受限模式对连接设备的限制较大，因此隐私性较好，但是连接建立的过程更复杂，因此 D2D 的连通性较差。虽然开放模式的设备建立通信简单快捷，而且可用性更高，但却是以牺牲隐私性作为代价。因此，在网络环境较好、候选连接设备选择较多的情况下，使用受限模式可以有效地保护系统的隐私；而在网络不畅通的情况下，使用公开模式可有效提高网络连通性。

从网络角度来看，对等发现可以通过基站宽松或严格地控制。但是，在多小区网络中，用户设备很难从相邻基站中获得协作，这就使得对等发现成为一项具有挑战性的工作，基于博弈论框架的激励方案可以作为可能的解决方案之一。

根据控制方式的不同，可以将 D2D 通信的建立方式分为两类，分别是集中式控制和分布式控制。在集中式控制方式中，通过基站来集中控制 D2D 连接，基站根据每个需要进行 D2D 连接的设备上报的各种信息，集中进行 D2D 配置，这种方式便于对资源的管理和控制，不过会为就近基站带来一定程度上的负荷，D2D 集中式控制模型如图 9.15 所示。

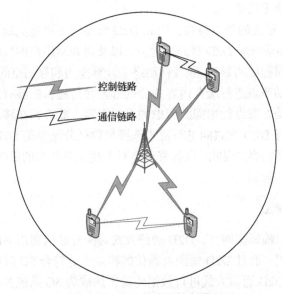

图 9.15　D2D 集中式控制模型

在分布式控制方式中，设备完全自主地进行链路连接与维持，与集中式控制方式相比，D2D 设备之间的链路信息更易获取，但由于相关工作都交由 D2D 终端设备完成，对 D2D 终端设备的要求也更加复杂，D2D 分布式控制模型如图 9.16 所示。

图 9.16　D2D 分布式控制模型

9.6.5　D2D 资源管理

D2D 通过终端之间直接进行通信，而无需基础设施的支持，提高了时间和频率资源的空间复用增益，在很大程度上弥补了传统蜂窝网络的不足，这也使得 D2D 被广泛地认为是实现 5G 新型业务的焦点技术。

实际上，在 3GPP 版本 R12 和 R13 中 LTE D2D 的工作主要还是集中在公共安全服务领域的应用。LTE D2D 可以看成 4G LTE 的附加功能，因此与原有 LTE 终端可以接入同一载波。在 LTE 系统中，D2D 工作在同步模式，当用户设备被网络覆盖时，同步源可以是宏基站，当一个或多个用户设备不处于网络覆盖区域或者处于小区间时，同步源可以是用户设备。D2D 发送可以采用频分双工(frequency division duplexing, FDD)模式的上行链路频谱，也可以采用 TDD 双工模式的上行链路子帧。在 D2D 通信系统中，D2D 用户通过复用蜂窝链路资源来提升频谱资源利用率，但在这一过程中会引入干扰，如何降低 D2D 链路和蜂窝链路的干扰就成了亟须解决的问题[72]。在 LTE 中，D2D 通信的主要工作是聚焦于公共安全，其场景的限制让该技术没有得到相应的重视，D2D 通信带来的能力没有充分发挥出来。

在 5G 网络中，D2D 技术可以打破传统网络的制约因素，发挥出巨大的应用潜能，其原因在于以下几个方面。

(1)与传统的基于基站中转的无线传输相比，D2D 的物理传播条件更好，借助更好的调制和编码方式，链路吞吐率可以获得有效提升。D2D 用户可以和蜂窝用户使用相同的无线资源，基于 D2D 技术可以很好地分流负载，对于本地内容的分享具有很强的优势。这样一来，整体频谱使用率和系统容量能够得到有效提升。

(2)D2D 的主要特点在于短距离传输，无需基础设施设备的中转，传播路径变短，这都可以有效地降低端到端时延。

(3)D2D 设备可以通过单跳或者多跳通信方式来拓展网络的覆盖范围，在这个过程中，网络编码和协作分集对提升链路质量大有裨益。针对基础设施出现故障或者被破坏的情况，如地震、飓风、战争等场景中，D2D 可以提供临时备用的网络连接，使得网络可用性得到保障。

D2D 通信赋能新业务和应用，具有可观的应用前景[73]。为了获得更高的通信增益，有效的资源管理是其中的重要手段。另外，D2D 通信应该可以跨越不同的网络运营商，这样，在如智慧交通系统等面向物联网的领域就可以发挥更大的作用。D2D 在跨运营商通信时也面临着一些问题，其中最主要的就是如何高效使用频谱资源，以及控制和协调多运营商的 D2D 用户通信。

在设计 D2D 通信资源管理机制的过程中，要兼顾蜂窝网络用户和 D2D 用户，以获得 D2D 通信带来的增益，提升网络系统的整体性能。设计资源管理优化算法的目标主要是最大化频谱利用率、最小化功率以及提高服务质量指标的性能。常用的优化方式包括模式选择、资源分配和功率控制。

1. 模式选择

在 D2D 通信中，最核心的问题就是模式选择(mode selection，MoS)，两个终端的连接模式有两种：一种是直接的 D2D 通信模式，终端可以利用位置优势，在直接链路上对无线资源进行重用；另一种是采用基于基站的蜂窝模式，终端利用相同或者不同的服务基站，基于普通蜂窝链路进行通信，要求使用与蜂窝用户正交的资源。模式选择解决的问题就是为终端选择连接模式，在不同的场景下，灵活地选择合适的模式可以有效提高系统的效率。

对模式选择产生影响的因素包括终端之间的距离、路径损耗、干扰条件、实时的网络负载等。模式选择在慢时间尺度场景和快时间尺度场景是大不相同的。模式选择既可以在 D2D 连接建立之前，也可以在 D2D 连接建立之后，在慢时间尺度的场景下主要由距离或者大尺度信道参数决定，在快时间尺度的场景下主要由干扰变化的条件以及资源分配的信息来决定。

2. 资源分配

资源分配(resource allocation，ReA)决定了 D2D 用户和蜂窝连接使用的通信资源的分配方式。从不同的维度来看，资源分配可以划分为许多类别。从网络控制形式的角度来看，资源分配可以划分为集中式和分布式。从协同等级的角度来看，资源分配又可以划分为单小区和多小区。

3. 功率控制

除了模式选择和资源分配之外，可以说功率控制(power control，PC)是干扰控制的最主要手段，功率控制的重点在于控制 D2D 带给蜂窝网络的干扰。PC 既可以控制小区内干扰，也可以控制小区间干扰，这些干扰都来源于重叠的 D2D 通信。PC 可以有效地减少 D2D 对蜂窝网络用户的影响，从而提升系统总体性能。值得一提的是，孤立的技术往往不能取得最佳的效果，在实际的网络优化中，多个算法的整合才能获得更好的性能。另外，功率控制与传输可靠性密切相关[74]。

由于能量传输和 D2D 传输之间有不同的评估标准和灵敏度级别，能量传输的效率在很大程度上取决于总的接收信号功率，D2D 传输的可靠性则由接收的信号与干扰加噪声比(signal to interference plus noise ratio，SINR)决定[75]。

9.7　5G 面临的挑战与展望

9.7.1　面临的挑战

5G 网络融合了多种无线接入方式，通过充分利用低频和高频等资源，可以有效实现网络的灵活部署，满足高效运维的需求，促进移动通信网络的可持续发展。但是，千倍增长的数据流量和千亿设备的连接以及多样化的业务需求，使得 5G 系统的发展面临着非常严峻的挑战[76]。

1. 关键能力指标达成困难

5G 网络的关键能力指标包括超低时延、超高可靠性、高峰值速率、高流量密度、高连接密度、高用户体验速率等，但是这些关键能力指标的达成面临着诸多挑战。

移动数据业务呈爆炸性增长趋势，未来预计将有千倍的容量增长以及超高速率传输需求。在现有网络架构中，站间协同能力不足，无线资源调度、移动性管理和干扰协同等功能无法通过基站间交互来完成，预期达到 0.1~1Gbit/s 的高用户体验速率存在一定的难度。

小区不同位置的接入速率性能不同，尤其边缘接入的速率有很大差别，难以满足广域覆盖下 100Mbit/s 以及热点地区 1Gbit/s 高峰值速率的要求。

在现行网络中，由于核心网网关的部署位置层次较高，而且数据转发模式单一，这就直接导致业务数据流量向网络中心汇聚，会对移动回传网络造成较大的容量压力，尤其在热点高容量场景下，这种影响会更大，很难达到每平方千米每秒数十太比特的高流量密度。

低功耗大连接场景是 5G 的主要应用场景之一，然而现行网络基于单一的网络架构和同化的控制功能，很难满足物联网终端的差异化接入要求。若不加以区别，对所有的低功耗大连接都采用同样的移动性和连接管理机制，会导致信令风暴，基于隧道的连接管理机制具有报头开销较大的缺点，而且在承载小量数据时效率较低，很难达到百万级的高连接密度目标。

现有网络在进行端到端通信时，在用户面和控制面要经历较长的传输路径，而且本地业务还可能面临非常严重的路由迂回情况，这就导致难以降低传输时延，尤其是很难达成毫秒级的端到端时延目标，难以满足超低时延通信场景的业务需求。

另外，5G 在高能效方面具有强烈需求，如果沿袭原有的移动通信发展方式，5G 系统的耗电量将增加上百倍，这样将无以为继。

2. 网络运营能力不足

从网络运营能力上看，由于当前移动通信网络以"盲管道"的身份存在，缺乏对用户和业务的感知能力，这就导致精细化管理很难实现。即便在核心网中引入了深度包检测技术，由于数据分析与挖掘能力具有一定的局限性，当前移动通信网络还不具备优化部署网络资源的能力，很难达到自动化运维的目标。

现有网络的开放能力受限，尚不能有效满足细粒度和全方位网络能力开放的要求。由于缺乏向外开放的接口，这就导致第三方获取网络信息受到一定的局限性，第三方业务需求与网络资源很难实现友好对接，业务体验的改善比较困难，不利于提升网络运营效率。

另外，还需要在提升运营水平方面下功夫。5G 系统正在快速发展，这就要求运营商在不断降低网络建设和维护成本的同时，提升网络运营水平，以满足业务流量增加与终端密度增强的发展态势，不仅如此，运营商还需做到向物联网和垂直行业的延伸，以拓展自身盈利能力。

3. 隧道连接过于单一

从网络演进角度来看，5G 网络的业务类型丰富，业务特征明显，终端连接数量巨大，会演进出一些极端业务指标的需求。但是，现有隧道机制过于单一，还不能很好地支持各种类型业务的灵活调度和高效数据转发。

除此之外，用户 IP 地址与网关相互绑定，会对业务功能的下沉造成一定的影响，将会导致数据速率降低和传输时延增加。

4. 网络协同能力有限

现有网络基于核心网实现多接入统一控制，显然，接入技术不一样，相对应的移动性管理机制、服务质量控制机制和认证机制也不尽相同，不同类型的移动性管理机制采用不同的信令流程会对网络产生影响，衍生出复杂的互联和漫游架构，终端切换和互操作流程烦琐，导致网络协同控制能力受限。

如今，世界各国几乎都投入了大量的财力推动 5G 网络的研究工作，包括技术研究、标准化研究以及产品发展等各个方面，这就要求在全球范围内建立协调、统一的技术和框架。未来信息社会正在高速发展，为了顺应这种趋势，满足业务和场景的多样化要求，网络应具有高灵活性、智能化的自感知和自调整能力。此外,5G 发展也应重点考虑绿色节能方向,致力于无线移动通信的可持续发展。

9.7.2 5G 产业与发展空间

目前,物联网的飞速发展和连接设备的与日俱增为网络发展提供了良好的环境,移动数据流量指数增长将成为驱动未来网络演进的关键因素。为了改善网络覆盖范围,提高网络容量,降低建设成本和运维成本,就必须拟定新计划、合理部署网络以及建立良好的管理机制,以掌握市场的主动权。

业务场景的更新和杀手级应用的推广也促进了 5G 的革命式创新,下一代用户也对网络质量等提出了许多新的要求。而这些下一代用户不仅是消费者,他们本身也是数据内容的生产者,可以将下一代用户称为产消者,5G 也由以网络为中心转变为以用户为中心。将峰值速率提升 10~100 倍,网络容量增长 1000 倍,网络能效提升 10 倍,网络时延降低为原来的 1/30~1/10,无线体验达到每秒数吉比特的传输速率都将成为 5G 下一阶段的发展目标。

移动通信产业想要适应用户不断增长的实际需求,就必须制定合理的技术路线。同时,由于单一技术的局限性,需要参考不同技术方案的优缺点进而设计更适合的方案。伴随着 5G 的推广,小小区的技术方案需要毫米波、大规模 MIMO 等其他相关技术的支持,但其应用性也会由于密集部署和移动管理的约束受到限制,还需要结合先进的 MIMO 技术和终端设计进一步完善。从终端用户的角度来看,通过部署小小区热点能够以低成本获取 5G 服务。小小区由簇头控制,在已经识别的簇中指派一个移动设备作为本地的无线管理者,来管理和维护簇中的激活用户。换言之,移动小小区由用户驱动完成本地接入点或迷你基站的功能。这些接入点或协作用户承担管理本地无线资源和高速 LTE/LTE-A 回传覆盖区域接入核心网的桥梁作用,产消者可以通过与受到指派的本地接入点或协作用户对话而接入移动网络。大量频谱资源使用毫米波 MIMO 技术能够保证短距离连接的高效性和快速性。LTE 回传覆盖区域的中心是一个智能的协作大规模 MIMO 网络,可根据所需的网络服务质量或用户体验质量(quality of experience,QoE)来配置和维护 MIMO 网络,而周边的用户和固定的中继可以作为分布的天线,通过联合 MIMO 协作改善网络边缘的覆盖性能,为小小区提供基本的移动性功能。

系统设计中面临的一个难点问题就是,要保证产消者接入小小区时能够获得与接入宏网络一致的移动性。此外,在移动的应用场景中,当异构网络环境占据主体时,产消者需要的就不只是小小区之间的移动了,而是要将移动性扩展到传统的小区或异构移动网络,包括到达或离开移动小小区网络时的切换用例,这也表明高能效垂直切换带来了新的挑战。在异构网络环境下,运营商可通过小小区挖掘潜在的商业用例，如协作激励机制、支持 D2D 通信等，可避免基础设施的过度投入，并获取新的商业机会。

5G 的潜在应用场景包括智能制造领域、物联网、工业自动化控制、物流追踪、工业 AR、云化机器人等工业应用领域。5G 在一定程度上能够促进工业企业生产模式的变革，实现人员、设备及环境的全方位互联，并使得基于 AR、VR 的远程实时控制与协作成为可能，推动工业生产自动化、网络化及智能化发展。例如，青岛港已率先将 5G 应用于生产实际，成为全球首个 5G 智慧港口，利用 5G 网络实现港口装卸区及运输区的海面潮汐、船舶集装箱的视频监控，以及吊车等设备的远程实时控制。通过融合云计算、大数据、人工智能等技术，5G 还将促进形成新的工业产品形态，使工业设备摆脱线缆的限制，更易于实现产线的柔性化。例如，以 5G 无线替代现场总线，可实现生产线的生产种类、批次、批量的快速调整。华为、爱立信等信息与通信技术(information and communications technology，ICT)企业与工业企业联合，研发基于 5G 的移动机器人和物料小车等新型产品。在工业制造过程中，可以利用 5G 特性实现智能制造和工业自动化，保障工业过程中的监管、控制以及数据的收集与发送。2020 年 2 月 20 日，长虹控股旗下子公司四川爱联科技股份有限公司开发的全球首款 5G 工业互联网模组已经顺利下线，其传输速率具有业界领先水平，在 −40～85℃能够保持稳定的性能，时延能够达到毫秒级，在 5G 工业产线、工业物联网等工业智能制造领域广泛应用。5G 与工业互联网融合，将深刻影响工业生产模式和产品形态，逐步从生产辅助向工业生产核心业务发展，有助于推动工业互联网的普及，促进制造业的高质量发展。

将 5G 应用到医疗领域将有效促进无线医疗场景的发展。5G 不仅可以基于实时视频与图像交互实现医疗诊断与指导，例如，医生可以借助 5G 实现移动或远程查房、远程会诊、救援指导、无线手术示教和无线专科诊断等；还可以基于视频与力反馈实现远程操控，如远程超声检查、远程内窥镜检查和基于机器人的远程手术等。

2019 年 9 月，由中国新一代物联网产业技术创新战略联盟专委会发起的中国"5G+车联网产业专业委员会"在无锡成立。车联网对低时延、高可靠、大带宽提出了较高的要求，5G 为车联网行业的发展奠定了良好的基础。通过引入 5G，构建"人-车-路-云"的系统架构，提供全方位连接和信息交互，5G 的应用为汽车导航、车载影音、共享出行等信息服务提供更好的服务支撑，为用户提供更个性、更自由、更准确、可视性更好的服务体验，还能支持驾驶安全以及未来的自动驾驶服务[73]，将为自动驾驶的落地提供强有力的技术支撑。基于市场需求和技术成熟度，当前主要实现驾驶安全和交通效率等方面的应用。例如，车辆在经过交叉路口时，可以基于车辆位置和状态等信息执行紧急刹车等操作，避免碰撞，为车辆的安全行驶增加一重保障；经过联网改造的红绿灯等路侧基础设施，可以实现红绿灯诱导通行、车速引导等交通效率提升应用等。此外，5G 将会推动车联网大数据在各行各业的深度应用和融合。随着技术的不断演进，产业界也开展自动驾驶应用的示范验证。例如，在矿山等恶劣工况场景下，通过将实时视频等感知信息回传以及车辆控制信息下发，实现远程遥控驾驶应用。

　　5G 作为移动通信产业发展的革命性创新技术，需要以低成本、低时延、高可靠、高速率的保障服务更多的用户，提供个性化的用户体验，实现无处不在的高速网络连接，满足人们对高质量生活的需求。为了向用户提供更加丰富的业务服务，5G 网络的架构和运营也会向智能化、网络化发展。展望未来，IMT-2020（5G）推进组规划的"信息随心至，万物触手及"5G 时代将会到来。

参 考 文 献

[1] Jiang D, Liu G. An overview of 5G requirements[M]//Xiang W, Zheng K, Shen X M. 5G Mobile Communications. Berlin: Springer, 2017: 3-26.

[2] Andrews J G, Buzzi S, Choi W, et al. What will 5G be?[J]. IEEE Journal on Selected Areas in Communications, 2014, 32(6): 1065-1082.

[3] Klaus D, Hendrik B. 6G vision and requirements: Is there any need for beyond 5G?[J]. IEEE Vehicular Technology Magazine, 2018, 13(3): 72-80.

[4] Damnjanovic A, Montojo J, Wei Y, et al. A survey on 3GPP heterogeneous networks[J]. Wireless Communications IEEE, 2011, 18(3): 10-21.

[5] Agiwal M, Roy A, Saxena N. Next generation 5G wireless networks: A comprehensive survey[J]. IEEE Communications Surveys and Tutorials, 2016, 18(3): 1617-1655.

[6] Brahmi N. METIS: Mobile communications for 2020 and beyond[C]. Proceedings of Mobilkommunikation Technologien und Anwendungen, Osnabrück, 2013: 3.

[7] 尤肖虎, 潘志文, 高西奇, 等. 5G 移动通信发展趋势与若干关键技术[J]. 中国科学: 信息科学, 2014, 44(5): 551-563.

[8] Qin Z, Zhou X, Zhang L, et al. 20 years of evolution from cognitive to intelligent communications[J]. IEEE Transactions on Cognitive Communications and Networking, 2020, 6(1): 6-20.

[9] Abbas R, Shirvanimoghaddam M, Li Y, et al. Random access for M2M communications with QoS guarantees[J]. IEEE Transactions on Communications, 2017, 65(7): 2889-2903.

[10] 唐鸣谦. 移动通信技术的发展趋势研究[J]. 网络安全技术与应用, 2014, (4): 239-240.

[11] Psomas C, Krikidis I. Energy beamforming in wireless powered mmWave sensor networks[J]. IEEE Journal on Selected Areas in Communications, 2018, 37(2): 424-438.

[12] Wang T, Li G, Huang B, et al. Spectrum analysis and regulations for 5G[M]]//Xiang W, Zheng K, Shen X M. 5G Mobile Communications. Berlin: Springer, 2017: 27-50.

[13] 马斌. 为 5G 发展提供频谱资源保障——我国 3000MHz～5000MHz 频段 5G 系统频率规划透视[J]. 中国无线电, 2017, (11): 9-11.

[14] Patzold M. 5G is coming around the corner [mobile radio][J]. IEEE Vehicular Technology Magazine, 2019, 14(1): 4-10.

[15] 中华人民共和国工业和信息化部. 公开征集在毫米波频段规划第五代国际移动通信系统 (5G)使用频率的意见[EB/OL]. http://www.srrc.org.cn/2017/heiguangbo/detail.aspx?id=17988. [2021-05-14].

[16] Khan F, Pi Z. MmWave mobile broadband (MMB): Unleashing the 3–300GHz spectrum[C]. The 34th IEEE Sarnoff Symposium, Princeton, 2011: 1-6.

[17] Hemadeh I A, Satyanarayana K, El-Hajjar M, et al. Millimeter-wave communications: Physical channel models, design considerations, antenna constructions, and link-budget[J]. IEEE Communications Surveys and Tutorials, 2017, 20(2): 870-913.

[18] Wang B, Gao F, Jin S, et al. Spatial-and frequency-wideband effects in millimeter-wave massive MIMO systems[J]. IEEE Transactions on Signal Processing, 2018, 66(13): 3393-3406.

[19] International Telecommunication Union. World Radiocommunication Conference 2019 (WRC-19), Provisional Final Acts[EB/OL]. https://whro.associations-radioamateurs.org/newswhro/wp-content/uploads/2020/02/WRC-19-50-MHz-provisoire.pdf. [2021-05-14].

[20] 吴波. 毫米波 MIMO 通信系统中混合型波束成形关键技术研究[D]. 南京: 东南大学, 2016.

[21] 李进良. 为了 5G 频谱规划应对 2G 清频 3G 共享[J]. 移动通信, 2019, 43(2): 13-18.

[22] Nunna S, Kousaridas A, Ibrahim M, et al. Enabling real-time context-aware collaboration through 5G and mobile edge computing[C]. The 12th International Conference on Information Technology-New Generations, Las Vegas, 2015: 601-605.

[23] Agyapong P K, Iwamura M, Staehle D, et al. Design considerations for a 5G network architecture[J]. IEEE Communications Magazine, 2014, 52(11): 65-75.

[24] Interdonato G, Frenger P, Larsson E G. Scalability aspects of cell-free massive MIMO[C]. IEEE International Conference on Communications, Shanghai, 2019: 1-6.

[25] Gupta A, Jha R K. A survey of 5G network: Architecture and emerging technologies[J]. IEEE Access, 2015, 3: 1206-1232.

[26] Parvez I, Rahmati A, Guvenc I, et al. A survey on low latency towards 5G: RAN, core network and caching solutions[J]. IEEE Communications Surveys and Tutorials, 2018, 20(4): 3098-3130.

[27] Zhang H, Liu N, Chu X, et al. Network slicing based 5G and future mobile networks: Mobility,

resource management, and challenges[J]. IEEE Communications Magazine, 2017, 55(8): 138-145.

[28] Rost P, Bernardos C J, de Domenico A, et al. Cloud technologies for flexible 5G radio access networks[J]. IEEE Communications Magazine, 2014, 52(5): 68-76.

[29] Dhillon H S, Ganti R K, Baccelli F, et al. Modeling and analysis of K-tier downlink heterogeneous cellular networks[J]. IEEE Journal on Selected Areas in Communications, 2011, 30(3): 550-560.

[30] IMT-2020(5G)推进组. IMT-2020(5G)推进组发布 5G 技术白皮书[J]. 中国无线电, 2015, (5): 12.

[31] Vrzic S. System and methods for network management and orchestration for network slicing: US15242014[P]. 2017-05-18.

[32] Pateromichelakis E, Shariat M, Quddus A, et al. Dynamic clustering framework for multi-cell scheduling in dense small cell networks[J]. IEEE Communications Letters, 2013, 17(9): 1802-1805.

[33] Tserng H Q. GaAs power MMIC amplifiers: Recent advances[C]. International Conference on VLSI and CAD, Seoul, 1993: 424-429.

[34] Rappaport T S, Sun S, Mayzus R, et al. Millimeter wave mobile communications for 5G cellular: It will work![J]. IEEE Access, 2013, 1(1): 335-349.

[35] Anastasopoulos M P, Petraki D K, Chen H H. Secure communications in local multipoint distribution service(LMDS)networks[J]. IEEE Transactions on Wireless Communications, 2009, 8(11): 5400-5403.

[36] Rangan S, Rappaport T S, Erkip E. Millimeter-wave cellular wireless networks: Potentials and challenges[J]. Proceedings of the IEEE, 2014, 102(3): 366-385.

[37] Liu R, Chen Q, Yu G, et al. Joint user association and resource allocation for multi-band millimeter-wave heterogeneous networks[J]. IEEE Transactions on Communications, 2019, 67(12): 8502-8516.

[38] Bai T, Desai V, Heath R W. Millimeter wave cellular channel models for system evaluation[C]. International Conference on Computing, Networking and Communications, Honolulu, 2014: 178-182.

[39] Huang J, Liu Y, Wang C X, et al. 5G millimeter wave channel sounders, measurements, and models: Recent developments and future challenges[J]. IEEE Communications Magazine, 2018, 57(1): 138-145.

[40] Sim G H, Klos S, Asadi A, et al. An online context-aware machine learning algorithm for 5G mmWave vehicular communications[J]. IEEE/ACM Transactions on Networking, 2018, 26(6): 2487-2500.

[41] Shokri-Ghadikolaei H, Fischione C, Fodor G, et al. Millimeter wave cellular networks: A MAC layer perspective[J]. IEEE Transactions on Communications, 2015, 63(10): 3437-3458.

[42] Bai T, Alkhateeb A, Heath R W. Coverage and capacity of millimeter-wave cellular networks[J]. IEEE Communications Magazine, 2014, 52(9): 70-77.

[43] Yin H, Gesbert D, Filippou M, et al. A coordinated approach to channel estimation in large-scale multiple-antenna systems[J]. IEEE Journal on Selected Areas in Communications, 2013, 31(2): 264-273.

[44] Shaikh A, Kaur M J. Comprehensive survey of massive MIMO for 5G communications[C]. Advances in Science and Engineering Technology International Conferences(ASET), Dubai, 2019: 1-5.

[45] Zheng K, Zhao L, Mei J, et al. Survey of large-scale MIMO systems[J]. IEEE Communications Surveys and Tutorials, 2015, 17(3): 1738-1760.

[46] Albreem M A, Juntti M, Shahabuddin S. Massive MIMO detection techniques: A survey[J]. IEEE Communications Surveys and Tutorials, 2019, 21(4): 3109-3132.

[47] Migliore M D, Pinchera D, Schettino F. Improving channel capacity using adaptive MIMO antennas[J]. IEEE Transactions on Antennas and Propagation, 2006, 54(11): 3481-3489.

[48] 邢荣荣. LTE 与 WLAN 融合组网关键技术研究[D]. 北京: 北京邮电大学, 2016.

[49] Lu L, Li G Y, Swindlehurst A L, et al. An overview of massive MIMO: Benefits and challenges[J]. IEEE Journal of Selected Topics in Signal Processing, 2014, 8(5): 742-758.

[50] Rusek F, Persson D, Lau B K, et al. Scaling up MIMO: Opportunities and challenges with very large arrays[J]. IEEE Signal Processing Magazine, 2012, 30(1): 40-60.

[51] Larsson E G, Edfors O, Tufvesson F, et al. Massive MIMO for next generation wireless systems[J]. IEEE Communications Magazine, 2014, 52(2): 186-195.

[52] Pal R, Chaitanya A K, Srinivas K V. Low-complexity beam selection algorithms for millimeter wave beamspace MIMO systems[J]. IEEE Communications Letters, 2019, 23(4): 768-771.

[53] Morais D H. Key 5G Physical Layer Technologies[M]. Cham: Springer, 2020.

[54] Holma H, Toskala A. LTE for UMTS: OFDMA and SC-FDMA Based Radio Access[M]. Chichester: John Wiley and Sons, 2009.

[55] Dahlman E, Parkvall S, Skold J. 5G NR: The Next Generation Wireless Access Technology[M]. London: Academic Press, 2018.

[56] Dai L, Wang B, Yuan Y, et al. Non-orthogonal multiple access for 5G: Solutions, challenges, opportunities, and future research trends[J]. IEEE Communications Magazine, 2015, 53(9): 74-81.

[57] 胡显安. 5G 新型非正交多址技术研究[D]. 北京: 北京交通大学, 2017.

[58] Saito Y, Kishiyama Y, Benjebbour A, et al. Non-orthogonal multiple access(NOMA)for cellular future radio access[C]. IEEE 77th Vehicular Technology Conference(VTC Spring), Dresden, 2013: 1-5.

[59] Islam S M R, Avazov N, Dobre O A, et al. Power-domain non-orthogonal multiple access (NOMA)in 5G systems: Potentials and challenges[J]. IEEE Communications Surveys and Tutorials, 2016, 19(2): 721-742.

[60] Sun Y, Ng D W K, Ding Z, et al. Optimal joint power and subcarrier allocation for MC-NOMA systems[C]. IEEE Global Communications Conference, Washington, 2016: 1-6.

[61] Zhai D, Sheng M, Wang X, et al. Rate and energy maximization in SCMA networks with wireless information and power transfer[J]. IEEE Communications Letters, 2015, 20(2): 360-363.

[62] 武汉. 多用户共享接入及其关键技术研究[D]. 重庆: 重庆邮电大学, 2017.

[63] Yuan Z, Yu G, Li W, et al. Multi-user shared access for internet of things[C]. IEEE 83rd Vehicular Technology Conference(VTC Spring), Nanjing, 2016: 1-5.

[64] Jayawickrama B A, He Y, Dutkiewicz E, et al. Scalable spectrum access system for massive machine type communication[J]. IEEE Network, 2018, 32(3): 154-160.

[65] 钱志鸿, 王雪. 面向 5G 通信网的 D2D 技术综述[J]. 通信学报, 2016, (7): 1-14.

[66] 张锐. 蜂窝网络中 D2D 通信资源分配策略研究[D]. 西安: 西安电子科技大学, 2018.

[67] Shen X. Device-to-device communication in 5G cellular networks[J]. IEEE Network, 2015, 29(2): 2-3.

[68] Choi K W, Wiriaatmadja D T, Hossain E. Discovering mobile applications in cellular device-to-device communications: Hash function and bloom filter-based approach[J]. IEEE Transactions on Mobile Computing, 2015, 15(2): 336-349.

[69] Song L, Cheng X, Chen M, et al. Coordinated device-to-device local area networks: The approach of the China 973 project D2D-LAN[J]. IEEE Network, 2016, 30(1): 92-99.

[70] Wang K, Alonso-Zarate J, Dohler M. Energy-efficiency of LTE for small data machine-to-machine communications[C]. IEEE International Conference on Communications, Chengdu, 2013: 4120-4124.

[71] Asadi A, Wang Q, Mancuso V. A survey on device-to-device communication in cellular networks[J]. IEEE Communications Surveys and Tutorials, 2014, 16(4): 1801-1819.

[72] 林伟军. D2D 通信系统中模式选择算法的研究[D]. 南京: 南京邮电大学, 2018.

[73] Ren Y, Liu F, Liu Z, et al. Power control in D2D-based vehicular communication networks[J]. IEEE Transactions on Vehicular Technology, 2015, 64(12): 5547-5562.

[74] Huang K, Zhou X. Cutting the last wires for mobile communications by microwave power transfer[J]. IEEE Communications Magazine, 2015, 53(6): 86-93.

[75] Deng N, Haenggi M. The energy and rate meta distributions in wirelessly powered D2D networks[J]. IEEE Journal on Selected Areas in Communications, 2018, 37(2): 269-282.

[76] Ansari R I, Chrysostomou C, Hassan S A, et al. 5G D2D networks: Techniques, challenges, and future prospects[J]. IEEE Systems Journal, 2017, 12(4): 3970-3984.

第 10 章　工业互联网

新一轮工业革命随着人工智能、物联网、大数据和云计算技术的发展而来，工业互联网技术将成为第四次工业革命的代表。本章对工业互联网的研究与发展进行了文献调研，首先介绍工业互联网的产生背景和含义；然后阐述工业互联网的体系架构和层次模型；随后介绍学术界与工业界中和工业互联网相关的关键技术；最后介绍工业互联网面临的技术挑战和工业互联网应用案例。本章试图为读者提供工业互联网的全景知识，为研究人员制定自己的工业互联网研究和实现技术提供参考。

10.1　工业互联网的由来

"互联网+"时代，以人工智能、物联网、大数据和云计算为代表的信息技术正在推动新一轮的工业革命。信息技术加强了工业控制系统的纵向集成和企业系统之间的横向集成，使得传统的生产模式向网络化和智能化发展，深度变革企业的管理和生产模式。

目前发达国家政府和企业正在积极布局战略新兴产业计划，争抢新一轮产业革命的制高点[1]。美国面对世界新兴经济体的崛起，提出了回归工业制造业的对策，凭借其在信息技术领域的领先优势，美国通用电气(GE)公司提出"工业互联网"的战略计划。2014 年，GE 公司与埃森哲咨询公司联合撰写的《2015 年工业互联网洞察报告》中指出，全球 65% 的企业将工业互联网技术作为提高设备生产率、改善设备维护效率以及提高能源使用效率的关键技术。在航空工业、电力行业、医疗系统、铁路运输行业以及石油和天然气领域，1% 的效率提升将节约近 2800 亿美元的资本。在未来 15 年内，工业互联网技术带来的收益将占全球经济的 46%，预计到 2025 年，工业互联网产生的工业份额将增长至全球经济的 50%。

2015 年 3 月，李克强总理在十二届全国人民代表大会第三次会议提出要实施"中国制造 2025"，随着其规划的发布以及相关配套措施的落实，我国加快信息化和智能化技术在工业制造领域的发展，全面推进智能生产、智能装备、智能管理和智能服务，实现我国工业制造企业的升级转型，创新生产模式，实施工业强国战略。预计未来 20 年，工业互联网技术将为我国国内生产总值(gross domestic product, GDP) 贡献至少 3 万亿美元增量，并成为我国抢占工业变革先机、完成工业升级转型、实现工业强国的重要途径。

本章将从学术研究和行业应用的角度对工业互联网涉及的问题进行剖析。首先概述工业互联网的基本概念、功能特性和架构；其次详细综述工业互联网涉及的各项关键技术及其发展现状；再次给出工业互联网的工业应用及企业案例；最后指出工业互联网带来的机遇以及面临的技术挑战。

10.2　工业互联网的基本概念

美国 GE 公司最早提出"工业互联网"的概念，其表示一种物理机械、网络传感器和软件的聚合。工业互联网的关键特征是在个体层面将每一台机器赋予智能，并在整体系统层面实现优化。复杂的机器学习算法可以非常准确地完成工作，因为它可以获得自身产生的以及外部环境中每一台机器产生的大量数据，即实现整个系统端到端的连接。

GE 公司提出的"工业互联网"中三个元素为智能机器、高级分析和工作人员。智能机器将现实世界中的机器、设备、团队和网络通过先进的传感器、控制器和软件应用程序连接起来；高级分析使用基于物理的分析法、预测算法、自动化和材料科学、电气工程及其他学科的专业知识来理解机器与大型系统的运行方式；工作人员即建立员工之间的实时连接，以支持更为智能的设计、操作、维护以及高质量的服务与安全保障[2]。

10.2.1　工业互联网的定义

目前工业领域和科学研究领域对工业互联网的关注度极高，工业互联网的发展处于探索和研究阶段，各界对于工业互联网的定义和描述不尽相同，本章列举了典型的有关工业互联网的定义和描述。

(1)维基百科：工业互联网是由 GE 公司提出的术语，它将复杂的物理机械、网络传感器和软件等聚合为一个整体。工业互联网将机器学习、大数据、物联网、机器对机器通信和信息物理系统等技术结合在一起，从机器获取数据并对其进行实时分析，并且通过这些来调整系统运行。

(2)GE 公司总裁伊梅尔特：工业互联网是全球工业系统与高级计算、智能分析、传感技术及互联网的高度融合，其通过智能机器间的连接并最终将人机连接，结合软件和大数据分析，重构全球工业，激发生产率，让世界更快捷、更安全、更清洁、更经济[2]。

(3)埃森哲咨询公司：工业互联网是物理世界与数字世界的紧密结合，它允许公司通过传感器、软件、机器对机器的学习和其他技术来获取和分析来自物理对象或其他大数据流中的数据，之后通过分析来管理运营，并提供新的增值服务。

(4)埃施朗公司：工业对象可以在不需要人为干预的情况下，通过网络自动地与其他工业对象通信，并自主地共享信息和采取行动。因为工业设备所处的条件比较严格，如严酷的物理环境或处理非常关键的任务，工业互联网解决方案必须满足严格的工业需求，如工业级的可靠性、严格的安全保证、有线和无线的连通性，以及对于广泛部署的遗留设备的向后兼容。

(5)ARC 顾问集团：工业互联网是物理实体(如传感器、设备、机器、资产和产品)与互联网服务以及各种应用的相互连接。工业互联网的架构基于现有技术或新兴技术构建，这些技术包括移动智能设备、有线或无线网络、云计算、大数据、分析和可视化工具等。鉴于目前大多数技术组件都可以有效使用，有关网络安全、技术标准化以及知识产权等问题将是最突出的潜在挑战。

(6)McRock 投资公司：工业互联网将物理世界中的传感器、设备和机器与互联网相连，通过软件应用深度分析技术，可以将海量数据转变为强大的智能决策基础。工业互联网是影响世界连接和优化机器方式的新一轮革命。工业互联网通过使用传感器、高级分析和智能决策，极大地转变了企业的外部资产与企业间连接和通信的方式。

德国提出的"工业 4.0"计划，可以说是工业互联网面向工业制造业的版本，其代表一种从嵌入式系统到物理信息系统的技术革命，即一次基于信息物理系统、物联网和务联网的革命。"工业 4.0"对传统生产过程逻辑进行反转，分散的智能化对创造智能对象网络和独立流程管理有很大帮助，使生产从集中式转换为分散式，将泛在传感器、嵌入式终端系统、智能控制系统和网络基础设施通过信息物理系统组成智能化网络系统，实现人与人、人与机器、机器与机器以及服务与服务之间的横向、纵向和端对端的高度集成[3]。"工业 4.0"计划包括三部分："智能工厂"，即基于网络化生产设施实现泛在智能化生产系统；"智能生产"，即基于人机交互、智能管理以及 3D 技术实现生产过程智能化；"智能物流"，即通过互联网、物联网和务联网整合物流资源，实现资源供应方与服务的高效智能化匹配[3]。

通过上述描述不难发现，二者都是基于智能化和信息化的前沿技术，加强人机互联，并对机器赋予智能。"工业 4.0"的部署实例也被用作工业互联网的案例来分析。二者的不同点在于，"工业 4.0"更多地面向工业制造业，强调生产过程的智能化，发展智能工厂，培育先进工业生产技术的创造者和供应者。而工业互联网范围更宽，不仅涵盖了制造业，还包括了能源、运输、医疗等诸多产业领域，实现泛在的智能生态系统。

为了满足我国工业发展的新态势，结合新兴信息科学与工程技术的发展方向，本章给出广义的工业互联网的概念：工业互联网是面向工业流程实现知识自动化的智能化网络系统，能够感知、分析、聚合和传输工业物理世界、信息世界和人类世界的数据，通过学习推理、智能分析和优化决策，产生以工业需求为驱动的知识，自主完成复杂分析、精准判断和智能决策等工作，保证工业对象的全程优化运行。

　　工业生产过程中运用互联网技术提高生产效率，降低生产能耗。面向生产的工业互联网是从嵌入式系统到物理信息系统的技术革命[3]。从工业互联网的网络功能和实现角度，给出狭义的工业互联网概念：通过智能终端和工业物联网获取和传输网络状态信息以及工业生产过程的实时信息，同时依据工业生产过程的需求，采用学习推理和智能优化技术，通过反馈控制机制使网络系统对动态变化的工业网络环境做出自适应性的行为决策，实现工业网络系统在资源配置、服务质量和安全等方面自主配置和自主管理，实现满足工业生产需求的网络性能最优化。

10.2.2　工业互联网的特征

1. 扁平化

　　为了应对知识传播分布式、对等互联的需求，工业互联网具有扁平化的特征。扁平化指的是设备以平等的方式接入网络，网络通过统一的方式对设备进行编址、寻址和管理。传统分层的工业测控网络各层次间需要使用相对封闭的接口技术进行数据层面的信息交换，难以进行知识之间的对等传输。扁平化的传输网络可以使所有管理和控制设备之间进行平等的知识传输，避免了层级之间进行信息传输的复杂性，提高传输效率。

2. 无线化

　　为了实现工业场景中数据的泛在感知和传输，工业互联网具有无线化的特征。无线化是将需要采集的数据调制到一定频率的电磁波上，通过电磁波的空间传播特性进行数据采集。传统有线的工业现场，线缆的部署和维护成本高，难以进行泛在化的数据获取。无线化的方式可以极大降低现场部署传感器的难度和开销，促进工业生产活动的合理化和精细化控制。采用无线技术可以高效利用频谱资源，实现实时可靠的海量感知信息接入能力，支持工业互联网泛在化知识获取的需求。

3. 标识化

　　为了实现工业生产融合系统中异构系统之间明确的信息交互，工业互联网具有标识化的特征。标识化指的是用语义标识方式，对工业现场数据所对应的工艺流程代表的含义，以及这些含义之间的关系进行定量刻画。传统工业生产过程的信息交互以数据为主，这些数据的含义往往需要技术手册的支持才能获得，同时具有较强的前后关联性，难以在复杂异构系统间共享。标识化实现具有通用性的知识标识化转化,包括对数值的含义和关联关系的形式化表示,能够使计算机、人与知识协同工作,使得人类将以语义描述的方式实现对工业信息的访问和检索,促进工业互联网全局应用的产生与实现[4]。

4. 服务化

为了应对工业互联网系统动态自主交互的需求,工业互联网具有服务化的特征。服务化指的是设备以服务的形式向外提供自身的传感、控制、计算等能力。传统工业测控系统通过组态软件人工进行流程的组织,可扩展性差,难以应对动态复杂的业务需求。服务化使设备以服务的方式向外提供自身的感知、处理和执行能力,设备间通过开放的 SOA 架构能够方便快捷地进行业务组合。云计算技术以虚拟化的方式对计算和存储资源进行动态管理和调配,从而加强用户的体验。

10.2.3　工业互联网体系结构

2016 年 8 月,我国的工业互联网产业联盟发布了《工业互联网体系架构(版本 1.0)》,在分析业务需求的基础上,提出了工业互联网体系架构,指出网络、数据和安全是体系架构的三大核心,其中“网络”是工业系统互联和数据传输交换的支撑基础,“数据”是工业智能化的核心驱动,“安全”是网络、数据以及工业融合应用的重要前提[5]。2017 年 2 月,发布了《工业互联网标准体系(版本 1.0)》[6],2019 年 2 月发布了《工业互联网标准体系(版本 2.0)》[7],其标准体系包括总体标准、共性支撑标准、应用服务标准三大类标准。总体标准用来规范工业互联网平台的总体、通用与指导性。共性支撑标准用来规范工业互联网的关键共性支撑技术。应用服务标准用来规范涉及工业企业运行涉及的生产、管理、服务等环节的关键应用服务,以及面向垂直行业围绕产业链上下游协作,新型的应用服务[7]。

首先,作为传输和交换的客体数据可以被分为“普通数据”和“共享数据”。普通数据传递是指在中心云服务器与企业个体之间传递的数据。共享数据是由企业向另一个企业共享和交换的数据。对于前者,数据的及时传输是必须要得到保证的。这样可以为同一个企业异地之间的设备进行实时通信提供可能。对于后者,数据的真实有效性是关键。共享数据的时效性可能很重要,但对于数据的真实性是更应当保证的,从而为其他企业所使用。数据存储在中心服务器中,应当进行集中处理,并将数据的处理过程交由中心服务器来完成,对于数据的管理厂商来说,需要提供适当的模型,并将模型的结果与实际决策相结合,给出一套动态反馈解决方案,从而让数据“活”起来。

其次,作为传输载体的网络硬件与技术,应当兼顾不同厂商的接入能力研究有前瞻性的技术并给予落地实施。因此,需要考虑网络互联体系、标识解析体系和应用支持体系。对于网络互联体系,就是为了解决不同厂商在服务接入的兼容性问题，从而提高互联的可能性与网络互联的性能；对于标识解析体系和应用支持体系，可以更好地区分在网络中不同企业的数据和应用。上述二者与工业互联网的内网发展有一定联系，内网的应用或通过外网进行数据和信息传输，在企业内部的数据标识方法可由企业自行决定。对于在企业之间互传的数据需要有通用的标准格式和表现形式，减小不同企业、不同设备之间数据获取的复杂度。

最后，安全所涉及的领域覆盖了整个工业互联网的内网和外网发展。一个健全的网络安全体系是发展网络技术和网络数据交换的前提保证。安全体系可以由应用安全、数据安全、控制安全、设备安全、网络安全五个维度组成。控制安全、设备安全、应用安全主要是为了防护在工厂外的设备(需要通过互联网/工业外网进行控制的设备)受到外部攻击而造成生产损失。网络安全的问题是由厂商和网络运营商所要共同解决的问题，对于常见的互联网攻击，在网络运营商和中心服务器提供商的帮助下，可以减少这类攻击到达厂商自身生产网络。

工业互联网支持以知识自动化的方式实现工业控制网络的自适应和自管理功能。根据工业互联网的应用需求，提出了面向生产的工业互联网体系结构，通过工业互联网的参考模型(图 10.1)对工业互联网各组成部分进行形象化概念表述，通过层次结构图(图 10.2)详述了在当前技术体系下一个可实现的典型工业互联网架构。

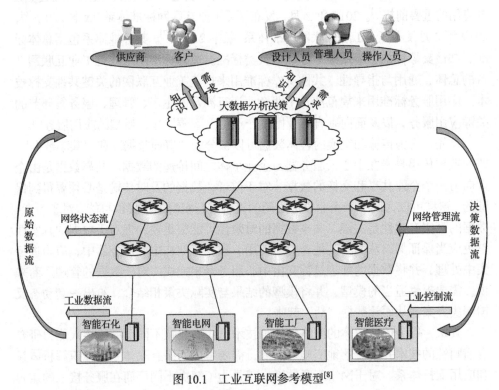

图 10.1　工业互联网参考模型[8]

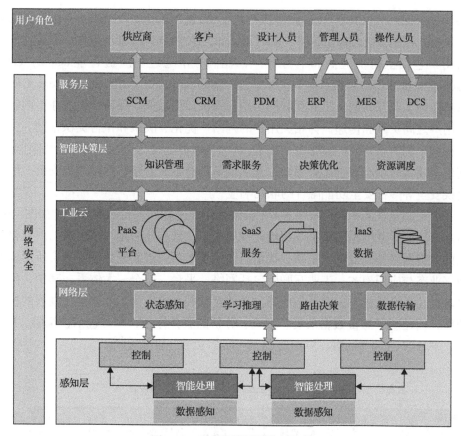

图 10.2　工业互联网层次结构图

如图 10.1 所示，工业互联网通过支持知识自动化的传输网络实现传统的工业管理网络、控制网络、传感网络与互联网络的融合，从而将工业基础设施、工业信息化系统、大数据分析决策系统和行业工作者融为一个整体系统。

图 10.2 对工业互联网的体系架构进行了分层描述。感知层一方面从工业物联网中感知知识信息(网络状态信息和工业生产相关的知识信息)提供给上层进行分析决策，另一方面执行上层的决策命令实现对工业生产管理和网络性能相关的控制。网络层从感知层中获取网络状态信息，完成网络状态的学习推理，依据上层的用户需求进行路由决策，实现工业知识流的高效可靠传输。工业云技术以虚拟化的方式对计算和存储资源进行动态管理和调配，提供平台、服务、数据的虚拟化部署，实现生产、管理以及价值链相关业务的动态调度、匹配和组合，知识的动态自组织维护。智能决策层依据从下层获取的知识信息和上层用户的需求信息进行智能决策，从而实现满足工业生产需求的自动控制应用。工业互联网的用户通过产品数据管理(product data management，PDM)系统、企业资源计划(enterprise resource planning,ERP）系统、制造执行系统（manufacturing execution system,MES）和分布式控制系统（distributed control system，DCS）访问工业互联网，在企业外部的用户包括上游供应商和下游客户，他们分别通过供应链管理（supply chain management,SCM）系统和客户关系管理（customer relationship management,CRM）系统访问工业互联网。工业互联网为用户提供知识服务，保证知识流在不同领域的用户之间贡献和传递，为相关用户的判断、优化、决策和执行提供帮助。工业互联网采用信息物理一体化安全技术，从网络整体上进行全方位的安全风险监测，完成全域实时动态安全态势感知，建立设备自身本质安全、区域边界安全、网络交换安全等多种安全功能融合的联动响应[8]。

《工业互联网平台白皮书》[9]中描述了工业互联网平台功能架构，如图 10.3 所示。工业互联网是满足工业智能化发展需求，具有低时延、高可靠、广覆盖特点的关键网络基础设施，是新一代信息通信技术与先进制造业深度融合所形成的新兴业态与应用模式。工业互联网包括网络、平台、安全三大体系。其中，网络是基础，平台是核心，安全是保障。工业互联网平台作为工业智能化发展的核心载体，构建基于海量数据采集、汇聚、分析的服务体系，平台包括边缘层、IaaS层、平台层（工业 PaaS）、应用层（工业 SaaS）以及工业安全[9]。

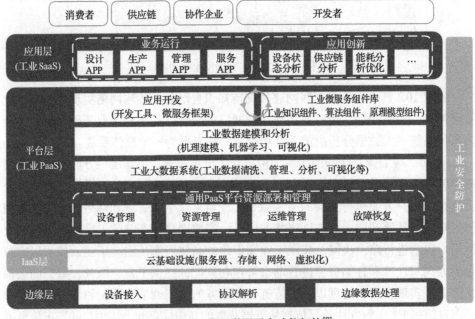

图 10.3　工业互联网平台功能架构[9]

10.2.4　工业互联网的研究现状

1. 国外研究现状

美国作为率先提出"工业互联网"的国家，2014 年，AT&T、思科、GE、IBM 和英特尔宣布成立工业互联网联盟(IIC)，旨在研究新兴的工业互联网应用，提出实践方案和参考标准。作为非营利组织，工业互联网联盟提供一个开放的交流平台，以推动工业互联网生态系统的发展，加速物理世界和数字世界的融合，使得工业领域的价值产出最大化。目前，它的成员已经超过 100 个组织。同年，思科举办第二届物联网论坛，展示了全球范围内超过 250 个工业物联网的部署实例，这些案例展示了部分城市和公司如何利用工业互联网技术，在提高效率、增加收益的同时，提高城市生活质量和服务体验。超过 100 个在业内处于龙头地位的组织和机构组成的指导委员会，介绍了七层物联网参考模型。作为通用框架，这个参考模型为驱动工业互联网的有效合作和未来部署提供了很好的基础。同时，GE 公司报告称，在 2014 年，GE 通过利用工业互联网技术和服务帮助客户提升资产性能，进行商业运作，实现了超过 10 亿美元的收益。根据 GE 公司的估计，在未来的 15 年，工业物联网技术会为航空业节约价值 300 亿美元的燃油，为电力行业节约 660 亿美元的燃料开销，通过提高医疗行业的产能创造 630 亿美元的收益，同时可以为石油天然气行业创造 900 亿美元的利润。工业互联网联盟于 2015 年 6 月发布《工业互联网参考架构》(版本 1.7)，全面定义及阐述了工业互联网的参考体系架构，从商业、使用、功能和实施视角对体系架构进行全面剖析，同时对工业互联网安全、连接、数据处理以及智能控制等关键技术进行了阐述；2017 年 1 月发布了《工业物联网卷 G1：参考架构》(版本 1.8)，2019 年 6 月发布了《工业物联网卷 G1：参考架构》(版本 1.9)，工业互联网联盟使用 ISO/IEC/IEEE 42010:2011 定义其工业互联网架构，确定了工业物联网架构的约束、准则和实践。2019 年 11 月发布了《工业物联网词汇技术报告》，为所有工业互联网联盟文档所使用的与工业互联网相关的术语规定了一组通用定义，其中已发布为 ISO/IEC 等国际标准化组织和工业互联网联盟标准。美国的工业互联网联盟基于 ISO/IEC/IEEE42010: 2011 标准提出了工业互联网参考架构(industrial internet reference architecture, IIRA)模型。ISO/IEC/IEEE 42010 标准概述了系统、软件和企业结构的相关必要条件，提出应鉴别系统用户、供应商、开发商及技术人员等不同利益相关者的视角，目标是从他们的角度来描述系统特性，包括概念的预期用途和适用性、实施过程、潜在风险、系统在整个生命周期的可维护性等美国工业互联网联盟建立的概念特性。

目前，美国企业提出了一些具有代表性的工业互联网平台建设方案。GE 公司作为工业互联网的引领者，其提出的"GE Predictivity"工业互联网解决方案为不同行业的企业提供专用的工业互联网平台，通过对从智能设备获取的大数据进行实时分析和预测，企业可以极大地优化资产和业务。这种实时性可以将非计划停机的可能性降到最低，并且可以提高业务效率和减少资源浪费，另外，GE 公司正在推动其自身的数字化转型，Predix 平台是一个专为物理信息系统设计的分布式应用程序平台，借用工业物联网的强大功能为工业界实现数字化解决方案。GE 公司推出的基础性系统平台 Predix 包含边缘、平台和应用三个部分，其中边缘和平台为应用服务，基于边缘和平台开发工业应用，分析工业问题。采集物理设备的状态信息并存储，完成设备模型构建，建立对设备的掌控和预测能力。美国参数技术公司 (Parametric Technology Corporation，PTC) 的 ThingWorx 平台支持各种数据库和硬件平台，属于应用程序平台，为物联网智能产品的设计提供解决方案。通过物联网软件实现设备之间的交互连接，并将数据传送到云上。罗克韦尔自动化有限公司推出的 FactoryTalk 平台提供专业分析工具，从已有的数据源中提取并分析重要数据，让操作员实时获取数据信息从而更好地操作控制系统，增加操作员体验，简化设计过程，提高设计效率。UPTAKE 开发了工业互联网平台，其核心为 AI 机器学习的引擎，输入数据来自各行各业并采用预测性分析技术和机器学习技术进行设备分析预测，优化管理方案，提高设备的生产能力。Particle 公司提出了集扩展性、可靠性、安全性为一体的物联网设备平台，其物联网模组套件能帮助操作员快速打造物联产品原型，将传感器与核心连接，并且可以透过简单的编程界面互动，是一种让企业快速、轻松地构建、连接和管理其网络的解决方案。

　　作为工业互联网面向制造业的版本，德国政府提出了"工业 4.0"并对其给予高度支持。2010 年，德国国家科学与工程院提出了物理信息系统研究计划，以此为核心技术，产学研联盟通信促进小组于 2011 年提出了"工业 4.0"计划，同年德国政府将其列入"高科技战略 2020"计划，作为抢占工业强国制高点的战略计划。2012 年，德国科技界提出了"工业 4.0"的初步实施建议，随后政府宣布通过 OWL (Ostwestfalen-Lippe) 科学及产业网络的建设来设定智能技术系统领域的国际标准。通过 OWL，包括德国倍福、德国克拉斯、德国哈丁等世界领先的 174 家公司和科研机构正在开展有关的科研工作，是目前规模最大的"工业 4.0"项目。正在开展的有关智能产品和智能生产系统的项目有 45 个，涵盖从机械自动化到网络生产设施的诸多领域。2013 年，BITKOM (德国联邦信息技术、电信和新媒体协会)、VDMA (德国机械设备制造业联合会) 和 ZVEI (德国电气电子行业协会) 共同启动了"工业 4.0 平台"建设，旨在发展技术、标准、业务和组织模式以及它们的具体实现。很多德国企业已经将创新性的技术部署到它们的业务中，来实现向"工业 4.0"的演进。2015 年 4 月，德国电工电子与信息技术标准委员会发布工业 4.0 参考架构模型 (Reference Architecture Model Industrie 4.0，RAMI 4.0)，侧重制造环节的装备智能化和流程方面的自动化，主要集中在智能工厂内部，目前公布的 RAMI 4.0 已经覆盖有关工业网络通信、信息数据、价值链、企业分层等领域[10]，如图 10.4 所示，其核心是信息物理生产系统(cyber physical production system，CPPS)映射到全层级以及全生命周期价值链中，从三个维度来解构工业 4.0 参考模型，首先是 CPPS 功能视角，从资产层、集成层、通信层、信息层、功能层以及商业层的结构体现智能生产能力；其次是全生命周期价值链视角，基于 IEC 62890 标准对零件、机器以及工厂等元素从设计到实物的价值生成全过程的阐述；最后是全层级工业系统视角，基于 IEC 62264 和 IEC 61512 标准，将工业层级分为"现场设备-控制设备-工段-车间-企业"，并拓展到"产品"和"世界"，从而构建完整的工业系统。该体系架构对现有标准的采用将有助于提升参考架构的通用性，从而能够更广泛地指导不同行业企业开展工业 4.0 实践。

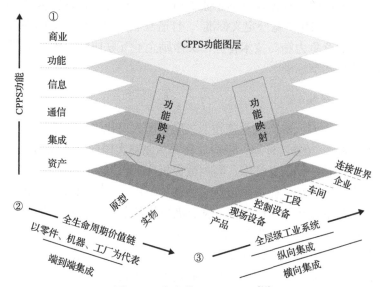

图 10.4 参考模型 RAMI 4.0[10]

德国 TRUMPF 公司作为世界级的激光技术公司，已经将一种"社会化机器"投入运行。这种机器的每个组件都是智能的，它们知道自己已已经做了哪些工作，并且可以与其他机器通信。正因为这种特性，生产中的很多过程可以自动优化。客户可以随时观看生产过程的图像，这样就可以尽早对产品的满意度进行反馈，来让厂商制造出更好的产品。德国制造业龙头西门子公司，也将"工业 4.0"解决方案应用到生产过程中，使得人工膝盖和髋关节的生产过程从几天缩短到 3～4h。

日本基于现实压力以及自身技术上的积累，提出了"互联工业"概念。日本的制造业企业、设备厂商、系统集成企业等组织成立日本工业价值链促进会(Industrial Value Chain Initiative，IVI)，其目标是实现智能制造，通过互联工业设备、系统、技术和人创造工业附加值。2016 年 12 月，IVI 发布了《智能制造参考框架》，随后又发布了《日本互联工业价值链的战略实施框架》，其中提出了新一代工业价值链参考架构是日本工业智能制造的顶层框架，其功能等同于美国工业互联网联盟的参考框架和德国工业 4.0 参考框架，对我国工业互联网的发展具有启发性和参考性作用。2018 年 6 月，日本经产省发布《日本制造业白皮书(2018)》，明确将互联工业作为制造业发展的战略目标。

日本的互联工业价值链计划从三个层次三个维度四个周期来构筑智能制造实施框架。服务层构筑企业基础，活动层打造工业链涉及的人机信息融合，规范层关注工业活动中的实施要素。产品维度包括产品全生命周期的信息，服务维度包括工业生产全链活动及要素，知识维度是对产品维度和服务维度中相关信息的知识表达。四个周期包括产品供应周期、生产服务周期、产品生命周期和生产工艺生命周期。该模型的构筑体现日本企业求精务实的理念，在现行基础上改造先进的工业制造系统，采用"宽松定义标准"，打造互联工业的生态协同平台，既保护先进技术企业的竞争力和高技术特性，又激励企业互联协同，预定义网络平台、数据模型和信息共享标准[11]。

2. 国内研究现状

2015 年 3 月 5 日，李克强总理在十二届全国人民代表大会第三次会议上提出了实施"中国制造 2025"计划，标志着我国从制造大国向制造强国的战略转变。其中明确了包括新一代信息技术、高档数控机床和机器人、航空航天装备、海洋工程装备及高技术船舶、先进轨道交通装备、节能与新能源汽车、电力装备、新材料、生物医药及高性能医疗器械、农业机械装备十大重点发展领域。2017 年发布的《国务院关于深化"互联网+先进制造业"发展工业互联网的指导意见》[12]与《中国制造 2025》[13]一脉相承，明确了我国发展工业互联网的战略部署。

我国作为最大的发展中国家，传统制造业拥有资源成本和劳动力成本低廉的优势，然而自 2010 年起，受劳动力成本上升、土地资源稀缺、原料成本上升等因素影响，东南亚国家劳动力成本低于我国等现状，使得我国制造业面临巨大挑战，借助工业互联网技术促进工业企业转型升级，激发工业制造领域的自主创新能力，突破关键核心技术，合理调整产业结构，实现工业强国的战略计划。

目前，我国工业互联网技术已应用到轻工家电、铁路、工程机械、电子信息、钢铁、高端装备等行业[14]。

在轻工家电行业中，海尔互联工厂模式促使制造业逐渐从大规模制造到大规模定制的转变，通过产品改良和科学技术的结合，实现产品与产品之间、产品与消费者之间的互联互通，为形成智慧家庭发挥了巨大作用。

在铁路行业中，不仅在运输方面的购票服务、预约服务以及旅途服务等发展迅速，铁路巡检等任务也能够有效进行，例如，北京佳讯飞鸿电气股份有限公司将传感器设备安置在铁路沿线，通过物联网和无人机两者的有效结合，促使人工巡查到自动巡查的转变，及时有效地进行防灾监控。

在工程机械行业中，工业智能设备终端得到了工业互联网的支持，在智能服务领域发挥了重要作用，龙头企业开始引领离散制造行业产品全生命周期的数字化供应链与智能制造发展方向。徐州工程机械集团有限公司致力于建设智能的供应链体系，使得各组织之间可以协同供应链网络，以解决企业内部存在的业务数据孤岛问题，实现信息互联互通，进而采集和分析不同系统产生的各类信息，进行生产产品全生命周期的监督与管理。三一重工股份有限公司 18 号智能工厂引入了先进的物联网技术，利用信息系统，自动化管理工业产品从订单到制造的全过程，实现产品生产现场的统一调度。

在电子信息行业中，通过工业总线、工业 PON、4G、5G 等不同的互联网技术，将工业物联网、商业物联网以及消费物联网有机结合，能够使生产现场的设备、传感器以及物流运输系统之间实现互联互通。中兴通讯股份有限公司建立生产大数据中心，基于数据挖掘和机器学习相关技术对生产流程中产生的历史数据进行分析，通过关联分析实现模型参数的不断调整和优化，并实时监管产品生产全过程，提升产品的生产质量和效率。

在钢铁工业互联网行业中，将工业互联网和商业互联网结合，实现数据的互通与透明，极大地促进了钢铁工业信息化与工业化的进一步融合，例如，宝钢集团有限公司致力于对产品进行升级，正在建立大数据平台，分析数据库中的数据变化规律，预测事件的未来发展方向并及时制定应对策略，保证工业生产现场对数据的及时响应，在新兴技术支持下完善产业生态体系，已接近国际先进水平。

在高端装备行业中，研发装备十分耗时，加上生产过程非常复杂，造成产业链条延长，以至于传统工程方法不能满足相应需求。国内某生产石油钻机企业在西安寄云科技有限公司的帮助下设计出一种辅助诊断系统，通过采集石油钻机的相关数据，对石油钻机进行远程监管和维护，预测故障事件的发生，并及时进行优化管理。

由于中国制造业巨大的发展前景，许多处于世界领先地位的企业都在积极与中国寻求合作。2014 年 10 月，中德两国政府宣布了在"工业 4.0"领域继续深化合作，重点交流工业技术，促进两国企业深入合作。目前广西玉柴机器集团、三一重工股份有限公司与德国 SAP 公司建立了深入合作。SAP 为广西玉柴机器集团提供了 SAP Business Objects BI 和 SAP HANA 产品及解决方案，目前已有 105 张报表与多张驾驶舱运行在 SAP HANA 平台上。三一重工股份有限公司与 SAP 公司合作构建领先于全球工程机械行业的流程信息化体系，以支持三一重工股份有限公司在工业互联网技术支撑下的转型升级。三一重工股份有限公司将更多地利用人工智能、虚拟交互、3D 打印等前沿技术，提升公司智能制造的能力。

美国 GE 公司与中国众多企业保持合作关系，GE 公司的技术优势主要体现在设备监控诊断、优化管理和健康状态监控管理方面。春秋航空股份有限公司部署了 GE 公司的智能发动机监控诊断技术，有效预防了计划外发动机拆卸和停飞待用；中国医科大学附属盛京医院采用 GE 公司的资产管理解决方案，实现 6000 多台设备的自反馈式预警、移动设备全院借调和设备统合绩效管理；上海赛科乙烯厂使用 GE 公司的本特利 SYSTEM 1 系统，对设备的运行健康状态进行有效的监控，减少非计划停机率超过 50%。

我国在工业互联网框架、标准、测试、安全、国际合作等方面取得了初步进展，成立了汇聚政产学研的工业互联网产业联盟，发布了《工业互联网体系架构》(版本 1.0)[5]、《工业互联网标准体系框架》(版本 1.0)[6]、《工业互联网标准体系框架》[7](版本 2.0)等，涌现出一批典型平台和企业，如工业 APP 平台和一些从事汽车、航空航天、机械制造等流程工业的企业。2017 年 11 月，工业互联网产业联盟发布及制定了《工厂内网络 工业 EPON 系统技术要求》、《工业互联网 标杆网络 工厂外网技术要求》[15]。2019 年 10 月，发布了《工业互联网园区网络白皮书(征求意见稿)》[16]，其中提出了工业生产网络架构，如图 10.5 所示。

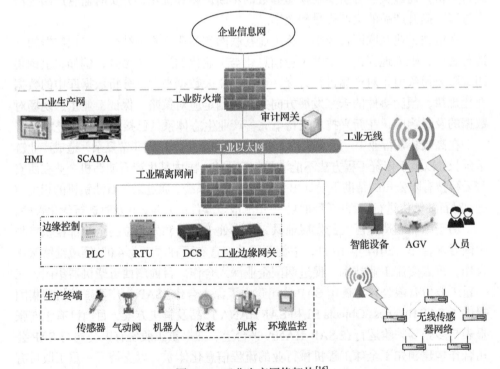

图 10.5　工业生产网络架构[16]

HMI：人机接口；SCADA：数据采集与监视控制；PLC：可编程逻辑控制器；
RTU：远程终端单元；DCS：分散控制系统；AGV：自动导引运输车

2017 年我国工业互联网市场规模约为 4700 亿元，2018～2019 年年均增长约 18%。2018 年 6 月 12 日，工业和信息化部信息通信管理局公示了 2018 年工业互联网创新发展工程支持项目名单，表明工业互联网发展的紧迫性以及管理部门的高执行力，工业互联网有望迎来更快发展。预计到 2030 年，全球物联网设备连接数将接近 1000 亿，其中中国将超过 200 亿。据预测，2025 年工业互联网领域规模将达到 82 万亿美元，占全球 GDP 的 50%。中国工业互联网市场规模届时将达到 10.8 万亿元[16]。

10.3　工业互联网的关键技术

10.3.1　工业控制网络技术

工业控制网络是面向自动控制领域的网络技术，将计算机网络技术、通信技术和自动控制技术相结合，适应企业信息集成系统与管理控制一体化的发展趋势和需求，是网络信息技术在自动控制领域的延伸。

工业控制网络指以具有通信能力的传感器、执行器、测控仪表作为网络节点，连接而成的开放式、数字化、多节点通信，从而完成测量控制任务的网络，是控制技术、通信技术和计算机技术应用在工业现场控制层、过程控制层和生产管理层的一种特殊类型的计算机网络[17]。从数据的传输来看，工业控制网络传输的是工业现场的数据，但只是信息的简单转发，缺乏对信息的感知和理解，没有根据信息类型和业务需求进行区别对待。

早期的控制系统为模拟仪表控制系统，信号只能存在于仪表内，通过操作员肉眼观察了解生产过程状况。20 世纪 60 年代，形成直接数字控制(direct digital control, DDC)技术，使系统的控制精度和灵活性得到极大提高。20 世纪 70 年代，出现了 PLC 与多个计算机递阶构成的集中与分散结合的集散式控制系统(distributed control system, DCS)，增强了系统的可靠性和可维护性，但不具备开放性，且布线复杂、费用高。20 世纪 80 年代后期到 90 年代，形成了采用现场总线作为底层的控制网络，实现传感器、控制器层通信的现场总线控制系统(fieldbus control system, FCS)，从根本上解决了网络控制系统的可靠性问题，但其国际标准未能统一，远未达到开放性。

当前由于以太网具有低成本、稳定和可靠等优点，将以太网应用于工业控制系统，使控制和管理系统中的信息无缝连接，真正实现"一网到底"的工业以太网成为目前工业控制网络的主要发展方向。

工业控制网络与传统的商用信息网络的差异性主要体现在应用场景、网络节点、任务处理方式、传输延迟以及网络监管与维护管理方式等。

(1) 应用场景。商用信息网络主要应用于普通办公场合,环境对网络性能的影响不大;而工业控制网络应用于工业生产现场,会面临高温高湿、烟雾粉尘、辐射干扰以及易燃易爆等各种复杂的工业环境。

(2) 网络节点。商用信息网络的网络节点主要是计算机、工作站、打印机及显示终端等设备;而工业控制网络除上述设备外,最重要的还有 PLC、数字调节器、开关、电动机、变送器、阀门及按钮等工业设备设施作为网络节点,多为内嵌 CPU、单片机或其他专用芯片的设备。

(3) 任务处理方式。商用信息网络的主要任务是为人员提供传输文件、图像、语音等服务,并且有人的参与;而工业控制网络的主要任务是传输工业数据,承担自动测控任务,自动完成基本要求。

(4) 传输延迟。商用信息网络一般在传输时间上没有严格的需求,时间上的不确定性不至于造成严重的不良后果;而工业控制网络必须满足对控制的实时性要求,对某些变量的数据往往要求准确定时刷新,控制指令必须在准确的时限内完成。

(5) 网络监控与维护方式。商用信息网络必须由专业人员使用专业工具完成监控和维护;而工业控制网络的网络监控为工厂监控的一部分,网络模块可由人机接口 (human machine interface,HMI) 软件监控。

随着计算机控制技术和网络技术的发展,已经形成了分布式控制系统、现场总线控制系统和工业以太网系统等不同的工业控制网络体系,按功能的不同,可将工业自动控制和管理系统分成现场设备层、第一层、第二层、第三层和第四层等层次。①现场设备层:产生或接收系统的输入/输出 (I/O) 信号,如检测智能仪表、执行装置、电气设备及就地控制装置等。②第一层:直接控制级,实现连续控制调节和顺序控制、设备检测和系统测试与自诊断,进行过程数据采集与监控等。③第二层:过程管理级,实现过程操作、各种生产报表打印、装置协调、优化控制、数据的收集与处理、报警信息的处理等,进行一系列的维护管理。④第三层:生产管理级 (生产调度级),规划产品结构和规模、产品监视、产品报告,对产品数据进行管理。⑤第四层:经营管理级,进行市场和用户分析、订货和销售统计与计划、产品制造协调、合同事宜和期限检测等,对企业的资源进行管理。其中第一层、第二层与现场设备层的三级体系结构,构成了分布式控制系统。第一层与现场设备层融为一层时,即构成现场总线控制系统。第三层和第四层的功能由计算机网络完成,为生产经营管理级,即企业资源计划管理系统,该系统与分布式控制系统或现场总线控制系统之间利用 OPC (object linking and embedding for process control,用于过程控制的对象链接嵌入) 实现无缝连接,实现了工业企业的生产过程控制与信息管理的一体化系统,即管控一体化系统,如图 10.6 所示。

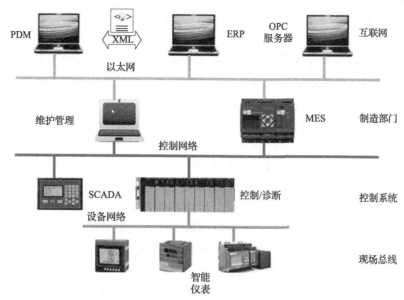

图 10.6 工业控制网络管控一体化架构

PDM：产品数据管理；ERP：企业资源计划；

MES：制造执行系统；SCADA：数据采集与监视控制

工业控制网络经历了模拟电缆直连、现场总线、工业以太网等阶段的发展，功能逐步完善，性能不断提高，形成了一整套工业控制网络的体系结构和系统，当前工业控制网络具有以下几个特点。

(1)以有线为主的信息获取模式。

工业以太网将原本针对数据通信而开发的 IP 协议应用到工业控制网中，它可以提供灵活的响应式系统，可以适用于控制数据和生产数据，并满足工业领域对实时性的需求。这种组网架构可以提供设备级的互联、协作和集成[18]。由于传统以太网中基于 TCP 和 UDP 的通信无法保证实时性，必须针对以太网应用于工业领域的不足，设计相应的补偿机制[19]。为了保证实时性、可靠性，现有的控制网络以有线为主。一般的工业自动化闭环控制系统要求网络传输时延小于 10ms，对高性能的同步运动控制应用更是要求 1ms 以内，因此以现场总线和工业以太网为代表的控制网络都是以有线通信为主。现场总线的 FF(foundation fieldbus)[20]、LonWorks[21]、PROFIBUS[22]、HART[23]、CAN[24]、Dupline[25]等协议和 IEC 61158[26] 和 IEC 61784[27]标准，工业以太网的基于 IEC 61784 标准的 Modbus-TCP[28]、Ethernet/IP[29]、PROFINET[30]、TCnet[31]、Vnet/IP[32]、Powerlink[33]、EtherCAT[34]以及 Sercos III[35]、EPA[36]等都十分成熟，且在业界应用广泛。在国内，中国科学院沈阳自动化研究所和浙江大学工业控制技术国家重点实验室等单位联合制定的工业实时以太网过程自动化以太网(ethernet for process automation，EPA)标准，已成为国际电工委员会(International Electro-technical Commission, IEC)的公共可用规范(Publicly Available Specification, PAS)标准。然而，随着网络规模的扩大，有线网络的部署和维护成本高昂的问题越来越突出，据测算，线缆部署和维护的成本已经占全部工业现场信息获取系统的一半以上，构建基于低成本无线技术的工业网络是必然的发展趋势。

(2)层次化的信息交互模式。

由于控制与管理应用对网络性能的需求有差异，当前的工业网络一般采用管理网与控制网分离的层次化网络架构，层次与层次之间的信息交互依靠OPC等技术实现。工业管理网一般运行ERP、MES等信息系统，终端一般以计算机为主，传输带宽需求大，实时性要求不高，目前的网络技术以以太网和无线局域网(wireless local area network, WLAN)技术为主。而工业控制网络一般包括PLC、DCS等系统，连接控制器和现场仪表，传输带宽低，但实时性要求极高，目前的网络以工业以太网和现场总线为主。工业管理网与控制网之间的传输模式、传输协议、处理机制和网络设备都不相同，两个网络的设备根本无法直接互相访问，必须依靠OPC等接口技术进行协议和数据的转换，效率低，扩展性差，给工业管理网和控制网之间的信息交互带来了极大的困难。

(3)基于OPC的语法级信息互操作模式。

设备信息交互方面由传统的数据级信息交互向语法级信息交互的方向发展。电子设备描述语言(electronic device description language, EDDL)是一种描述现场设备数据的计算机语言,通过电子设备描述文本文件和自动化系统中的设备参数、功能、图形化表示以及报警诊断等信息。现场设备工具(field device tool, FDT)技术是一个将智能现场设备集成到过程和工厂自动化系统的开发标准。它规范了设备类型管理器(device type manager, DTM)和框架应用程序间的标准软件接口,而不依赖设备平台的类型、厂商和底层现场总线协议,解决了设备互操作、版本更新管理等问题。OPC技术是一整套基于微软的对象连接、部件对象模型和分布式部件对象模型技术,用于过程控制和制造业自动化系统的接口、属性和方法的标准集。语法级的信息集成由于流程工业的信息具有较强的上下文关联特性,目前尚未形成针对流程工业如何通过关联来表达上下文特性的方法,因此仍然难以实现人类通过互联网取得的知识进行提炼和共享。

(4)基于组态预配置的信息处理模式。

当前工业自动化系统的信息处理大量依赖以人工预配置为主的组态过程来完成。组态就是用应用软件中提供的工具、方法,完成工程中某一具体任务的过程。在整个自动化系统中,软件所占比重逐渐提高,虽然组态软件只是其中一部分,但因其渗透能力强、扩展性强,占有许多专用软件的市场。监控组态软件具有很高的产业关联度,是自动化系统进入高端应用、扩大市场占有率的重要桥梁。基于组态预配置的信息处理模式严重依赖操作员的人工干预，对新的业务需求和流程处理必须重新编程，灵活性和动态性较差。

10.3.2　工业数据感知技术

工业数据感知技术为工业互联网应用提供了信息来源，是实现工业互联网应用的基础。工业互联网中的智能机器、设备和机组通常装备有传感器[37]和 RFID 标签[38]等，它们可以感知机器的温度、压力和振动等信息以及周边环境信息，并能够对感知信息作出反馈，实现智能控制，工业网络中的感知技术主要涉及传感器技术和自动识别技术等。

大多数应用并不需要收集全部机器设备感知的数据，因此将所有采集的数据传输到数据中心会给网络带来不必要的负载，在满足应用需求的条件下采用数据聚集和数据融合等网内数据处理技术，可以实现高效的信息感知[39]。

1. 传感器技术

传感器是一种能够感受规定的被测量并按照一定的规律将其转换成可用输出信号的器件或装置[40]。无线通信技术和微电子技术的进步促进了低成本、低功率、多功能、微型、智能传感器节点[41]的发展。传感器节点不仅包括了传感器部件，而且集成了微型处理器、无线通信芯片和能量供应模块等，它能够实时监测和采集网络覆盖区域内各种监测对象的信息，包括温度、湿度、噪声、电磁、压力、振动等，以及表征环境特征的各种物理量。传感器节点能够将感知的信息通过无线网络传输给系统软件。

传感器节点成本的下降和微处理器计算能力的提升，使得制造企业通过内嵌在产品中的传感器获得数据，从发电设备到工程机械，一切都可以连接到互联网上，为机器设备的作业监控、性能维护和预防性养护提供状态更新和性能数据[42]。例如，航空工业中飞机制造商在机身装备了联网的传感器节点，这些传感器节点定期向制造商传送机身部件磨损数据，飞机制造商可以主动维修机身，减少计划外停机，从而提升飞机制造企业生产效率和产业竞争力[43]。在工业领域，具有抗腐蚀性、高强度、耐高温等特性的专用传感器的发展将成为工业互联网应用的一个推进器[44]。

2. 自动识别技术

自动识别技术是一种通过识别装置接近被识别物品，自动获取被识别物品的相关信息，并提供给服务处理系统进行相关技术的处理。常见的自动识别技术包括条形码技术[45]、生物计量识别技术[46]、RFID 技术[38]等，其中在工业网络中使用较多的是 RFID 技术。

　　RFID 是一种利用射频信号空间耦合完成无接触方式的信息传输与自动识别的技术。一个简单的 RFID 系统通常由 RFID 识读器和 RFID 标签组成。RFID 技术具有读取速度快、工作距离远、穿透性强、外形多样、工作环境适应性强、可重复使用和多标签同时识别等多种优势，它可以定位和追踪设备和物理对象，精确提供标签上附带的相关设备及其组件的信息[47]。

　　清华大学的刘云浩团队开展了利用 RFID 技术进行室内定位和追踪的研究，其中杨磊首次提出了基于"差分增强全息图"的定位方法，用以克服标签多样性对定位和追踪精度的影响，实现了高精度的实时追踪移动 RFID 标签，将定位和追踪精度提高到毫米级[48]。该技术用于解决机场行李丢失问题，该团队与海南航空集团合作开发"人工行李分拣系统"，采用 RFID 技术实现高精度的实时行李追踪，帮助分拣人员清晰快速地查找行李，在首都国际机场 T1 航站楼和三亚凤凰机场部署运行。

　　此外，供应链管理系统也是 RFID 技术的典型应用[49]。为了较好地掌握产品的流转情况，在产品中携带 RFID 标签，当产品接近监测区域时，RFID 识读器可以读取标签中记录的产品规格、质量、生产时间、过去和当前的位置等生产信息，从而提高库存管理效率，减少营运资金和物流成本。RFID 技术还可以用于生产线上的在制品控制和工艺流程控制，在工业设备的全生命周期管理中帮助管理者识别设备故障并采取相应的行动[50]。

　　目前，RFID 技术已经被工业领域中众多的制造商、经销商和零售商成功应用，基于 RFID 技术的应用还有很大的增长空间。为了更好地发展 RFID 技术，可将 RFID 技术与传感器技术结合起来实时追踪设备[51]。特别是新兴的无线传感器技术，如电磁传感器、生物传感器、外接传感器、传感器标签和独立标签，更多适合工业环境的强大网络应用可以被创造出来，进一步促进工业服务和应用的实现和部署。

3. 数据聚集技术

　　装备了传感器的智能机器设备能够获取监测对象的全部数据，然而在大多数工业应用中，决策者只对部分有意义的数据感兴趣，多数情况下不需要将所有感知数据传输到汇聚节点。数据聚集(data aggregation)[52]是通过某种聚集函数对感知数据进行处理，获得更有效、更符合用户需求的数据过程。数据聚集技术可以有效减少数据传输量，从而节约了能耗。

　　数据聚集的关键是针对不同的应用需求和数据特点设计适合的聚集函数。相关研究提出了数据聚集结构 Q-Digest 树，可以对无线传感器网络进行多种数据聚集操作，包括分位数、出现频率最高的观测值和数据分布直方图等[52]。

　　数据聚集能够减少数据传输量，降低网络能耗和存储开销，从而延长网络生存期。但在数据传输过程中，寻找聚集节点、等待其他数据的到达和数据聚集操作都可能会增加网络的延迟。

4. 数据融合技术

数据融合(data fusion)是对多源异构数据进行综合处理获取确定信息的过程[53]，在工业网络中，对智能机器设备监测的数据进行融合处理，去除冗余数据、噪声和异常值，将有意义的数据传输到汇聚节点，从而降低数据传输量、提高网络通信效率。按照数据处理的层次，数据融合可分为数据层融合、特征层融合和决策层融合[54]。数据层融合主要根据数据的时空相关性去除冗余信息，传统的数据融合方法，如概率统计方法、回归分析和卡尔曼滤波等，可以消除冗余信息，去除噪声和异常值。特征层和决策层的融合往往与具体的应用目标密切相关，它们通常采用 D-S(Dempster-Shafer)证据理论、模糊逻辑、神经网络及语义融合等技术，可以实现事件检测、状态评估和语义分析等高层决策和判别。在决策层融合中，基于 D-S 证据理论的两步分类数据融合方法，有效提高了机器设备状态监测的质量。

图 10.7 表示了工业数据流的处理过程。从智能设备和网络中获取数据，将数据存储在云存储系统中，然后通过大数据分析和可视化处理，为专家、决策者和工业系统提供信息，为工业控制决策提供知识。决策信息包括传感器获取的数据以及专家、决策者或工业系统运行或维护机器、机组的数据。设备接收反馈控制

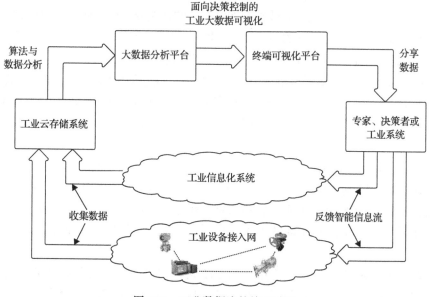

图 10.7　工业数据流的处理过程

决策信息，通过信息的全周期反馈，使机器能够从它的历史数据中得到经验知识，实现更加智能的运行。

10.3.3　工业网络传输技术

1. 工业感知网络的传输技术

工业互联网的通信过程可以概括为工业环境和终端之间通过主干网的双向通信。工业环境中包含无线传感器、工业设备等；工业终端包括云端资源、用户设备等；主干网主要包括有线主干网、蜂窝网等类型。举例来说，工业环境中的设备可以将运行数据传输至网关，网关通过主干网将数据传输给远程管理终端，远程管理终端经过决策后，将决策数据通过主干网传回相应的工业环境，以调整工业设备的运行状态。由于主干网相关技术已经非常成熟，介绍重点将放在工业环境中所涉及的通信技术。

无线通信技术是当前工业通信的发展趋势。由于无线传感器网络(WSN)具有低成本、低能耗、部署灵活等适合工业环境的特点，工业无线通信技术大多是对WSN技术在工业领域的拓展和演进。目前，很多适用于工业领域的WSN技术和标准已经比较完备，如 ZigBee[54]、WirelessHART[55]、ISA100.11a[56]、WIA-PA[57]等。目前无线技术主要用于信息的采集、非实时控制和工厂内部信息化等场景，Wi-Fi、ZigBee、2G/3G/4G、面向工业过程自动化的无线网络 WIA-PA、WirelessHART以及 ISA100.11a 等技术已在工厂内获得部分使用。同时无线技术正逐步向工业实时领域渗透，成为现有工业有线控制网络有力的补充或替代，如 5G 已明确将工业控制作为其低时延、高可靠的重要应用场景，3GPP 也已开展相关的研究工作。IEC也正在制定工厂自动化无线网络 WIA-FA 技术标准。

ZigBee 是一种高效益、低速率、低功耗的无线通信协议标准，旨在提供可扩展、自组织且具有安全性的小范围无线网络。ZigBee 的物理层和 MAC 层基于 IEEE 802.15.4[58]标准，它支持 128 位的高级加密标准(advanced encryption standard, AES)算法，用户也可以在应用层制定安全策略，所以 ZigBee 在工业环境中是足够安全的。而且 ZigBee 标准支持网状拓扑，可以提供相对快速的通信。但是，ZigBee 对端到端通信延迟并未做任何保证，并且也不支持频率分集、路径分集，因而在干扰环境下无法保证可靠的消息交付率。总体来说，ZigBee 虽然可以满足工业领域对安全性和能耗的需求，但无法满足工业级网络可靠性和鲁棒性的需求。

WirelessHART 基于广泛使用的 HART 通信协议，可以视为 HART 协议在无线通信方面的扩展。它以简单易用、自组织、自恢复、灵活、可靠和安全为设计宗旨，并全面支持现有的 HART 技术，为工业领域无线通信提供了很好的解决方案。WirelessHART 是一种集中式控制的网状网络,它的物理层基于 IEEE 802.15.4 标准,并自行定义了数据链路层、网络层和应用层。通过 128 位 AES 算法保证端到端通信和逐跳通信的安全。MAC 层基于跳频的 TDMA 调度。通过频率分集、路径分集和消息交付重审机制保证了通信的可靠性。通过引入管理机制对通信调度过程进行管理,能够有效降低能源的消耗。

ISA100.11a 标准由 ISA 开发,在 IEEE 802.15.4 标准之上定义了协议栈、系统管理和安全功能,旨在对大型无线工厂提供技术支持。ISA100.11a 并未指定过程自动化的应用层或针对现有协议的接口,而只是定义了构造接口的工具。ISA100.11a 的网络层和传输层基于 6LoWPAN[59]、IPv6[60] 和 UDP 标准[61],支持星型或网状拓扑。数据链路层是特有的,并且使用了与 IEEE 802.15.4 不同的 MAC 层。作为 WirelessHART 有力的竞争者,ISA100.11a 对工业环境提供了安全性、可靠性、可扩展性和低能耗的支持。对 IPv6 协议的原生支持也更好地适应了目前的发展趋势。

WIA-PA 作为我国拥有自主知识产权的一种无线标准体系,是工业无线领域主流国际标准之一。WIA-PA 通信协议模型包含物理层、数据链路层、网络层和应用层。物理层基于 IEEE 802.15.4,由 868/915MHz 和 2.4GHz 频段组成。数据链路层负责处理网络拓扑、链路、资源和点对点通信,并且负责信道接入和调度。网络层的功能包括组网和地址分配、路由搜索和维护、数据包多跳路径选择等。应用层可以对网络中的设备进行监测和控制,以及管理网络状态。WIA-PA 的成功研发,为我国推进工业化与信息化相融合提供了一种新的高端技术解决方案,也标志着我国在工业无线通信技术领域的研发已处于世界领先地位。

2. 工业控制网络数据通信技术

工业控制网络通过数字化、智能化的现场设备,改变了传统工厂的运作生产模式,降低了工厂的维护成本,提高了产品质量和生产效率。近十多年,欧洲、北美等公司推出了几十种工业控制网络,如 FF、PROFIBUS 等已被列入国际标准。但是,这些标准几乎都采用有线传输介质,如双绞线、同轴电缆、光纤等,复杂的布线问题严重制约着工业控制网络的应用发展。另外,一些恶劣的工业环境下无法布线,人工采集数据具有极大的危险性和不准确性。

无线技术具有低成本、易使用、易维护等优势,可以将网络控制技术延伸到实际条件或者人工不可达的领域,使得物理障碍等造成的布线问题不再是信息获取的难点,能够有效解决工厂中的监控盲点问题,是流程工业监控系统"泛在感知"和"全流程优化控制"的有效解决方案。

工业互联网除了要满足传统工业无线网络的高可靠和硬实时性能之外,还需具有如下特点：①感知数据通常包括生产数据、管理数据、视频监视数据以及知识相关数据等各种异构数据，且数据具有海量、大数据的特征；②具有超大规模的特征，需要对整个生产、管理流程进行全视角、全生命周期、多维度的数据采集，从而保证所诱发知识的全面性和正确性；③具有多网共存特征，数据的多样性和异构性使得单一的无线技术无法满足知识自动化的要求，此外，知识自动化无线网络还面临与现有生产网络并存的问题。此外，目前的工业无线标准均采用开放的 ISM 2.4GHz 频段，如 WirelessHART、SP100[62]、WIA-PA 等，而且 IEEE 802.11、IEEE 802.15.4 和 IEEE 802.15.1 等多种无线技术均工作于该频段，加之工厂环境下的突发干扰、强衰减、多径和频繁移动的人员和设备等，都会给工业无线传输带来严重的干扰，如何消除同频干扰是工业无线网络迫切需要解决的核心问题。

为了能够与 ISM 频段内的其他无线设备共存，工业无线网络需要具备足够的抗干扰能力。目前的工业无线三大标准，即 WirelessHART、SP100 和 WIA-PA 的物理层均采用 IEEE 802.15.4a 协议方案，采用直接序列扩频来保障传输的可靠性。直接序列扩频本身具有很强的抗干扰能力，其抗干扰能力与扩频因子成正比。但是，实际应用中受带宽和系统复杂度的限制，直接序列扩频通信系统的扩频因子和干扰容限不可能很高。IEEE 802.15.4a 协议中采用的扩频因子为 8，当窄带干扰功率为-80dBm 左右时，ZigBee 的丢包率达到 50%左右，而 Wi-Fi 设备的发送功率被限制在 20dBm(100mW)以内，持续性的 Wi-Fi 设备干扰必将导致工业无线网络性能急剧恶化。

现有的增强直接序列扩频的抗干扰技术主要分为两大类，即干扰抑制技术和干扰躲避技术。前者是利用各种信号处理方法来削弱干扰对有用信号的影响，后者是设法使发送的宽频信号避开干扰信号所占据的频谱。WirelessHART 采用了盲跳频机制，每个 WirelessHART 设备均维护一个跳频信道集合，按照预先设定的跳频规则，每个时隙从可用信道选择实际传输所用的信道。WIA-PA 标准中除了采用盲跳频机制外，还采用了自适应跳频机制，通过丢包率的变化来反映信道质量的变化，以此来指导发送机切换信道。其本质上是一种反馈的思想，因此该方法具有被动、滞后的特点。由于工业应用对实时性的要求比较高，限制了重传的次数，若采用跳频来抵抗干扰需要保障每个跳频信道集合的质量，工业现场的干扰比较严重，倘若信道列表中较多信道上存在干扰，无论是盲跳频还是自适应跳频都会可能连续跳到遭受干扰的信道，造成链路的中断。认知无线电是目前无线技术领域研究的热点，是一种非常有效的网络性能优化手段，其原理是工业无线电设备通过感知和学习周围频谱环境，然后据此来调节无线电的发射参数、调制参数和编码参数等，如中心频率传输带宽调制方式等物理参数，来达到规避干扰的目的。基于认知无线电的干扰躲避技术实质上是一种基于前馈的思想，能有效避免连续跳到遭受干扰的信道，提升网络的抗干扰能力。

工业互联网的数据通信技术为工业环境和终端中产生的数据提供实时、可靠、低能耗的传输服务，支持工业数据流的获取、融合和分析，实现流程工业知识自动化。工业环境中包含无线传感器及工业生产设备等；工业终端包括云端资源及用户设备等；主干网络主要包括有线主干网、蜂窝网等。工业环境中的设备可以将运行数据传输至网关，网关通过主干网，将数据传输给工业云存储系统，将上层的服务需求信息与底层的工业环境数据通过大数据分析处理平台进行处理，将决策控制数据通过主干网传回相应的工业环境，以调整工业设备的运行状态。工业企业建立内部主干网络，采用数据中心主干网络技术，管理控制与数据转发分离的企业内部网络架构。工业企业之间通过互联网进行数据传输。

3. M2M 通信技术

科学技术的快速发展使得带有机器之间(machine-to-machine, M2M)通信功能的设备取代传统人工控制操作成为可能[63]。 M2M 通信是指在没有人工干涉的情况下实现机器与机器之间自主数据通信与信息交互的一系列技术，典型的 M2M 设备包括计算机、嵌入式处理器、智能传感器/执行器以及移动终端等[60,61]。

M2M 网络通常分为 Capillary M2M 网络和蜂窝 M2M 网络两类。在 Capillary M2M 网络中，大量的低成本和低复杂性的设备通过短距离通信技术(如 ZigBee 和 Wi-Fi)来连接。Capillary M2M 网络具有对能源效率和可靠性要求高、丢包率高等特征。在蜂窝 M2M 网络中，M2M 设备配备了嵌入式 SIM 卡，它们可以自主地与蜂窝网络通信。蜂窝 M2M 网络具有应用类型繁多、业务模式多样、终端数量巨大、小数据通信且上行占优、白昼特性明显和周期性同步通信、会话持续时间短、终端移动性低等典型特征[64]。

M2M 通信所涉及的主要关键技术包括以下三个方面[60]。

1)终端技术

(1)丰富的、标准化的外部接口。为了有效地感知环境数据，根据不同的应用场景需求，M2M 终端要与智能传感器/执行器、RFID 识读器等信息采集设备连接，需支持串口、USB、CAN 等标准接口。

(2)终端低功耗技术。在应用场景中，M2M 终端一般处于无人值守状态，受到环境的限制无法获取稳定可靠的电源。为了延长终端的工作时间，降低系统的维护成本，一方面需要研究电池技术和替代能源技术，提高能源供给；另一方面要根据 M2M 通信特点研究终端低功耗技术。

2)网络技术

M2M 应用依托通信网络实现应用系统与终端之间的信息交互，通信网络需针对 M2M 通信的业务特点进行调整和优化，以满足业务发展需求。

(1)标识技术。标识技术研究的主要问题是如何对实体进行唯一标识以及如何在物品和唯一标识之间建立起一一对应的关系，标识的唯一性要求标识至少在特定领域或一定范围内是唯一的，这样就可毫无歧义地区分和识别相应范围内不同的标识对象。

(2)服务质量保证机制。M2M 的应用领域和种类众多，涵盖行业、家庭等多方面，不同类的 M2M 业务对服务质量的要求多种多样。为了充分地利用网络资源，同时为 M2M 应用提供满足需求的通信服务，需要研究 M2M 应用的服务质量体系，以及终端、接入网、核心网、应用系统之间统一的服务质量保证机制。

3)应用技术

现有 M2M 应用之间呈现出相对孤立的局面，为了实现规模发展，前提是构建统一的 M2M 系统架构，并充分采用 SaaS 等理念构建应用系统，面向各种类型的用户提供安全、可靠的服务[65]。

(1)M2M 系统架构。目前主要有两种 M2M 应用服务系统的架构：一种是基于运营商提供的独立网络通道，构建以独立服务应用为中心的分布式系统，工业设备数据通过独立的通道与应用进行交互。该架构的优点是本地数据安全性高和隐私不易泄露，缺点是难以充分运用网络优势实现价值共享，易形成信息孤岛，独立部署成本较高。另一种是面向工业企业构建统一的 M2M 应用平台，实现统一的工业应用的接入和运营服务，实现对 M2M 终端的状态监测、远程维护和软件升级。该架构的优点是可以充分利用运营商提供的各种网络功能以及业务服务，可扩展性较好，部署成本较低，缺点是安全性和隐私性仍需要保障机制。

(2)M2M 公共服务平台。面向工业互联网的 M2M 的应用系统需要公共服务平台的支撑，SaaS 作为一种系统应用及服务模式在 M2M 系统的建设中具有广阔的应用前景，可以为中小型企业提供统一的服务，以及面向大众用户的公共服务应用。基于 SaaS 的服务平台可以为用户提供所需的业务功能，节约采购和维护成本，降低企业信息化建设的门槛和投资风险。基于 SaaS 的服务平台为企业 M2M 应用提供了快速实现业务信息化模式的技术方案。

(3)M2M 业务环境的构建。为了满足海量客户的定制化和个性化业务的需求，M2M 业务环境应该充分借鉴互联网的业务开发模式，通过开放的业务开发环境为用户提供可编程自定义的业务流程，并管理业务所需的自有数据。在 M2M 业务开发环境中，为用户和开发者提供标准接口，具有扩展性，提供对运营商资源和服务提供商资源的统一管理。

(4)M2M 应用的系统安全。随着 M2M 应用领域的逐步扩大，M2M 应用的安全问题也引起客户和运营商的重视。M2M 安全包含终端接入安全、端到端通信安全、数据安全等，具体所采用的安全措施包括 M2M 终端与 M2M 应用服务器之间的相互认证、端到端的数据加密保护、M2M 实体之间的数据完整性保护、M2M 实体与网络之间的应用信令的完整性和保密性保护、异常情况检测、对 M2M 服务器和终端的远程安全管理、应用层的密钥管理等。由此可见，由于 M2M 应用固有的特征和应用环境需求，在终端、网络和应用系统方面仍需解决诸多关键技术问题。解决这些技术问题的出发点和目标是在满足各类业务功能需求的前提下，降低应用的部署和使用成本，同时实现终端、网络和应用的可持续发展[66]。

4. 工业互联网骨干网络传输技术

工业互联网以网络为纽带，串联起企业 IT 系统云端化、工业产品及设备的远程维护工作、制造业本身的服务化，有别于传统信息互联的网络。未来，制造企业不仅生产和出售产品，还需要在产品的生命周期内对其进行维护和服务。工业互联网给整个制造业带来颠覆性影响，工业互联网的快速发展使传统互联网由"信息交互"领域拓展到"大工业联合生产"领域。信息互联网的发展促进了工业制造的技术进步，而工业制造的技术进步又给网络技术提出更高的要求。为了迎接挑战，需要对工业互联网骨干网传输技术的解决方案进行介绍。

1) 网络架构的融合

(1) 网络架构的扁平化。传统的"两层三级"网络架构使得信息交互的效率大大降低，大数据分析和边缘计算在工业生产中的应用需要实时数据采集，运营技术(operational technology，OT)网络中的车间级和现场级将打破界限实现融合，同时 MES 等系统向车间级和现场级下探的需求推动了 IT 网络与 OT 网络的融合。

(2) 控制信息与过程数据共网传输。依赖于控制系统的传统工业体系中信息传输闭环，而由于工业互联网需要对工业生产全过程数据进行采集，造成工业生产制造控制信息以及过程数据在工厂内网络的平行传输。

(3) 有线与无线的协同。工业互联网要求网络覆盖生产全流程、全方位，工业无线网络的应用水到渠成，工业无线网络的设置将逐渐从生产制造信息采集到工业生产控制，从流程行业发展到离散行业，多种无线技术的应用使企业内的定位技术得到了提升。

2) 网络的开放

(1) 技术的开放。工厂内网络体系对传统工业信息网络的许多标准进行整合，将网络各层解耦，应用和控制系统不再严格地依附于特定的网络技术；为了促进工厂内网络技术的拓展，IEEE 等其他国际标准组织参与了工业互联网相关技术标准的开发，IP/IPv6 也开始被逐步部署在工厂内。

(2) 数据的开放。由于工业互联网需要数据支持，原本隐藏在传统工业控制闭环中的数据得到开放和使用，整个生产过程中的信息在经过标准化预处理后提供给上层应用程序。

(3)产业的开放。开放式的网络技术使得"烟囱式"的传统工业网络发展模式发生转变，改变以往整个产业链由部分权威企业控制的局面，现在随着新的网络提供商、芯片制造商、工业设备制造商不断加入到工业网络的研究中来，产业也因此得到了开放。

3)网络的灵活友好

(1)网络形态的灵活。依照智能化工业生产以及个性化生产定制等业务，工厂内网络可以对其形态进行灵活调整，从而加快工业生产环境的构建。

(2)网络管理的友好。工厂内网络管理的复杂性由于工业网络的不断发展变得越来越高，软件定义技术以及生产数据交换技术的使用为网络系统提供不同表现方式，网络管理界面将更为友好。

为了实现上述目标，需要发展新型网络技术，打造出全新的工业互联网网络传输架构体系。新兴的工业互联网网络技术包括 IPv6 协议[67]、SDN[3]、NFV[68]、时延敏感网络(time sensitive networking，TSN)[69]、边缘计算[70]、5G 网络[71]等。

1)IPv6 协议

工业互联网骨干网络不断 IPv6 化。由于工业互联网需要大量地址，工厂外网逐渐演变为 IPv6 以满足这种需求。IPv4 地址长度为 32 位，而 IPv6 地址长度为 128 位，所以 IPv6 可以缓解 IP 地址资源紧张的状况。组播技术中单个信息发送者与多个信息接收者相互对应，将数据包发送到目标节点集合，可以降低节点负载，提高数据传输成功率，避免网络带宽的浪费，这使得工业互联网在 IPv6 中得到了很好的应用[72]。IPv6 解决方案的整体设计主要包括网站 IPv6 升级、域名系统 IPv6 升级、服务器负载均衡 IPv6 升级、网站双栈升级、企业分支点 IPv6 升级、传统广域网 IPv6 迁移方法、IPv6 无线网部署等环节。

2015 年，面向工业互联网提供接入服务的运营商制定了基于 IPv6 地址结构的地址编码方案，如图 10.8 所示。为了给用户提供更好的 IPv6 业务，运营商对其自身系统进行充分调研，并根据不同的企业系统对 IPv6 提出不同的升级方案和改造要求。升级和改造侧重于三个方面，包括路由变更、网络结构改变以及协议转换。路由需要的路径改造：IPv6 网络无法支持安全等保设备的接入，然而利用静态路由，流量在经过公共网络和资源池核心交换机之后直接进行负载均衡以到达安全等保设备。与此同时，在 IPv4 网络和 IPv6 网络的转换过程中设置防火墙以保障网络安全，该方案需要在防火墙上重新配置，并设置路由路径的方向。客户端利用 IPv6 地址接入防火墙时，需要转换源地址，转换完成的源地址成为地址池中的 IPv4 地址，通过 IPv4 地址对后端服务器进行接入。

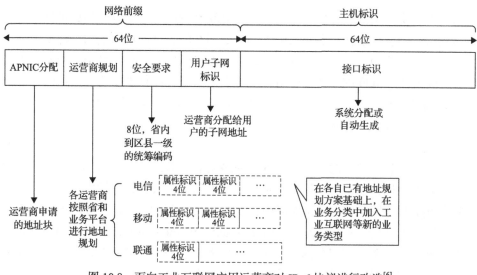

图 10.8　面向工业互联网应用运营商对 IPv6 协议进行改造[6]

例如，互联网出口容易出现许多安全问题，为了安全访问互联网，国家电网 309 家国电力系统单位表示，将在不同区域对互联网出口进行整合，以便联合管控用户的上网流量，可以根据使用需求为用户分配合理的带宽，大量节省网络带宽，网络质量得到了提高。除此之外，整合互联网出口可以对安全事件进行监控、分析和预防，从而防止再次出现类似的安全问题。通过调查分析大量的国家电网系统，考虑内部系统不同的架构、中间件，对 IPv6 升级方案进行了不同的制定。复杂的国家电网系统使得其难以顺利平滑演变，因此使用分步融合策略保证国家电网系统的升级。对于可以升级的国家电网系统，可以应用 IPv4、IPv6 以及边界升级策略，在防火墙等边界设备中转换 NAT64 地址，减少 IPv6 相应业务的需求成本。其中，需要升级的设备包括防火墙、日志审计以及路由器等企业边界设备，而企业内部设备无需升级和改造，包括 Web 防护系统、入侵检测系统、网络设备及部件等。

2) SDN

SDN 体系在分离网络设备控制平面和数据平面具有极大的优势，这种分离可以集中式或半集中式对网络状态进行控制。SDN 能够将复杂性较高的软件功能整合，以共同控制普通标准硬件。SDN 技术将 SDN 引入未来网络中使得网络管理者能够精细地制定策略，并可以对接入位置或中间位置的交换机进行安全增强。工业互联网以开放的网络为基础，将机器、人、数据三种元素进行连接与融合，由于涉及海量数据传输和存储，需要更高的网络带宽对其进行支撑，在硬件方面需要更先进的传感器、更先进的控制器以及软件应用程序。通过 SDN 来分离控制平面与数据平面，应用基于无线网络虚拟化技术，合理有效地对带宽等网络资源进行分配，提高网络服务质量。对于工业互联网时代，时刻需要随处可见的超级计算终端，而软件定义机器是对强大的无处不在的超级计算终端的一种新定义。工业互联网时代硬件将不再重要，它仅作为技术组件，被软件赋予不同的强大功能。SDN 在工业互联网中的优势可以分为以下两部分：①SDN 可以通过建立多个平台来提供差异化的工厂内网服务，保证数据的实时传输；②SDN 可以降低企业用网成本，提高工厂外网网络服务能力。

3）NFV

通过硬、软件结合的方式实现各种网络功能是 NFV 的主要目的，NFV 以软件形式将各种网络功能交付给运营商，运营商只需在云计算数据中心对交付的软件进行相关操作即可。在未来网络中，NFV 主要以解耦为基础，逐步推动网络云化，使得服务提供商和原设备生产商(original equipment manufacturer, OEM)能够通过将网络层从单个框架分离到多个服务器来构建，得到灵活性更高和适应性更强的高效网络并对大型数据进行管理，使得未来网络具备云化部署、弹性扩缩以及快速交付等特征。未来网络引入 NFV 后的基础架构由虚拟化、网络和安全以及基础建设等方面的服务组成。NFV 基础架构图如图 10.9 所示。

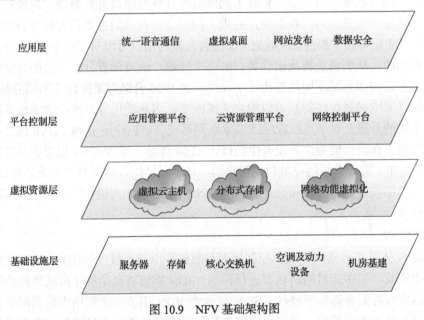

图 10.9　NFV 基础架构图

4）TSN

TSN 是一项非常重要的企业内网技术。传统工厂中网络的独立性促使了工业互联网的分散。TSN 给出了以太网数据传输的时间敏感机制的定义，它是 IEEE 802.1 工作组中的 TSN 任务组开发的协议标准，确保标准以太网进行关键数据传输时的服务稳定性和时间确定性,同时也能够实现不同协议网络之间的互操作性。在工业制造领域中,TSN 被用到的主要部分为 802.1AS-Rev 时钟同步、802.1Qbv 时间感知调度程序、802.1Qcc 网络管理和配置、802.1CB 为可靠性进行复制和消除、802.1Qci 逐一串流过滤与管理、802.1Qbu 帧优先、802.1Qch 循环排队和整形以及 802.1Qca 路径控制和预留。基于 TSN 制定一个统一的标准体系,同时 TSN 改变了网络与控制强绑定的关系,使得网络支持控制的同时还要支持应用。引入 TSN 技术将会使搭建平台更具开放性,达到通信、工业领域互相开放的效果。

5)边缘计算

边缘计算处于靠近移动用户的网络边缘,具有 IT 服务环境和计算能力,通过网络服务计算时延的减少来增加用户体验质量。目前业界对于边缘计算的多种定义都是围绕在靠近移动用户的网络边缘上提供服务这个核心。工业互联网孤立的应用场景、行业的数字化和智能化水平的差异性导致了边缘计算的需求差异化。边缘计算基于不同行业的建设现状将会面临多方面的挑战。基于各行业实际需求和工业互联网体系中的边缘层架构,结合边缘计算的发展现状和关键技术,在设备接入、协议转换和边缘数据处理等三方面提出解决方案。随着网络、计算、存储和安全四个方面的技术发展,边缘计算利用边端设备的能力管理设备。随着应用在计算分布方面灵活性的增强,云计算和边缘计算将会相互结合进行计算,形成云边端融合的架构。工业互联网平台由边缘层、IaaS 层、平台层和应用层组成,边缘计算在工业互联网平台中的位置如图 10.3 所示。边缘计算涵盖设备接入、协议转换和边缘数据集成处理三大方面技术,在一定程度上扩展了工业互联网平台收集和管理数据的范围和能力。

6)5G 网络

5G 网络采用网络切片技术提供适用于工业制造场景的解决方案,达到实时高效、低能耗、部署简化的效果。首先,为了满足制造场景的差异性产生的网络要求,采用网络切片技术保证网络资源的按需分配。不同应用对时延、移动性、网络覆盖、连接密度和连接成本的需求也具有差异性,这对快速合理分配及再分配 5G 网络资源提出了更严苛的要求。由多种新技术结合的端到端的网络切片能力,可以在全网中将需要的网络资源根据需求的不同进行动态分配和能力释放。例如,在智能工厂原型中,通过创建关键事务切片去满足关键事务处理要求,确保网络的低时延、高可靠性。在创建网络切片时,需要调度基础设施中的资源,而各个基础设施资源自身也都具有管理能力。各资源的独立性能让网络切片不同资源实现管理。在智能工厂原型中,多层级、模块化管理模式的使用使得整个网络切片的管理和协同更加具有灵活扩展性。除了上述切片之外,5G 智能工厂将额外提供移动宽带切片和大连接切片的创建。基于网络切片管理系统的调度,不同切片对同一基础设施进行共享，保持各自业务的独立性，互不干扰。

　　如图 10.10 所示，5G 通过网络连接优化和本地流量分流，满足低时延要求。网络功能特性的不同和部署方案的灵活性是每个切片优化业务需求的体现。切片内部的网络功能模块部署非常灵活，可按照业务需求分别部署在多个分布式数据中心，数据中心可以采用 SDN 范型进行组网、虚拟化网络服务，实现基础设施虚拟化和网络系统的可扩展。关键事务切片在靠近终端用户的本地数据中心部署用户数据功能模块，确保满足事务处理的实时高效以及对生产的实时控制和响应。另外，工业物联网通过 5G 实现工业企业内外设备之间、设备与骨干网络之间的无线数据传输服务，保证了大量设备互联、深度户内覆盖以及信令的有效性，能够保证数据传输的快速响应、低抖动、低延迟以及高可用性。

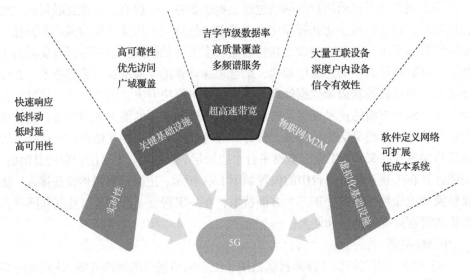

图 10.10　工业互联网中 5G 的作用

　　工业互联网可扩展路由和高效传输技术根据传输在实时性、可靠性、低时延、低功耗等多方面的需求，为业务流动态分配合适的路径，提供网络资源调度策略，实现面向资源高效利用的数据传输。该技术的目标是工业互联网的需求，通过网络状态信息实时获取，采用推理学习机制形成动态自适应的执行路由和调度策略，从而保障全网范围内的高性能端到端的知识流传输。工业互联网中可扩展路由和高效传输技术仍面临以下技术难点需要解决。

　　1）面向实时性保障的知识流自适应路由技术

　　工业互联网的传输层面提供全网管控下的知识流转发以及路径规划，但面临知识网络中大量异构数据的频繁交互，需要建立统一的优先级机制以及路径规划算法实现知识流传输的实时性保障。研究基于实时网络状态信息的路由策略选择调度及优化机制，建立路由策略执行结果与路由策略依据之间的映射关系；通过对网络状态信息的学习分析，为路由策略控制提供相应粒度的网络环境特征描述；通过网络状态信息分析影响网络性能的因素，确定网络状态参数，实时映射到实际的网络环境，确保系统适应工业网络环境的动态变化，保障系统实时性。

2）基于网络行为认知的路由策略控制技术

工业互联网具有网络负载不均衡、流量动态变化、业务种类多样等网络行为，存在信息不完备条件下的路由策略选择问题以及本地与全局控制环路、分布式与集中式路由策略之间的协作问题。研究基于自主学习的路由控制自动更新技术，实现路由策略库以及路由策略调度机制的自主更新，提高网络对异常情况的免疫能力，建立不依赖人工干预的网络异常事件主动处理机制。研究基于路由策略的资源分配过程，以及均衡的资源分配和优化方法，设计面向工业互联网应用的路由协议，保证工业网络系统的服务质量，研究基于业务服务质量的智能决策与动态自适应路由技术，确保服务质量和鲁棒性。

3）基于认知决策的传输调度策略

工业互联网包括多种传输网络架构，无法通过单一的传输调度策略或者多个传输调度策略的简单叠加实现工业环境中的动态资源调度。根据工业网络的业务需求，为保证资源调度的可靠性，基于认知决策技术实现工业互联网统一资源传输调度平台，为确定性和非确定性调度提供资源调度策略，保证确定性调度的可靠执行，为非确定性调度提供预测性决策，提前预留所需资源，保证可靠的工业互联网传输和资源的灵活调度。

4）基于绿色高效的动态速率调节传输策略

面对能耗问题的挑战，减少通信网络消耗的能量资源，提高能源利用率是未来工业互联网可持续发展的保证。基于工业互联网的负载情况，动态调节系统处理速率。研究速率缩放和链路自适应速率技术使得系统能在低速率下节省能耗。针对业务的突发性和不可预测性，研究面向确定业务量与非确定业务量的高效数据传输技术，支持业务交换多粒度，保证绿色高效的工业互联网数据传输。

5. 工业互联网服务质量保证技术

在工业网络中，信息传输的高可靠性和低时延性，网络环境的恶劣复杂性，以及网络能耗的限制都对工业网络的设计提出了高的要求。为了保证工业网络的服务质量，许多研究者提出了不同的解决方案，主要的研究内容包括以下几方面。

1）服务质量体系结构

各种协议标准制定了自己的服务质量体系结构，用于保证不同业务的服务质量，这些标准包括 UPnP、DLNA、IGRS。UPnP 的服务质量体系结构在受限的资源中制定服务预留机制。UPnP 的服务质量体系机构定义了三个实体，即服务质量管理器、服务质量策略集和服务质量设备。服务质量管理器负责管控业务的传输。服务质量策略集存储服务质量用户的策略，包括流量类型、服务优先级别、设备类型等，用于实现业务流的接入控制。服务质量设备为连接到网络的设备提供一个 UPnP 接口。DLNA 采用基于优先级的服务质量管理，根据网络数据包的传输模式把它们标记为不同的服务质量级别，包括实时控制协议消息、交换传输、背景流等。在 DLNA 中，没有专门的设备进行集中管理，通过 802.1q 和 DSCP（differentiated services code point，差分服务代码点）来保证服务质量，易于实现，但不能提供强制担保。

IGRS 为了解决网络设备的异构性引入了服务质量片段的概念。服务质量操作的处理对于底层设备是透明的，只有网关和具有服务质量功能的设备与管理器进行交互，降低了设备的复杂性。

2）跨层设计

跨层设计是把所有层作为一个整体来实现而非单独设计，这对于保证服务质量非常重要，包括加强层与层之间的信息交换与共享，对网络容量进行跨层规划，对数据流进行路由和速率分配、信道分配的联合设计，利用设备的异构性及业务的弹性和非弹性特点，采用接纳控制和带宽控制，即根据业务量的优先级别来决定是否进行传输，根据业务量的弹性要求来实施带宽控制。

3）可靠数据传输

工业无线网络受工业环境的影响，通常由设备故障、软件或硬件等引起的传输中断、数据丢失等网络传输问题，使无线网络通信的可靠性难以保障。多径路由机制的研究为工业无线网络的可靠传输提供了支撑技术，其基于网络状态分析和预测，在源节点与目的节点之间选取满足工业数据传输的多条传输路径，能够提高网络带宽资源利用率，增加网络传输的可靠性，降低网络时延。从路由创建方面，多径路由机制可分为节点独立性多径路由机制和链路独立性多径路由机制；从使用方面，多径路由机制可分为备用多径路由机制和并行多径路由机制。

4）节能优化

为了减少工业网络能耗，引入节能的概念，对整个网络进行优化。研究引入能量价值流程图技术来检测在生产和设备不同过程的能量消耗，从而制定相关的节能措施。

在工业互联网领域，如何对多种系统、设备或应用产生的工业大数据进行处理和分析十分重要。数据规模的庞大导致很难通过传统方法在人们可接受的时间内进行操作。在需求方面，工业领域对实效性和安全性都具有更高要求；在部署方面，工业数据分析不但需要部署在基于云的计算环境中，同时也需要部署在工业现场的设备上，面临数据高效整合和同步的问题。工业大数据技术应满足的特点如下所示。

(1)大规模数据收集和高效整合。工业大数据无论在规模上还是复杂性上都时刻在快速增长，必须在尽可能多的工业系统、设备和应用中采集数据，充分挖掘大数据的潜力并高效整合这些异构数据。

(2)高效地按需分析。由于工业环境随时都在发生变化，需要对各种情况进行灵活分析。针对不同的分析场景，工业需求是不同的，例如，对嵌入式系统产生的数据需要在毫秒级别进行响应，而针对复杂的、由大量基于云的设施所产生的海量数据，又需要强大的数据挖掘能力来保证分析和预测的准确性。

(3)无感知的非依赖云部署。在工业领域，企业对大数据平台的部署架构有着极高的灵活性要求，来配合企业内部多样的环境和需求，同时避免供应商绑定现象，即企业拥有私有云部署能力或支持多个第三方供应商的公有云平台。

(4)可扩展性和定制性。为抓住新的商机，企业需要快速适应客户需求改变和行业竞争环境的变化，这需要工业大数据平台具有基于标准 API 和数据模型的高可扩展性，来适应新的功能、设备、数据类型和资源。大数据平台还必须对企业内部及第三方开发人员提供支持，使其能够不断完善当前的工业解决方案并进行创新。

(5)工业元素的协调统一。工业大数据平台必须能够协调信息、机器控制、分析过程和人员四者的关系，来保证各个工业元素的互操作性。这需要对信息、分析、机器和人员协同工作的调度和管理能力。例如，机器级别的分析一旦检测出操作异常，在进行局部响应的同时，还需要调动整个系统的分析操作，这需要整个分析系统的高度协调和一致性。

(6)用户使用体验。工业大数据平台的使用者多种多样，如从车间里通过手持设备监测现场状态的工程师，到矿井中进行地下作业的工人。大数据平台必须能支持多样的移动设备，同时提供良好的用户交互体验，并且能够在特定的时间和地点适应不同的用户群体和需求。

10.3.4　工业云服务技术

互联网思维与技术对工业系统的发展提供了重要的支撑。工业云的产生正是云计算在工业领域的应用典型，其为工业物理资源、信息资源以及人力资源的虚拟化和共享模式提供了基础平台和实施方案。未来的工业自动化系统是一个由多系统组成的复杂系统，各系统之间会产生大规模的合作，分布式的、自治的、智能的、容错的系统将它们的资源作为一种服务提供给需要者，这种资源可以是物理资源，如智能设备和系统，也可以是虚拟资源。这种方式使得资源具有灵活性和可伸缩性，不仅增强了自身的处理能力，也使自己的数据和服务得到更广泛的利用，组合系统可以解决部分单个系统不能解决的问题。基于面向服务的过程控制和监测系统已经成熟，需增加一个系统化方法来迁移系统，迁移过程需要考虑传统系统的功能和架构，保护集成的功能，通过集合设备来组织 SOA 云，并维护性能，如实时控制的性能。其中所用到的工程方法工具是设计、测试、部署和操作未来基础设施的关键，对于不同的工厂和用例，工程方法工具是不同的，针对这一问题，相关的研究有 IMC-AESOP 工程研究不同的用户，抽取出相同的元素从而产生一个通用工具箱。此外工厂作为一个新的动态的信息物理设施，连接大面积的组成系统，从传感器组、机械电子组件到整个控制，检测和监督控制系统，在实现云与信息物理系统的融合仍然面临着一系列的挑战，包括资源的管理，安全性、可靠性保障，实时数据收集、分析、决策、执行的保证，跨层的合作，开发工具的研究，数据的周期性管理和分享，大数据分析技术对工业工程的指导等。

　　虚拟化技术能够解耦构成物理网络的硬件资源与其上运行的逻辑网络，在同样的网络硬件上创建并允许同时运行特征差异巨大的逻辑网络。工业互联网需要水平互联，即使得多个异构的网络基础设施彼此互通互联，统一为整体的虚拟网络。网络虚拟化在工业界的研究得到了广泛关注，虚拟化通过软件层实现对底层物理网络资源的抽象表示，为相对应的物理网络资源提供接口，包括网元和链路的接口，基于虚拟资源对工业网络进行网络的设计与资源调度，使其能够满足特定的应用需求并适应未来发展。在进行工业互联网虚拟化的设计时，需要满足的要求包括灵活性、可管理性、可扩展性、网络隔离、可编程性、网络试验与部署方便、异构性、向后兼容性等。此外，针对未来工业互联网的特点，为建立一个整体的、一般性的工业网络环境，网络虚拟化的研究方向应包括对工业互联网彻底的虚拟化，不仅包括网络设备及其虚拟链路，还要有效隔离虚拟化网络的管理平面；加深网络层次结构的虚拟化，使虚拟化渗透到更低层的网络，使得组网范式多样化、资源访问灵活化、网络功能丰富化；引入 SOA、IaaS、云计算等完善虚拟化；整合不同网络技术的虚拟化方法，使得异构性网络能够整合成统一的工业网络。

　　SOA 与服务云技术将物理世界相关实体的参数、性能和功能映射为信息世界的服务，并在服务云中实现共享及动态组合，是工业互联网实现服务化的关键技术。SOA 与服务云技术对制造流程工业基础设施、软件、系统、数据、知识在结构及应用上进行虚拟化和服务化，并在工业服务云中动态调度、匹配组合生产，以及价值链相关业务管理，实现知识的动态自组织维护。当前 SOA 与服务云技术需要解决的技术难点如下所示。

　　1) 服务云模式下工业制造全生命周期服务化融合方法

　　在工业互联网体系中，服务云融合实现任一局部对全局具备认知计算能力。要求不同层次的生产设备、计算设备，各类控制、调度软件、系统以及流程工业产品线、价值链、企业管理、知识管理数据，以服务云的形式进行整合与集成。因此需要研究虚拟化技术、协同通信技术，构建生产、控制、调度设备及其他具备智能计算的元器件形成基础设施工业云网络，实现基础设施的虚拟化；研究异构兼容的云存储池化技术，实现全生命周期的制造流程工业大数据的存储虚拟化；研究 SDN、服务计算与制造流程的结合，实现面向生产、调度、管理、控制、分析、决策等的软件、服务集成与应用服务化动态组合。

2) 服务云模式下自动化系统实时、鲁棒、稳定的异步通信技术

实时性是制造流程工业的基本工艺要求。在服务云环境下，大规模、不同层次、不同工序间的流程工业设备、系统基于云进行交互、共享及智能计算，SCADA/DCS 从同步通信演进到异步通信，需研究适合制造流程工业需求且在异步通信环境下的实时通信交互技术及其计算理论与方法，以保证工业系统的实时性；研究面向大规模复杂智能组件调度的容错技术，研究面向有效大数据的科学计算方法，研究基于多核系统、图形处理器(graphics processing unit, GPU)等并行计算方法在制造流程领域的应用，知识自动化系统的鲁棒性和稳定性的提高。

3) 服务云模式下的智能组件的协同、绿色计算技术

流程工业发展的趋势为高效率、低能耗。在服务云模式下，大规模、持续、高频、复杂的设备交互、系统交互和数据交互，使系统复杂度不断增加，节能减排一直是工业的挑战和必然要求。研究智能组件(含硬件、软件)的协同绿色计算模式、优化方法，包括硬件与硬件、硬件与软件、软件与软件、组件本身的协同、绿色计算技术，多参数、多目标优化理论与方法，降低整体能耗，提高全局效率。

4) 服务云模式下的智能组件的动态、弹性服务总线调度技术

服务云模式下，工业互联网体系中的各类智能组件(含硬件、软件)应具备动态可扩展性。研究软硬件动态兼容的工业云服务总线调度技术，使智能组件可根据流程工业需要，基于授权机制动态增加、修改、调减，且不影响整体服务性能，以动态适应流程工业中生产、部署、配置、管理、维护的动态性和弹性。

10.3.5 工业互联网安全技术

工业互联网安全包括工业网络和工业信息等方面的安全。企业内外与用户、协作企业等实现互联公共网络的安全属于工业网络安全。工业互联网扩展了网络空间的边界和功能，将以"人与人"连接为核心的互联网推向"人-机-物"全面互联，改变了工业控制系统中传统封闭和强调高可靠性要求，暴露出工控系统安全问题，线上线下安全风险交织叠加，形成更加严峻的安全形势，给工业企业、民生、国民经济，甚至国家发展安全带来了极大威胁。工业运行过程中的信息安全属于工业信息安全，贯穿工业领域各个环节。

工业互联网的安全问题不能仅依靠某个环节来保证，而是需要多个环节共同防范，并制定相关管理制度。安全问题可以分为企业内部责任和企业外部责任。企业外部责任的主体是指为工业互联网提供网络服务的网络服务商，它们应当为

数据的合法性提供最大的保护，降低风险数据的传输，从而降低企业接收外部攻击数据的可能性。在对责任主体有了明确划分后，需要执行相关的公约或制度，提高安全风险的可控性。

企业安全也可以从预防和"预后"两个方面来进行，提前制定相应的解决方案。在上述两个实体中，企业和外部运营服务提供商应该做到以预防为主，减少攻击和风险真正产生实际负效应的可能性。另外，若真的发生了网络攻击风险，也应该及时响应，给出解决方案，并各自做好"预后"工作，降低网络安全带来的负面影响。在对安全责任进行划分之后，不同的组织实体可以根据实际情况制定相应的网络攻击预后解决方案。

工业互联网安全要保障工业系统和设备、工业互联网平台、工业网络基础设施、工业数据等的安全。因此，安全是保障，贯穿整个工业互联网平台。一个健全的工业互联网的建设架构是不可少的，它对未来安全问题的响应、发现、解决均起到了重要的作用。《工业互联网平台白皮书》中提出了工业互联网的安全架构示例，如图10.11所示。

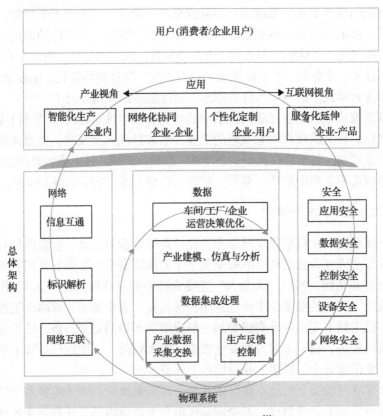

图 10.11　工业安全体系架构[9]

  《工业互联网平台白皮书》中提出工业互联网的防护对象视角主要包括设备、网络、控制、应用、数据,详细情况如图 10.12 所示。面向工厂内外网络涉及的五大对象,明确安全防御机制,能够为工业互联网所面临的安全挑战,提供动态高效的安全防御策略。数据安全是工业企业关注的核心问题,工业互联网的防护措施视角主要包括威胁防护、监测感知和处置恢复三大环节。威胁防护环节针对五大防护对象部署主被动工业安全措施,监测感知和处置恢复环节通过信息共享、监测预警、应急响应等一系列安全措施、机制的部署增强动态工业安全能力。工业互联网的防护管理:防护管理视角的设立,旨在指导企业构建持续改进的工业安全管理方针,提升工业安全能力,并在此过程中不断对管理流程进行改进。根据工业互联网安全目标对其面临的安全风险进行安全评估,并选择适当的安全策略作为指导,实现防护措施的有效部署[9]。

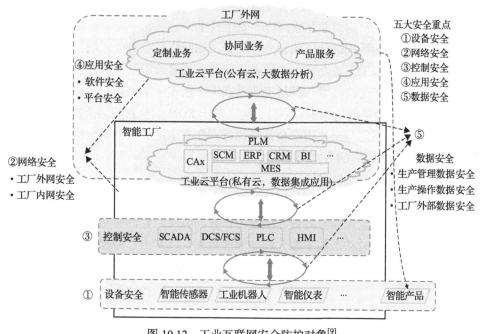

图 10.12　工业互联网安全防护对象[9]

PLM 表示产品生命周期管理;BI 表示商业智能;CAx 表示工业领域中计算机辅助软件的综合

  同时,不同组织之间需要有一个有关网络安全的公约或规定,它可以更好地为工业互联网安全问题明确负责主体,并提高工业互联网中企业外网的安全建设意识。要建设满足工业需求的安全技术体系和管理体系,增强设备、网络、控制、应用和数据的安全保障能力;识别和抵御安全威胁;化解各种安全风险,构建工业智能化发展的安全可信环境。

　　面向工业应用，要从网络整体上进行全方位的安全风险监测，完成全域实时动态安全态势感知，建立设备自身本质安全、区域边界安全、网络交换安全等多种安全功能融合的联动响应，实现安全域安全感知与协同防护的一体化安全。通过可信计算实现感知终端设备的本质安全，通过访问控制构建区域隔离与边界防护，通过安全功能一体化的 SDN 交换技术完成域间信息流的安全管控，在此基础上，建立基于云计算体系的全网安全态势分析与预警，联合多种安全功能进行动态协同响应，保障网络全体系的安全稳定运行。工业互联网安全技术仍面临如下技术难点需要解决。

　　1) 基于可信计算的工业互联网感知终端安全技术

　　依据工业互联网系统感知终端本质安全需求，研究嵌入式可信计算技术，支持多层次嵌入式软件协议栈、支撑软件体系、功能库，提供身份认证、接入控制、密钥管理、数据加密、完整性度量等服务。

　　2) 基于访问控制的工业互联网边界安全技术

　　对工业互联网系统进行区域管控，划分认知网络系统安全区域，进行安全区域的隔离保护。基于工业互联网系统通信协议实现进行深度访问控制。研究安全功能一体化的网络交换技术，满足工业互联网开放式网络架构、动态配置的安全需求。研究各安全功能的组织和划分，建立基于 SDN 的全新网络架构，通过控制器集中安全策略制定与交换机安全策略执行，建立全网的主动安全机制，赋予网络交换机设备抵御 SAL4 的攻击能力。

　　3) 工业云存储安全技术

　　对工业互联网的风险态势分析势必要面对海量的、异样的数据，需要研究多协议收集探针、数据压缩与传输、基于云计算的风险态势分析与预测等技术。在此基础上，建立实时动态的多融合联动响应机制，以安全态势感知为核心，安全感知终端、边界访问控制、安全网络交换为响应手段，构建高安全、高可靠性的工业互联网。

　　4) 云计算模式下系统安全性、可用性、可控性

　　在云计算模式下，安全性是工业互联网系统正常、可靠的基本保障。安全保障体系的构建同时需要兼顾自动化系统的可用性。因此，需研究工业知识自动化体系的智能嵌入式硬件级密码保护、可信计算、备份冗余、分布式通信装置的云数据安全存储系统、通信系统、服务系统，为工业数据的完整性、一致性、可用性、机密性提供基本保障；构建授权与访问控制机制、信任管理机制，确保服务、组件调度的可靠性、可用性；构建关键区域的网络安全防护与追踪机制，云联网边界安全预警、识别机制，确保云区域、边界的安全、可控。

10.4 工业互联网的工业应用

10.4.1 石油天然气行业

在传统的石油天然气领域，油井一直处于被动状态，无法感知环境的变化，更无法改变自身的状态。早在工业互联网的概念提出之前，荷兰皇家壳牌集团就提出了"智能油井"（smart wells）解决方案。"智能油井"并非一项全新的技术，而是将现有的最先进的无线技术、遥感技术、遥控技术和机械工具等相结合，使得油井被赋予智能，从而大大提高生产效率。油井内的传感器可以实时地反映油井当前的状况，通过设计一种机制，油井可以应对各种状况的改变。智能油井还可以精确地控制压力，使得石油可以在被开采到地面前与天然气实现分离，从而当改变油气分离时必须将两者同时开采到地面再进行分离。地表的操作人员可以根据油井下的信息手动控制各种设施，贯穿整个油田的智能油井系统也可以根据全局信息自动地改变状态而不需要人工干预，这种实时的操作控制可以极大地增加产量，节约时间和成本，并且减少对工人自身和环境的伤害。

10.4.2 供水行业

在全世界范围内，如何提供安全可靠的水资源是供水系统的一大挑战。一套创新的管线管理策略可以充分提高现有供水设备的能力。Pure 公司提供的 PureNet 解决方案，可以更有效地管理供水设施的数据，来达到优化供水系统和污水处理系统的目的。PureNet 解决方案可以将来自计费系统、水力模型、工作负载程序以及维护管理系统的信息组织到同一个平台上以提高效率。系统同时可以将管线状态评估和监视数据合并到这个平台上，让操作者对目前管线的情况一目了然。系统可以对供水设施管理进行优先级排序；通过精确的需求管理，供水公司可以延缓对供水网络的扩展；管线的更换在系统的数据监测下也可以更加精确，以减少资源浪费；管理者也可以对系统进行选择性的应用评估和维修策略。在系统中可以建立管线维护优先级、预算以及未来的工程计划，同时也可以提供供水设施的状态和使用寿命等信息。这套系统可以将传统的反应式管理转变为前摄式管理，并且消除了操作、工程和财政之间的隔阂。

10.4.3 航空行业

将工业互联网技术应用到航空领域，可以大大降低飞机的维护成本，减少故障风险以及优化燃油消耗等。Taleris 航空，作为埃森哲与 GE 航空共同成立的公司，是一个很好的范例。他们利用传感器来实时监视飞机上的各个部件，并且通过复杂的算法来收集和分析来自飞机上传感器所产生的大量数据。Taleris 的 "智能操作"（intelligent operations）系统主要分为预测业务、感知业务、恢复业务、优化业务和整合业务。其中，预测业务可以通过收集并分析来自飞机上各部件传感器的数据，在问题出现之前向管理者提供建议，并能够优化飞机运行和维护；感知业务可以深入洞悉飞机当前的运行和维护状态，当与预测服务相结合时，航空公司可以对于由天气等原因造成的干扰迅速做出反应；恢复业务可以让航空公司全面有效地恢复航线、机组人员以及乘客的调度；优化业务可以让航空公司优化航班航线，机组人员分配等；整合业务为航空公司提供数据分析面板、操作台、移动接入等支持。

10.4.4　医疗行业

随着人口老龄化的日益严重，老年人身边无人陪护的情况越来越多。利用工业互联网技术，可以实时地监控老年人的身体状况，并在问题发生时进行及时救治，富士通研究开发中心有限公司为此提供了解决方案。健康设备通过一些安装在拐杖、轮椅等之上的传感器，实时地监测老年人的身体状况数据，当他们身体出现异常时，健康设备可以立即向医生和家属发送警告信息，以及时应对突发情况。老年人的身体状况信息将被记录在数据库中，这些健康信息档案将有助于提前发现健康问题，从而进行合理的治疗以预防恶性疾病的发生。

10.4.5　电力行业

由于传统能源管理中，电力设施之间没有信息交换，且大部分的管理工作由人工完成，很难高效地实现统筹全局的最优化管理。为解决这个问题，GE 公司提出的 Grid IQ 系统提供了优秀的分析能力来满足企业的需求，并且为电力设施创建了强大的互联系统。它可以通过分析从电网中各个智能设备收集来的大量信息，来更好地管理输电网络，并且有能力预测未来可能出现的问题。这套系统通过检测电网中的电力使用、电网性能和天气数据，创建了一个人机互联的智能电网生态系统，来更好地优化分布式的电力设施。通过智能监测和分析，Grid IQ 系统可以减少停电状况的发生，并加快电网从紧急状况恢复的速度，对故障的预测和预防也可以延长电力设施的寿命。系统对大量数据的提取和分析能力可以提高决策的速度和精准性，同时降低对客户耗电情况评估和管理的成本。对于恶意用户，系统可以在短时间内识别和定位偷电与损害电网安全的行为[73]。

10.4.6　船舶制造业

船舶制造业在海洋工程领域是众所周知的重要支柱产业，它的基本特征主要包含五个，分别是服务密集、劳动密集、物资密集、资金密集以及技术密集。随着企业全球化进程的推动，船东对船舶物资的私人定制需求越来越大，船用设备的类别和供应方式也越来越多样化，物流形式也逐渐变得复杂，当前的迫切要求有三方面：①优化跨业务部分的流程；②要高效整合运用多信息化平台；③要加强供应链中彼此之间的横向端对端集成[74]。

　　船舶领域的企业应当加强供应链之间的协同，提升每个环节的信息资源共享水平，促进新产业和新制造模式的产生。如今，信息资源共享在核心造船企业各部门之间普遍存在，然而在造船供应链的各节点企业之间有所缺乏。所以，依赖当前工业互联网平台的微型框架，疏通供应链各环节企业系统间的通信链路，破除各企业间的信息孤岛与封闭，最终使全链条企业的信息和经营成本大幅度减少，整体促进造船供应链的协同效率。除此之外，进一步加强吸引供应商对造船供应链的关注度，明确一个统一的供应商评估指标，高效解决船舶业相应物资设备多样化的缺陷，稳固核心优质供应商的供应链地位，与此同时更深度地去挖掘潜在合作伙伴，吸引其加入供应商行列，促进长远合作关系的达成与维护。以供应链系统应用为前提，严格把控供应链各企业间生产需求计划的对接，以减少交期不准时的现象，同时利用共享库存的概念，逐渐推广新型自由库存控制思路和形式，例如，以"自设库房为辅、租赁库房为主"。对出入库控制系统和管理装备进行开发与优化，采用人工智能等技术完成整体库存的智能规划和部署，减小人工调度和决策的强度与压力，缩短物资周转的时间，卓有成效地减少完整供应链的库存成本。

10.4.7　工业互联网企业应用

1. 国内流线型企业——中国宝武钢铁集团有限公司

　　中国宝武钢铁集团有限公司(简称宝钢)作为国内流线型企业的代表，其工业生产的产品主要以钢铁为主。作为钢铁行业发展的佼佼者，宝钢在工业互联网的大潮流下，提出了网络安全技术的重点研究与智慧制造下的工控网络的标准制定。

　　随着工业互联网的进程不断加快，宝钢将工控网防病毒及安全技术研究作为关注的问题之一。工业互联网的互联过程不仅是一个内部互联的过程，更是一个企业与企业互联的过程。对于网络内部的安全问题不仅需要重视，还需要对外部网络可能带来的安全隐患加以防范。工业网络的安全技术不仅需要某个企业本身进行努力与发展，更是需要多个企业共同努力，创建一个和谐的工业网络环境。当前，需要凝聚高校、政府、工业联盟团体，以及众多企业，一起研究适合工业互联网的网络安全防御机制。网络安全漏洞问题现在缺少实时上报的机制，这对工业互联网的发展是十分不利的，若出现网络安全隐患后不能及时处理，则对企业的生产和未来的工业化进程信心造成巨大的负面影响。

　　在智慧制造的背景下，工业网络控制标准的制定是关乎未来工业流程的技术标准的走向。作为流线型企业，其生产过程比其他离散型企业对流程化的需求更高，也更为重视最终的标准化结果。工业互联网的外网发展作为标准化所探讨的方向之一，应当是一个长期、多方、共同努力协商的研究方向。将实验室所提出的理论技术，通过与实际企业相合作的方式，化成众多实实在在可带来生产价值的技术应用，在此过程中也关乎技术标准的走向。因此，在制定标准的过程中切忌一家独断专行。

2. 国外离散型企业——美国 GE 公司

美国 GE 公司作为工业互联网领域的引领者，在工业互联网上进行了大量投资，其创建了 GE Digital，致力于将数字化平台作为 GE 运营的核心基础，加速融合物理设备、智能分析和人员的信息物理系统。

凭借工业互联网或工业物联网（industrial internet of things，IIoT）的承诺，GE 正在推动其自身的数字化转型。基于其丰富的经验、深厚的技术和行业专业知识，GE 正在帮助像迅达电梯有限公司（Schindler）和罗伯特·博世有限公司这样的客户利用 GE Digital 的软件解决方案加速他们的数字化转型之旅，其中包括 Predix——基于云的工业互联网操作系统。GE 估计，到 2030 年，工业互联网革命可能会为欧洲 GDP 增加 2.8 万亿欧元，接近目前欧元区经济规模的四分之一。它还可以在航空、铁路、能源和发电以及医疗保健服务等多种行业中提高效率和速度，同时提高欧洲在全球的竞争力。

Predix 是一个专为数字工业时代而设计的分布式应用程序平台。它可以在安全的工业级云环境中捕获和分析独特的机器数据量、速度和种类。因此，未来可以利用数据并应用它来提高新的业务绩效水平。随着工业界为数字化做好准备，GE Digital 正在利用 IIoT 的强大功能。其软件将机器数据流连接到强大的分析系统和人员，为工业公司提供有价值的见解，以更有效地管理资产和运营。

各个企业可以通过基于云的工业互联网进行连接，在云平台中，完成其日常业务内容。作为数字工业之一的 GE 公司，正是利用了自身的行业经验，帮助其他公司完成工业互联网化的进程。逐渐地，工业互联网的业务范围开始蔓延到各个传统领域。GE 公司提出工业互联网的三个基本关键要素，即智能生产、数据分析、工作环境，这将对传统工业的发展带来巨大影响。

工业互联网发展的领域边界是不明显的，无论是何种工业领域，在互联网化的进程中，都是可以通过合作完成网络化过程，只是在工业互联网的应用领域中有所不同。因此，在工业互联网的人才培养、技术创新方面，前期不仅需要抓住基础通用型人才/技术的发展，后期还要对不同领域的发展进行"分化建设"。工业互联网的外部平台建设是一个宏观发展的过程，而细化后的微观发展建设是在宏观模型确定之后的下一步工作。

3. 国外企业——波音公司

随着互联网的快速发展，波音公司通过互联网将物与物相连，并提出物联网改变了波音公司的供应链、工厂和运营环境。低成本设备的激增、丰富的计算能力以及无处不在的连接（波音公司的设备、供应、产品、系统和服务之间）正在实现由高级分析产生的新商业模式。对波音公司来说，这是数字航空航天和数字业务转型的实现，未来将应用在智能工厂、供应链、数字航空等领域，以获得新的收入渠道和新的客户类型，实现扩展现有的收入流。同时，将信息技术与运营技术相互整合，应用在金融、人类资源和设施建设等众多方面。因此，在未来，工业互联网的企业外部网络主要提供了多领域相互连接的功能。

在跨域的研究方面，波音公司关注数字航空航天生态系统、先进制造和机器人、供应链优化、移动解决方案和设备集成、协作被动和主动传感器技术、高级分析和数据可视化等技术的应用。在多领域的使用过程中，企业外部网络的建设主要集中在核心与边缘两大部分。边缘部分是指各个独立分布的实体，核心部分则是指数据的控制中心。一旦将多领域基于网络进行连接后，可将原先的工业实体看成传统网络中的计算机。所以，在工业互联网的建设与研究过程中，还是需要考虑原先互联网中所存在的问题，如网络安全、网络抖动、网络时延、网络带宽等众多因素。同时，还要考虑到工业实体本身的特殊性，不同设备的资源急需程度等。

在模型方面，波音公司在报告中给出了一个工业互联网联盟参考模型，共七层，从边缘到中心依次是物理设备、连接（安全性）、边缘计算、数据聚合、数据抽象、应用、合作与处理。在工业互联网建设过程中，需要考虑的是第二层至第七层，在这些过程中，与内网建设不同，数据具有较强的复杂性和多元性。

10.5　工业互联网面临的问题和挑战

虽然近些年来计算终端、智能感知、大数据分析和网络通信等领域在创新性理论和技术方面取得了较快发展，但工业互联网在产业实践和理论研究中仍面临诸多挑战，本章从工业互联网实施和关键技术领域总结如下挑战性问题。

1. 工业互联网技术标准化问题

在工业互联网起步阶段，标准化已经成为各国推进的战略重点。然而，在工业互联网相关领域，目前在工业领域不同层级、不同环节的信息系统间，软硬件接口、协议、数据结构纷繁复杂，多种标准并存应用，难以实现设备间的智能互联和互通，亟须解决标识化、协议解析、数据格式转换等问题，实现工业互联网期望的工业生产全流程、产品全周期扁平化和数据链打通目标[75]，因此，标准化工作在未来工业互联网的发展中将起到至关重要的作用。标准化工作的挑战在于工业互联网面向工业和信息技术两个领域。首先，要协调两个领域的技术体系，明确两个领域的相关性和差异性，融合技术体制进行标准化实施工作；其次，目前工业互联网运用的人工智能、新型网络通信和大数据等关键技术处于快速发展阶段，技术本身及其在工业领域的应用都不成熟，仍需在实践中探寻标准化途径[76]。因此，需要进行国际合作，为各国、各技术领域以及各标准化组织提供建立共识和协调统一的平台，在竞争的同时保持广泛合作。

2. 网络通信高性能需求问题

为了使工业企业能够减少资源消耗，降低设备维修成本和故障发生概率，工业互联网涉及单个工厂内部以及多个工厂间的人员、零件与设备之间的通信与协同工作。根据工业应用的不同，机器设备将产生不同规模的网络流量，除了传统网络中需要保障网络系统的高吞吐量以外[64]，工业互联网对网络传输的可靠性和实时性提出了更高的要求。

数据实时性的获取与分析应作为智能化建设的关键一环，数据的处理流程与更新过程属于企业内网智能优化工作的一部分。当前，在企业订单生产过程中，订单的生产情况可能无法实现实时动态监控，其中部分原因是设备互连的复杂性。多环节设备之间互连的数据传递与处理过程是智能化建设过程中的重要环节，可以提高工业互联网的整体工作性能。当前的企业内网以及未来 5G 在工业应用中，可以通过引入更小的时间资源单位、上行接入采用免调度许可机制、终端可直接接入信道来降低时延。但是 5G 的高频段信号容易被屏蔽，低时延实现难度很大。

当前的企业内网以及未来 5G 在工业应用中，采用更鲁棒的多天线发射分集机制、编码和调制阶数、信道状态估计等来提升网络可靠性。随着工业无线技术的发展，可以降低企业内网建设成本，除此之外，还能提高生产线灵活性，实现部署环境的广泛性，但是受到复杂的工厂电磁环境的影响，干扰因素较多，因此网络在通信时长方面没有办法保证。而工业网络对网络延迟的要求非常高，例如，在传统的闭环检测系统中，对数据的延迟要求应低于 1.5 倍传感器采样时间，如何在不牺牲系统性能和资源的前提下，满足网络的实时可靠通信需求是一项是极富挑战性的关键问题。

3. 数据存储和处理有效性问题

工业互联网的核心价值是对工业大数据进行分析挖掘。工业互联网产生数据的速率和规模远超现有存储技术的发展，现有的存储系统难以容纳海量数据是工业互联网实施面临的挑战问题。如何确定数据的潜在价值，挖掘与隐藏价值相联系的数据的重要性，以决定数据存档或者丢弃是工业互联网面临的技术挑战；面对海量的工业数据，如何确定哪些数据驻留在机器设备以及哪些数据传输到远程服务器进行分析和存储，是实施工业互联网面临的技术挑战；如何在海量的工业数据中找到关键的核心数据进行学习分析，也是工业数据存储和处理方面面临的技术挑战。

人工智能技术的发展为数据智能分析和处理提供了一定的技术方案，但是目前完全机器智能技术还未成熟。实现完全智能的关键技术在于因果推论，而目前广泛采用的深度神经网络等技术缺乏解释性，需要人工与人工智能技术协同处理；另外，完全依赖机器学习模型对工业数据的认知是无法识别微小差异的，仍然需要工业领域的经验知识进行生产规律的认知。因此，采用人工智能技术的数据认知有效性问题仍是挑战性问题。

4. 工业大数据技术的应用和创新问题

工业大数据技术在企业应用面临的挑战问题是知识获取能力和大数据技术的实施能力。首先，从工业大数据中获取有价值的信息，企业生产线应具备泛在的数据获取的能力，目前感知技术在工业企业的应用普及性并不高，数据传输的可靠性不能保证，因此数据的完整性面临挑战；其次，数据需要存储技术和软件分析系统的支持，将数据清洗处理转化为企业生产经营所需要的决策依据，目前企业智能化系统的水平有限，缺乏对工业大数据技术的整合实施能力。因此，工业大数据技术在工业企业的应用和创新性作用还需要发展企业整体信息化系统的升级、标准化融合才能得以发挥。

5. 网络安全问题

工业互联网技术和服务能否被广泛接受和传播，很大程度上依赖网络安全和隐私数据保护。传统的工业控制领域的设备生产及系统更加注重工业生产过程，而没有安全方面的设计。在工业互联网中机器设备具有智能化技术，能够相互连接，许多隐私信息可以被自动收集，针对工业互联网实体的攻击途径明显增多，所以在工业互联网环境中，隐私保护相比传统的信息通信环境更加严峻。

工业互联网的安全问题需要工业企业、设备供应商、网络信息安全企业和政府部门协同融合数据资源，建立相关法律法规，保证企业安全态势实时监控、感知和防御，全面保障企业工业网络的运营安全。除了企业数据、管理系统等安全防护，工业基础设施的安全保障也至关重要，委内瑞拉大停电、伊朗核设施停工、德国核电站遭受的恶意程序攻击和以色列电力系统的网络攻击，都是针对关键基础设施的安全攻击。另外，5G 网络是工业互联网网络无线化发展的趋势，但是其在安全访问、标准工业协议兼容等功能上仍有很多不足，亟须解决。

因此，工业互联网安全保护机制需要从以下角度进行研究：数据通信安全，如端到端加密；用户的数据和隐私保护；建立和健全信任和声誉机制；从社会、法律和文化角度定义安全和隐私；服务和应用的安全。

6. 智能终端设备问题

工业环境动态变化，边界条件不可预知，在大规模的分布式系统中，目前机器设备具有的环境感知能力、计算能力、存储能力和能量供应不能满足工业互联网的智能化需求，这些方面都存在着技术挑战；另外目前智能设备只有有限的重新配置和重新编程的能力，这就限制了灵活的、动态的工业互联网的发展，因此智能终端设备自配置、自愈合和自适应网络连接等能力的提升是目前实施工业互联网络面临的技术挑战。

7. 复杂工业系统的管理和工作组织问题

工业互联网技术将采用虚拟开放工作平台以及人机交互系统进行工业生产流程的管理和控制，这将影响工业企业的生产流程和工作环境，因此如何进行企业组织模式改革，实现复杂工业系统的管理，构建数字化工业的工作组织成为工业互联网产业实施的挑战问题。

8. 工业互联网产业链的建设问题

目前工业互联网的实施处于初期阶段，需要大力发展和建设基础设施、信息平台、实施技术、标准体系以及人才结构等方面，加强工业互联网体系的实施部署，加快工业互联网信息平台建设，提升软件化数字化的服务水平。若要形成健全完善的工业互联网产业链，需要界定工业互联网体系层次与相关产业实施环节的准确关系，剖析工业互联网产业的核心问题，明确各层级的实施任务，加快人才培养，补全专业技术人员、管理决策人员的需求缺口，从体系建设、平台建设、人才建设和政策支持方面实现工业互联网产业的全链条发展。

本章综述了工业互联网的发展趋势、关键技术以及面临的问题和挑战。工业互联网给工业制造领域带来巨大的经济收益，同时为工业制造业的技术升级革新起到了强劲的助推作用，极大缩短了发达国家和发展中国家之间生产力的差距。工业互联网的研究与应用具有重要的科学研究和社会应用价值，工业互联网将缓解工业企业发展面临的创新性挑战，极大提升企业的生产效率，是工业产业变革的核心技术和使能动力，将持续推动全球经济的发展。

参 考 文 献

[1] 李培楠, 万劲波. 工业互联网发展与 "两化" 深度融合[J]. 中国科学院院刊, 2014, 29(2): 215-222.

[2] Evans P C, Annunziata M. Industrial Internet: Pushing the boundaries of minds and machines[R]. Boston: General Electric Co., 2012.

[3] MacDougall W. INDUSTRIE4.0: Smart manufacturing for the future[R]. Berlin: Germany Trade and Invest, 2014.

[4] 余晓晖, 张恒升, 彭炎, 等. 工业互联网网络连接架构和发展趋势[J]. 中国工程科学, 2018, 2018(4): 79-84.

[5] 工业互联网产业联盟. 工业互联网体系架构(版本 1.0)[EB/OL]. http://www.aii-alliance.org/ index.php?m=content&c=index&a=show&catid=23&id=24. [2021-05-21].

[6] 工业互联网产业联盟. 工业互联网标准体系框架(版本 1.0)[EB/OL]. http://www.aii-alliance.org/ index.php?m=content&c=index&a=show&catid=25&id=98. [2021-05-21].

[7] 工业互联网产业联盟. 工业互联网标准体系(版本 2.0)[EB/OL]. http://www.aii-alliance.org/ index.php?m=content&c=index&a=show&catid=25&id=482. [2021-05-21].

[8] 王兴伟, 李婕, 谭振华, 等. 面向 "互联网+" 的网络技术发展现状与未来趋势[J]. 计算机研究与发展, 2016, 53(4): 729-741.

[9] 工业互联网产业联盟. 工业互联网平台白皮书(2017)[EB/OL]. http://www.aii-alliance.org/ index.php?m=content&c=index&a=show&catid=23&id=186. [2021-05-21].

[10] 百度百科. 工业 4.0 参考体系[EB/OL]. https://baike.baidu.com/item/%E5%B7%A5%E4%B 8%9A4.0%E5%8F%82%E8%80%83%E4%BD%93%E7%B3%BB/22197548?fr=aladdin.[2021- 05-21].

[11] 日本工业价值链促进会 IVI. 智能制造: 日本新一代工业价值链参考架构的启示[EB/OL]. http://mp.ofweek.com/ai/a245673820606. [2021-05-21].

[12] 国务院关于深化 "互联网+先进制造业" 发展工业互联网的指导意见[EB/OL]. http://www. gov.cn/zhengce/content/2017-11/27/content_5242582.htm. [2021-05-21].

[13] 国务院关于印发《中国制造 2025》的通知[EB/OL]. http://www.gov.cn/zhengce/ content/2015-05/19/content_9784.htm. [2021-05-21].

[14] 工业互联网产业联盟. 工业互联网垂直行业应用报告(2019 版)[EB/OL]. http://www.aii-alliance.org/index.php?m=content&c=index&a=show&catid=23&id=480. [2021-05-21].

[15] 工业互联网产业联盟. AII 已发布/制定中标准清单[EB/OL]. http://www.aii-alliance.org/ index.php/index/c146/n1717.html. [2021-05-21].

[16] 工业互联网产业联盟. 工业互联网园区网络白皮书(征求意见稿)[EB/OL]. http://www.aii-alliance.org/index.php?m=content&c=index&a=show&catid=23&id=798. [2021-05-21].

[17] 高素萍. 工业控制网络体系结构的发展与实现[J]. 微计算机信息, 2005, 21(8): 24-27.

[18] Kay J A, Entzminger R A, Mazur D C. Industrial ethernet: Overview and application in the forest products industry[J]. IEEE Industry Applications Magazine, 2015, 21(1): 54-63.

[19] Felser M. Real time ethernet: Standardization and implementations[C]. IEEE International Symposium on Industrial Electronics, Bari, 2010: 3766-3771.

[20] Li Q, Jin J. Evaluation of foundation fieldbus H1 networks for steam generator level control[J]. IEEE Transactions on Control Systems Technology, 2011, 19(5): 1047-1058.

[21] Cai X, Wang S, Wu R. LonWorks based standby electric equipment energy saving management system[C]. International Conference on Electronics, Communications and Control, Ningbo, 2011: 1533-1536.

[22] 周志敏. PROFIBUS 技术精要[J]. 智慧工厂, 2017, 9: 2.

[23] Weatherhead B. The HART[J]. New Blackfriars, 1955, 36(419): 12.

[24] 朱琴跃, 陆晔祺, 谭喜堂, 等. 列车用 CAN 协议一致性测试平台的设计与实现[J]. 计算机应用, 2014, 34(S2): 59-62.

[25] Gao Z, Xu G, Wang B. Design and application of signal acquisition system based on siemens PLC and Dupline bus[J]. 有色金属: 选矿部分, 2017, 11: 204-206.

[26] Miao X. 20 Types of fieldbus brought into the fourth edition of international standard IEC 61158[J]. Process Automation Instrumentation, 2007, 12(S1): 25-29.

[27] 裴俊豪, 孙朝阳, 张鑫. 时钟同步的功能安全模型[J]. 计算机应用, 2014, 34(S1): 28-30, 34.

[28] Wang Y M. Modbus/TCP protocol communication test[J]. 信息技术, 2012, 11: 129-133.

[29] 侯维岩, 侯维强. 工业控制网络中的以太网技术[J]. 自动化仪表, 2003, 24(1): 48-51.

[30] Pigan R, Metter M. Automating with PROFINET: Industrial Communication Based on Industrial Ethernet[M]. Chichester: John Wiley and Sons, 2008.

[31] IEC. Real-time Ethernet TCent(time-critical control network)[EB/OL]. https://www.docin.com/p-1805317048.html.[2021-05-21].

[32] 张进, 陈姝晖. 基于横河 DCS/SIS 控制系统架构的网络问题诊断[J]. 工业控制计算机, 2016, 29(7): 156-157, 159.

[33] Ethernet Powerlink Standardization Group. Ethernet powerlink[EB/OL]. http://www.ethernet-powerlink.org.[2021-05-21].

[34] EtherCAT Technology Group. Ethercat technical introduction andoverview[EB/OL]. http://www.ethercat.org/en/technology.html.[2021-05-21].

[35] Sercos III-Sercos International E.V.[EB/OL]. https://www.ethernet-powerlink.org/powerlink/industrial-ethernet-facts/the-user-organizations/sercos-iii-sercos-international-ev.[2021-05-21].

[36] Herrick C. EPA is open to scrutiny[J]. Nature, 2018, 559(7713): 181.

[37] Akyildiz I F, Su W, Sankarasubramaniam Y, et al. A survey on sensor networks[J]. Communications Magazine, 2002, 40(8): 102-114.

[38] Zuo Y. Survivable RFID systems: Issues, challenges, and techniques[J]. IEEE Transactions on Systems, Man, and Cybernetics Part C: Applications and Reviews, 2010, 40(4): 406-418.

[39] 胡永利, 孙艳丰, 尹宝才. 物联网信息感知与交互技术[J]. 计算机学报, 2012, 35(6): 1147-1163.

[40] 仪器仪表元器件标准化技术委员会. 传感器通用术语: GB/T 7665—2005[S]. 北京: 中国标准出版社, 2005.

[41] Mahapatro A, Khilar P M. Fault diagnosis in wireless sensor networks: A survey[J]. Communications Surveys and Tutorials, 2013, 15(4): 2000-2026.

[42] Industrial Internet: A European perspective pushing the boundaries of minds and machines [EB/OL]. http://www.ge.com/docs/chapters/Industrial_Internet.pdf.[2021-05-21].

[43] Chui M, Löffler M, Roberts R. The internet of things[J]. McKinsey Quarterly, 2010, (2): 1-9.

[44] Xu L D, He W, Li S. Internet of things in industries: A survey[J]. IEEE Transactions on Industrial Informatics, 2014, 10(4): 2233-2243.

[45] Sun T, Zhou D. Automatic identification technology—Application of two-dimensional code[C]. IEEE International Conference on Automation and Logistics, Chongqing, 2011: 164-168.

[46] Savvides M, Ricanek Jr K, Woodard D L, et al. Unconstrained biometric identification: Emerging technologies[J]. Computer, 2010, 43(2): 56-62.

[47] Liu X, Xiao B, Zhang S, et al. Unknown tag identification in large RFID systems: An efficient and complete solution[J]. IEEE Transactions on Parallel and Distributed Systems, 2015, 26(6): 1775-1788.

[48] Yang L, Chen Y, Li X Y, et al. Tagoram: Real-time tracking of mobile RFID tags to high precision using COTS devices[C]. Proceedings of the 20th Annual International Conference on Mobile Computing and Networking, Hawaii, 2014: 237-248.

[49] Lee C H, Chung C W. RFID data processing in supply chain management using a path encoding scheme[J]. IEEE Transactions on Knowledge and Data Engineering, 2011, 23(5): 742-758.

[50] Yang L, Cao J, Zhu W, et al. Accurate and efficient object tracking based on passive RFID[J]. IEEE Transactions on Mobile Computing, 2015, 14(11): 2188-2200.

[51] Nakamura, Eduardo, Loureiro A, et al. Information fusion for wireless sensor networks: Methods, models, and classifications[J]. ACM Computing Surveys, 2007, 39(3): 9-51.

[52] 吴文君, 姚海鹏, 黄韬, 等. 未来网络与工业互联网发展综述[J]. 北京工业大学学报, 2017, 43(2): 10.

[53] Xiao J J, Ribeiro A, Luo Z Q, et al. Distributed compression-estimation using wireless sensor networks[J]. Signal Processing Magazine, 2006, 23(4): 27-41.

[54] 魏访. ZigBee 无线通信技术及其应用研究[J]. 通讯世界, 2019, 26(6): 29-30.

[55] What is HART communication?[EB/OL]. https://theautomization.com/what-is-hart-communication/. [2021-05-21].

[56] ISA100: Wireless systems for automation[EB/OL]. http://www.isa.org/isa100.[2021-05-21].

[57] 王华, 刘枫, 杨颂华. 工业无线网络 WIA-PA 网络研究与设计[J]. 自动化与仪表, 2009, 24(7): 17-21.

[58] 王太峰, 林珂, 范乐昊. IEEE 802.15.4 标准的无线传感器网络自组网方案[J]. 信息技术, 2009, 2: 30-33.

[59] Mavani M, Krishna A. Modeling and analyses of IP spoofing attack in 6LoWPAN network[J]. Computers and Security, 2017, 70: 95-110.

[60] Herath S, Fernando B, Harandi M. Using temporal information for recognizing actions from still images[J]. Pattern Recognition, 2019, 96: 106989.

[61] 陈恒鑫, 王波, 刘万民. BACnet/IP 基于 UDP 的技术解析[J]. 计算机科学, 2005, 32(1): 64-66.

[62] Pei X, Roizman B. The SP100 component of ND10 enhances accumulation of PML and suppresses replication and the assembly of HSV replication compartments[J]. Proceedings of the National Academy of Sciences of the United States of America, 2017, 114(19): E3823-E3829.

[63] Chen M, Wan J, González S, et al. A survey of recent developments in home M2M networks[J]. Communications Surveys and Tutorials, 2014, 16(1): 98-114.

[64] Kim J, Lee J, Kim J, et al. M2M service platforms: Survey, issues, and enabling technologies[J]. Communications Surveys and Tutorials, 2014, 16(1): 61-76.

[65] Aijaz A. Cognitive machine-to-machine communications for internet-of-things: A protocol stack perspective[J]. Internet of Things Journal, 2015, 2(2): 103-112.

[66] Pereira C, Aguiar A. Towards efficient mobile M2M communications: Survey and open challenges[J]. Sensors, 2014, 14(10): 19582-19608.

[67] Wang X, Zander S. Extending the model of internet standards adoption: A cross-country comparison of IPv6 adoption[J]. Information and Management, 2018, 55(4): 450-460.

[68] Deng X, Jiang Z H, Xiao F, et al. Implicit large eddy simulation of compressible turbulence flow with PnTm-BVD scheme[J]. Applied Mathematical Modelling, 2020, 77: 17-31.

[69] Kimmig F, Chapelle D, Moireau P. Thermodynamic properties of muscle contraction models and associated discrete-time principles[J]. Advanced Modeling and Simulation in Engineering Sciences, 2019, 6(1): 1-36.

[70] Satyanarayanan M. The emergence of edge computing[J]. Computer, 2017, 50(1): 30-39.

[71] Tanaka T, Hirano A, Kobayashi S, et al. Autonomous network diagnosis from the carrier perspective[invited][J]. IEEE/OSA Journal of Optical Communications and Networking, 2020, 12(1): A9-A17.

[72] 闵杰. 标准化是工业互联网关键一步?[EB/OL]. http://www.cena.com.cn/appin/20150413/64498. html. [2021-05-21].

[73] Crenshaw T L, Gunter E, Robinson C L, et al. The simplex reference model: Limiting fault-propagation due to unreliable components in cyber-physical system archi-tectures[C]. The 28th IEEE International Real-Time Systems Symposium, Tucson, 2007: 400-412.

[74] 船舶行业工业互联网应用报告[EB/OL]. https://ishare.iask.sina.com.cn/f/56EbY8wN4x.html. [2021-05-21].

[75] 王兴伟, 郭磊, 易秀双, 等. 新一代互联网原理、技术及应用[M]. 北京: 高等教育出版社, 2011.

[76] 钟尚青. 工业大数据: 智能制造的基石[J]. 信息化建设, 2016, 6: 50-51.

第11章 网络与云计算、大数据、人工智能

近年来，随着互联网技术的快速发展，大量新兴的网络技术层出不穷。各种新兴的网络技术，特别是云计算、大数据与人工智能技术，对互联网的发展产生了重要影响。本章将介绍云计算、大数据、人工智能相关技术及其与网络之间的关系。

11.1 云 计 算

11.1.1 概念

云计算[1]是一种利用互联网和远程服务器来维护数据和应用程序的技术。它是一种具有分布式架构的网络计算模式，通过网络为用户提供服务，使得用户可以访问任何地方的云资源。云计算允许用户和企业在没有基础设施的情况下灵活使用应用程序，同时允许其可在任何具有互联网接入的计算机上访问个人文件。云计算采用集中式的数据存储、处理，便于实现更高效的计算。

根据 NIST 给出的定义，云计算是一种按使用量付费的模式[2]，这种模式提供可用的、便捷的、按需的网络访问。云计算平台允许灵活地进入可配置的计算资源共享池(资源包括网络、服务器、存储、应用软件等)，只需投入很少的管理工作，或与服务供应商进行很少的交互，就能实现资源的快速供给。

与传统的服务计算模式相比，云计算具有以下几个不同的显著特征[3-5]。

(1)多租户：在云环境中，多个提供商提供服务并将其放在单个数据中心中。这些服务的性能和管理问题由服务提供商和基础设施提供商共同承担，并按照分层体系结构进行分工，各司其职。然而，云环境中的资源却可以供不同的用户使用。

(2)共享资源池：在云环境中，基础架构提供者可以将资源池中的资源动态地分配给使用者，以实现更加灵活的资源管理和成本管理。

(3)无处不在的网络访问：云计算支持任何连接到互联网的设备都可以访问云服务。为了实现较高的网络性能和本地化，现今众多的云计算服务可以由分布在世界各地的数据中心协同服务，以便服务提供商实现最大范围的服务。

(4)面向服务：云计算采用了服务驱动的运行模式。在云环境中，每个服务提供商都必须根据与客户协商好的服务等级协议为其提供服务。

(5)动态资源配置：云计算的一个关键特征是可以动态获取并释放计算资源。传统的服务模型是根据需求峰值来提供相应的资源，然而，云计算采用了动态资源供应机制，允许提供商随时按需提供资源，提高了资源分配的灵活性，降低了运营成本。

(6)自治：在云计算场景中，云资源可以按需分配和释放，便于服务提供商根据自己的需求管理其资源消耗。同时，自动的资源管理支持服务提供商快速响应服务需求的快速变化。

(7)基于效用的定价：不同于传统的服务模式，云计算根据不同的服务进行定价付费使用。同时，SaaS 提供者可以根据客户的数量和关系进行管理收费，降低了运营成本，增加了控制成本的复杂性。

11.1.2　发展历程

近年来，互联网技术的迅速发展、数据存储容量以及计算能力的不断增加，导致存储成本、计算机硬件功耗逐渐增加[3]。数据中心的存储空间已经不能有效满足持续增长的需求，传统的互联网系统和服务模式无法解决上述问题，因此需要寻求新的解决方案，采用新的计算模型利用计算机的空闲资源，通过提高资源利用率来提高经济效益，降低设备能耗。

云计算技术应运而生，被视为科技界的一次革命，为工作方式和商业模式带来了根本性的改变。云计算与并行计算、分布式计算和网格计算息息相关，是虚拟化、效用计算、SaaS、SOA 等技术混合演进的结果[4]。

1959 年，Christopher Strachey 发表虚拟化论文，提出的虚拟化技术成为云计算基础架构的基石。

1962 年，Licklider 提出"星际计算机网络"设想。

1996 年，网格计算 Globus 开源网格平台起步。

1999 年，Marc Andreessen 创建第一个商业化的 IaaS 平台，即 LoudCloud。

2000 年，SaaS 被提出。

2004 年 10 月，Web 2.0 会议举行，标志着互联网发展进入新阶段。

2004 年 12 月，谷歌研发开源项目 Hadoop，其主要由 HDFS、MapReduce 和 Hbase 组成，其中，HDFS 是谷歌文件系统(Google file system，GFS)的开源实现；MapReduce 是 GoogleMapReduce 的开源实现；HBase 是 GoogleBigTable 的开源实现。

2005 年，亚马逊设计推出 Amazon Web Services 云计算平台。

2006 年，Sun 提出基于云计算理论的"BlackBox"计划。

2007 年 3 月，戴尔成立数据中心解决方案部门，先后为全球五大云计算平台中的三个(包括 Windows Azure、Facebook 和 Ask.com)提供云基础架构。

2007 年 11 月，IBM 首次发布云计算商业解决方案，推出"蓝云(BlueCloud)"计划。

2008 年 1 月，Gartner Group 发布报告指出云计算代表了计算的发展方向。

2008 年 2 月，易安信(EMC)中国卓越研发集团云架构和服务部正式成立。该部门结合云基础架构部、Mozy 和 Pi 两家公司共同形成 EMC 云战略体系。

2008 年 9 月，谷歌推出 Chrome 浏览器，将浏览器彻底融入云计算时代。

2008 年 10 月，微软发布其公有云计算平台——Windows Azure Platform，由此拉开了微软的云计算大幕。

2009 年 4 月，VMware 推出业界首款云操作系统 VMware vSphere4。

2009 年 7 月，谷歌宣布将推出 ChromeOS 操作系统。

2009 年 7 月，中国首个企业云计算平台诞生(中化企业云计算平台)。

2010 年 3 月，Novell 与云安全联盟(Cloud Security Alliance，CSA)共同宣布一项供应商中立计划，名为"可信任云计算计划(Trusted Cloud Initiative)"。

2010 年 7 月，美国国家航空航天局和包括 Rackspace、AMD、Intel、戴尔等支持厂商共同宣布"OpenStack"开放源代码计划，微软在 2010 年 10 月表示支持 OpenStack 与 Windows Server 2008 R2 的集成；而 Ubuntu 已把 OpenStack 加至 11.04 版本中。

2011 年 2 月，美国思科系统正式加入 OpenStack，重点研制 OpenStack 的网络服务。

11.1.3　云服务的分类

不同于传统的服务模式，云计算将计算作为一种服务交付，而不是一种产品，即共享资源、软件和信息通过网络(通常是互联网)提供给计算机和其他设备(如电网)。在云计算场景中，当为终端用户提供计算、软件和存储服务时，不需要终端用户了解物理位置和系统配置。云计算主要研究如何管理虚拟化和隔离环境中由多个用户共享的计算、存储和通信资源。

1. SaaS 模式

在 SaaS 模式中，云提供商只需在云中安装和操作应用软件，而云用户通过云客户端访问软件[5]。云用户不负责管理运行应用程序的云基础架构和平台，当使用服务时无须在自己的计算机上安装和运行应用程序，从而简化了维护和管理。云应用程序与其他应用程序的不同之处在于其具有可扩展性。云应用程序的可扩展性可通过在应用程序运行时将任务克隆到多个虚拟机上以满足不断变化的工作需求来实现。负载平衡器将工作分配到一组虚拟机上，对于只能看到单个接入点的云用户来说，此过程是透明的。通常使用类似的命名约定来引用特定类型的基于云的应用程序软件，如桌面即服务、业务流程即服务、测试环境即服务、通信即服务。SaaS 应用程序的定价模式通常是对每个用户每月或每年收取固定费用。云用户可以在任何时候添加或删除应用程序，与此同时，服务价格也可以同步扩展和调整。常见的 SaaS 示例主要有 Google Apps、Microsoft Office 365、Onlive、GT Nexus、Marketo 和 TradeCard。

2. PaaS 模式

在 PaaS 模式中，云提供商提供一个通常由操作系统、编程语言执行环境、数据库和 Web 服务器构成的计算平台。应用程序开发人员可以在该云计算平台上开发和运行他们的软件解决方案，从而降低底层硬件和软件层的管理成本和复杂性。PaaS 提供了基础的计算机和存储资源规模来自动匹配应用需求，无须云用户手动分配资源。PaaS 的示例主要有 AWS Elastic Beanstalk、Cloud Foundry、Heroku、Force.com、Engine Yard、Google App Engine、Windows Azure Compute 和 Orange Scape。

3. IaaS 模式

在 IaaS 模式中，云用户对操作系统和应用软件进行修补和维护。IaaS 不仅提供计算机物理或虚拟机资源[6]，还提供其他额外的资源，如基于文件的存储、防火墙、IP 地址、VLAN 以及软件包。IaaS 云提供商基于安装在数据中心的大型资源池按需提供这些资源。IaaS 的示例主要有 Windows Azure 虚拟机、Google Compute Engine、HP Cloud、iland、Joyent 和 Oracle 基础架构即服务。

4. 其他云服务

(1) 数据即服务 (data as a service，DaaS)：DaaS 模式旨在收集、处理、存储和发布数据所需的所有服务，无论数据存储在何处或从何处被请求访问，这些服务都可以按需访问[7-10]。DaaS 通常部署在云上，为数据使用者提供高质量的数据，并使他们免于数据管理问题。各种设备和传感器检测到的原始数据以结构化格式被清理、处理和聚合，然后上载到基于云的 DaaS。DaaS 允许数据通过清理、聚合并集中在数据中心，以便将数据提供给不同的系统。在 DaaS 中，应用程序或用户无须考虑数据所在位置及所处于的网络。DaaS 供应商可以使用各种定价模型。其中，价格可以基于数据量，例如，每兆字节数据具有固定的费率；价格也可以基于数据格式，例如，每个文本文件具有统一的费率，每个二进制文件具有另一个固定费率。与传统的服务模式相比，DaaS 具有以下显著优势：随时随地使用各种设备(如台式机、笔记本电脑、平板电脑和智能手机)通过互联网访问数据；

限制供应商锁定以及将数据从一个平台快速移动到另一个平台的能力；通过严格的数据采集、清理和聚合过程，来确保访问 DaaS 提供商的高质量数据。

(2)网络即服务(network as a service，NaaS)：在传统的服务模式中，云用户或者租户对底层网络资源和服务的控制能力有限或无法控制。NaaS 正在成为弥补这一差距的新模式[11,12]。然而，NaaS 需要一种能够以抽象和独立于供应商的形式对底层网络资源和功能进行建模的方法。文献[11]给出了 NaaS 的定义，将其定义为一种现代云计算范式，其中用户可以访问网络基础设施。通过 NaaS，用户可以根据自己的应用需求运用自定义转发策略。文献[12]给出的 NaaS 策略，支持部署各种应用程序的动态基础设施，每个应用程序都有自己的网络使用技术。NaaS 方法通过软件和/或 Web 服务为用户提供虚拟基础设施。NaaS 具有动态性的特点，并且能够在网络性能和应用程序需求之间提供更好的匹配。同时，NaaS 也可以被视作一种商业模式，旨在通过互联网从共享云数据中心提供虚拟网络服务。

(3)存储即服务(storage as a service，StaaS)：StaaS 是云计算的重要组成部分，它允许用户将数据存储在远程磁盘上，并可以随时随地访问它们[13-15]。它在可用性、可伸缩性、ACID(原子性、一致性、隔离性、耐久性)属性、数据模型和价格选项等方面支持各种基于云的数据存储类。StaaS 应用程序提供商可以在不同的基于云的数据存储中部署这些存储类，不仅解决了依赖单个基于云的数据存储所带来的挑战，同时还可以获得更高的可用性、更短的响应时间和更高的成本效率。StaaS 提供了一系列基于云的数据存储(简称数据存储)，它们在数据模型、数据一致性语义、数据事务支持和价格模型方面有所不同。NoSQL(Not only SQL)，作为一种流行的数据存储类，主要用于托管需要高可伸缩性和可用性但不需要支持关系数据库(RDB)系统的 ACID 属性的应用程序。这类数据存储，如 PNUTS 和 Dynamo，通常对数据进行分区以提供可伸缩性，并复制分区数据以实现高可用性。关系数据存储作为另一类数据存储，提供了一个完整的关系数据模型来支持 ACID 属性，然而，它不具有可伸缩性。为了平衡这两类数据存储，NewSQL 数据存储应运而生。它同时具有 NoSQL 和关系数据存储的优点，并被应用到 Spanner 中。StaaS 既可以看成一种独立的 SaaS/PaaS/IaaS，也可以作为其他类型 SaaS/PaaS/IaaS 的基础。随着网络信息的爆炸式增长，存储和相关服务正受到越来越多的关注。典型的存储即服务的四层架构由虚拟化层、虚拟资源、虚拟化管理监控器和业务服务组成。其中，虚拟化层负责将物理存储产品虚拟化为虚拟资源；虚拟资源是进行资源配置、管理等的基础；虚拟化管理监控器负责管理虚拟资源，通过虚拟机以用户熟悉的方式且基于用户服务需求来提供服务；业务服务是用户实现所需服务的接口。虚拟化层是其中的关键部分，它的性能决定了整个体系结构的性能。如果没有高效的虚拟化层，那么服务提供者需要更多的硬件以满足用户的服务需求，并且还可能无法交付高质量的服务层数。

11.1.4 云部署模型

1. 公有云

任何具有互联网连接和访问云空间的用户都可以访问公有云[16]，它由第三方负责运行，来自不同客户的应用程序可能会混合在云中的服务器、存储系统和网络上。公有云通常远离客户端，提供了一种降低客户风险的方法，并且公有云通过为企业基础架构提供灵活的扩展，甚至是暂时的扩展，来降低客户成本。

2. 私有云

私有云是为客户独占使用而建立的，它提供对数据、安全性和服务质量的最大控制。公司拥有基础设施并控制应用程序的部署方式。私有云可以部署在企业数据中心中，也可以部署在相关设施中。私有云可以由公司自己的 IT 组织或云提供商构建和管理。在这种"托管私有"的模式下，公司可以安装、配置和操作基础架构，以支持公司企业数据中心内的私有云。该模型允许企业对云资源的使用进行高度控制，同时引入了建立和运营环境所需的专业知识。

3. 社区云

社区云是在一定的地域范围内，由云计算服务提供商统一提供计算资源、网络资源、软件和服务能力所形成的云计算形式[17]，具有基于社区内的网络互连优势和技术易于整合等特点，通过对区域内各种计算能力进行统一服务形式的整合，结合社区内的用户需求共性，实现面向区域用户需求的云计算服务模式。

社区云由一些具有类似需求同时准备共享基础设施的组织共同创立。由于社区云单独支付费用的用户数量比公有云少，其服务价格往往比公有云更贵，然而其隐私度、安全性和政策遵从都比公有云高。

4. 混合云

混合云由公有云和私有云模型组成，可以按需提供服务。面对快速的工作负载波动，通过集成公有云资源与私有云的功能可用于维护服务级别。混合云也可以用来处理计划中的工作负载峰值，有时称为"Surge Computing"。公有云可用于执行容易部署到公有云上的定期任务，然而混合云需要解决如何降低在公有云和私有云上分发应用程序的复杂性，需要考虑的问题包括数据和处理资源之间的关系。如果数据量很小，或者应用程序是无状态的，混合云由于需要传输到云端的数据量较少，从而比公有云更有效。

11.1.5　云体系架构

图 11.1 展示了云计算模型的分层体系架构。

| 客户端 |
| 应用程序 |
| 平台 |
| 基础设施 |
| 服务器 |

图 11.1　云计算模型的分层体系架构

1. 客户端

客户端由依靠云计算进行应用交付的计算机硬件和/或计算机软件组成，专门被设计用于提供云服务。

2. 应用程序

应用程序服务或者 SaaS 通过互联网提供软件即服务，无须客户在自己的计算机上安装和运行应用程序，极大地简化了管理和维护。应用程序是基于网络访问和管理的商业软件，从中央位置而不是每个客户的站点来管理活动，使客户能够通过 Web 远程访问应用程序。应用程序交付通常更接近于一对多模式(即单实例、多租户体系结构)，而不是一对一模式，包括架构、定价、合作伙伴关系和管理特性。云应用程序集中式功能的更新无须下载补丁和升级。

与传统应用程序不同，应用程序可以利用自动伸缩特性来实现更好的可用性和更低的操作成本。

3. 平台

平台服务或 PaaS 将计算平台和/或解决方案作为服务，用来优化应用程序部署，并降低管理底层硬件层和软件层的成本和复杂性。平台层构建在基础设施层之上，其由操作系统和应用程序框架组成。平台层的目的是将应用程序直接部署到虚拟机容器中以最小化工作负载，为实现典型的 Web 应用程序的存储和数据库以及给业务逻辑提供 API 支持，例如，谷歌针对平台层设计了 PP Engine。

4. 基础设施

云基础架构服务或 IaaS 将计算机基础设施(通常是平台虚拟化环境)作为服务提供给用户。客户不需要购买服务器、软件、数据中心空间或网络设备，而是将这些资源作为完全外包服务购买。基础设施服务通常以公用计算为基础，消耗的资源量通常会反映活动的水平，是虚拟主机和虚拟专用服务器的延伸发展。

基础设施层也称为虚拟化层，基础设施层使用 Xen、KVM 和 VMware 等虚拟化技术对物理资源进行分区，从而创建一个存储和计算资源池。基础设施层是云计算的一个基本组件，其许多关键特性，如动态资源分配，只能通过虚拟化技术来实现。

5. 服务器

服务器层由专门设计用于提供云服务的计算机硬件和/或计算机软件组成。

11.1.6　云与网络的相互关系

汽车内嵌的软件用于完成驾驶协助、娱乐等各种功能。汽车制造商通常需要对安装在汽车上的软件进行更新。软件更新可以由制造商推动安装补丁，也可以由车主要求升级某些功能。Azizian 等[18]提出了一种基于 SDN 与云计算的车载软件更新发布体系结构，设计了基于 SDN 的紧急联网模式，提供可按需编程的网络，增加了车载软件更新的灵活性。同时，研究人员还提出了将车载网络建模作为 SDN 体系结构输入的连接性图的解决方案，基于构造的连接性图，通过一种基于 SDN 的解决方案，将不同的频带分配给不同的图形边缘，以改善网络性能。

在交换虚拟电路(switching virtual circuit，SVC)体系结构中，作为 SDN 设备的车辆装备有 OpenFlow 功能的软件开关，如 Open vSwitch。SDN 设备能够被虚拟化，并且可以托管虚拟机允许在车辆上安装软件更新。其中，软件更新被认为是一种服务。当车辆对软件更新服务感兴趣时，将在提供该服务的最近的数据中心复制车辆虚拟机。路边单元(roadside unit，RSU)、基站(base station，BS)和其他边缘设备可以托管微型数据中心，并参与雾计算，以提供包括对车辆的软件更新等服务。它们也可以是 SDN 设备或 SDN 控制器。车辆虚拟机和数据中心虚拟机分别命名为虚拟机覆盖层和虚拟机基础层。当虚拟机覆盖层移动到接近于当前虚拟机基站的通信范围时，它会迁移到附近的其他虚拟机基站。SDN 控制器负责管理这些虚拟机的复制和迁移。SDN 控制器位于一些数据中心或边缘设备中，并与 RSU、BS 和其他数据中心相连接，形成一个云。因此，控制平面决策并不是完全由一个集中的元素决定的，而是由几个云元素协作做出决策。

　　云计算还可以与 SDN 相结合，用于解决 DDoS 攻击问题。尽管 SDN 实现了控制平面与数据平面的解耦分离，然而 SDN 与 DDoS 攻击之间仍存在矛盾关系。一方面，SDN 的功能使其易于检测并对 DDoS 攻击做出反应。另一方面，SDN 控制平面与其数据平面的解耦分离又容易导致新的攻击。因此，SDN 本身可能是 DDoS 攻击的目标。Yan 等[19]证明了将云计算与 SDN 结合有助于防御 DDoS 攻击，同时总结了 SDN 在防御 DDoS 攻击方面的优势，以及如何防止 SDN 本身成为 DDoS 攻击的受害者。

　　文献[20]总结了可能针对 SDN 的 DDoS 攻击以及可用的解决方案。FortNox 是一个新的安全策略实施内核，作为对开源 NOX OpenFlow 控制器的扩展，该控制器协调所有 OpenFlow 规则插入请求。FortNOX 实现基于角色的身份验证，以确定每个 OpenFlow 应用程序（规则生成器）的安全授权，并实施最小特权原则，以确保中介过程的完整性。对于安全性，OpenFlow 提供了对加密 TLS 通信的可选支持，以及交换机和控制器之间的证书交换，同时使用具有多个信任锚认证机构的寡头信任模型。此外，使用跨控制器副本的阈值加密保护通信（在这种情况下，交换机需要至少 n 个共享才能获得有效的控制器消息）可能会有帮助。考虑使用动态、自动和可靠的设备关联机制，以保证控制平面和数据平面设备之间的信任。使用支持运行时根源分析的入侵检测系统可以帮助识别异常流，并可以与动态控制开关行为的机制（如控制平面请求的速率边界）相结合。AVANT-GUARD 作为一个新的框架，可以提高 OpenFlow 网络的安全性和恢复能力，并且可以从数据平面中获得更多的参与。它有效解决了 SDN 的两个安全挑战：第一个是确保控制平面和数据平面之间的接口，并通过数据平面上的连接迁移技术保护它不受饱和攻击；第二个是提高响应能力，以便安全应用程序能够高效地访问网络统计信息以响应威胁，并在检测到预定义的触发条件时，创建驱动触发器。

11.1.7　云计算在网络应用中面临的挑战

　　文献[21]～[24]描述了云计算技术在各类网络应用中所面临的挑战，主要包括以下几个方面。

1. NFV 和 SDN 一致性

　　虽然融合 NFV 和 SDN 用于边缘云环境中的应用具有巨大的潜力，然而该研究仍处于早期阶段，因为 NFV 和 SDN 技术尚未成熟，并且它们之间的有效协同作用的研究才刚刚开始，还有许多一致性研究挑战需要解决：①NFV 和 SDN 之间应该相互打开哪些必要的功能接口以实现相关交互；②如何在各种 VNF 之间以及移动物联网设备和边缘云之间实现有效协调；③边缘云协调器如何与 NFV、SDN 模块交互，如何通过北向和南向接口与机制创建多个应用程序。

2. SDN 多云场景

NSF 研讨会指出 SDN 正在朝着软件定义交换(SDX)方向发展。传统的 SDN 概念适用于网络内部,而 SDX 将 SDN 概念应用于域间网络。SDX 的目标是实现网络的大规模互连,同时在单个网络的 SDN 中获得灵活性和可编程性的优势。此外,使用 SDX 可以提供一系列在当前的域间路由系统中不可能或难以实现的新功能,包括应用程序特定的对等、阻止拒绝服务的流量、负载平衡、通过网络功能进行转向以及入境流量工程。SDX 视角也可能影响未来的边缘云应用程序。例如,在未来的互联网中,SDN 如何在本地边缘云中更好地与 SDX 进行交互和协调,以获得更多优势和功能。

3. 4G/5G 网络与互联网

近年来,边缘云和虚拟化技术正在改变传统网络。未来的物联网应用可以部署在各种网络中,包括 4G/5G 网络和传统互联网。然而,基于现有的网络架构,实现边缘云想法的方式和位置可能存在显著差异。对于 4G/5G 网络,边缘云可以为在蜂窝塔中靠近移动电话的用户提供服务,以获得更好的用户体验或新应用。对于互联网,边缘服务器的位置可以在建筑物、社区中或在智能家居的接入点附近。由于网络架构的差异,它们的实现和相应的供应商也可能发生显著变化。4G/5G 运营商的一个主要挑战是打破传统网络的封闭性,对专有平台和设备进行重新架构,以便向第三方软件和硬件供应商开放以进行新的创新,因为 NFV 和 SDN 等关键技术都是开放的。

4. 边缘云中的物联网设备

边缘云或边缘计算基础设施将成为未来的研究热点,可能会有许多物联网应用,如智能家居/建筑、家庭机器人、智慧城市、智能健康、AR 或 VR、认知辅助、自动驾驶、视频众包和 M2M 通信。由于目前关键的支持技术(如 NFV 和 SDN)和应用交付方法尚未成熟,未来物联网应用程序将面临如下挑战。

(1)低延迟的应用程序:对于此类应用程序,由于生成的数据量较大以及客户端与后端数据中心之间的距离较远,传统的集中式云计算容易受到攻击。同时,一些多媒体视频或游戏应用程序也对延迟有严格的限制,需要对用户的行为进行快速响应。

(2)高数据带宽的应用:边缘物联网设备的数量呈指数级增长,这种规模的设备和产生的海量数据将给互联网带来巨大压力。然而,大多数数据必须首先由边缘云或边缘计算处理,因此需要减少发送到远程数据中心的数据量。

5. 安全性

安全性仍然是未来边缘云基础架构和应用程序面临的一个最重要挑战。未来边缘云可能涉及多种技术，如 NFV、SDN 和 IoT，因此安全问题将是多方面的：①由于边缘云中采用了虚拟化技术，所有传统云计算模型（如虚拟机安全性）的安全问题也将存在于边缘云中。②由于边缘云服务器位置稀疏且靠近用户的场所，它们可能更容易受到物理攻击。③NFV、SDN 和 IoT 等技术的安全问题将继续存在于边缘云中。由于未来的边缘云体现的是一种协同效力，并且所有技术都可能发挥各自的作用，其他安全问题也可能来自它们之间的接口或交互。④多个应用程序可以在边缘云中的共享基础架构上运行，因此解决应用程序级安全问题非常重要，如适当的应用程序隔离、共享流量以及多个应用程序的数据访问。⑤软件安全性也是一个挑战。由于未来的边缘云将具备可编程性，并且开放平台将允许更多第三方软件和硬件供应商权衡和贡献，控制和管理不同利益相关者之间的潜在风险非常重要。此外，可能需要适当的身份验证、授权和审核机制来识别和保护受信任方，防止潜在的恶意攻击和滥用。

11.1.8　云计算的优缺点分析

1. 云计算的优势

(1)业务效益：企业可立即获得庞大基础设施的收益，而无须直接进行实施和管理。

(2)环境友好：用云计算系统替代硬件可有效降低能源成本与减少二氧化碳排放量。

(3)易于备份：与所有"胖客户端"PC 相比更易于备份。

(4)灾难恢复：后端硬件的散布可减轻数据丢失的风险。

(5)可扩展性：客户端需要少量软件或硬件定制。

(6)信息流动性：易于在全球范围内使用。

2. 云计算的缺点

(1)合规性：当外包给提供商时，即使客户由第三方提供商持有，他们也要对自己数据的安全性和完整性负责。

(2)依赖：只能使用提供者愿意提供的应用程序或服务。

(3)数据位置和隐私限制：美国和欧盟设置了不同的隐私标准，需要遵守不同的法律规则。

(4)恢复：数据分段使备份更加困难。

(5)记录和调查支持：难以知道谁更改了数据以及他们来自哪里。

（6）数据存储：云计算不允许用户实际存储其数据，数据存储只由提供商完成。

11.1.9 云计算未来的机遇和挑战

最近几年大数据的话题变得炙手可热，这并非意味着云计算已经过时，大数据时代真正到来。恰恰相反，云计算在近些年来表现出来的爆发力已经远超 IT 行业的其他细分领域。

而大数据产业的兴起很大程度上得益于云计算的发展。因为不断增长的数据量让用户越来越难以从中获得更大的价值，而云计算所提供的强大计算能力大大降低了用户从海量数据中挖掘其价值的成本。

从当下业界领先的科技巨头来看，不管是亚马逊还是微软、谷歌，抑或是国内的阿里巴巴、百度，这些行业的领头羊在技术的发展路径上同样遵循了这一规律，他们在深度布局云计算的同时，也在积极涉足大数据、人工智能等新兴领域。除此之外，物联网、区块链等新兴技术的发展同样以云计算为基础。云计算推动了新兴技术的发展，与此同时，新兴技术的发展又再次拉动了云计算的市场需求。以下从三个方面介绍云计算领域面临的巨大机遇。

1. 云计算正扮演行业数字化转型的发动机

云计算的发展不仅体现在其技术的发展路径上，在应用逻辑上同样如此。2016年初，亚马逊 AWS、微软 Azure 和阿里云都纷纷发布了自己在云计算业务上的巨大成绩。而这些成绩的取得更多源自行业、企业对云计算的深入应用。

对各行各业而言，面对经济环境的不确定性、行业竞争的不断加剧、用户个性化需求的持续提升等挑战，选择数字化转型已经成为他们的新出路。从用户互动到产品研发、从管理控制到营销服务，几乎企业经营的方方面面都需要借助云计算等新兴技术的应用，以实现数字化转型。正如腾讯公司的马化腾在全国两会上所说的那样，传统金融、教育、医疗等产业与移动互联、云计算、大数据进行了深度融合后，爆发出了全新的生命力。

行业的数字化转型从应用角度为云计算的发展提供了强大动力。企业用户采用云计算技术，不仅应用广度在快速扩展，其应用深度也在不断增加，尤其是在能源、电信等 IT 应用高密度行业扩展对云计算的应用，更加证明了云计算的"冻土层"正在加速解冻。

2. 云计算生态仍有待完善

尽管从技术和应用角度都表明，云计算在 2017 年迎来更大的爆发，然而这一过程中也并非所有的市场参与者都能够赚得盆满钵满。以数字化转型为例，虽然它为云计算领域带来了巨大的机遇，但数字化转型的需求并非某一两个厂商就能够完全满足。而对于企业而言，他们需要的不仅是供应商，更是深度合作的伙伴。因此，对于云计算厂商来说，如何构建庞大的云生态圈，既是满足行业数字化转型需求的必然选择，也是自身最终在云计算领域脱颖而出的关键。尤其在面对细分行业的应用上，云计算更需要借助生态伙伴的力量。很多传统的行业解决方案提供商都拥有丰富的行业经验，在云计算时代，这些经验可以很好地帮助各行各业"上云"，进而实现数字化转型。

云计算本身也是一个庞大的生态圈，从底层的 IaaS 到 PaaS 再到 SaaS，几乎没有一家企业能够覆盖整个云计算领域，通过与生态伙伴合作，为用户提供更加完善的云计算服务已经成为云计算行业发展的必然趋势。因此，几乎所有的云计算巨头都在布局自己的云生态圈建设，包括阿里巴巴、华为、腾讯、百度等，这些云计算行业的领头羊都在积极推动云生态的建设。如何在保障自身利益的同时，为更多的生态伙伴带来更大的价值，这将是云生态圈建设的关键。同时，秉承开放、合作、共赢的心态和做法将成为云计算行业的主流。

3. 云计算是否安全可靠的思辨

尽管云计算作为分布式系统具有高可用的优势，但云计算的应用在某种程度上也放大了安全风险：①用户对数据、系统的控制管理能力减弱；②一些用户可能由于数据和业务的外包而放松安全管理；③云计算平台更加复杂，致使风险和隐患增多；④云计算平台间的互操作和移植比较困难。

《云计算白皮书(2016 年)》也指出，物理设施故障和系统安全漏洞正在成为云安全的最主要威胁。首先，由于云服务商数据中心资源的规模化和集中化，数据中心、网络链路等物理设施的人为破坏和故障造成的影响进一步扩大，对服务商的运维水平提出巨大考验。其次，公共云服务提供商向用户提供大量一致化的基础软件(如操作系统、数据库等)资源，这些基础软件的漏洞将造成大范围的安全问题与服务隐患。

对于云计算服务提供商来说，在云计算全面普及、深入应用的当下，如何保障云服务的安全可靠就变得至关重要。不管是亚马逊 AWS，还是微软等云计算巨头，都曾遭遇过云服务故障，并给用户带来不小的影响。不过，这并非用户不采用云服务的借口，相反，在云计算这样的新生事物发展过程中，面临偶发的安全问题，不管是用户还是云计算厂商，都应该理性面对。

如果企业不采用云计算，而是选择自建数据中心，并自己掌控计算和数据，有可能更不安全。企业自建的数据中心在基础设施、用电、节能等方面很难满足苛刻应用的要求；而在安全性方面上，鉴于技术投入等问题，企业自己构建的网络安全体系也很难拥有更强的安全性。相比较而言，借助第三方专业云计算供应商的服务更加安全，他们会建立更加专业的数据中心，并在数据中心运营管理中遵循严格的标准。

除此之外，在可靠性方面，还没有哪一家云服务提供商敢承诺自己云服务的可靠性是 100%。目前，阿里云、腾讯云、亚马逊 AWS、微软 Azure 的云服务器承诺的可靠性都是 99.95%，这就意味着在一年中大约有 0.1825 天，即 4.38h 的时间，云服务器弹性计算服务(elastic compute service，ECS)可能会出问题而导致服务中断。对于用户来说，要进一步提升云服务器的可用性，就需要在购买云服务器时进行合理配置，将故障发生后所带来的不利影响降到最低。

11.2　大　数　据

在过去的几十年，我们的世界正在以前所未有的速度产生更多的数据，数据类型更加多样化、复杂化。随着数据呈现爆炸式增长，我们已经进入了大数据时代[25]。

11.2.1　概念

与传统的数据集相比，大数据通常是指更大规模的数据集。近年来，大量的学者和专家开始关注并投入大数据的相关研究工作中。尽管大数据应用非常普遍，然而，目前学术界和产业界还没有一个统一的大数据定义。不同的研究机构和科研人员对大数据的具体定义持有不同的看法。

Apache Hadoop 将大数据定义为使用普通计算机在可接受的时间内无法捕获、管理和处理的数据集[26]。

全球著名咨询公司 McKinsey 公司也给出了大数据的定义，认为大数据是一类使用经典的数据库软件不能够获取、存储以及管理的数据集合[27]。

Gartner Group 公司认为大数据是大容量、高速度和类型多样化的信息资产，需要高性价比和创新的信息处理方法来提高洞察力和决策能力。

TechAmerica Foundation 描述大数据为大量的高速度、复杂和可变数据的术语，这种数据需要高级的技术和工艺来完成信息的捕获、存储、分发、管理以及分析[28]。

IDC 定义大数据技术是一种支持高速度捕获、发现以及分析并从大量多类型的数据中经济地提取价值的新一代技术和体系架构[29]。

NIST 将大数据描述为这样一类数据：这种数据的数据量、获取速度或者数据表示限制了使用传统相关方法进行有效的数据分析的能力[30]。

11.2.2　发展历程

20 世纪 90 年代，被誉为数据仓库之父的 Bill Inmon 提出大数据的概念。然而，大数据并不是一个新概念，它是在社会进步与技术发展的过程中所衍生出来的一项重大的难题与挑战。早在 20 世纪 70 年代末，"数据库机器"的概念开始兴起，它是一种专门用来存储和分析数据的技术[31]。然而，随着数据的爆炸式增长，传统的技术与机器已经无法存储海量规模的数据。到了 20 世纪 80 年代，并行数据库系统被关注并研究设计，用于存储和处理较大容量的数据。在众多的并行数据库系统之中，Teradata 是第一个成功商用的并行数据库系统，并于 1986 年 7 月交付了第一个具有 1TB 存储容量的并行数据库系统给 Kmart，帮助北美的大型零售企业扩展它们的数据仓库。在 20 世纪 90 年代后期，这种并行数据库系统在数据库领域得到广泛的认可。

随着互联网的快速普及，用户检索与查询内容数量逐渐增多。搜索引擎公司不得不应对如此大规模的数据所带来的一系列挑战[32]。谷歌公司创建了 GFS 和 MapReduce 编程模型对原有的搜索引擎进行优化，以便于满足海量用户的请求。2008 年，*Nature* 推出了"大数据"特别专题。2011 年，*Science* 推出了有关大数据"数据处理"关键技术的特别专题。同年，易安信互联网数据中心发表了题为 "Extracting Values from Chaos"的报告，这是一件里程碑式的事件。该报告首次介绍了大数据的理念与潜力，致使大数据开始在工业界与学术界广为流传，成为一个热门的研究方向[33]。在此之后，几乎所有的大型公司，包括易安信、甲骨文、IBM、谷歌、Facebook 等，都开始构建它们的大数据项目，制定相应的发展战略，迎接大数据时代的到来。

大数据不仅被商业公司列为重要的发展战略，对于国家而言也同等重要。许多国家政府都开始围绕大数据，并结合特有的国情制定一些发展策略。例如，2012 年 3 月，美国奥巴马政府宣布投资 200 亿美元发展大数据，并发布了《大数据研究与发展计划》，将大数据的发展上升到国家的战略层面。2011 年 12 月，我国由工业和信息化部发布了《物联网"十二五"发展规划》，将大数据列为国家未来的重要发展方向。由此可见，大数据对人类社会的发展产生了深远的影响。

11.2.3　大数据的特点

通过上面各种大数据的定义，可以看出，大数据最突出的特点是数据量巨大。为了区别于传统的数据，大数据的特点被概括为"6V"，即 Volume(数据量规模巨大)、Variety(类型多样化)、Velocity(数据生成处理速度快)、Value(价值密度低)、Veracity(准确性高)和 Vulnerable(易受攻击)。

1. Volume

Volume 是指大数据的数据量巨大，这是大数据本身具有的区别于传统数据集的最本质的特点。

2. Variety

Variety 是指大数据的类型更加多样化。大数据的广泛来源导致其数据类型的多样化和复杂化。不同于传统简单的结构化数据集，大数据既包括结构化数据，也包括半结构化数据，还包括非结构化数据。实际上，结构化数据所占的比例很小，现实世界中绝大多数的数据是半结构化数据和非结构化数据。例如，HTML 和 XML 文档属于半结构化数据，文本、图像、音频和视频都属于非结构化数据。大数据种类的多样性增加了数据处理的困难和复杂性。

3. Velocity

Velocity 是指大数据产生数据的速度非常快。随着网络数据爆炸式的增长，我们的世界正在以前所未有的速度产生越来越多的数据。此外，Velocity 还指大数据的处理速度快。为了满足不同的应用需求，海量数据的产生要求计算机以更快的运算速度处理收集到的大数据，例如，在网络中进行快速的大数据传输。

4. Value

Value 是指大数据的价值密度低。大数据应用最重要的意义在于挖掘大数据背后隐藏的巨大价值，为未来的决策提供有益的依据。然而，数据规模巨大的大数据并不意味着所有的数据都是有价值的。残酷的现实是大数据数量巨大但其价值密度较低。例如，对于交通监控视频来说，每天要存储大量的视频。如果在一段时间内(如一周)交通运行状况正常没有交通事故发生，那么这一段时间存储的视频大数据相对来说是无用的。

5. Veracity

Veracity 是指大数据的数据源可靠性。大数据的来源广泛导致某些大数据的可靠性值得怀疑。如何处理不确定数据以及不精确数据是大数据面临的一个主要问题。因此，在使用大数据时，应该保证大数据的来源是可靠的，同时进行可信赖的大数据处理以及受保护的大数据存储，只有这样才能保证大数据的真正准确与可靠。

6. Vulnerable

Vulnerable 是指大数据是容易遭受攻击的。目前大数据的获取、存储、处理以及分析等技术还不够成熟。在大数据操作过程中，大数据容易遭受外来的攻击，从而影响大数据的准确性以及应用价值。

11.2.4　大数据架构

大数据可以采用多种形式进行存储，在不同的业务场景中，所采用的大数据的架构不尽相同。从 20 世纪 90 年代起，商业供应商针对大数据处理设计了各种并行数据库管理系统。接下来重点介绍几个典型的大数据架构。

Teradata 公司在 1984 年推出了并行处理的 DBC 1012 系统。Teradata 系统在 1992 年首次完成了 1TB 数据的存储和分析。在此之后，经过不断地演进，Teradata 系统在 2007 年安装了首个拍字节（1PB=1024TB）级别的关系型数据库系统。截至 2017 年，Teradata 系统已经安装了数十个拍字节级的关系型数据库系统，其中最大的超过了 50PB。Teradata 系统在 2008 年之前采用的都是结构化关系型数据。在这之后，又增加了非结构化数据类型，主要包括 XML、JSON 和 Avro。

2000 年，Seisint 公司（现 LexisNexis 集团）开发了一款基于 C++的分布式文件分享框架，用于数据的存储和查询。该系统在多个服务器上存储和分发结构化、半结构化和非结构化的数据。用户可以通过一个基于 C++的组件 ECL（Enterprise Control Language）构建查询。ECL 使用 "apply schema on read" 的方法来推断所存储的数据在查询时的结构而非存储时的结构。LexisNexix 分别在 2004 年和 2008 年收购了 Seisint 公司与 ChoicePoint 公司，并于 2011 年将其高速并行计算平台集成于高性能计算集群（high performance computing cluster，HPCC）系统[25]。HPCC 为 Apache V2.0 许可下的开源平台，提供了大数据工作流管理服务，主要包含 Thor、Roxie 和 ECL 组件。与经典的架构 Hadoop 相比，HPCC 的数据模型定义完全由用户决定，一些复杂问题可以简单地由高层次的 ECL 来表述。

2004 年，谷歌公司提出了 MapReduce 框架[26]。MapReduce 基于 "分而治之" 的思想，提供了一个并行计算的模型。同时，谷歌还发布了一个相关的框架来处理海量的数据。图 11.2 中简单地描述了 MapReduce 的工作原理，主要包括两个步骤。①Map：将任务拆分并且分布在多个并行的节点上，以并行化的方式进行处理。②Reduce：收集在所有节点上处理的结果，并将结果合并。MapReduce 框架的提出具有里程碑式的意义。Apache 的开源项目 Hadoop[27]便采用了 MapReduce 框架的实现。Hadoop 包含了分布式文件系统、分析和数据存储平台以及用于管理并行计算、工作流和配置的中间层。然而，Hadoop 在一些实时复杂事件（如流媒体）的处理上还存在一定的缺陷。2012 年，为了解决 MapReduce 范式中的局限性，Apache Spark 应运而生。Apache Spark 具有与 Hadoop 相同的优点，并且由于启用了内存分布数据集，在工作负载方面的表现要更为优秀。

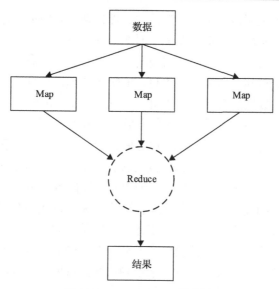

图 11.2　MapReduce 工作原理

11.2.5　大数据与网络的相互关系

　　数据大规模的增长与互联网的发展有着紧密的联系。随着网络规模的不断扩大以及网络用户的不断增长，不同类型的海量数据在网络中产生，被存储在不同的网络节点中。为了满足不同用户的应用以及服务需求，大规模的数据在网络中进行计算与传输操作。与传统的数据集相比，大数据具有的海量规模、类型多样化、价值密度低等复杂特点，使其在网络中的存储、计算与传输面临严峻的挑战。

　　大数据作为一种重要的网络应用对未来互联网的设计有重大影响。近年来，大数据的研究聚焦于网络架构与网络优化，主要涉及 SDN 和云计算。SDN 作为一种新型网络架构，实现了数据平面与控制平面的分离，具有网络编程能力，提供逻辑集中式的控制。这些优点有利于大数据的获取、存储、处理以及传输。在 SDN 架构中，计算智能由数据平面移动到控制平面的控制器。SDN 逻辑集中式的控制和强大的计算处理能力有利于处理高带宽应用。另外，可以通过 SDN 控制器获取大数据信息，同时基于收集的大数据得到网络当前流量运行状况，以合理分配网络资源，满足不同应用的多样化需求，提高网络性能。基于大数据分析获取的隐藏在大数据背后潜在的价值可以为 SDN 的运行提供指导决策。例如，基于 SDN 控制器可以捕获大数据流量，并进行大数据分析获得流量的传输模式，改善 SDN 性能。

　　ICN 作为一种革命式的网络架构，将传统 TCP/IP 网络中以主机为中心通信的特性转变为以内容为中心进行通信。ICN 并不关心数据在哪，而只关心数据的内容。因此，ICN 定义了两种不同类型的包，即兴趣包与数据包，并采用特定的命名规则对内容进行命名，而非 IP 地址。此外，它还采用了网内缓存的思想，对数据包进行缓存，以便之后当相同的兴趣请求到来时，对该数据包进行复用，以降低用户请求的响应时间，提高用户体验。ICN 中提倡以数据为中心，而当数据量很大时，如何对大数据进行存储、路由等便成了难题，ICN 中一些传统的机制将不再适用。因此，一些大数据方面的研究成果对 ICN 在缓存、路由等方面的设计起到了一定的借鉴意义。例如，在缓存方面，ICN 中内容流行度通常假定为服从 Zipf 分布。基于 Zipf 分布可以提出不同的缓存决策算法，对缓存的放置、替换等进行决策。然而，这种假设会产生一定的误差，即内容并不一定服从 Zipf 分布，并且在数据量较大的场景下，这种误差会随之增大，造成整个网络的缓存命中率降低、缓存不能及时更新等问题。鉴于此，可以基于大数据的思想，通过对海量的用户请求进行分析，以此来预测内容的流行度，进而根据内容的流行度对内容缓存进行决策。这种基于大数据分析来预测内容流行度的方法可以灵活地应用在不同的网络场景中，克服了基于单一分布假设的局限性。

物联网将物理对象与网络互联，为人们的生活提供更多的便利。物联网已经应用于包括工业自动化、智能驾驶和智能家居等多个领域中。典型的物联网系统由对象层、抽象层、服务管理层、应用层以及业务层组成。在物联网应用中，对象层负责收集数据，并通过抽象层传输到服务管理层。服务管理层负责接收并分析数据以向上层提供决策和预测服务。应用层以及业务层与用户对接，基于大数据进行信息挖掘为用户提供智能服务。数据挖掘对于提供智能服务有着至关重要的作用，可使用无监督或者半监督方法进行聚类，根据聚类将样本进行划分。目前，现有的聚类技术主要分为软聚类和硬聚类两类。在硬聚类中，每个样本只能划分为一个组，而每个样本的分配是软聚类中所有组的分布。

文献[34]指出 SDN 在解决大数据应用程序中普遍存在的若干问题的良好性能，包括云数据中心的大数据处理、数据交付、联合优化、科学的大数据架构和调度问题，并证明了 SDN 可以有效地管理网络，从而提高大数据应用程序的性能。与此同时，大数据也可以使 SDN 受益，包括流量工程、跨层设计、克服安全攻击。文献[35]中指出利用大数据分析能够提高移动蜂窝网络的性能，并且最大化运营商的收入。因此，他们提出了一种基于随机矩阵理论和机器学习的统一数据模型，并提出了一种用于移动蜂窝网络中应用大数据分析的框架。为了提高网络用户的服务体验质量，文献[36]在探究了大数据分析与网络优化相结合的不同方法的基础上，提出了一种大数据驱动的移动网络优化框架。该框架支持使用来自网络和用户的全部数据进行网络优化，而非仅仅依靠用户数据。此外，他们还进一步分析了从用户和运营商处所收集的数据的特性，结果表明所获得的有价值的信息可供移动网络运营商用于网络的优化。然而，由于移动大数据固有的特性，当前的移动社交网络面临着为移动用户提供满意体验质量的挑战。鉴于此，文献[37]提出了一种内容中心移动社交网络移动大数据交付框架，从而为用户提供更好的服务体验质量。文献[38]指出利用结合边缘/云计算的上下文感知 5G 网络和大数据分析，能够为移动运营商带来显著的收益。他们研究了 5G 网络中主动式内容缓存，并提出了一种支持大数据的架构。在该架构中，大量的数据被用于内容流行度的估计，具有价值的内容会被缓存在基站中，以实现较高的用户满意度和回程卸载。为了提高 D2D 通信服务的质量，文献[39]将无线 D2D 通信与大数据分析技术进行结合，基于新兴的大数据技术，设计了一种大数据平台。该平台能够有效地促进用户间的无线 D2D 通信，准确地帮助提供商推广内容，有效地为运营商实施智能流量卸载。为了解决在工业无线网络中的大数据冗余问题，文献[40]提出了一种基于压缩感知的数据收集框架，以尽可能地减少所收集数据的数量，同时保证数据的质量。该方法可以减少冗余数据的收集，使得无线传输的数据量随之减少，相应地，整个网络的能耗也随之降低。因此，该方法也会起到一定程度上的节能效果。大量的数据是由用户设备产生并且可以通过无线网络来收集，这些数据携带了用户和网络的相关信息，有助于改善网络管理。然而，在现有的研究工作中，很少有人利用这部分数据来提高网络的性能。因此，针对从用户设备中收集到的用户和网络数据，文献[41]提出了一种带宽分配算法，用于提高蜂窝网络用户的吞吐量。借助于所收集的数据，用户可以被分类成不同的簇并且共享带宽，以提高网络的资源利用率。文献[42]分析了与大数据相关的不确定性问题，同时通过结合神经网络和模糊学概念来设计智能系统 ANFIS，以提供解决方案。该系统具有累积特性，可以通过关联知识表示、不确定性和建模关键特征来获得结果。同时，组合智能系统被提出用于解决大数据领域中的复杂问题，通过出色的建模和计算能力来解决不确定性问题。文献[43]指出大样本数据涉及大量属性，高阶可能性 C-均值算法要求由大规模存储器和强大计算单元的高性能服务器来集群大样本，而物联网设备只包含便携式的计算单元和嵌入式设备等低端设备，限制了该算法在物联网中的使用。因此，两种基于规范多元分解(CP-HOPCM)和张量序列网络(TT-HOPCM)的高阶可能性 C-均值算法被设计用于聚类大数据。规范多元分解和张量序列用于压缩大数据集中每个样本的属性。每个样本的分解操作只需要在离线时执行一次，因此所提出的方法不会显著增加额外的时间开销。

11.2.6　大数据在网络应用中面临的挑战

大数据意味着数据的增长速度远快于计算速度，这是因为存储成本日益降低，同时几乎所有商业或科学组织都在存储越来越多的数据。社交活动、科学试验、生物探索以及传感器设备是很大的数据贡献者。大数据有利于社会和商业管理，但同时也给科学界带来了挑战。尽管各种可扩展的机器学习算法、技术和工具(如Hadoop 和 Apache Spark 开源平台)不断发展，然而大数据相关的各种问题和挑战依然层出不穷[44]。现有的传统工具、机器学习算法和技术不能有效处理、管理和分析大数据。大数据技术虽然已经被成功应用在很多领域，然而在未来的研究中仍然还有许多问题亟待解决。

(1)大数据传输的实时性。在网络中，大数据通常分布式地存储在数据中心。如何快速地在众多地理分布的数据中心中定位所需的内容是一个严重的挑战。此外，如何最小化数据路由的代价也是一个亟待解决的问题，这需要在路由算法的设计过程中进行多维度考虑，如负载均衡、服务质量等。

(2)如何保护众多网络用户产生的大数据的隐私性和安全性。随着数据容量的增大，网络运营商手中所掌握的用户信息随之增多。然而，如何确保用户的信息不被窃取和篡改显得尤为重要。这不仅需要确保数据中心避免遭受攻击，还需保证信息在传递过程中的机密性与完整性。虽然目前已有很多传统的网络与信息安全方面的研究，但是鉴于如此巨大的数据量和众多的数据源，还需要在原有研究工作的基础上设计一种新的加密算法[33]和防御机制。我们可以通过大数据分析技术挖掘大数据背后所潜在的价值信息，对攻击源进行追溯，分析攻击的特征以便制定更好的防御策略。一些新兴的互联网技术，如物联网、社交网络、云计算和数据分析，有利于大量数据的收集。然而，数据安全性和隐私性问题还需进一步解决。

(3)大数据的标准化。现如今的大数据信息是不对称的，不同的平台存储着不同业务背景下的数据，并采用不同的数据存储格式，如结构化存储与非结构化存储。因此，在网络中不同平台之间传输大数据需要定义统一的标准，将不同格式的数据标准化。该标准需要明确这些数据应该如何被编码以及如何在网络中进行传输，以实现低延迟和高保真的网络服务质量管理。近年来随着一些新兴的网络架构不断提出，需要设计相应的标准来指定如何利用这种新兴的网络技术进行高效的大数据传输。

(4)大数据的经济学分析。虽然这些数据为经济分析提供了极大的机遇，但其低质量、高维度和庞大的数量对经济大数据的有效分析提出了巨大挑战。现有方法主要从计量经济学的角度分析经济数据。计量经济学不仅涉及有限的指标，还需要经济学家的先验知识。当涉及多种经济因素时，这些方法往往会产生难以令人满意的结果。

(5)大数据的数据挖掘和信息处理。大数据是数据大小与处理速度关系的名称。虽然大数据为电子商务、工业控制和智能医疗等广泛领域提供了巨大的机遇，但由于其体积大、种类多、速度快、准确性低等特点,在数据挖掘和信息处理方面存在诸多挑战。以较快的速度从大量不同的数据中构建恰当的模型并经济地获取有效价值是一个严峻的挑战[45]。因此,需要为快速增长的不确定性的数据找到具有成本效益和时间效率的解决方案。

11.3　人　工　智　能

11.3.1　概念

关于人工智能,存在不同的定义。尼尔逊教授认为人工智能是关于知识的学科——怎样表示知识以及怎样获得知识并使用知识的科学。而美国麻省理工学院的温斯顿教授认为人工智能就是研究如何使计算机去做过去只有人才能做的智能工作。这些定义从不同的角度反映了人工智能学科的基本思想和基本内容,即人工智能是研究人类智能活动的规律,构造具有一定智能的人工系统,研究如何让计算机去完成以往需要人的智力才能胜任的工作,即研究如何应用计算机的软硬件来模拟人类某些智能行为的基本理论、方法和技术[46]。

约翰·麦卡锡在 1955 年将人工智能定义为"制造智能机器的科学与工程"。人工智能就是要让机器的行为看起来像是人所表现出的智能行为一样[47]。人工智能是人造机器所表现出来的智能。人工智能的定义可以分为两部分,即"人工"和"智能"。"智能"涉及其他如意识(consciousness)、自我(self)、思维(mind)等问题。人工智能的发展历程分为五个阶段,如图 11.3 所示。

图 11.3　人工智能的发展历程

第一阶段:20 世纪 50 年代人工智能逐渐兴起,人工智能概念首次被提出后,相继出现了一批显著的成果,如机器定理证明、跳棋程序、通用问题的求解程序、LISP(list processor,表处理)语言等。然而,由于消解法推理能力有限以及机器翻译的失败,人工智能走入了低谷。这一阶段人工智能技术的特点是:重视问题求解的方法,忽视知识的重要性。

第二阶段:20 世纪 60 年代末到 70 年代,专家系统的出现,使人工智能研究出现新高潮。DENDRAL 化学质谱分析系统、MYCIN 疾病诊断和治疗系统、

PROSPECTIOR 探矿系统、Hearsay-II 语音理解系统等各种专家系统的研究和开发，将人工智能引向了实用化。而且，1969 年召开了国际人工智能联合会议 (International Joint Conference on Artificial Intelligence，IJCAI)。

第三阶段：20 世纪 80 年代，随着第五代计算机的研制，人工智能得到了很大发展。日本在 1982 年开始了第五代计算机系统的研制计划，即"知识信息处理计算机系统(KIPS)"，其目的是使逻辑推理的速度达到数值运算那么快。虽然此计划最终失败，但它的开展掀起了一股人工智能的研究热潮。机器学习成为一个独立的科学领域，各种机器学习技术百花初绽。

第四阶段：20 世纪 80 年代末，人工神经网络飞速发展。1987 年，美国召开了第一次神经网络国际会议，宣告了这一新学科的诞生。此后，研究学者对人工神经网络的研究逐渐增加，人工神经网络迅速发展起来。

第五阶段：20 世纪 90 年代以来，人工智能出现新的研究高潮。由于网络技术特别是互联网的发展，人工智能开始由单个智能主体研究转向基于网络环境的分布式人工智能研究。人工智能不仅研究基于同一目标的分布式问题求解，还研究多个智能主体的多目标问题求解，进一步将人工智能应用广泛推广。同时，Hopfield 多层神经网络模型的提出驱动人工神经网络研究与应用出现了欣欣向荣的景象。

11.3.2　分类

人工智能可以分为弱人工智能、强人工智能以及超人工智能。弱人工智能的观点是不可能创造出能够真正推理和解决问题的智能机器。这些机器看起来很聪明，但它们并不具有真正的智能，同时没有自主意识。强人工智能是一种可以达到人类水平的人工智能程序。不同于弱人工智能，强人工智能可以处理不同层次的问题，而不仅仅是类似下围棋和写报告等简单的活动。并且，它还具有自我学习、理解复杂概念等复杂功能。因此，与弱人工智能相比，强人工智能程序的开发更难。超级人工智能是科学技术的圣杯，将以我们无法理解的方式改变人类。关于超人工智能如何成为现实，有很多有争议的版本。牛津大学哲学家、人工智能思想家 Nick Bostrom 将超人工智能定义为"比几乎所有领域中最聪明的人类大脑更聪明，包括科学创新、一般知识和社交技能"。

人工智能主要有以下三个分支[48]。

1. 认知 AI(cognitive AI)

认知 AI 是人工智能中最流行的分支，它负责所有"像人一样"的交互。认知 AI 必须能够轻松处理复杂性和二义性，同时持续不断地学习数据挖掘、自然语言处理(natural language processing，NLP)和智能自动化的经验。近年来，研究者越来越倾向于将人为决策与认知 AI 决策相混合，这有助于扩展 AI 的适用性并生成更快、更可靠的答案。

2. 机器学习(machine learning，ML)

机器学习仍处于计算机科学的最前沿，但在未来，它将对日常工作场所产生巨大影响。机器学习是在大数据中自动获取不同的"模式"，然后基于这些模式来预测结果，而无需太多的人工解释。机器学习不同于普通的统计分析。近年来，机器学习技术越来越成熟，其主要的技术分类如图 11.4 所示。

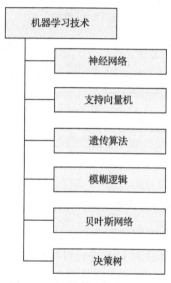

图 11.4　机器学习技术的分类

机器学习是 AI 和计算机科学的一个子领域，起源于统计学和数学优化。机器学习涵盖用于预测、分析和数据挖掘的有监督学习技术和无监督学习技术。机器学习技术的学习形式分类如图 11.5 所示。

3. 深度学习(deep learning，DL)

如果机器学习是前沿的，那么深度学习就是最前沿的。它将大数据与无监督学习技术相结合，基于大型未标记的数据集进行学习预测。并且，这些数据集需要构建为互连的集群。深度学习的灵感来自人类大脑中的神经网络，因此也可以称其为人工神经网络。深度学习是许多现代语音和图像识别方法的基础，与传统的非学习方法相比，其随着训练时间的推移具有更高的准确性。

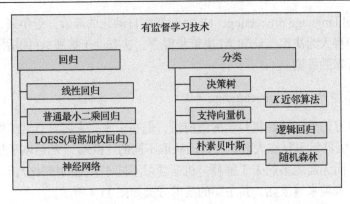

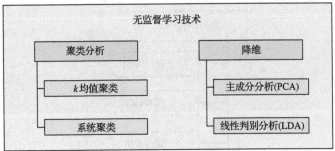

图 11.5　机器学习的学习形式分类

11.3.3　人工智能与网络的相互关系

机器学习是一种实现人工智能的方法，而深度学习是一种实现机器学习的技术。它们三者的关系可以通过图 11.6 进行可视化的展示。

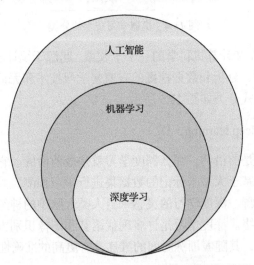

图 11.6　人工智能、机器学习与深度学习的关系

1. 机器学习

1）概念

机器学习是开发计算技术和算法的领域，使计算机系统能够在不被明确编程的情况下获得新的能力[49]。机器学习可以定义为一组方法，可以自动检测数据中的模式，然后使用未覆盖的模式来预测未来的数据，或者在不确定条件下执行其他类型的决策（例如，计划如何收集更多的数据）[50]。机器学习的学习过程如图 11.7 所示。

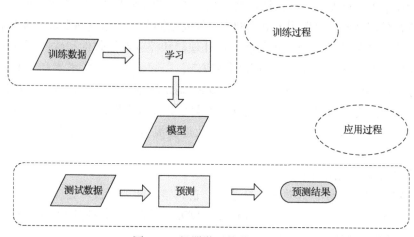

图 11.7　机器学习的学习过程

机器学习是从人工智能领域中的一系列强大技术发展而来的，并广泛应用于数据挖掘，使系统能够从训练数据中学习到有用的结构模式和模型。机器学习方法的学习过程通常包括两个主要阶段，即训练阶段和决策阶段。在训练阶段，机器学习方法通过训练数据集学习系统模型。在决策阶段，系统可以通过使用训练的模型获得每个新输入的估计输出[51]。

2）机器学习与网络的关系

机器学习作为一种智能学习工具，已经被广泛应用于不同领域。为了向用户提供更高质量的网络服务，需要识别一些关键应用（如各种物联网设备、VoIP 等）的数据分组。因此，服务提供商可以通过机器学习及时识别这些关键数据分组，并设置适当的服务质量以满足应用程序的需求。基于实时网络条件的带宽，使用机器学习技术，可以对流量特征进行分类并识别一些非法行为，如 DDoS 攻击。如果采用合适的网络测量方法以及机器学习算法，网络流量分类的性能将会得到较大的改善。例如，通过端口识别应用程序，如果应用程序采用了随机端口或端口公用，这种应用分类识别方法就难以奏效。然而，机器学习算法可以有效地对数据分组长度、连接特性、数据分组的方向甚至数据分组上下文信息进行分类[52]。SDN 是未来网络的发展方向。其基本思想是解耦分离通信网络中的软件和硬件，将网络作为一台巨大的计算机运行管理。数据驱动和机器学习算法有助于提高 SDN 的控制能力，将极大地提高网络的性能和效率。通信网络也被视为超大图（super graph），随着大量网络数据的传递，如何规划和优化网络性能是网络建设中的一个重要挑战。然而，数据驱动与机器学习方法能够有效解决网络路由最佳选择问题。通信网络需要由许多工程师来维护，以确保畅通的线路和高质量的通信，然而如何帮助工程师快速消除网络故障是通信领域的一个常见问题。机器学习和人工智能技术可以帮助工程师预测网络质量、进行自动诊断和自动故障排除[53]。

机器学习技术还可以用于解决网络空间安全问题。网络空间安全涉及互联网、通信网络、各种计算系统、各种嵌入式处理器和控制器等硬件和软件。近年来，网络空间频繁发生各种安全事件和网络攻击，引起了政府、学术界和工业界的广泛关注。机器学习是一组可以凭借经验来提高系统本身的性能，从大量数据中获取已知属性并解决如分类、聚类和降维等问题的算法集合。因此，机器学习可以用于推断未知漏洞、僵尸网络监控以及加密流量识别，进而提高网络空间的安全性。

3）机器学习在网络中的应用

机器学习由于具有自学习、自适应、自调整的能力而被广泛应用在网络流量分类、入侵检测、路由、资源分配优化、DDoS 检测、网络应用识别、服务质量和 QoE 预测等网络领域。

（1）网络流量分类：从网络流量特征中识别出应用类型的问题称为网络流量分类。网络流量分类技术作为网络管理、流量工程以及安全检测等研究课题的基础，其研究具有重要的实用价值。传统的基于端口和基于深度包检测的网络流量分类方法难以有效识别应用 P2P 以及载荷加密等技术的网络流量。然而，基于网络流量统计特征和机器学习的流量识别算法能够有效地解决这些问题。

基于网络流量分类技术，网络运营商可以更有效地处理不同的业务并分配网络资源。因此，机器学习算法被用于实现流量分类。文献[54]提出了一种基于计算智能的分类模型，即极限学习机，并结合特征选择和多目标遗传算法对网络流量进行分类，无须使用有效载荷或端口信息。在文献[55]中，机器学习算法被应用于大象流的感知分类。其首先在网络边缘进行大象流感知分类，然后基于 SDN 控制器利用网络流量分类结果，实现有效的流量优化。文献[56]提出了一种基于机器学习和深度数据包检测（deep packet inspection，DPI）的分类器组合算法。当新的流量到达时，其首先选择基于机器学习的分类器进行分类，如果基于机器学习的分类器结果大于阈值，则将它的结果作为输出。否则，将使用 DPI 分类，如果基于 DPI 的分类器返回"UNKNOW"，则其输出将作为最终结果。

(2)入侵检测：在基于机器学习的入侵检测系统中，输入数据集（即流特征）的高维度对机器学习算法性能有重要影响。为了在保持高检测精度的同时加入入侵检测过程，通常会减少流特征，以降低输入数据集的维数。特征选择和特征提取是两种最常用的降低流特征维数的方法。特征选择是一种从所有流特征中选择适当特征的子集的方法。而特征提取是通过从原始特征中提取一组新特征，并通过特征变换来降低流特征的维度的方法。SDN 作为一种新型网络架构，实现了控制平面和数据平面的分离，具有全局可编程控制器，有助于实现更大程度的网络控制与管理。

文献[57]使用机器学习算法与 SDN 技术联合优化网络入侵检测系统（network intrusion detection system，NIDS）。其中，SDN 通过分析网络整体行为来监视网络的整体安全性，并基于来自整个网络的流量数据做出选择来保护网络。基于隐马尔可夫模型（hidden Markov model，HMM），NIDS 可以自动监视网络，并从当前的网络活动中进行学习并及时作出反应。机器学习模型 NIDS 可以有效提高安全应用程序的效率，并扩大其活动范围。文献[58]提出了一种威胁感知系统，用于对 SDN 入侵进行检测和响应，该系统由数据预处理、预测数据建模以及决策和响应子系统组成。首先，数据预处理子系统使用前向特征选择策略来选择适当的特征集。然后，预测数据建模子系统应用决策树和随机森林算法来检测恶意活动。文献[59]利用四种机器学习算法（即决策树、贝叶斯网络、决策表和朴素贝叶斯）预测潜在的恶意连接和易受攻击的主机。SDN 控制器基于预测结果定义安全规则，以保护潜在易受攻击的主机，并通过阻止整个子网来限制潜在攻击者的访问。

(3)路由：针对网络中存在的带宽或低延迟路径等有约束性资源的竞争，智能路由算法[60]是一种改善网络性能的有效解决方案，通过引入机器学习算法对网络流量进行分类，并根据其服务质量需求为每个流分配合适的路径，以满足网络路由需求。基于机器学习的路由的优化工作可以分为：基于监督学习的路由优化和基于强化学习（reinforcement learning，RL）的路由优化。文献[61]提出了一种基于监督机器学习的元层（meta-layer）体系结构，如图 11.8 所示，以解决动态路由问题。基于监督机器学习的元层使用的训练数据集中包括启发式算法的输入及其对应的输出，以获得实时的类启发式结果。

(4)资源分配优化：工作负载的动态变化，导致物理服务器内部的资源分配需要动态改变。根据特定的服务连接，NFV 实例可以以不可预知的方式随时部署或删除。因此，需要设计动态的资源分配优化机制。文献[62]利用马尔可夫决策过程（Markov decision process，MDP）动态分配 NFV 组件到云资源中，并利用机器学习算法实现动态收集数据，以提高预测资源的可靠性。

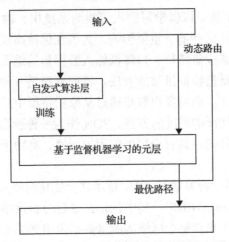

图 11.8　基于监督机器学习的元层体系结构

　　(5)DDoS 检测：机器学习算法可以用于对历史网络攻击数据进行学习，以识别潜在的恶意连接和潜在攻击目的地。文献[59]使用机器学习算法预测虚拟机的故障，并设计提出了一种自治框架——自主云管理器(autonomous cloud manager，ACM)框架。它使用机器学习来预测虚拟机的故障，并主动地将负载重定向到类似或不同的云区域中的健康虚拟机。文献[63]提出了一种基于深度学习的虚拟机负载预测算法，设计了一个由多层约束玻尔兹曼(Boltzmann)机器和回归层组成的深度信念网络(deep belief network，DBN)预测模型。

　　(6)网络应用识别：网络应用识别是根据产生流量的应用类型对流量进行识别和分类。SDN 中有一个集中式节点，称为 SDN 控制器，可以利用知识进行路由。SDN 中每个交换机的控制平面被转移到控制器，使得控制器可以采取集中的智能决策。即使在源和目的地之间存在多条路径，SDN 控制器仍然可以为源和目的主机之间的多个数据流分配相同的路径。如果网络具有应用识别能力，可以有效地对不同的应用进行分类或基于它们的维度分配不同的路径。文献[64]提出了一种基于多径路由的应用意识和状态路径机制，所提出的机制使用机器学习方法基于44 个 NetMate 流量参数中的 4 个来评估流的特性，并根据流的特性进行应用识别分类。

　　(7)服务质量和 QoE 预测：如丢失率、延迟、抖动和吞吐量之类的服务质量参数是面向网络的度量，网络运营商通常使用这些度量来评估网络性能。随着多媒体技术的广泛普及，用户感知和满意度对网络运营商和服务提供商变得越来越重要。QoE 的概念已经成为评估用户对服务满意度的重要指标。基于服务质量和QoE 预测，网络运营商和服务提供商可以提供高质量的服务，以提高客户满意度。文献[65]提出了一种两阶段分析机制来改进 SDN 服务质量预测。其中，决策树用于发现关键绩效指标(如数据分组大小、传输速率和队列长度等)和服务质量参数之间的相关性。同时，应用线性回归机器学习算法(M5Rules)来分析根本原因并发现研究关键绩效指标的定量影响。平均意见得分(mean opinion score，MOS)是一种广泛使用的 QoE 指标。文献[66]提出了一种基于四种不同学习算法的 QoE 预测模型，以估计视频流的体验质量，并应用两个度量标准皮尔逊(Pearson)相关系数和均方根误差(root mean square error，RMSE)来评估这些算法的性能。

2. 深度学习

1)概念

深度学习(deep learning，DL)是机器学习的分支，是一种试图使用包含复杂结构或由多重非线性变换构成的多个处理层对数据进行高层抽象的算法。深度学习是机器学习中一种基于对数据进行表征学习的算法。观测值(如一幅图像)可以使用多种方式来表示，如每个像素强度值的向量，或者更抽象地表示成一系列边、特定形状的区域等[67]。然而，使用某些特定的表示方法更容易从实例中学习任务，如人脸识别或面部表情识别。深度学习的优势是用无监督式或半监督式的特征学习和分层特征提取高效算法来替代手工获取特征。表征学习的目标是寻求更好的表示方法并创建更好的模型来从大规模未标记数据集中学习这些表示方法。表示方法来自神经科学，并松散地创建在类似神经系统中的信息处理和对通信模式的理解上，如神经编码，试图定义拉动神经元的反应之间的关系以及大脑中的神经元的电活动之间的关系。如图 11.9 所示，至今已有数种深度学习框架，如深度神经网络、卷积神经网络、深度置信网络以及递归神经网络，已被广泛应用在计算机视觉、语音识别、自然语言处理、音频识别与生物信息学等领域，并获取了极好的效果[68]。

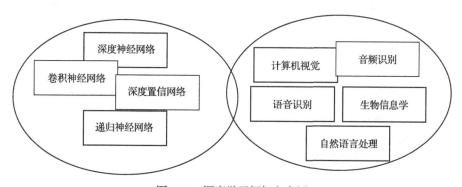

图 11.9　深度学习框架和应用

深度学习起源于机器学习。机器学习和深度学习都用人工神经网络来解决现实世界中的问题。一个典型的机器学习系统由三部分组成：①输入层，以预处理后的数据作为系统输入。现实世界数据的特征，如像素值、形状、纹理等，需要人工进行预处理和识别，以便机器学习系统能够处理。②特征提取和处理层，其使用单层数据处理来提取数据模式。目前，支持向量机（support vector machine，SVM）、主成分分析（principal component analysis，PCA）、HMM 等被广泛地用于特征提取。③输出层，其根据机器学习模型的任务输出分类、回归、聚类、密度估计或降维的结果[69]。机器学习和深度学习原理图如图 11.10 所示（其中 I_N 表示输入，O_M 表示输出，W_N^1 表示第 1 层第 N 个数据的权重参数）。

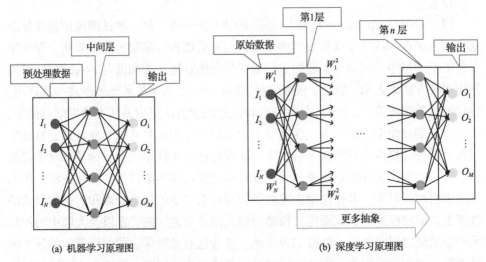

(a) 机器学习原理图　　　　　　　　　　　　　　(b) 深度学习原理图

图 11.10　机器学习和深度学习原理图

2）深度学习与网络的关系

深度学习是机器学习研究中一个新的领域，其动机在于建立、模拟人脑进行分析学习的人工神经网络。它模仿人脑的机制来解释数据，如图像、声音和文本。深度学习的概念源于人工神经网络的研究。包含多隐藏层的多层感知器就是一种深度学习结构[70]。深度学习通过组合低层特征形成更加抽象的高层表示属性类别或特征，以发现数据的分布式特征表示。深度学习本身是机器学习的一个分支，可以简单地理解为人工神经网络的发展。大约二三十年前，人工神经网络曾经是机器学习领域的一个研究热点，后来研究热潮逐渐衰退，具体原因如下所示。

（1）人工神经网络训练比较容易过拟合，参数比较难调和，且需要选择策略。

（2）人工神经网络训练速度比较慢，在层次比较少（小于等于 3）的情况下学习效果并不十分突出。

深度学习与传统的神经网络之间存在很多不同之处。二者的相同之处在于深度学习采用了与传统神经网络相似的分层结构,其系统是由输入层、隐藏层(多层)以及输出层组成的多层网络,只有相邻层节点之间有连接,同一层的节点之间以及跨层节点之间无连接,每一层都可以看成一个逻辑回归模型。这种分层结构比较接近人类大脑的结构。为了克服人工神经网络训练存在的缺陷,深度学习采用了与传统神经网络不同的训练机制。传统神经网络,如前向神经网络,采用的是反向传播的训练方式,即采用迭代算法来训练整个网络,随机设定初值,计算当前网络的输出,然后根据当前输出和层级之间的差值去调整前面各层的参数,直到收敛,整体上是一个梯度下降算法。然而,深度学习采用了一个逐层的训练机制,如图 11.11 所示。这是因为如果采用传统反向误差传播机制,一个深度学习模型(特别是具有 7 层以上)的残差传播到最前面的层时已经变得太小,容易出现梯度扩散现象。

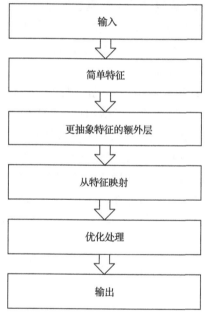

图 11.11 深度学习过程

深度学习过程分为两个阶段。在第一个阶段,采用自下而上的无监督式学习技术,即从底层开始,一层一层地往顶层训练,使用无标定数据(有标定数据也可)分层训练各层参数。这一步可以看成一个无监督训练过程,其是与传统神经网络区别最大的部分。具体而言,首先用无标定数据训练第一层,训练时先学习第一层的参数(这一层可看成得到一个使输出和输入差别最小的三层神经网络的隐藏层),模型容量的限制以及稀疏性约束,使得训练模型能够学习到数据本身的结构,从而得到比输入更高级的表示特征；在训练完第 $n{-}1$ 层后，将 $n{-}1$ 层的输出作为第 n 层的输入，继续训练第 n 层，依次分别训练得到各层的参数。在第二个阶段，采用自顶向下的有监督式学习技术，即通过带标签的数据进行训练，误差自顶向下传输进而对网络进行微调。基于第一个阶段训练得到的各层参数微调整个多层模型的参数，这一步是一个有监督训练过程。深度学习的第一个阶段类似人工神经网络的随机初始化初值过程，通过学习输入数据的结构获得初始参数，因而这个初始值更接近全局最优，从而能够取得更好的效果。因此，第一个阶段的特征学习过程使得深度学习具有较好的学习效果。

近年来，作为人工智能的核心技术，深度学习在图像、语音、自然语言处理等领域取得了大量关键性突破。与此同时，深度学习技术在计算通信网络中也得到了广泛应用。深度学习是机器学习的一个高级子领域，使机器学习更接近于人工智能。它基于多级表示完成复杂关系和概念的建模[71]。有监督式学习技术和无监督式学习技术都可以用于构建更高级别的抽象，同时可以使用较低级别的输出特征定义[72]。自动编码器是基于深度学习的降维问题提出的学习算法，自动编码器及其变种算法均可被用于特征提取。

(1) 自动编码器：自动编码器是一种无监督的基于神经网络的特征提取算法。它通过学习训练重建尽可能接近输入的输出所需的最佳参数。它的一个理想特性是能够提供比 PCA 更强大的非线性泛化能力。这是通过应用反向传播算法并将目标值设置为等于输入来实现的，即试图学习恒等式函数的近似值。自动编码器通常具有输入层、输出层(具有与输入层相同的维度)和隐藏层，如图 11.12 所示。此隐藏层的维度通常小于输入层的维度(称为不完整或稀疏自动编码器)。

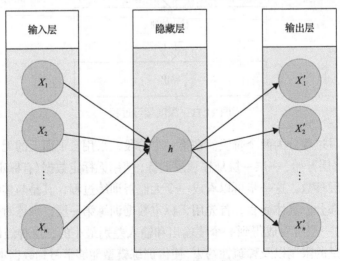

图 11.12　自动编码器示例

大多数研究者将自动编码器作为一种非线性变换方法，通过对网络施加其他约束来发现感兴趣的数据结构，并将结果与 PCA 线性变换的结果进行比较。这些方法是基于编码器-解码器范式的。输入首先被转换为非典型的低维空间（编码器），然后被展开以再现初始数据（解码器）。一旦一层被训练，它的代码就被反馈到下一个层，以便更好地对输入中高度非线性的依赖项建模。这种模式侧重于降低输入数据的维数。为实现这一点，在深度自动编码器结构的中心有一个特殊的层——代码层[73]。代码层用作堆叠自动编码器中分类或组合压缩特征向量。

隐藏层用于创建高维数据的低维版本（称为编码）。通过降低维数，自动编码器被迫捕获数据分布的最显著特征。在理想的情况下，自动编码器生成的数据特性将提供比原始数据本身更好的数据表示。

(2) 堆叠式自动编码器：与简单的自动编码器不同，深度自动编码器由两个对称的深度信念网络组成，这两个网络通常具有四个或五个用于编码的浅层，以及四个或五个用于解码的层。Hinton 等[74]提出了基于深度自动编码器，实现高维数据转换为低维数据的深度学习算法。深度学习可以应用于自动编码器，多个隐藏层用于提供深度，这种技术称为堆叠式自动编码器[75]。这种增加的深度可以减少计算成本和所需的训练数据，并产生更高的精确度。每个隐藏层的输出用作更高级别的输入。因此，堆叠式自动编码器的第一层通常学习原始输入中的一阶特征。第二层通常学习与一阶特征中的模式相关的二阶特征。随后的更高层学习更高级的特性。

人类通过深度学习和层次化感觉处理系统的结合自发地与环境进行交互，以完成如物体识别、条件反射和选择等许多任务[76,77]。受人类行为的启发，深度学习被提出，并引起了计算机智能领域的广泛关注。深度学习模型包括两个关键要素，即前向特征提取和后向误差反馈。深度学习的训练过程通常需要这两个要素，而验证过程只实现前者。在许多实际应用中，数据通常具有结构化特征，即节点在空间上或时间上彼此连接，或者两者都连接。例如，当预测一个人在厨房中的行为时，人与设备之间的交互在空间上或时间上被连接。在这种情况下，考虑到深度学习框架中节点之间的时空关系，可以使用基于图的结构来获得很好的性能[78]。深度学习的关键优势在于能够从原始数据中学习复杂的功能，如图像的像素值，解决了通常需要由人工设计优质特征提取器的问题，从而推动了其在科学领域的广泛应用。在网络环境中，深度学习可以用于检测网络安全、DDoS 攻击、流量分类与资源管理、入侵检测。网络安全面临的主要挑战之一是提供强大有效的NIDS。尽管 NIDS 技术取得了重大进展，但大多数解决方案仍采用性能较差的基于签名的技术，而不是异常检测技术。传统的机器学习技术都存在一定的局限性，需要专业知识来处理数据，如识别有用的数据和模式。同时，操作需要大量的训练数据以及相关的时间开销，在异构和动态环境中可能变得具有挑战性。为了解决上述挑战，引入深度学习技术。深度学习作为机器学习的一个高级子集，可以克服浅层学习的一些限制。到目前为止，最初的深度学习研究已经证明其优越的分层特征学习可以更好地或更少地匹配浅层学习技术的性能。它有助于更深入地分析网络数据并更快地识别任何异常情况。

3) 深度学习在网络中的应用

近年来，深度学习引起了学术界和工业界的广泛关注。它已成功地应用于分类、自然语言处理和对象检测等任务中。深度学习最初通过预先训练多层神经网络并采用大量未标记的数据来提取固有特征，然后使用标记的数据对所获得的特征进行轻微调整，以进行有监督的功能调整，可以发现数据中的结构特征[79]。深度学习在网络中的应用主要有入侵检测、流量分类、流量识别、资源分配与管理、情感分析、车辆网络调度和压缩传感器数据等[80]。

(1) 入侵检测。近年来，深度学习和浅层学习技术(如朴素贝叶斯、决策树和支持向量机)的应用成为 NIDS 研究的热点之一[81,82]。虽然这些技术的广泛应用提高了检测精度，然而，这些技术存在一定的局限性[83]，因此深度学习被广泛应用。

网络入侵检测通过检测软件入侵来保护网络免受恶意攻击。传统的网络入侵检测方案大多是基于用户签名的。然而，这种方案需要管理中心维护大量的用户签名[84]。目前使用较为广泛的是基于异常的检测技术，它分析网络活动，将异常数据访问标记为入侵行为。由于网络入侵检测的目标是根据多种流量功能将网络传输分为许多类别，即正常传输和各种异常传输类型，因此基于流量功能来使用深度学习算法检测网络入侵是一个理想的选择。

由于入侵技术越来越复杂，传统的 DDoS 攻击检测和防御技术存在检测效率低、错误或泄露报告、适应性差等问题[85]。基于机器学习的入侵检测系统可以从已有的入侵行为中自动学习并获取一些共同的特征。然而，入侵数据的复杂性和特征的多样性对基于传统机器学习方法的检测攻击机制构成了严重的挑战。由于深度学习具有很强的自学习能力，可以将其应用于 DDoS 攻击检测自动获取攻击检测模式。基于深度学习的 DDoS 攻击检测方案的优点可以概括为：不仅提高了DDoS 攻击检测的准确性，而且降低了对软硬件环境的依赖程度，降低了检测系统的实时更新和 DDoS 攻击检测策略升级的难度[86]。

(2) 流量分类。传统的基于端口和基于深度包检测机制的网络流量分类方法因为对等网络 (P2P) 及载荷加密等技术的流行而变得失效。基于网络流统计特征和深度学习的方法由于能够有效地解决这些问题而成为流量分类领域的新方向[87]。深度学习算法可以在不需要先验知识的情况下，很好地反映复杂流量的特征，并能很好地预测流量。

(3) 流量识别。流量识别旨在根据接收方接收到的数据分组描述发送方生成的原始流量特征，对于入侵检测、流量监控、队列管理等至关重要。进行流量识别的一种简单方法是按端口号进行分类。然而，许多新型应用程序，如 P2P 流量特征和视频呼叫，可能需要使用最初分配给其他流量特征类型的端口号。因此，需要使用更准确的流量识别机制来识别流量特征类型。在过去的几年中，基于统计模型[88,89]或机器学习[90-92]的流量识别机制得到了广泛的研究。由于网络的复杂性，接收到的流的模式可能具有非线性变化，这使得流推断具有挑战性。

(4) 资源分配与管理。由于动态工作负载，物理服务器内部的资源分配可能会改变。根据特定的服务需求，资源分配与管理需要不断地适应。在硬件资源分配方面，操作系统支持网络通信的一些应用层任务，并且硬件资源分配对通信性能有重要影响。Mao 等[93]建议在资源管理中使用深度学习。仿真表明，基于深度学习的资源分配优于流行的方法。

(5) 情感分析。目前，深度学习在情感分析中的应用已经较为普遍了，例如，利用长短期记忆(long short-term memory，LSTM)网络结合句法分析树、基于卷积神经网络和支持向量机等。一般情况下，各种方法的综合创新应用，能达到取长补短的效果，进而能够提高情感分析的准确率，同时还能从无标注的文本里学习到其中的隐藏特征，以实现端到端的分类。

(6) 车辆网络调度。车载自组织网络(vehicular ad hoc network，VANET)提供了一个车辆与基础设施之间的全互联网络，是建立智能交通系统的基础。VANET 存在两种类型的通信，即车辆对车辆(V2V)和车辆对基础设施(V2I)。其中，基础设施通常由路侧单元(road side unit，RSU)组成。VANET 中的先前通信是与驾驶安全专用短程通信(dedicated short range communication，DSRC)技术相关的服务。然而，V2I 通信存在许多非 DSRC 服务，如 Web 浏览和在线游戏。为了保证服务质量性能，Atallah 等[94]提出了一种基于深度强化学习(deep reinforcement learning，DRL)的 RSU 调度方案，其目标是在提供安全驾驶环境的同时降低路边单元的能耗。

(7) 压缩传感器数据。无线传感器网络由于具有有限的网络容量，对其传输的数据大小有严格限制。例如，植入式医疗设备(implantable medical devices，IMD)通常受功耗限制。然而，更不幸的是，网络往往被大量的传感器数据所淹没。为了减小数据大小，各种量化压缩感知(quantized compressed sensing，QCS)技术被提出。Sun 等[95]提出了用于 QCS 的二元加权非均匀量化器和深度神经网络(BW-NQ-DNN)。BW-NQ-DNN 不是使用随机或确定生成的测量矩阵，而是从先前的经验(即训练数据)学习测量矩阵。与流行 QCS 方案(如 SDNCS、BPDQ 和 QVMP)相比，基于深度学习的 BW-NQ-DNN 可以提供更高的 SNDR 和分类精度。

11.3.4　人工智能在网络应用中面临的挑战

与传统的机器学习模型，如逻辑回归、决策树等相比，深度学习模型更加复杂。深度神经网络隐藏层层数很多，有的甚至达几百层，例如，循环神经网络(recurrent neural networks，RNN)和 LSTM 网络有更加复杂的结构。因此，深度学习在规模化和泛化能力上比传统机器学习模型面临更大的挑战[96]。

众所周知，机器学习是以数据为基础的引擎。深度学习与大数据一起被认为是机器学习的一个非常活跃的子领域。谷歌证实了 VisionTasks 的性能随着训练数据规模的增加而线性增加[97]。因此，BigData 可以训练更大、更好的深度学习模型。同时，DistBelief 表明更深层次的结构和更大的训练数据集可以获得更好的深度学习模型[98]。这些模型统称为"大数据+大模型"。深度学习算法可以在没有先验知识的情况下，较好地反映复杂流量的特征，并能精确地预测流量。因此，基于深度学习的内容预测方法进一步凸显了上述优势，但对于"大数据+大模型"的应用，大量的计算和学习会导致模型训练过程缓慢。为应对挑战，各种加速解决方案被相继提出，如基于 GPU 的方案和基于现场可编程门阵列(field programmable gate array，FPGA)的方案。

由于深度学习的复杂结构，其规模化和泛化能力仍面临着许多挑战，具体内容如下所示。

(1)深度学习需要大量的训练数据。因为深度神经网络的深度和广度都有大量增加，模型能力容量也相应地大幅提高，所以需要大量的训练数据集避免过适应即过拟合问题，以提高泛化能力。大量的训练数据的构造是一个很大的挑战。因为通常采集高质量的训练数据是很昂贵的，尤其是有标记的数据，如在医疗健康领域。为了构造数据集，深度学习和无监督学习被用于基于大量的无标记数据或者模型产生的数据来训练模型。最近比较热的神经图灵机(neural Turing machine)模型和生成对抗网络(generative adversary network)模型都是在这方面的尝试并取得了一些效果[99]。

(2)由于需要大量的训练数据和更加复杂的模型结构，对计算资源和训练算法效率的要求也大幅提高。往往在一个多核的 GPU 或者 CPU 上训练一个 RNN 或者 LSTM 网络需要 5~6 个 Epoch 才会收敛，而一个 Epoch 就要消耗一周时间。针对加速模型训练，存在两种主流的技术方案：一个是在多台机器的集群上创建分布式训练平台，开发更高效的并行训练算法，如 All-Reduce 和参数服务器(parameter-server)，以提高数据吞吐量和迭代速度。另一个是优化深度学习库，使矩阵操作和搜索算法更高效，以提高模型训练和推理的效率。

(3)进行系统上的优化和改进，提高 GPU 和 CPU、机器之间的通信速度和传输量，往往是模型训练的瓶颈。目前，已开发了大量的技术，来提高通信速度，增加传输量。

(4)根据深度学习模型结构和训练算法的特点，另一个解决规模化的途径是设计专门适应深度学习模型训练和推理的硬件。目前比较通用的有英伟达的 GPU 训练深度学习模型，谷歌开发了专门的 TPU(tensor processing unit，张量处理单元)，微软在 FPGA 机器上进行深度学习实时训练，因为 FPGA 是一种低功耗、高并行运算量和较为灵活的开发工具，所以它的应用领域正在不断扩大[100]。

深度学习在网络中的应用面临着诸多挑战，包括 AI 支持的攻击、勒索软件和物联网、技术人才短缺、IT 基础设施、安全和 AI 的未来等，具体内容如下所示。

(1)AI 支持的攻击：AI/机器学习软件可以从过去事件的结果中“学习”，帮助预测和识别网络安全威胁。根据 Webroot 的报告，大约 87%的美国网络安全专业人士选择使用 AI。然而，AI 被证明是一把双刃剑，因为 91%的安全专家担心黑客会利用 AI 发起更复杂的网络攻击。例如，AI 可用于自动收集某些信息，可能与特定组织有关，可能来自论坛、代码库、社交媒体平台等。此外，根据地理位置、人口统计和其他因素缩小可能的密码数量，AI 可能能够帮助黑客破解密码。

(2)勒索软件和物联网：随着互联网技术的快速发展，勒索软件可能造成的潜在损害不应该被低估。例如，黑客可能会选择对关键系统发起攻击，如电网。如果受害者未能在短时间内支付赎金，攻击者可能会选择关闭电网。或者，他们可能选择瞄准工厂生产线、智能汽车和家用电器，如智能冰箱、智能烤箱等。这种攻击是通过大规模分布式拒绝服务攻击实现的，该攻击曾经在 2016 年 10 月 21 日使 Twitter、NetFlix、NYTimes 和 PayPal 等著名的服务器发生瘫痪。这是一次巨大攻击的结果，涉及数百万个互联网地址。攻击流量的一个来源是 Mirai 僵尸网络感染的设备。此次袭击是由网络安全恐惧加剧以及互联网安全漏洞数量不断增加而导致的。

(3)技术人才短缺：网络安全威胁日益增多和日益复杂，IT 行业陷入安全技能短缺的困境并不是一个好兆头。随着安全人才的短缺，人们越来越担心企业缺乏防止网络攻击和未来数据泄露的专业知识，因此对高级安全技术人才提出了较大的需求。

(4)IT 基础设施：现代企业拥有太多的 IT 系统，遍布各个地区。手动追踪这些系统的健康状况，即使它们以高度集成的方式运行，也会带来巨大的挑战。然而，对于大多数企业而言，采用先进和昂贵的网络安全技术的唯一实用方法是优先考虑他们的 IT 系统，并覆盖那些他们认为对业务连续性至关重要的方法。目前，网络安全是被动的。同时，网络安全也是灾难管理和缓解的推动者。

(5)安全和 AI 的未来：在安全领域，AI 具有非常明显的潜力。黑客可以从数千个漏洞中挑选出来进行攻击，同时部署一个不断增加的工具库，以便在违反系统规则时逃避检测。安全 AI 的分析速度和能力将能够降低这些威胁程度，最终为安全从业者提供平台，安全从业者目前必须不断地进行大规模防御，以防止攻击者找到弱点。

11.4　网络与云计算、大数据、人工智能三者相互关系

随着互联网不断地发展，云计算、大数据、人工智能等新技术极大地促进了社会的发展并为人们的生活带来了诸多的便利。云计算、大数据、人工智能三者是相辅相成、不可分割的。网络奠定了新技术的基础，与云计算、大数据、人工智能三者有着密切的联系。

1. 互联网是大数据的来源

随着互联网的迅猛发展，更多的网络设备与网络用户被连接到互联网中，网络规模不断扩大。各种异构的网络设备被连入互联网，为更多的网络用户提供多元化的网络服务。与此同时，互联网正在不断地产生海量的网络流量大数据。

2. 云计算可以作为大数据的处理平台

云计算作为一种资源使用平台，支持灵活地调度各种网络资源，允许分布式地进行大数据的捕获、存储、处理以及分析操作。

云计算是硬件资源的虚拟化，大数据需要对海量数据进行高效的处理。大数据的整体架构包括数据存储、数据处理和数据分析三个层次。数据应通过存储层存储，然后根据数据要求和目标建立相应的数据模型和数据分析索引系统，并分析数据的价值。中间时效性也通过中间数据处理层提供强大的并行计算和分布式计算能力来实现。三者相互配合，使大数据产生最终价值。虽然企业云计算平台上有多个并行计算 CPU，但它并不能创建具有超强数据处理能力的超级 CPU。因此，云计算平台需要一个具有并行计算能力的软件系统。同时，当所有用户的数据都放在云端时，存储容量可以轻松扩展，然而简单的数据处理逻辑无法满足大量数据处理请求的需求。因此，大数据覆盖的数据范围及其数据操作能力更加优化。

3. 人工智能能够有效挖掘大数据背后隐藏的潜在价值

人工智能作为一种新型的计算技术，能够自动对大数据进行学习，运用人工智能算法挖掘数据背后隐藏的潜在价值，目的是为我们的行为、活动提供更好的解决方案。所以，大数据的本质是人类行为变成了数据，对数据进行智能分析的人工智能算法只是人工智能的一部分，通过获得大数据背后内在的规律和存在模式，利用挖掘的潜在价值为各种网络决策过程提供支持。

4. SDN 支持云计算统一调度

云计算是一种基于需求的使用模式，提供可配置的资源共享池。用户可以通

过网络访问获取存储空间、网络带宽、服务器、应用软件等。SDN 具有显著的优势：控制平面与数据平面解耦，开放 API，集中管理。在相同要求的情况下，与传统网络相比，它可以使用户支付更少，包括但不限于开发周期、网络复杂性、服务速度、操作和维护效率以及异构兼容性。

只有网络资源、存储资源、服务资源和计算资源协同工作才可以确保数据的高效运行，然而，不同类型的设备使用完全不同的协议标准。对于云计算，如何统一管理是一个亟待解决的问题。网络部分包括交换、路由、安全、负载均衡等各种网络设备，这些设备可能是物理的，也可能是虚拟的，如何通过云平台按需统一调度，SDN 控制器是一个潜在的选择。

5. 机器学习与大数据紧密联系

大数据的核心是挖掘数据的价值。机器学习是挖掘数据价值的关键技术。对于大数据，机器学习是必不可少的。对于机器学习，越多的数据就越有可能提高模型的准确性。同时，分布式计算和内存计算的关键技术也迫切需要降低复杂机器学习算法所需要的计算时间。因此，机器学习技术的发展离不开大数据。大数据和机器学习是相互促进和相互依赖的关系。

6. SDN 和深度学习的关系

随着互联网规模的快速增长，网络底层的路由交换设备目前已经达到了上万台的规模。与此同时，其相关网络业务也变得越来越复杂。复杂的网络业务也相应地导致了各种复杂的网络协议和网络管理策略的出现。网络协议因素或者人为因素等都有可能成为不同网络故障的原因。当网络出现故障时，调试网络也变得越来越困难，不仅会影响用户体验，导致服务不可用，严重时会导致整个网络瘫痪。因此，保障网络的正常运行是保障网络安全与稳定工作最重要的一环。在传统故障维护中，通常需要网络维护人员使用相关故障检测工具去维护网络。然而，随着网络设备的大量增加，借助人工去维护网络故障需要较大的成本，同时效率也会变得越来越低。为了保证业务的安全运行，当故障出现时，人们需要一个更加成熟可靠的工具与策略去检测网络中的相关故障，并能够自动地对故障进行识别、定位及修复。

SDN 是一种控制与数据相分离、软件可编程的新型网络体系架构，并且具有全网控制视图。它能够从传统网络设备中将控制功能分离出来，嵌入具有逻辑集中功能的软件控制器中。用户能够通过编写软件的方式灵活定义网络设备的转发功能与转发策略。这种控制结构实现了对网络的全局集中控制。这种情况下，如果故障不能被及时发现和处理，将会导致整个 SDN 的瘫痪。因此，当发生故障时，希望能够根据 SDN 系统自身的状况做到系统的自动维护，最终使得 SDN 系统能够正常运行。一个自主网络的自愈属性能够将网络从非正常状态恢复到正常状态，深度学习的 SDN 自愈方法，针对 SDN 出现链路故障及应用故障时提供防御及恢复服务。

深度学习本来并不是一种独立的学习方法，其本身也会用到有监督和无监督的学习方法来训练深度神经网络。特别是，近几年深度学习领域发展迅猛，一些特有的学习方法相继被提出（如残差网络）。最初的深度学习是利用深度神经网络来解决特征表达的一种学习过程。深度神经网络本身并不是一个全新的概念，可大致理解为包含多个隐藏层的神经网络结构。为了提高深层神经网络的训练效果，需要在神经元的连接方法和激活函数等方面做出相应的调整。深度学习轻而易举地实现了各种任务，几乎使得所有的机器辅助功能都变为可能。无人驾驶汽车、预防性医疗保健，甚至是更好的电影推荐，都近在眼前，或者即将实现。

7. 人工智能和网络的关系

人工智能作为互联网领域中的热点，被科技界、企业界和媒体广泛关注。1956 年夏季，以麦卡锡（McCarthy）、明斯基（Minsky）、罗切斯特（Rochester）和香农（Shannon）等为首的一批具有远见卓识的年轻科学家在一起聚会，共同研究和探讨用机器模拟智能的一系列有关问题时首次提出人工智能。事实上，人工智能的发展充满了坎坷，在过去的 60 余年里，人工智能经历了多次从乐观到悲观，从高潮到低潮的阶段。最近一次低潮发生在 1992 年，日本第五代计算机系统的计划无果而终，随后人工神经网络热在 20 世纪 90 年代初退烧，人工智能领域再次进入"AI 之冬"。这个冬季如此寒冷与漫长，直到 2006 年加拿大多伦多大学教授杰弗里·辛顿（Geoffrey Hinton）提出深度学习算法，情况才发生转变。这个算法是对 20 世纪 40 年代诞生的人工神经网络理论的一次巧妙的升级，它最大的革新是可以有效地处理庞大的数据。这一特点幸运地与互联网结合，由此引发了 2010 年以来新的一股人工智能热潮。2011 年，一位新车碰撞测试（new car assessment program, NCAP）研究员和斯坦福大学的吴恩达（Andrew Ng）在谷歌公司建立了以深度学习为基础的谷歌大脑。2013 年，杰弗里·辛顿加入谷歌公司，其目的是进一步把谷歌大脑的工作做得更为深入。人工智能从此进入一个新的时代——互联网人工智能时代。基于互联网海量的"大数据"每时每刻与现实世界的信息交互，百度大脑、讯飞大脑等互联网人工智能系统也纷纷涌现，不断创造出新的领域和纪录。人们重新开始陷入狂热的兴奋之中。著名的企业家、投资人和意见领袖不断发出预言，警告人工智能系统即将超越人类，变成人类的主人。其中就包括著名物理学家霍金、特斯拉公司首席执行官马斯克、未来学家库兹韦尔。人工智能依然是互联网发展过程中的产物，应该放到互联网进化的大环境中进行研究和思考。

参 考 文 献

[1] Rahimi M R, Ren J, Liu C H, et al. Mobile cloud computing: A survey, state of art and future directions[J]. Mobile Networks and Applications, 2014, 19(2): 133-143.

[2] Mell P. The NIST definition of cloud computing[J]. Communications of the ACM, 2011, 53(6): 50.

[3] Singh S, Chana I. A survey on resource scheduling in cloud computing: Issues and challenges[J]. Journal of Grid Computing, 2016, 14(2): 217-264.

[4] Wang B, Qi Z, Ma R, et al. A survey on data center networking for cloud computing[J]. Computer Networks, 2015, 91: 528-547.

[5] Xu F, Liu F, Jin H, et al. Managing performance overhead of virtual machines in cloud computing: A survey, state of the art, and future directions[J]. Proceedings of the IEEE, 2013, 102(1): 11-31.

[6] Manvi S S, Shyam G K. Resource management for infrastructure as a service (IaaS) in cloud computing: A survey[J]. Journal of Network and Computer Applications, 2014, 41(1): 424-440.

[7] Hayat R, Sabir E, Badidi E, et al. A signaling game-based approach for data-as-a-service provisioning in IoT-cloud[J]. Future Generation Computer Systems, 2019, 92(6): 1040-1050.

[8] Plebani P, Salnitri M, Vitali M. Fog computing and data as a service: A goal-based modeling approach to enable effective data movements[C]. International Conference on Advanced Information Systems Engineering, Cham, 2018: 203-219.

[9] Bandyopadhyay A, Xhafa F, Mukhopadhyay S. An auction framework for DaaS in cloud computing and its evaluation[J]. International Journal of Web and Grid Services, 2019, 15(2): 119-138.

[10] Badidi E, Routaib H. A DaaS based framework for IoT data provisioning[C]. Proceedings of the Computational Methods in Systems and Software, Cham, 2017: 369-379.

[11] Morsey M, Zhu H, Canyameres I, et al. SemNaaS: Semantic web for network as a service[C]. The 6th International Conference on Cloud Computing and Service Science, Rome, 2016: 27-36.

[12] Zheng X W, Hu B, Lu D J, et al. Energy-efficient virtual network embedding in networks for cloud computing[J]. International Journal of Web and Grid Services, 2017, 13(1): 75-93.

[13] Mansouri Y, Toosi A, Buyya R. Data storage management in cloud environments: Taxonomy, survey, and future directions[J]. ACM Computing Surveys, 2018, 50(6): 1-51.

[14] Ferreira A M A, Drummond A C, de Araújo A P F. Performance evaluation of a private cloud storage infrastructure service for document preservation[C]. The 12th Iberian Conference on Information Systems and Technologies, Lisbon, 2017: 1-7.

[15] Lu H. Method of construct high performance staas infrastructure base on dynamic request data

supporting cloud computing[C]. Network Computing and Information Security, Berlin, 2012: 121-129.

[16] Al-Dhuraibi Y, Paraiso F, Djarallah N, et al. Elasticity in cloud computing: State of the art and research challenges[J]. IEEE Transactions on Services Computing, 2017, 11 (2): 430-447.

[17] Zhang J, Huang H, Wang X. Resource provision algorithms in cloud computing: A survey[J]. Journal of Network and Computer Applications, 2016, 64 (C): 23-42.

[18] Azizian M, Cherkaoui S, Hafid A S. Vehicle software updates distribution with SDN and cloud computing[J]. IEEE Communications Magazine, 2017, 55 (8): 74-79.

[19] Yan Q, Yu F R. Distributed denial of service attacks in software-defined networking with cloud computing[J]. IEEE Communications Magazine, 2015, 53 (4): 52-59.

[20] Yan Q, Yu F R, Gong Q, et al. Software-defined networking (SDN) and distributed denial of service (DDoS) attacks in cloud computing environments: A survey, some research issues, and challenges[J]. IEEE Communications Surveys and Tutorials, 2016, 18 (1): 602-622.

[21] Shahzad F. State-of-the-art survey on cloud computing security challenges, approaches and solutions[J]. Procedia Computer Science, 2014, 37: 357-362.

[22] Kaur T, Chana I. Energy efficiency techniques in cloud computing: A survey and taxonomy[J]. ACM Computing Surveys, 2015, 48 (2): 1-46.

[23] Pan J, McElhanon J. Future edge cloud and edge computing for internet of things applications[J]. IEEE Internet of Things Journal, 2018, 5 (1): 439-449.

[24] Zhang Q, Cheng L, Boutaba R. Cloud computing: State-of-the-art and research challenges[J]. Journal of Internet Services and Applications, 2010, 1 (1): 7-18.

[25] HPCC Systems[EB/OL]. https://hpccsystems.com/. [2021-05-18].

[26] Dean J, Ghemawat S. MapReduce: Simplified data processing on large clusters[J]. Communications of the ACM, 2008, 51 (1): 107-113.

[27] Apache Hadoop[EB/OL]. http://hadoop.apache.org/. [2021-05-18].

[28] Apache Spark[EB/OL]. http://spark.apache.org/. [2021-05-18].

[29] Gantz J, Reinsel D. The digital universe in 2020: Big data, bigger digital shadows, and biggest growth in the far east[J]. IDC iView: IDC Analyze the Future, 2012, 2007 (2012): 1-16.

[30] Fang H, Zhang Z, Wang C J, et al. A survey of big data research[J]. IEEE Network, 2015, 29 (5): 6-9.

[31] Chen M, Mao S, Liu Y. Big data: A survey[J]. Mobile Networks and Applications, 2014, 19 (2): 171-209.

[32] Yin H, Jiang Y, Lin C, et al. Big data: Transforming the design philosophy of future internet[J]. IEEE Network, 2014, 28 (4): 14-19.

[33] Yi X, Liu F, Liu J, et al. Building a network highway for big data: Architecture and challenges[J]. IEEE Network, 2014, 28 (4): 5-13.

[34] Cui L, Yu F R, Yan Q. When big data meets software-defined networking: SDN for big data and big data for SDN[J]. IEEE Network, 2016, 30(1): 58-65.

[35] He Y, Yu F R, Zhao N, et al. Big data analytics in mobile cellular networks[J]. IEEE Access, 2016, 4: 1985-1996.

[36] Zheng K, Yang Z, Zhang K, et al. Big data-driven optimization for mobile networks toward 5G[J]. IEEE Network, 2016, 30(1): 44-51.

[37] Su Z, Xu Q, Qi Q. Big data in mobile social networks: A QoE-oriented framework[J]. IEEE Network, 2016, 30(1): 52-57.

[38] Zeydan E, Bastug E, Bennis M, et al. Big data caching for networking: Moving from cloud to edge[J]. IEEE Communications Magazine, 2016, 54(9): 36-42.

[39] Wang X, Zhang Y, Leung V C M, et al. D2D big data: content deliveries over wireless device-to-device sharing in large-scale mobile networks[J]. IEEE Wireless Communications, 2018, 25(1): 32-38.

[40] Kong L, Zhang D, He Z, et al. Embracing big data with compressive sensing: A green approach in industrial wireless networks[J]. IEEE Communications Magazine, 2016, 54(10): 53-59.

[41] Fan B, Leng S, Yang K. A dynamic bandwidth allocation algorithm in mobile networks with big data of users and networks[J]. IEEE Network, 2016, 30(1): 6-10.

[42] Taneja R, Gaur D. Robust fuzzy neuro system for big data analytics[J]. Developmental Biology, 2018, 85(2): 344-357.

[43] Wang Y, Kung L A, Byrd T A. Big data analytics: Understanding its capabilities and potential benefits for healthcare organizations[J]. Technological Forecasting and Social Change, 2018, 126: 3-13.

[44] Zhang Q, Yang L T, Chen Z, et al. High-order possibilistic C-means algorithms based on tensor decompositions for big data in IoT[J]. Information Fusion, 2018, 39: 72-80.

[45] Zhao L, Chen Z, Hu Y, et al. Distributed feature selection for efficient economic big data analysis[J]. IEEE Transactions on Big Data, 2016, 4(2): 164-176.

[46] Robot technology[EB/OL]. https://www.britannica.com/technology/robot-technology. [2021-05-18].

[47] AI[EB/OL]. https://www.ibm.com/cloud/learn/what-is-artificial-intelligence. [2021-05-18].

[48] Fadlullah Z, Tang F, Mao B, et al. State-of-the-art deep learning: evolving machine intelligence toward tomorrow's intelligent network traffic control systems[J]. IEEE Communications Surveys and Tutorials, 2017, 19(4): 2432-2455.

[49] SDN 的跨界融合[EB/OL]. https://www.sdnlab.com/15724.html. [2021-05-18].

[50] Ghaffarian S M, Shahriari H R. Software vulnerability analysis and discovery using machine-learning and data-mining techniques: A survey[J]. ACM Computing Surveys, 2017, 50(4): 1-36.

[51] Xie J, Yu F R, Huang T, et al. A survey of machine learning techniques applied to software defined networking (SDN): Research issues and challenges[J]. IEEE Communications Surveys and Tutorials, 2018, 21(1): 393-430.

[52] Robert C. Machine learning, a probabilistic perspective[J]. Chance, 2014, 27(2): 62-63.

[53] Boero L, Marchese M, Zappatore S. Support vector machine meets software defined networking in IDS domain[C]. Teletraffic Congress, Genoa, 2017: 25-30.

[54] Hurley T, Perdomo J E, Perez-Pons A. HMM-based intrusion detection system for software defined networking[C]. IEEE International Conference on Machine Learning and Applications, Anaheim, 2017: 617-621.

[55] Glick M, Rastegarfar H. Scheduling and control in hybrid data centers[C]. IEEE Photonics Society Summer Topical Meeting Series, San Juan, 2017: 115-116.

[56] Li Y, Li J. MultiClassifier: A combination of DPI and ML for application-layer classification in SDN[C]. The 2nd International Conference on Systems and Informatics, Shanghai, 2014: 682-686.

[57] Reza M, Javad M, Raouf S, et al. Network traffic classification using machine learning techniques over software defined networks[J]. International Journal of Advanced Computer Science and Applications, 2017, 8(7): 220-225.

[58] Song C, Park Y, Golani K, et al. Machine-learning based threat-aware system in software defined networks[C]. The 26th International Conference on Computer Communication and Networks, Vancouver, 2017: 1-9.

[59] Nanda S, Zafari F, DeCusatis C, et al. Predicting network attack patterns in SDN using machine learning approach[C]. IEEE Conference on Network Function Virtualization and Software Defined Networks, Piscataway, 2016: 167-172.

[60] Martin A, Egaña J, Flórez J, et al. Network resource allocation system for QoE-aware delivery of media services in 5G networks[J]. IEEE Transactions on Broadcasting, 2018, 64(2): 561-574.

[61] Li Y J, Li X B, Osamu Y. Traffic engineering framework with machine learning based meta-layer in software-defined networks[C]. The 4th IEEE International Conference on Network Infrastructure and Digital Content, Beijing, 2014: 121-125.

[62] Mijumbi R, Hasija S, Davy S, et al. Topology-aware prediction of virtual network function resource requirements[J]. IEEE Transactions on Network and Service Management, 2017, 14(1): 106-120.

[63] Liu W X, Zhang J, Liang Z W, et al. Content popularity prediction and caching for ICN: A deep learning approach with SDN[J]. IEEE Access, 2017, 6: 5075-5089.

[64] Pasca S T V, Kodali S S P, Kataoka K. AMPS: Application aware multipath flow routing using

machine learning in SDN[C]. Twenty-third National Conference on Communications, Chennai, 2017: 1-6.

[65] Jain S, Khandelwal M, Katkar A, et al. Applying big data technologies to manage QoS in an SDN[C]. The 12th International Conference on Network and Service Management, Montreal, 2016: 302-306.

[66] Abar T, Letaifa A B, El Asmi S. Machine learning based QoE prediction in SDN networks[C]. The 13th International Wireless Communications and Mobile Computing Conference, Valencia, 2017: 1395-1400.

[67] Maimó L F, Gómez A L P, Clemente F J G, et al. A self-adaptive deep learning- based system for anomaly detection in 5G networks[J]. IEEE Access, 2018, 6(99): 7700-7712.

[68] Lecun Y, Bengio Y, Hinton G. Deep learning[J]. Nature, 2015, 521: 436-444.

[69] Mao Q, Hu F, Hao Q. Deep learning for intelligent wireless networks: A comprehensive survey[J]. IEEE Communications Surveys and Tutorials, 2018, 20(4): 2595-2621.

[70] Shone N, Ngoc T N, Phai V D, et al. A deep learning approach to network intrusion detection[J]. IEEE Transactions on Emerging Topics in Computational Intelligence, 2018, 2(1): 41-50.

[71] Goodfellow I, Bengio Y, Courville A, et al. Deep Learning[M]. Cambridge: MIT Press, 2016.

[72] 邓力, 俞栋. 深度学习: 方法及应用[M]. 北京: 机械工业出版社, 2016.

[73] Vincent P, Larochelle H, Lajoie I, et al. Stacked denoising autoencoders: Learning useful representations in a deep network with a local denoising criterion[J]. Journal of Machine Learning Research, 2010, 11: 3371-3408.

[74] Hinton G E, Salakhutdinov R R. Reducing the dimensionality of data with neural networks[J]. Science, 2006, 313(5786): 504-507.

[75] Wang Y, Yao H, Zhao S. Auto-encoder based dimensionality reduction[J]. Neurocomputing, 2016, 184: 232-242.

[76] Serre T, Wolf L, Poggio T. Object recognition with features inspired by visual cortex[R]. Cambridge: MIT, 2006.

[77] Maia T V. Reinforcement learning, conditioning, and the brain: Successes and challenges[J]. Cognitive, Affective, and Behavioral Neuroscience, 2009, 9(4): 343-364.

[78] Sonawane S S, Kulkarni P A. Graph based representation and analysis of text document: A survey of techniques[J]. International Journal of Computer Applications, 2014, 96(19): 1-8.

[79] Hinton G E, Osindero S, Teh Y W. A fast learning algorithm for deep belief nets[J]. Neural Computation, 2006, 18(7): 1527-1554.

[80] Luo C, Ji J, Wang Q, et al. Channel state information prediction for 5G wireless communications: A deep learning approach[J]. IEEE Transactions on Network Science and Engineering, 2018, 7(1): 227-236.

[81] Wang W, Sheng Y, Wang J, et al. HAST-IDS: Learning hierarchical spatial-temporal features using deep neural networks to improve intrusion detection[J]. IEEE Access, 2018, 6(99): 1792-1806.

[82] Dong B, Wang X. Comparison deep learning method to traditional methods using for network intrusion detection[C]. The 8th IEEE International Conference on Communication Software and Networks, Beijing, 2016: 581-585.

[83] Zhao R, Yan R, Chen Z, et al. Deep learning and its applications to machine health monitoring[J]. Mechanical Systems and Signal Processing, 2019, 115: 213-237.

[84] Hou S, Saas A, Chen L, et al. Deep4MalDroid: A deep learning framework for Android malware detection based on Linux kernel system call graphs[C]. IEEE/WIC/ACM International Conference on Web Intelligence Workshops, Omaha, 2016: 104-111.

[85] Hodo E, Bellekens X, Hamilton A, et al. Shallow and deep networks intrusion detection system: A taxonomy and survey[J]. arXiv preprint arXiv: 1701.02145, 2017.

[86] Li C, Wu Y, Yuan X, et al. Detection and defense of DDoS attack-based on deep learning in OpenFlow-based SDN[J]. International Journal of Communication Systems, 2018, 31(5): e3497.

[87] Huang W, Song G, Hong H, et al. Deep architecture for traffic flow prediction: Deep belief networks with multitask learning[J]. IEEE Transactions on Intelligent Transportation Systems, 2014, 15(5): 2191-2201.

[88] Crotti M, Dusi M, Gringoli F, et al. Traffic classification through simple statistical fingerprinting[J]. ACM SIGCOMM Computer Communication Review, 2007, 37(1): 5-16.

[89] Wang X, Parish D J. Optimised multi-stage TCP traffic classifier based on packet size distributions[C]. The Third International Conference on Communication Theory, Reliability, and Quality of Service, Athens, 2010: 98-103.

[90] Sun R, Yang B, Peng L, et al. Traffic classification using probabilistic neural networks[C]. The Sixth International Conference on Natural Computation, Yantai, 2010, 4: 1914-1919.

[91] Hu T, Yong W, Tao X. Network traffic classification based on kernel self-organizing maps[C]. International Conference on Intelligent Computing and Integrated Systems, Guilin, 2010: 310-314.

[92] Draper-Gil G, Lashkari A H, Mamun M S I, et al. Characterization of encrypted and VPN traffic using time-related[C]. Proceedings of the 2nd International Conference on Information Systems Security and Privacy, Rome, 2016: 407-414.

[93] Mao H, Alizadeh M, Menache I, et al. Resource management with deep reinforcement learning[C]. Proceedings of the 15th ACM Workshop on Hot Topics in Networks, Atlanta, 2016: 50-56.

[94] Atallah R, Assi C, Khabbaz M. Deep reinforcement learning-based scheduling for roadside communication networks[C]. The 15th International Symposium on Modeling and Optimization in Mobile, Ad Hoc, and Wireless Networks, Paris, 2017: 1-8.

[95] Sun B, Feng H, Chen K, et al. A deep learning framework of quantized compressed sensing for wireless neural recording[J]. IEEE Access, 2016, 4: 5169-5178.

[96] Lopez-Martin M, Carro B, Sanchez-Esguevillas A, et al. Network traffic classifier with convolutional and recurrent neural networks for internet of things[J]. IEEE Access, 2017, 5(99): 18042-18050.

[97] Sun C, Shrivastava A, Singh S, et al. Revisiting unreasonable effectiveness of data in deep learning era[C]. Proceedings of the IEEE International Conference on Computer Vision, Venice, 2017: 843-852.

[98] Dean J, Corrado G, Monga R, et al. Large scale distributed deep networks[C]. Advances in Neural Information Processing Systems, New York, 2012: 1223-1231.

[99] Tsai K C, Wang L L, Han Z. Caching for mobile social networks with deep learning: Twitter analysis for 2016 U.S. election[J]. IEEE Transactions on Network Science and Engineering, 2020, 7(1): 193-204.

[100] Liu L, Yin B, Zhang S, et al. Deep learning meets wireless network optimization: Identify critical links[J]. IEEE Transactions on Network Science and Engineering, 2020, 7(1): 167-180.

第 12 章　未来互联网研发与应用案例

12.1　IPv6 源地址认证技术

根据互联网本身具有的层次结构，清华大学教授吴建平等[1]在"真实 IPv6 源地址验证体系结构"中将 SAVA 分成三个组成部分，分别为接入子网真实源地址验证、自治系统内真实源地址验证、自治系统间真实源地址验证。三部分验证技术相互作用、协调配合，构成了互联网的整体防御体系，下面分别进行阐述。

12.1.1　接入子网真实源地址验证

接入子网的 IPv6 源地址验证是 SAVA 的核心组成部分，可实现端系统 IP 地址一级的细粒度的真实 IPv6 源地址验证。如果没有这一级验证，一个子网内的主机依然可以假冒 IP 前缀相同的位于同一子网内其他主机的地址。

接入子网的源地址验证具有以下基本特点[1]。

(1)所有与源地址验证的相关设备必须在同一个网络管理机构的管辖和控制范围之内。

(2)该解决方案与接入子网的地址管理、分配及控制策略紧密相关。

(3)该解决方案与端系统的接入方式紧密相关。

在接入子网这一级别，SAVA 保证了接入子网中的主机不能使用其他主机的地址。主机地址既可以是静态的，也可以是动态的，但必须是被验证过的有效地址。要实现这一约束，需要在以太网中提供源地址验证设备(即 SAVA 设备)，这些设备可以集成在用户端预置的网络设备上，也可以将一个单独的设备部署在所在的接入网络中，在接入网络内部部署源地址验证代理，事实上这些代理被部署在连接主机的第一跳交换机与路由器上。为主机、SAVA 代理和 SAVA 设备之间的通信设计一组协议，只有来自分配给指定源地址的主机的数据报文才可以通过 SAVA 代理或 SAVA 设备。通信只能由终端主机发起，并且通信也仅限于在主机、SAVA 代理以及 SAVA 设备之间进行。

接入子网的源地址验证存在如下两种可能的部署方式。

(1)代理是强制性的，每个主机通过自身的物理端口与代理直接相连。这种部署方式的主要功能是在交换机端口与真实有效 IP 源地址之间创建动态绑定，或在 MAC 地址、IP 源地址和交换机端口之间的动态绑定。为实现交换机对其地址变化进行跟踪，需要在主机上部署新的地址配置协议。在这种机制中主要包含三个参与者，即主机上的源地址请求客户端、交换机上的源地址验证代理、源地址管理服务器。具体步骤如下所示[2]。

步骤 1：源地址请求客户端从主机上发送 IP 地址请求。交换机上的源地址认证代理将 IP 地址请求发送到源地址管理服务器，并记录 MAC 地址和端口号。如果地址已经被主机预先指定，则主机需要将地址放入请求信息中，以便将请求信息发送到源地址管理服务器进行验证。

步骤 2：在源地址管理服务器接收到 IP 地址请求后，根据接入网络的地址分配和管理策略为源地址请求客户端分配一个源地址和相应的管理策略，并保存 IP 地址到源地址管理服务器历史记录数据库用于必要时可以对其加以回溯与追踪，然后向源地址验证代理发送包括分配地址和管理策略的响应消息。

步骤 3：在源地址验证代理收到响应消息后，在绑定表中将请求的 IP 地址和 MAC 地址绑定到交换机端口，之后将分配的主机地址转发到源地址请求客户端。

步骤 4：接收交换机过滤主机发出的数据报文，数据报文不遵循 IP 地址与交换机端口对应关系的加以剔除。

（2）主机必须执行网络接入验证，生成保护每个报文所需要的密钥信息，对报文进行加密处理，在这种情形下源地址验证代理是可有可无的。这种部署方式的核心思想是使用密钥机制来实现对网络接入的验证过程。为连接到网络中的每个主机生成一个会话密钥，主机发送的每一个报文都用会话密钥进行加密保护，只要能够确定报文是从哪个主机发出的，就能正确追踪到发出报文的主机地址，并能够确定报文携带的源地址信息是否是分配给主机的源地址。具体步骤如下所示。

步骤 1：当主机需要建立连接时，执行网络接入验证。

步骤 2：网络接入设备为 SAVA 代理提供一个会话密钥，该会话密钥被下发给 SAVA 设备，SAVA 设备将会话密钥与主机 IP 地址进行绑定。

步骤 3：当主机向外发送报文时，主机或者 SAVA 代理需要利用数据和主机对应的密钥产生一个消息验证码，可将该消息验证码填写在 IPv6 扩展头部中。

步骤 4：SAVA 设备使用会话密钥验证报文携带的标识，去验证源地址的真实性与有效性。

将上述两种部署方式进行对比，基于交换机的机制性能更好，但是需要对接入子网的交换机进行升级操作（通常接入子网的交换机数量较大），基于数据标识的方法可部署在主机和路由器之间，但插入和验证标识会产生额外开销。

接入子网的 IPv6 源地址验证位于三部分防御体系结构中的最底层，仅能够确保接入子网内的网络用户无法对源地址进行假冒，并不能保证子网内收到的外域数据报文不被伪造，缺乏对外域攻击的防御，防御代价相对较大。

12.1.2　自治系统内真实源地址验证

通过调整自治系统网络入口点的 IPv6 源地址认证，实现多宿主接入子网的 IPv6 源地址认证。该部分的总体目标是实现 IP 地址前缀粒度的真实 IPv6 源地址验证。自治系统内(域内)的真实 IPv6 源地址验证主要实现地址前缀级的真实地址验证功能。从真实性保证粒度上讲，域内真实 IP 地址寻址可以提供比域间真实 IP 地址寻址粒度更细的真实性保证。由于域内真实地址寻址主要是针对地址前缀进行检查和过滤，因此部署更加方便，开销更小。当前应用较多的方案的核心思想是在路由器上部署入口过滤验证规则，利用这些规则将每一个路由器的接口和一组真实有效的 IPv6 地址前缀关联起来，判断地址前缀的合法性，以此防范基于源地址欺骗的网络攻击。入口过滤方案已经形成了 IETF 的 RFC 标准，在部分网络设备厂商的设备中实现了硬件支持。

入口过滤的实施方式主要包括如下五个方面[3]。

(1)入口访问列表(ingress access lists)。实际上入口访问列表只不过是一个过滤器，根据可接受的前缀列表检查网络接口上接收到的每条信息的源地址，丢弃与过滤器不匹配的任何数据包。然而，入口访问列表通常情况下需手动维护。假设前缀的集合发生变化并忘记在网络服务提供商中更新列表，会有可能导致数据包没有通过入口过滤器，造成错误丢包情况的发生。通常情况下，入口访问列表比其他机制更难维护，并且过时的列表可能阻止合法的访问。

(2)严格反向路径转发(strict reverse path forwarding)。严格反向路径转发是实现入口过滤的一种比较简单的方法。在严格反向路径转发中，访问列表自动建立，除此之外，严格反向路径转发在概念上与使用列表进行入口过滤是一致的。动态的访问列表可以避免重复设置，更好地维护静态路由或边界网关协议的前缀列表以及过滤器和入口访问列表。处理过程是首先在转发信息库中查找数据报文的源地址，反向查找报文的出接口，若有至少一个出接口和报文的入接口相互匹配，数据报文即通过检查，否则数据报文就会被拒绝。面对任何一种边缘网络，严格反向路径转发都是一种比较合理的方法。特别是当网络边缘使用边界网关协议发布多个前缀时，严格反向路径转发比入口访问列表要好得多。

但是严格反向路径转发本身存在一些问题。这种方法只能应用在路由是对称部署的场景，即一个方向的 IP 数据包和另一个方向的响应明确地遵循一致的路径。虽然对称路由在网络服务提供商的边缘网络接口上非常普遍，但在使用不对称部署路由的网络提供商之间则不能发挥严格反向路径转发的应有效用。同时，如果边界网关协议带有前缀，而一些合法的前缀在其策略下没有通知网络服务提供商或者不被网络服务提供商接受，严格反向路径转发也会造成错误的丢包，因为过滤路由器的转发信息库中可能缺少部分路由信息，一些合法的数据包就会被过滤。

(3) 可行反向路径转发 (feasible reverse path forwarding)。可行反向路径转发是严格反向路径转发的延伸。在转发信息库中查找源地址，在转发信息库中不仅插入最佳路由，还添加了其他有效路径。使用路由协议指定的方法对列表进行填充，这种方法有时可作为严格反向路径转发的一部分实现。在网络边缘存在不对称路由的情况下，这种方法提供了一种相对简单且容易解决严格反向路径转发方法要求严格对称路径的问题。这种机制依赖于传播给所有执行可行反向路径转发检查路由器的路由通知的一致性，如通过所有路径的前缀。一般来说，如果通知被过滤，数据包也将会被过滤。正确定义的可行反向路径转发在某些类型的非对称路由场景中是一种非常强大的工具。

(4) 松散反向路径转发 (loose reverse path forwarding)。松散反向路径转发在算法上与严格反向路径转发类似，不同之处在于，它只检查路由是否存在，而不检查路由指向何处。实际上，可以看成路由存在检查。如果数据报文的源地址在路由器的转发信息库中存在，则数据报文进行正常的转发。这种方法的好处为在非对称路由情况中，如果路由不存在，数据包会被丢弃，如当前没有路由的源地址；如果路由存在，则不会丢弃数据包。松散反向路径转发存在的一些问题在于：由于它牺牲了方向性，失去了将边缘网络的流量限制为合法流量的能力，在大多数情况下，这种机制作为一种入口过滤机制用处不大。

许多网络服务提供商出于各种目的使用默认路由，较小的网络服务提供商会购买传输功能，并通过较大的供应商使用默认路由。一些松散反向路径转发的实现会检查默认路由指向的位置，如果路由指向启用松散反向路径转发的接口，则允许从该接口发送任何数据包；如果路由不指向任何其他的接口，那么即使默认路由存在，带有伪造源地址的数据包也会在松散反向路径转发的接口上被丢弃。如果没有实现这种细粒度的检查，则默认路由的存在将完全抵消松散反向路径转发的影响。松散反向路径转发非常适合的情况是网络服务提供商对来自上游供应商的数据包进行过滤，丢弃一些没有路由地址的数据包。

(5) 忽略默认路由的松散反向路径转发 (loose reverse path forwarding ignoring default routes)。这种实现技术的特点是松散的反向路径转发，忽略默认路由，即"明确存在的路由检查"。在这种机制中，路由器在路由表中查找源地址，并在找到路由时保存数据包。在查找中会包含默认路由，这种机制主要适用于以下场景：默认路由仅用于通过伪造的源地址捕获数据包，并使用大量或者全部显示路由列表覆盖合法数据包。与松散反向路径转发类似，忽略默认路由的松散反向路径转发在非对称路由的地方非常有用，比如在互联网服务供应商的连接上。与松散反向路径转发相似，忽略默认路由的松散反向路径转发牺牲了方向性，失去了将边缘网络的流量限制为来自该网络的合法流量的能力。

入口过滤的适用性：入口过滤不仅应用于网络服务提供商与终端用户之间的接口，在适当的情况下，也可以在网络服务提供商边缘、通过连接局域网到企业网络的路由等处进行入口过滤。

自治系统内的源地址验证位于三部分防御体系的中间部分，主要用于过滤系统内用户发起的假冒数据报文的行为，具备比较适中的部署代价，与接入子网的源地址验证相互补充共同构建出了完整的域内防御体系。通常情况下，自治系统内拓扑相比自治系统外更为稳定，通过获取自治系统内的地址分配和路由策略可以建立准确的过滤规则，能对系统内用户的行为进行约束，但是无法对自治系统外的攻击进行防范，对部署者的激励仍有欠缺。

12.1.3　自治系统间真实源地址验证

互联网具有网状的拓扑结构，而且不同的网络由不同的管理机构管理，因此在自治系统间验证源地址更具挑战性。自治系统间的源地址验证是最复杂的一个部分，具有以下两个明显特性。

(1)可以用不同的管理机构来协调不同的自治系统，需要在不同自治系统之间协同工作。

(2)源地址验证机制必须是简单而且轻量级的，足以支持高吞吐率并且不会影响转发效率，不会给自治系统间的高速通信带来明显影响。

自治系统之间的真实源地址验证的主要功能是对自治系统粒度的真实 IPv6 地址进行验证。自治系统间的 IPv6 源地址验证需要建立协同工作机制，具体做法是在网络中部署一台注册服务器用以向各个自治系统提供协同服务。目前支持真实源地址验证体系结构的所有自治系统共同组成了一个信任联盟。可将自治系统间的真实源地址验证分为直接互联和间接互联两种情况。其中，直接互联是由两个支持真实源地址验证体系结构的自治系统直接进行连接；间接互联是由两个支持真实源地址验证体系结构的自治系统非直接互联，中间可能经过一个或多个没有部署真实源地址验证体系结构的自治系统间接连接在一起。

若要生成源地址验证信息数据库中的验证规则，就需要获取路由器、交换机等网络设备之间的交换信息，根据获取交换信息的不同类别生成不同方式的验证规则。真实源地址验证方法可对应分为基于路径或路由信息的验证机制和基于标记或端到端签名信息的验证机制两个类别。

1)基于路径或路由信息的验证机制

生成验证规则依靠来自分组转发经过的路径或者路由信息。这种验证方法的优点在于直接以 IPv6 地址前缀的形式来表示，缺点是仅适用于节点之间直接互联且共同配合生成验证规则的情形。这种验证方法主要针对两个支持真实 IPv6 源地址验证体系结构的自治系统直接互联的情况，为自治系统边界路由器的每一个接口创建一个验证规则表，将一组真实有效的 IPv6 地址前缀与路由器的接口联系起来。验证规则的生成是基于自治系统的互联关系的，自治系统的互联关系决定了域间路由的策略，域间路由策略决定了 BGP 路由的配置，而 BGP 路由表是生成域间转发表的核心信息。自治系统互联关系相对稳定。

这种验证机制主要有验证规则生成引擎、验证引擎、自治系统编号到 IPv6 地址前缀映射服务器三部分。验证规则生成引擎生成验证规则，并最终会以 IPv6 地址前缀的形式表示。

每个支持真实源地址验证体系结构的自治系统都有对应的验证规则生成引擎，这个引擎主要有以下三个功能。

(1)生成以地址前缀形式表示的验证规则。

(2)与其他自治系统的验证规则生成引擎进行通信，交换验证规则信息。

(3)与本地自治系统的验证引擎通信，配置验证规则信息。

验证引擎加载验证规则生成引擎的验证规则，并利用这些验证规则验证转发的数据报文。

地址前缀映射服务器维护着自治系统编号到其对应拥有的地址前缀信息的映射。

在自治系统内存在四种关系，分别为服务者到客户、客户到服务者、对等互联、兄弟互联。一个自治系统的导出规则表是指自治系统依据互联关系向其相邻接自治系统传递验证规则的规则。导出规则表的定义如下：一个自治系统会把其所拥有的、其客户自治系统拥有的、其服务者自治系统拥有的、其兄弟互联自治系统拥有的、其对等互联自治系统拥有的地址前缀集合，传递给其客户自治系统和兄弟互联自治系统，并且只将其所拥有的、其客户自治系统拥有的、其兄弟互联自治系统拥有的地址前缀集合，传递给其服务者自治系统和对等互联自治系统。

基于地址前缀映射服务器的支持，只有当自治系统编号在不同验证规则生成引擎之间传递并在验证规则生成引擎处被映射为地址前缀集合时，可以大大减少附加协议的传输开销。自治系统互联关系一般相对稳定，可以避免由路由震荡带来的影响。而当自治系统互联关系或者自治系统所拥有的地址前缀集合发生变化时，验证规则也会相应发生变化。

2)基于标记或端到端签名信息的验证机制

这种方法是通过添加附加标记或签名信息来验证 IP 分组源地址的合法性和真实性的。其优点在于适用于非邻接部署，生成验证规则的网络节点可以是相互间接互联的节点；其缺点是增加标记或签名信息的同时也将产生且增加额外的处理负担与开销。

这个验证方法主要用于两个支持真实源地址验证体系结构的自治系统间接互联的场景。所有支持真实源地址验证体系结构的自治系统组成信任联盟。其主要设计思想是对于任何同属信任联盟但为间接互联关系的自治系统都拥有一对独立的临时标记。当某个报文离开了它自己发出的源自治系统，而其目的地址的自治系统同属于信任联盟时，源自治系统的边界路由器就将根据目的地址，查询预先设定好的标记表，并将标记信息附加在数据报文的 IPv6 逐跳扩展头中。当某个数据报文到达目的自治系统时，如果数据报文源地址所属的源自治系统在信任联盟中，目的自治系统的边界路由器就将根据数据报文的 IP 源地址查找设定好的标记表，并验证标记信息，如果匹配，则去掉该标记信息后将数据报文发送到目的端；否则匹配失败，将该数据报文丢弃。

在这种验证方法中使用了轻量级身份验证标记，使用加密方法产生的 128 位共享随机数来生成身份验证标记信息。该方案的优点在于：当在一组网络中使用本地地址验证时，可以确保它们的网络不会发送 IP 源地址假冒的数据报文，但是其他的网络可以发送假冒的 IP 源地址的数据报文。通过这种方案，就可以解决其他的网络发送假冒 IP 源地址的数据报文的问题。如果信任联盟外部的人使用联盟内部的源地址对数据报文进行伪造，信任联盟的成员将拒绝接收这个数据报文。

在这种验证方法中，组成部分有三个：注册服务器、自治系统控制服务器和自治系统边界路由器。

注册服务器是信任联盟的"中心"，维护部署真实源地址验证体系结构的信任联盟的自治系统成员列表，主要有以下两个功能。

(1)处理来自自治系统控制服务器的请求，提供信任联盟成员列表。

(2)当成员列表更改时，通知每个自治系统控制服务器。

部署这种验证方法的每个自治系统都有一个自治系统控制服务器，自治系统控制服务器有三大功能。

(1)与注册服务器进行通信，获取最新的信任联盟的成员列表。

(2)与信任联盟中其他成员所在的自治系统控制服务器进行通信，交换或者协商标记信息。

(3)与本地自治系统的所有自治系统边界路由器进行通信，配置标记信息组成的验证规则。

自治系统边界路由器在发送自治系统的数据报文中添加身份验证标记，在目的自治系统中验证和移除身份验证标记信息。在系统的设计中，为了减轻注册服务器的负担，大部分的控制流量都发生在自治系统控制服务器之间，并且身份验证标记需要定期更改。

自治系统间的源地址验证作为三部分防御体系中的最上部分，与前两部分的防御作用有明显差异。自治系统间的 IPv6 源地址验证通过不同自治系统间的相互协作传递过滤特征规则，达到过滤自治系统外 IPv6 源地址假冒数据报文的效果，构成防御体系中的最后一环。作为唯一能够过滤自治系统外假冒报文的防御环节，自治系统间的 IPv6 源地址验证具有最粗的过滤粒度，部署代价小，可扩展性好，在分布式的互联网结构中更具有部署激励和现实意义。

建立自治系统间的源地址验证对于互联网具有重要的意义[4]，主要体现在以下方面。

(1)抵御自治系统外的流量攻击。自治系统对域内网络拥有更为全面的控制权，域内的相互攻击更容易及时发现和有效控制，但来自域外的攻击在没有得到域间协作的基础上抵御难度更大，因此建立自治系统间有效的源地址验证技术，也是自治系统实现对域内保护的重要环节。

(2)降低其他自治系统被攻击的概率。自治系统间的流量通常需经过多个自治系统后才到达目的自治系统，如果流量经过的自治系统中拥有自治系统间 IPv6 源地址验证技术，则假冒 IPv6 源地址的流量被过滤的概率会增加，目的自治系统被攻击的概率就会下降。部署自治系统间的源地址验证，也可以降低其他自治系统被攻击的概率，从而为其他自治系统提供间接保护。

(3)充分保证网络安全。接入子网的 IPv6 源地址验证和自治系统内的 IPv6 源地址验证均不具有防御自治系统外的攻击能力，建立自治系统间的 IPv6 源地址验证是构建完整防御体系的重要环节。

(4)提高互联网的可管理性。自治系统间的 IPv6 源地址验证能够为数据通信提供安全性保障，非法的通信被拒绝访问，可疑通信也会被溯源追查。此外，真实的报文源地址会使得防火墙和其他访问控制设备对出域报文与入域报文基于真实 IPv6 地址进行精细化的管理和控制，从而提升网络管理的灵活性，降低网络管理的复杂性。

(5)提高互联网的稳定性。互联网具有分布式特性，在没有自治系统间防御策略情况下，假冒 IPv6 源地址的报文从某一个自治系统发送到网络中的其他节点时，会对其造成破坏并会使整个网络的稳定性失衡。构建完整的自治系统间的防御策略，可使假冒 IPv6 源地址的数据报文仅停留在数据报文发起的自治系统内，攻击带来的影响不能继续扩散到互联网中，使分布式的网络架构具有更好的稳定性。

(6)为技术创新提供保证。IPv6 协议中巨大的地址空间为体系结构层面的技术创新提供了广阔平台，基于 IPv6 地址空间的技术创新需要以真实源地址为基础。

12.1.4　IPv6 源地址验证体系结构的部署

真实源地址验证体系结构的部署策略是通过相应网络节点上的控制机制来实现的。这些网络节点可能是交换机、路由器或者网关。图 12.1 给出了一个支持真实 IPv6 源地址验证体系结构的典型网络节点结构。逻辑部分的组成主要包括以下几个方面。

(1)转发信息数据库：用于保存分组转发的路由和交换信息。

(2)源地址验证信息数据库：用于保存实现源地址验证的验证规则信息。

(3)路由和交换协议：用于在网络节点间互相交换转发信息，更新转发信息数据库。

(4)源地址验证协议：可以在网络节点间互相交换源地址验证信息，更新源地址验证信息数据库。

(5)转发引擎：按照转发信息数据库，对 IP 分组进行转发。

(6)源地址验证引擎：按照源地址验证信息数据库检查待转发的分组源地址的真实性，只有当检查的源地址真实，才将分组交由转发引擎转发。

转发信息数据库、路由和交换协议以及转发引擎是现有网络转发功能的核心组成部分，源地址验证信息数据库、源地址验证协议和源地址验证引擎实现新增的IPv6源地址验证功能。IPv6源地址验证协议模块属于控制平面的模块，可通过软件实现，也可在现有路由交换网络设备中实现，当然也可以通过单独的控制服务器部署实现。IPv6源地址验证引擎模块属于数据平面的模块，通常情况下可在路由和交换设备的线卡中实现。

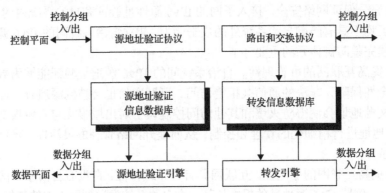

图 12.1　支持真实 IPv6 源地址验证体系结构的典型网络节点结构

12.2　5G 网 络

5G 正在逐步实现万物互联化、生活云端化、智能交互化，影响并改善着人类生活和生产的方方面面。2015 年 6 月，ITU-R 完成了 5G 愿景建议书，定义了 5G 的主要应用场景，如图 12.2 所示[5]。

随着 5G 的不断成熟，5G 生态已初见规模，产业界正在全力向 5G 商用加速推进。5G 已成为全球各行各业关注的焦点，在工业、医疗、交通等行业的信息化建设中发挥着重要作用。

1. 基于 5G 的机器视觉带钢表面检测系统

钢铁行业作为复杂流程工业的典型代表，生产环境存在着高温、粉尘、腐蚀、电磁干扰等复杂、恶劣的情况，对网络的可靠性和稳定性有极高的要求。因此，钢铁企业就迫切需要引入 5G 等先进技术，以期提高生产效率，降低生产成本。

全球带钢生产线中约有 15%使用了表面质量检测系统。然而，现有的带钢表面检测系统存在着缺陷识别率问题与缺陷库共享问题，生产线系统存在着完整性问题，无线网络建设存在着投资大、稳定性差、维护难等问题。

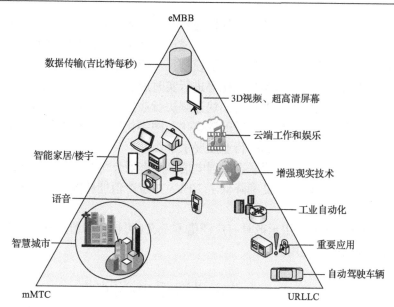

图 12.2 5G 的主要应用场景

为解决以上问题，鞍山钢铁集团联合中国移动通信集团辽宁有限公司与中兴通讯股份有限公司(简称中兴通讯)研发了基于5G的机器视觉带钢表面检测系统，依托 5G 网络的高带宽、低时延、广连接的特性，与工业互联网、机器视觉、云计算、边缘计算、大数据等技术相结合，实现5G智慧钢铁应用。利用5G网络切片与边缘计算技术搭建安全可靠的 5G 无线工业专网。融合 5G 工业互联网与边缘计算、机器视觉、云计算等技术搭建基于 5G 的机器视觉带钢表面检测平台，为每条带钢生产线部署 4 台工业相机，以每秒 160 张高清图片的速度拍摄超高清检测图片，通过 5G 网络快速上传至云平台。利用基于大数据的智能图像识别系统进行诊断，给出数据分析检测和缺陷识别结果，实现了 95% 以上的缺陷检出准确率，满足带钢流水线高速运转的要求。引入边缘计算系统，将数据在本地进行分流，实现工业数据不出厂，保障工业数据安全和信息安全。

5G 网络的部署降低了传统有线网络的建设成本，端到端的云服务模式更是大幅降低了钢铁企业在网络、云平台、表面检测系统等方面的投资和维护成本。

2. 基于5G的智慧工业示范园区

在钢结构的制造中，存在着生产过程信息反馈滞后、管控模式层级较多、数据归集数量过大等问题，如何实现数据的高效传递是面临的重要挑战。

为解决以上问题，中建钢构有限公司联合中国电信集团有限公司开发了基于5G的工业互联网平台。结合 5G 和工业互联网，实现厂区生产要素的全连接，实现对钢结构全生命周期的分析与应用，是迄今为止国内建筑钢结构领域首个智能化工厂。

　　平台协助工业制造企业进行设备数据采集，5G 网络的高可靠、低延迟特性辅助生产线数据的可视化实现。基于 5G 完成设备系统之间的数据传输，同时打通企业内的各业务系统，创建大数据分析模型，从而对生产中的成本情况、生产线的任务负载情况、工艺中的参数优化等进行实时展示和分析，形成面向钢结构行业产业链的工业互联网大数据平台，快速解决行业生产中的问题，助力工业企业实现全要素、全产业链、全价值链的数字化、网络化和智能化升级，实现产线级的内网和外网系统的融合，提高行业发展水平。

　　据悉，中建钢构有限公司联合中国电信集团有限公司开发的基于 5G 的工业互联网解决方案中，产品不良率降低了 20%，单位产值能耗降低了 10%，运营成本降低了 20% 以上。

　　5G 在钢铁行业的应用示范具有广泛借鉴意义，可快速移植至其他工业制造场景，具有极强的推广复用前景。

12.3　软件定义数据中心网络

12.3.1　DCSDN 在中兴通讯的应用

　　中兴通讯的软件定义 DCN（DCSDN）解决方案如图 12.3 所示。

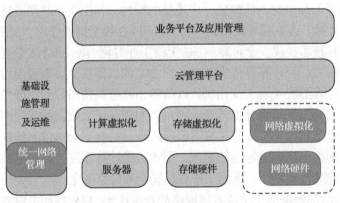

图 12.3　DCSDN 解决方案

　　在 DCSDN 解决方案中，中兴通讯拥有完整的产品家族，对于不同规模的网络可以选择不同的产品进行组合。①SDN 控制器：自主研发的 ZENIC SDN 分布式集群控制器，支持小规模网络到大型 DC 网络的平滑扩容；②VTEP（VXLAN tunnel end point，VXLAN 隧道终点）设备：根据组网需求可以选择 ZX-DVS 虚拟化交换机或者 ZXR10 5960 系列 ToR 交换机；③VXLAN GW：根据组网需求可以选择 ZX-VSG 虚拟化路由器、ZXR10 9900 系列交换机或者 ZXR10 M6000-S 系列路由器；④提供 L4-L7 Service 设备：包括虚拟负载均衡器、虚拟防火墙以及 IPSec

虚拟专用网络等软件设备。

中兴通讯的 DCSDN 解决方案，主要有以下特点和优势：

(1)集中高效的网络管理和运维；

(2)灵活组网与多路径转发；

(3)智能的虚拟机部署和迁移；

(4)海量虚拟租户支持；

(5)异构云平台兼容管理。

12.3.2　未来 DCSDN 的几个研究方向

1. 程序网络功能的配置

对于 DCN 自动配置，现有的研究主要集中在配置策略和配置冲突检测。而 DC 传输网络中是否包含 SDN 支持的网元，这在未来的 DCSDN 自动配置中是需要考虑的。

2. 高效的网络安全服务

在 SDN 体系结构中，为了获得更高的安全性和稳定性，可以在一系列网络设备上实现网络安全功能。SDN 在为 DCN 带来好处的同时也带来了一些威胁，例如，在 SDN 的云计算环境下 DCN 和 SDN 都受到了 DDoS 攻击。此外，SDN 技术将控制平面和数据平面分离开，并将 REST (representational state transfer，表述性状态转移) API 公开给第三方控制应用程序，这些应用可能会对 SDN 网元、控制器、第三方控制应用和管理员进行攻击。

3. DCSDN 的低成本架构

DCSDN 中存在着一些实际的挑战。对于光网络，SDN 必须在可视化和端到端优化方面与光网络协同，因为下一代 DCN 必须通过 SDN 技术充分利用光链路进行优化。由于未来的 DCN 和 HPC 平台将需要增强可扩展性、降低延迟和提高吞吐量，DCSDN 方案应该通过对所设想的 DCN 数据平面和支持 SDN 的统一控制平面的阐述，赋予光电路交换和光分组交换的传输技术更高的灵活性、可管理性和可定制性。

12.4　软件定义内容中心网络

ICN 虽然带来了网内缓存、组播以及多宿主通信等诸多优势，但作为一个新兴的网络范式，其不可避免地面临着部署和实现问题。SDN 将网络控制逻辑与数据转发分离，通过一个逻辑上集中的控制层面来实现灵活的网络管理的构网方法，为试验和部署 ICN 体系结构提供了一个强大的工具。不需要部署专有的 ICN 传输策略及 ICN 硬件，SDN 就可以在网络中完成 ICN 功能的实现。此外，ICN 的管理也不够灵活。其不能自适应地支持缓存及路由策略的动态更新，甚至不允许多个路由器自适应地执行不同的缓存及路由策略。而 SDN 的可编程特性可有效解决 ICN 的灵活性问题。因此，引入 SDN 来实现 ICN 可以极大地促进 ICN 的功能和管理。

目前 SDN 和 ICN 的结合也已引起广泛的关注。文献[6]提出一种在 SDN 上构建 ICN 的想法。如图 12.4 所示，该 ICN over SDN 的体系结构分为数据平面和控制平面。数据平面包含 ICN 服务器、ICN 客户端和 ICN 节点，控制平面包含命名路由系统(naming routing system，NRS)和协调节点。其中 NRS 由若干个 NRS 节点构成，每个 NRS 节点可看成 SDN 的控制器，通过 OpenFlow 协议控制数据平面上若干 ICN 节点，指导这些节点的转发行为；通过一个北向 API 与协调节点通信便于其协调域内的整体行为。

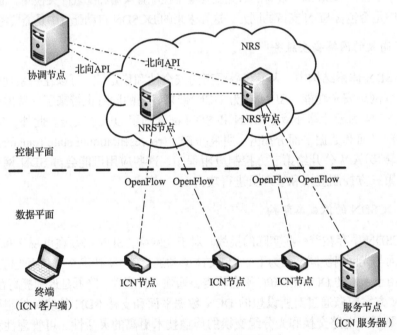

图 12.4　ICN over SDN 体系架构

文献[7]设计了一个名为软件定义内容中心网络(software defined content centric network，SDCCN)的方法，以提高 CCN 的灵活性，支持可编程的 CCN 转发和缓存策略。SDCCN 由用户(内容的提供者和消费者)、交换机和控制器构成。交换机转发包并缓存内容，控制器管理交换机，并编制兴趣包的转发策略和内容的缓存方案。消费者通过发送兴趣包表达内容需求，提供者或缓存内容的交换机发送数据包交付内容给所需消费者。

图 12.5 显示了 SDCCN 中兴趣包和数据包的处理过程。其大致流程与 CCN

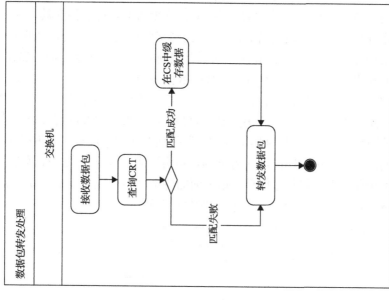

(b) 数据包处理

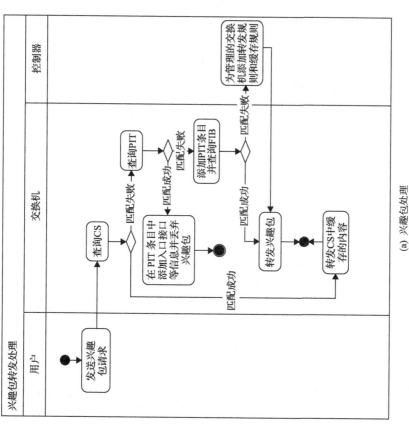

(a) 兴趣包处理

图12.5　SDCCN包处理过程

中的包处理过程相同，只是通过 SDN 的控制器实现了转发和缓存的可编程。如图 12.5(a)所示，在接收到需要转发的兴趣包时，交换机通过控制器在其上安装的转发规则选择转发接口转发兴趣包至数据源。而当交换机接收到交付的数据包时，如图 12.5(b)所示，需要首先查询其保存的缓存规则表(cache rules table，CRT)，根据控制器下发的缓存规则决定是否需要缓存数据包中的内容。

文献[8]将 SDN 与 CCN 相结合提出了一个以内容为中心的服务质量支持的智能电网架构。如图 12.6 所示，其利用 SDN 规则，将数据层与控制层分离，建立了一个分层的网络架构。通过控制器构成的控制平面向应用平面提供可编程接口，根据智能电网的各个应用程序的不同需求调整网络智能。也就是说，根据应用需求定制路由和缓存规则，将其存放至数据平面的各个 NDN 路由器的行动信息库(action information base，AIB)中，简化网络智能管理。

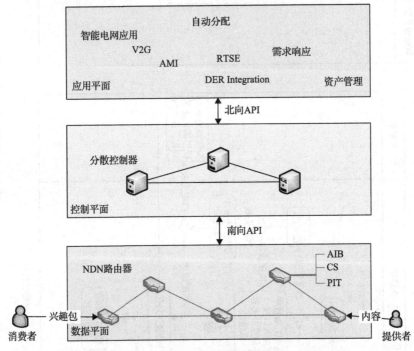

图 12.6　以内容为中心的服务质量支持的智能电网架构

V2G：车辆到电网；AMI：高级计量基础设施；RTSE：实时状态估计；DER Integration：分布式能源资源集成

12.5　软件定义卫星网络

互联网已经改变了人们的日常生活，但还有一部分地区未能接入互联网[9]。因此，具有全球覆盖能力且不受地理环境条件限制的卫星网络引起了研究界的广泛关注，卫星互联网将成为未来网络发展不可或缺的重要组成部分[10]。但现有卫星网络由于依赖封闭、计划式的网络架构且软硬件升级不灵活[11]，给快速引入新的通信和组网技术带来了巨大的挑战，制约了适用于网络应用高度多样化且不断增加的真正差异化服务的发展，阻碍了异构星地网络的无缝集成和不同网络运营商所部署的卫星通信设施之间的互操作性。SDN、NFV、NV[12]等技术将为创新式的卫星网络结构设计、运营和管理铺平道路。

12.5.1　软件定义卫星网络新型架构

如图 12.7 所示，卫星网络由空间段、地面段、控制管理段以及用户段组成。

(1)空间段主要由卫星构成的星座组成，支持路由、自适应访问控制和点波束管理。

(2)地面段由通过光纤骨干网互连的卫星网关(satellite gateway，SGW)和为终端用户设备提供连接的卫星终端(satellite terminal，ST)组成。骨干网通过入网点(point of presence，PoP)连接到外部网络(如互联网或公司内部网)。SGW 和 ST 通过空间段相互连接。

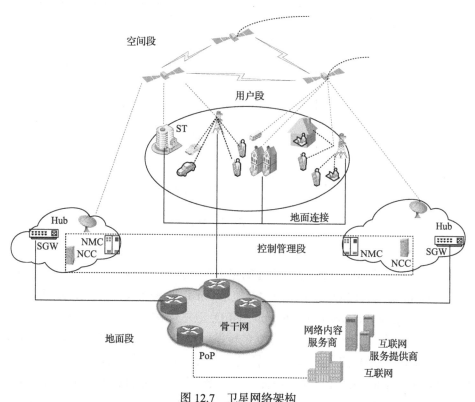

图 12.7　卫星网络架构

(3)控制管理段由网络控制中心(network control center, NCC)和网络管理中心(network management center, NMC)组成。NCC 和 NMC 为卫星网络提供实时控制和管理功能，完成连接的建立、监管和释放，准入控制、资源分配、卫星网络元素的配置，以及安全性、故障和性能的管理。位于同一位置的 SGW、NCC 和 NMC 集成在一起，构成卫星网络集线器，即 Hub。

(4)用户段由终端用户使用的终端设备组成，用户通过终端设备消费固定或移动的卫星服务。终端用户设备直接或通过地面接入点间接接入卫星网络。

1. OpenSAN 架构

Bao 等[13]提出了如图 12.8 所示的 OpenSAN 架构，该架构包含三个部分：数据平面、控制平面和管理平面。

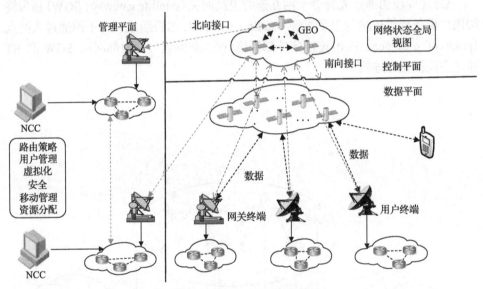

图 12.8　OpenSAN 的整体架构

1)数据平面：卫星基础设施

数据平面由分布在世界各地的终端路由器和多层卫星基础设施(如低地球轨道(low earth orbit, LEO)卫星、中地球轨道(medium earth orbit, MEO)卫星、同步地球轨道(geosynchronous earth orbit, GEO)卫星)组成。卫星和路由器运行流表"match-action"协议，并专注于数据包转发。该协议匹配每个数据包的头部(如 IP 地址、端口和用户定义段)以支持转发、组播、接入管理和 IPv6 等。多层卫星网络通过选择不同的路径以保证各种业务的服务质量。OpenSAN 将卫星和路由器的控制平面与数据平面解耦，实现基于细粒度流表的灵活控制，简化和降低设备成本。

2）控制平面：GEO 组

GEO 卫星具有覆盖范围广、链路可靠、广播通信和对地静止的特点，被用作控制数据平面。理论上三颗 GEO 卫星可覆盖全球，因此 GEO 组至少包含三颗 GEO 卫星以覆盖整个数据平面。GEO 组可视为逻辑集中的实体，旨在：①将规则从管理平面转换到数据平面；②通过南向接口监控卫星网络的状态（链路状态、网络流量、流状态）信息，并发送到管理平面，以获取卫星网络的抽象视图。与传统的卫星监控系统相比，OpenSAN 减少了地面站的数量，简化了控制流程。

3）管理平面：NCC

NCC 作为多层卫星网络的管理平面，运行各种应用程序，如路由策略计算、虚拟化和移动管理。应用程序依赖由 GEO 组提供的卫星网络状态。

2. SoftSpace 架构

Xu 等[14]将 SDN、NFV、NV 和软件定义无线电（software defined radio，SDR）相互整合引入卫星网络中，提出了由数据平面和控制平面组成的软件定义卫星网络架构——SoftSpace，如图 12.9 所示。

（1）数据平面包括软件定义卫星接入网（software-defined satellite access network，SD-SAN）和软件定义卫星核心网（software-defined satellite core network，SD-SCN）。SD-SAN 包括软件定义卫星网关（software-defined satellite gateway，SD-SGW）、软件定义卫星终端（software-defined satellite terminal，SD-ST）和软件定义在轨卫星（software-defined in-orbit satellite，SD-Satellite）。SD-SCN 是软件定义交换机（software-defined switch，SD-Switch）的集合。如图 12.9 所示，每个 SD-Satellite 有四个部分：①SDR，利用硬件可编程性抽象 MAC 层和 PHY 层功能，使 SD-Satellite 能够支持多模式操作、无线电重配置，以及远程升级，并使其能够适配新的应用和服务，而无须更改硬件；②支持扩展 OpenFlow 的流表，描述了数据包的处理规则，由网络控制器通过南向 API 进行配置；③无线管理程序，在共享的 SD-Satellite 上创建若干个运行各种通信技术和协议的虚拟 SD-Satellite；④支持多种卫星通信技术的硬件前端（如光学头和射频天线）。SD-SGW 类似于 SD-Satellite，不同点是 SD-SGW 还支持光纤通信。此外，SD-ST 类似于 SD-SGW，但 SD-ST 配备了对上行链路资源进行高效分配的流量分类器。SD-SCN 由 SD-Switch 组成，具有高度灵活性。

（2）控制平面包括两个关键组件：网络管理工具和定制化网络应用。网络控制器为网络管理工具和定制化网络应用提供可编程接口，以访问和管理网络资源。网络控制器利用为控制流保留的广播控制信道以及由数据和控制流共享的带内控制信道来配置和管理软件定义的卫星网络设备。广播控制信道由 GEO 卫星广播实现，以确保网络控制器和 LEO 卫星之间的单跳连接。带内控制信道由 LEO 卫星之间的点对点通信链路实现。

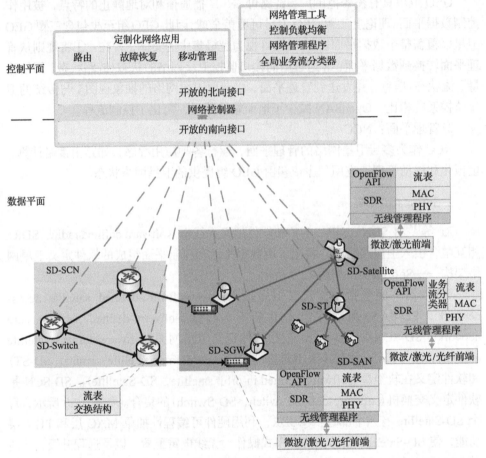

图 12.9　SoftSpace 的整体架构

12.5.2　软件定义卫星网络用例

接下来通过以下用例阐述引入 SDN、NFV 等技术给卫星网络带来的好处[15]。

1. 站址分集的集线器间切换

在卫星通信中，Ka 或 Q/V 等高频段的使用使得自适应编码调制机制强制性抵消由云或雨等气象因素导致的信号劣化。在信号衰减非常大的情况下，由编码调制引起的吞吐量下降和网络拥塞不能满足网络电话、视频会议等服务质量要求，即使利用鲁棒的编码机制也不能避免由卫星终端上方天气劣化引起的干扰。因此，如果信号劣化与集线器位置有关，则应考虑将单个卫星终端连接到多个集线器，即站址分集。

显然，在站址分集背景下应用 SDN 原则有助于设计有效的切换决策算法，简化切换执行。如图 12.10 所示，实现上述内容需在软件定义卫星网络地面段进行以下增强：①使用 SDN 使能的交换机取代集线器中的网关。②位于集线器站址的 SDN 主控制器运行负责集线器间切换管理的网络应用程序。③与切换应用程序对接的 NCC 和 NMC 接口负责收集监控信息，并触发相应卫星终端配置。

一旦确定了流或卫星终端的切换，应用程序将自动：

(1)通知相关的卫星终端和前向链路/反向链路传输单元(forward link/return link transmission unit，FL/RL-TU)并改变它们的频率。

(2)更新网关和主干网络中的转发规则。

(3)进行"直接路径路由"，即流直接从其新集线器路由到最近的 PoP。

(4)进行"业务流重定向"，即流被重定向后，仍经过其家乡集线器站址，并通过主干网络重定向到新的集线器。

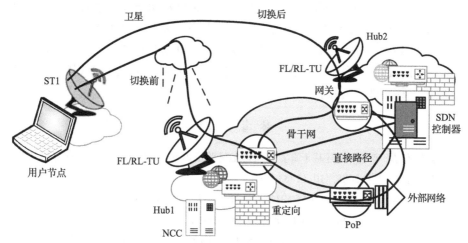

图 12.10　站址分集场景中的软件定义卫星网络地面段架构

2. 中间件虚拟化

在卫星网络中通常分布着许多专用的网络性能增强性代理，以使地面网络协议操作能够与卫星通信系统兼容(如 TCP 加速器)或提供先进的网络服务(如 Web 缓存、防火墙等)。利用 NFV 技术可以通过代理应用软件来增强这些专用的网络服务性能，而不需要在网络中部署专用的中间件。这些虚拟网络功能可以在地面网关或卫星终端等不同设备上进行实例化。然后，由 SDN 控制器引导客户业务流通过所需虚拟网络功能所在的网络设备。此外，由于这些虚拟网络功能依赖软件实现，可以将这些虚拟网络功能迁移到其他新的设备上实现，从而实现动态快速地部署网络业务请求所需的服务功能。下面以卫星网络中的 TCP 性能优化为例，阐述 NFV 技术给软件定义卫星网络带来的新特性。

在特定的广域网或卫星网络等受限网络中，TCP/IP 模型在性能上并不是最佳的选择。为了提高 TCP 性能，针对卫星网络提出了多种版本的 TCP 协议，但它们在用户终端部署上存在问题。当前使用的解决办法是在卫星网络的边界插入设备以将 TCP 的操作转换成卫星兼容的版本。这些设备称为性能增强代理（performance enhanced proxy，PEP），分布在卫星网络中提供高级服务。PEP 提供的协议优化与多种场景不兼容，例如，实现移动架构（如移动 IP）会为 PEP 带来复杂的问题。最容易发生问题的情况出现在混合切换期间，即从需要 PEP 优化的卫星网络切换到不再需要 PEP 优化的网络。在这种场景中，由 PEP 管理和加速的 TCP 连接应该能够存活到 PEP 停用（或者更一般地说，是 PEP 的更改）。然而，PEP 在物理上被锁定在基础设施上，不能跟随终端用户移动。针对这一问题，文献[16] 提出了需要在 PEP 之间进行上下文交换的星/地混合系统的解决方案。

PEP 通常在卫星集线器中执行。当一个卫星终端切换到一个新的集线器时，跨 PEP 的 TCP 连接将被中断，因为新的 PEP 将不能感知连接的上下文。使用 NFV 范式，PEP 将不再作为专用的中间件实现，而是可以在不同设备上运行的软件中实现。此外，PEP 功能可以采用专用的通信上下文（如卫星终端专用），并可以根据安全性、移动性等应用程序需求调整。

参 考 文 献

[1] 吴建平, 任罡, 李星. 构建基于真实 IPv6 源地址验证体系结构的下一代互联网[J]. 中国科学（E 辑: 信息科学）, 2008, (10): 1583-1593.

[2] Wu J, Bi J X, Li G R, et al. RFC5210: A source address validation architecture (SAVA) testbed and deployment experience[EB/OL]. https://www.rfc-editor.org/rfc/rfc5210. [2022-05-18].

[3] Baker F, Savola P. Ingress filtering for multihomed networks[EB/OL]. https://www.rfc-editor.org/rfc/rfc3704.[2022-05-18].

[4] 贾溢豪, 任罡, 刘莹. 互联网自治域间 IP 源地址验证技术综述[J]. 软件学报, 2018, 29(1): 176-195.

[5] IMT-2020 (5G) 推进组成功举办第三届 5G 峰会[J]. 电信工程技术与标准化, 2015, (6): 11.

[6] Siracusano G, Salsano S, Ventre P L, et al. A framework for experimenting ICN over SDN solutions using physical and virtual testbeds[J]. Computer Networks, 2018, (134): 245-259.

[7] Charpinel S, Santos C A S, Vieira A B, et al. SDCCN: A novel software defined content-centric networking approach[C]. IEEE International Conference on Advanced Information Networking and Applications, Crans-Montana, 2016: 87-94.

[8] Youssef N, Barouni Y, Khalfallah S, et al. Mixing SDN and CCN for content-centric QoS aware

smart grid architecture[C]. IEEE/ACM International Symposium on Quality of Service, Vilanova, 2017: 1-5.

[9] Khan F. Mobile internet from the heavens[EB/OL]. https://arxiv.org/abs/1508.02383.[2022-05-18].

[10] Araniti G, Bisio I, Sanctis M D, et al. Multimedia content delivery for emerging 5G-satellite networks[J]. IEEE Transactions on Broadcasting, 2016, 62 (1): 10-23.

[11] Ferrús R, Koumaras H, Sallent O, et al. SDN/NFV-enabled satellite communications networks: Opportunities, scenarios and challenges[J]. Physical Communication, 2015, 18 (P2): 95-112.

[12] Jain R, Paul S. Network virtualization and software defined networking for cloud computing: A survey[J]. Communications Magazine IEEE, 2013, 51 (11): 24-31.

[13] Bao J, Zhao B, Yu W, et al. OpenSAN: A software-defined satellite network architecture[J]. ACM SIGCOMM Computer Communication Review, 2014, 44 (4): 347-348.

[14] Xu S, Wang X W, Huang M. Software-defined next-generation satellite networks: Architecture, challenges, and solutions[J]. IEEE Access, 2018, 6: 4027-4041.

[15] Bertaux L, Medjiah S, Berthou P, et al. Software defined networking and virtualization for broadband satellite networks[J]. IEEE Communications Magazine, 2015, 53 (3): 54-60.

[16] Dubois E, Fasson J, Donny C, et al. Enhancing TCP based communications in mobile satellite scenarios: TCP PEPs issues and solutions[C]. 2010 5th Advanced Satellite Multimedia Systems Conference and the 11th Signal Processing for Space Communications Workshop, Cagliari, 2010: 476-483.